高等职业教育系列教材

沉浸式体验项目开发 | 详细解释关键步骤

三维游戏建模项目式教程

主　编 | 钟月云　田玉山
副主编 | 陈家顺　庄　洋
参　编 | 刘　娇　林黄鸣　王莹颖　陈　倩　李华群
钟江锋　陈　鸿　李旭杰　杨晓明

机械工业出版社
CHINA MACHINE PRESS

本书提供了一套成熟而完整的建模制作流程，内容全面涵盖三维游戏道具、场景、角色建模的项目制作过程。每个案例按照项目准备、低模制作、高模雕刻、模型拓扑、UV 展开、贴图绘制等关键步骤进行详细介绍，帮助读者深入了解三维游戏建模技术。

本书深入浅出地讲解了下一代三维游戏建模的方法和技巧，详细介绍了三维游戏建模的流程，注重实际应用，帮助读者快速掌握三维游戏建模关键技术。通过案例学习，读者将获得实际项目操作经验。

本书适合广大建模爱好者和高等职业院校相关专业的学生使用，也为想进行游戏模型初、中级学习的读者提供技术实践参考。

本书配有微课视频，扫描书中二维码即可观看。另外，本书配有配套素材和电子课件，需要的教师可登录机械工业出版社教育服务网（www.cmpedu.com）进行免费注册，审核通过后即可下载，或联系编辑索取（微信：13261377872，电话：010-88379739）。

图书在版编目（CIP）数据

三维游戏建模项目式教程 / 钟月云，田玉山主编. 北京 ：机械工业出版社，2025. 1. --（高等职业教育系列教材）. -- ISBN 978-7-111-77031-2

Ⅰ. TP391.41

中国国家版本馆 CIP 数据核字第 2024RF4565 号

机械工业出版社（北京市百万庄大街 22 号　邮政编码 100037）

策划编辑：李培培　　　　责任编辑：李培培

责任校对：樊钟英　陈　越　　责任印制：单爱军

北京虎彩文化传播有限公司印刷

2025 年 1 月第 1 版第 1 次印刷

184mm×260mm · 16 印张 · 412 千字

标准书号：ISBN 978-7-111-77031-2

定价：69.00 元

电话服务　　网络服务

客服电话：010-88361066　　机　工　官　网：www.cmpbook.com

010-88379833　　机　工　官　博：weibo.com/cmp1952

010-68326294　　金　　书　　网：www.golden-book.com

　机工教育服务网：www.cmpedu.com

Preface

前　言

随着游戏行业的蓬勃发展，三维游戏模型制作已经成为数字艺术和游戏开发领域不可或缺的核心技术。在这个不断演进的时代，下一代游戏建模逐渐占据主导地位。本书旨在为读者提供一种全新的学习方式，通过深度项目实践，真实感受三维游戏项目制作的魅力与挑战。

本书以项目实战的方式讲解三维游戏建模的流程和方法，以实际项目为基础，详细介绍了项目准备、用 Maya 和 3ds Max 进行低模制作、模型拓扑、UV 展开、骨骼绑定，用 ZBrush 进行高模雕刻，用 Substance Painter 和 C4D 绘制模型贴图等关键步骤。书中的项目案例展示使读者获得实际操作经验。读者将学习三维游戏道具模型、游戏场景模型、机器人角色模型、网络游戏男性角色模型和女性角色模型的制作过程，掌握应对不同项目的需求、并解决实际问题的能力。

本书特色

1. 沉浸式体验项目开发

通过详细的任务实施步骤，读者将沉浸在真实项目的开发过程中，加速对三维游戏模型项目制作技术的掌握。

2. 详细解释关键步骤

每一章以实际项目为基础，详细解释了项目准备、低模制作、高模雕刻、模型拓扑、UV 展开、贴图绘制等关键步骤，读者可全面了解下一代游戏建模的核心技术。

3. 配套视频讲解

每个项目都附有专门制作的视频讲解，使学习更加直观，且随时随地都能通过二维码扫描观看，加深对实际操作的理解。

4. 提供素材下载

项目准备阶段提供了案例素材下载链接，读者能够顺利进行实际项目，更具实用性。

5. 内容全面

涵盖游戏道具模型、场景设计、角色制作、材质绘制、骨骼绑定等多个方面，读者可全面了解三维游戏项目制作的各个环节。

6. 解决实际问题

关注读者在实际项目中可能遇到的问题，通过案例分析和解决方案，帮助读者有效应对不同项目的需求，提高解决实际问题的能力。

7. 注重学习规律

遵循学习规律，深入浅出的讲解方式可帮助读者短期内快速上手，助力读者更高效地掌握三维游戏模型制作的关键技术。

本书通过将传统文化与现代游戏建模技术相结合，传授专业技能，并深刻挖掘和弘扬了中华民族的文化精髓。通过案例分析、项目实践等方式，让学生在掌握专业技能的同时，深刻领会到文化自信、民族融合、文化创新等思政理念的重要性。

钟月云负责教材整体结构及内容安排、编选，全部案例制作与指导，每个项目的项目准备编写。田玉山负责教材内容审核。陈家顺负责项目 1、项目 3、项目 5 编写。庄洋、李华群负责项目 2 编写。杨晓明、刘娇负责项目 4 编写。王莹颖负责图形绘制。钟江锋、陈倩、陈鸿、林黄鸣、李旭杰负责内容收集及编排校对。

衷心感谢本书编写团队的每一位成员，是你们的辛勤耕耘、不懈努力与卓越才华，让本书从概念变为现实。同时，感谢宏天公司的鼎力支持。宏天公司不仅为我们提供了先进的技术指导与宝贵的案例资源，更在本书的编写过程中给予了全方位的帮助与支持。

由于编者水平有限，书中难免有疏漏之处，诚望广大读者不吝赐教。

编　者

目 录 Contents

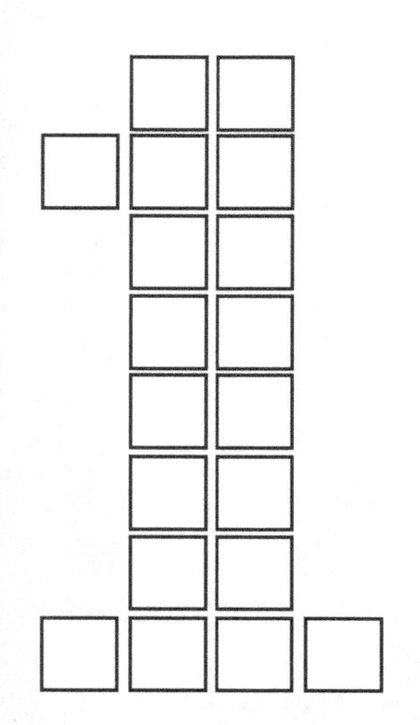

游戏场景建模
——建筑模型制作

本项目效果图

1.1 项目准备

1.1.1 游戏场景模型案例展示

本项目制作一款游戏场景模型，如图 1-1 和图 1-2 所示。在制作过程中，将介绍如何在 Maya 软件中导入参考图，并创建建筑模型低模，进行面清理和造型调整。此外，还介绍使用 ZBrush 软件雕刻高模细节。在绘制模型贴图阶段，将介绍拓扑低模与拆除 UV 等技巧，并使用 Substance Painter 软件烘焙与绘制贴图。通过本项目的实践，读者将全面掌握游戏场景模型制作流程，为未来的游戏开发工作打下坚实基础。

图 1-1 和
图 1-2

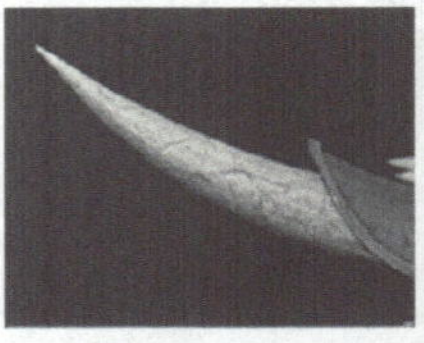
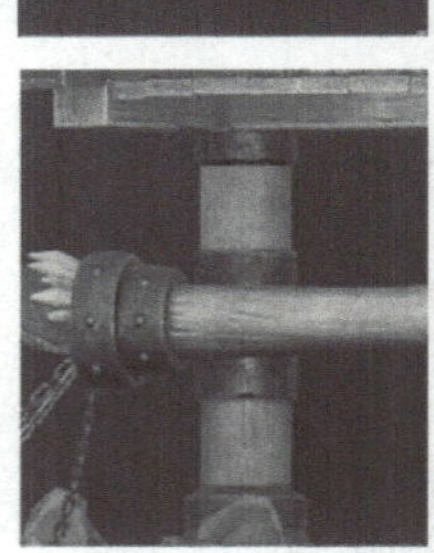

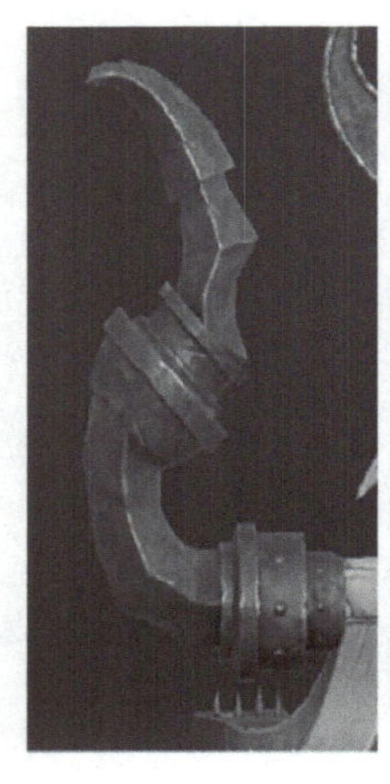

图 1-1　场景模型配件细节效果展示　　图 1-2　场景模型屋顶展示

1.1.2 游戏场景模型准备

为了满足项目的要求，特下发设计工作单，期望设计人员能够明确模型制作的各项要求，清晰了解每个环节的具体要求，确保模型设计制作的高效和质量。设计人员需根据工作单规定的时间节点，认真完成模型的设计和制作。工作单内容如表 1-1 所示。

表 1-1　游戏场景——建筑工作单

项目名	项目分解						工时小计
	中模	高模	低模	UV	法线、AO	贴图绘制	
游戏场景——建筑	1 天	1 天	1 天	0.5 天	0.5 天	1 天	5 天
制作规范	1. 以世界轴为中心（坐标轴归零）。 2. 模型在网格中心且在网格上方。 3. 不能有废点废面，布线合理，横平竖直，不能有除结构线外多余的布线，不能有五边及五边以上的面出现，面与面不要重叠。 4. 参照原画制作，注意模型的结构比例问题						
注意事项	面数控制在 6000 个面以内，贴图大小为 2048×2048px						
材质规范	将贴图图层分为法线、AO、粗糙、金属、颜色（典型的 PBR 制图）						

素材导读

中国传统建筑具有悠久的历史和独特的风格。中国传统建筑以木结构为主，采用梁柱体系，屋顶重量通过梁传递到柱子上，再由柱子传递到地面。这种结构形式不仅使建筑具有较好的抗震性能，还能适应各种气候条件。中国传统建筑的外观特征极为明显，都由屋顶、屋身、台基三部分组成，称作“三段式”。中国传统建筑讲究建筑与自然和谐相处，是中国古代文化和艺术的重要组成部分。它不仅展示了中国古代劳动人民的智慧和技艺，也为后人了解中国古代历史和文化提供了重要的线索。

1.2 场景大型设计

本项目制作是使用 Maya 完成的场景大型制作。模型大型是制作模型低模和高模的基础，一般是使用多边形堆积出大型，再用模型将中模概括出来，完成中模后进行卡边，最后将其导入 ZBrush 软件，完成高模制作。模型完成的最终效果如图 1-3 所示。

图 1-3 场景模型布线效果

1.2.1 参考图的获得与导入

通常情况下，项目由甲方提供参考图。参考图一般是前视图或实物参考图，如图 1-4 所示。

打开 Maya，切换到前视图，导入模型的参考图，单击【视图-图像平面-导入图像】命令，如图 1-5 所示。选择场景参考图，导入效果如图 1-6 所示。

图 1-4　场景参考图

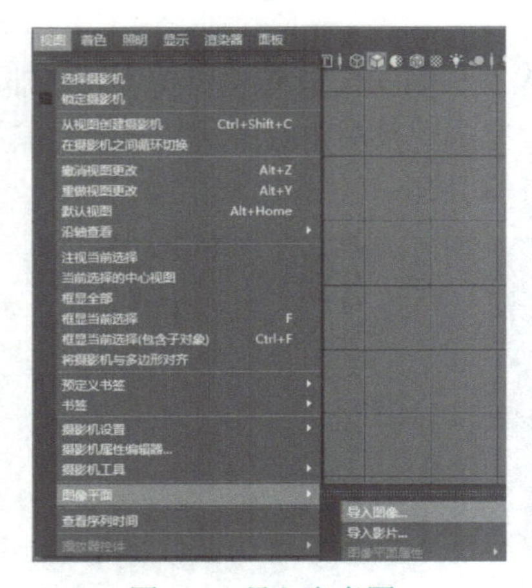

图 1-5　导入参考图

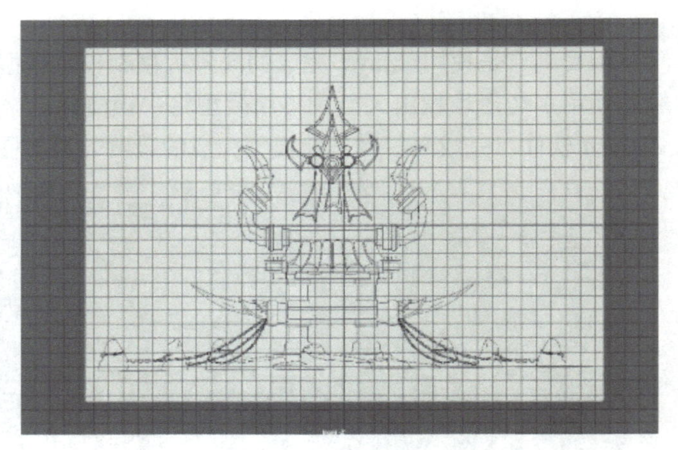

图 1-6　导入参考图效果

1.2.2　建筑模型低模制作

制作模型前，需要观察参考图上整个模型的组成。整个场景模型由柱子、屋顶、横梁、双边角状物和顶部的金属漂浮物组成，整个模型是左右对称的。在制作模型时需要将不同材质的模型分开制作，整个场景的材质分为金属、木头、石头、布料等。模型制作一般按照从头到尾或者从尾到头的顺序。

建筑模型低模制作 1

制作柱子底座模型，创建圆柱体，修改“输入”节点下【半径】为 2.4，【高度】为 0.4，【轴向细分数】为 12，如图 1-7 所示。

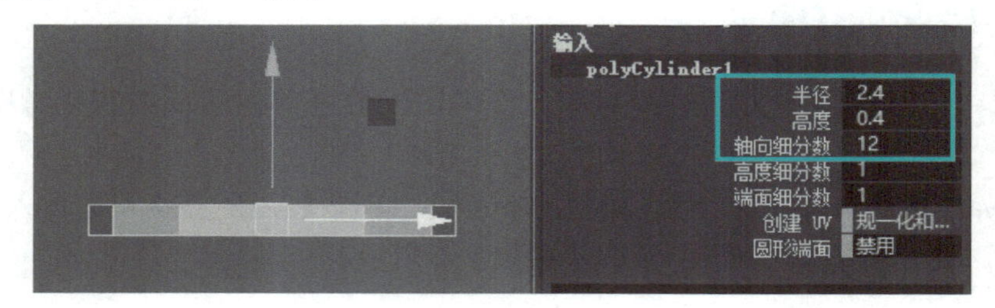

图 1-7　底座参数

将创建的圆柱体作为最底部的形状，使用【挤出】命令，一段一段地向上挤出，如图 1-8 所示。

柱子同样使用圆柱体进行制作，【轴向细分数】为 12，【高度】为 5.8，【半径】为 0.85，半径数值不唯一，可以根据底座大小去匹配，如图 1-9 所示。

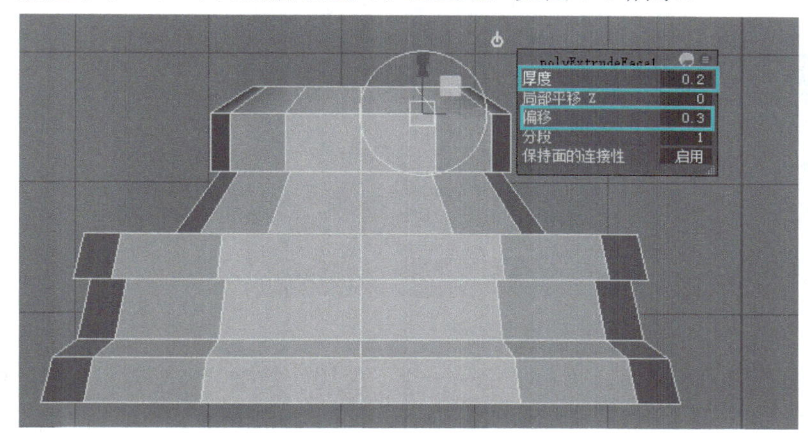

图 1-8　底座效果图

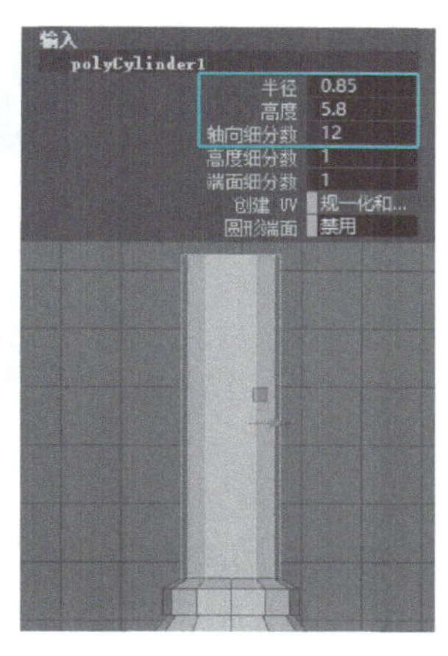

图 1-9　柱子

单击网格工具下的【插入循环边】工具，如图 1-10 所示。挤出柱子金属包边的模型，如图 1-11 所示。

最后选择模型的面，使用【缩放】工具放大面，如图 1-12 所示。

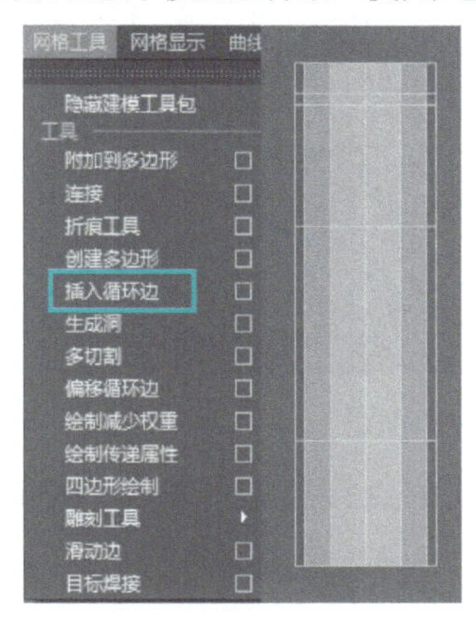

图 1-10　插入循环边

图 1-11　挤出金属包边

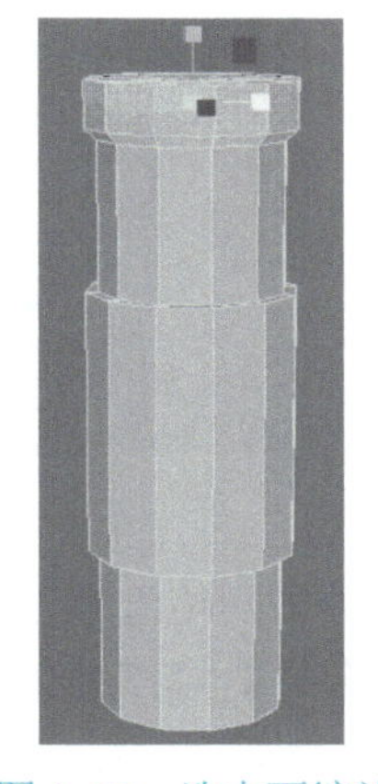

图 1-12　选中面缩放

横梁（横向的柱子）用圆柱体表示。把圆柱中心的边缩小一些，做出有粗有细的感觉。参数如图 1-13 所示，横梁效果如图 1-14 所示。

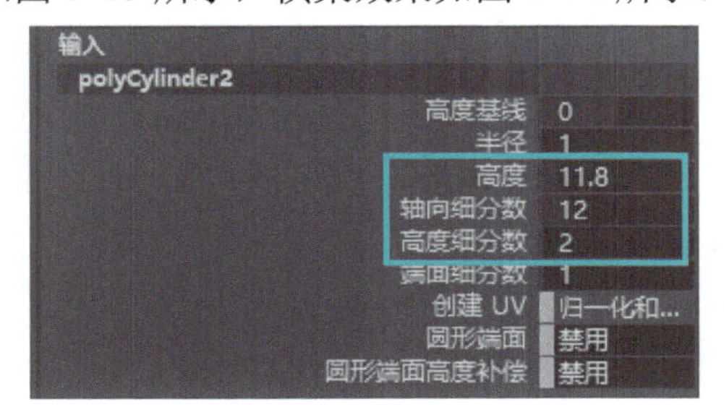

图 1-13　横梁参数

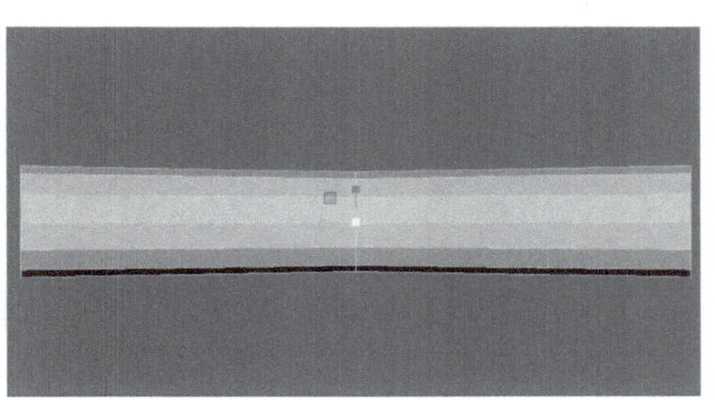

图 1-14　横梁效果

制作类似肩甲的金属物，步骤是先创建平面，再选择平面，单击菜单栏的工具栏的【激活选定对象】工具，再单击界面右侧的建模工具包【工具-四边形绘制】，画出一半肩甲的形状，如图 1-15 所示。

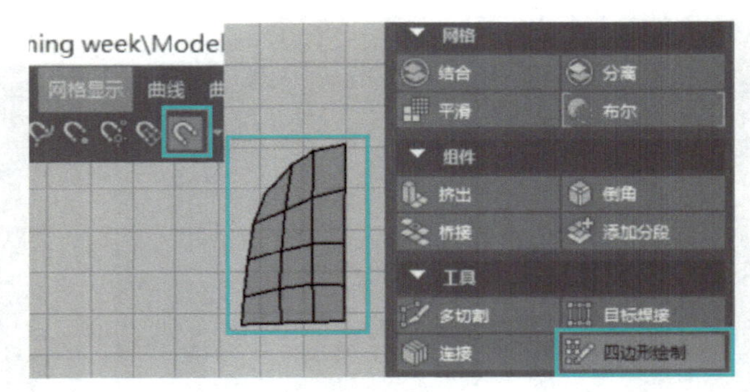

图 1-15 四边形绘制

打直右边与底部的边，如图 1-16 所示。再镜像出另一半，使用快捷键〈Ctrl+D〉复制，再按〈Ctrl+A〉打开【通道盒/层编辑器】，修改【缩放 X】为-1，如图 1-17 所示。

图 1-16 打直右边与底部的边

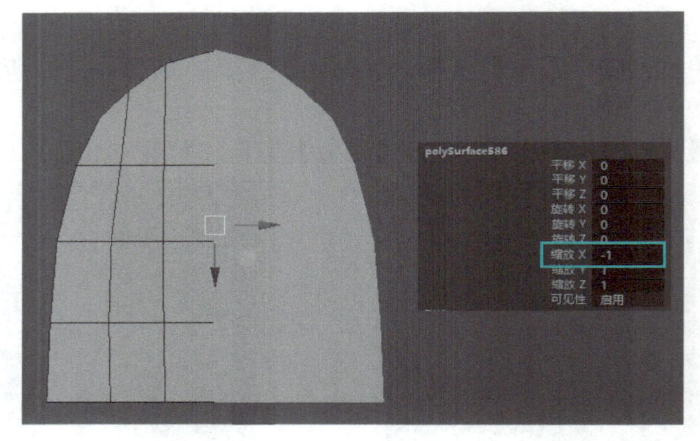

图 1-17 镜像模型

单击网格选项下的【结合】选项将两个面片结合，框选中间的点接着单击编辑网格选项下的【合并】将点焊接，如图 1-18～图 1-20 所示。

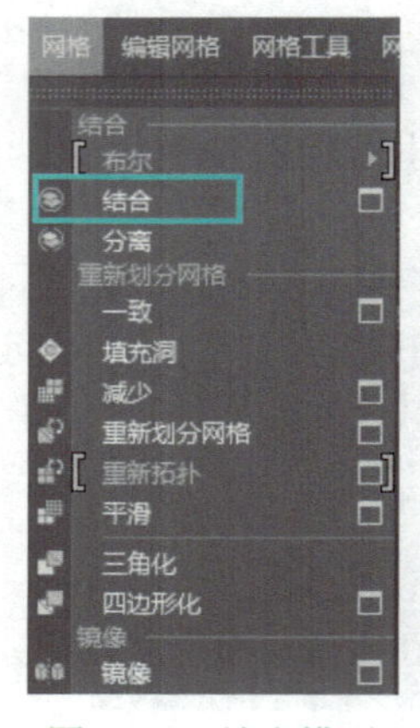

图 1-18 结合模型

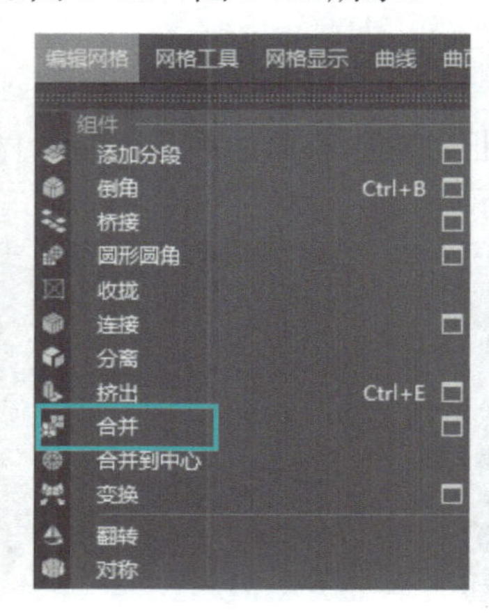

图 1-19 合并顶点

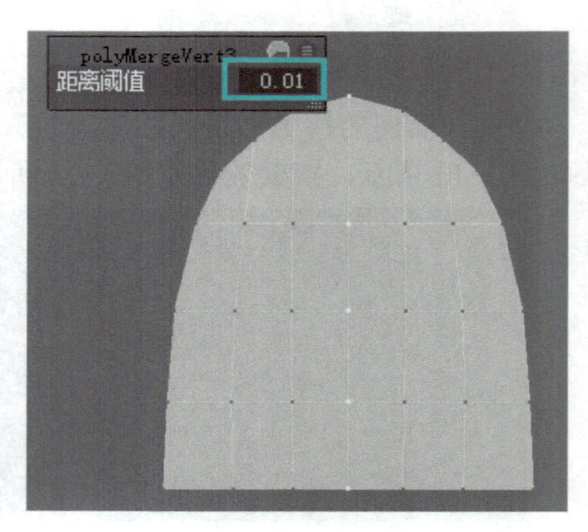

图 1-20 合并顶点参数

单击菜单栏下的【修改-冻结变换】命令，如图 1-21 所示。选中模型，单击菜单栏下的【变形-非线性-弯曲】命令，如图 1-22 所示。单击【bend1】节点，调整【曲率】为 90，如图 1-23 所示。

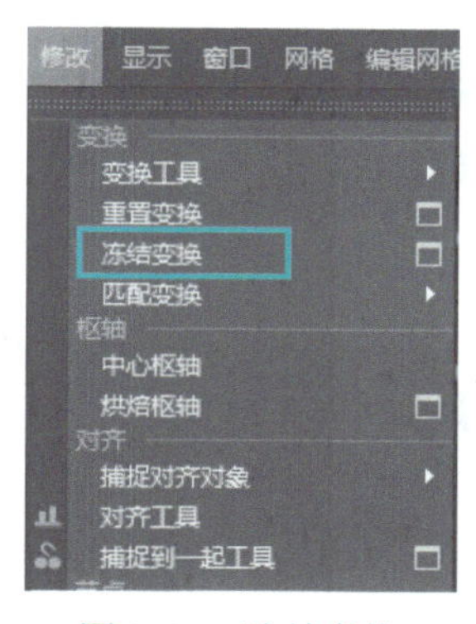

图 1-21　冻结变换

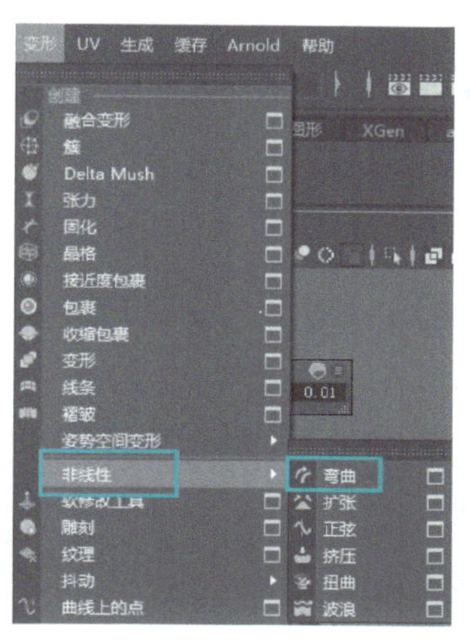

图 1-22　弯曲

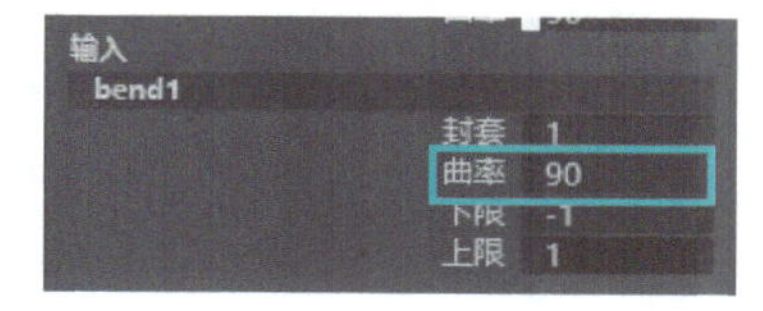

图 1-23　修改曲率

选择控制手柄修改【旋转】属性，单击【删除历史记录】命令，手柄被删除，效果如图 1-24 和图 1-25 所示。

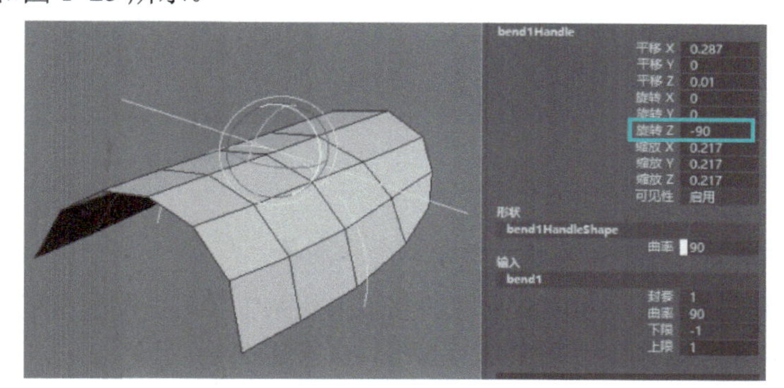

图 1-24　旋转控制手柄调整造型（一）

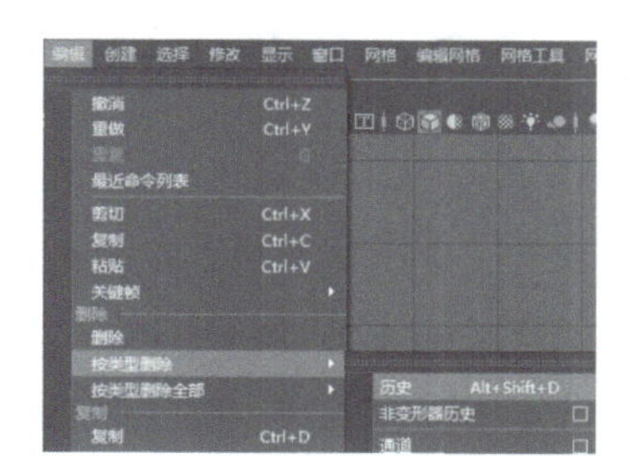

图 1-25　删除历史

再次单击【弯曲】和【删除历史记录】命令，模型效果图如图 1-26 所示。模型的基本型调整完成后，再对面片进行挤出，如图 1-27～图 1-30 所示。

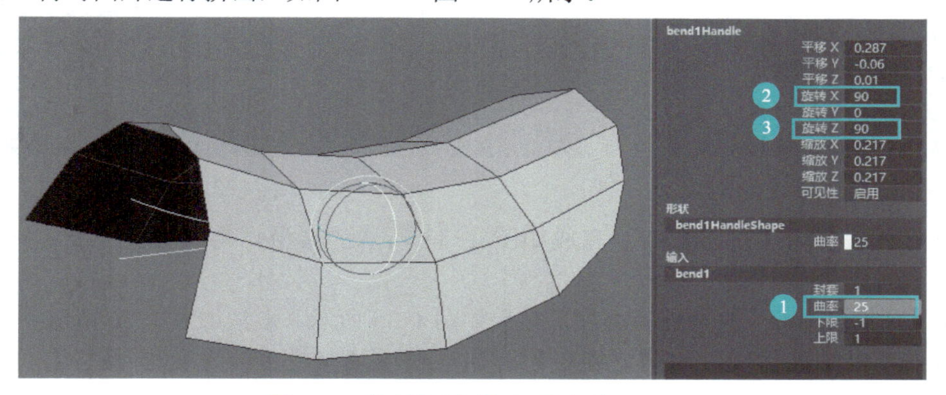

图 1-26　旋转控制手柄调整造型（二）

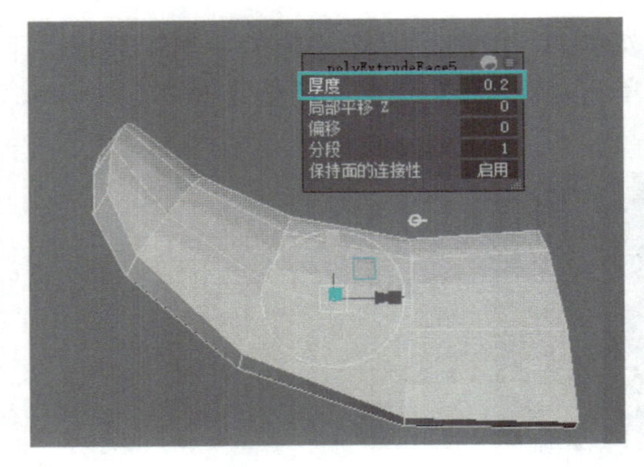

图 1-27　面片挤出

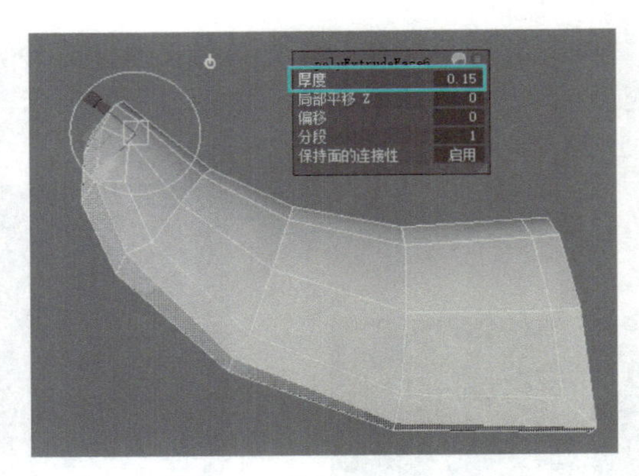

图 1-28　外包边挤出（一）

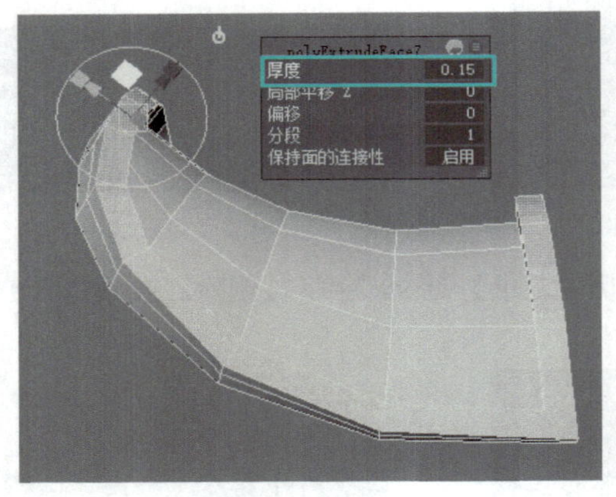

图 1-29　外包边挤出（二）

图 1-30　选择面缩放

小提示

【冻结变换】命令功能会使模型的平移、旋转、缩放三个基本属性归零。

屋顶需要有梁柱支撑，通过侧视图的参考图观察到梁柱的基本形状是工字形。创建平面激活选定对象，画出一个工字图形，如图 1-31 所示。对其进行挤出，如图 1-32 所示。

图 1-31　绘画工字图形

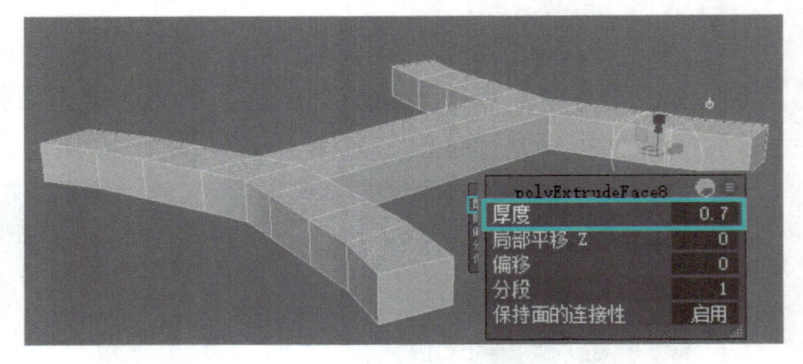

图 1-32　挤出梁柱

根据原画，使用【挤出】命令完成如图 1-33 所示的模型，将其搭建成如图 1-34 所示模型。

使用【弯曲】命令，使屋檐有弧度，效果如图 1-35 所示，参数如图 1-36 所示。

模型需要足够的边线，屋檐才能自然弯曲。使用菜单栏下的【变形-晶格】，如图 1-37 所示。

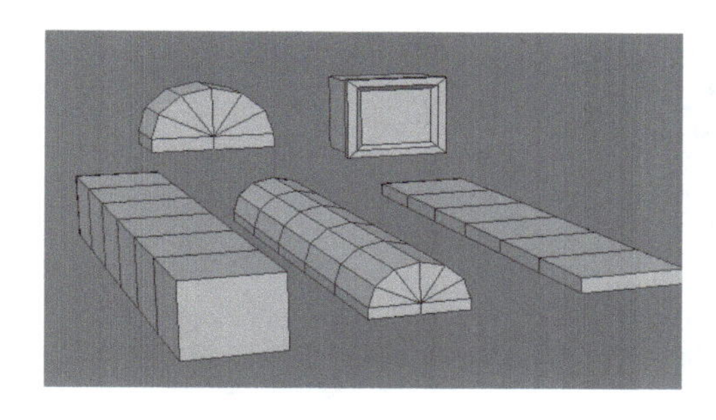

图 1-33　制作模型

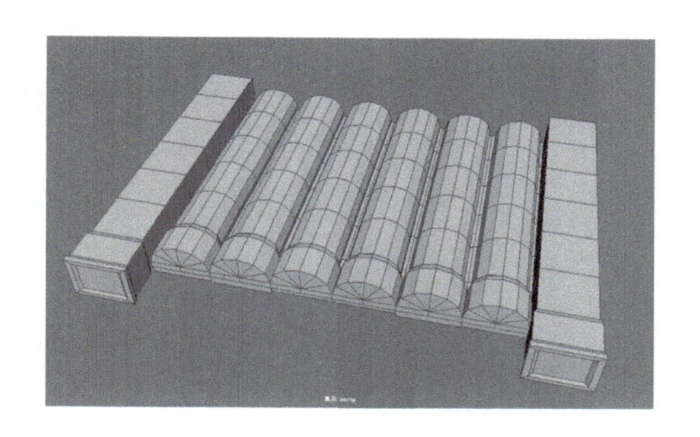

图 1-34　搭建模型

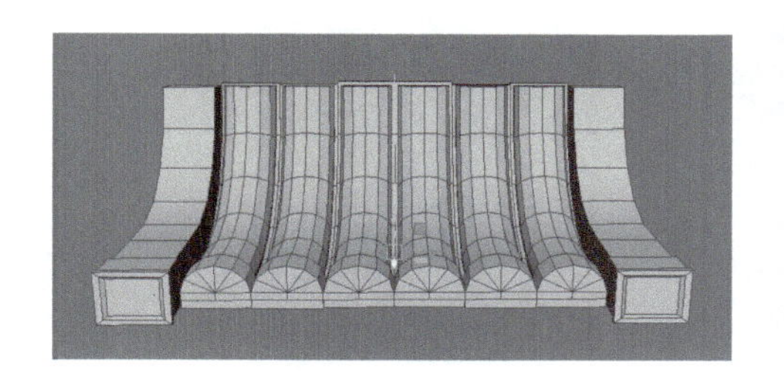

图 1-35　弯曲屋顶

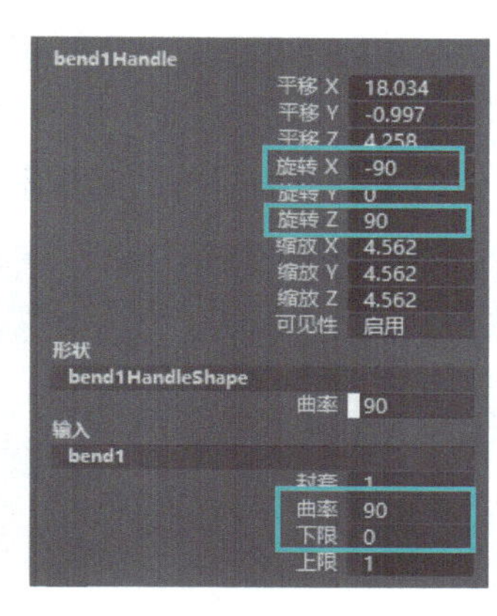

图 1-36　弯曲参数

图 1-37　晶格工具

选择模型，选择【菜单栏】下的【晶格】命令。【晶格】命令会依照模型的外框提供一个正方体框。选择并用鼠标右击正方体外框【晶格点】，模型会转换为晶格点模式，操作如图 1-38 所示。

选中后方的所有点对其进行等比例缩放，使用【编辑-按类型删除全部-历史】命令，外框便会消失，如图 1-39 所示。

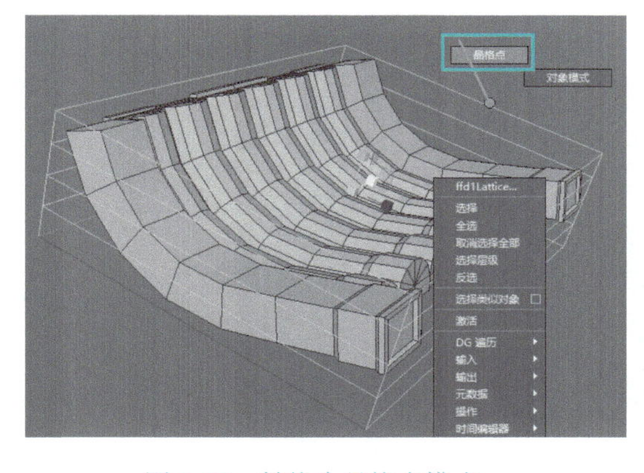

图 1-38　转换为晶格点模式

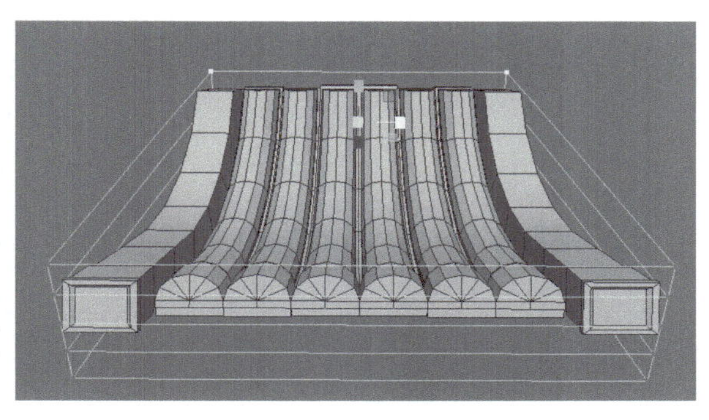

图 1-39　调整外框

创建简单的正方体和圆柱体，放置到横梁的栅栏的位置，如果有些位置的模型匹配不上，可以用【晶格】命令进行调整，如图 1-40 所示。

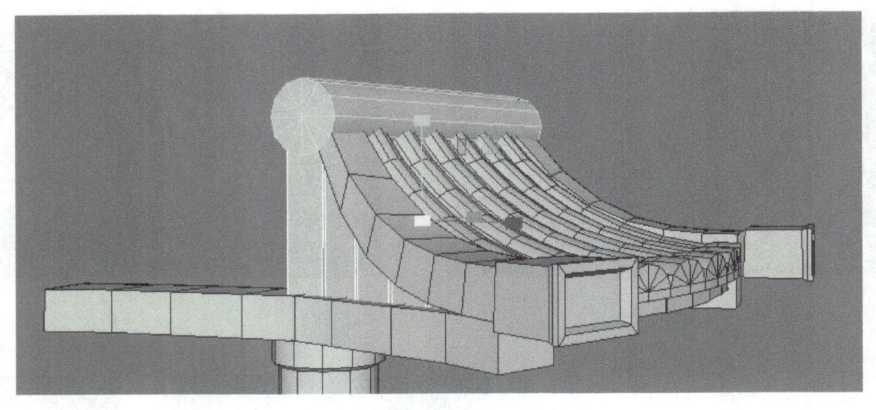

图 1-40　创建正方体和圆柱体

继续制作金属物件，使用【挤出】命令，制作出如图 1-41 所示的模型。

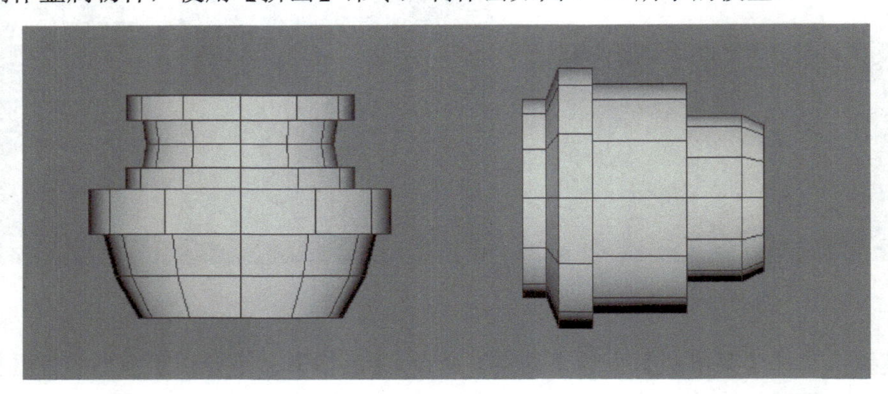

图 1-41　金属模型

角状物制作的制作方式与本项目肩甲金属物的制作方式相同，创建面片激活选定对象，使用【四边形绘制】命令，步骤图详见图 1-15，效果如图 1-42 所示。

找到边级别，选择边，将其往外拖拽，效果如图 1-43 所示。

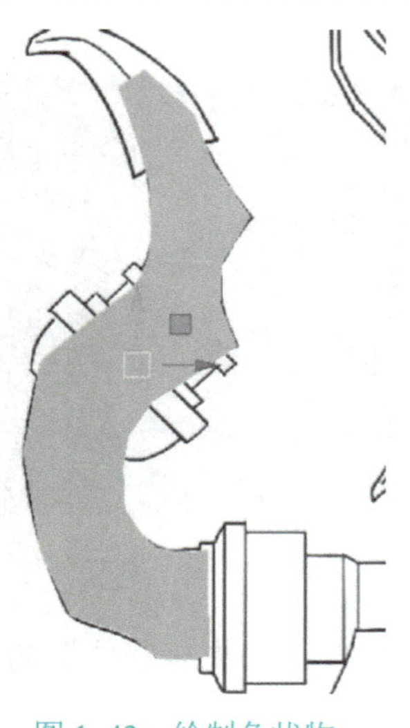

图 1-42　绘制角状物

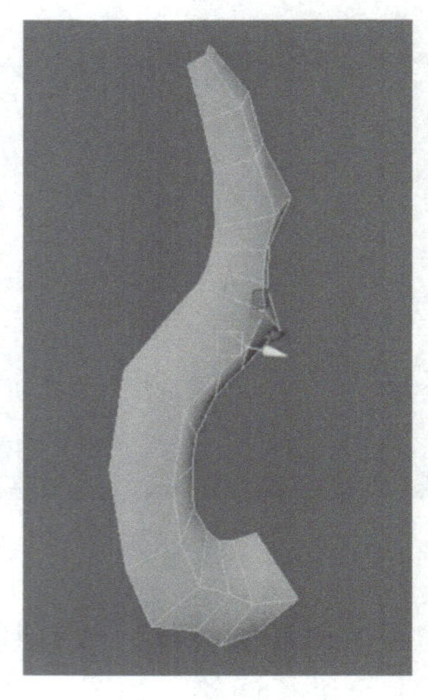

图 1-43　拖拽边

操作同肩甲制作，复制模型后将【缩放 Z】参数调整为-1 进行镜像操作，如图 1-44 所示。

单击【网格-结合】命令将两个面片结合，如图 1-45 所示。

随后单击【编辑网格-合并】命令，将重叠的点焊接，如图 1-46 所示。

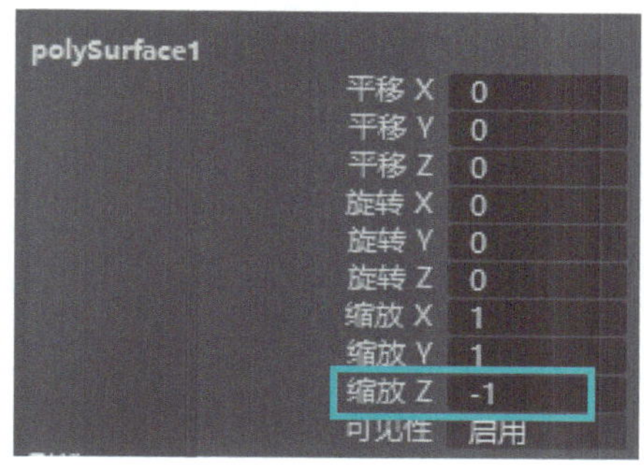

图 1-44　参数面板

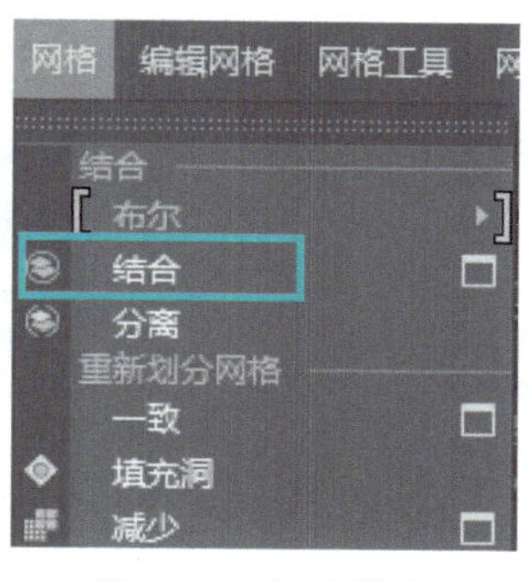

图 1-45　结合模型

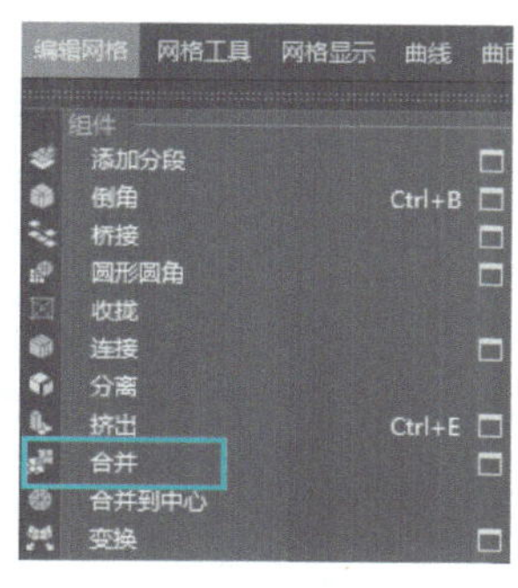

图 1-46　焊接顶点

在模型里，直接将边拖拽出来会导致整个突起的部分宽度一样，使模型效果不自然。需要通过点级别调整进行过渡，找到点级别，将其调整成如图 1-47 所示的模型。

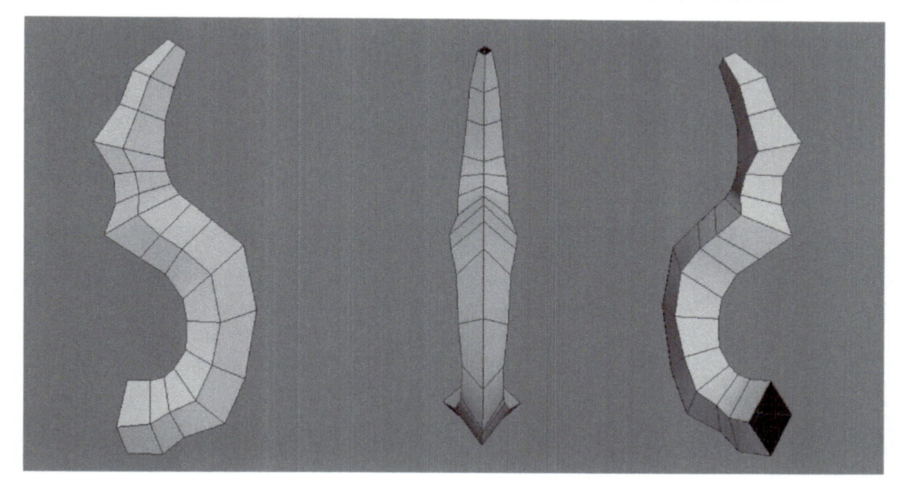

图 1-47　模型调整

使用同样的方式制作第二个角状物，如图 1-48 所示。

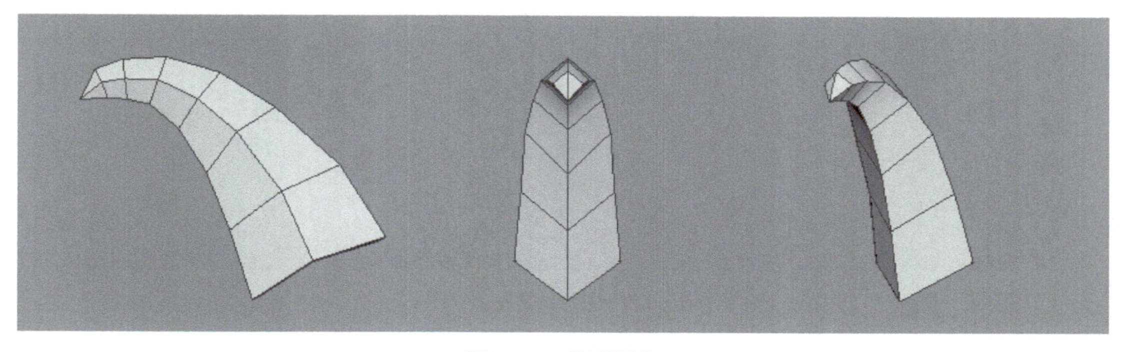

图 1-48　模型制作

漂浮物制作方法与角状物一样，先创建面片绘制图形再通过【挤出】命令制作，模型如图 1-49～图 1-52 所示，步骤如图 1-53 所示。

图 1-49　漂浮物角状模型

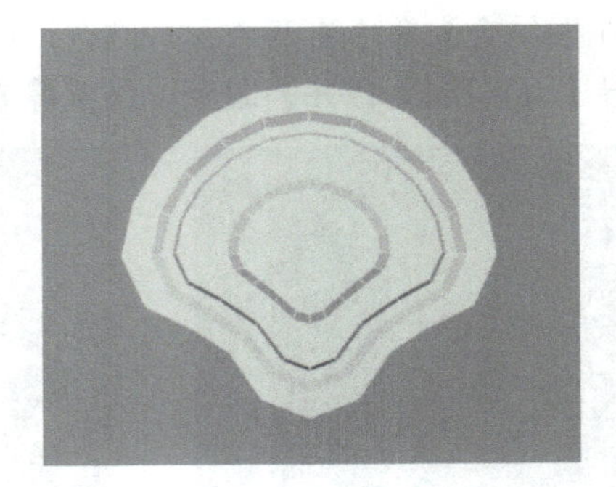

图 1-50　贝壳形模型

图 1-51　漂浮物上方菱形模型

图 1-52　漂浮物下方菱形模型

建筑模型低模制作 2

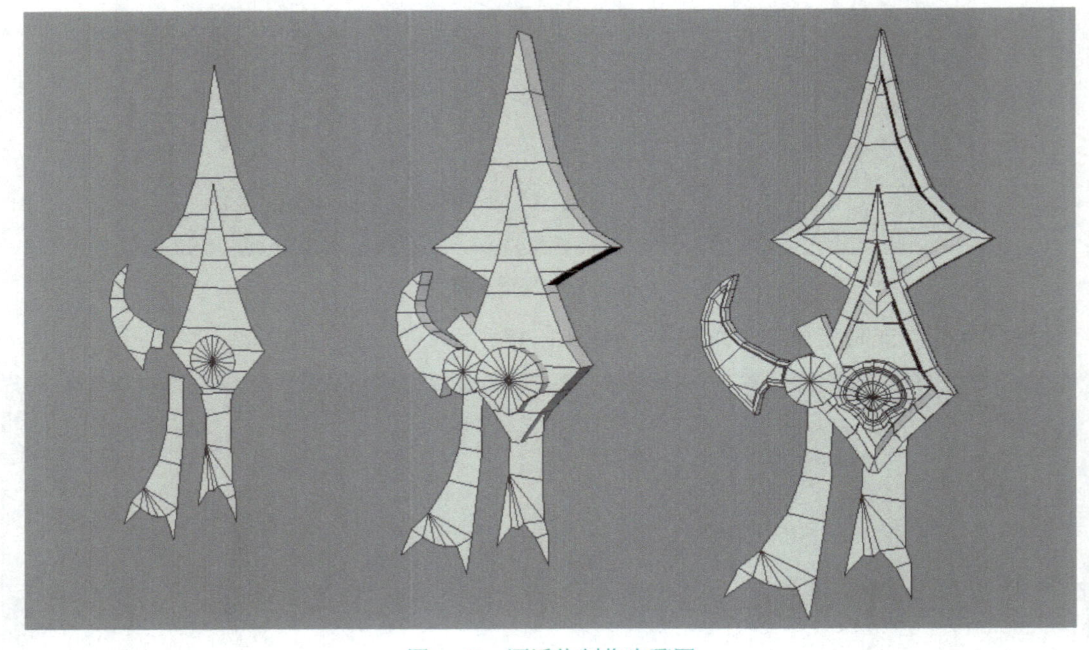

图 1-53　漂浮物制作步骤图

使用【特殊复制】命令将对称的模型镜像出来，完成后效果如图 1-54 所示。

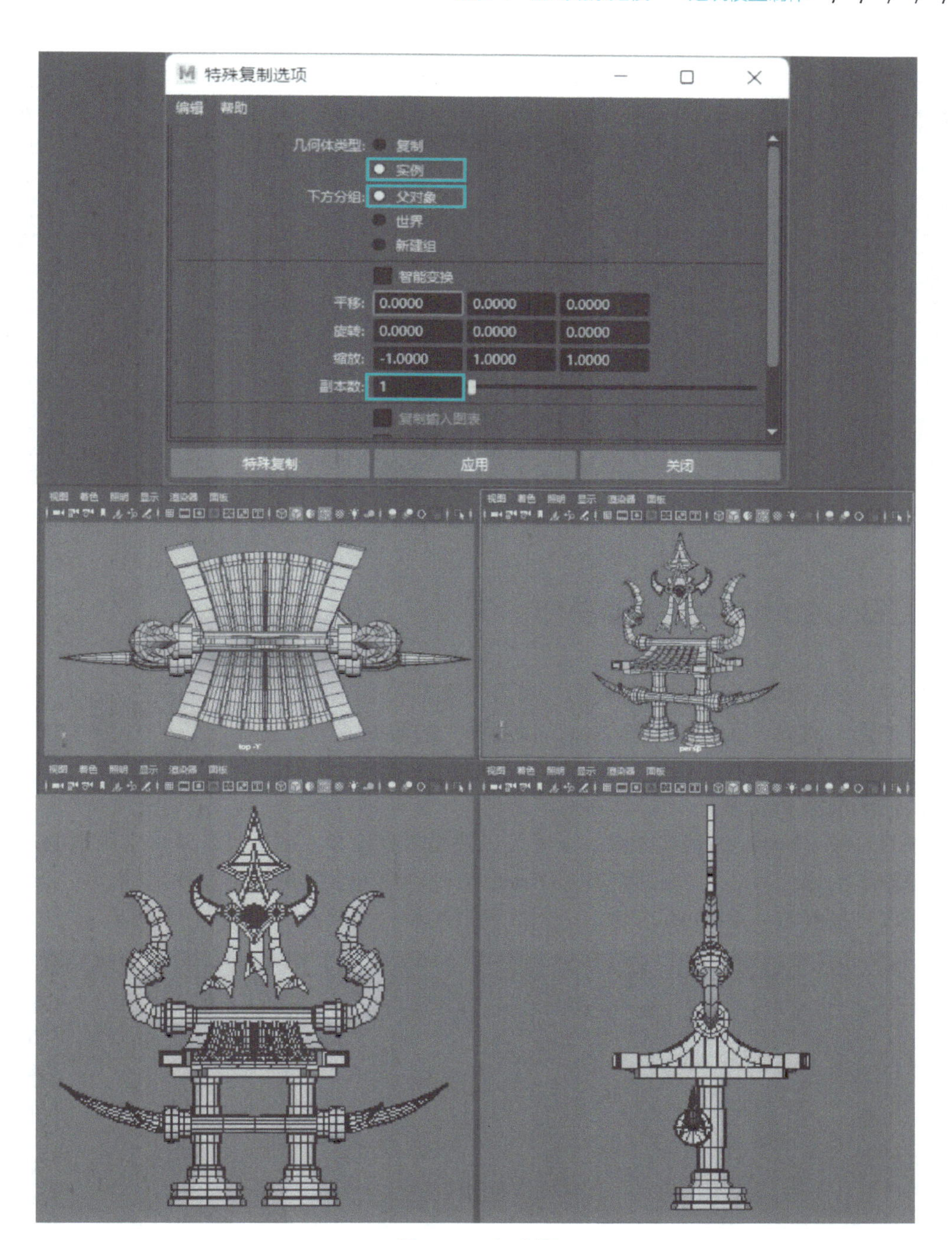

图 1-54　完成图

1.2.3　模型边面清理和造型调整

在游戏模型中可以出现三角面、四边面，但是要杜绝超过四边面以上的多边面，多边面在导入游戏引擎后会发生显示错误。此时要如何检查？选中需要检查的模型单击【菜单栏-网格-清理】命令，如图 1-55 和图 1-56 所示。如果有多边面的存在，会以面模式被标亮，如图 1-57 所示。

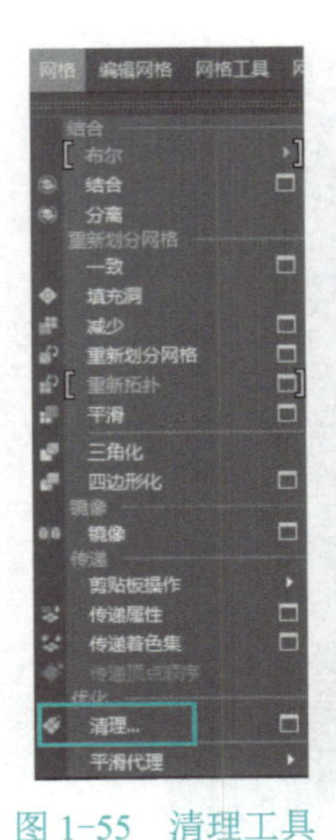

图 1-55 清理工具

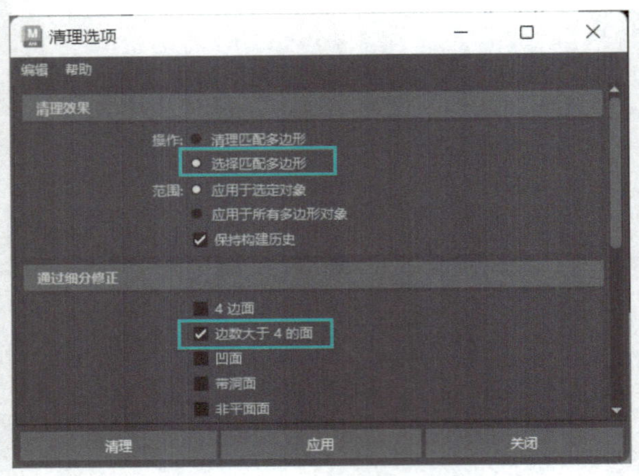

图 1-56 清理选项

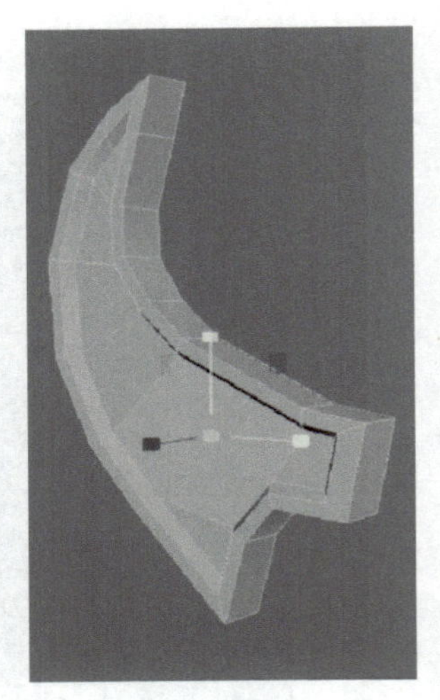

图 1-57 多边形存在

1.3 ZBrush 软件的基础操作

ZBrush 是由 Pixologic 公司开发的一款数字雕刻和绘画软件，广泛应用于电影、游戏、玩具制作等领域。以其强大的雕刻能力、直观的界面和灵活的工作流程而闻名，使艺术家能够以直观的方式创造高度复杂的三维模型和纹理。

ZBrush 软件的基础操作

本项目介绍 ZBrush 的基本操作。读者可以熟悉其界面和主要工具，掌握常用笔刷的使用，以及一些基本的操作技巧，为后续使用 ZBrush 软件制作综合案例打下软件基础。

双击软件图标进入 ZBrush 软件。进入软件后的第一个界面，如图 1-58 所示。

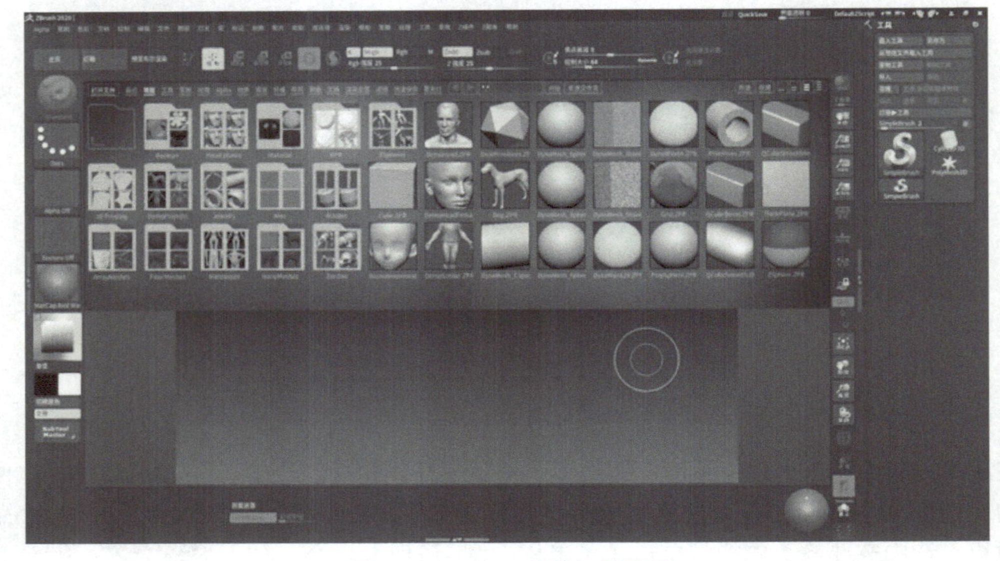

图 1-58 ZBrush 软件初始界面

此时的界面还不可编辑，需要双击默认灯箱项目中的预设方可进行编辑，如图 1-59 所示。

双击预设后的界面，如图 1-60 所示。

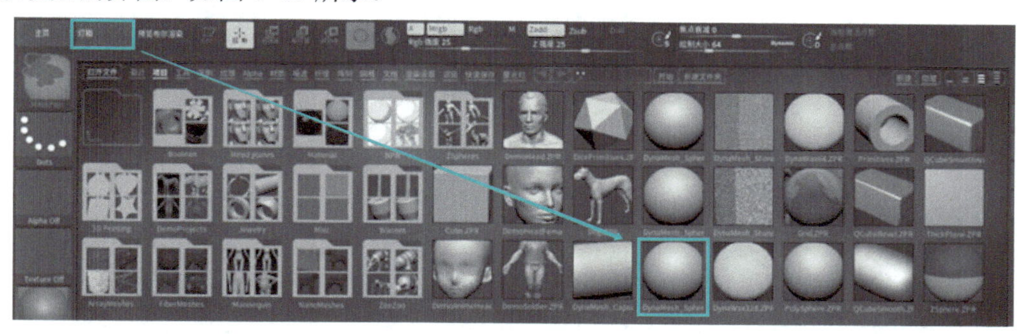

图 1-59　单击灯箱项目预设

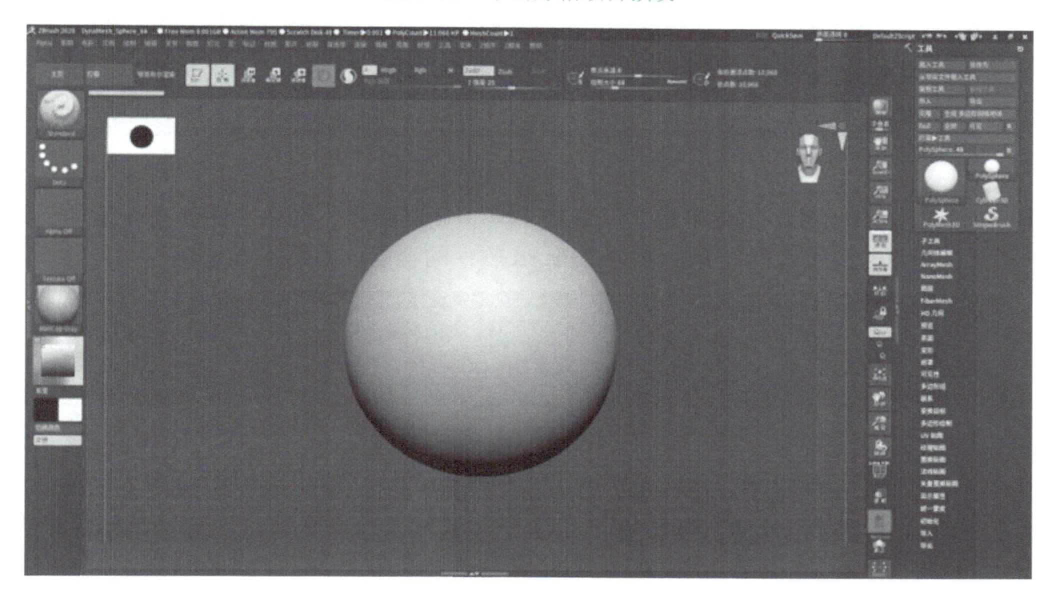

图 1-60　成功启用操作界面

在 ZBrush 中有一些常用的功能，可以采用自定义 UI 的方式，使其处于显眼的位置，方便使用。

为了使大家在操作的时候界面可以同步，这里给大家提供 UI 文件。在窗口顶部位置找到【首选项-配置-加载 UI】命令，如图 1-61 所示。

单击加载 UI，在下载的素材中打开 zb2020UI.cfg 文件，如图 1-62 所示。

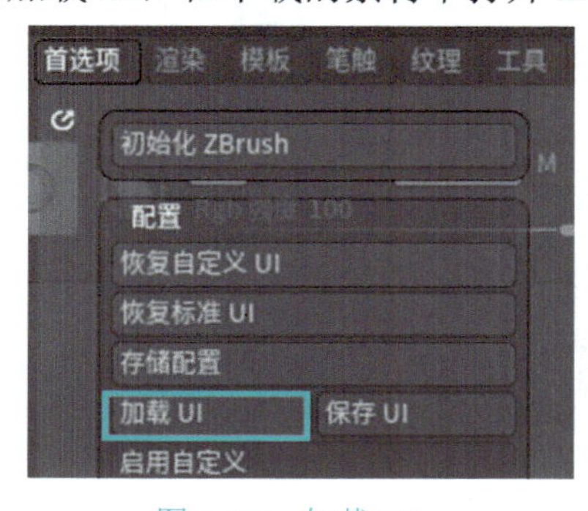

图 1-61　加载 UI

图 1-62　打开 UI 文件

在选择 UI 文件后，在操作界面底部可以看到常用的功能，如图 1-63 所示。

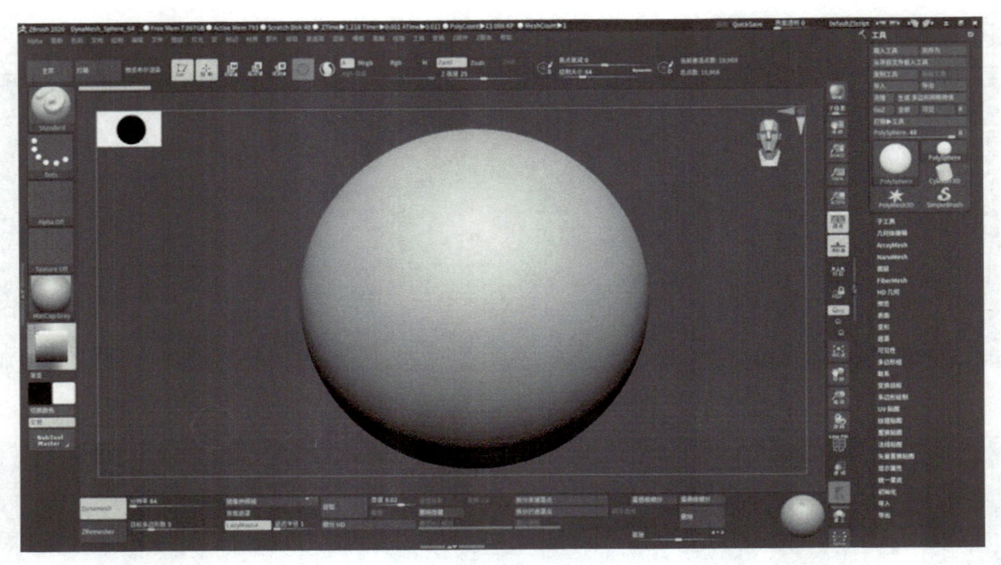

图 1-63　成功加载 UI 界面

主菜单位于窗口顶部。主菜单包含了各种工具和设置选项，例如文件管理、编辑工具、笔触等。用户可以通过这些菜单访问大部分 ZBrush 软件的功能，如图 1-64 所示。

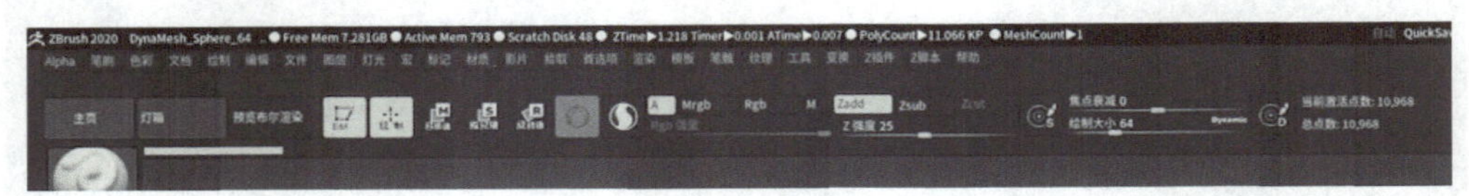

图 1-64　主菜单

工具栏通常位于窗口右侧，ZBrush 绝大多数功能可以在这个面板中找到，如图 1-65 所示。画笔的选择区域在窗口的左侧位置，在这个区域可以选择画笔以及遮罩贴图等设置，如图 1-66 所示。

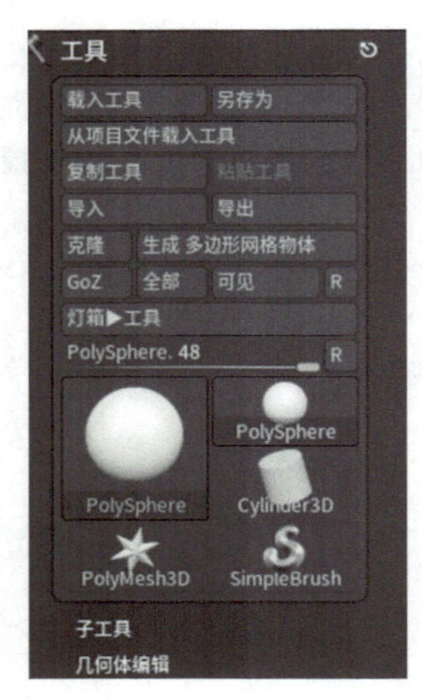

图 1-65　工具面板

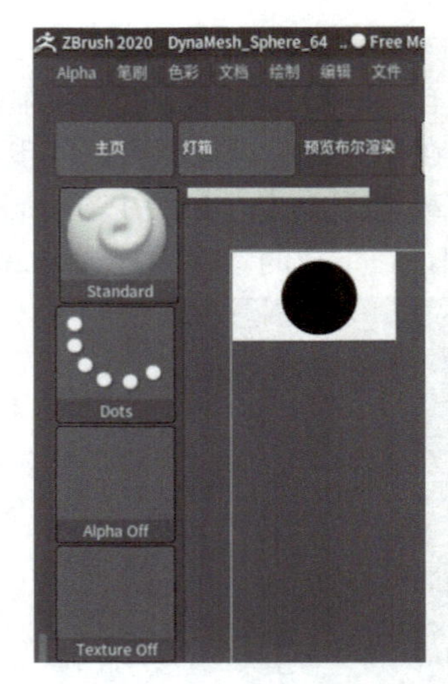

图 1-66　画笔调整面板

中间的视图窗口是 ZBrush 中模型编辑和显示的窗口，占据了屏幕的大部分区域，如图 1-67 所示。

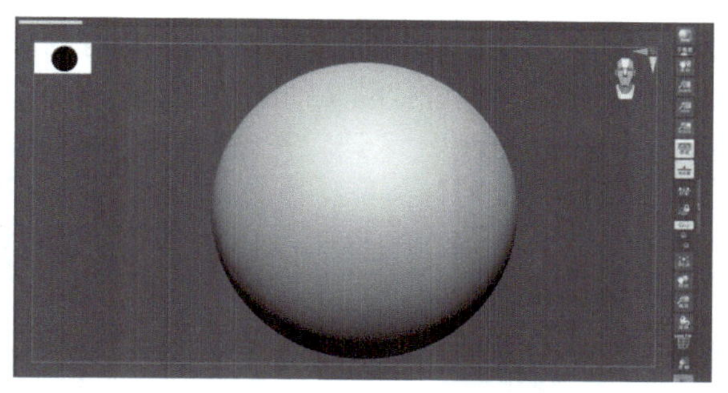

图 1-67 操作视口

移动模型操作：同时按住〈Alt +鼠标右键〉不放，移动鼠标，可实现模型的移动，如图 1-68 和图 1-69 所示。

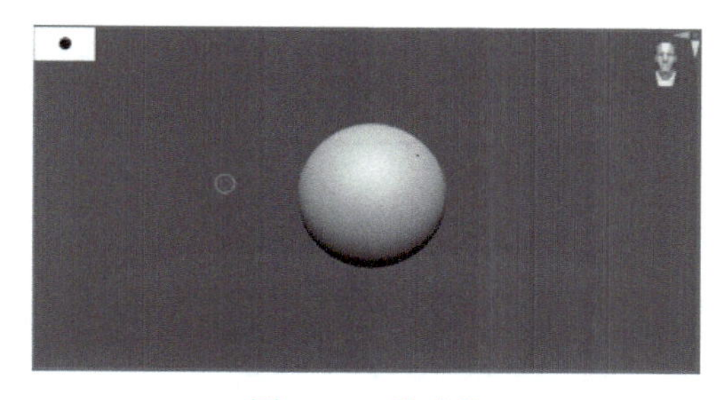

图 1-68 移动前

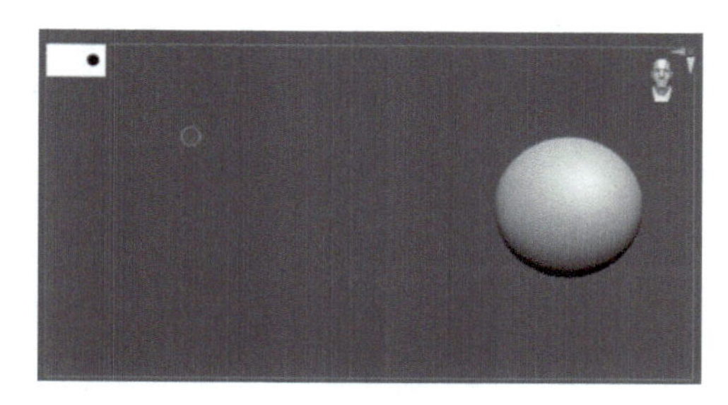

图 1-69 移动后

旋转模型操作：按住〈鼠标右键〉，移动鼠标，可实现模型的旋转，如图 1-70 和图 1-71 所示。

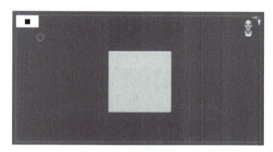

图 1-70 旋转前

图 1-71 旋转后

缩放模型操作：首先，同时按住〈Alt+鼠标右键〉；然后，松开〈Alt〉并按住〈鼠标右键〉移动鼠标对模型进行缩放。鼠标右键始终处于按下的状态，如图 1-72 和图 1-73 所示。

图 1-72 缩放前

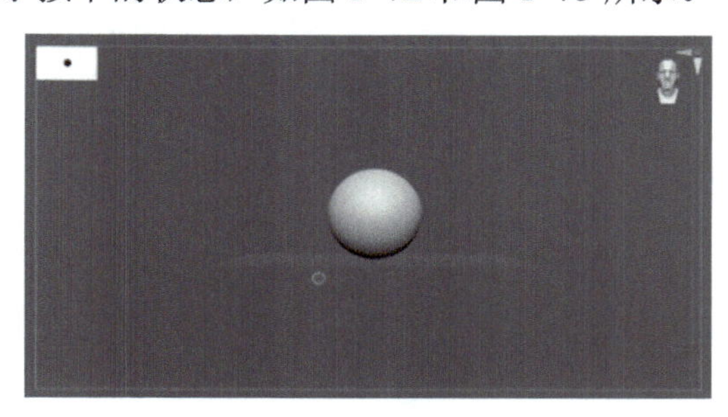

图 1-73 缩放后

在右侧工具面板中单击【载入工具】命令可以加载之前存储好的源文件，如图 1-74 所示。单击【另存为】命令可以对制作好的模型进行源文件的存储，如图 1-75 所示。

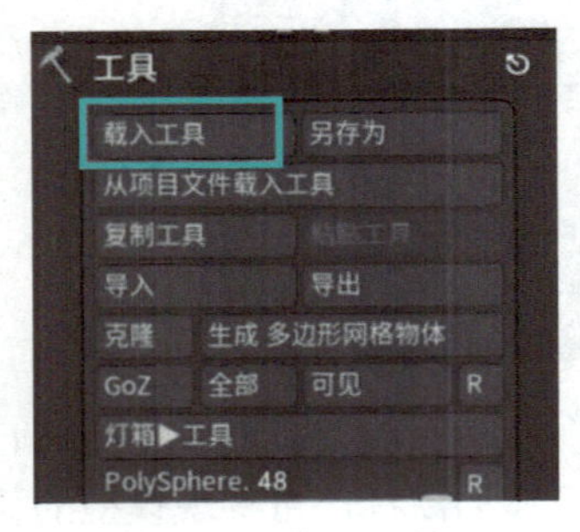

图 1-74 载入工具

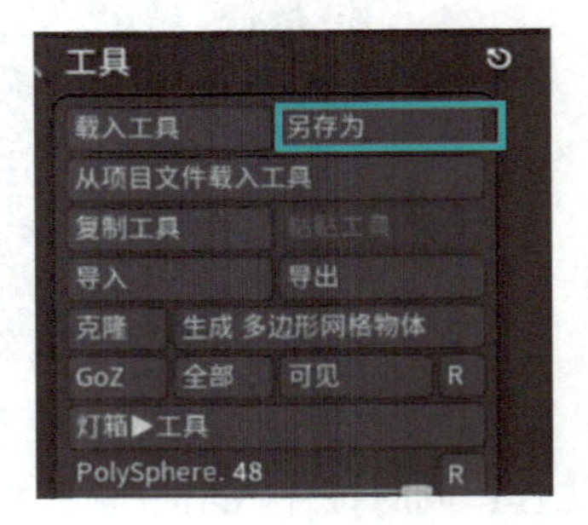

图 1-75 保存源文件

单击【导入】命令可以导入 obj 格式的模型，如图 1-76 所示。

单击【导出】命令可以导出 obj 格式的模型，如图 1-77 所示。

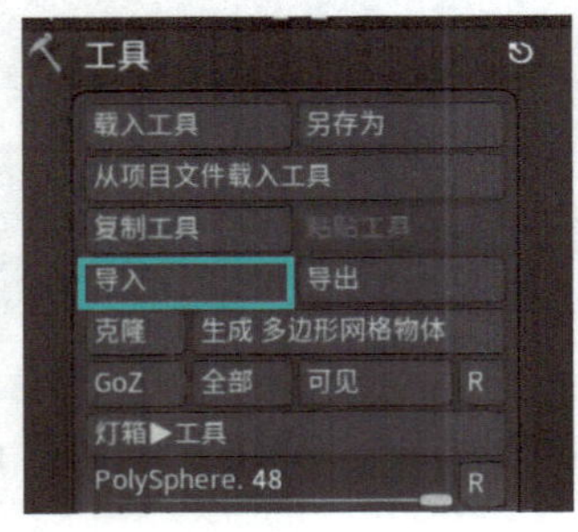

图 1-76 导入模型

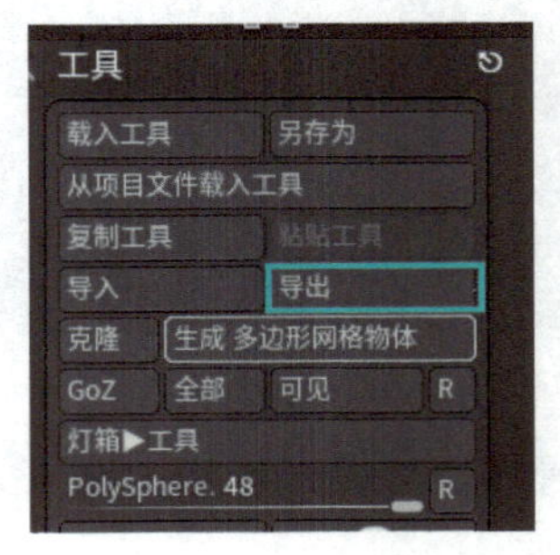

图 1-77 导出模型

右侧的工具栏中有很多功能都隐藏在下面，需要在红色方块的位置按住〈鼠标左键〉并移动，方可对工具面板进行上下滑动，如图 1-78 和图 1-79 所示。

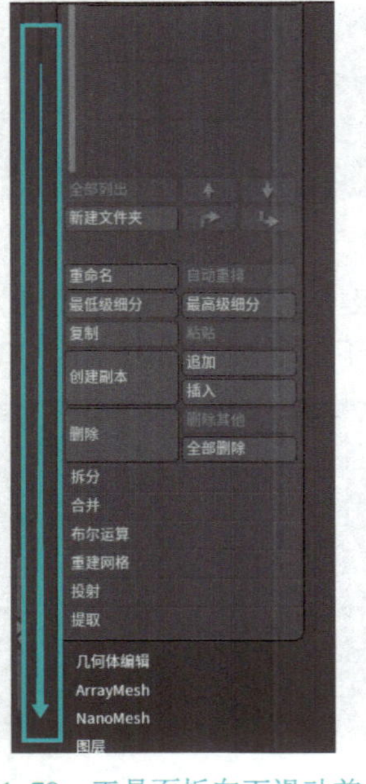

图 1-78 工具面板向下滑动前

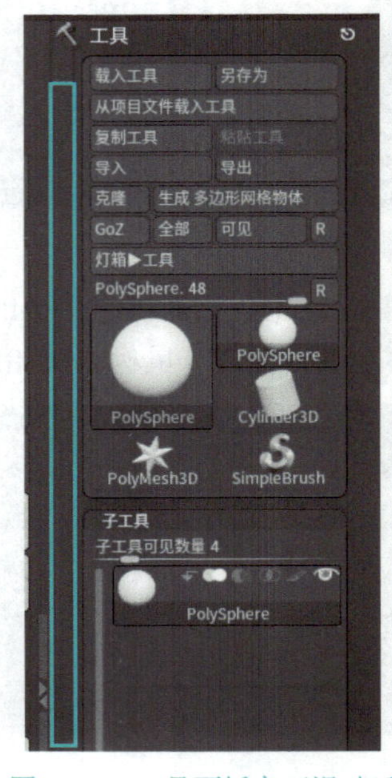

图 1-79 工具面板向下滑动后

依次单击右侧的工具栏中的【子工具-追加】工具可以添加新的模型，如图 1-80 和图 1-81 所示。

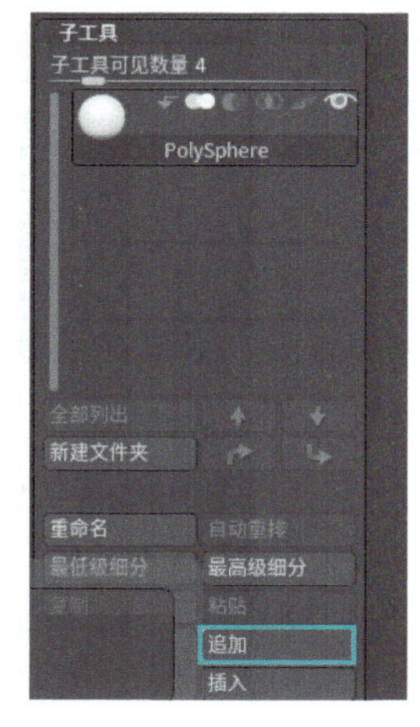

图 1-80　追加模型

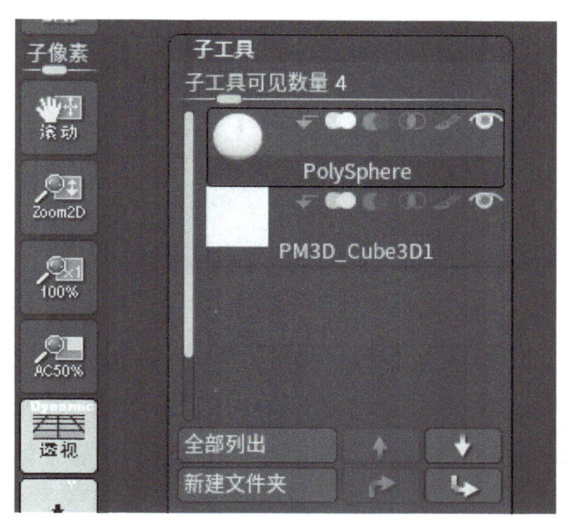

图 1-81　追加模型后

对子工具进行追加模型的操作后，新添加的模型会和原本的模型重叠，如图 1-82 所示。在子工具栏中选择需要移动的模型，按〈W〉可以激活坐标轴，按〈Q〉可以取消坐标轴。选择平移坐标轴可以移动模型，如图 1-83 所示。

图 1-82　模型重叠

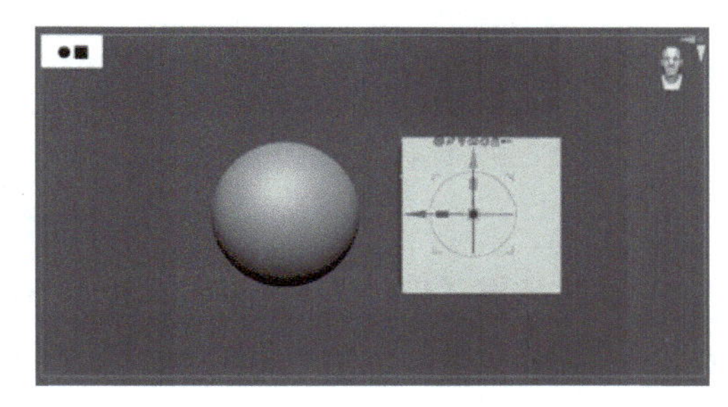
图 1-83　移动重叠模型

技巧提示

当工具栏当中有很多模型时，可以在视图窗口按住〈Alt〉并单击需要编辑的模型，就可以快速进行切换。

按〈W〉激活坐标，按住〈Ctrl+鼠标左键〉移动坐标轴可以对模型进行移动加复制。此时原本的模型就处于遮罩不可编辑的状态，如图 1-84 所示。

按住〈Ctrl+鼠标左键〉在空白位置框选一下两个模型，松开〈Ctrl+鼠标左键〉可以取消原本模型的遮罩状态，变成可编辑的状态。此时的两个圆为一个新的子工具模型，如图 1-85 所示。

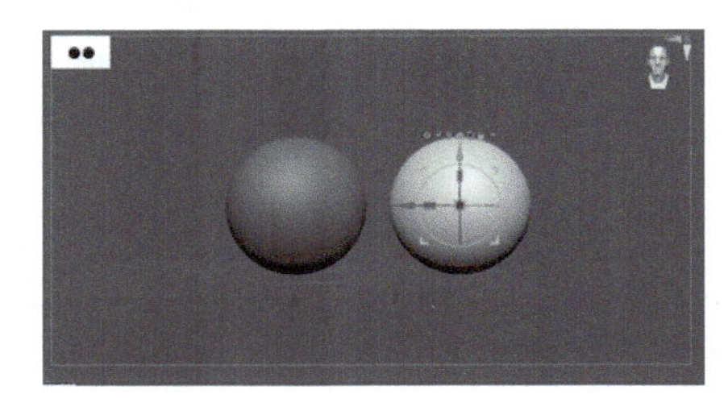
图 1-84　移动加复制

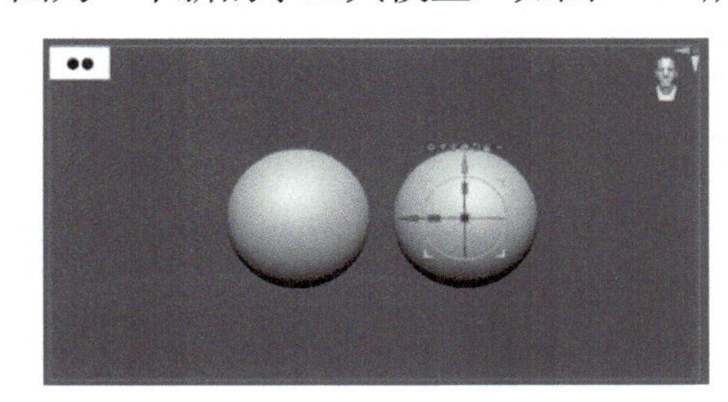
图 1-85　取消模型遮罩

依次单击【子工具-拆分-拆分未遮罩点】可以把未遮罩的模型拆分开，使其成为一个新的子工具，如图 1-86 和图 1-87 所示。

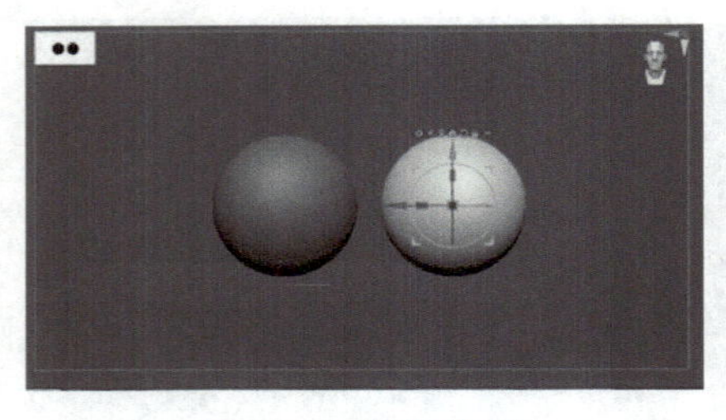
图 1-86 遮罩模型

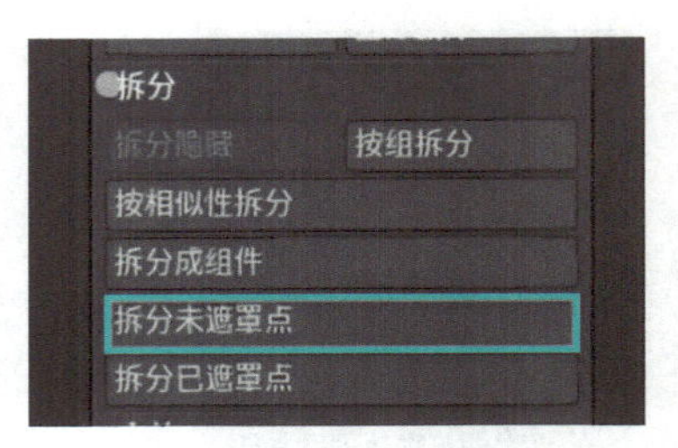

图 1-87 拆分未遮罩点

在学习完软件的基础操作部分后，就可以对模型进行雕刻处理了。ZBrush 软件提供了很多雕刻笔刷，不过常用的笔刷就几个。以下对常用的笔刷进行介绍。

Standard 笔刷：依次按快捷键〈B+D+T〉选中该笔刷，如图 1-88 所示。Standard 笔刷是最基础也是最常用的一种笔刷，它主要用于添加或者细化模型的细节，Standard 笔刷的绘制效果如图 1-89 所示。

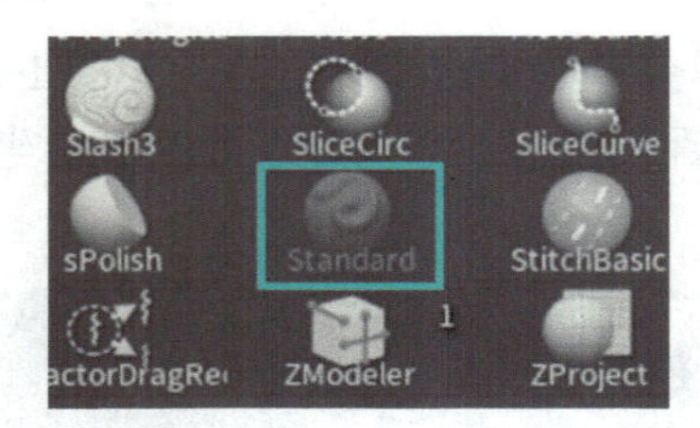

图 1-88 Standard 笔刷

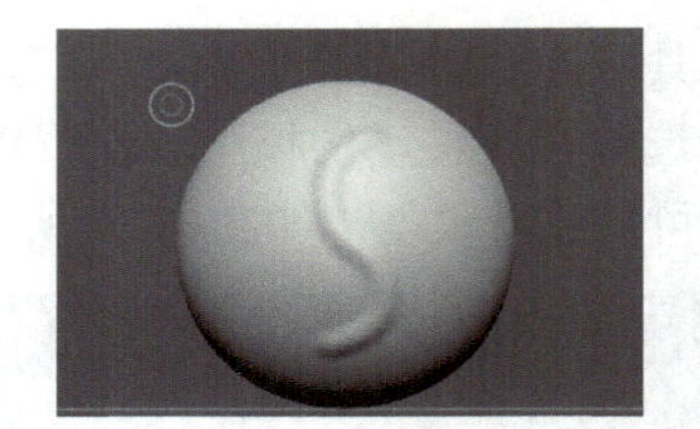
图 1-89 Standard 笔刷绘制效果

技巧提示

按快捷键〈S〉可以调整笔刷的大小，按住〈Alt〉可以使这个笔刷的效果反向。

ClayBuildup 笔刷：依次按快捷键〈B+C+B〉选中该笔刷，如图 1-90 所示。在开始阶段，ClayBuildup 笔刷非常适合快速构建模型的基本形状和体积。使用笔刷时，每一笔都会在前一笔的基础上添加更多的材料，产生一种层叠的效果。此笔刷适合粗略地塑造模型的大致形状和特征，而不是用于细节的雕刻。ClayBuildup 笔刷绘制效果如图 1-91 所示。

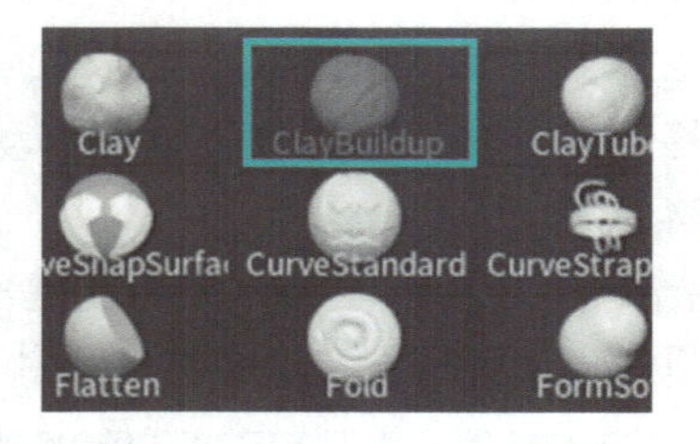

图 1-90 ClayBuildup 笔刷

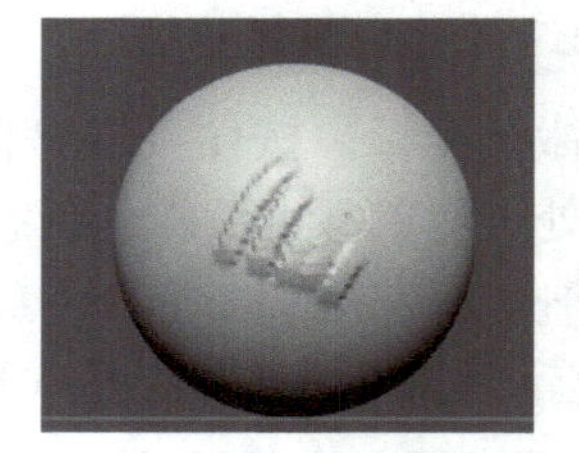
图 1-91 ClayBuildup 笔刷绘制效果

技巧提示

在使用 ClayBuildup 笔刷后，通常需要按住〈Shift〉使用平滑笔刷进行平滑处理，以消除笔触留下的多余痕迹。

在菜单栏依次单击【笔刷-深度-嵌入】可以修改该笔刷的深度，对于 ClayBuildup 笔刷，一般调整数值为 2～5。

DamStandard 笔刷：依次按快捷键〈B+D+S〉选中该笔刷，如图 1-92 所示。DamStandard 笔刷以其能够创建锋利、清晰线条的效果而著称，适合刻画细节。它主要用于制造凹陷效果，可以模拟出深刻的裂缝、皱纹、布料纹理、盔甲的裂痕等细节。DamStandard 笔刷的绘制效果如图 1-93 所示。

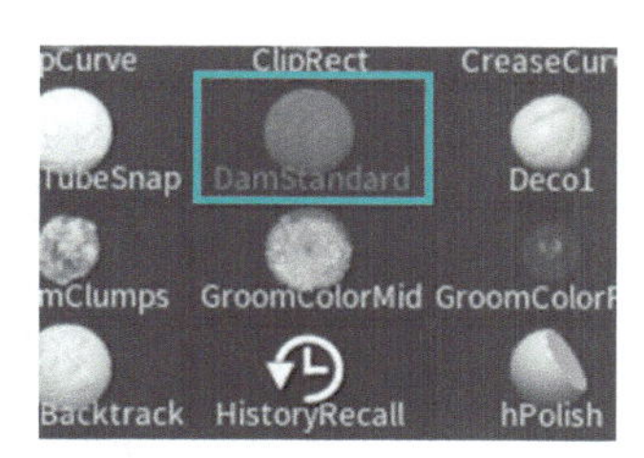

图 1-92　DamStandard 笔刷

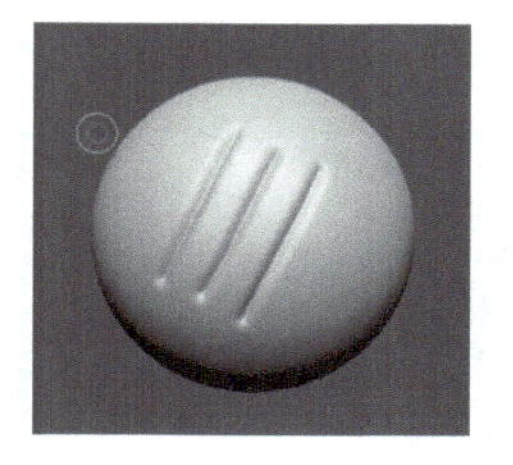

图 1-93　DamStandard 笔刷绘制效果

技巧提示

依次单击以激活菜单栏中的【笔触-Lazy Mouse-延迟半径】并设置数值，可以使绘制出的笔刷效果变得相对平稳和平滑。使用 DamStandard 笔刷时，轻微的压力通常就足够产生明显的效果。也可以按住〈Shift〉来用平滑笔刷进行一些微调，以获得更自然的过渡。

Move 笔刷：依次按快捷键〈B+M+V〉选中该笔刷，如图 1-94 所示。Move 笔刷用于改变模型的整体轮廓和形状，适合在建模的初步阶段或任何需要大范围调整的时候。它可以在较大的范围内移动、拉伸或压缩模型的各个部分，是在塑型和调整模型时较为好用的笔刷。Move 笔刷绘制效果如图 1-95 所示。

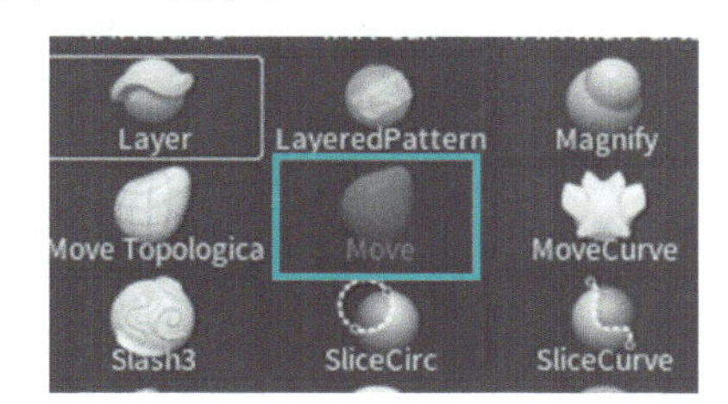

图 1-94　Move 笔刷

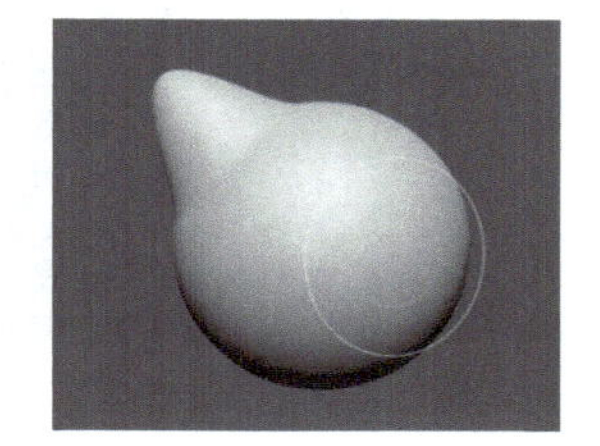

图 1-95　Move 笔刷绘制效果

技巧提示

Move 笔刷常与其他类型的笔刷（如 Standard、ClayBuildup 等）结合使用，以达到最佳的雕刻效果。还需要注意模型的拓扑结构，以避免造成不必要的拉伸或变形。

Flatten 笔刷：依次按快捷键〈B+F+A〉选中该笔刷，如图 1-96 所示。Flatten 笔刷可以有效地平滑和平整模型的表面，创造出干净、平直的区域。使用 Flatten 笔刷时，笔迹边缘通常比较清晰和明显，这有助于在模型中创造硬边。适用于硬表面建模，如机械部件、盔甲等。Flatten 笔刷绘制效果如图 1-97 所示。

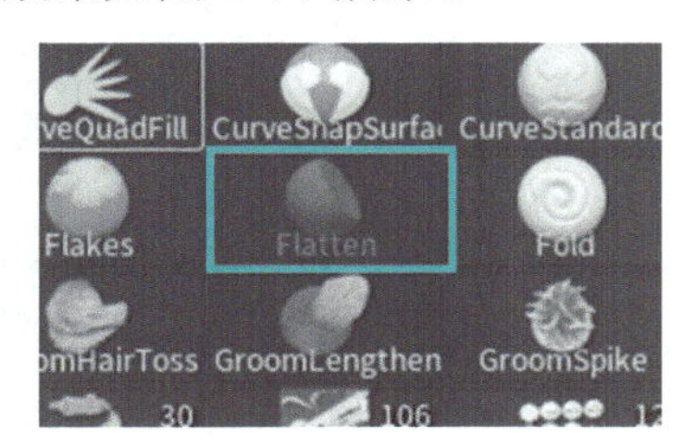

图 1-96　Flatten 笔刷

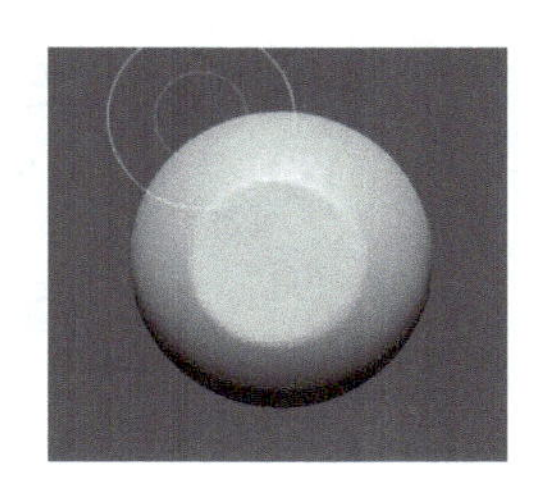

图 1-97　Flatten 笔刷绘制效果

技巧提示

Flatten 笔刷在使用时需要适度，过度使用可能会造成细节丢失。

SnakeHook 笔刷：依次按快捷键〈B+S+H〉选中该笔刷，如图 1-98 所示。SnakeHook 笔刷能够迅速地将模型的一部分拉伸成长条形，适合于快速草图和概念设计，尤其是在创造有机形状和不寻常的形态时。SnakeHook 笔刷绘制效果如图 1-99 所示。

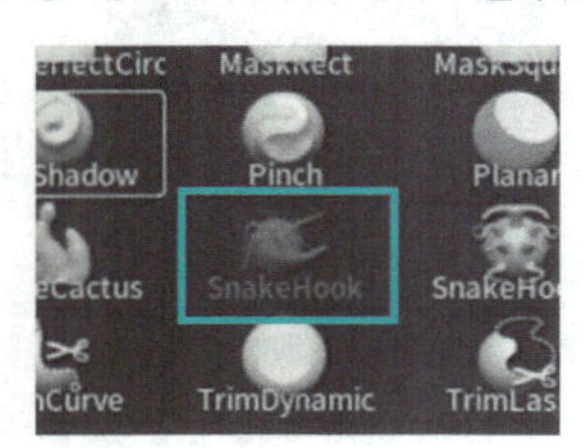

图 1-98　SnakeHook 笔刷

图 1-99　SnakeHook 笔刷绘制效果

技巧提示

使用 SnakeHook 笔刷时要注意，过度拉伸可能会导致模型的拓扑结构变得杂乱，可能需要重新拓扑或使用 Dynamesh 工具。

Pinch 笔刷：依次按快捷键〈B+P+I〉选中该笔刷，如图 1-100 所示。Pinch 笔刷可以将模型表面的顶点向笔刷中心点集中，创造出更紧密的效果。适合用于强化和清晰化模型上的边缘和线条。Pinch 笔刷绘制效果如图 1-101 所示。

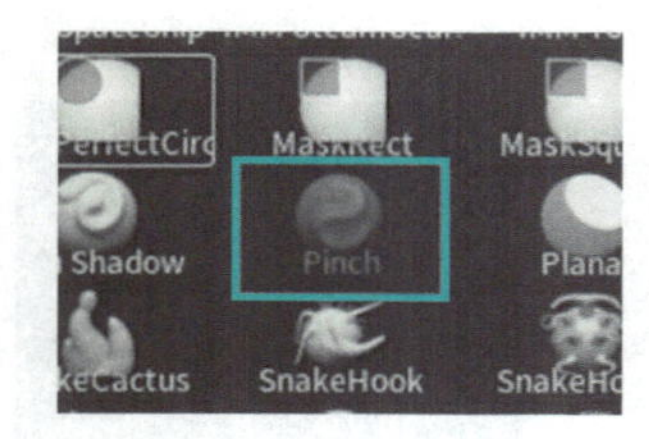

图 1-100　Pinch 笔刷

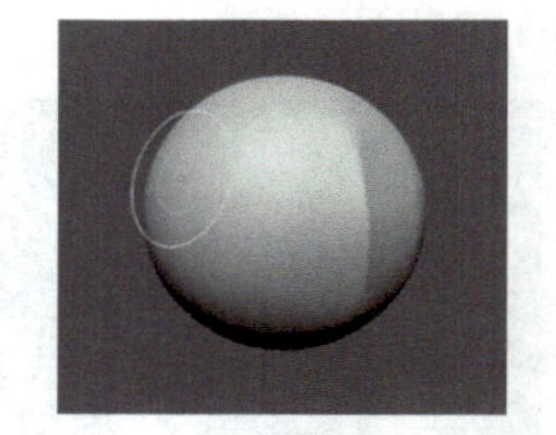

图 1-101　Pinch 笔刷绘制效果

技巧提示

Pinc 笔刷效果明显，过度使用可能会造成模型表面不自然，因此需要适度使用。在模型的最后阶段使用，可以使细节更加清晰和突出。

Dynamesh 是一种革命性的网格重建技术，它允许用户在雕刻过程中重新分配和优化网格。依次单击右侧工具栏中的【几何体编辑-Dynamesh】，设置好分辨率后单击【Dynamesh】工具方可使用该功能，如图 1-102 所示。注意，分辨率的数值越小，重新进行布线的模型面数就越少。Dynamesh 笔刷绘制效果如图 1-103 所示。

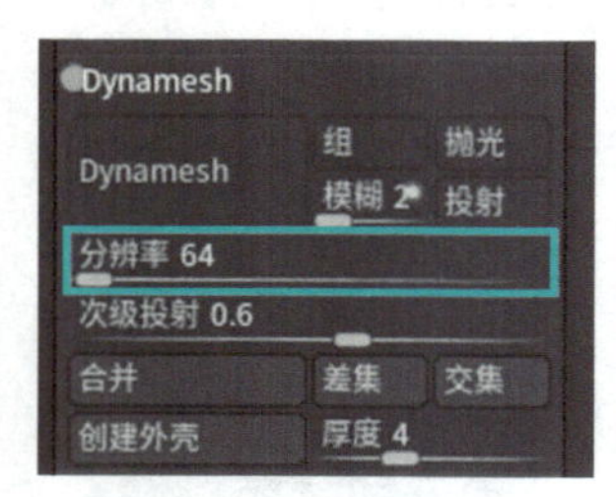

图 1-102　设置分辨率

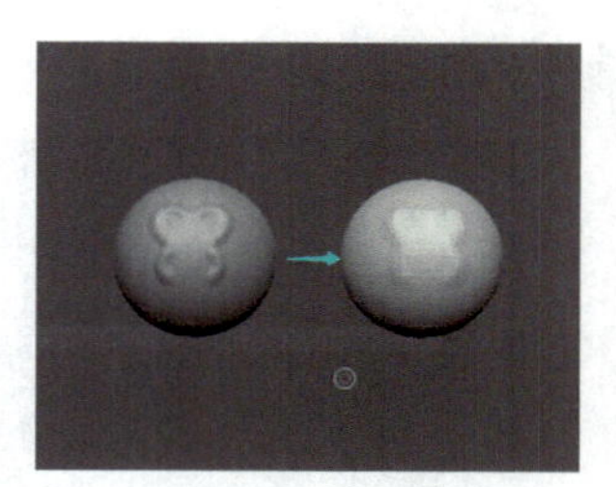

图 1-103　Dynamesh 笔刷绘制效果

技巧提示

在雕刻过程中，按下〈Ctrl〉并在画布上单击以进行拖动，即可重新应用 Dynamesh。

ZRemesher 是一个自动重新拓扑工具，它可以生成更加规整和优化的拓扑结构，特别适用于后续的动画和细节雕刻。

依次单击右侧工具栏中的【几何体编辑-ZRemesher】，设置好目标多边形数，如图 1-104 所示。之后即可对模型进行重新布线。

ZRemesher 笔刷绘制效果如图 1-105 所示。

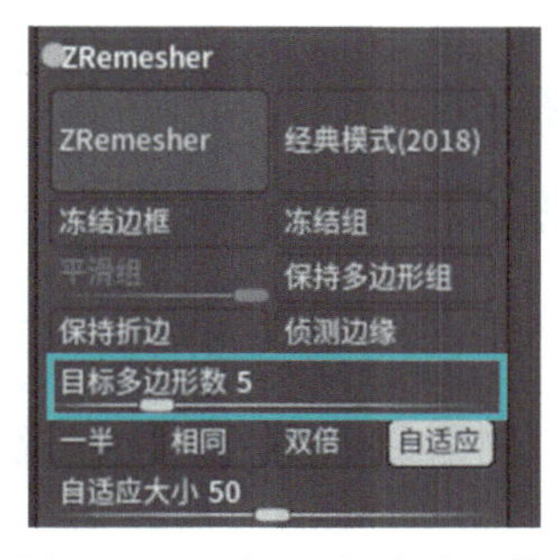

图 1-104　设置目标多边形数

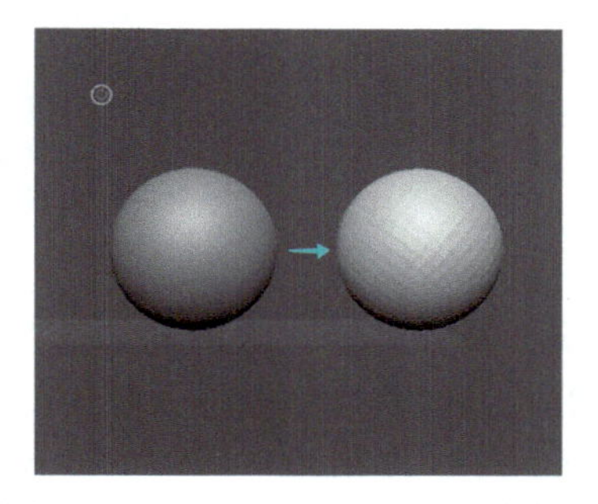

图 1-105　ZRemesher 笔刷绘制效果

遮罩在 ZBrush 中也是一个十分常用的功能，它可以使模型的遮罩部分不可编辑。同时也可以对模型的遮罩部分进行厚度的提取。还可以将模型的遮罩部分从原模型上分离。

按住〈Ctrl〉，笔刷的位置类型会转换为遮罩模式，如图 1-106 所示。

在遮罩模式下方可调整遮罩的类型，默认的是类似画笔的形状。可自由地在模型上进行遮罩的绘制。按住〈Ctrl〉的同时单击，还可以选择其他的遮罩类型，如图 1-107 所示。

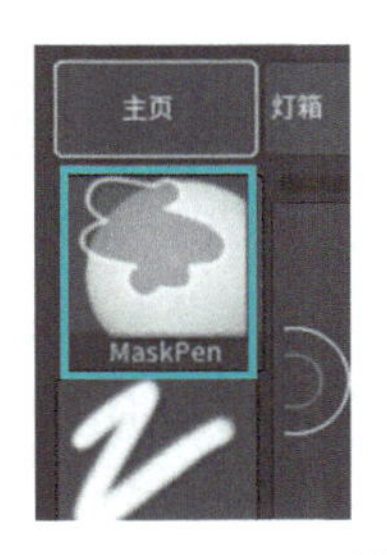

图 1-106　激活遮罩模式

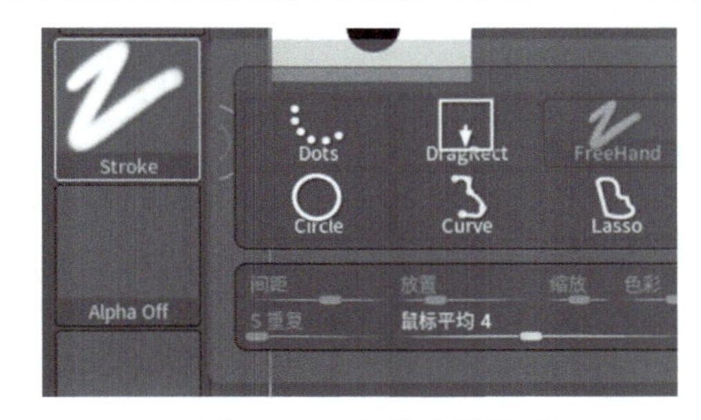

图 1-107　切换遮罩类型

按住〈Ctrl〉，在模型上绘制出遮罩，如图 1-108 所示。依次单击右侧的【工具-提取】设置需要提取的厚度，效果满意后单击接受方可对模型进行遮罩的提取，如图 1-109 所示。提取后的效果如图 1-110 所示。

图 1-108　绘制遮罩

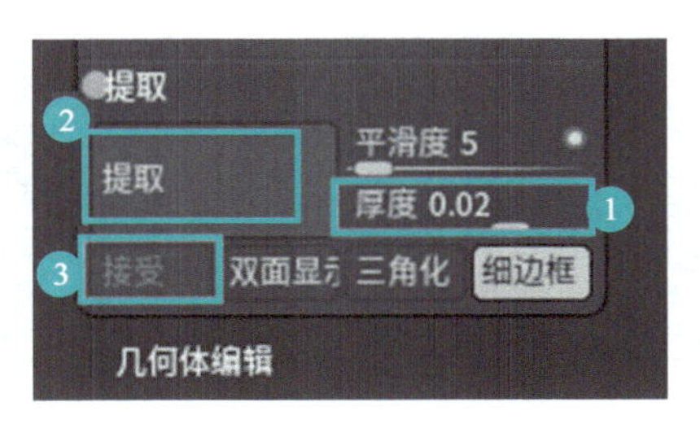

图 1-109　设置提取

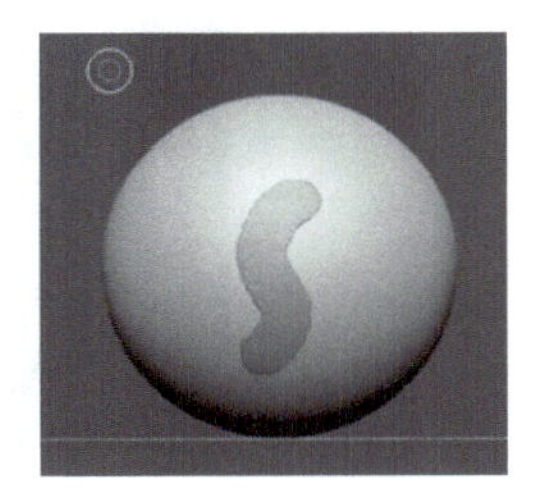

图 1-110　提取效果

技巧提示

按住〈Ctrl〉的同时在空白位置框选模型，方可取消遮罩。

在实际雕刻过程中经常需要进行对称操作，快捷键〈X〉可以快速切换为对称绘制的模式，如图 1-111 所示。

图 1-111 激活对称

在实际雕刻过程中，有时还会遇到需要将多个模型组合成一个模型的时候。这时则不便对组合的模型进行单独雕刻，如图 1-112 所示。需要在右侧工具面板中的多边形组中选择【自动分组】命令，如图 1-113 所示，将一个整体的模型进行分组，如图 1-114 所示。

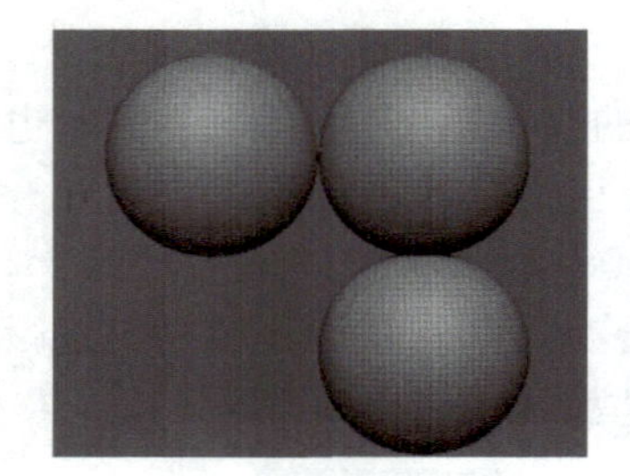

图 1-112 自动分组前

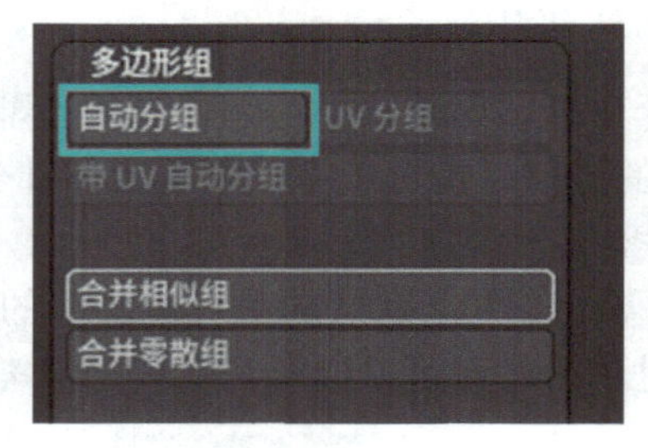

图 1-113 自动分组

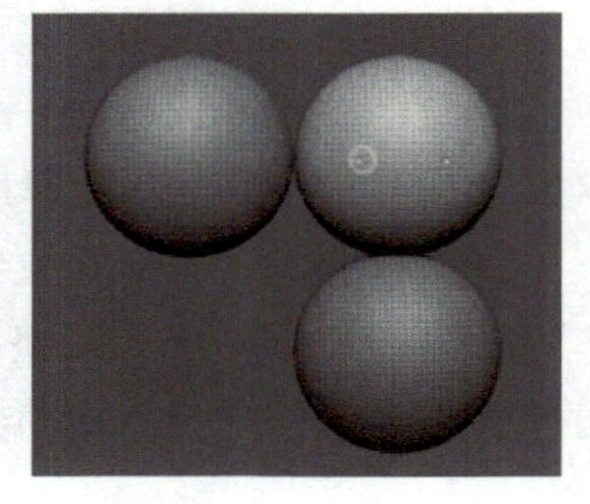

图 1-114 自动分组后

技巧提示

按快捷键〈Shift+F〉可以切换模型线框为显示或关闭状态，〈Ctrl+W〉可以对分组模型进行单独成组。

对单独的一个整体模型进行雕刻时，很容易对不想调整的模型部分进行误调整。这时候就可以使用子工具当中的【拆分】命令，把分好组或者遮罩了的模型进行拆分，如图 1-115 所示。

在子工具中选择需要的拆分部分后，这一个整体的模型就会被拆分开，注意拆分未遮罩点或拆分已遮罩点的时候模型需要有遮罩，如图 1-116 所示。

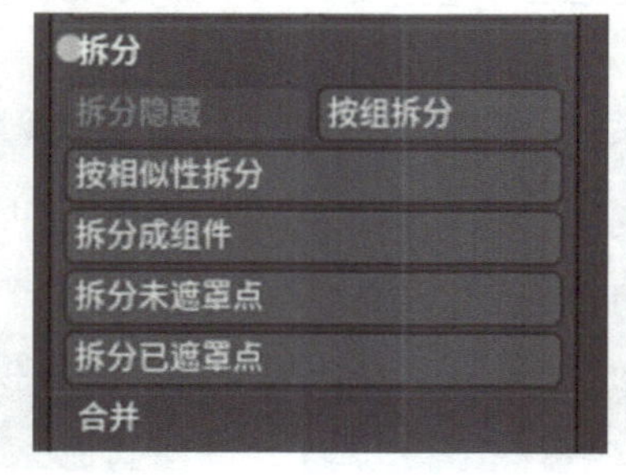

图 1-115 拆分选项栏

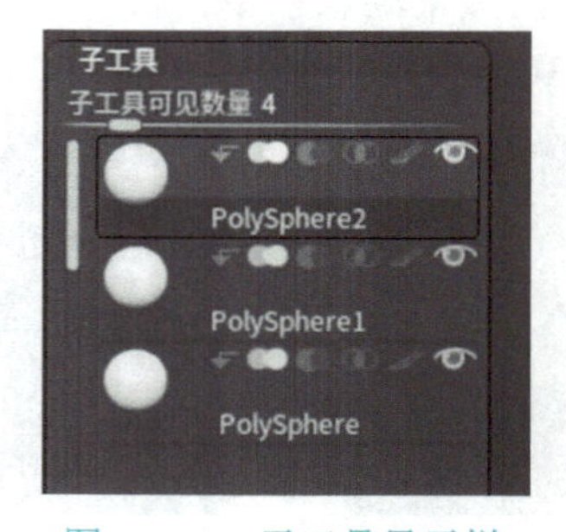

图 1-116 子工具显示栏

技巧提示

拆分模型后就可以对相应的模型进行雕刻。

选择菜单栏中的【Z 插件-子工具大师】命令可以一次性导出子工具中所有模型为 OBJ 格式，如图 1-117 所示。导出设置如图 1-118 所示。

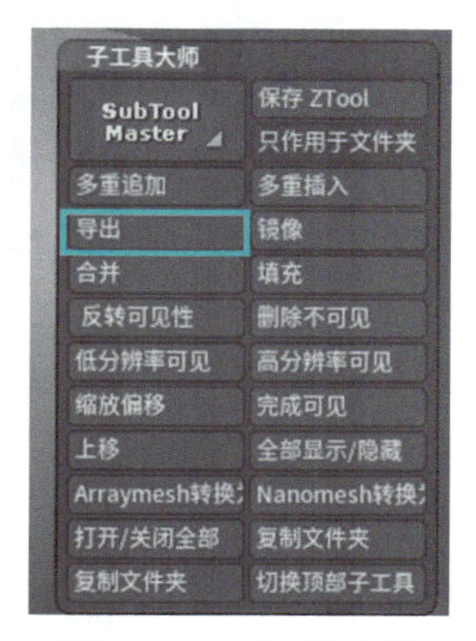

图 1-117　子工具大师

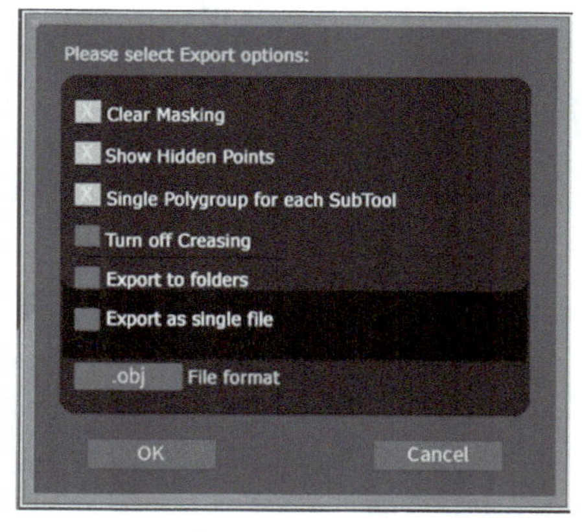

图 1-118　导出设置

1.4 场景高模雕刻

本项目介绍了制作模型的低模和高模的方法，为之后绘制贴图的工作做准备。场景的高模模型如图 1-119 所示。

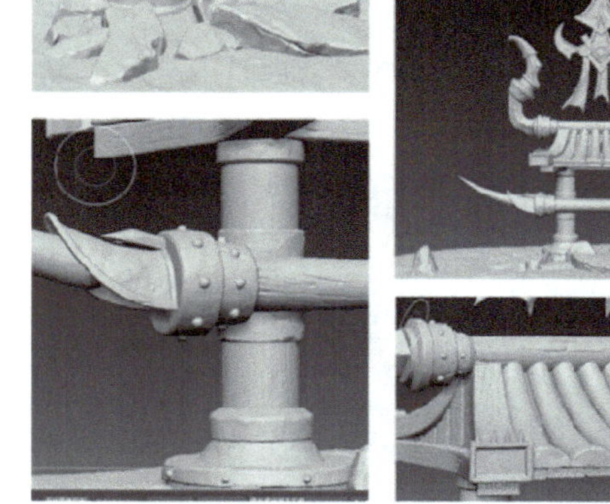

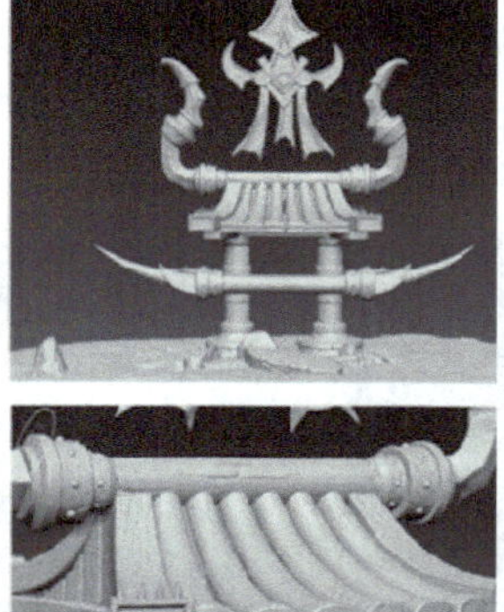

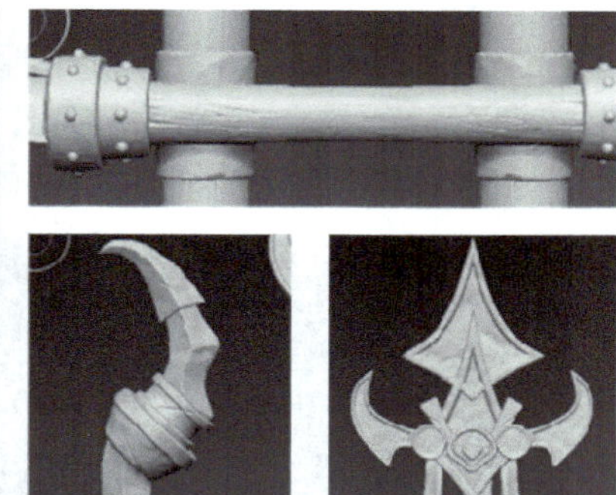

图 1-119　场景高模

1.4.1 模型导入

首先在 Maya 软件中导出 OBJ 文件，然后启动 ZBrush 软件，单击右上角的【导入】，如图 1-120 所示。

选择该导出的 OBJ 文件，单击【打开】，按住〈鼠标左键〉并在窗口视图中拖拽，即可将模型导入 ZBrush 中。然后单击【Edit】可以进行模型雕刻，如图 1-121 所示。

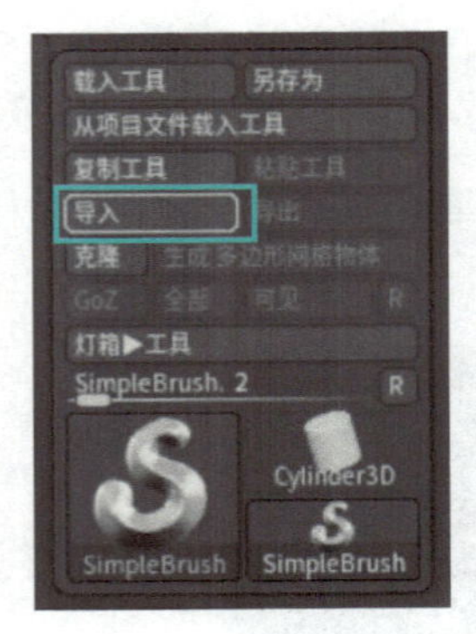

图 1-120　导入按钮

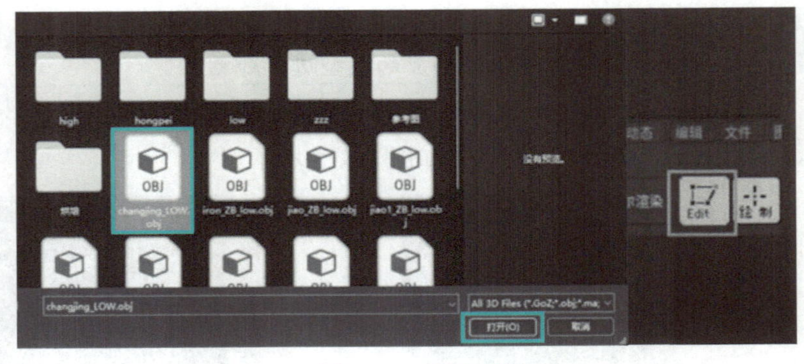

图 1-121　导入模型

如果出现了如图 1-122 所示的提示，则表示模型的面没有处理干净，即存在四边以上的面。

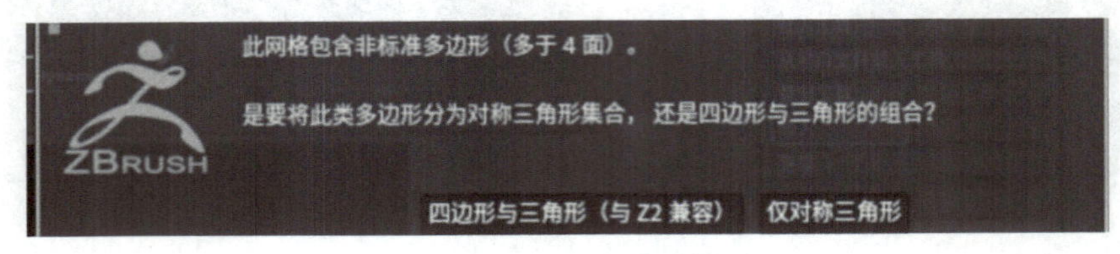

图 1-122　提示未清理模型

1.4.2　场景高模雕刻

导入模型后可以开始雕刻模型，但从外部导入的模型是一个整体，直接使用笔刷工具会作用在整个模型上，同时模型面数太少的特性也不方便绘制。

单击右侧子工具下的【拆分-按组拆分】工具，如图 1-123 所示。按住〈Alt+鼠标左键〉并单击模型使其变亮，单击【几何编辑器-细分网格】工具，增加模型的面数，如图 1-124 所示。细分效果如图 1-125 所示。

图 1-123　按组拆分

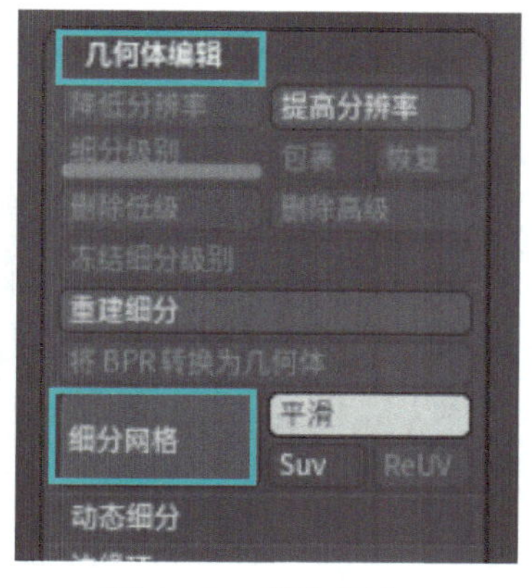

图 1-124　添加细分

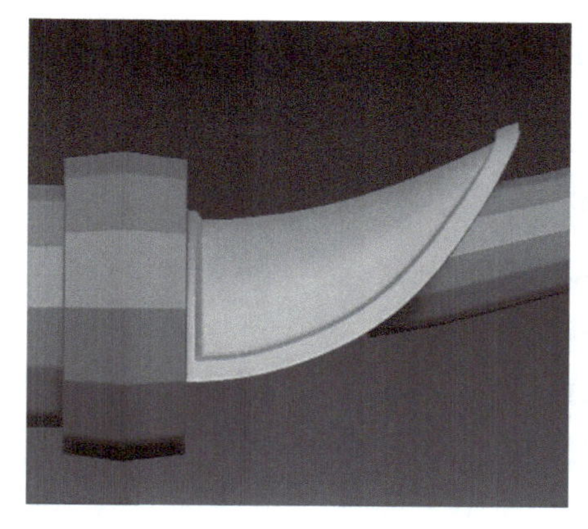
图 1-125　细分效果

因为模型是对称的，所以可以只绘制一边，然后使用对称操作以绘制对称效果，也可以两边都进行不同的绘制。单击左侧【笔刷】按钮，在弹出的面板中选择【TrimAdaptive】笔刷，也可以使用笔刷快捷键【B+T+A】，如图 1-126 和图 1-127 所示。

图 1-126　笔刷按钮

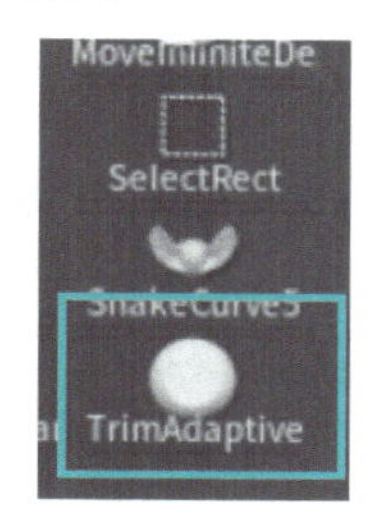

图 1-127　TrimAdaptive 笔刷

使用 TrimAdaptive 笔刷调整模型的轮廓，效果如图 1-128 和图 1-129 所示。

技巧提示

按〈T〉进入 Edit 编辑模式。按快捷组合键〈Shift+鼠标中键〉切换到正视口显示模型。按〈鼠标左键〉旋转视口，按快捷组合键〈Ctrl+鼠标右键〉放大或缩小视口，按快捷组合键〈Alt+鼠标左键〉平移视口。

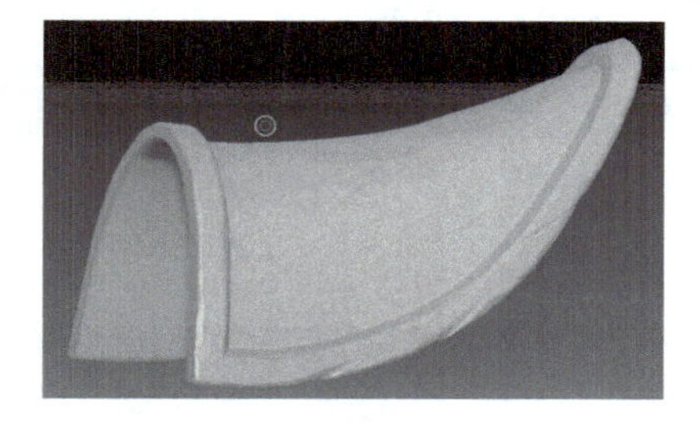
图 1-128　雕刻效果图（透视图）

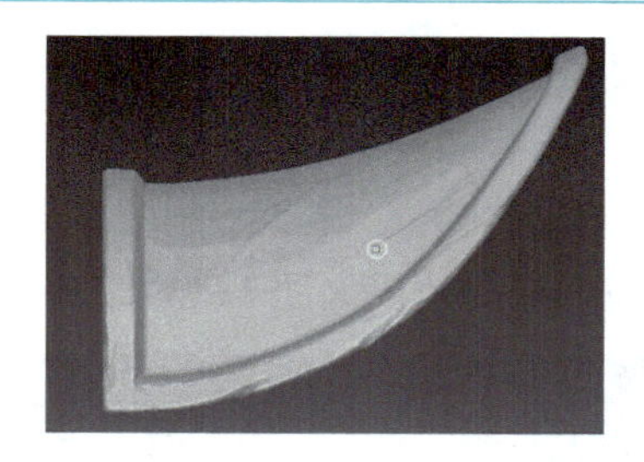
图 1-129　雕刻效果图（前视图）

对于金属模型的绘制，需要首先将金属边缘的破损雕刻出来，再用一些预设的特殊笔刷来绘制特效，或是使用灰度图。特殊笔刷可以加快绘制金属模型的进度，但是重复使用的效果会很单调，需要用其他笔刷再进行修改和雕刻。

笔刷的导入需要右击 ZBrush 软件图标，再单击【文件所在的位置】命令找到 ZBrushes 文件夹，将预设笔刷复制到该文件夹，如图 1-130 所示。

重新打开 ZBrush 软件，单击左侧【灯箱】工具中的笔刷，找到复制进去的笔刷，如图 1-131 所示。

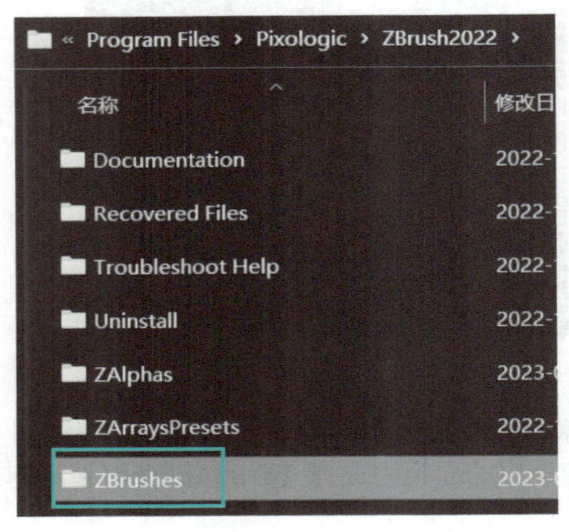

图 1-130　导入笔刷

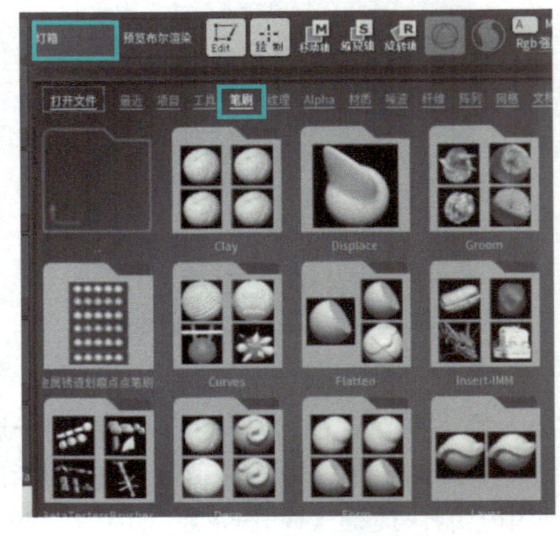

图 1-131　导入笔刷查找

选择之前导入的金属质感的笔刷并进行绘制，对模型全面地覆盖金属质感。如果有的地方不需要绘制金属质感或者笔刷效果重叠，可以单击右侧工具栏中的【变换目标-存储变换目标】工具，如图 1-132 所示。

使用 Morph 笔刷（组合快捷键〈B+M+G〉）可以擦除掉存储变换目标之后绘制的笔刷效果，如图 1-133 所示。

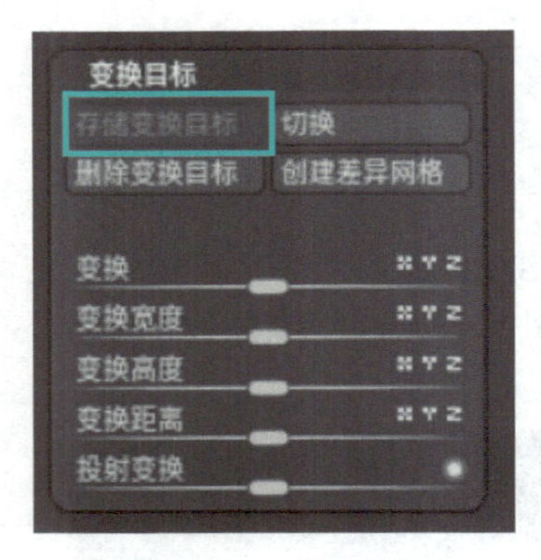

图 1-132　变换目标

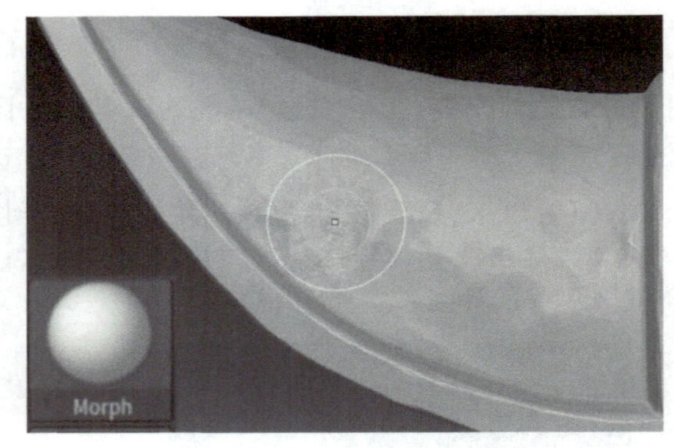

图 1-133　变换笔刷

肩甲模型最终效果如图 1-134 和图 1-135 所示。

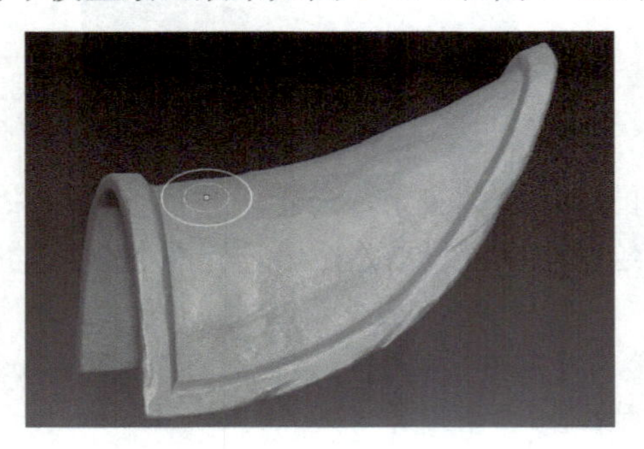

图 1-134　肩甲模型（透视图）

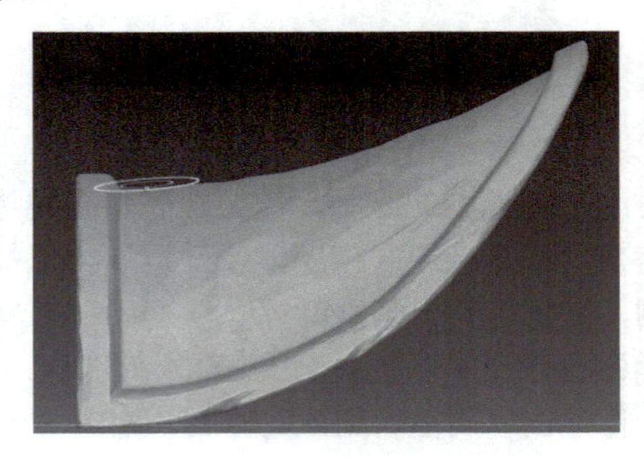

图 1-135　肩甲模型（前视图）

金属模型的制作方法步骤基本相同。木头材质模型的制作则使用 TrimAdaptive 笔刷，将其圆滑的面涂抹一下，如图 1-136 所示。

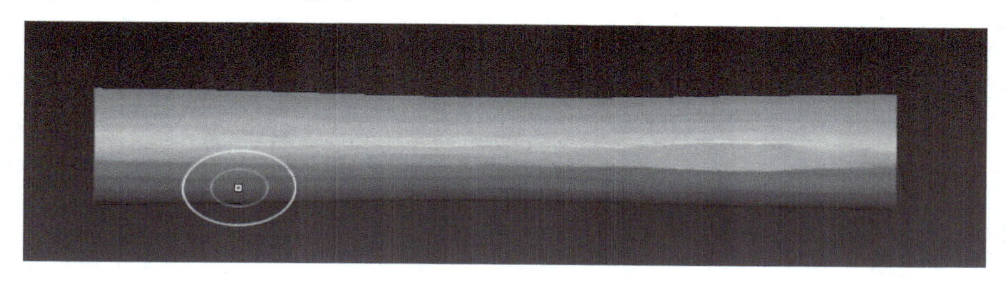

图 1-136　涂抹

选择 Damstandard 笔刷（笔刷的组合快捷键是〈B+D+S〉），雕刻出木头纹路，如图 1-137 所示。

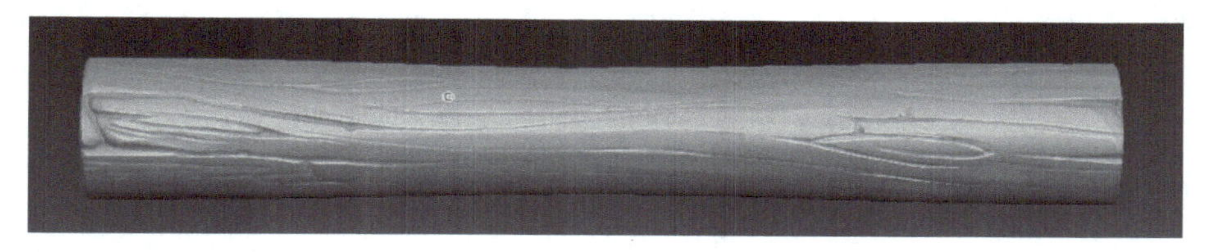

图 1-137　雕刻木纹

打开 Maya 软件，制作石头的模型大型。创建面片，使用【选定激活-四边形绘制】绘制出石板，再通过挤出操作确定厚度，最后调整位置，如图 1-138～图 1-140 所示。

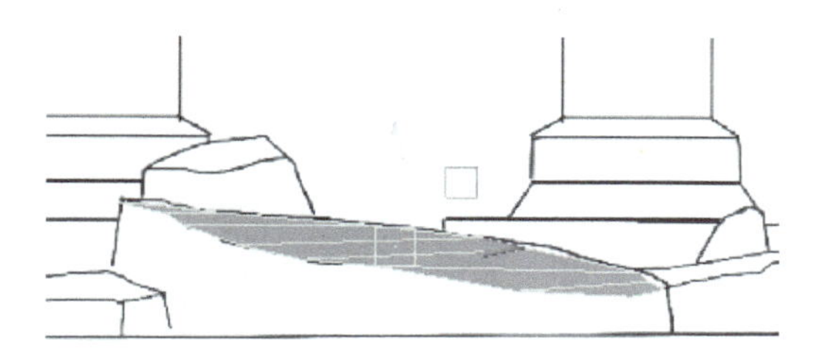

图 1-138　绘制基本型

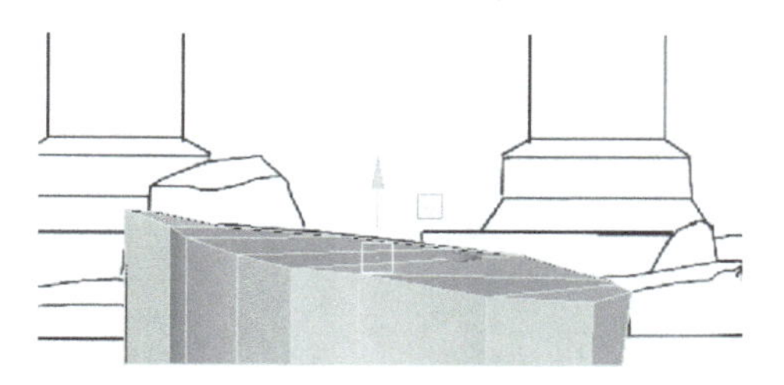

图 1-139　挤出调整位置

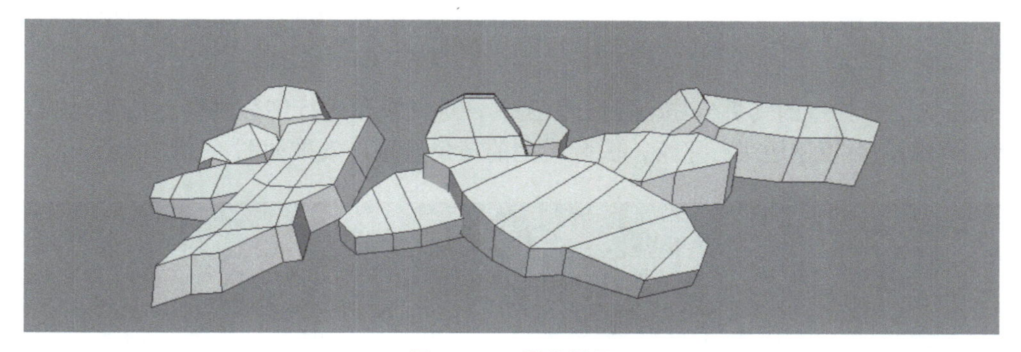

图 1-140　最终效果

导出石头大型的 OBJ 文件。回到 ZBrush 软件，单击右侧工具栏下的【Cylinder3D】按钮，如图 1-141 所示。导入刚刚导出的石头大型。切换回之前的场景，如图 1-142 所示。

单击右侧【子工具】栏，单击【插入】按钮并选择刚刚导入 ZBrush 的模型，如图 1-143 和

图 1-144 所示。

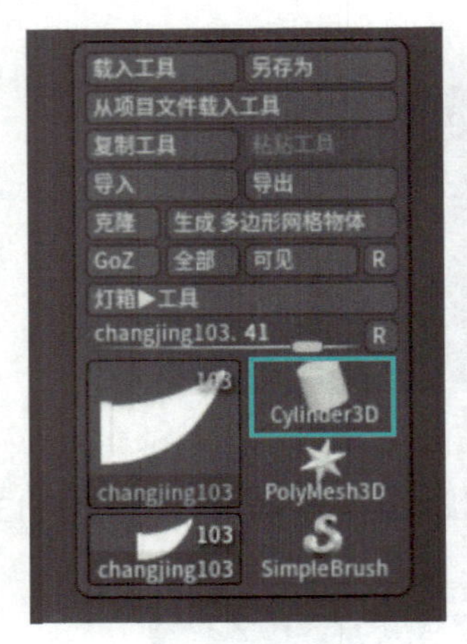

图 1-141　单击按钮

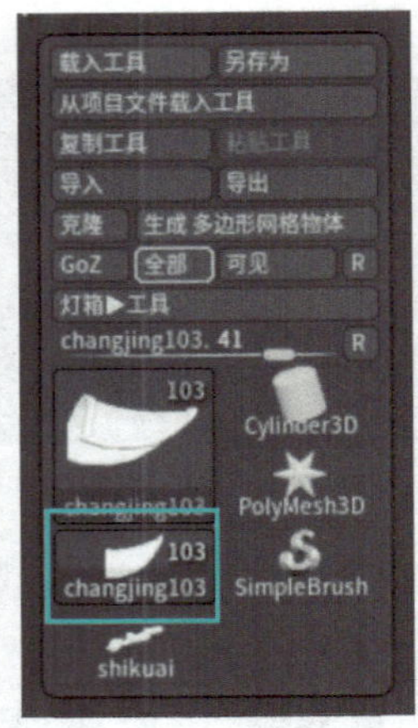

图 1-142　切换回场景

图 1-143　插入

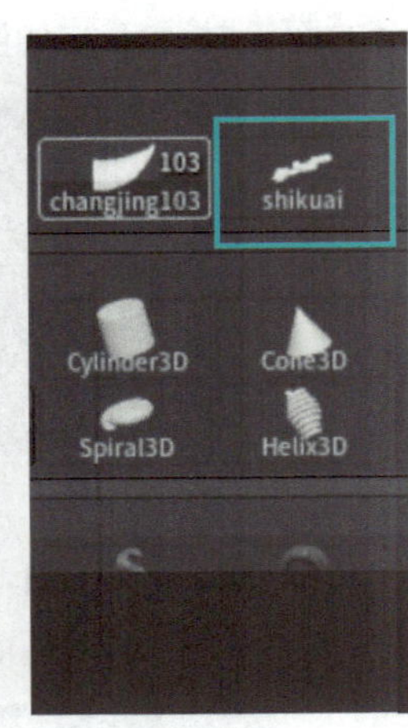

图 1-144　插入石块

选择【几何编辑器-折边-折边】工具，模型会自动折边，如图 1-145 和图 1-146 所示。虽然方法快速，但是复杂模型的折边效果不理想。

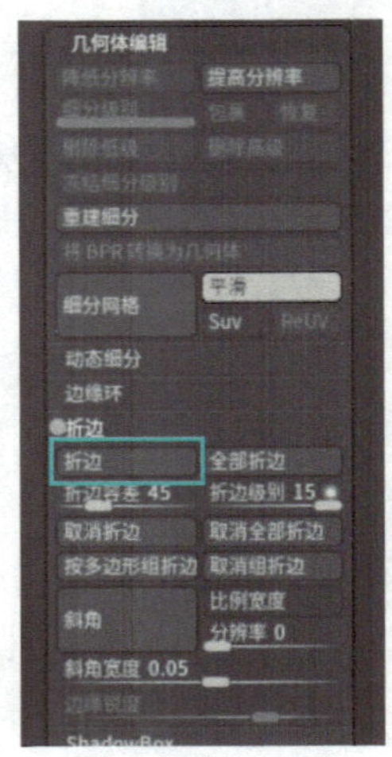

图 1-145　折边

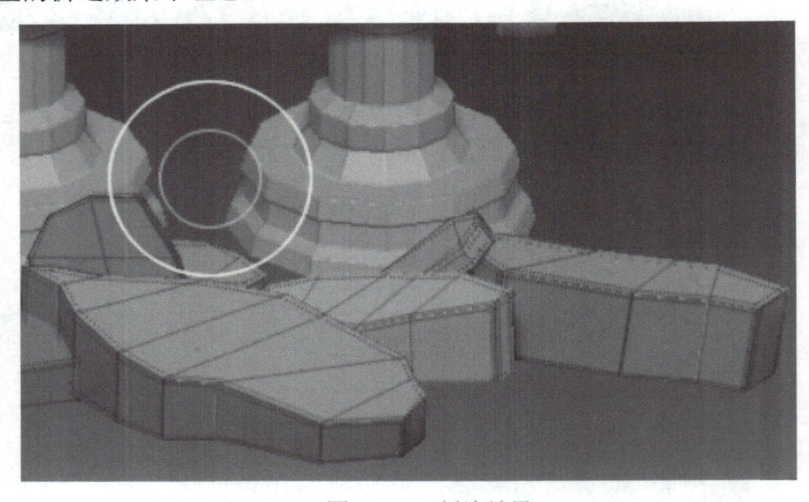

图 1-146　折边效果

单击右侧工具栏中的【拆分-按组拆分】工具，选择模型进行细分网格。按住〈Shift〉以使用 Smooth 笔刷，对模型边进行平滑，去除模型的棱角效果，效果如图 1-147 所示。

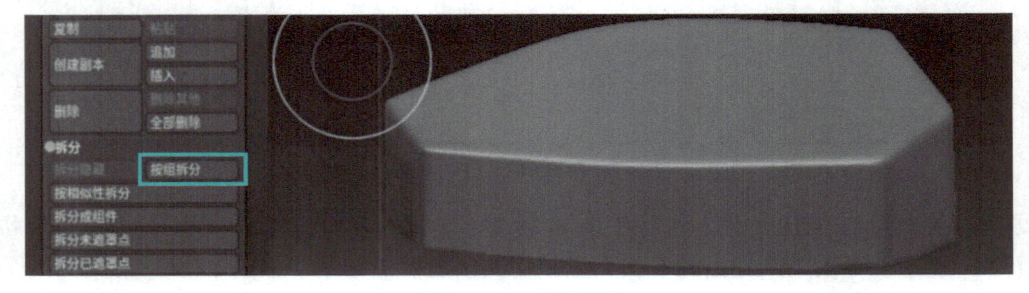

图 1-147　平滑效果

继续使用 TrimAdaptive 笔刷，对模型边缘进行打破，雕刻出石头的感觉与破损状态，如图 1-148 所示。

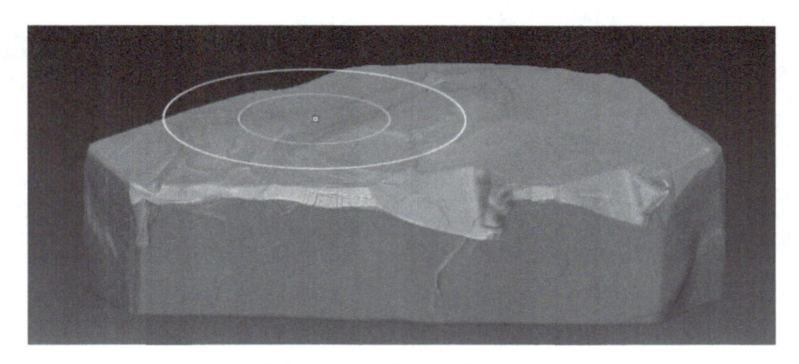

图 1-148　石头雕刻效果

其他石头模型也是用相同的办法进行制作的。

雕刻完的石头模型便是一个高模。如果模型面数太多，可单击【Z 插件-抽取大师-全部预处理】命令进行调整，如图 1-149 所示。等待处理完，便可以将模型进行减面。选择【抽取当前】，可以调整抽取的比例，用以设置减面效果。如果抽取 20%的面后发现高模的细节没有变化，那就继续将抽取百分比往下调，如设置为 15%、10%。抽取对比效果如图 1-150 和图 1-151 所示，在不影响呈现效果的情况下减少了面数。

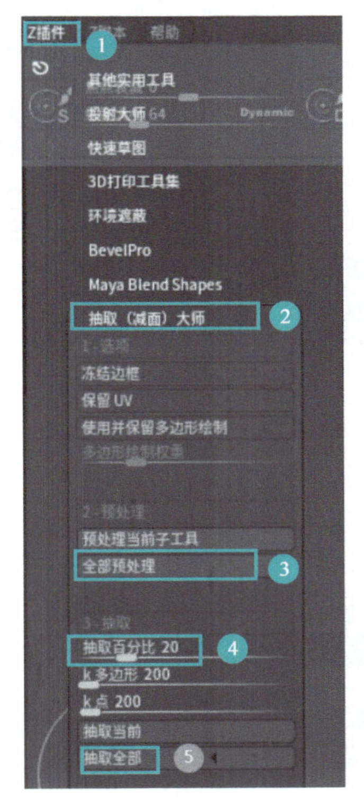

图 1-149　预处理

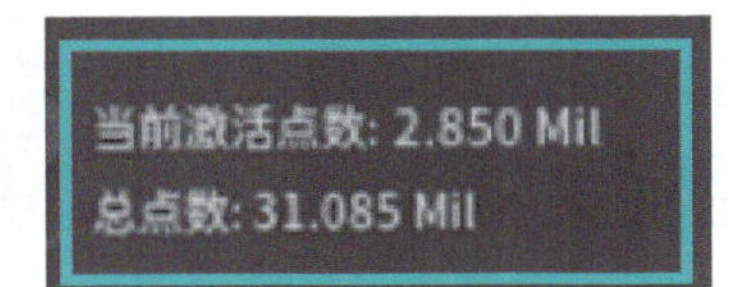

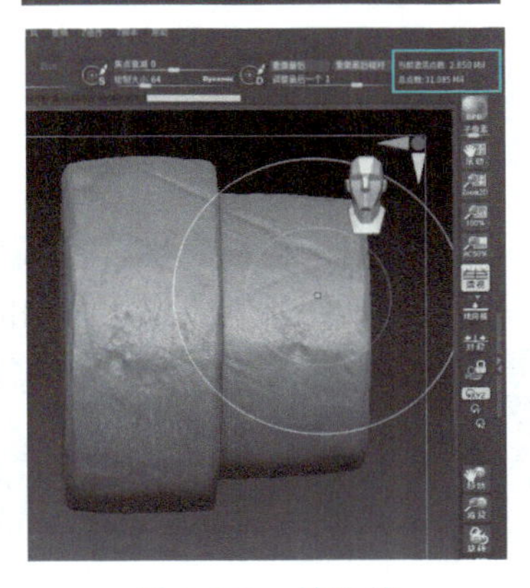

图 1-150　抽取前

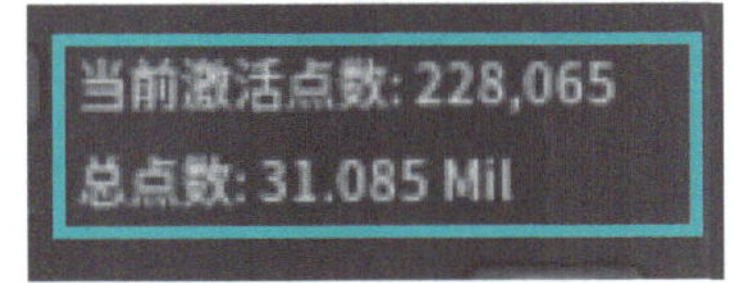

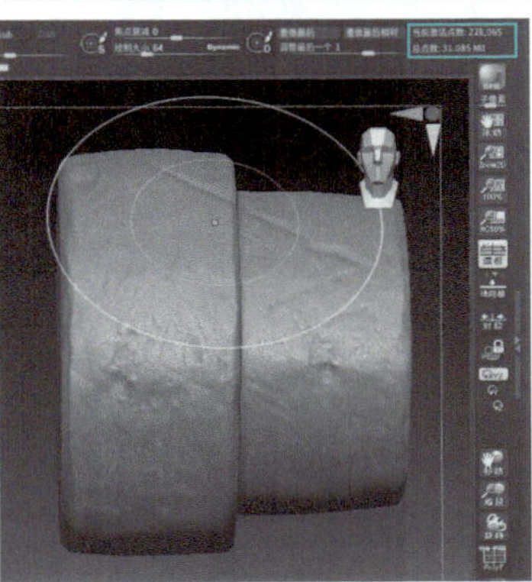

图 1-151　抽取后

抽取完后，模型的面数从之前的 2850000 到 228065，极大缩减了资源的占比。使用同样的方法把所有的模型预处理抽取出来，高模最终效果图如图 1-152 和图 1-153 所示。

图 1-152　高模最终效果图（上部）

图 1-153　高模最终效果图（下部）

1.4.3　高模导出

高模导出

高模制作完成后，将其导出，单击【Z 插件-3D 打印工具集】工具，如图 1-154 所示。

单击【导出选项-导出到单独文件】命令，再单击【导出到 OBJ】命令，如图 1-155 所示。

选择【Choice 2:Use the SubTool name as the file name】选项，如图 1-156 所示。

图 1-154　3D 打印工具集

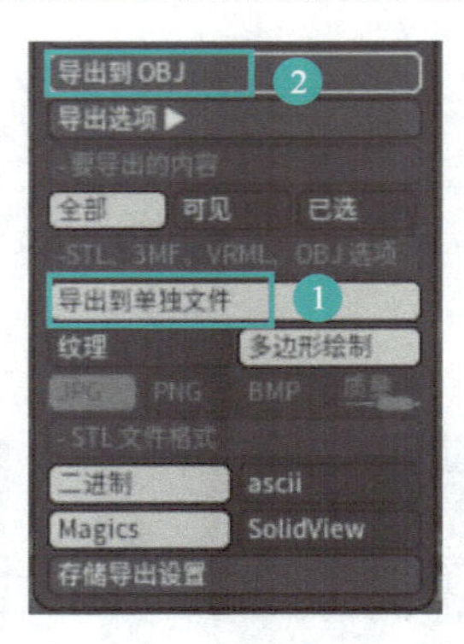

图 1-155　导出参数设置

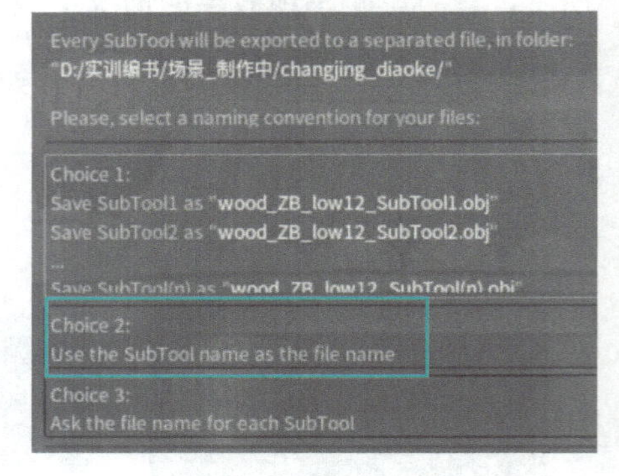

图 1-156　选择文件名

1.5　模型贴图绘制

导入游戏引擎的贴图可以分为颜色贴图、粗糙贴图、金属贴图和法线贴图。本项目通过 Adobe Substance 3D Painter 完成道具模型的制作，完成模型和贴图如图 1-157～图 1-162 所示。

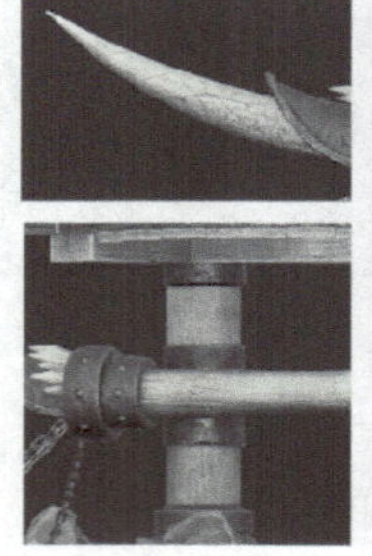

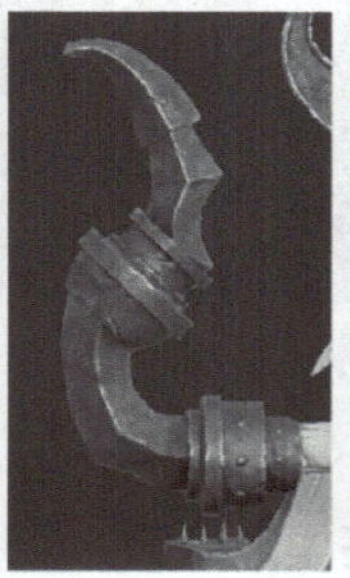

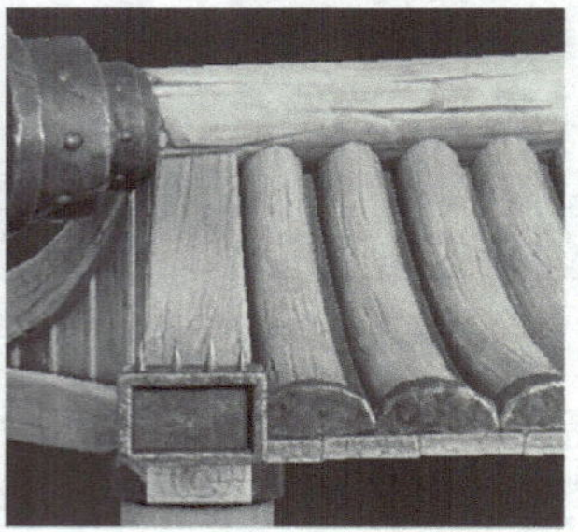

图 1-157　模型贴图细节图

图 1-158　模型贴图全景图

图 1-159　颜色贴图

图 1-160　粗糙贴图

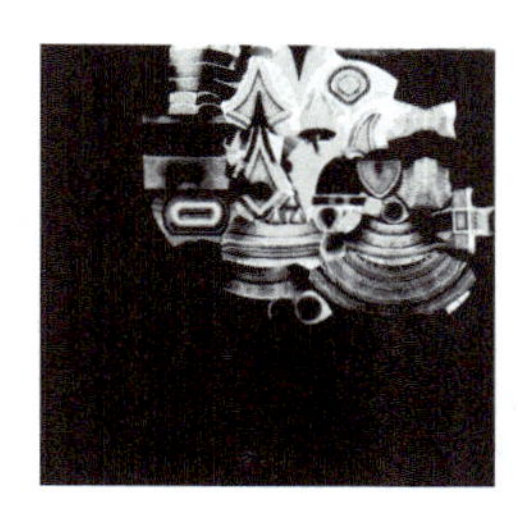

图 1-161　金属贴图

图 1-162　法线贴图

1.5.1　低模拓扑

用 Maya 软件导入 OBJ 模型。如果模型过大，就只导入一半，保留对称的模型。再导入之前的模型大型，导入的 OBJ 模型与 Maya 之前的模型会重合，但是有些模型会破损，如石头模型，需要对其重新拓扑，操作流程如下。

鼠标左键单击高模时会出现一个绿点，继续单击创建四个绿点后，将鼠标放置在四个绿点的中间，按住〈Shift+鼠标左键〉绘制出一个面。绘制面时要确保四个点都出现在视图窗口，如图 1-163 和图 1-164 所示。

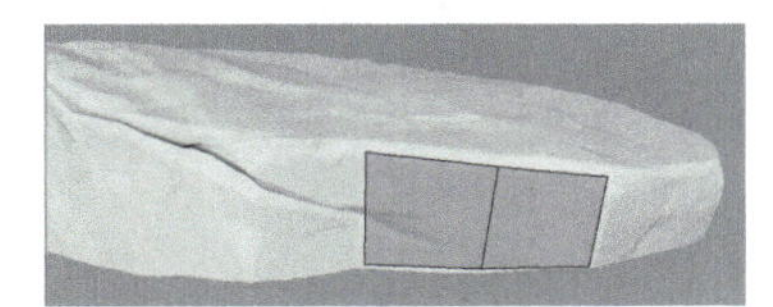

图 1-163　绘制点

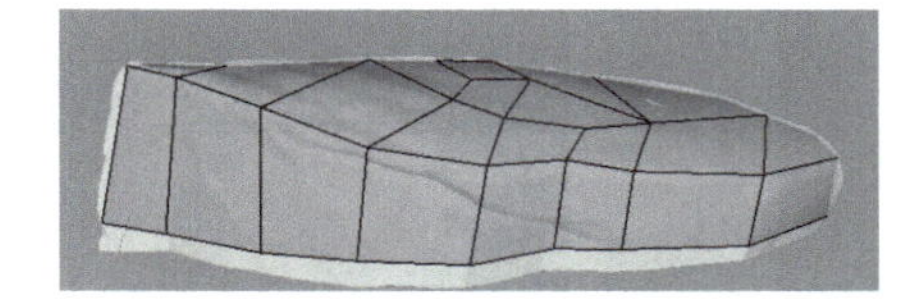

图 1-164　拓扑效果图

使用同样的方法将需要的模型都拓扑出来，最终效果如图 1-165 所示。

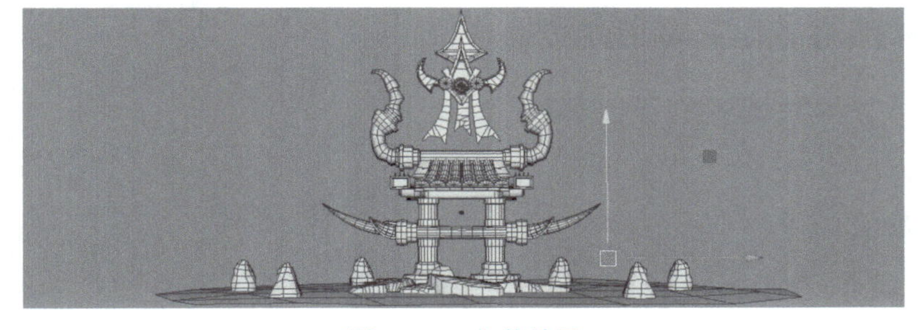

图 1-165　拓扑效果

1.5.2 模型制作与 UV 拆除

接下来完成铁链模型的制作，创建一个多边形圆环，在【输入】面板将【轴向细分数】和【高度细分数】改为 10，在点级别选择一半的点并将其拖曳出来，如图 1-166 和图 1-167 所示。

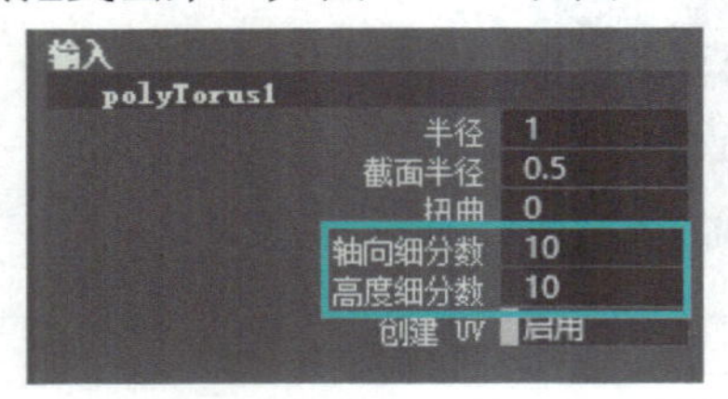

图 1-166 参数调整

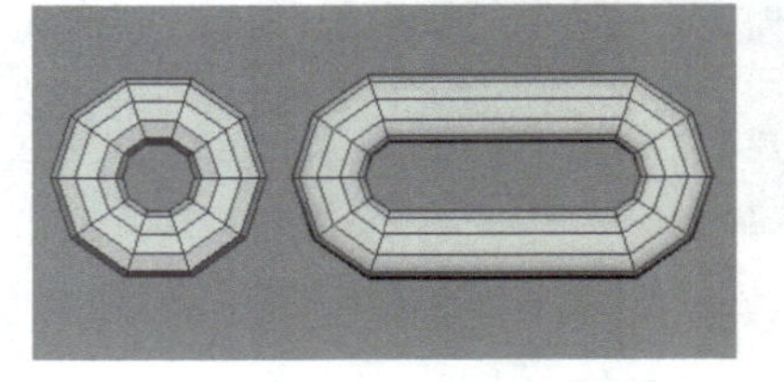

图 1-167 铁链环

铁链环需要拆除 UV，拆除完才能制作铁链。单击【曲线/曲面-EP 曲线】工具，绘制曲线。选择点级别，将其调整到合适的位置，如图 1-168 和图 1-169 所示。

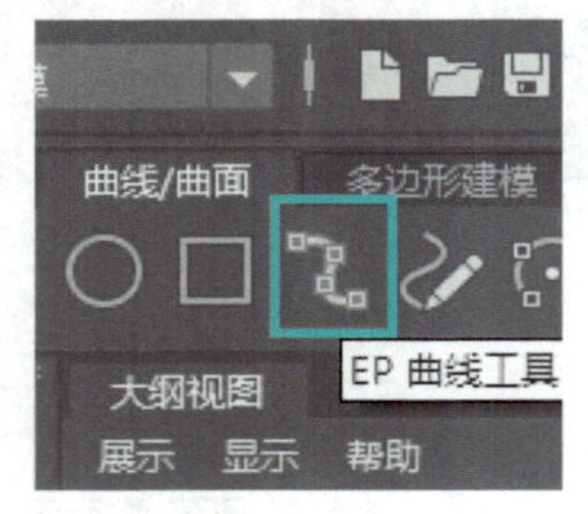

图 1-168 EP 曲线工具

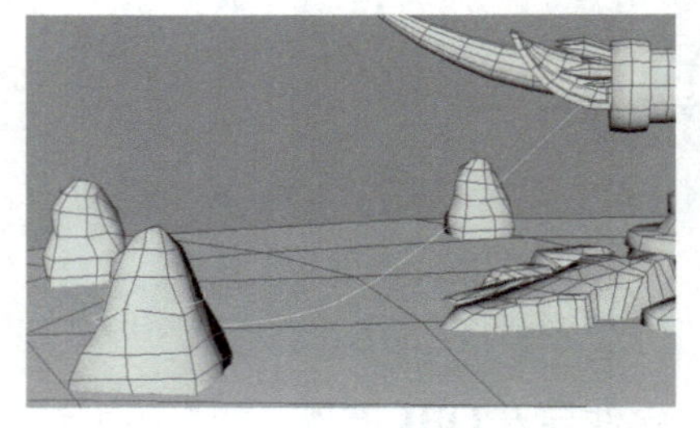

图 1-169 调整曲线

选择铁链环模型，对其执行【冻结变换】命令，单击【MASH-创建 MASH 网格】命令。会复制出相同铁链环，如图 1-170 所示。

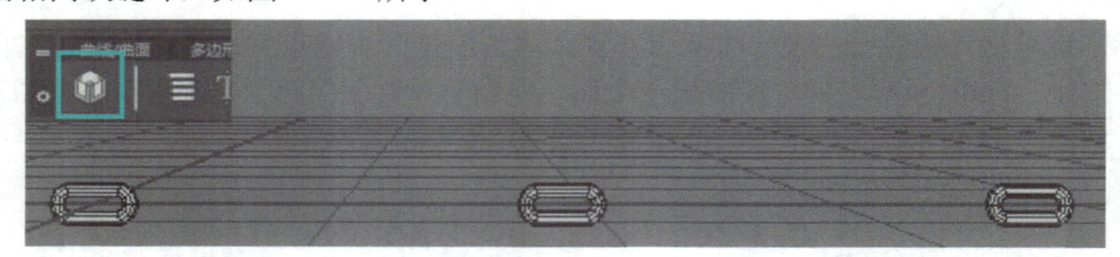

图 1-170 MASH 效果

调整 MASH 网格的参数，单击【MASH 编辑器】，调整【MASH-Distribute 节点】下的参数，如图 1-171 所示。将【点数】改为 1，【距离 X】改为 0，如图 1-172 所示。

图 1-171 MASH 编辑器

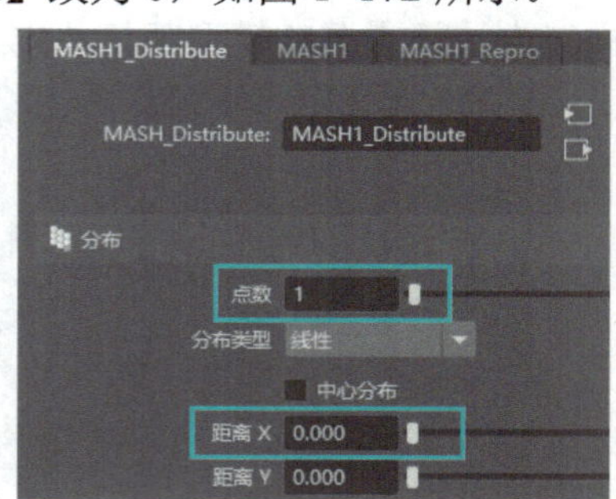

图 1-172 调整参数

技巧提示

单击 MASH 编辑器中的列表可以快速打开功能的节点列表，从而调整参数。

单击 MASH 编辑器的红色加号，在弹出的面板中单击【Replicator】选项，如图 1-173 所示。

调整【复制者】参数为 2，【偏移位置 Z】参数修改为 0，如图 1-174 所示。

图 1-173　添加 Replicator

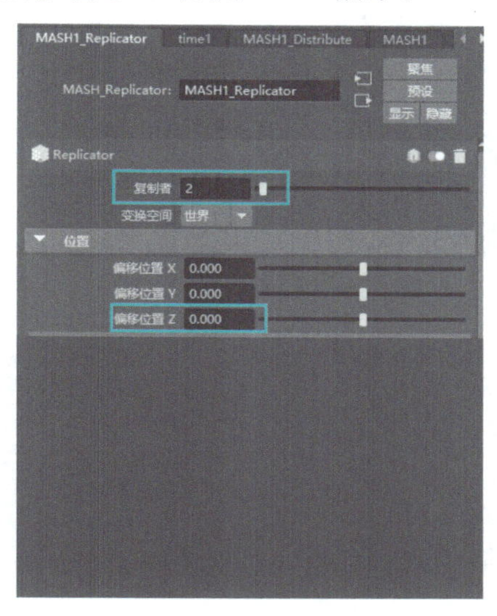

图 1-174　修改参数

将【图案旋转 x】参数改为 90，如图 1-175 所示，Replicator 效果如图 1-176 所示。

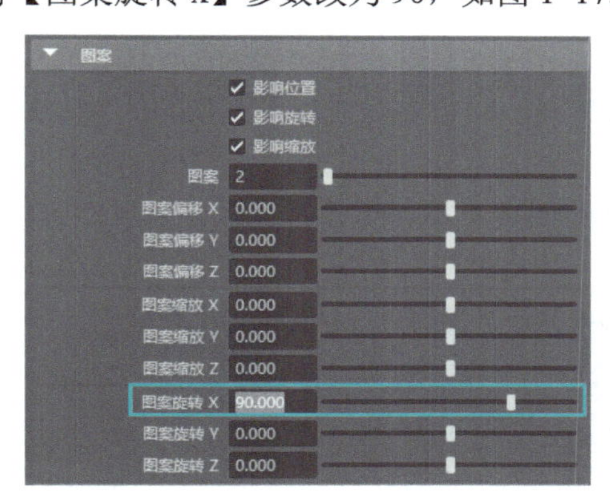

图 1-175　修改图案参数

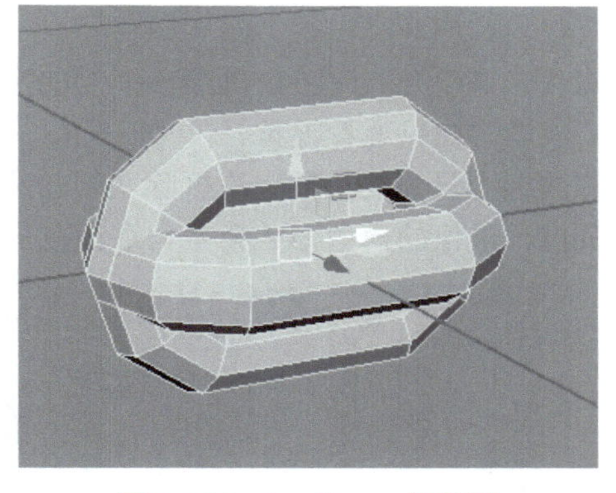

图 1-176　Replicator 效果图

继续单击【红色加号】，在弹出的面板中单击【Curve】选项，如图 1-177 所示。

将在图 1-168 和图 1-169 中制作好的曲线拖入 Curve 节点中的【输入曲线】命令，【步长】参数修改为 1，参数效果如图 1-178 所示。

如果发现铁链环不够，单击 MASH 编辑器中的【Replicator】面板，单击【Replicator】选项，根据实际情况调整【复制者】参数的数量，参数面板如图 1-179 所示，效果如图 1-180 所示。

曲线与铁链是关联的，其余的铁链也使用同样的方法进行制作。

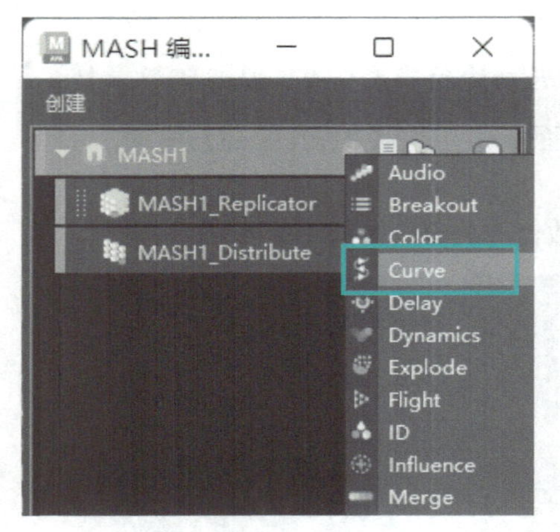

图 1-177　添加 Curve

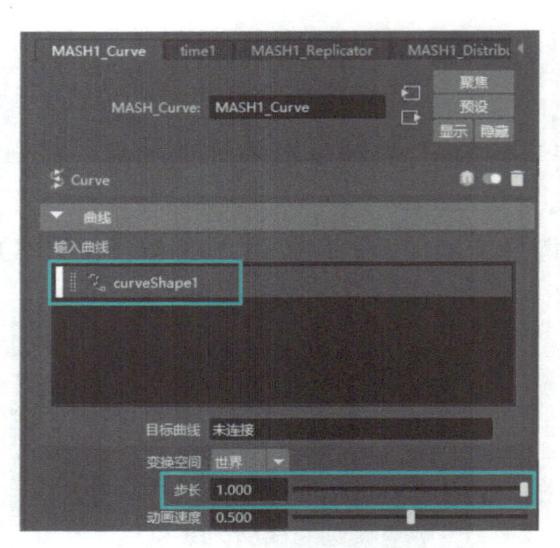

图 1-178　修改步长参数

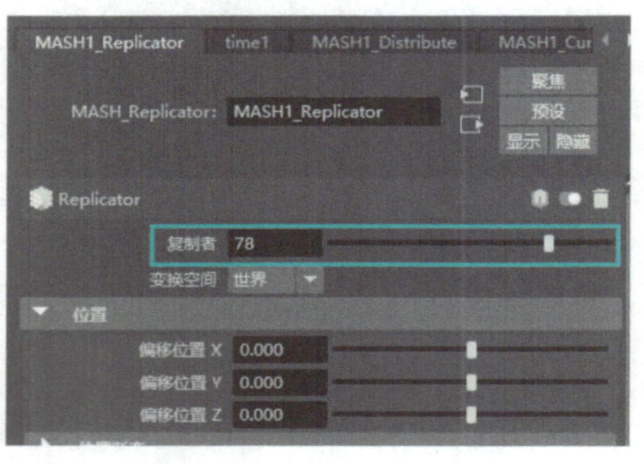

图 1-179　修改复制者参数

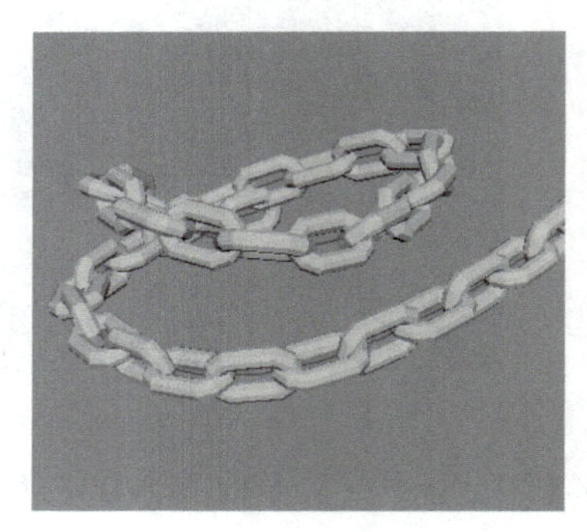

图 1-180　铁链效果

拆除 UV 前需要把遮挡的面删除，因此需要先减少面数再完成场景模型的拆除 UV 工作，拆除 UV 操作请扫码观看视频。

对称的模型只需要执行一次拆除 UV 的操作再镜像，这样操作可以减少大量的工作量和贴图资源负担。镜像的模型 UV 会完全重合在一起，如图 1-181 所示。

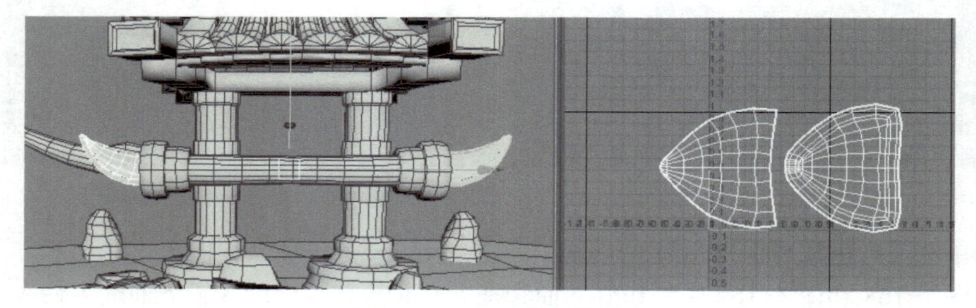

图 1-181　UV 重合效果

1.5.3　使用 Substance Painter 烘焙与绘制贴图

模型制作和模型 UV 拆除完成后就可以进行烘焙，烘焙贴图的操作请扫码观看视频。

使用 Substance Painter 烘焙与绘制贴图

使用 Substance Painter 烘焙贴图的流程是，先将模型的高低模分开，防止烘焙出现错误。此项目中模型的数量较多，可以将模型与模型之间没有依靠在一起的部分结合起来，如图 1-182 和图 1-183 所示。

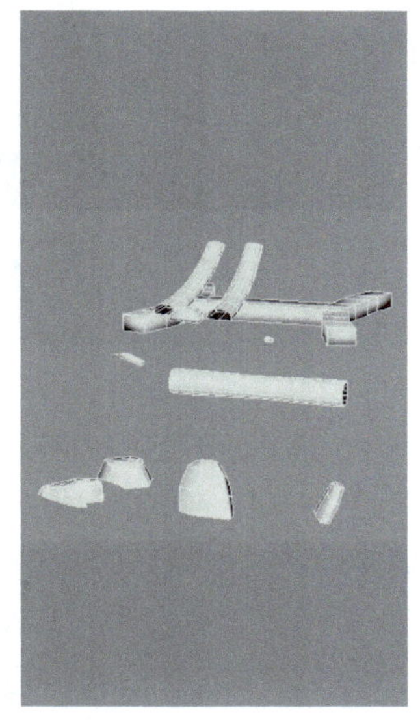

图 1-182　石头和屋顶模型结合

图 1-183　其他零件模型结合

需要注意的是高模低模都需要结合，高模与低模的空间位置需要匹配，命名也需要匹配，尾缀分别为“high”和“low”。

烘焙完贴图，重新配置项目，导入镜像完成的模型，效果如图 1-184 所示。

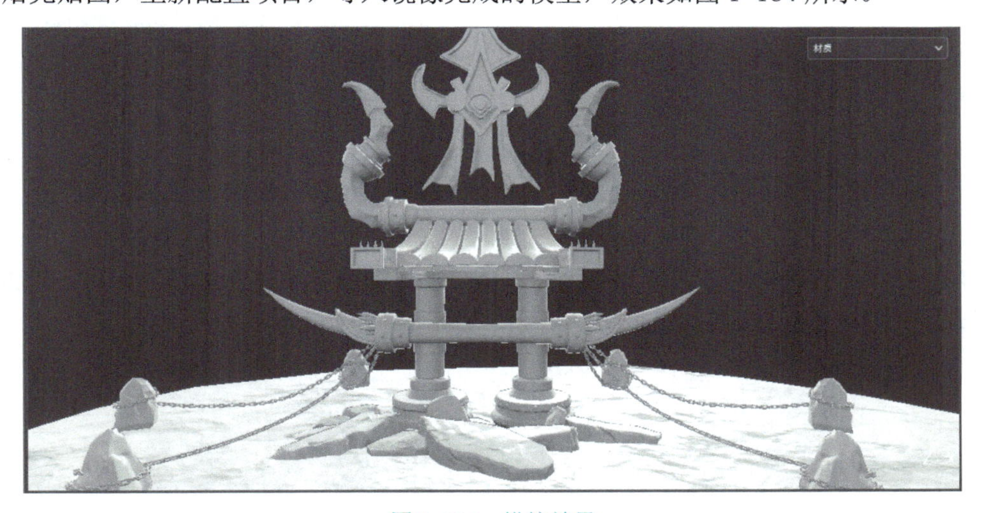

图 1-184　烘焙效果

技巧提示

镜像模型导出前需要对平移、旋转和缩放三个基本参数执行【冻结变换】和【删除历史】命令。

制作骨头材质贴图，创建文件夹，命名为“骨头文件”。创建底色文件，添加【填充图层】命令并重命名为“底色”，如图 1-185 和图 1-186 所示。

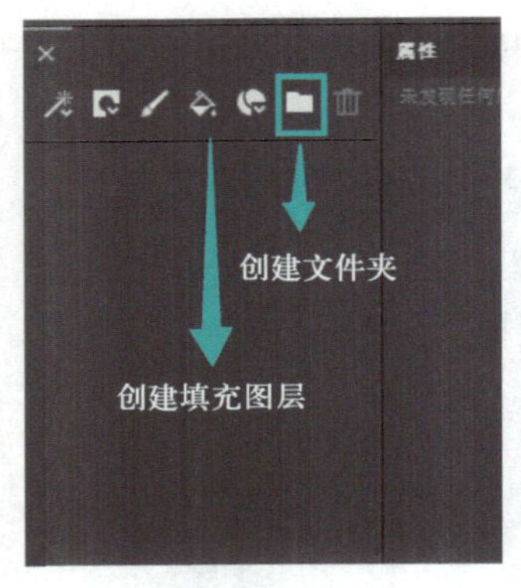

图 1-185　创建文件夹和填充图层

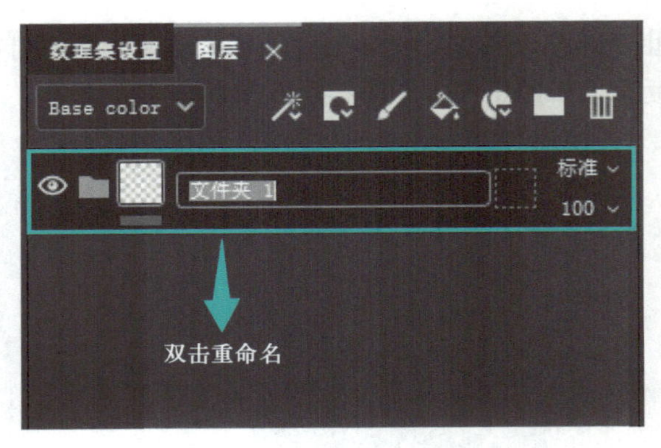

图 1-186　填充图层重命名

材质赋予颜色#F1D3B7，【粗糙】(Roughness) 参数约为 0.33，如图 1-187 所示。

添加【滤镜】，调整参数【Scale】为 2，【Grain Intensity】为 0.1，如图 1-188 所示。

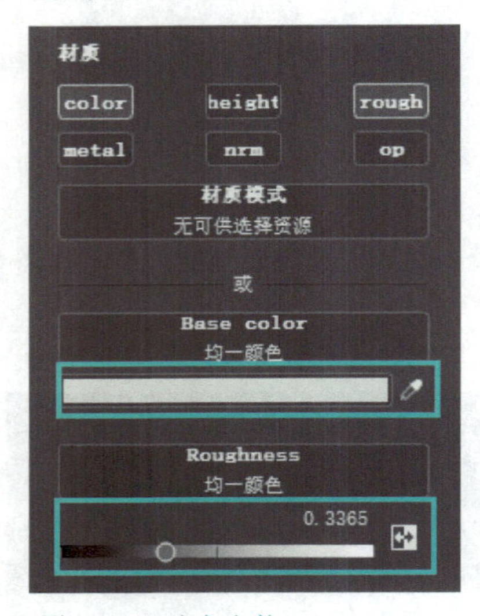

图 1-187　底色参数（#F1D3B7）

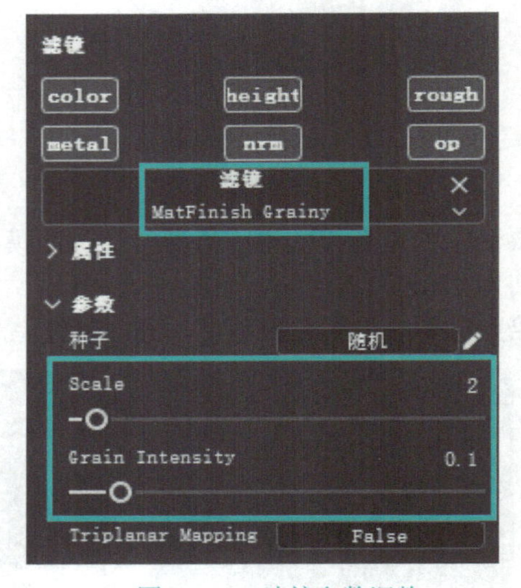

图 1-188　滤镜参数调整

骨头材质有部分较为光滑、有部分较为粗糙。继续创建一个填充图层，之后，右击填充图层，在弹出列表中选择【添加黑色遮罩】命令，如图 1-189 所示。

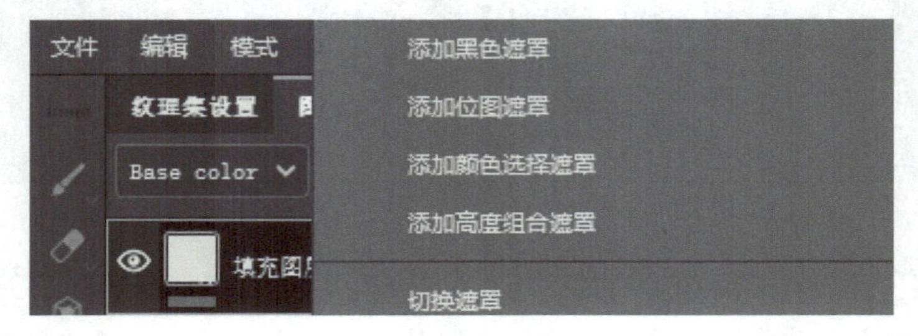

图 1-189　添加黑色遮罩

将颜色稍微调暗，【粗糙】参数都调整为 0.65，在【灰度】处选择黑白分明的泼墨灰度图，本案例使用【ratio_grunge_map_007】灰度图，如图 1-190～图 1-192 所示。

创建命名为“凹凸”的文件夹，创建【填充图层】，颜色选择比底色偏黄且更脏的颜色#9A7147，参数【高度】(Height) 调整为-0.1，【粗糙】为 0.85，如图 1-193 所示。

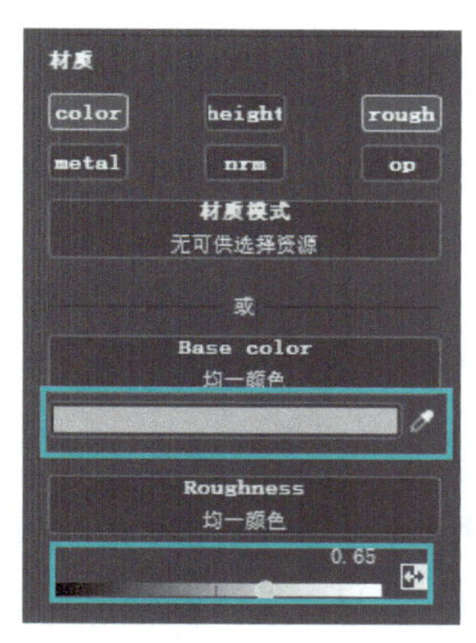

图 1-190 底色参数（暗）

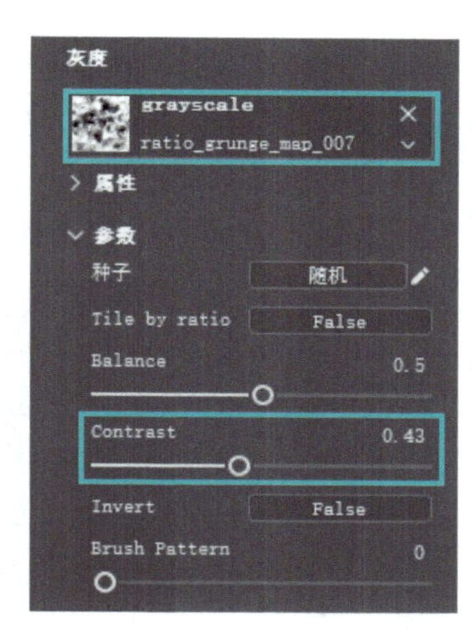

图 1-191 灰度图参数（ratio_grunge_map_007）

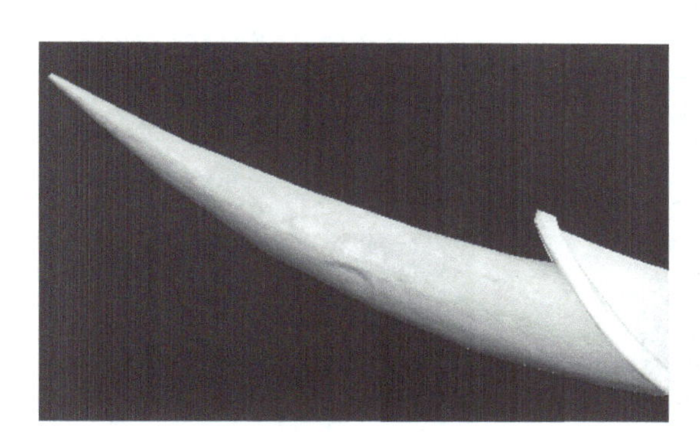

图 1-192 底色效果图

图 1-193 底色参数（#9A7147）

创建黑色遮罩，添加填充，选择纹理成片且黑白较不明显的灰度图，本项目使用【Grunge Concrete Dirty】灰度图，参数【Balance】修改为 0.33，【Contrast】为 0.27，如图 1-194 所示。

如果凹凸效果太过，可以再添加填充，叠加一张图片，效果改为相减，以减少凹凸面积，效果如图 1-195 所示。

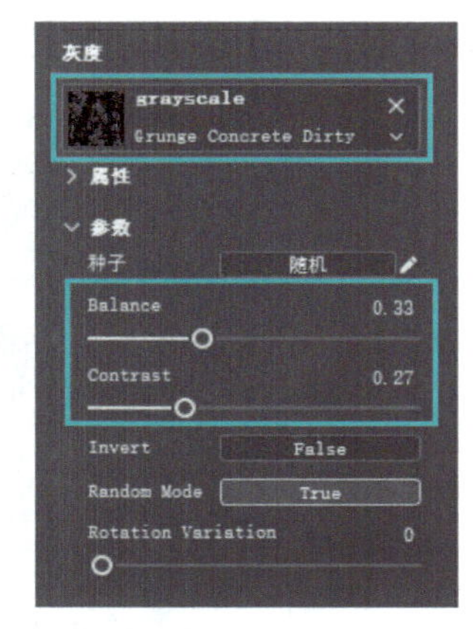

图 1-194 灰度图参数（Grunge Concrete Dirty）

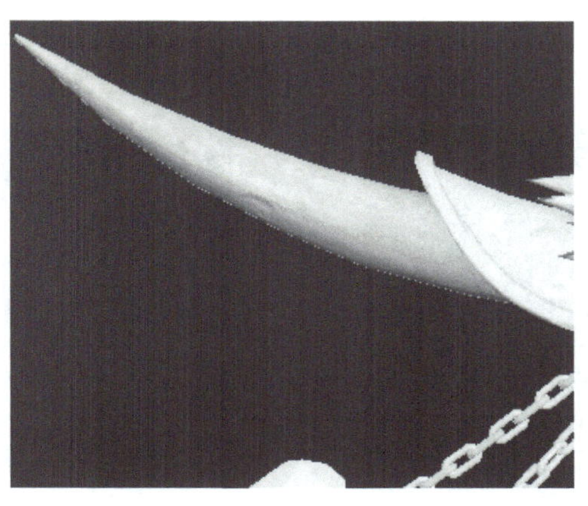

图 1-195 凹凸效果

此时凹凸效果不够丰富。继续创建【填充图层】，参数【颜色】修改为#583B1C，【高度】修改为约-0.1，【粗糙】修改为0.85，如图1-196所示。

创建黑色遮罩灰度图，选择【Grunge Concrete Cracked】样式。此时明暗效果不够明显，需要再添加【色阶】效果来调整，效果如图1-197～图1-199所示。

图1-196　材质参数（#583B1C）

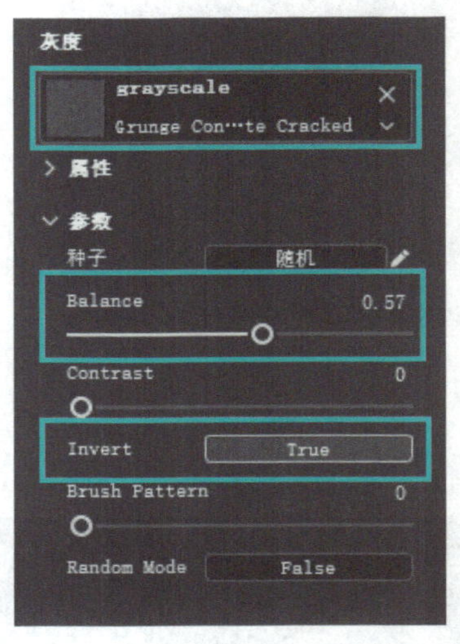

图1-197　灰度图参数（Grunge Concrete Cracked）

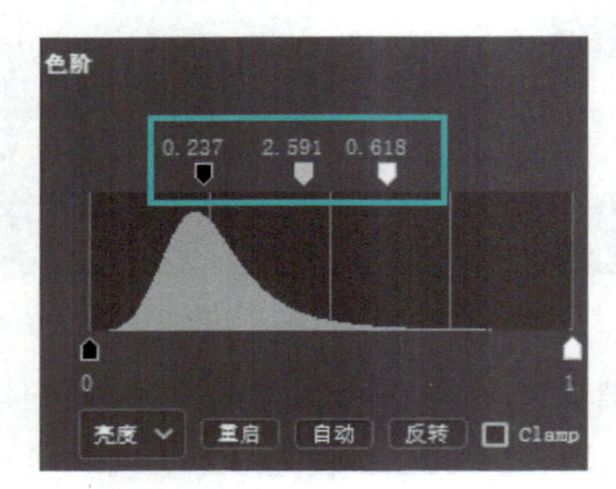

图1-198　色阶参数

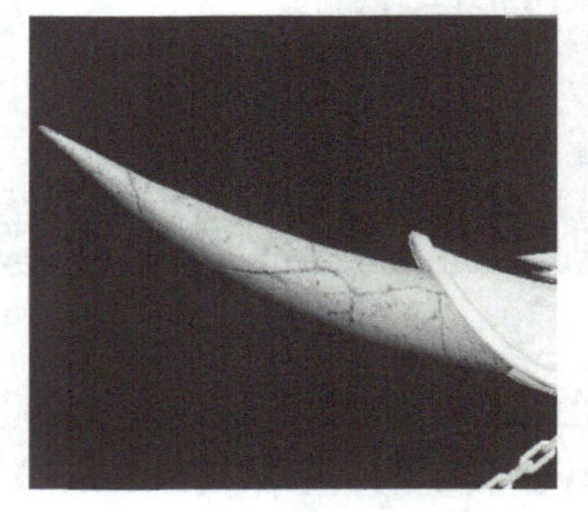

图1-199　裂纹效果图

继续添加【凹凸纹理】效果，添加【填充图层】，参数【高度】修改为约-0.15，【粗糙】修改为约0.35，创建【黑色遮罩】，再添加填充灰度图【ratio_bnw_spots_1】样式，灰度图是大面积斑驳的图片，效果如图1-200～图1-202所示。

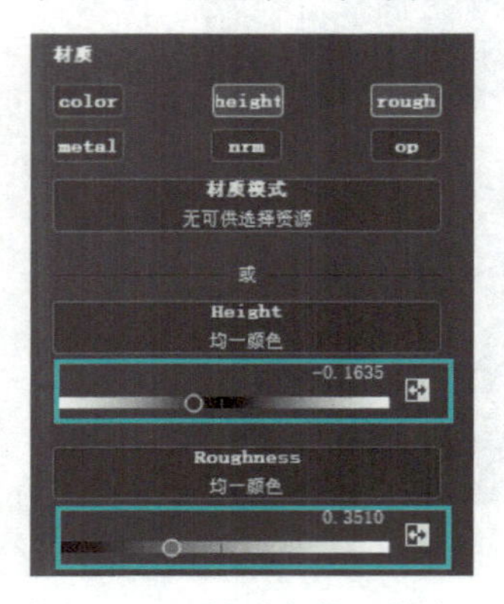

图1-200　材质参数（修改）

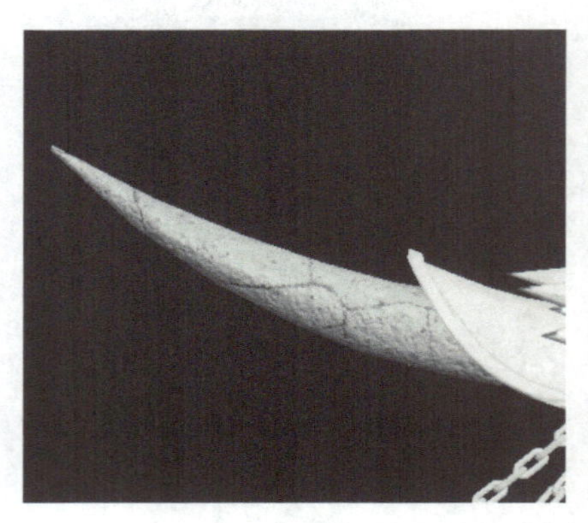

图1-201　灰度图参数（ratio_bnw_spots_1）

图1-202　凹凸效果图

创建质感文件，添加【填充图层】，参数【颜色】为#675344，【粗糙】修改为 0.4。创建【黑色遮罩】，添加【填充】，并选择灰度图【Cloud 3】样式，如图 1-203～图 1-205 所示。

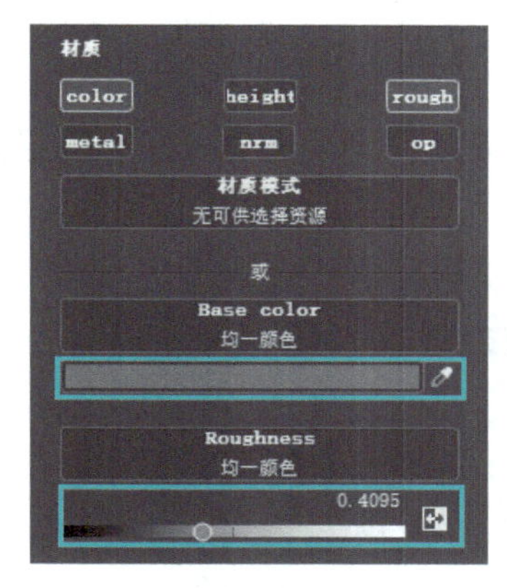

图 1-203　底色参数（#675344）

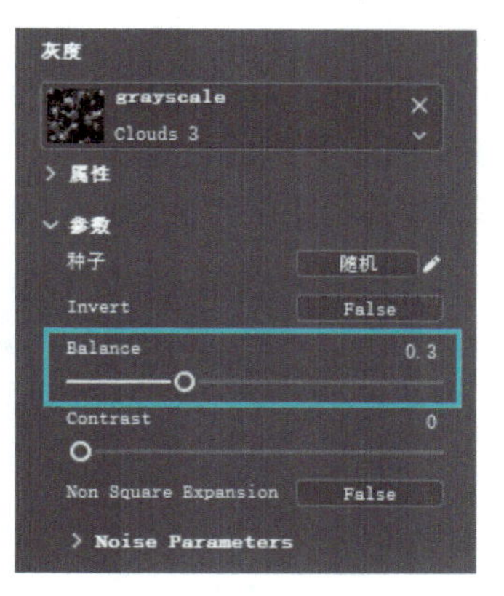

图 1-204　灰度图参数（C1oud 3）

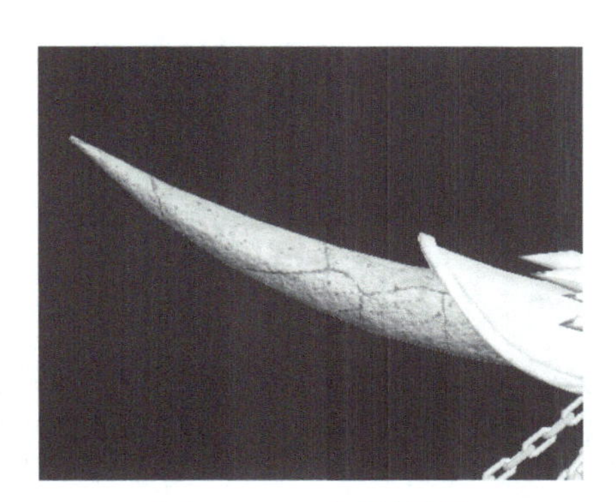

图 1-205　质感效果图

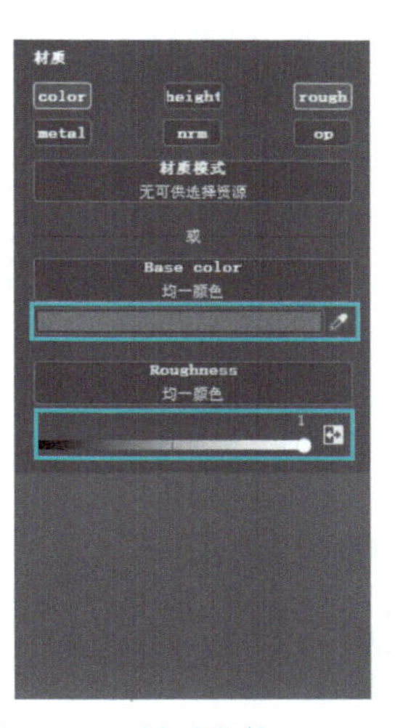

图 1-206　材质参数（#515248）

创建【脏迹】和【边缘文件】，添加【填充图层】颜色为#515248，【粗糙】改为 1，创建【黑色遮罩】添加【Dirt】生成器，给予暗部脏迹颜色如图 1-206～图 1-208 所示。

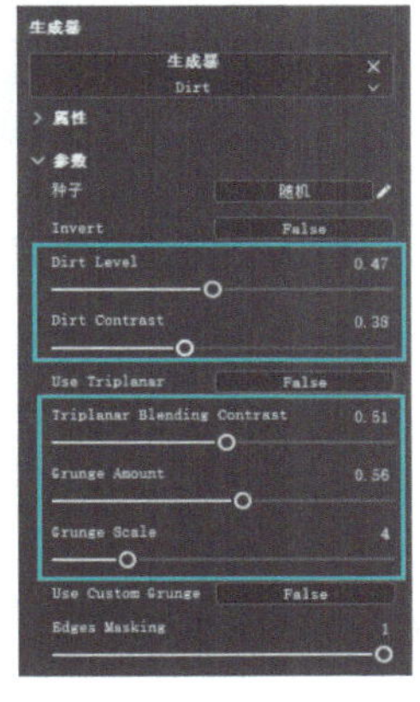

图 1-207　生成器参数

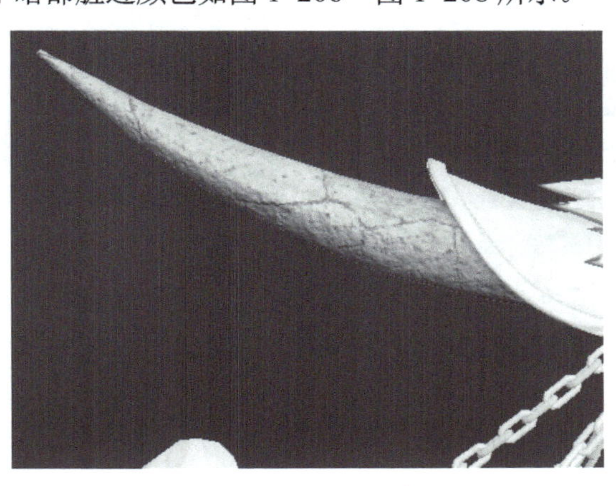

图 1-208　暗部颜色

暗部颜色根据明暗关系生成需要来添加变化，添加【填充图层】，参数【颜色】为#725C42，【粗糙】改为0.7，创建【黑色遮罩】并添加【Mask Editor】生成器，给予模型斑驳效果。

如果模型斑驳效果过于明显，需要再添加偏白的灰度图减少斑驳效果。本项目使用灰度图【ratio_clouds_1】样式，参数如图1-209～图1-211所示，效果如图1-212所示。

骨头置于空气中的颜色会愈加变白，而裂缝处保留暗部效果。添加【填充图层】，参数【颜色】为#EFE9D2，【粗糙】改为0.45，如图1-213所示。

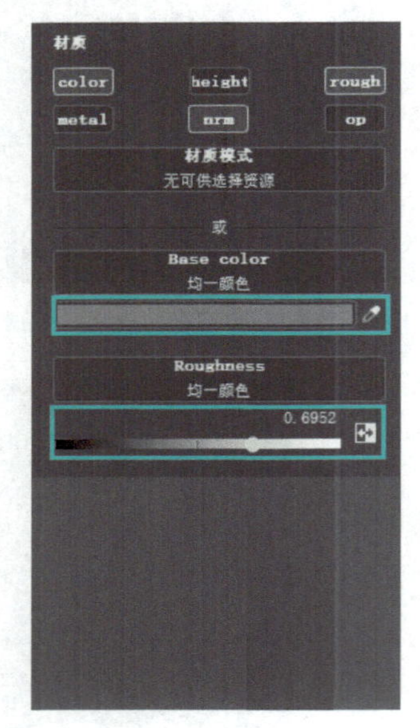

图1-209　材质参数（#725C42）

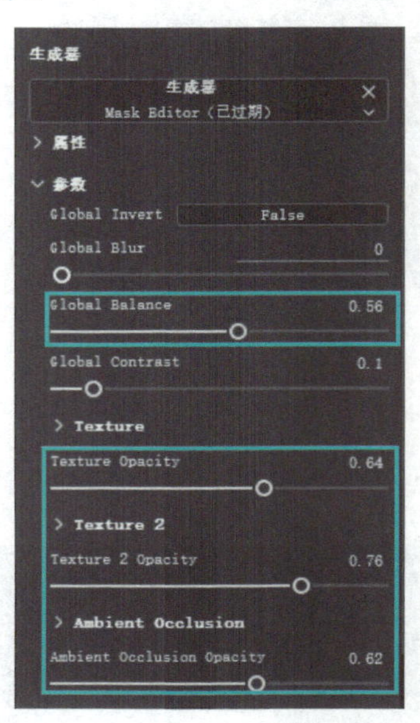

图1-210　生成器选择

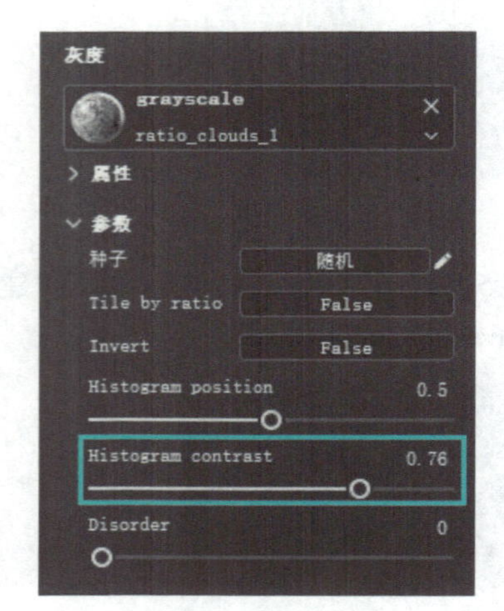

图1-211　灰度图参数（ratio_c_clouds_1）

图1-212　暗部添加效果

图1-213　材质参数（#EFE9D2）

创建【黑色遮罩】并添加【填充】，灰度图选择烘焙的【curvature】贴图，会发现整个模型的暗部的效果没有保留，需要添加【色阶】效果以调整明暗对比，如图1-214和图1-215所示。

创建文件夹并命名为“整体调整”，添加【填充图层】，参数【颜色】#606024，如图1-216所示。

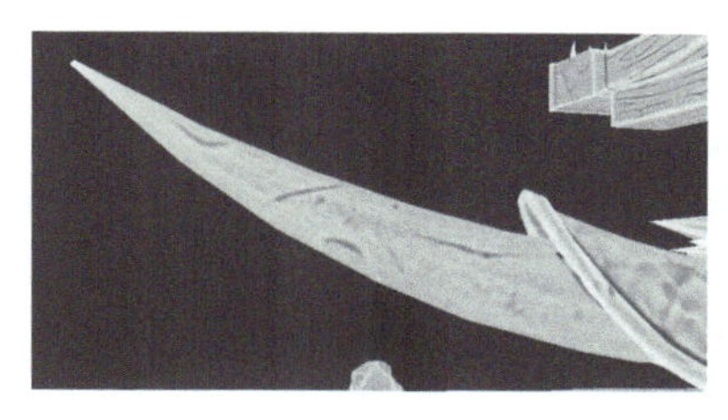
图 1-214　色阶调整前

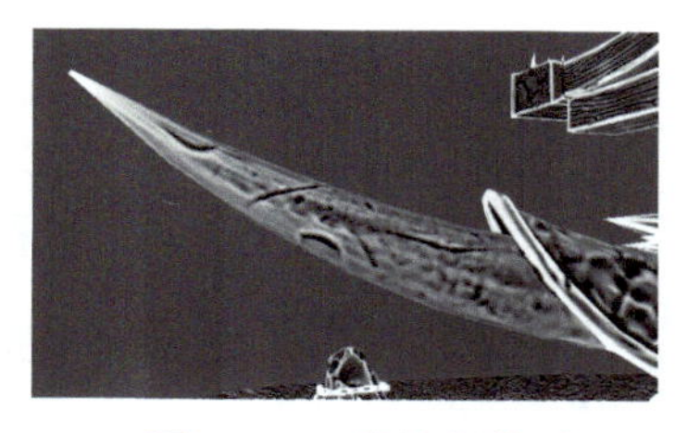
图 1-215　色阶调整后

【透明度】参数调整为 25%，如图 1-217 所示。创建【黑色遮罩】并添加【绘画】效果，将绿色形成过渡，使角尖偏白、角根偏绿。骨头效果如图 1-218 所示。

图 1-216　材质参数（#606024）

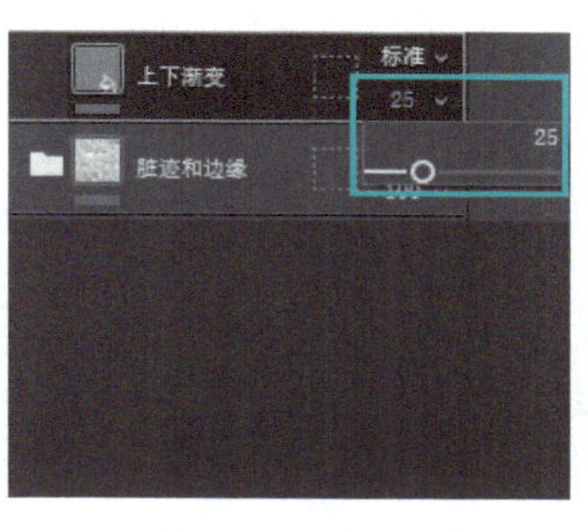

图 1-217　透明度

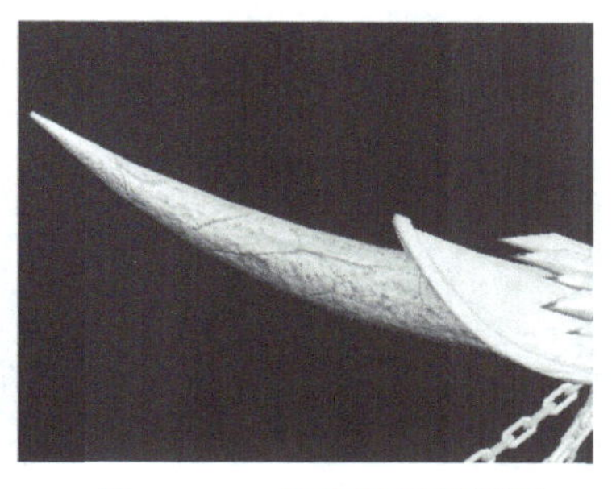
图 1-218　骨头材质效果图

金属材质同骨头材质的制作流程一样，使用 Substance Painter 绘制贴图的操作请扫码观看视频，效果如图 1-219 所示。

下面是布料材质贴图制作流程。创建文件夹并命名布料文件，创建底色文件，添加【填充图层】并赋予参数【颜色】#895F20，【粗糙】0.76，如图 1-220 所示。

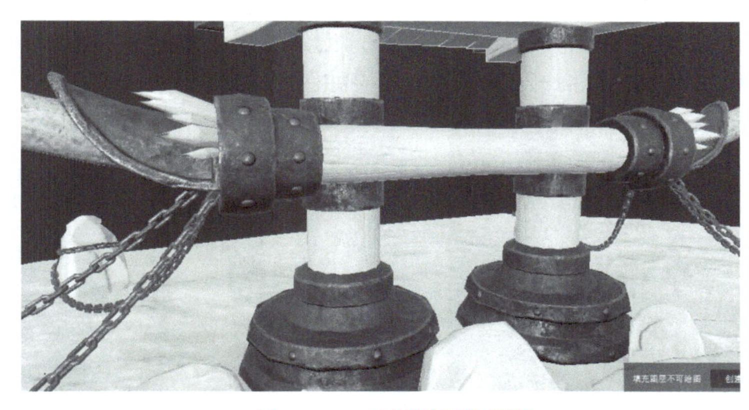
图 1-219　金属材质效果图

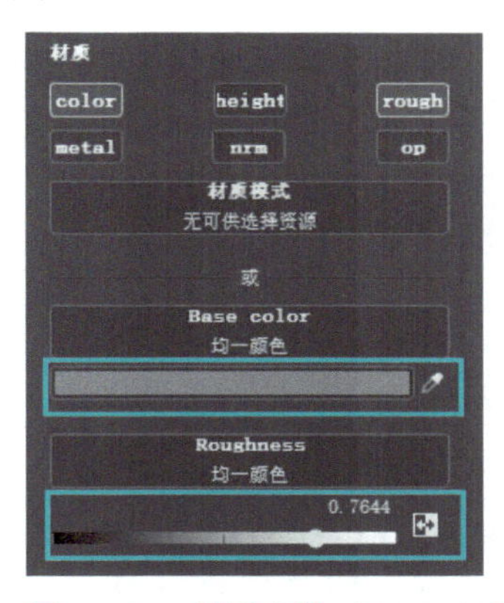

图 1-220　材质参数（#895F20）

在搜索栏搜索“Fabric Baseball Hat”材质球，如图 1-221 所示。将其拖拽到图层，命名为“凹凸”。将其材质【颜色】修改为#DAA14E，如图 1-222 所示。

将布料纹理的走向调整到符合实际的效果，效果如图 1-223 所示。

创建脏迹文件，添加【填充图层】，参数【颜色】为#6B4814，将【粗糙】改为 0.95，如图 1-224 所示。

添加【Dirt】生成器，参数如图 1-225 所示。

图 1-221　材质球

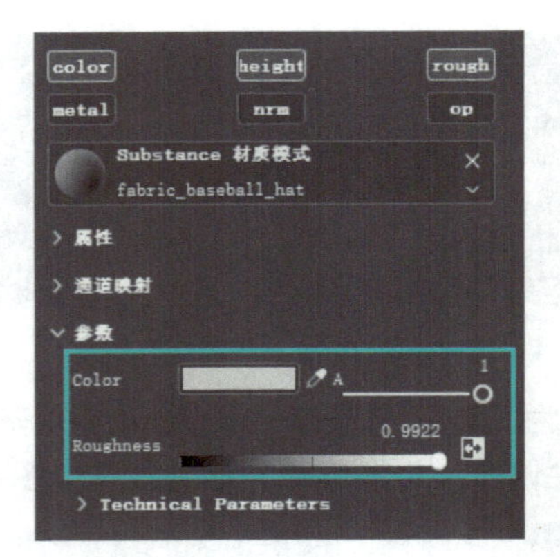

图 1-222　材质参数（#DAA14E）

图 1-223　材质效果

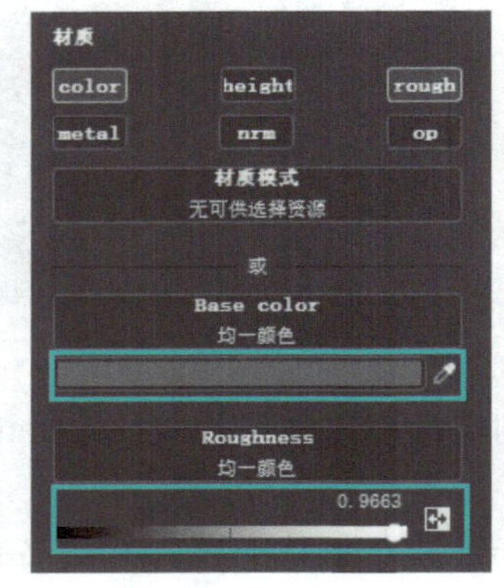

图 1-224　材质参数（#6B4814）

图 1-225　生成器参数

添加【填充图层】颜色为#5B512B，将【粗糙】改为 0.45，创建【黑色遮罩】并添加灰度图【Grunge Dirt Splats】，参数如图 1-226 和图 1-227 所示，效果如图 1-228 所示。

图 1-226　材质参数（#5B512B）

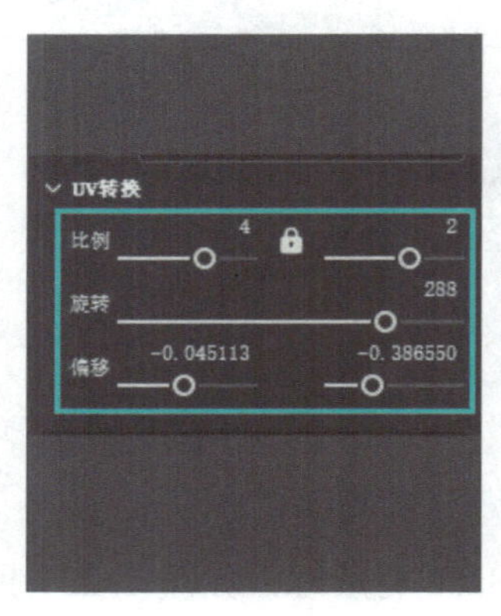

图 1-227　灰度图 UV 参数

图 1-228　布料效果

添加【填充图层】，参数【颜色】为#F7B749，将【粗糙】修改为 0.84，如图 1-229 所示。

创建黑色遮罩，添加灰度，选择烘焙的【curvature】贴图，添加【色阶】效果，反转明暗度，参数如图 1-230 所示，效果如图 1-231 所示。

添加【填充图层】绘制布料上的文字，颜色为#612D27，创建【黑色遮罩】并添加【绘画】，参数如图 1-232 所示，效果如图 1-233 所示。

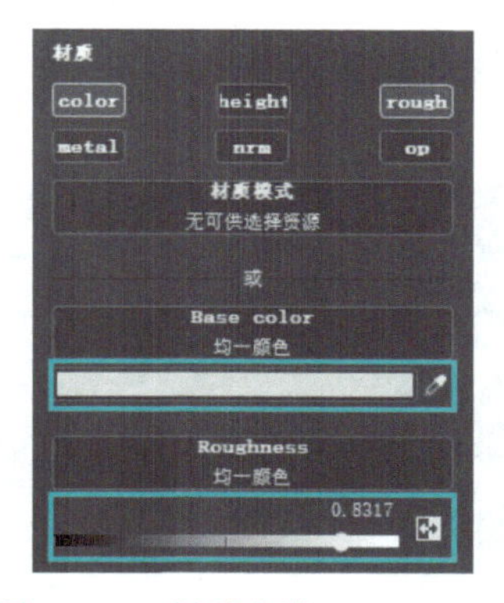

图 1-229　材质参数（#F7B749）

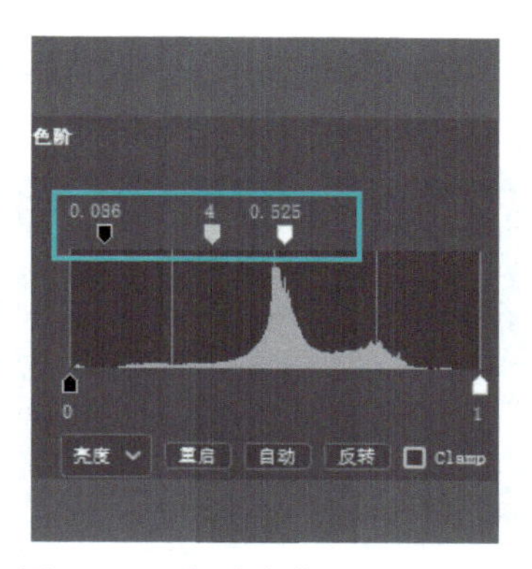

图 1-230　色阶参数（#F7B749）

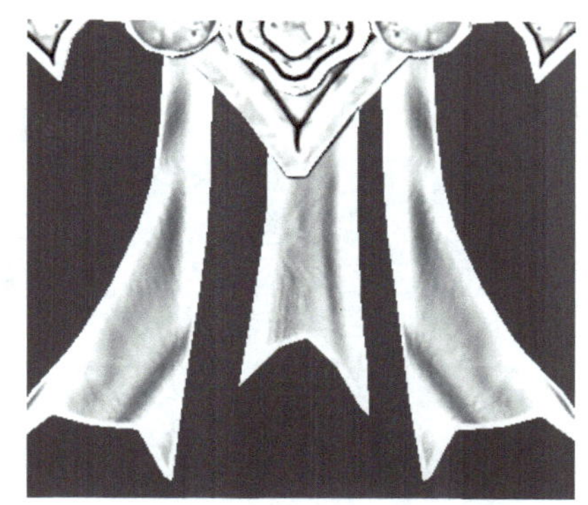

图 1-231　明暗反转效果

图 1-232　材质参数（#612D27）

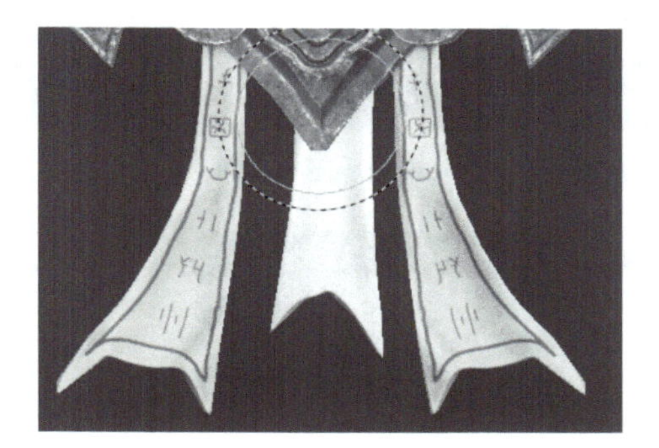

图 1-233　文字效果图

下面是木材材质贴图制作流程，命名木材文件，创建底色文件，在搜索栏搜索“wood Rough”的材质球，【颜色】设置为#895F20，【粗糙】设置为 0.8，参数如图 1-234 所示，效果如图 1-235 所示。

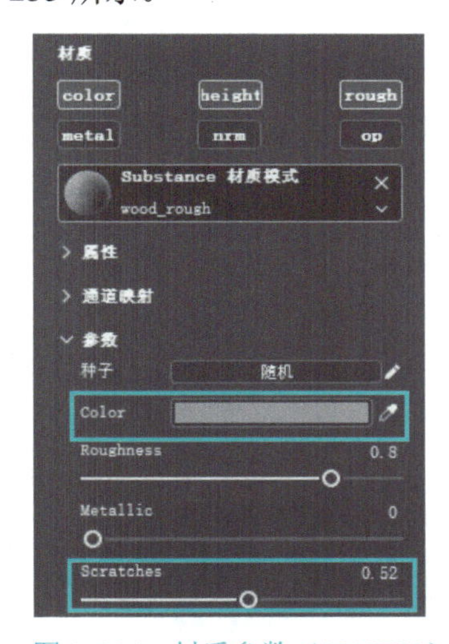

图 1-234　材质参数（#895F20）

图 1-235　木材效果图

创建凹凸文件，添加【填充图层】，参数【颜色】设置为#68542F，将【高度】改为-0.05。创建【黑色遮罩】并选择灰度图【Anisotropic Noise】，如图 1-236 所示。

添加【填充】并选择灰度图【Clouds 2】，将效果改为【Inverse divide】（相减），参数如图 1-237 所示，效果如图 1-238 所示。

创建文件夹并命名为“脏迹文件”，添加【填充图层】并设置颜色为#342208，参数如图 1-239 所示。

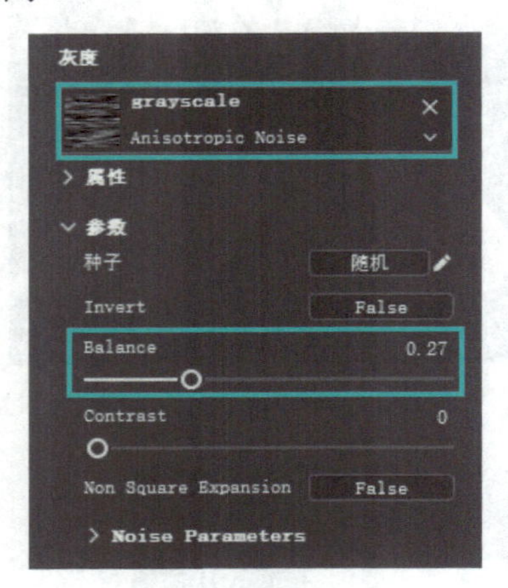

图 1-236　灰度图参数（Anisotropic Noise）

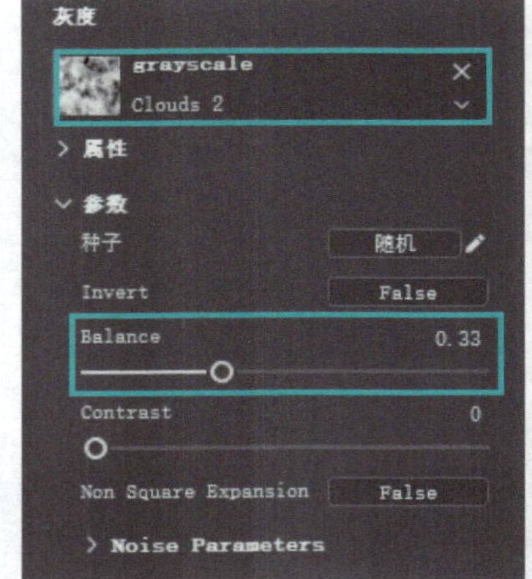

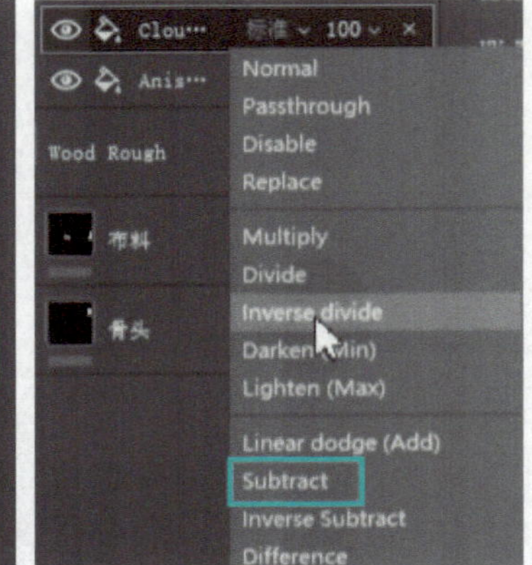

图 1-237　效果改为 Inverse divide（相减）

图 1-238　凹凸效果图

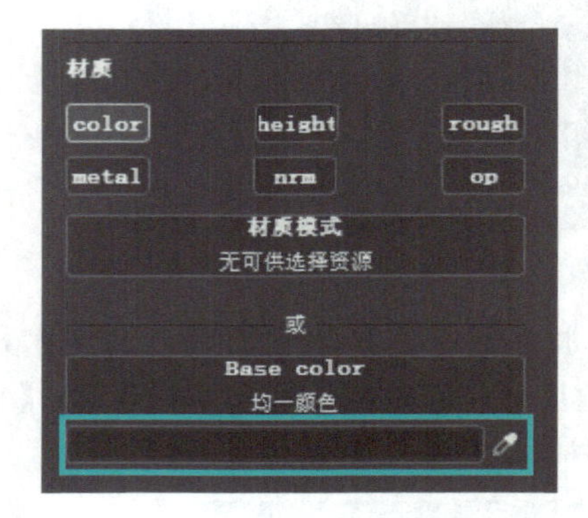

图 1-239　材质参数（#342208）

选择【Dirt】生成器制作模型暗部脏迹，再添加【填充图层】并设置颜色为#444342，选择【MG Dust】生成器制作模型衔接处的粉尘堆积，参数如图 1-240～图 1-242 所示，效果如图 1-243 所示。

图 1-240　生成器参数（Dirt）

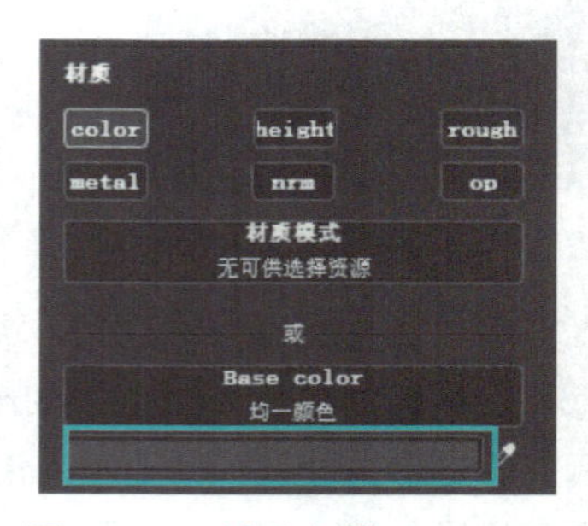

图 1-241　材质参数（#444342）

图 1-242 生成器参数（MG Dust）

图 1-243 脏迹效果图（#444342）

添加用于制作模型亮边效果的【填充图层】并设置参数【颜色】为#BB893C，如图 1-244 所示。创建【黑色遮罩】并添加【灰度图】，选择【Curvature】贴图，添加【色阶】并调整参数，如图 1-245 所示。

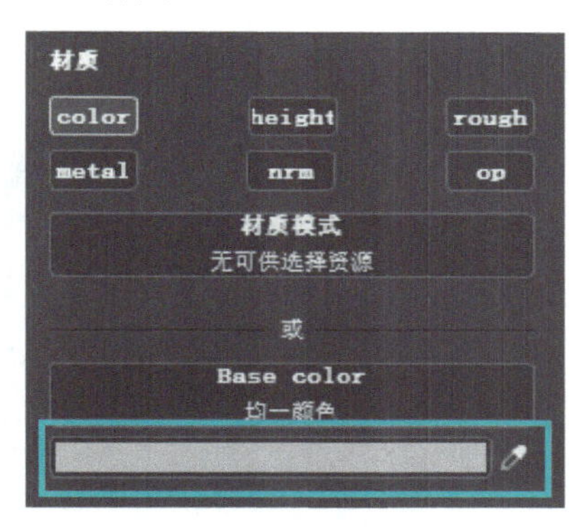

图 1-244 材质参数（#BB893C）

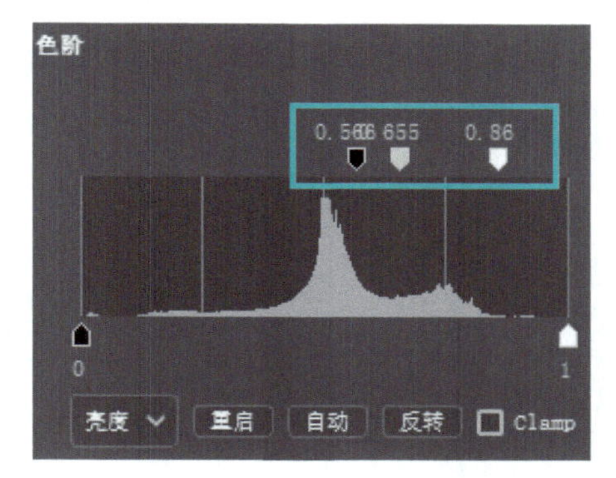

图 1-245 色阶参数（#BB893C）

如果效果不明显，就复制一层亮边的图层，使用两种颜色增添细节。修改【颜色】参数为#D0A460，如图 1-246 所示。修改【色阶】参数，参数如图 1-247 所示。脏迹效果如图 1-248 所示。

图 1-246 材质参数（#D0A460）

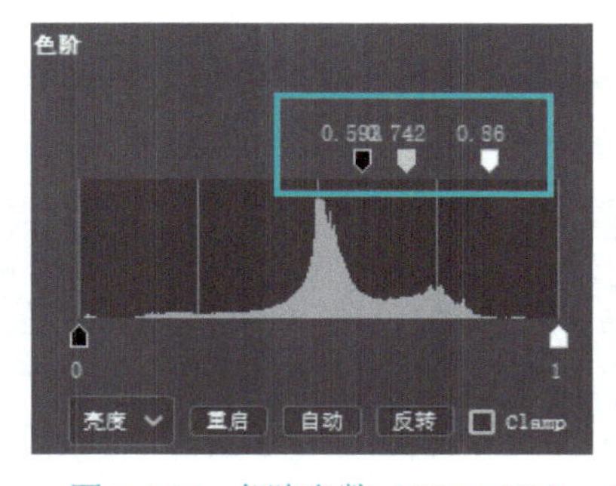

图 1-247 色阶参数（#D0A460）

图 1-248 脏迹效果图（#D0A460）

下面是整体调整的流程。现在木头材质偏黄，于是创建填充图层，只保留【粗糙】为 0.7，添加【HSL Perceptive】滤镜，如图 1-249 和图 1-250 所示。

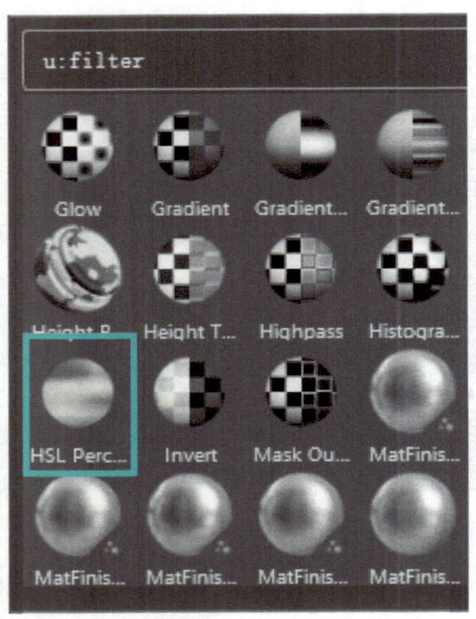

图 1-249　滤镜

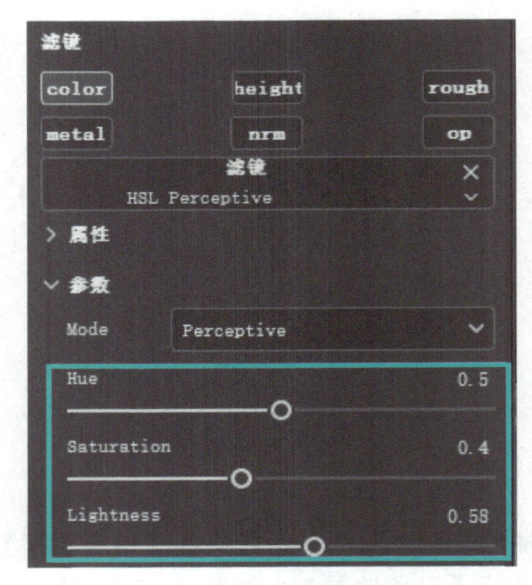

图 1-250　滤镜参数

如果效果没有变化，需要再创建【黑色遮罩】，添加灰度填充【Moisture Noise】，并添加【色阶】进行修改，效果如图 1-251 和图 1-252 所示。

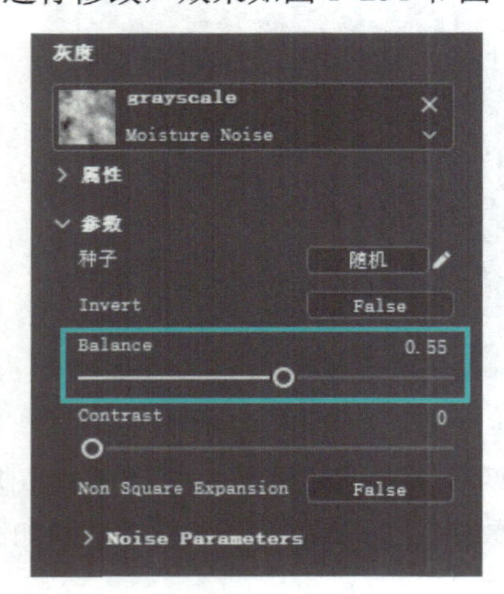

图 1-251　灰度图参数（Moisture Noise）

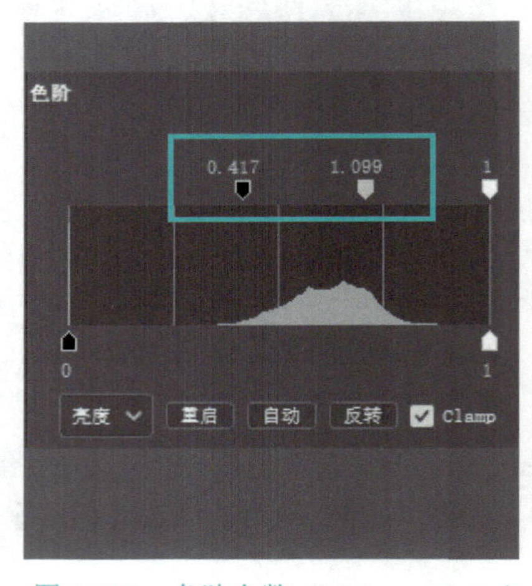

图 1-252　色阶参数（Moisture Noise）

由于 UV 排放没有统一，制作完成的木材材质是无法直接使用的。因此需要调整木材材质中的凹凸文件的纹理走向，再逐个使用，如图 1-253 所示。

图 1-253　木材效果

创建整体调整文件夹，添加【填充图层】并设置参数【颜色】为#3F3023，【粗糙】为 0.3，如图 1-254 所示。

创建【黑色遮罩】，添加【绘画】，将模型衔接处加黑，效果如图 1-255 所示。

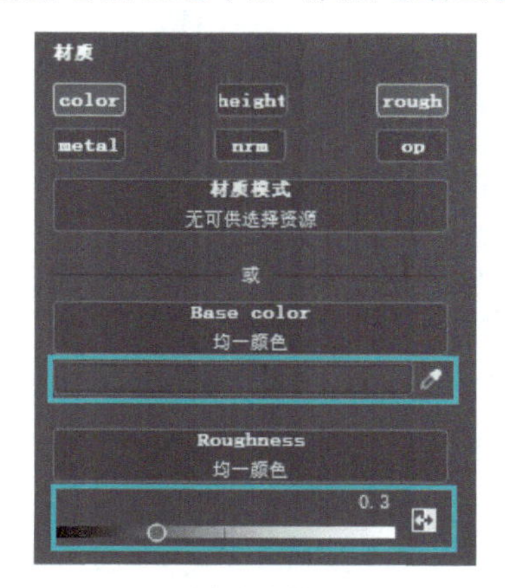

图 1-254　材质参数（#3F3023）

图 1-255　色阶参数（#3F3023）

再添加【Blur】（模糊）滤镜，如图 1-256 所示。

继续添加【填充图层】并设置参数【颜色】为#6B675F，【粗糙】为 0.7，如图 1-257 所示。

创建【黑色遮罩】，添加【填充】，选择【AO 贴图】，添加【色阶】，如图 1-258 所示。

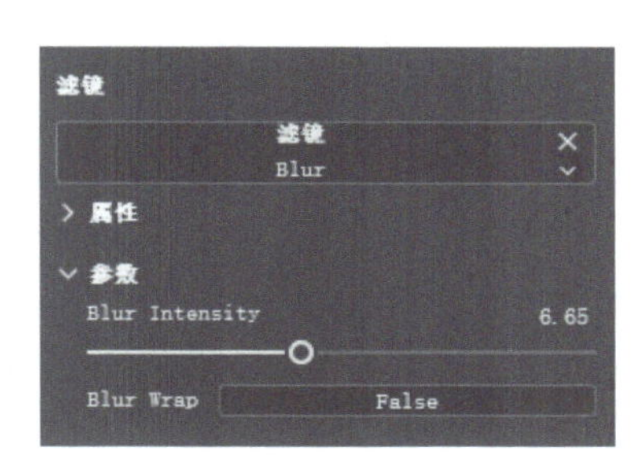

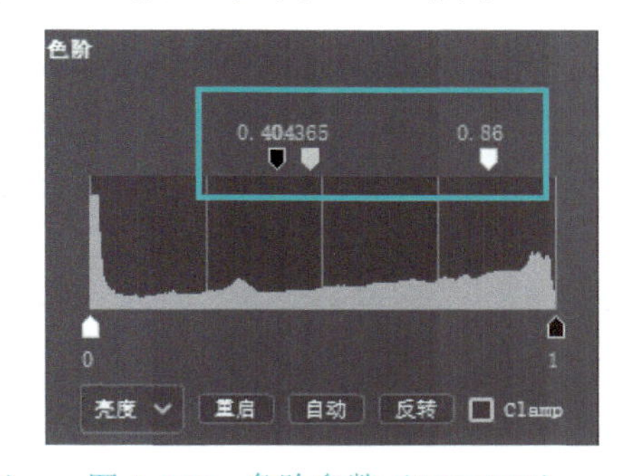

图 1-256　Blur 参数　　图 1-257　材质参数（#6B675F）　　图 1-258　色阶参数（#6B675F）

木材材质如图 1-259 所示。

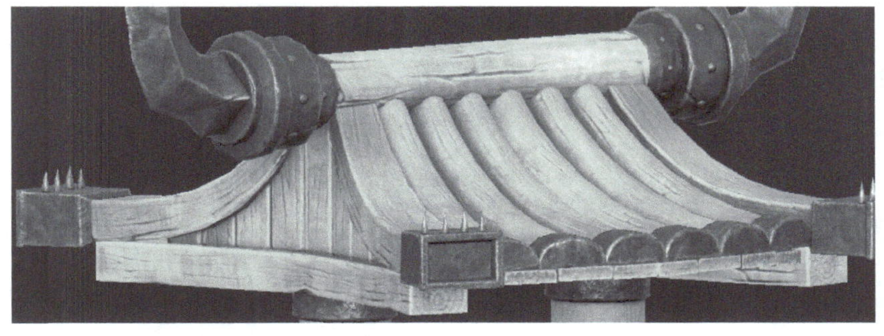

图 1-259　木材材质

创建石头材质文件，添加【填充图层】，将材质的参数【颜色】修改为#8E664B，【粗糙】修改为 0.85，如图 1-260 所示。

添加【Gradient】滤镜，将三个颜色分别修改为#1D0303、#401BOC 和#613D13，如图 1-261 所示。

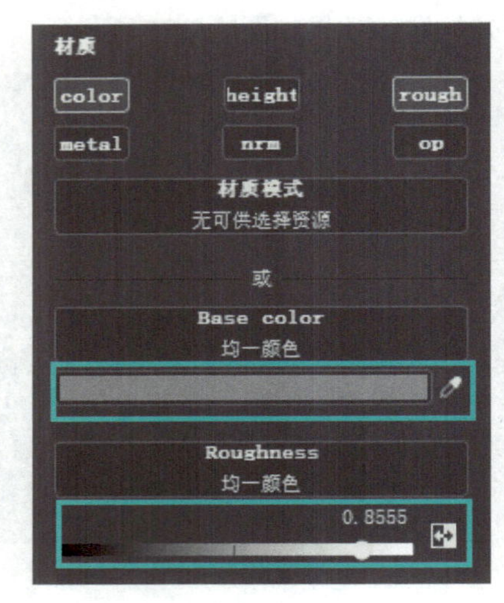

图 1-260 材质参数（#8E664B）

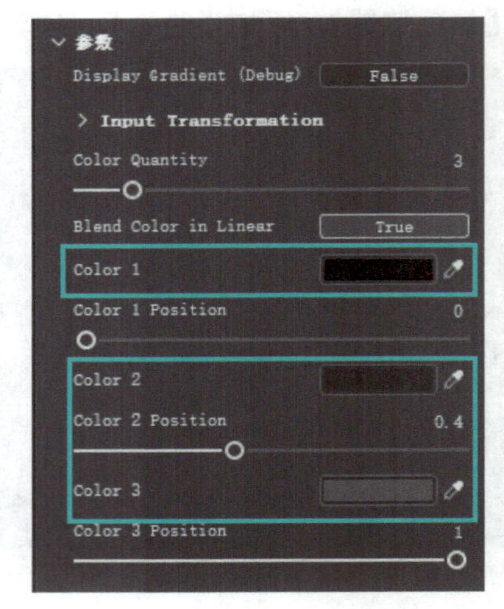

图 1-261 Gradient 滤镜参数

添加【填充图层】并设置参数【颜色】为#8E664B，如图 1-262 所示。

创建【黑色遮罩】，添加【MaskEditor 生成器】，如图 1-263 和图 1-264 所示。

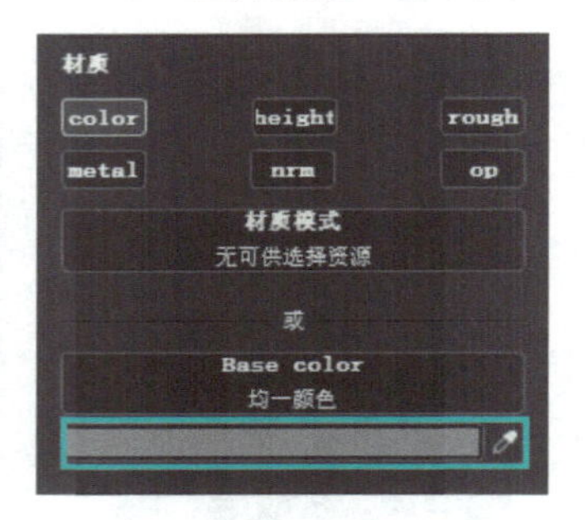

图 1-262 材质参数（#8E664B）

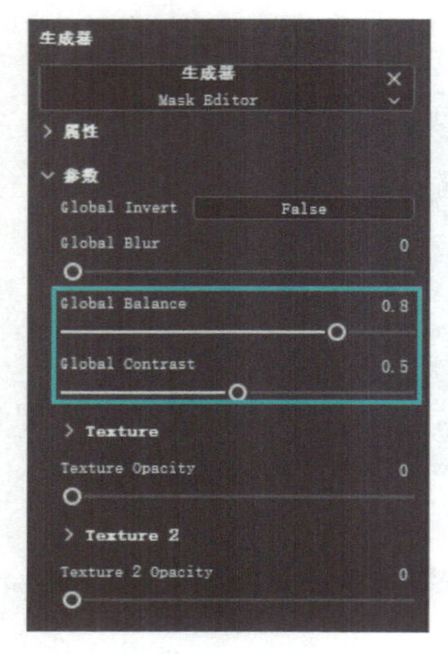

图 1-263 生成器参数（Mask Editor）

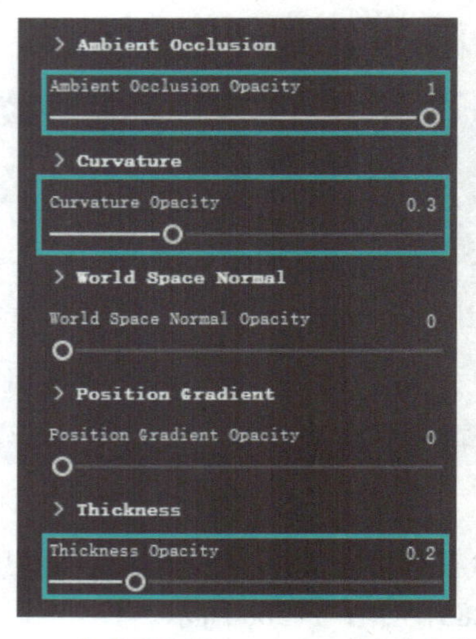

图 1-264 生成器参数（Mask Editor）参数调整

添加【脏迹】，添加【填充图层】并设置参数【颜色】为#543013，添加【Dirt】智能遮罩，如图 1-265～图 1-267 所示。

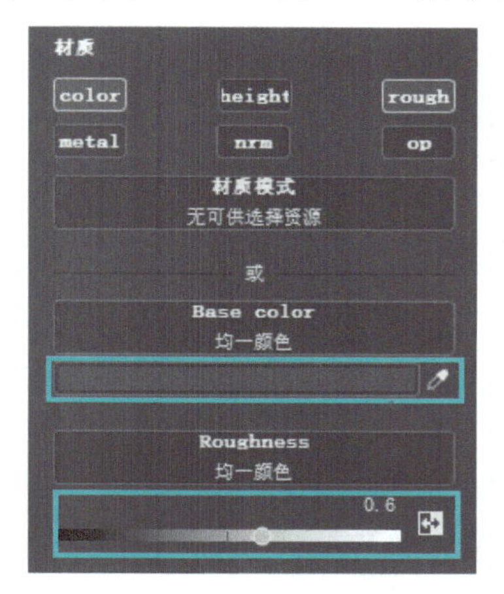

图 1-265　材质参数（#543013）

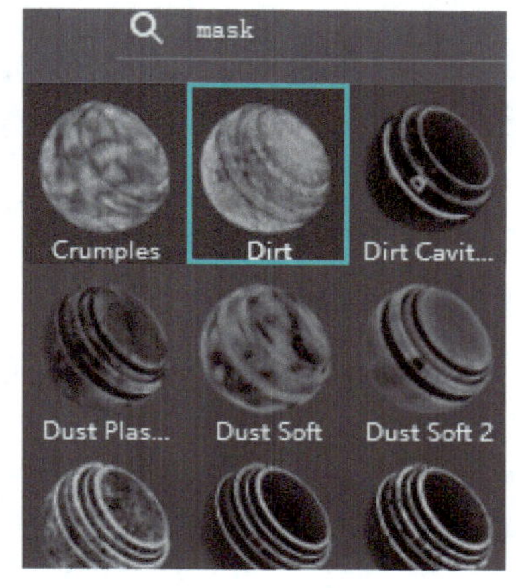

图 1-266　智能遮罩（Dirt）

图 1-267　生成器参数（#543013）

添加【脏迹】，添加【填充图层】并设置参数【颜色】为#624A45，如图 1-268 所示。添加【Dust Subtle】智能遮罩，如图 1-269～图 1-271 所示。

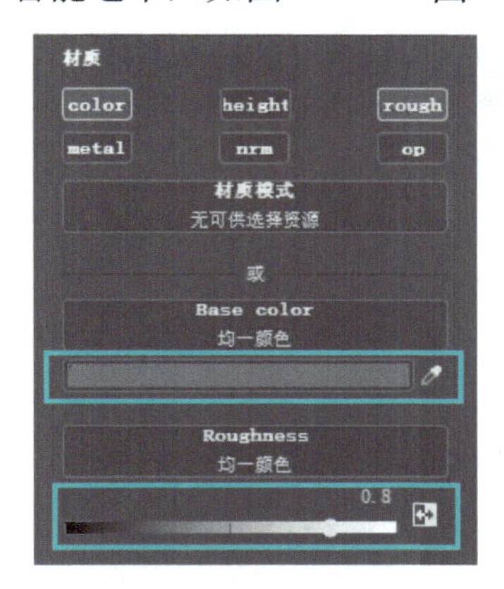

图 1-268　材质参数（#624A45）

图 1-269　智能遮罩（Dust Subtle）

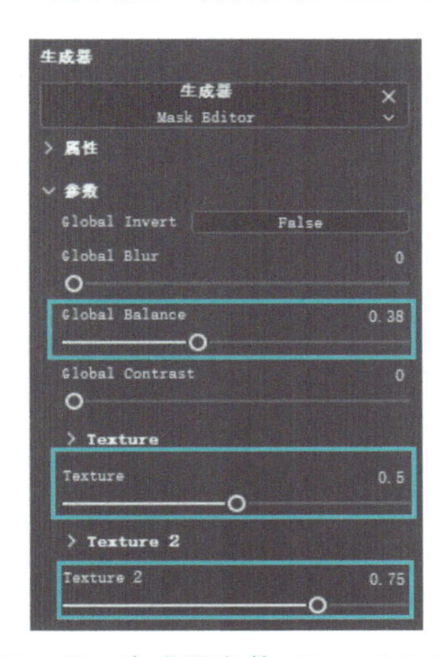

图 1-270　生成器参数（Dust Subtle）

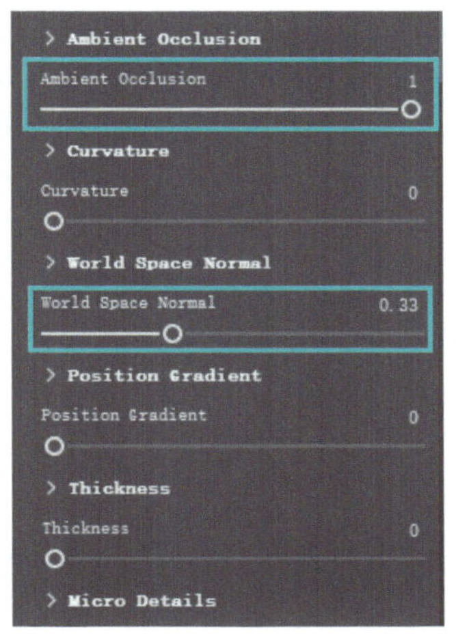

图 1-271　生成器参数（Dust Subtle）参数调整

石头材质效果如图 1-272 所示。

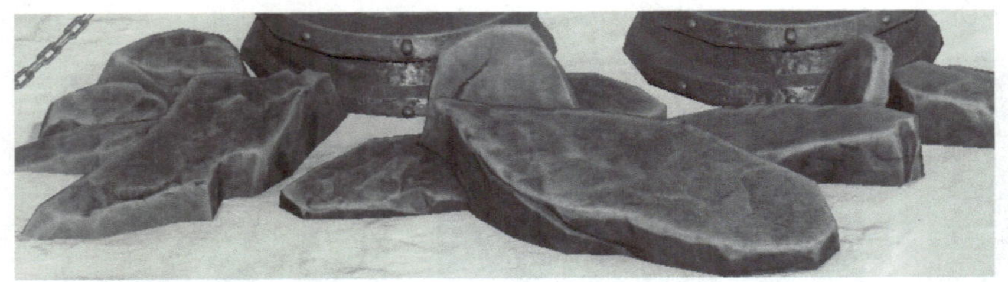

图 1-272　石头材质效果图

地板材质直接使用现成的贴图，效果如图 1-273 所示，最终贴图效果如图 1-274～图 1-277 所示，贴图导出步骤请扫码观看视频。

图 1-273　地板材质

图 1-274　颜色贴图（最终）

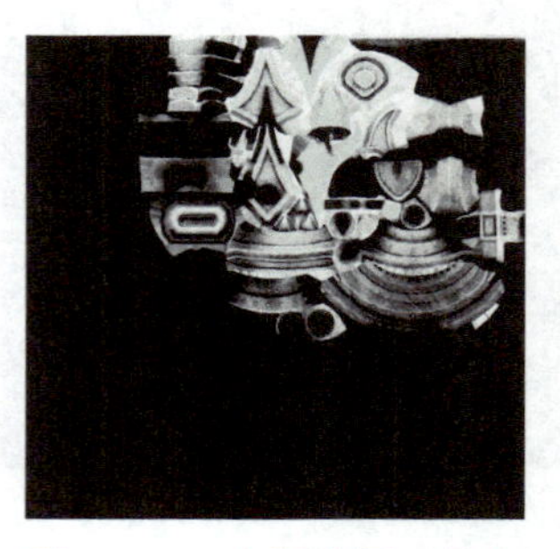

图 1-275　金属贴图（最终）

图 1-276　粗糙贴图（最终）

图 1-277　法线贴图（最终）

1.5.4　设计制作一个部落战旗场景模型

根据以上所讲内容举一反三，制作出部落战旗场景模型。要求如下。

1. 模型细节要求：根据提供的参考模型或概念图，要求建模师将其转换为高质量的 3D 模型。要求部落战旗场景模型能够呈现出细节和纹理，包括旗杆、旗帜、骷髅头、象牙等细节，以增强模型的真实感。

2. 模型尺寸和比例要求：模型按照参考图的比例进行建模。要求部落战旗场景模型的几何形状和尺寸精确符合实际标准，以确保模型的真实性和可信度。

3. 模型拓扑要求：模型的拓扑结构需要是可编辑和可调整的，同时也要求模型的拓扑结构是干净和优化过的，以确保模型可以在后期使用中有效地运行和修改。

4. UV 要求：UV 分布要均匀；UV 空间利用率要高；UV 重叠要避免；UV 缝隙要合理；UV 纹理空间要匹配。

5. 材质要求：模型使用的材质要与项目的风格和要求一致。要求部落战旗模型的材质能够反映真实的物理特性，例如布料的破损、骨头的做旧等，以提高模型的逼真度。

6. 贴图要求：要求贴图大小为 2048×2048px，以确保模型呈现出足够的细节和清晰度；要求部落战旗场景模型的贴图精度足够高，以确保模型的几何形状、纹理和细节与实际标准相符。文件格式符合目标应用程序或游戏引擎的支持格式即可，如 PNG 格式。

7. 交付时间要求：建模师应按照规定的工作表进行制作，并确保模型可以在预定的截止日期之前完成和交付。交付物需要包括模型、贴图、材质和相关文档等。

总之，由于甲方建模项目的要求非常多样化，因此建模师需要根据甲方的具体要求进行设计和建模，并在建模过程中与甲方进行充分的沟通和协调，以确保项目的成功完成和交付。按照项目要求和前面所学的内容，制作出的部落战旗场景模型，效果如图 1-278 和图 1-279 所示。贴图效果如图 1-280～图 1-282 所示。

图 1-278 部落战旗效果图（正面）

图 1-279 部落战旗效果图（侧面）

图 1-278

图 1-279

图 1-280 成品颜色贴图

图 1-281 成品粗糙贴图

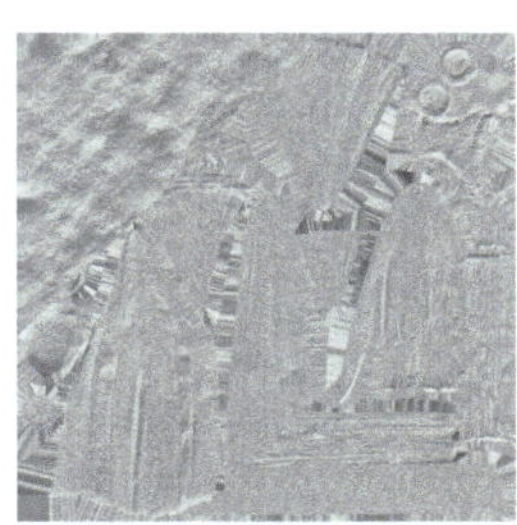

图 1-282 成品法线贴图

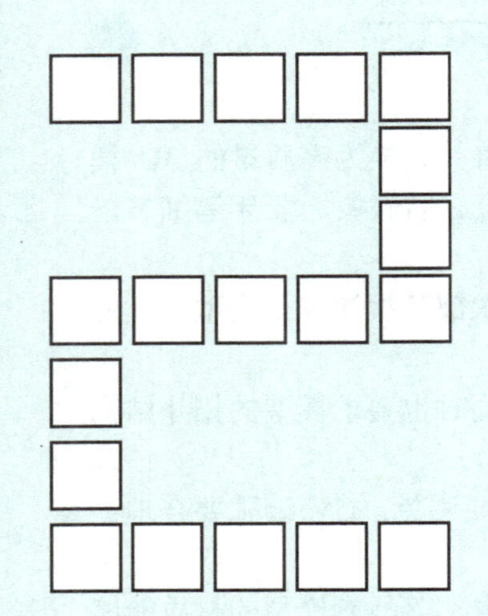

机器人角色制作

本项目效果图

2.1 项目准备

2.1.1 机器人角色案例展示

在本项目中，我们将一同探索机器人角色的完整制作流程。通过 3ds Max 软件建模，读者将深入了解如何从零开始构建一个逼真的机器人角色，包括其躯干、腿部、头部和各种细节部分。此外，项目还将使用 Substance Painter 软件烘焙与绘制材质贴图，以确保机器人角色在视觉上逼真展现。机器人角色如图 2-1 和图 2-2 所示。

图 2-2

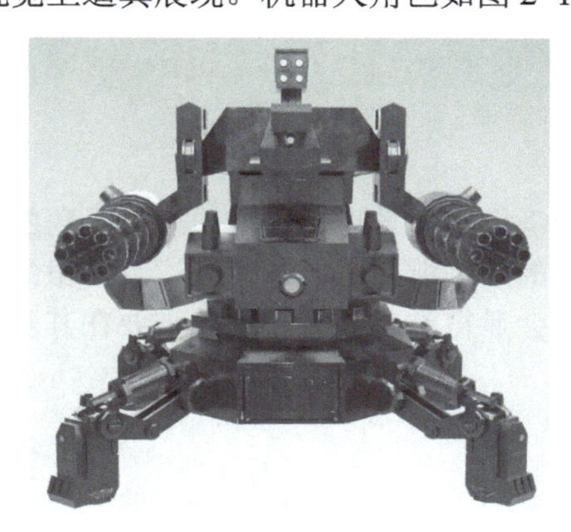

图 2-1 机器人角色正视图

图 2-2 机器人角色正交视图

2.1.2 机器人角色案例准备

为满足项目组的要求，特下发设计工作单，期望设计人员能够明确模型制作的各项要求，清晰了解每个环节的具体要求，确保模型设计制作的高效和质量。设计人员需根据工作单规定的时间节点，认真完成模型的设计和制作。工作单内容如表 2-1 所示。

表 2-1 三维人物模型制作——机器人角色工作单

<table>
<tr><td rowspan="2">项目名</td><td colspan="3">项目分解</td><td rowspan="2">工时小计</td></tr>
<tr><td>建模</td><td>UV</td><td>贴图绘制</td></tr>
<tr><td>机器人角色</td><td>1 天</td><td>0.5 天</td><td>0.5 天</td><td>2 天</td></tr>
<tr><td>制作规范</td><td colspan="4">1. 以世界轴为中心（坐标轴归零）。
2. 模型在网格中心且在网格上方。
3. 不能有废点废面，布线合理，横平竖直，不要有除结构线外多余的布线，不能有五边面，面与面不要重叠。
4. 参照原画制作，注意模型的结构比例问题</td></tr>
<tr><td>注意事项</td><td colspan="4">面数控制在 3000 个三角面以内，贴图分辨率 2048×2048px</td></tr>
<tr><td>材质规范</td><td colspan="4">将贴图图层分为法线、AO、粗糙、金属、颜色（典型的 PBR 制图）</td></tr>
</table>

素材导读

中国工业机器人产业在“十三五”期间取得了蓬勃发展，我国已经成为全球最大的工业机器人消费国。我国生产制造智能化改造升级的需求日益凸显，工业机器人需求旺盛，我国工业机器人市场保持向好发展，约占全球市场份额的 1/3，是全球第一大工业机器人应用市场。技术的不断进步和应用场景的不断拓展使得工业机器人在中国的发展前景非常广阔。

2.2 机器人角色躯干（底座）建模

此项目将重点关注“机器人角色”躯干建模实际操作中的要点，介绍如何通过使用 3ds Max 中的【多边形建模】、【轮廓】命令等技术及工作流程创建机器人躯干模型，展示如何精确地创建角色躯干，并分享建模思路、步骤以及所使用的编辑工具。

创建基本体

2.2.1 创建基本体

1. 分析准备

获取“机器人”角色的参考设计图，通过分析参考图可以发现机器守卫最为显著的特征是多边形的躯干近似于圆柱体。躯干的四周有四个醒目的凹陷雕刻，十分惹人注目。虽然身体部分的构造简洁明了，但在三维动画中，这种简洁可能会显得过于朴素，因此需要在其基础上进一步添加细节，如图 2-3 所示。

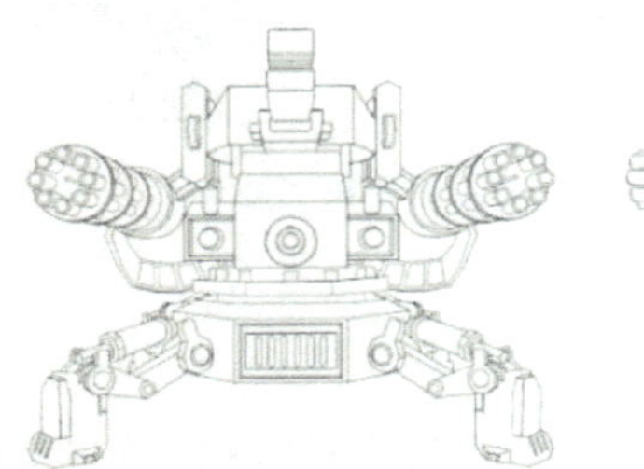
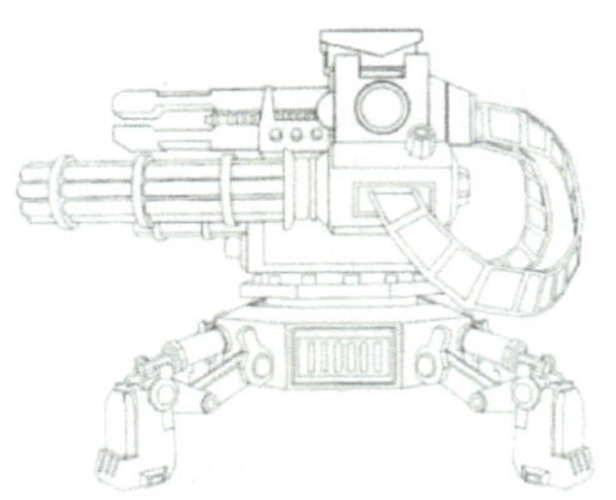
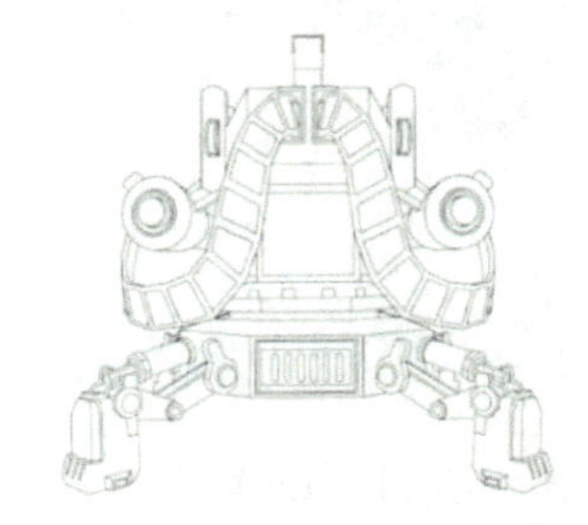

图 2-3 “机器人角色”的参考设计图

2. 创建底座外轮廓

创建一个圆柱体，参数如图 2-4 所示。将圆柱体绕 Z 轴旋转 22.5°，使其朝向世界位置的正南方。创建并调试完基本模型后，选中模型并右键单击以转化为【可编辑多边形】，如图 2-4 所示。

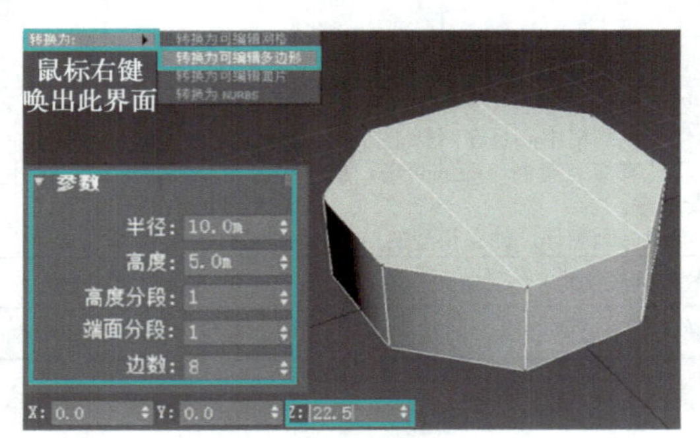

图 2-4 创建圆柱体

按快捷键〈W〉激活移动模式，将模型坐标参数设置为 0，使其位于世界中心。按快捷键〈1〉切换到【点层级】，选择图 2-5 所示的点，使用【连接】命令添加两条长度循环边，此操作可以把模型的八边形改为四边形。

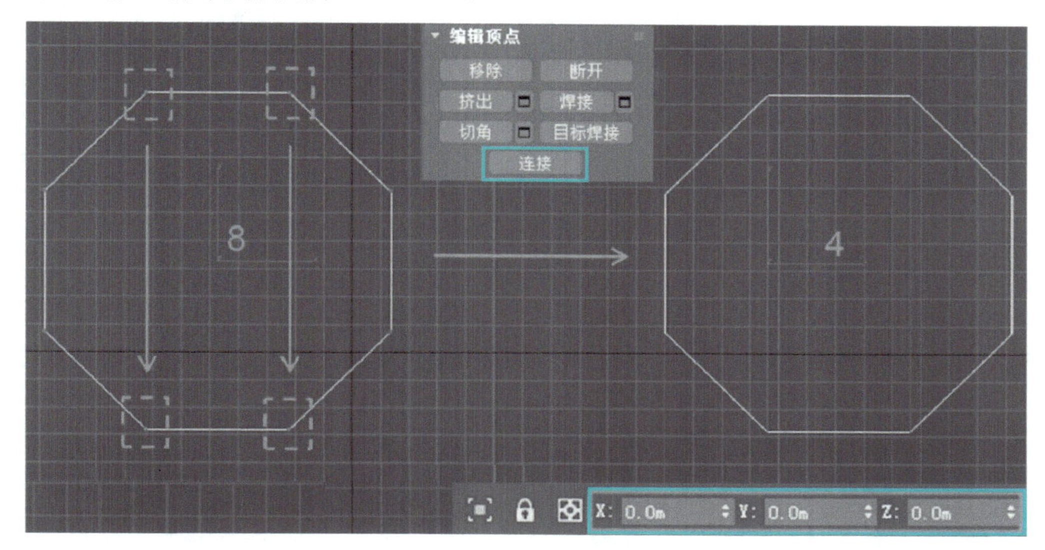

图 2-5　修改圆柱体

3. 创建底座基本外形

将底座的顶面删除，按住快捷键〈3〉切换到【边界层级】，在位移模式（快捷键〈W〉）下按住〈Shift〉键，同时按住鼠标左键向上拖动，就可以快捷地进行挤出，如图 2-6 所示。通过这样的挤出方式，可以更加准确地把握底座的形状和细节，从而更好地建立高质量的三维模型。

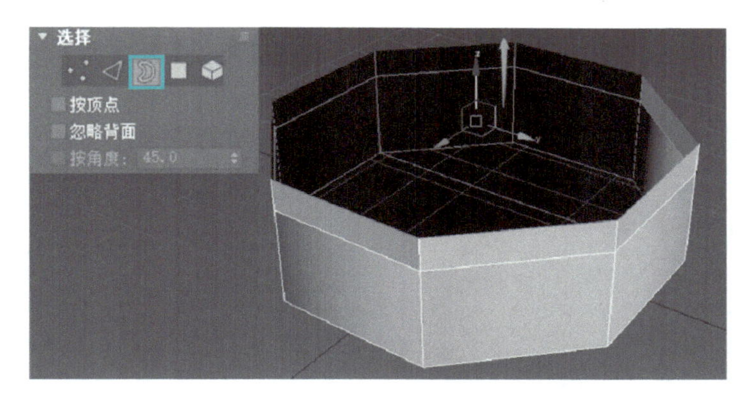

图 2-6　对边界进行挤出

4. 全面完善底座的外形

切换到【边界层级】来调整底座模型的形状。在位移模式下（快捷键〈W〉）按住〈Shift〉和鼠标左键向上拖动进行挤出，参数如图 2-7 所示。在缩放模式下（快捷键〈R〉）按住鼠标左键拖动进行缩放，缩放参数设置为 85（缩放设置为 85 即表示 0.85 倍，缩放设置为 100 即表示 1 倍）如图 2-8 所示。

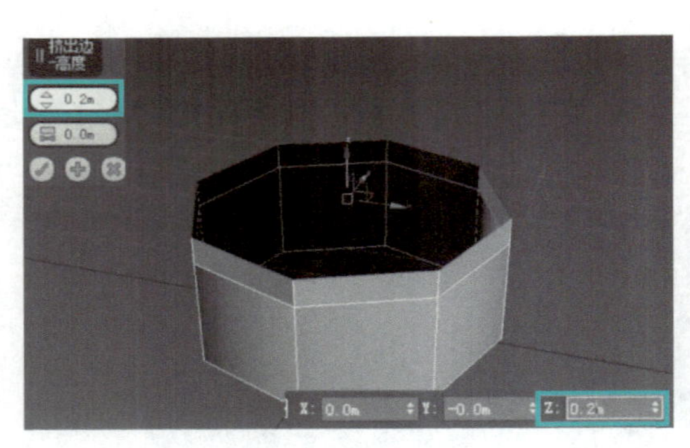

图 2-7　边界挤出（一）

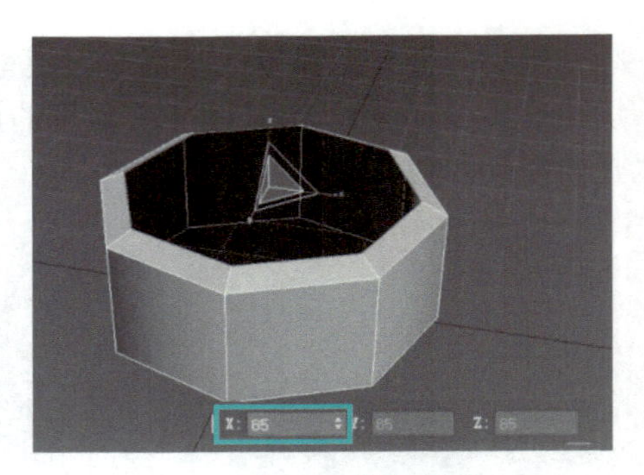
图 2-8　边界缩放

按〈R〉切换为缩放模式，按住〈Shift〉并按住鼠标左键拖动进行横向缩放，缩放参数如图 2-9 所示。

按〈W〉切换为位移模式，按住〈Shift〉并按住鼠标左键向上拖动进行挤出，参数如图 2-10 所示。

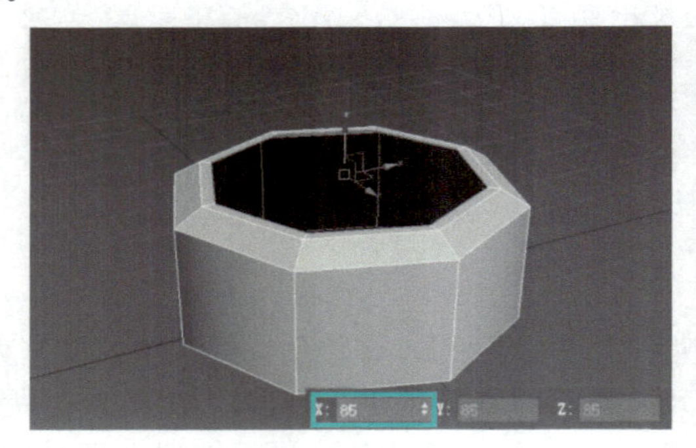
图 2-9　横向缩放

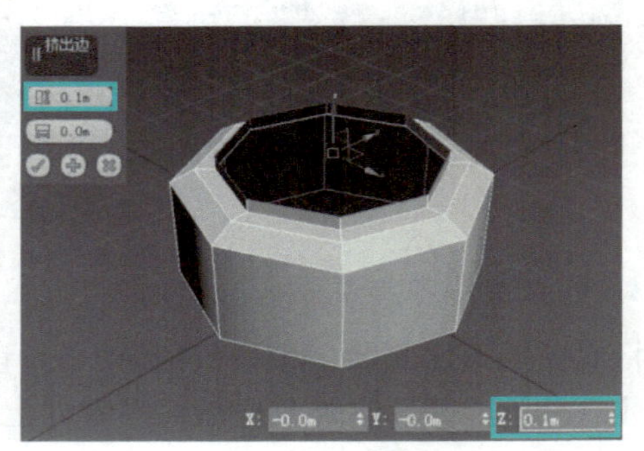

图 2-10　边界挤出（二）

重复上述操作直至完成图 2-11 的形态。选中模型的边界并对其使用【封口】命令，按快捷键〈1〉切换为【点层级】，选择图 2-12 所示的点，使用【连接】添加两条边，将模型的八边形改为四边形。

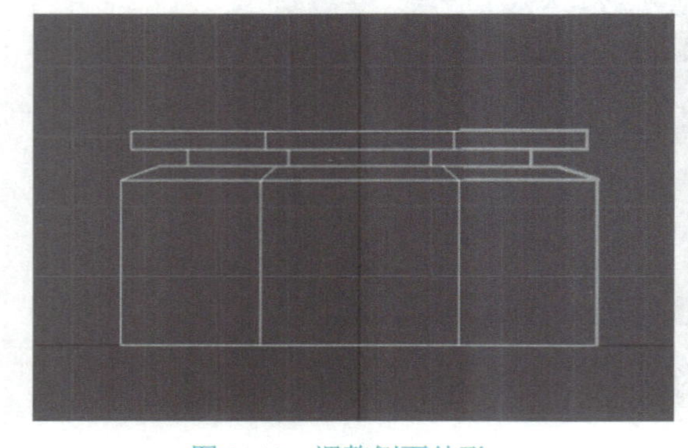
图 2-11　调整侧面外形

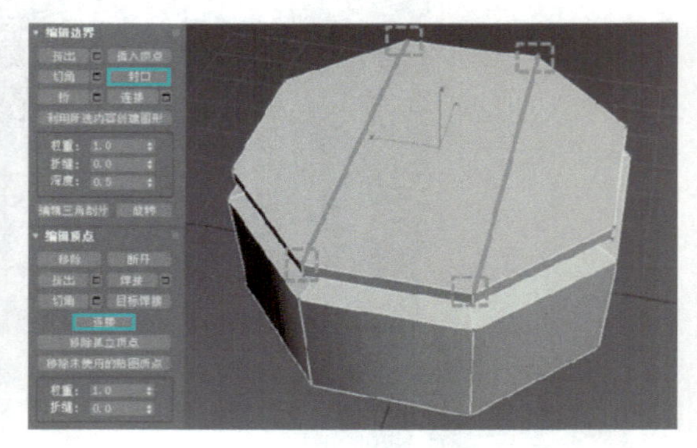

图 2-12　添加边

2.2.2　为机器人底座添加细节

1. 使用插入工具进行细节刻画

选中圆柱侧面，使用【编辑多边形】卷展栏下的【插入】命令，进行负方向【挤出】，再按

〈R〉进行整体的缩放，如图 2-13 和图 2-14 所示。

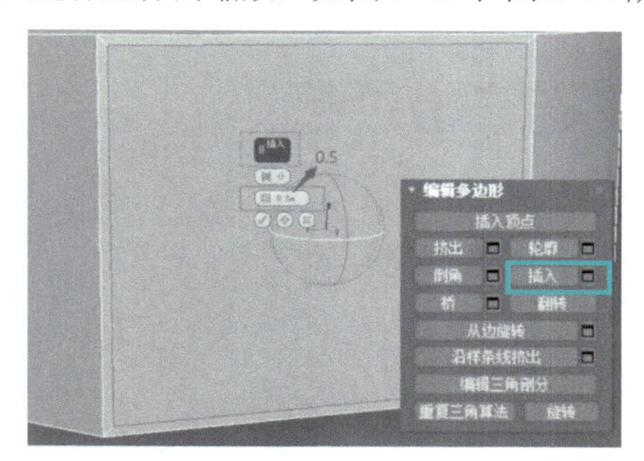

图 2-13　插入多边形

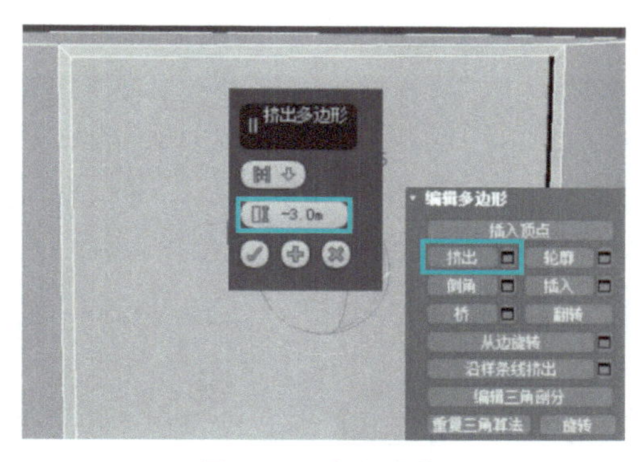

图 2-14　负方向挤出

重复上述操作直至完成如图 2-15 所示形状。通过这种方式，可以更好地控制建模过程，使模型更加精细和逼真。

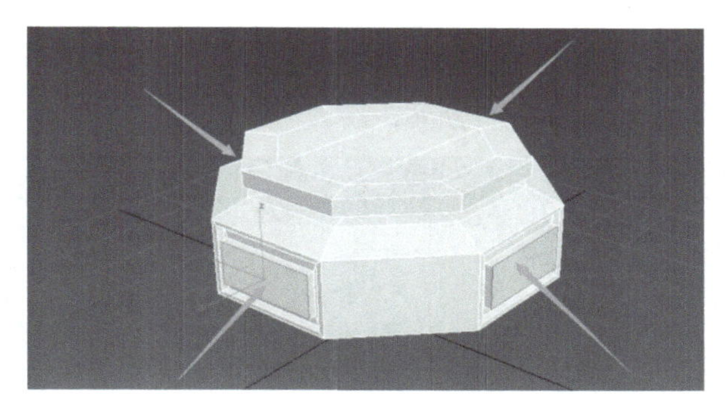

图 2-15　底座的细节刻画

2. 底座细节的完善

机械模型独特的纹理需要进行细节的雕刻。创建一个正方体，高度参数如图 2-16 所示。

将模型转换为【可编辑多边形】，再切换为【点层级】，选中四周的点，使用缩放命令对 Z 轴进行挤压，如图 2-16 所示。

把细节模型等距复制 6 份，并将其贴在图 2-15 底座执行“插入”命令的部位上，如图 2-17 所示。

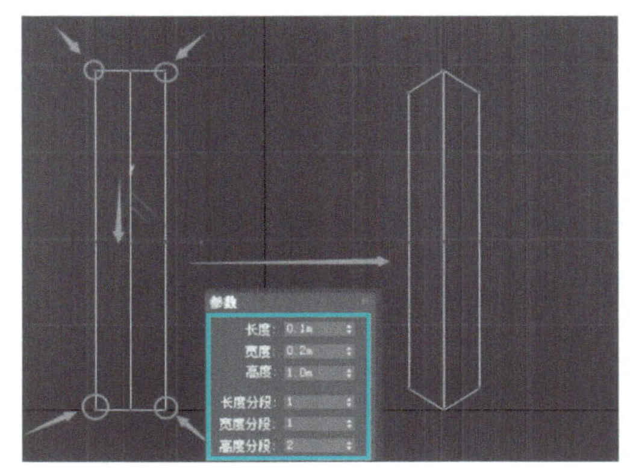

图 2-16　细节模型制作

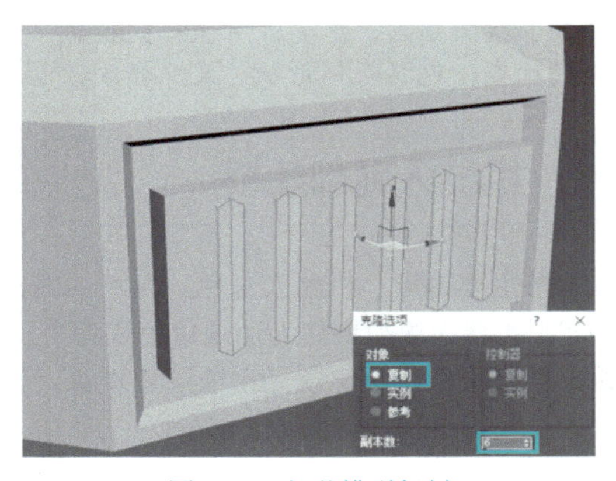

图 2-17　细节模型复制

把六个细节模型的轴心坐标重置归零使其居中，如图 2-18 所示。将这六个细节模型旋转复制 3 份，旋转角度为 90°，如图 2-19 所示。

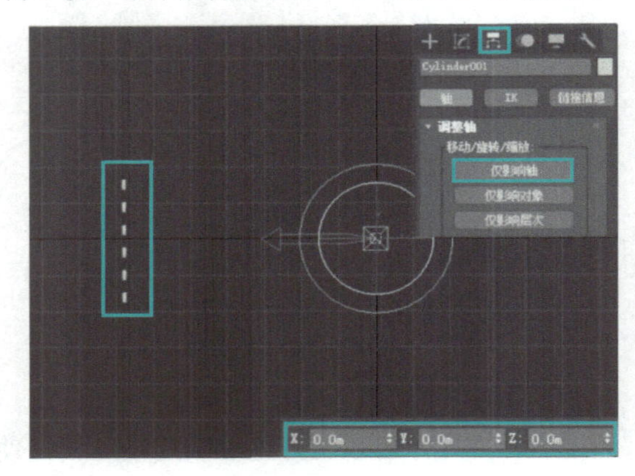

图 2-18 轴心归零

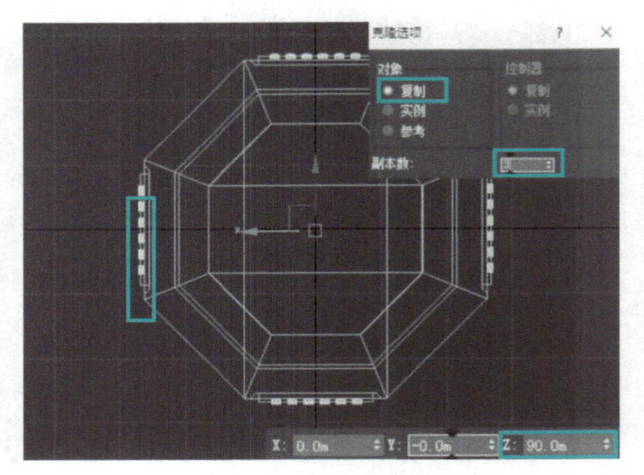

图 2-19 旋转复制细节模型

3. 底座模型完成小结

底座模型创建的完成效果如图 2-20 所示。

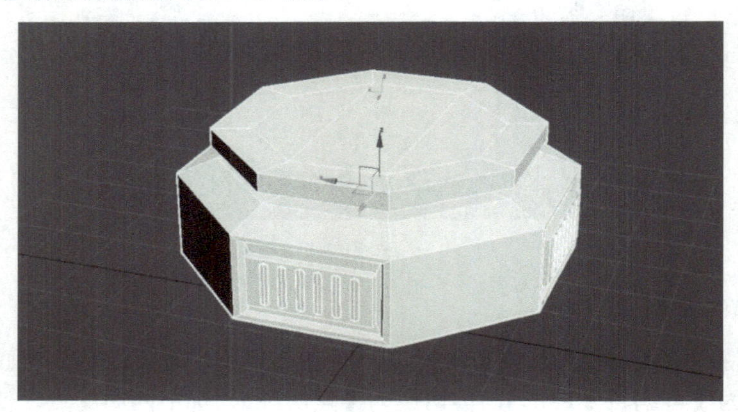

图 2-20 完整的底座模型

技巧提示

初学者在建模过程中，有几个关键步骤需要注意。对于模型参数的精细化、模型的建立和细节刻画，需要运用 3ds Max 的多边形建模的多种命令来完成。最后是模型整体质量的检查，包括几何形状、尺寸精度、干涉检查等，确保模型无错误，符合设计要求。

2.3 机器人腿部建模

本节主要讲解：机器人角色，角色的腿部建模。腿部起着支撑整个底座的关键作用，如果后期守卫机器人模型要作为动画角色或者交互 NPC 放进三维动画或者三维交互软件里，就要确保腿部模型平稳，不出现晃动或倾斜现象，其次大小关系比例要符合实际，参数要准确。腿部模型为三段式结构，如图 2-21 所示。

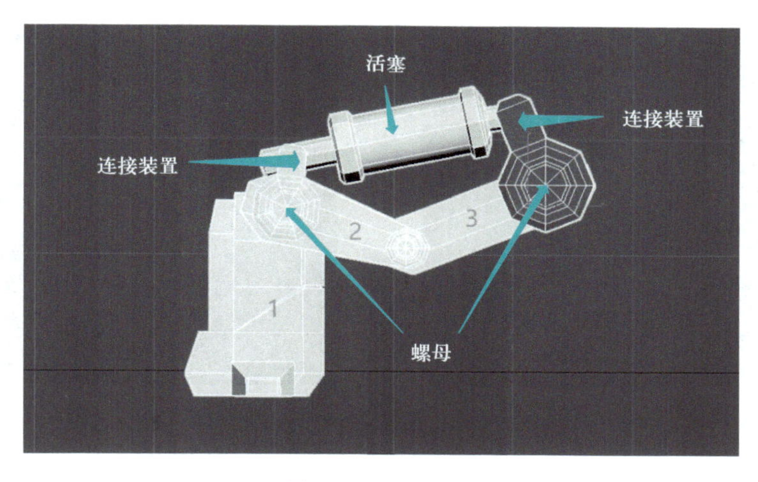

图 2-21　腿部结构

2.3.1　机器人关节连接处建模

以下是关节部分的建模流程。创建连接部位（螺母）和连杆部分，则关节结构可以依托螺母和连杆作为参考进行创建。创建一个圆柱体，参数如图 2-22 所示。

删除螺母的正面。打开〈边界层级〉，在缩放模式下（按快捷键〈R〉）按住〈Shift〉和鼠标左键进行横向扩张和闭合，再通过位移模式（按快捷键〈W〉）对模型进行挤出。通过这些操作来调整外形，使其接近螺母正面的整体形态，如图 2-23 所示。

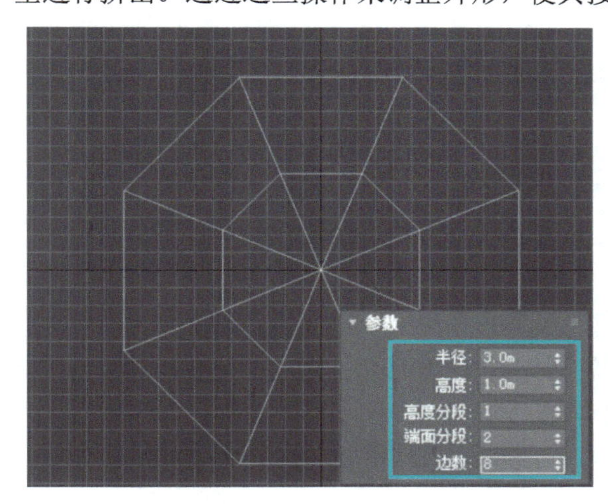

图 2-22　螺母参数

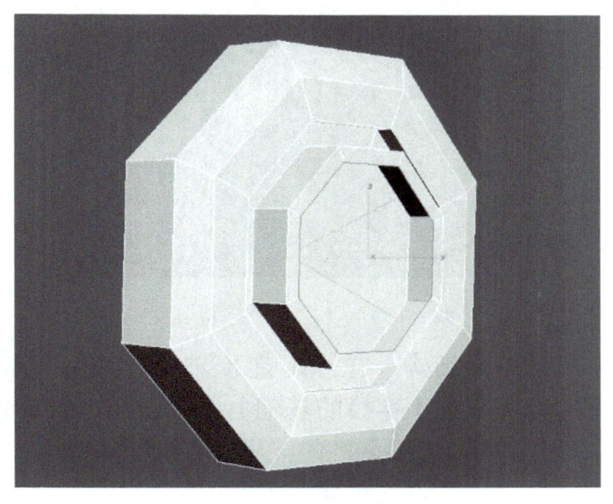

图 2-23　螺母正面

以下是制作螺母与活塞的连接结构的流程。对螺母侧面上部的一个面进行【挤出】，如图 2-24 所示。

选中两条边线做【切角】，切角量设置为 2，【分段】设置为 1。切角设置完毕后重新布线，对多边形进行优化。

最后，选中螺母绕 X 轴旋转 10°，如图 2-25 所示。创建的螺母为螺母 1。

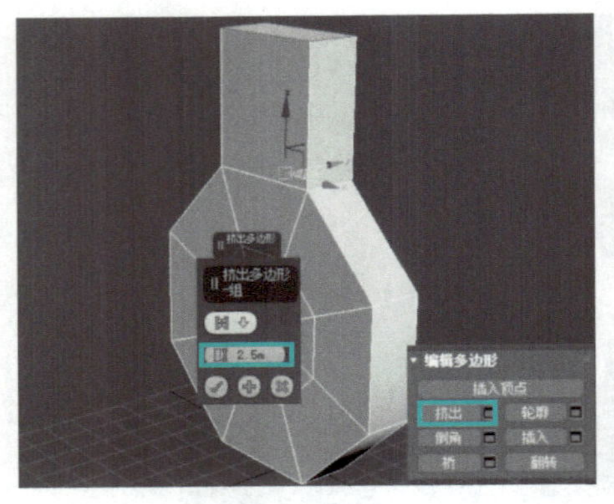
图 2-24　侧面挤出

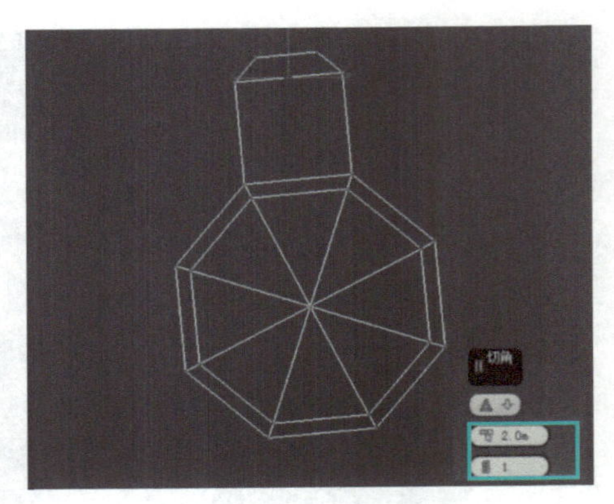
图 2-25　活塞连接结构

2.3.2　机器人腿部三段式结构建模

1. 结构 2 的建模

根据关节连接处的位置坐标，就近完成腿部结构 2 的创建。新建长方体并将其转换为【可编辑多边形】，参数如图 2-26 所示。

进入【点层级】并选中旁边 8 个点，拉动 X 轴进行两侧缩放，如图 2-26 所示。再选中一侧所有的点，拉动 Z 轴进行一侧的缩放，如图 2-27 所示。

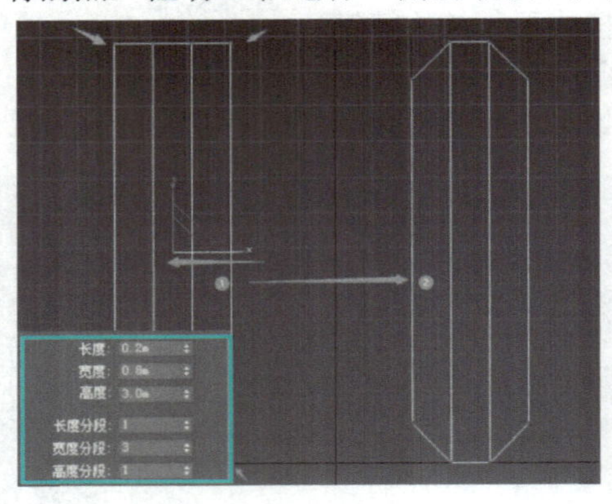
图 2-26　两侧缩放

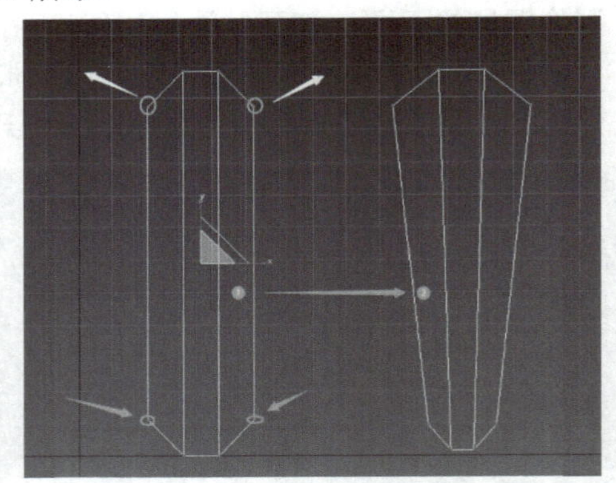
图 2-27　一侧缩放

选中此结构，并将其绕 X 轴旋转 20°，旋转后如图 2-28 所示。通过位置移动和吸附工具把它与关节在不穿模的基础上进行贴合，如图 2-29 所示。

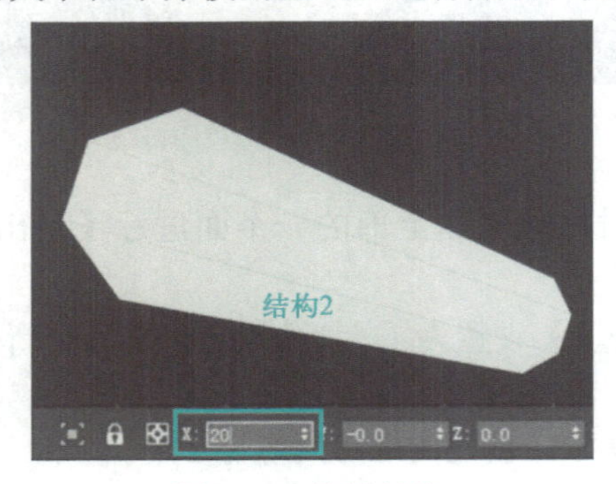

图 2-28　旋转结构 2

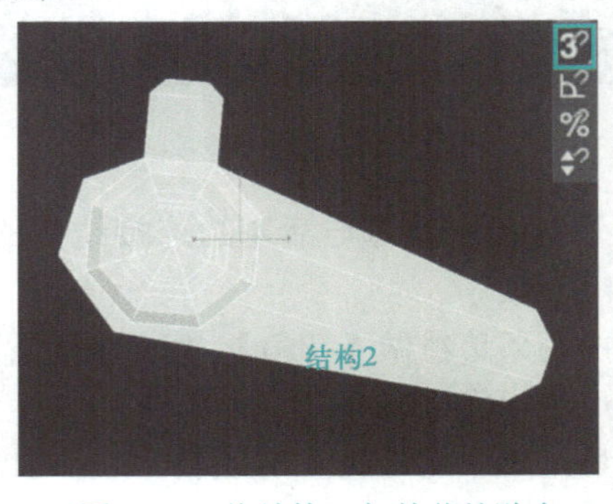

图 2-29　将结构 2 与关节处贴合

2．结构 3 的建模

结构 3 和结构 2 结构较为类似。新建一个长方体，参数如图 2-30 所示。

将长方体转换为【可编辑多边形】，操作与结构 2 一致。进入【点层级】并选中中间部分的两个点，按〈R〉切换到缩放工具，按住鼠标左键拉动 X 轴进行单轴扩张，如图 2-30 所示。

选中结构 3，绕 X 轴旋转-20°，通过位移工具将其与前面所做的结构 2 进行贴合，如图 2-31 所示。在移动的时候注意不要使模型穿模。

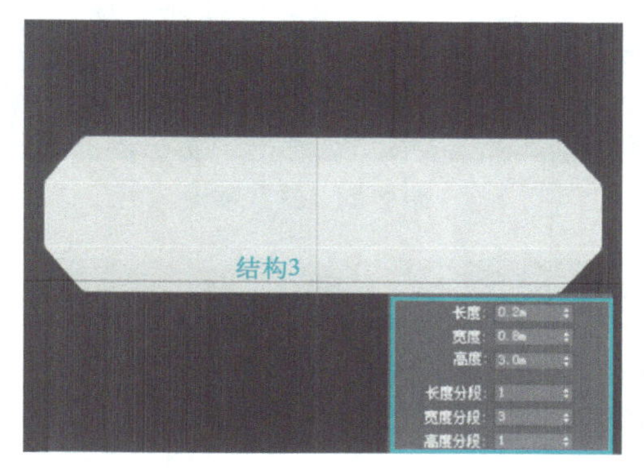

图 2-30　结构段 3 形态

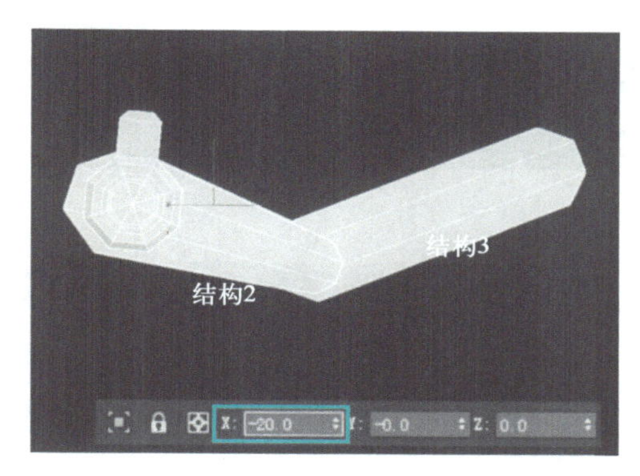

图 2-31　结构组合

3．完善关节处细节

复制一份关节处的螺母（新螺母为螺母 2），将上部活塞连杆部分删去，选中边界并对其进行封口，如图 2-32 所示。

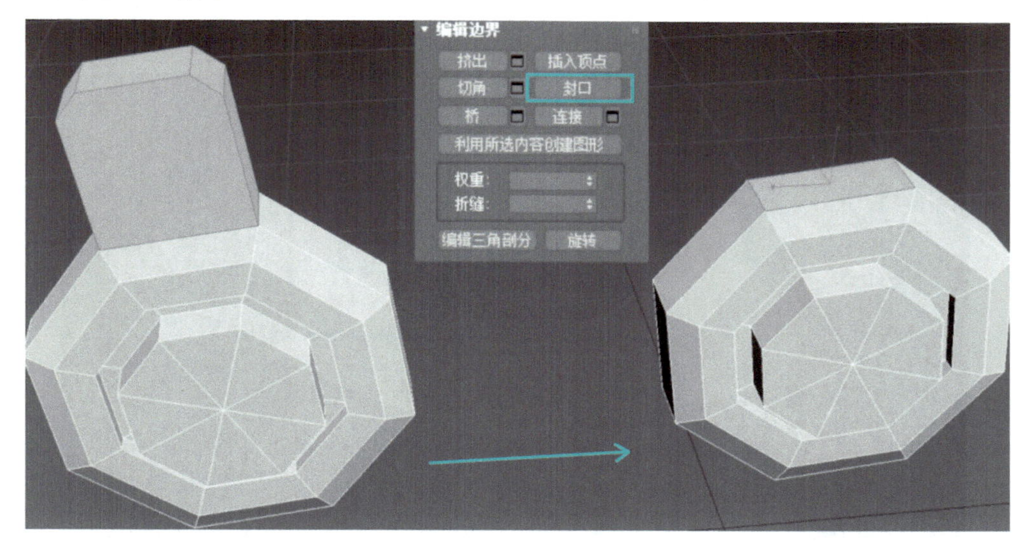

图 2-32　删除并封口

4．连杆机构的建立和结构复制

将复制出来的关节处螺母旋转 30°，使用移动工具将其移动到结构 2 和 3 的交汇处，如图 2-33 所示。

做完结构和关节螺母后，选中它们并对其使用【镜像】命令，如图 2-34 所示。创建三个圆柱体（编号为圆柱体 a、b、c），参数如图 2-35 所示，摆放位置如图 2-34 所示。

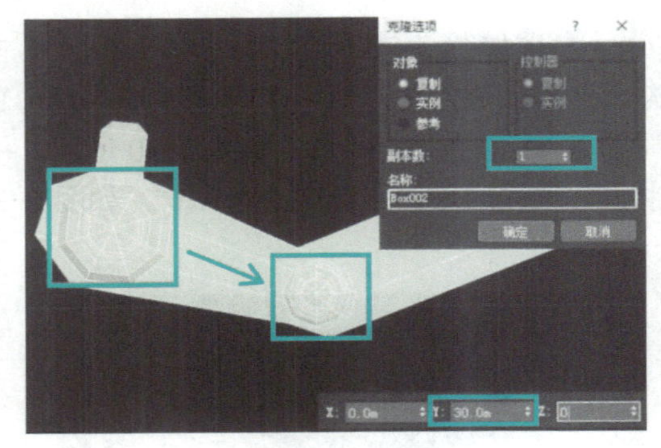

图 2-33　关节处细节图

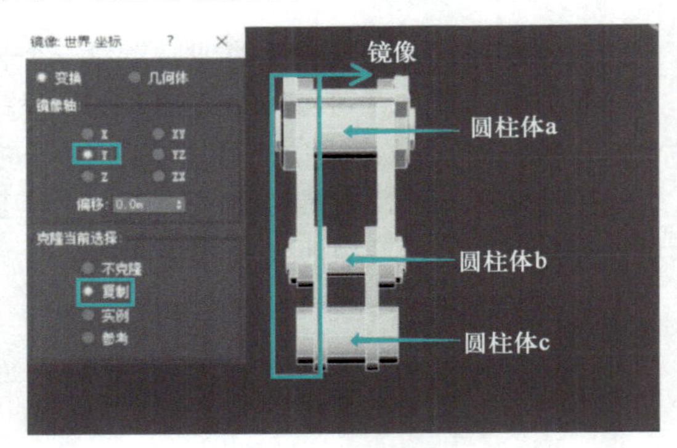

图 2-34　连杆机构

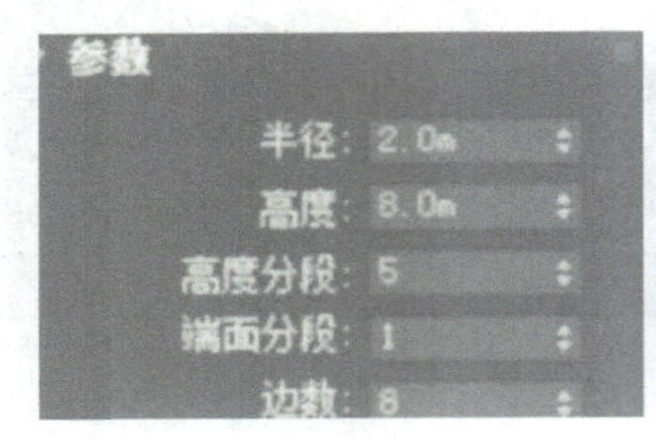

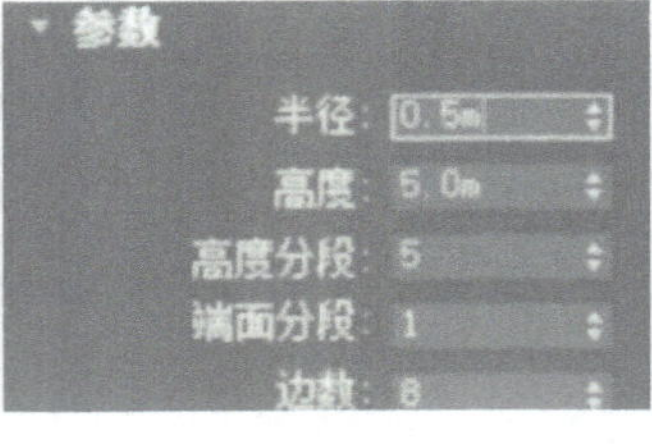

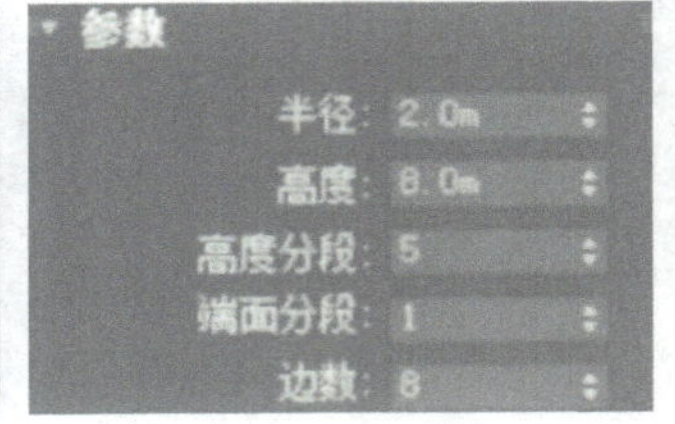

图 2-35　三个圆柱体的创建参数

5．活塞结构的建立

复制刚才创建的螺母（螺母 1）并将其 X 属性放大到 150，再把它放到腿部即结构 3 上，如图 2-36 所示，腿部结构 3 的螺母（螺母 2）和结构 2 的螺母将一起协同连接活塞装置。

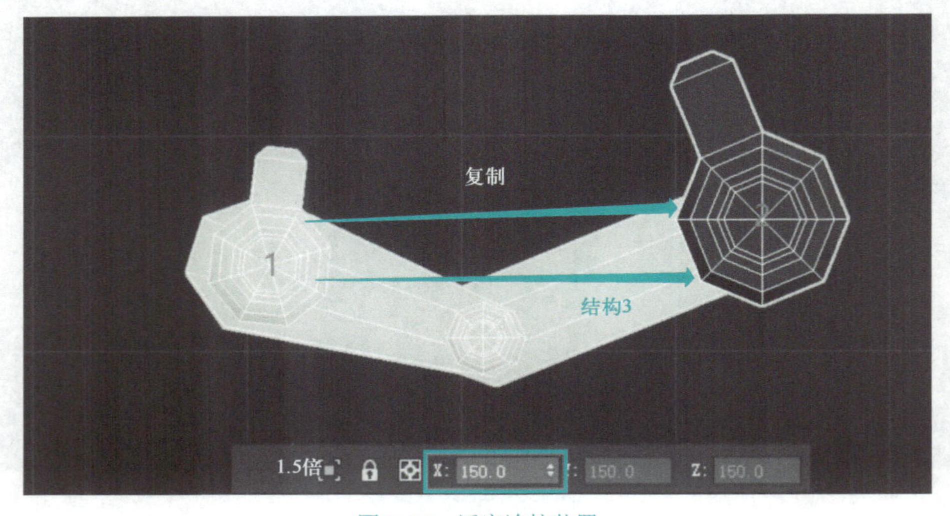

图 2-36　活塞连接装置

以下是活塞结构的建模流程。创建一个圆柱体，参数如图 2-37 所示。将其转换为【可编辑多边形】。

删去两侧的面，然后通过【边界层级】的【挤出】命令来完成如图 2-37 所示的形状。

按快捷键〈3〉切换到【边界层级】，对圆柱体边界进行挤出，参数如图 2-38 所示。

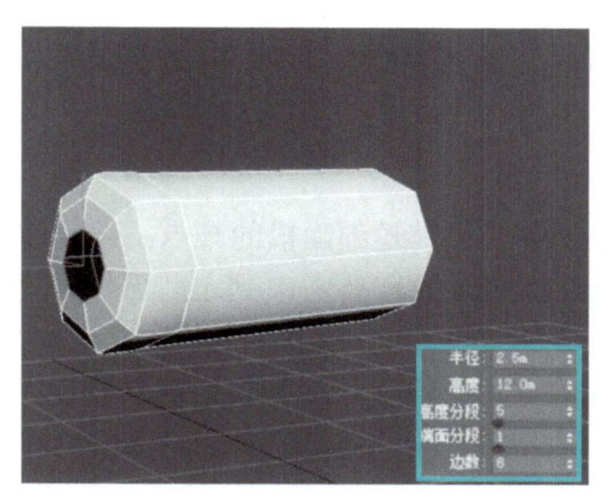

图 2-37　活塞边界编辑

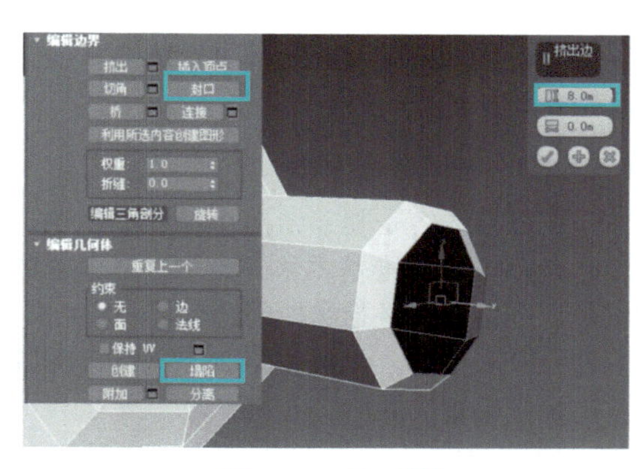

图 2-38　封口塌陷

切换至缩放工具，按住〈Shift〉和鼠标左键对边界进行缩小。然后先使用【封口】再使用【塌陷】命令，效果如图 2-38 所示。

按快捷键〈2〉切换为【边层级】，选中模型的侧面，使用【连接】命令给活塞侧面添加一条如图 2-39 所示的循环边（选中的是面而不是边）。

对其产生的面进行挤出并进行 Y 轴缩放，挤出效果和参数如图 2-40 所示。

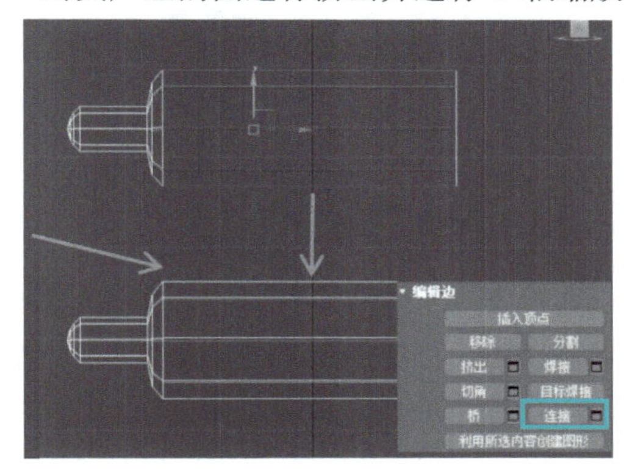

图 2-39　活塞前轴

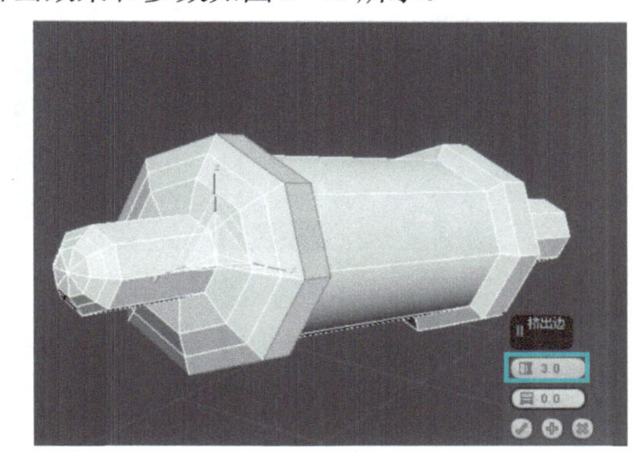

图 2-40　活塞整体

这部分可以称为“活塞前轴”，对活塞另一侧进行同样的操作。另一侧的凸起称为“活塞后轴”，活塞后轴比活塞前轴稍短，挤出参数如图 2-41 所示。

创建两个圆柱体，将两个圆柱体作为连杆机构，分别移动至两对关节螺母上方连接装置的中心，移动位置和参数如图 2-42 所示。

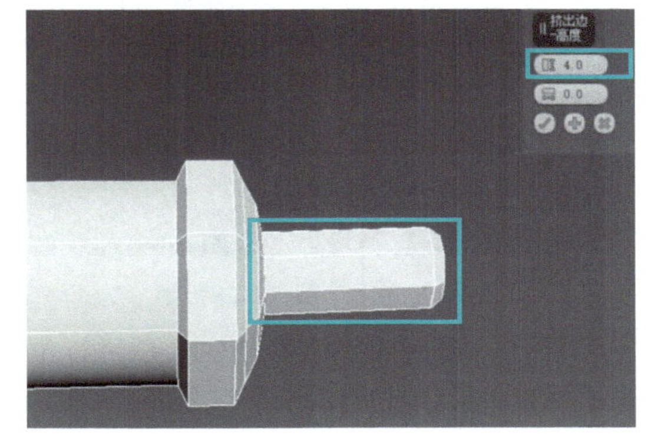

图 2-41　活塞后轴

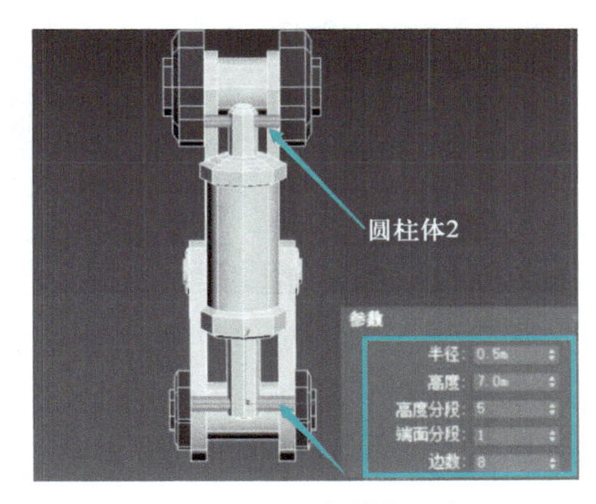

图 2-42　活塞整体组合

将整个活塞机构和腿部结构 2、结构 3 进行组合，就成功完成了活塞这部分的整体模型的创建和组合，如图 2-42 所示。

6. 结构 1 的建模

本节的重点内容是腿部结构 1 的模型创建，同时结构 1 也是腿部建模的难点。结构 1 的建模工作也是从一个标准基本体开始的，在建它的机械结构的时候需要考虑到之前已经建好的结构的参数，以便后期进行结构的组合。

新建一个长方体，参数如图 2-43 所示，将其转换为【可编辑多边形】之后对其顶面进行挤出，挤出参数设置为 6。

按快捷键数字〈1〉切换到【点层级】，选中顶部右侧四个点并对其进行位移，如图 2-44 所示。

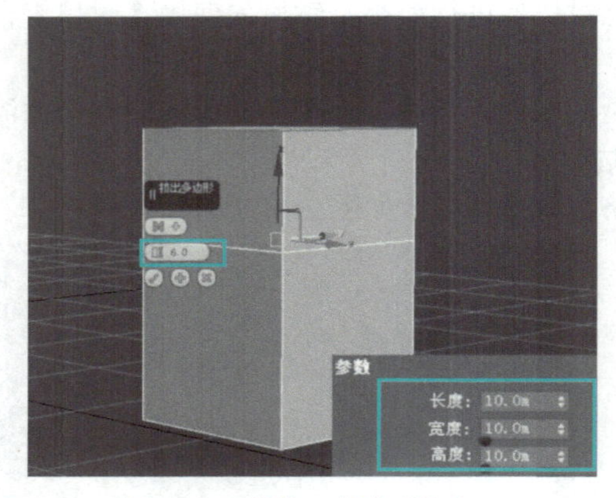

图 2-43 结构 1 基本型挤出

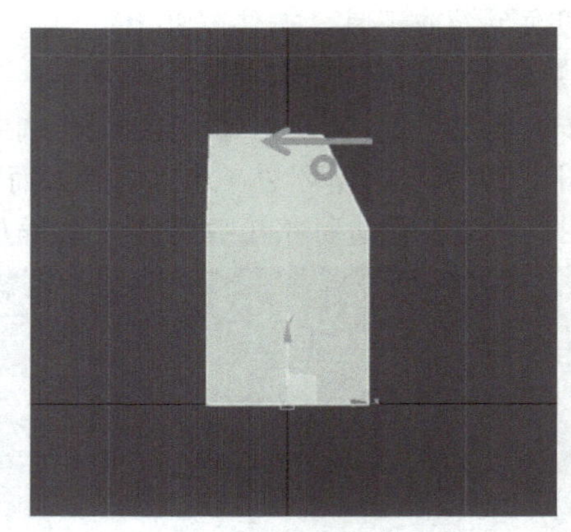

图 2-44 移动顶点

在【边层级】使用【连接】命令给模型布两条宽度分段，再切换到【点层级】调节模型的形状，如图 2-45 所示。

调节完形状，对左边最底下的面进行挤出的操作，挤出参数如图 2-46 所示，这时就得到了结构 1 的基础轮廓。

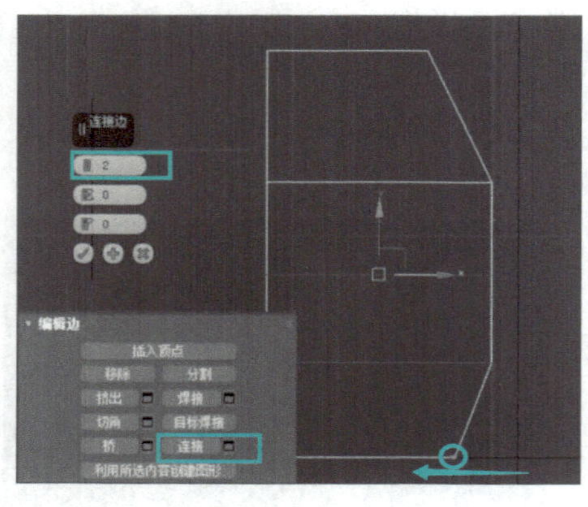

图 2-45 布线

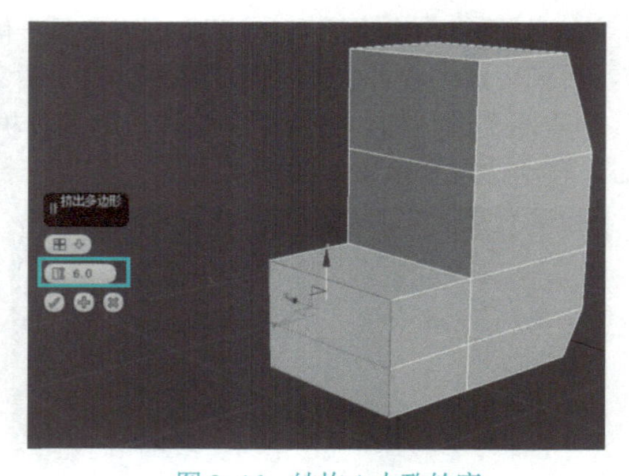

图 2-46 结构 1 大致轮廓

跳选模型左下角的两个点并对其进行向右位移操作，再对底下倒数第二条边进行位移操作，如图 2-47 所示。切换到模型正面，给模型的正面加六条分段，如图 2-48 所示。

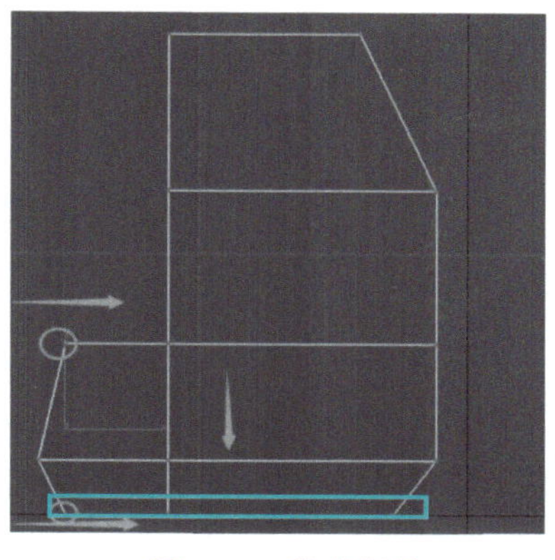

图 2-47　位移调整

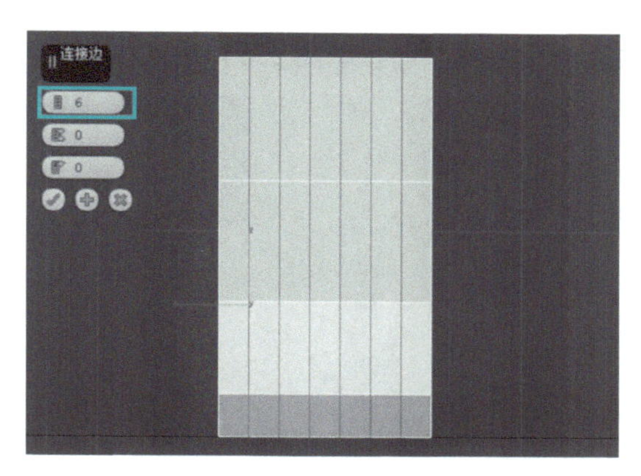

图 2-48　添加分段

选中如图 2-49 所示的三个面，对这三个面先进行插入再进行负挤出，参数如图 2-49 所示，这个位置将作为机器人的脚趾头。

利用一个长方体来制作结构 1 的“胫甲”。创建一个长方体，参数如图 2-50 所示 ，选中长方体的顶面进行挤出，参数如图 2-50 所示 ，拉动 X 轴进行缩放，完成“胫甲”的外形，如图 2-50 所示。

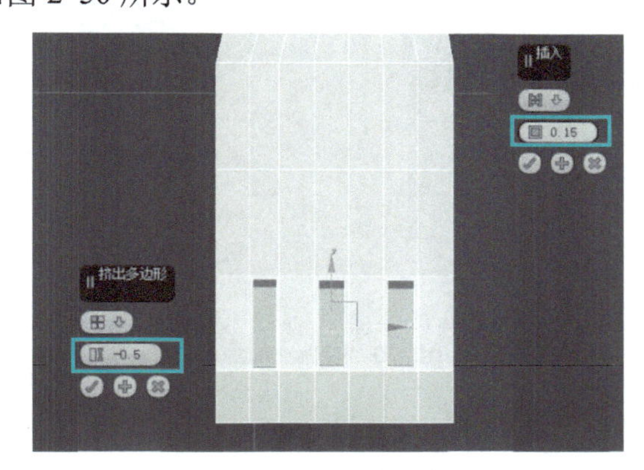

图 2-49　脚趾头

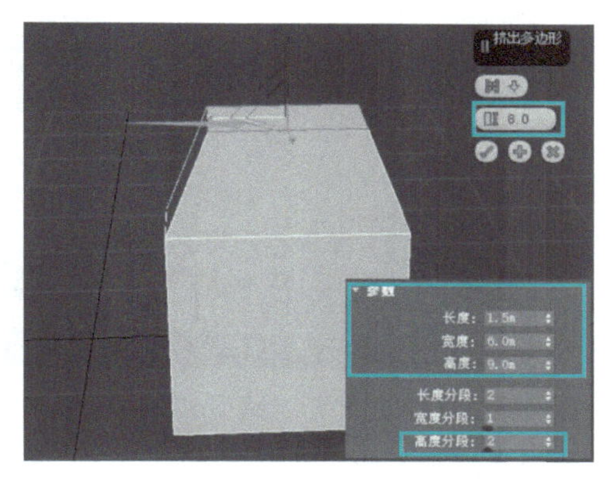

图 2-50　胫甲

之后把“胫甲”移动到结构 1 前部进行组合，如图 2-51 所示。给结构 1 的侧面做“稳定器”，使用【连接】先在模型侧面添加一条高度分段，如图 2-52 所示。

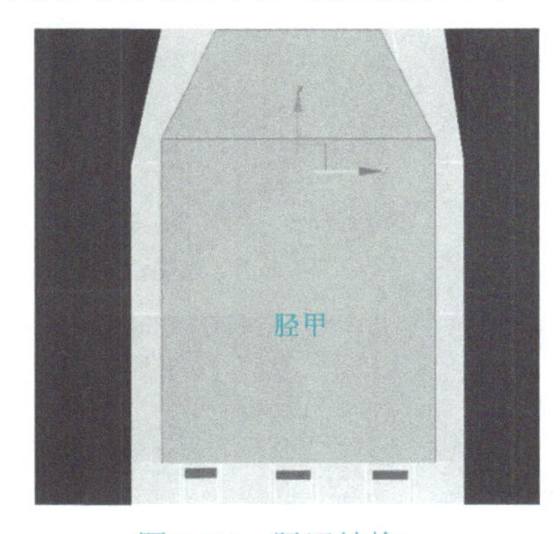

图 2-51　胫甲结构

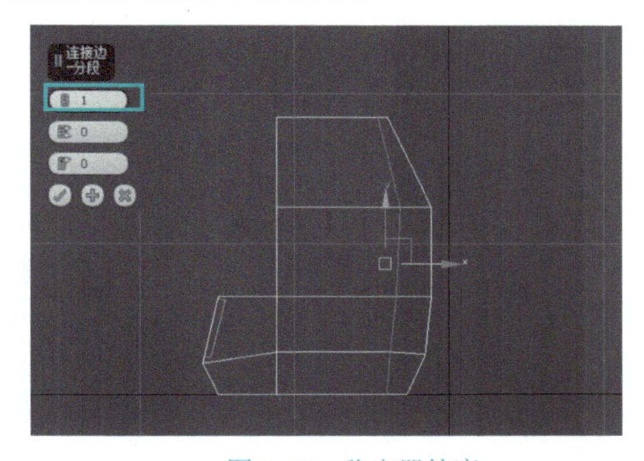

图 2-52　稳定器轮廓

将新形成的面做挤出，挤出参数如图 2-53 所示。使用缩放和位移工具对其外形进行调整，使其成为一个梯形，形态如图 2-54 所示。

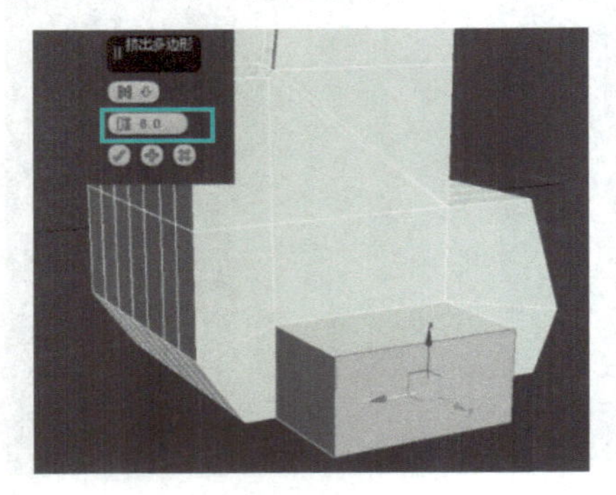

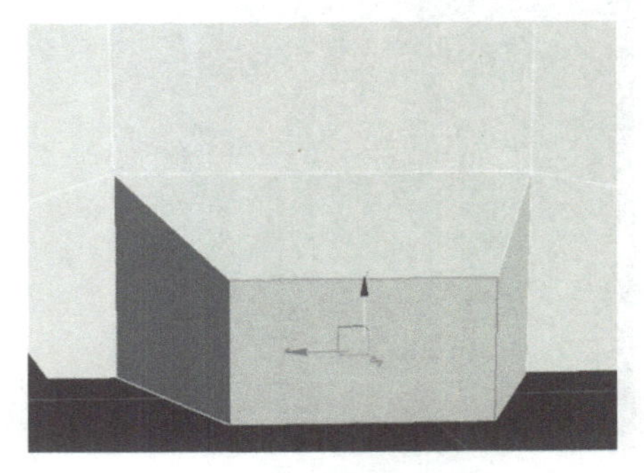

图 2-53　稳定器轮廓　　　　图 2-54　稳定器面挤出

对这个面使用【插入】和【挤出】命令，参数和形状如图 2-55 所示。然后对结构 1 进行机械化结构的完善，给结构 1 的侧面添加一条分段。

切换到【边层级】进行【切角】，选择分段进行负挤出，位置和参数如图 2-56 所示，至此结构 1 整体完成。

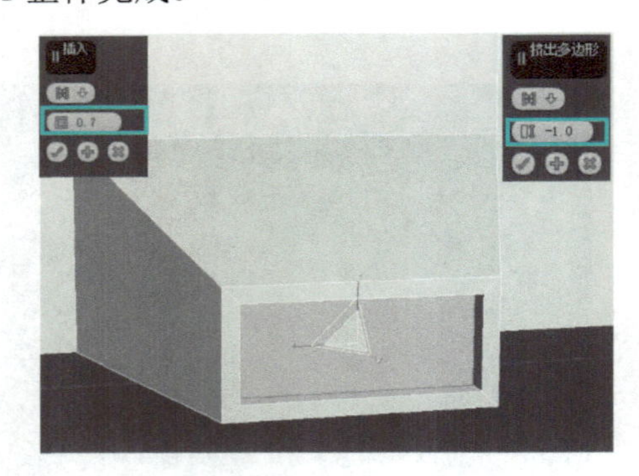

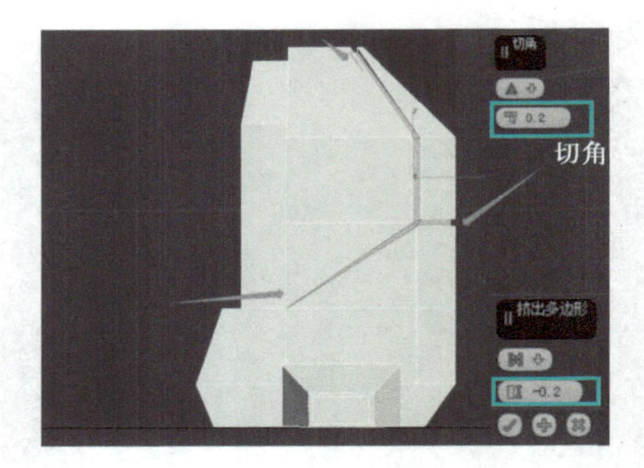

图 2-55　稳定器形态　　　　图 2-56　完善结构 1

使用【附加】将结构 1、2、3 合并，将其和躯干底座进行拼合。

将腿部结构的旋转轴心和躯干底座的旋转轴心对齐，按住〈Shift〉进行复制，旋转参数如图 2-57 所示。

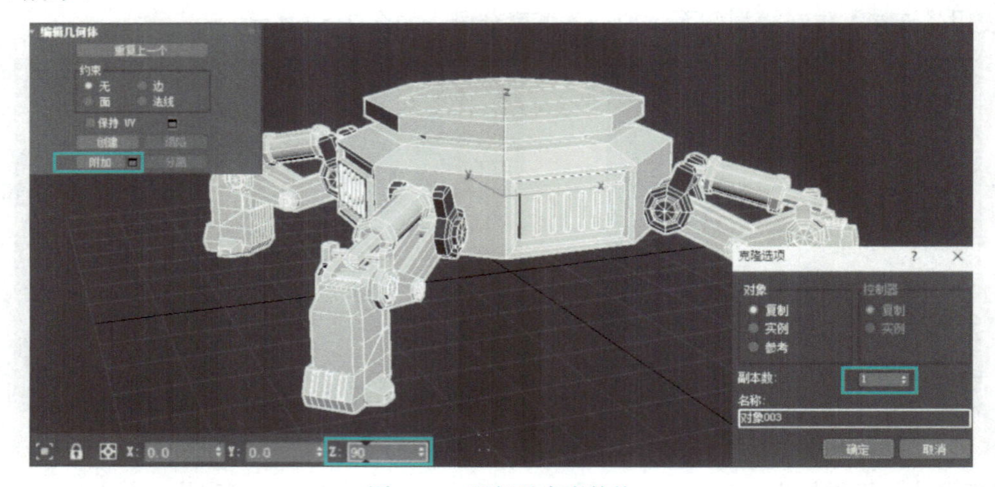

图 2-57　腿部及底座整体

2.4 机器人上半部分建模

本节主要讲解机器人角色的头部建模。守卫机器人模型的头部与一般动物和人物角色的头部不同，机器人头部分布的是传感器，而不是五官，雕刻精细度可能不会比动物和人物复杂，但需要精密的参数。如果后期要绑定骨骼，那么机器人头部以及各种传感器的模型就要严格地按照参数制作，防止穿模。

2.4.1 机器人连接机构的创建

机器人头部与底座之间有一个齿轮状的连接机构，需要用圆柱体建立这个连接机构。

创建一个圆柱体，参数如图 2-58 所示。将其转换为【可编辑多边形】并把端面中间的那一块圆柱体删去。

在【边界层级】下全选边界，使用【桥】命令对其进行桥接，如图 2-59 所示。

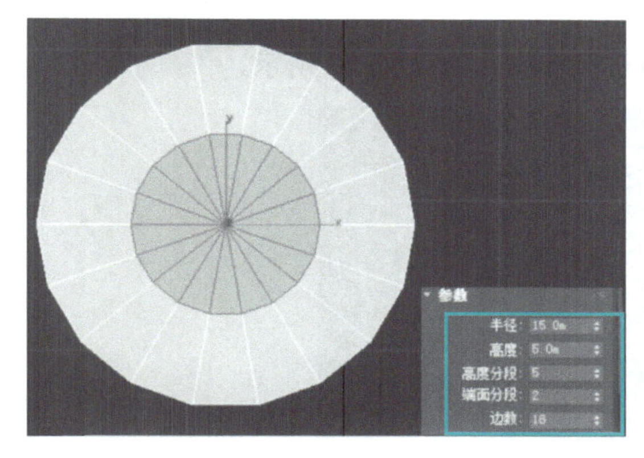

图 2-58　齿轮参数

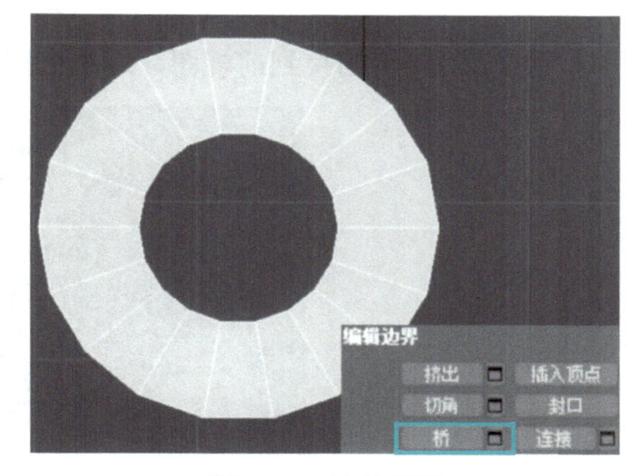

图 2-59　齿轮轮廓

间隔为 1 选中侧面，进行挤出，挤出参数如图 2-59 所示。

对这些面进行 Y 轴缩放，得到一个圆环状的齿轮，这个齿轮就是连接机构，如图 2-60 所示。

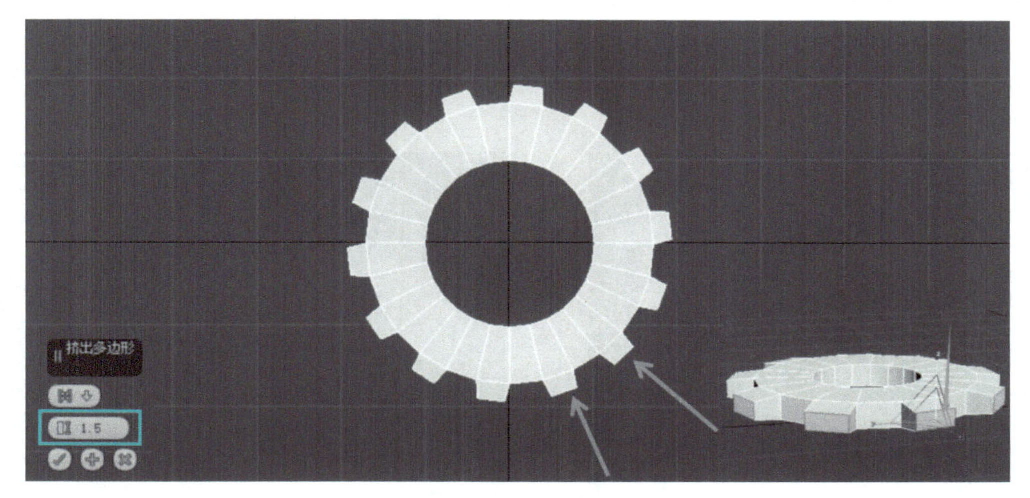

图 2-60　齿轮机构

2.4.2 机器人头部的创建

1. 头部本体建模

创建一个长方体并将其转换为【可编辑多边形】，参数如图 2-61 所示，切换到【边层级】调整其形态，如图 2-61 所示。

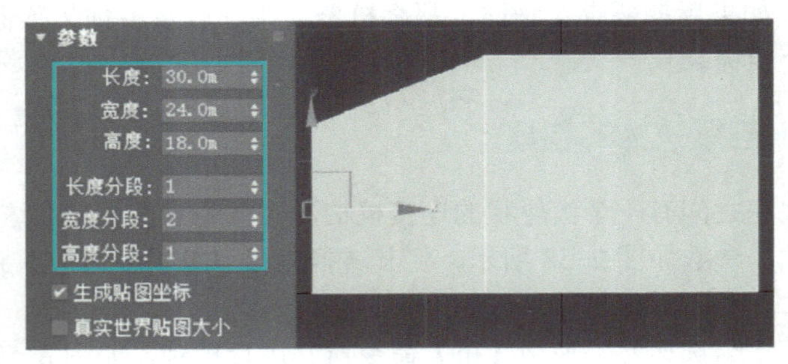

图 2-61 头部结构

按快捷键〈F〉切换到前视图，选中模型正面的宽度边，如图 2-62 所示。

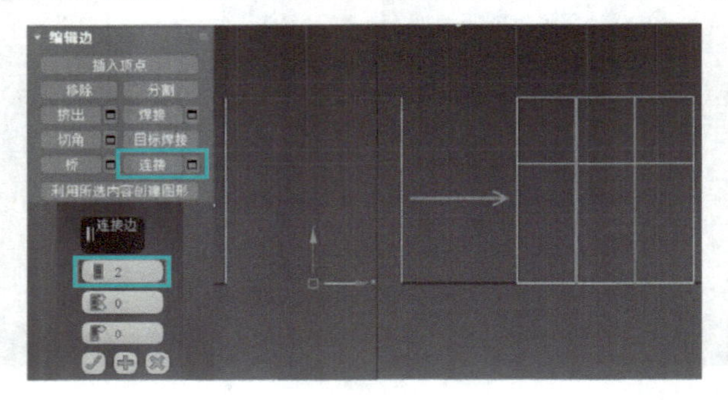

图 2-62 插入循环边

使用【连接】在模型正中间均匀布置两条循环边，如图 2-62 所示。

切换到【面层级】，选中模型两侧并对其做插入，模型侧面会出现一条不平整的循环边，如图 2-63 所示。

使用缩放工具拉动模型的 X 轴以打直循环边。选中插入的面，对其进行挤出，挤出参数如图 2-64 所示。

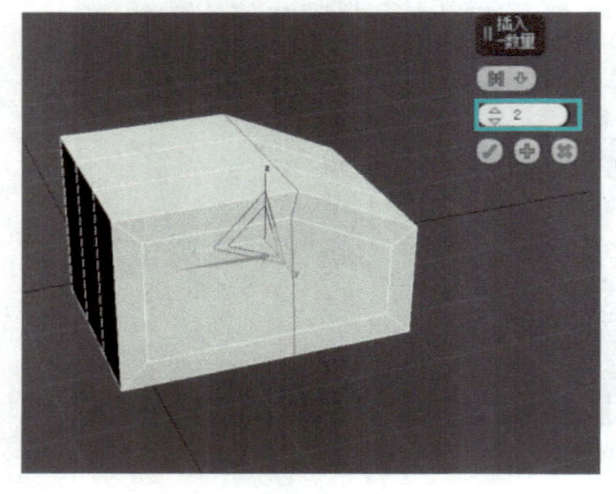

图 2-63 打直循环边

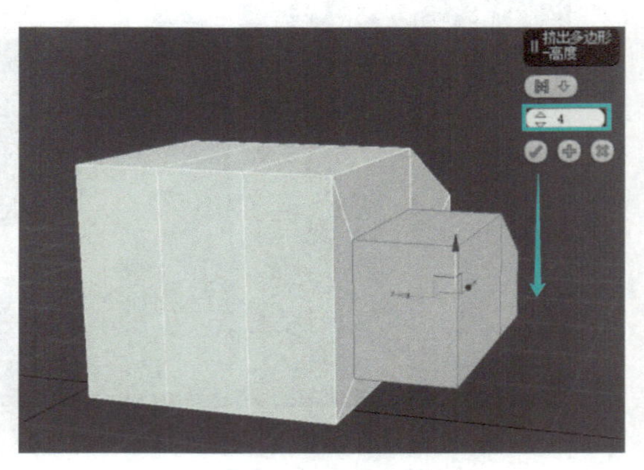

图 2-64 挤出侧面

使用移动工具把挤出部位往下移动。

下面是制作头部模型的“进气口”的流程。切换到前视图，在【面层级】选中模型的面，如图 2-65 所示，并对其进行插入，插入参数设置为 0.5。对这两个面进行负挤出，挤出参数设为 0.3，在整个头部模型中心布两条垂直交叉的十字线，如图 2-65 所示。

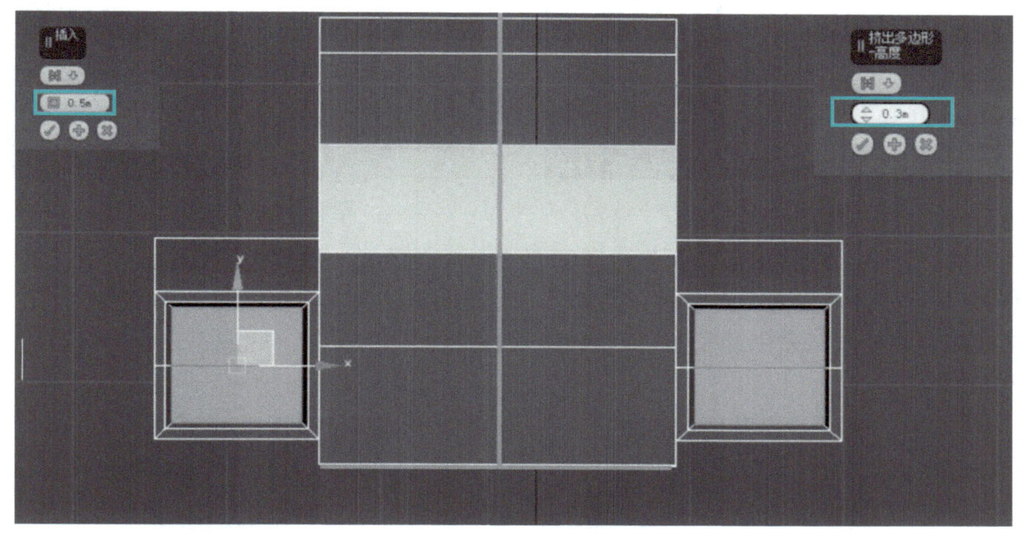

图 2-65　进气口

创建圆柱体并将其转换为【可编辑多边形】，参数如图 2-66 所示。删掉圆柱体的顶面，选择【边界层级】，利用【挤出】命令将圆柱塑形成图 2-66 所示。

技巧提示

切换到缩放工具，按住〈Shift〉对边界进行扩张，再切换成移动工具进行挤出。重复这个步骤，直至完成后的“传感器”模型与头部模型的组合如图 2-67 所示。

头部和传感器组合完成以后可以将头部和机器人底座进行组合，完成效果如图 2-67 所示。

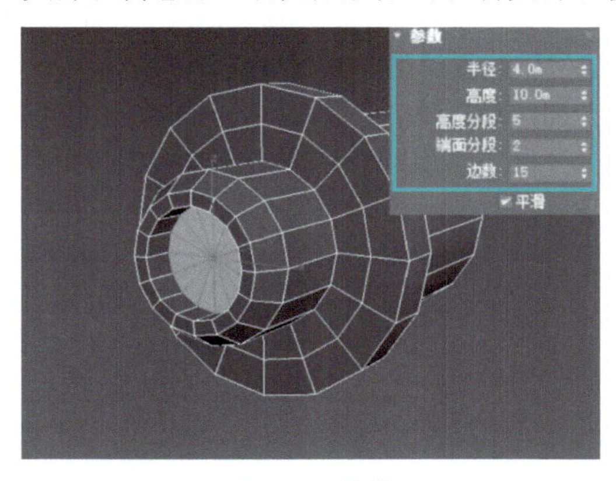

图 2-66　传感器

图 2-67　模型组合

下面是制作头部的“排气口”的流程。切换视图，并在【面层级】选中如图 2-68 所示的两个后侧面，对其进行插入和负挤出，参数如图 2-68 所示。

对这两个面进行一次插入和挤出操作，参数如图 2-69 所示。

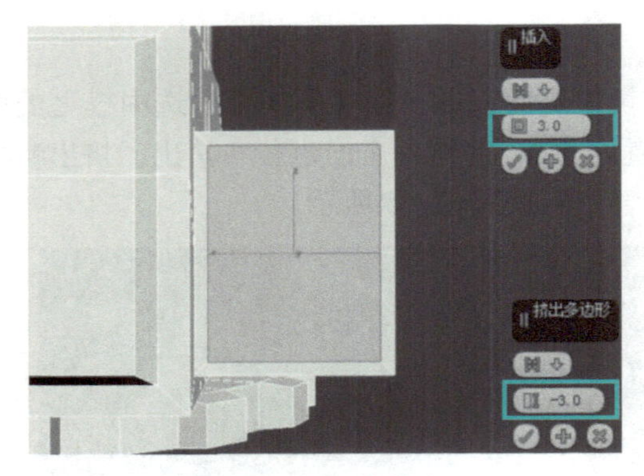

图 2-68　插入并挤出

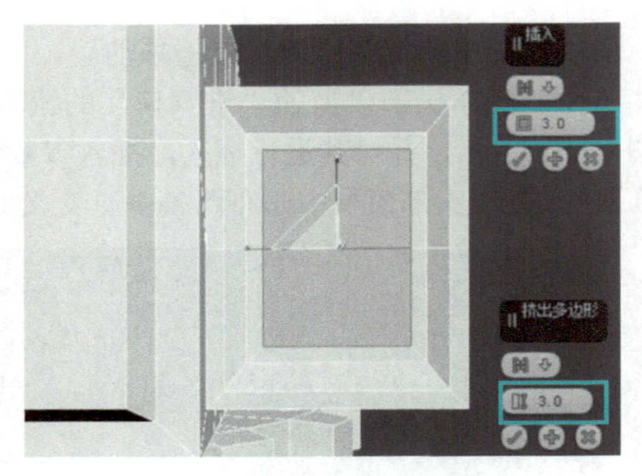

图 2-69　再次插入并挤出

进行第二次插入和挤出操作，但这回需要切换插入模式，需要把插入模式换成【按多边形插入】，使一个面分割成两个面。插入完成后，对其做负挤出，参数如图 2-70 所示。

这样的一侧排气口就创建完毕了。对另一侧重复同样的操作，完成第二组排气口，效果如图 2-70 所示。

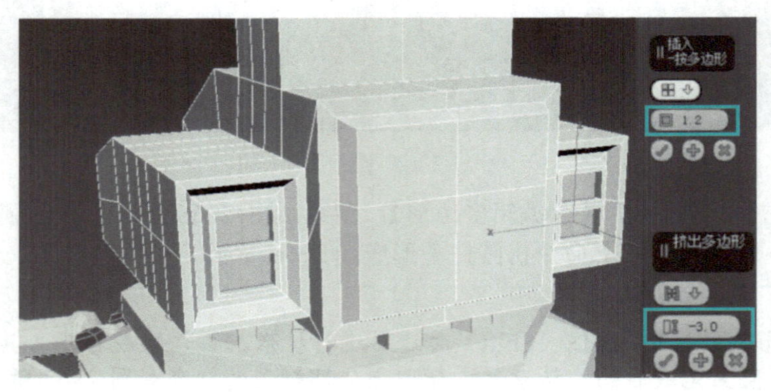

图 2-70　排气口

给后脑勺增加点细节的流程是，在【面层级】下选中头部后侧，同样对其进行插入与挤出操作，再切换到缩放工具，挤压 Z 轴，最后给后脑勺添加点斜度，效果如图 2-71 所示。

给头顶加点细节的流程是，选中头顶中部的两个面，对其做挤出操作，挤出参数设置为 3。

挤出完成以后，给这个挤出部位添加两条宽度分段，切换到点层级，在侧视图下把中间两个点拉到最高，效果如图 2-72 所示。

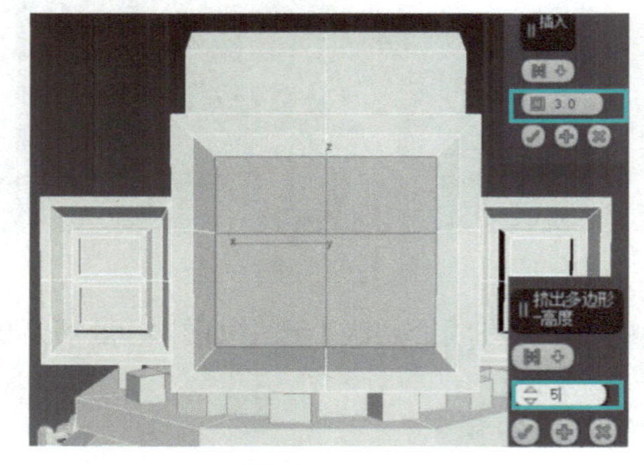

图 2-71　后脑勺

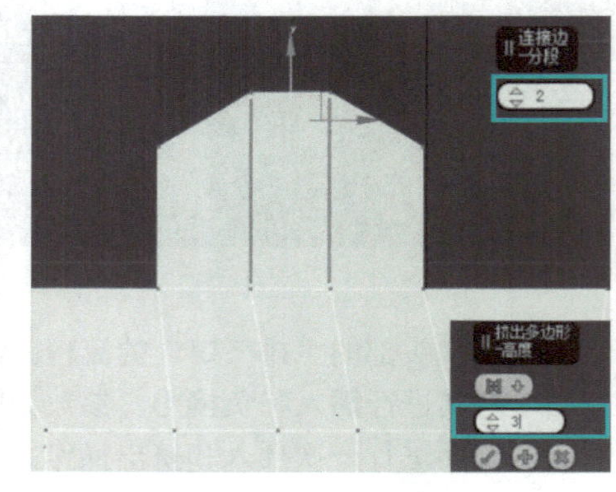

图 2-72　头部挤出

将两侧的点依次拉高，并不断调整，使其变成一个弧面，最终效果如图 2-73 所示。

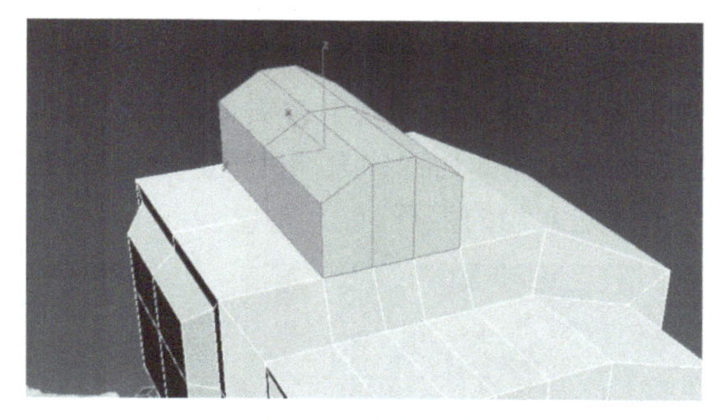

图 2-73　头顶挤出

2．头顶部电磁炮支架

头部本体的建模完成以后，根据参考图，需要给机器人头顶部添加一个电磁炮支架，方便后面电磁炮的安装。

创建一个长方体，参数如图 2-74 所示，然后把这个长方体转换为【可编辑多边形】，并把它对齐放置到机器人的头顶，再给长方体添加七条高度分段并移动到相应位置，如图 2-74 所示。

使用快捷键〈1〉选中【点层级】，对头部两侧的八个点进行调整，形状如图 2-75 所示。

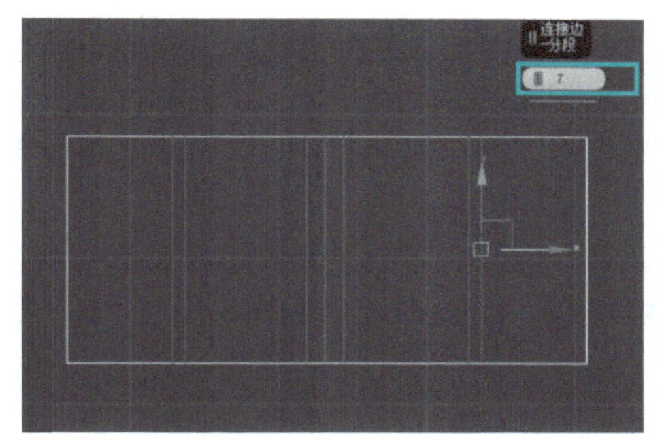

图 2-74　支架轮廓

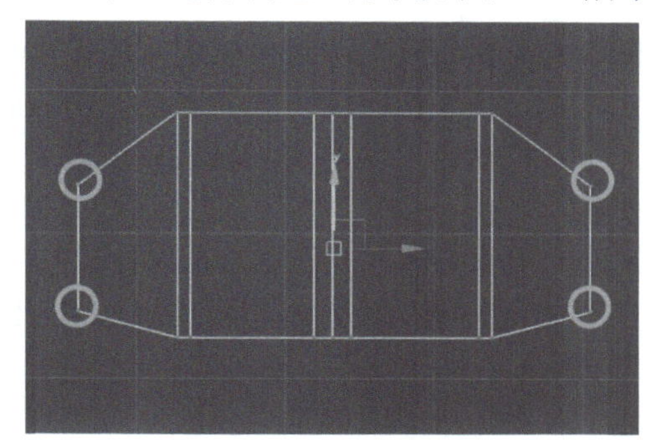

图 2-75　调整结构

使用快捷键〈4〉切换到面层级，对如图 2-76 所示的面进行挤出，挤出参数设置为 10，对支架结构进行微调，调整后将它和头部模型进行组装，形状如图 2-77 所示。

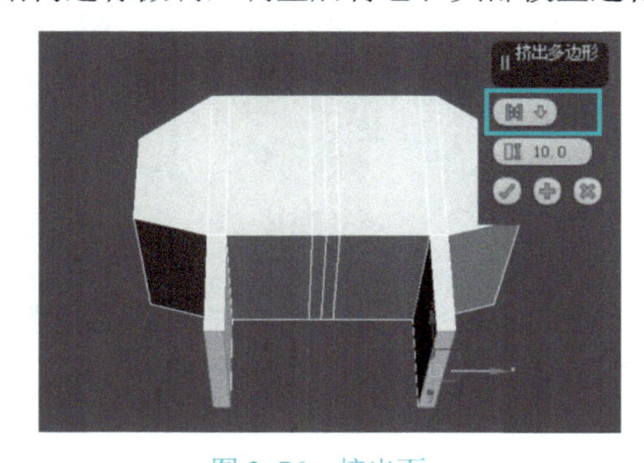

图 2-76　挤出面

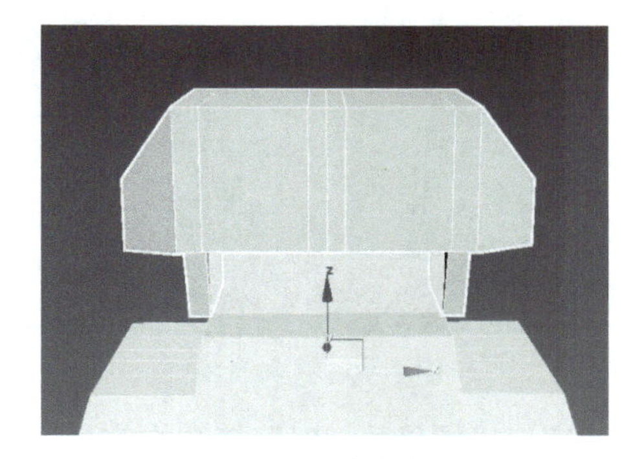

图 2-77　安装位置

到这一步，支架部位的建模就完成了。它不仅可以放置电磁炮，还会与机器人的手部进行连接。

2.4.3　机器人手部的建模

本节主要讲解机器人角色的手部建模。守卫机器人模型的手部与一般动物和人物角色的手部不同，机器人的手部并没有明确的大臂、小臂和指关节，取而代之的是作为武器的加特林火神机枪，如图 2-78 所示，整体创建难度也要高于普通人物的手臂。

机器人手部的创建

图 2-78　机器人手臂

2.4.4　机器人连接机构的建立

机器人需要创建一个连接机构来连接机器人的头部与手部，使手部达到一个固定的效果，那么就需要一个结构比较巧妙的连接机构，能使手部机枪固定住的同时，还能够进行上下抬升操作（左右移动通过底座的齿轮旋转完成）并且不穿模。这个时候“H”型结构就是最完美的解决方案。

创建一个长方体，并把这个长方体转换为【可编辑多边形】，创建参数如图 2-79 所示 ，选中长方体顶部两侧的面并对其进行挤出，挤出参数设置为 3。这时连接机构呈现出“H”型，如图 2-79 所示。

选中连接机构中间的宽度分段，切换到缩放工具并进行操作，让其往上下两边扩张，再把前面制作的腿部结构螺母复制一份放到此模型的正中心，即为连接螺母，如图 2-80 所示。

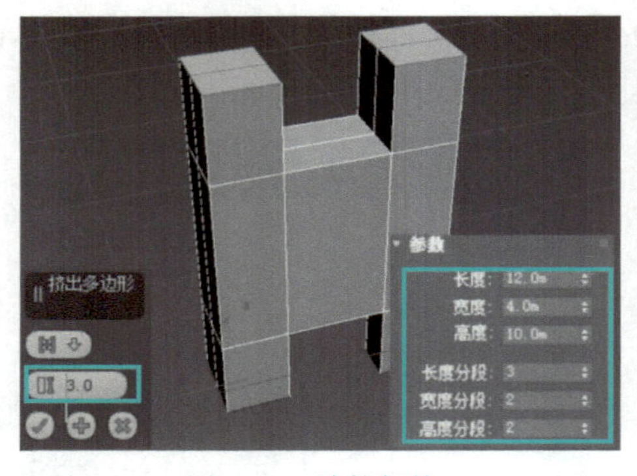

图 2-79　连接机构

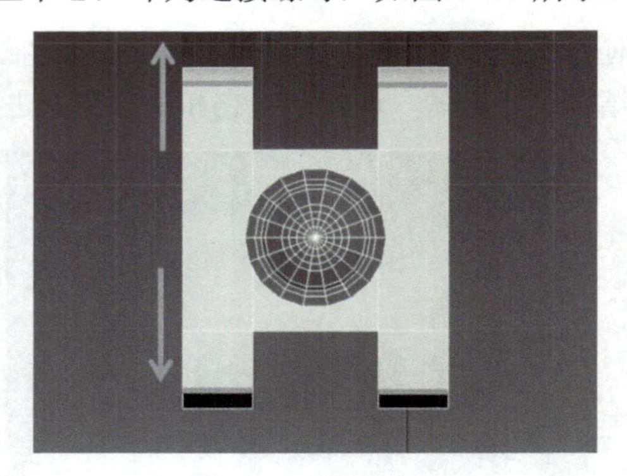

图 2-80　连接螺母

创建完连接螺母后，对连接结构的两侧进行【插入】操作，参数设置为 3，再删去这两个插入面，对这两个缺口使用【桥】命令，参数和形态如图 2-81 所示。

接下来需要在连接结构侧面开口处添加两个滑轮。创建两个圆柱体，参数如图 2-82 所示，将其转换为【可编辑多边形】并切换到【面层级】，选择如图 2-82 所示的面进行缩放。

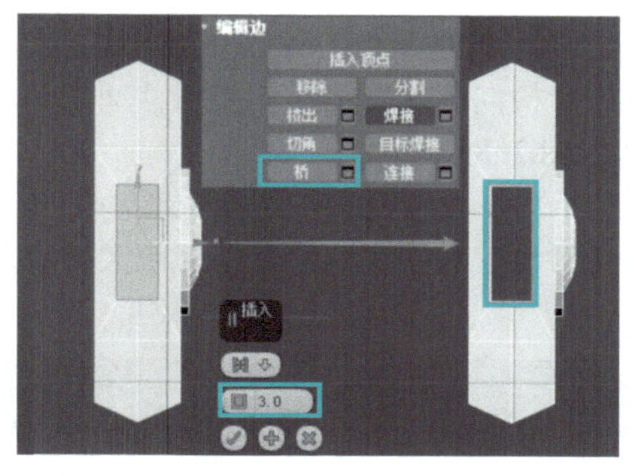

图 2-81 滑轮机构图

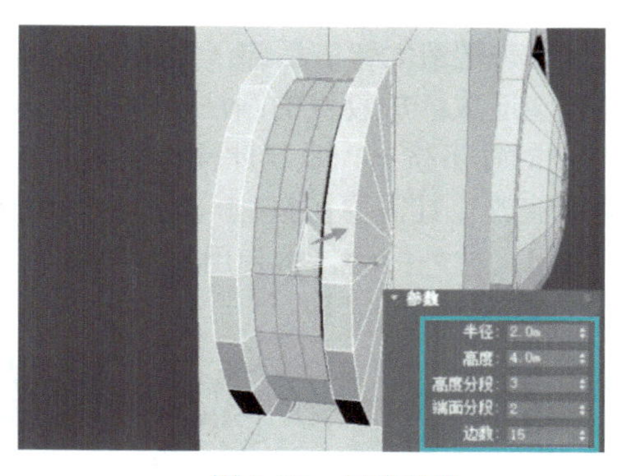

图 2-82 创建滑轮

将圆柱删去一半，滚轮便制作完成。将它移动到连接机构的桥接侧面进行组合，如图 2-83 所示，连接机构便制作完成。将其和头部进行组装，如图 2-84 所示。

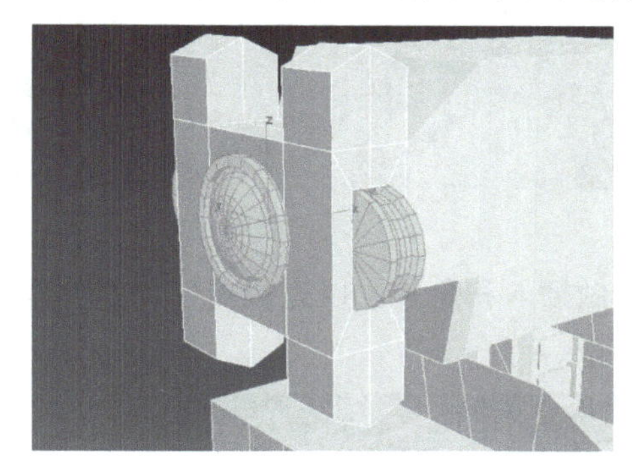

图 2-83 组合滑轮

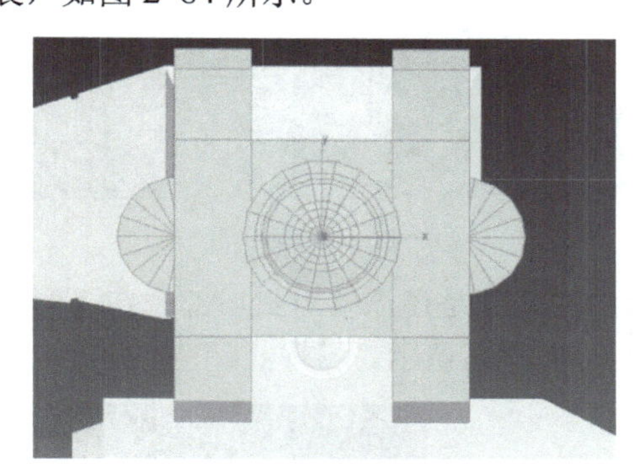

图 2-84 头部拼装

2.4.5 机器人手部的建立

1. 固定装置建模

在创建手部之前，需要再给连接机构创建两个与手部连接的固定连接装置。这里不需要再次建模，可以直接复制前面创建的腿部模型结构 3，进行安装。安装的时候记得把比例缩放到合适的程度，旋转复制出一对平行的结构，再进行位移安装，如图 2-85 所示。

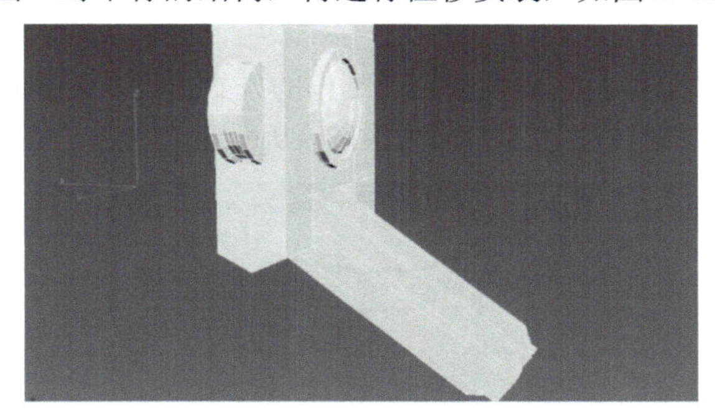

图 2-85 固定连接装置

2. 大臂的创建

创建圆柱体并将其转换为【可编辑多边形】，紧接着删去底面和顶面，接下来通过【边界层级】的挤出来塑造大臂的后部（顶面），切换到移动工具，按住〈W〉和〈Shift〉往外拖动，将该圆柱体塑造成缩放收拢的圆柱，再按住〈Shift〉进行横向收拢挤出，切换回移动工具，按住〈Shift〉同时往下挤出，重复此操作直至完成，形状如图 2-86 所示。

使用缩放工具需要在按住〈R〉的同时按住〈Shift〉往中心拖动，切换成移动工具，同时按住〈Shift〉往外拖动，再使用缩放工具收拢，用【封口】和【塌陷】命令封闭大臂后部，形态如图 2-87 所示。

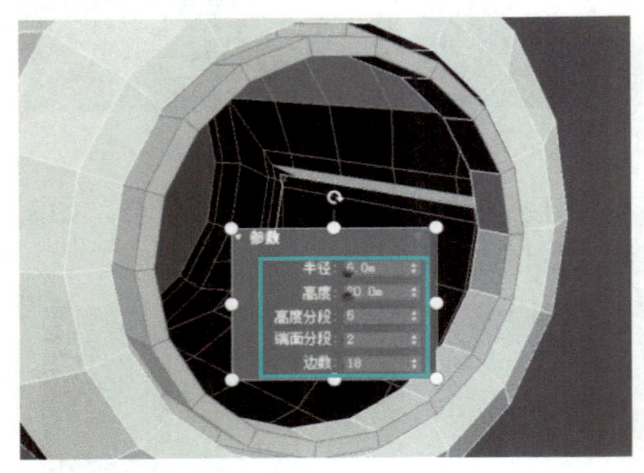

图 2-86　大臂后端

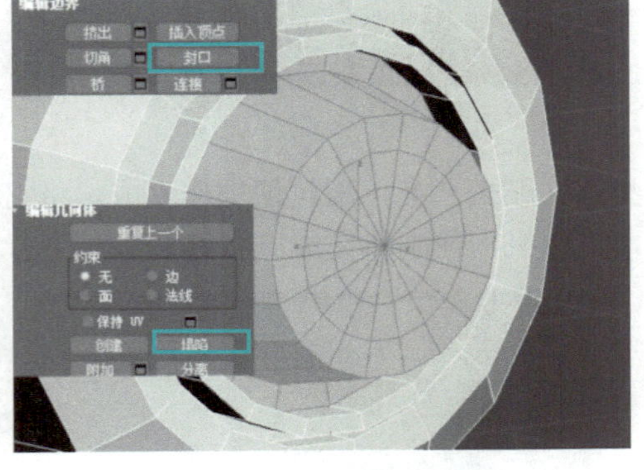

图 2-87　封闭端盖

值得注意的是还需要对封口部位在【面层级】做插入和负挤出以完成排气口的创建，形态和参数如图 2-88 所示。

图 2-88　排气孔

紧接着制作大臂的前部结构。与大臂后部制作的方式一样，还是通过【边界层级】的【挤出】和【收拢】来完成前部结构。具体形状如图 2-89 所示。

图 2-89　大臂前部

大臂的前后部分制作完后，对大臂的侧面部分进行塑造。侧面部分的塑造是为了之后将大臂和机器人头部后侧连接一个子弹袋，用于供弹。在【面层级】下选中大臂侧面，如图 2-90 所示的 9 个面。

进行两次插入，两次插入参数都为 2，对这个参数为 2 的间隔部分进行挤出，挤出参数为 1.5，如图 2-91 所示。

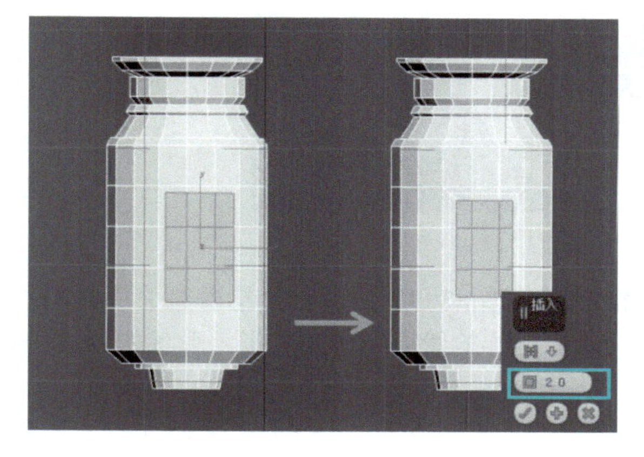

图 2-90 选择面

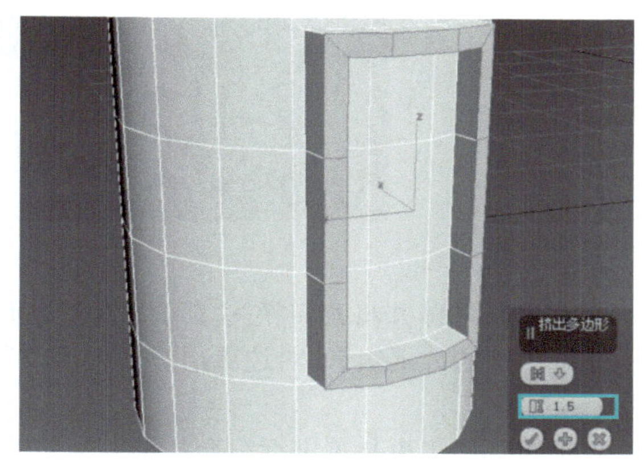

图 2-91 供弹装置

按快捷键〈4〉切换到【面层级】，选中如图 2-92 所示的模型侧面，单击【分离】命令，模式选择【以克隆对象分离】，添加【壳】命令，壳的外部量设置为 1.5，这样保护罩就完成了，如图 2-92 所示。

给保护罩添加一个排气孔，可以直接选择面层级，把刚才做的大臂的后半部分进行同样的分离操作。先对其缩放，将缩放参数设置为 50，再将其移动组合到保护罩上，形状如图 2-93 所示。

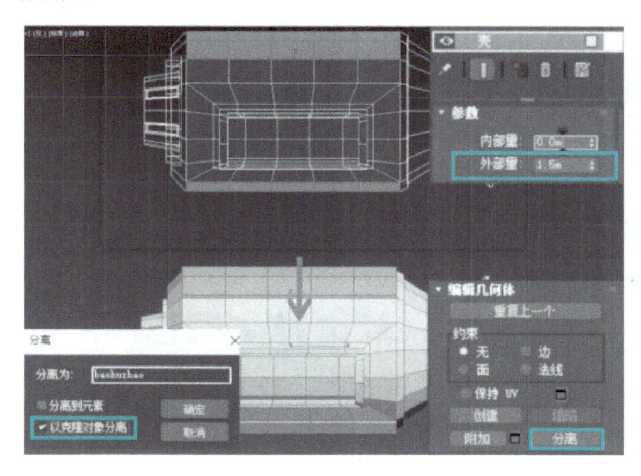

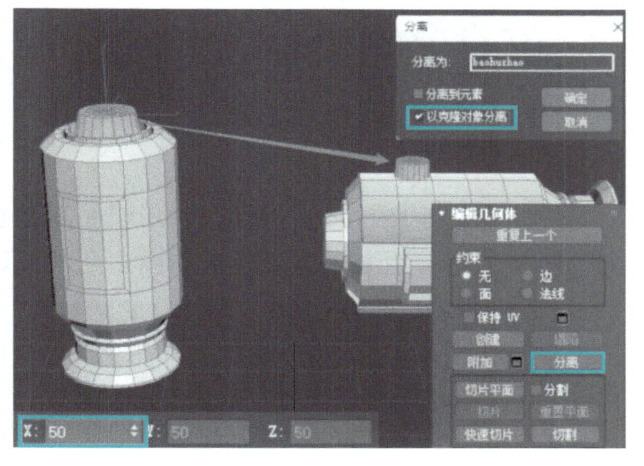

图 2-92 保护罩

图 2-93 排气孔末端

3. 小臂的创建

创建一个圆柱体，并将其转换为【可编辑多边形】。紧接着删去中间的端面，选中【边界层级】，对边界使用【桥】命令，形状如图 2-94 所示。

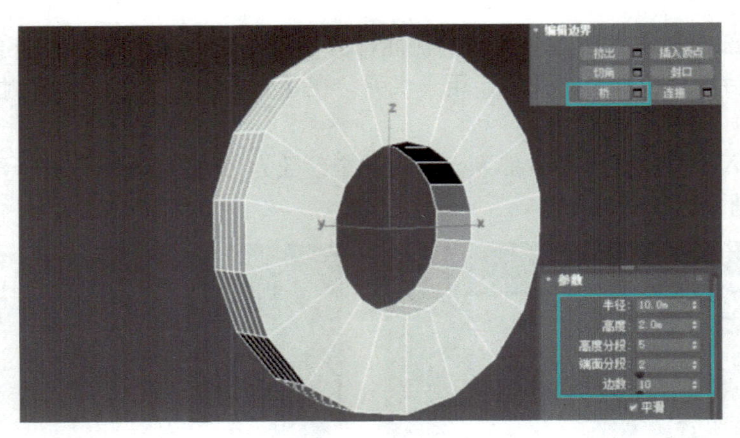

图 2-94　集束器

创建圆柱体并将其转换为【可编辑多边形】，参数如图 2-95 所示。紧接着删去中间的端面，选中【边界层级】，对边界层级使用【桥】命令。这样枪管就制作完成了，形状如图 2-95 所示。

把枪管和集束装置进行组合，把枪管的中心轴对准集束装置的中心轴，并以这个轴为旋转轴，切换到旋转模式，按住〈Shift〉，再单击鼠标左键进行旋转复制，旋转角度设置为 45°，复制数量为 7，小臂制作就完成了，如图 2-96 所示。

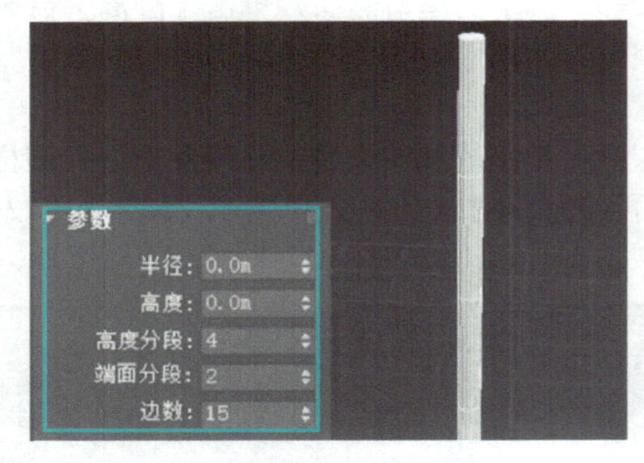

图 2-95　枪管

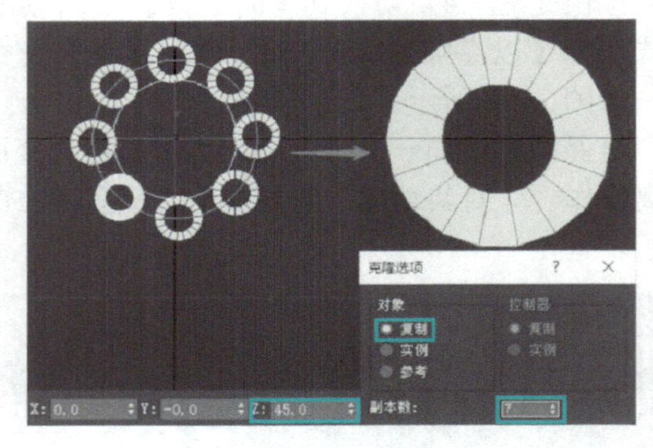

图 2-96　小臂

将后臂与小臂枪管进行组合，形状如图 2-97 所示。这样整只手臂就创建完成了。将整条手臂与机器人进行组装，组装位置如图 2-98 所示。

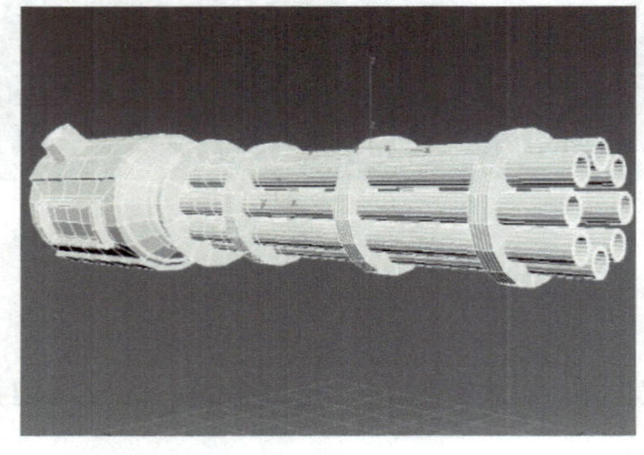
图 2-97　机器人手臂

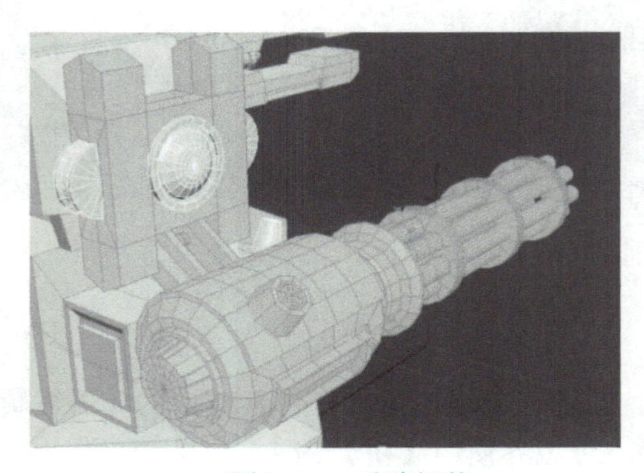
图 2-98　手臂组装

4. 手臂与头部的连接

手臂模型制作完毕后，需要为手臂添加供弹装置，该装置将连接到头部的后侧。

回到头部模型，切换到【面层级】对头部模型的后面进行【挤出】操作，挤出完成后，对这个面进行整体缩放，如图 2-99 所示。

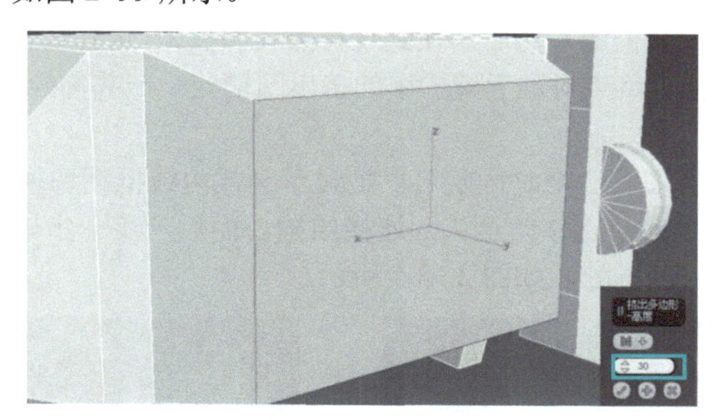

图 2-99　挤出并缩放

切换到缩放工具，按住〈Shift〉和鼠标左键对这个面进行收口，再切换到移动工具，拖动鼠标对这个面进行挤出，挤出一定距离后再次切换回缩放工具，反过来进行扩张挤出。循环此操作直至完成如图 2-100 所示。

单击两次使用【插入】命令，插入类型选择【按多边形】，把这个面分为两个，两次参数如图 2-101 所示。

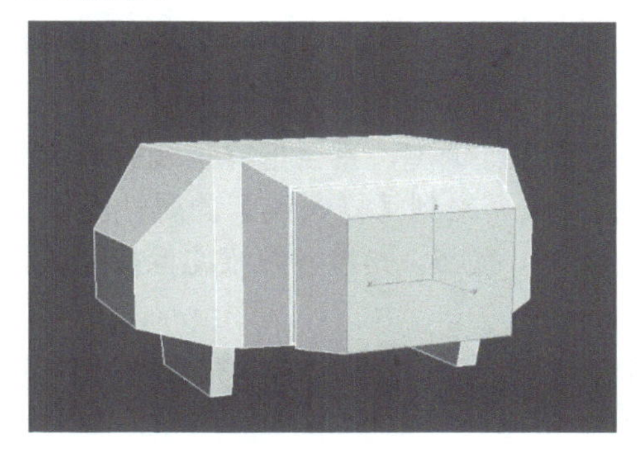

图 2-100　头部连接结构

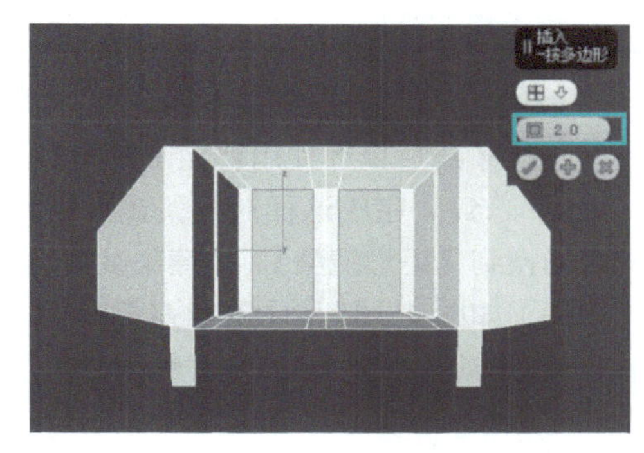

图 2-101　按多边形插入

对插入面进行两次负挤出，两次挤出参数如图 2-102 所示。对间隔面进行挤出，挤出参数为 2，如图 2-103 所示。

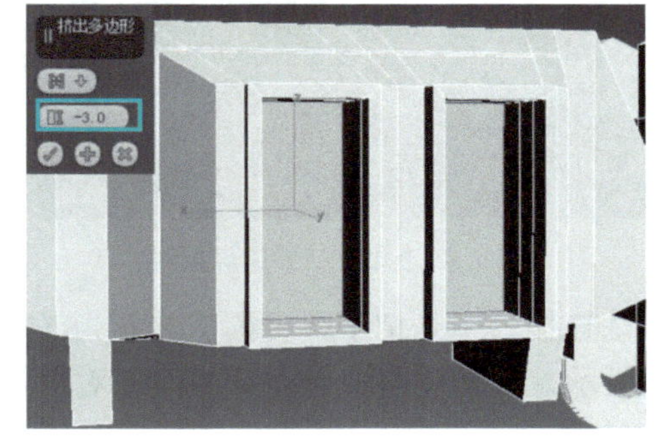

图 2-102　对间隔面进行负挤出

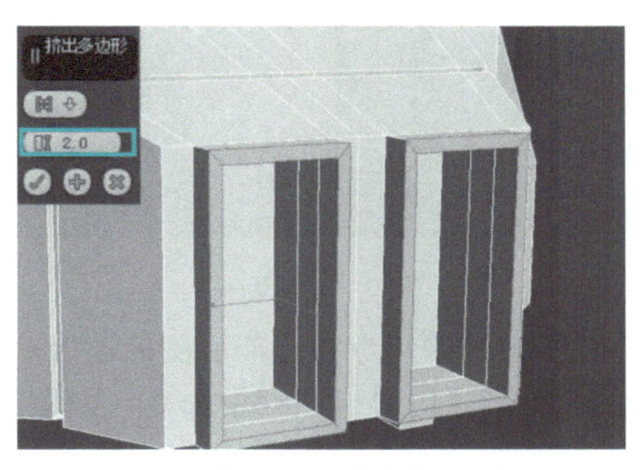

图 2-103　挤出间隔面

5. 子弹带的创建

模型的手臂为一挺机枪。因此需要创建子弹带将手臂和头部结构后侧进行连接，以完成这一整套供弹结构。同时，子弹袋的创建也是创建这一整个模型过程中的最大难点，需要耐心地进行调整。

切换到左视图并选择线框图，然后切换到【样条线面板】，选择线进行建模。样条线的勾绘的起点对准头部连接机构，终点对准手臂护甲的挤出凹槽处，一共勾绘 7 到 9 个点，勾绘形状具体如图 2-104 所示。

接下来，切换到后视图。这个时候就可以把显示模式由线框图切换回面模式，对线进行 X 轴方向的位移，把样条线的起点移动至头部连接结构，而后一步一步地移动每个点，直至将终点移动至手臂护甲的挤出凹槽处，如图 2-105 所示。

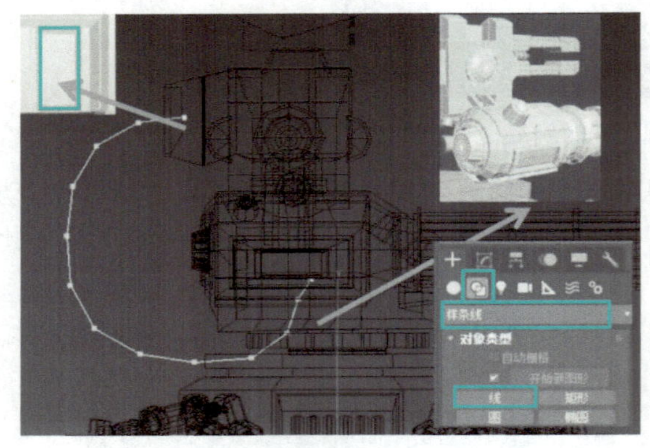

图 2-104　绘制样条线

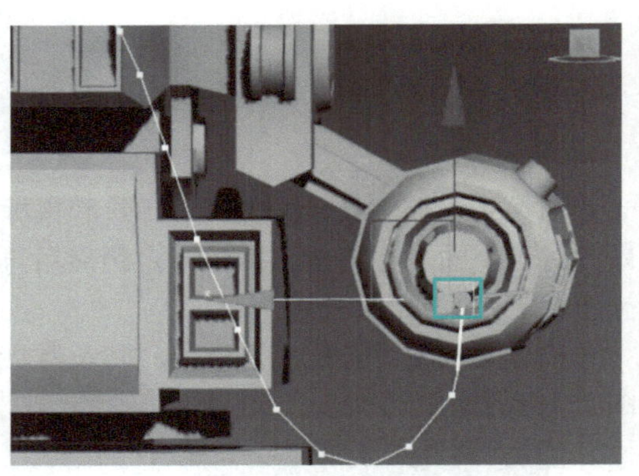

图 2-105　移动样条线

移动完样条线后依旧使用移动工具对每个点的位置进行调整，直至把样条线的形状调整到和图 2-106 一致。完成这样的样条线效果就算绘制完成。来到【样条线】的属性面板，选择【渲染】，切换到【矩形渲染】，把渲染参数设置为：长 30、宽 5，角度和纵横比保持默认。这样就初步得到了如图 2-107 所示的子弹带模型。

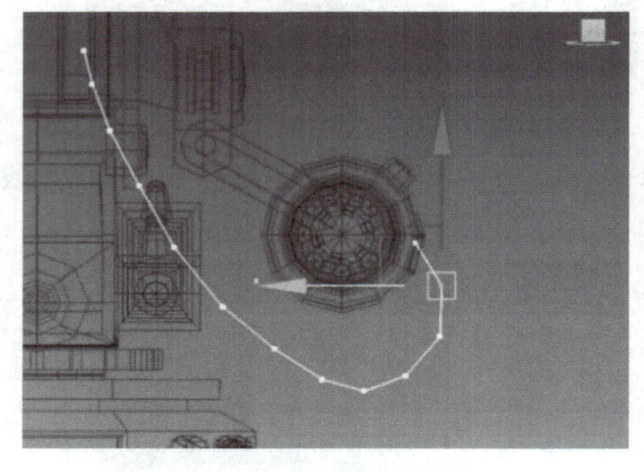

图 2-106　调整样条线

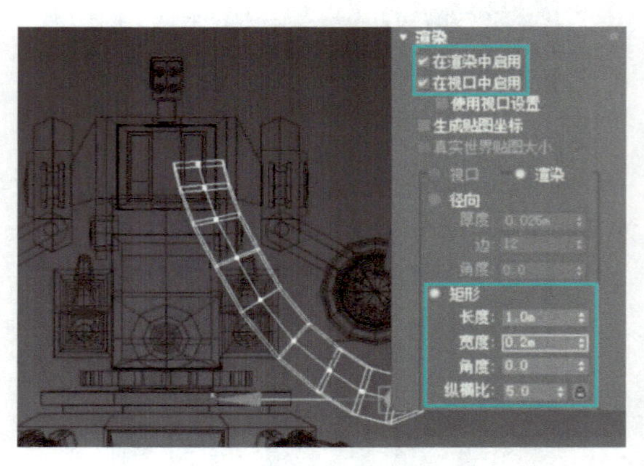

图 2-107　渲染样条线

此时子弹带的起点和头部后侧的连接口还没办法连接。于是把子弹带模型转换为【可编辑多边形】，打开【FFD 4×4×4】命令，如图 2-108 所示。选择模型从起点开始的五对角点，如图 2-109 所示。

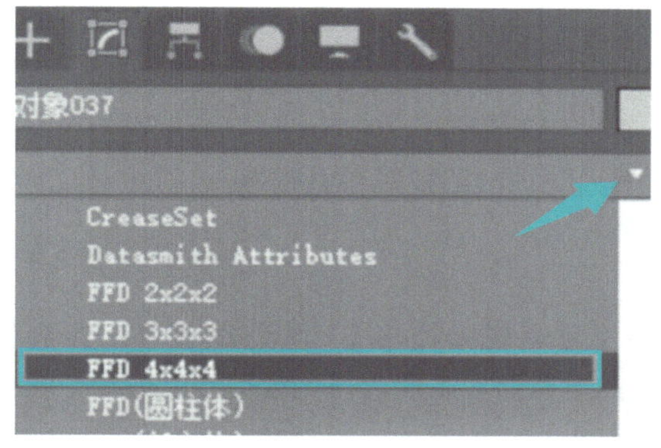

图 2-108 FFD 4×4×4

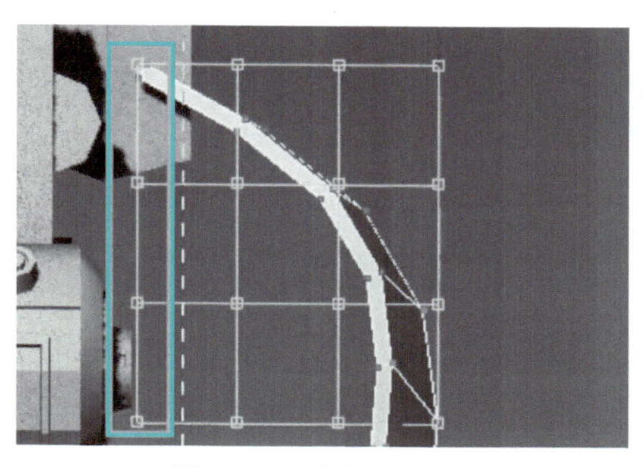

图 2-109 选中五对角点

可以在模型侧面进行操作，在 X 轴依次选择【FFP4×4×4】的晶格点并进行旋转，直至起点能够接上头部后侧的连接处。当连接完成以后，切换到【点层级】，对点进行移动，把模型的造型调整到一个比较合理的程度，如图 2-110 所示。

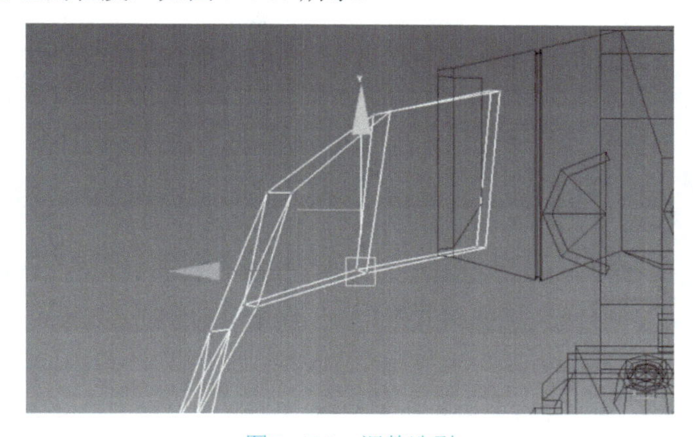

图 2-110 调整造型

选中子弹带两侧所有的面，使用【插入】命令，再进行负挤出，挤出参数为-0.5，如图 2-111 所示。

把轴放置到模型正中间，单击【镜像】，如图 2-112 所示。

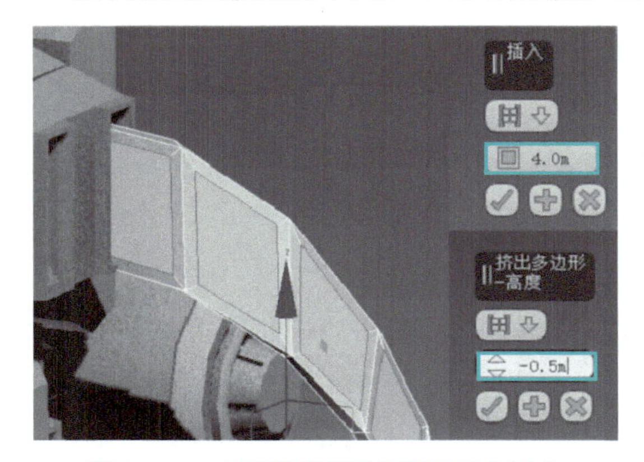

图 2-111 对子弹带两侧的面进行负挤出

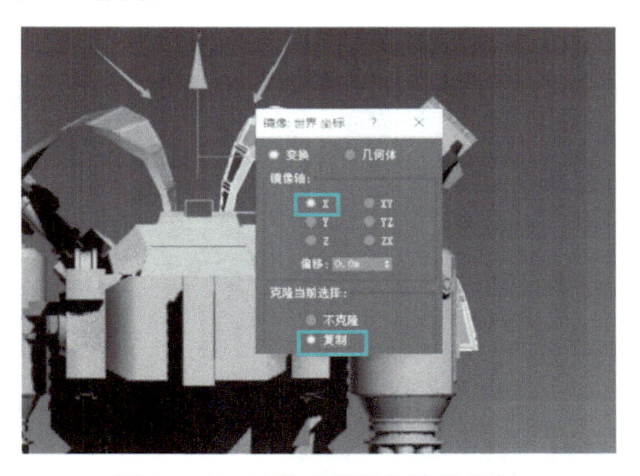

图 2-112 对子弹带进行镜像复制

2.5 机器人细节完善

本节主要完善机器人角色模型的细节，包括机器人头顶的监视器和电磁炮。

2.5.1 机器人监视器的创建

创建监视器。创建一个长方体并将其转换为【可编辑多边形】，作为模型 1，参数如图 2-113 所示。把这个长方体复制一份，并删去它的前后面和底面，作为模型 2，如图 2-113 所示。

紧接着切换到侧视图。在新复制的模型中心偏左参数为 0.5 处加一条边，切换到【点层级】，对两侧的点进行向上抬升的操作，如图 2-114 所示，给模型 2 添加外部壳，再将这两个模型进行组合。

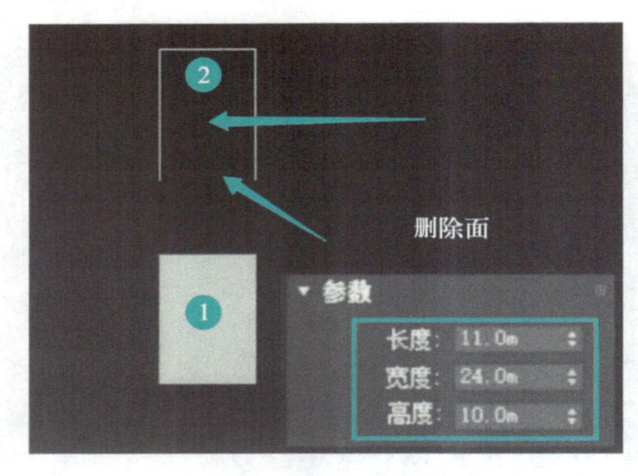

图 2-113 删除面

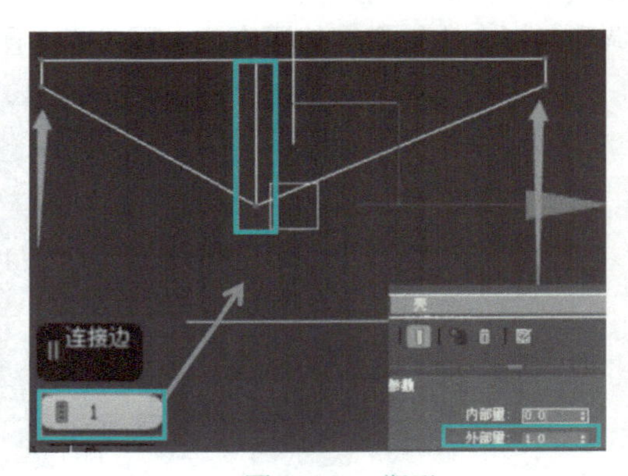

图 2-114 塑形

创建一个长方体并转换为【可编辑多边形】，参数如图 2-115 所示，把这个长方体的前后面和底面删去，拉动 X 轴往两侧扩展，将其组装到模型 1 的下方，如图 2-115 所示，它将作为监视器的支架。

给支架加个内部壳，其厚度为 1，利用之前制作连接螺母的方法制作监视器的镜头，并将镜头贴合在监视器上。注意这里不要穿模。再复制出另外三个镜头，监视器就完成了，如图 2-116 所示。

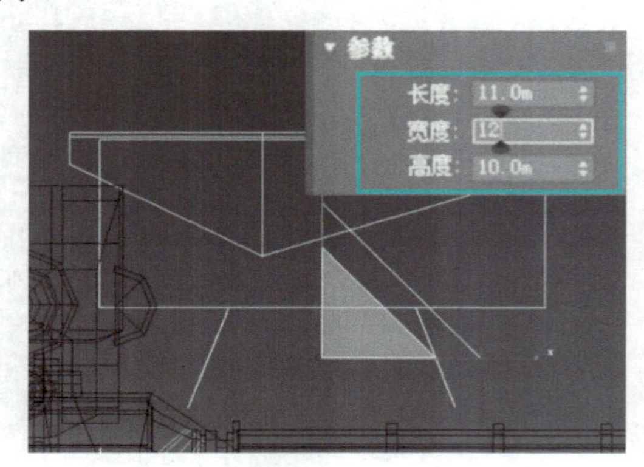

图 2-115 支架

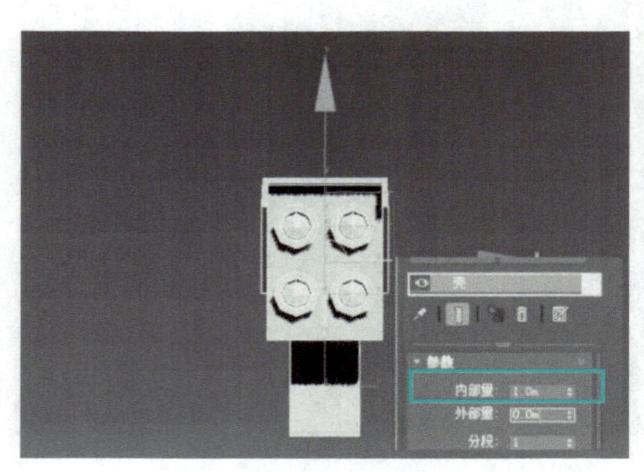

图 2-116 对镜头进行镜像复制

2.5.2　机器人电磁线圈炮的创建

下面是创建电磁线圈炮的流程。创建长方体并将其转换为【可编辑多边形】。给模型的前部加一条边，再把右上方的点往下移动，如图 2-117 所示。在长方体中间插入两条循环边，侧边也插入一条循环边，并调整出如图 2-118 所示造型。

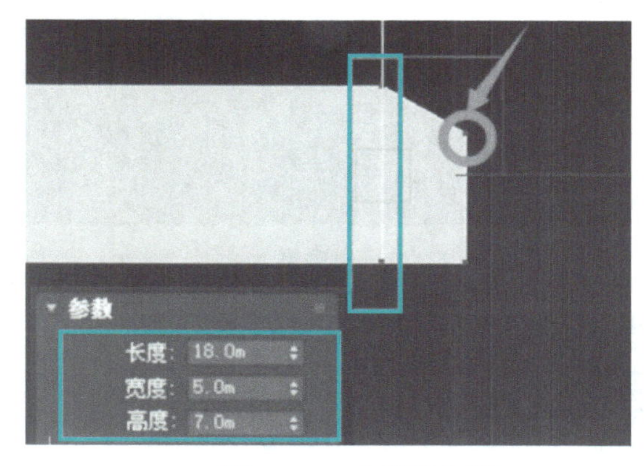

图 2-117　电磁炮头部

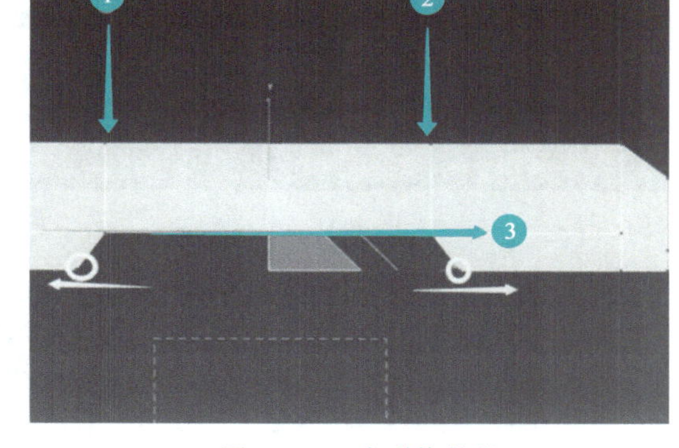

图 2-118　电磁炮前段

再给模型侧面插入一条循环线，选中如图 2-119 所示的三个面，对其进行负挤出，挤出参数为-2.3。

对模型进行旋转复制。将操作模式切换到【旋转】，长按住〈Shift〉，在 X 轴的方向单击鼠标左键，出现【克隆选项】后选择【实例】，设置旋转角度为 180°，如图 2-120 所示。

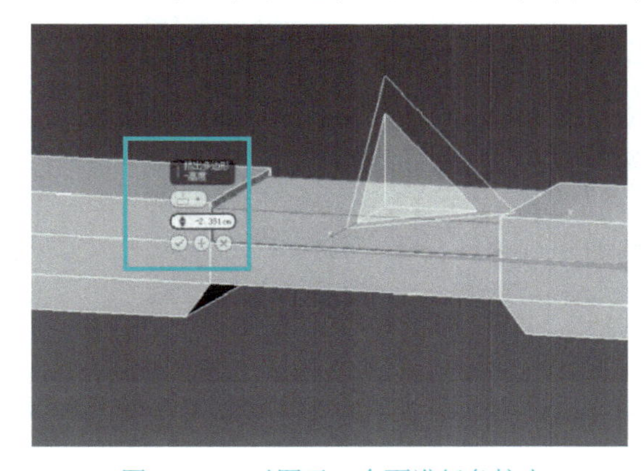
图 2-119　对图示三个面进行负挤出

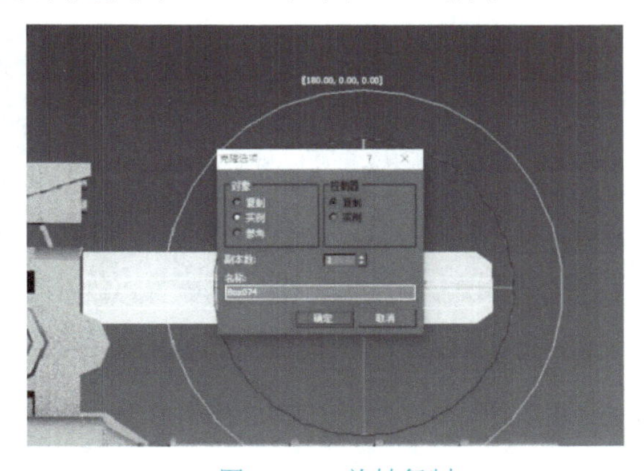
图 2-120　旋转复制

创建电磁线圈和枪管。创建一个圆柱体并将其转换为【可编辑多边形】，参数如图 2-121 所示。

把圆柱顶面删去，选择【边界层级】，切换到缩放模式，并调整出如图 2-121 所示造型。

进行线圈的创建。选中模型的高度，如图 2-121 所示红色多边形面，对选中的面进行挤出操作，挤出数为 1。

将电磁枪模型移动到两个电磁炮立方体模型的正中间，如图 2-122 所示。

对机器人所有部位进行重命名并分类好，按住〈Ctrl+A〉全选所有模型，切换到修改器面板，单击【塌陷】所选定对象，将部位进行合并，如图 2-123 所示。

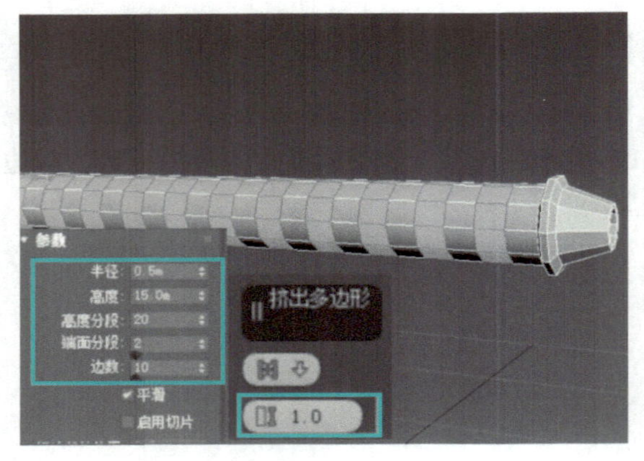

图 2-121 电磁枪管

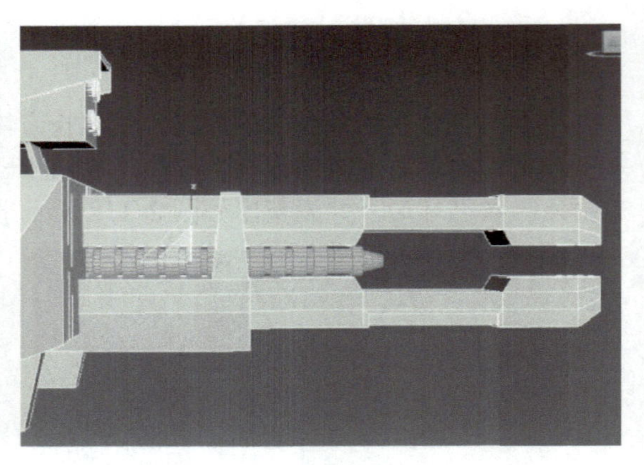

图 2-122 电磁炮

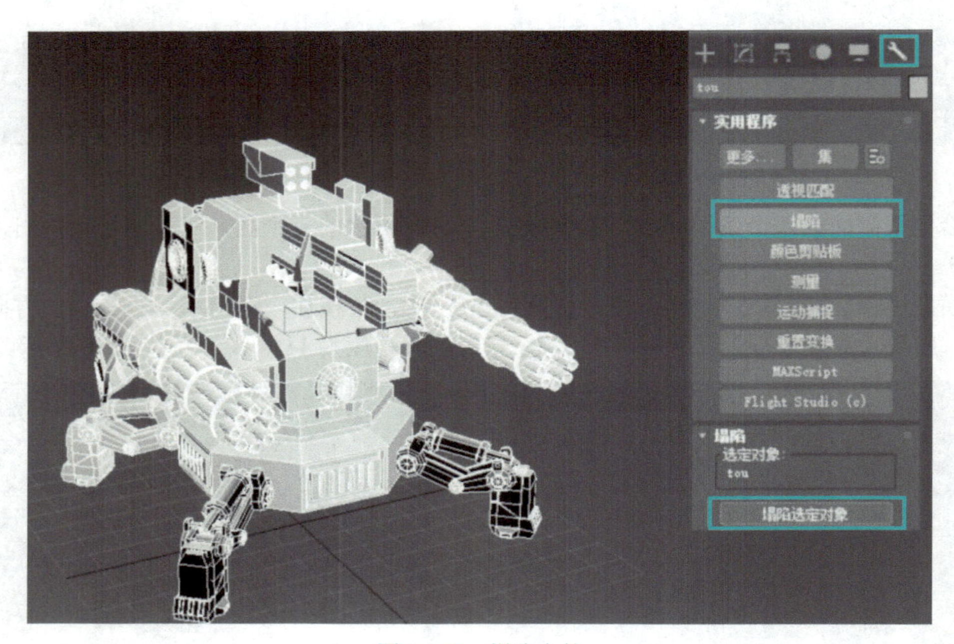

图 2-123 塌陷合并

2.6 机器人角色材质贴图的创建

此章节将重点关注“机器人角色”材质贴图创建过程中的关键要点。首先需要使用 3ds Max 里的 UV 编辑器工具进行 UV 贴图的展开；其次需要使用贴图绘制软件 Adobe Substance 3D Painter（简称 PT）。这是一款由 Adobe 公司新研发的 3D 绘画软件，PT 具有前所未有的功能，并改进了工作流程，使三维模型创建纹理变得比以往更容易。

2.6.1 机器人 UV 贴图编辑

机器人的 UV 贴图编辑

选中机器人躯干模型，在修改器列表中，找到并选择【UVW 展开】命令，如图 2-124 所示。

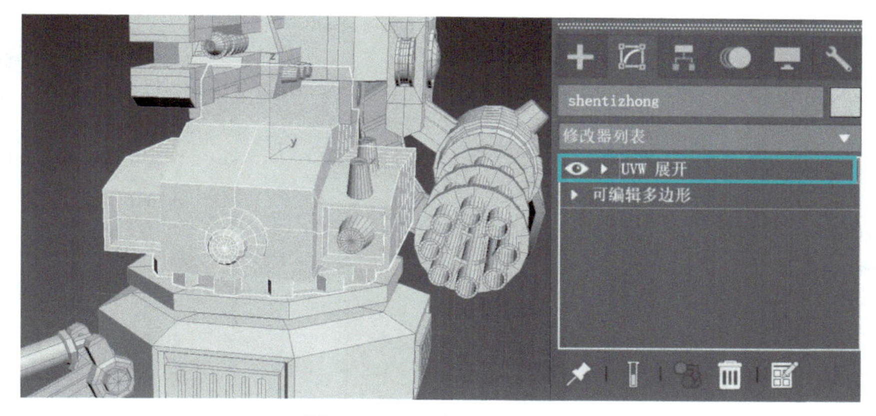

图 2-124　添加 UVW 展开

在【UVW 展开】修改器参数中单击【打开 UV 编辑器】按钮，如图 2-125 所示。

在弹出的【编辑 UVW 的窗口】的下方选择方式为【多边形】，在窗口中框选所有的面，在修改器中单击【编辑 UV】里的【快速平面贴图】按钮，如图 2-126 所示，使模型原本的 UV 缝合成一个整体。

图 2-125　打开 UV 编辑器

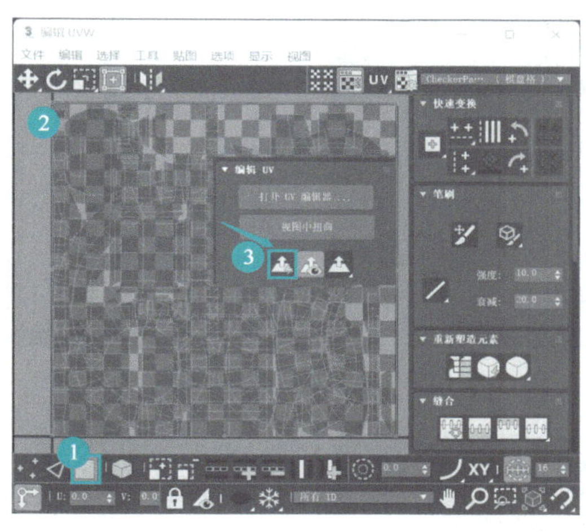

图 2-126　缝合 UV

技巧提示

在场景中选择模型，右键单击【孤立当前选择】，可将模型单独显示。这可以提高展开 UV 的效率。右键单击【结束隔离】即可恢复。

切换到边的选择模式，在场景中选择模型的边，如图 2-127 所示，沿模型的凹陷处进行选择，单击【炸开】下的第一个图标【断开】。

再选择如图 2-128、图 2-129 所示的边，单击【炸开】下的第一个图标【断开】，使 UV 的边断开。

同理，模型对称的另一部分选择相同的边进行断开操作。再选择模型中间部分如图 2-130、图 2-131 所示的边进行断开。

对于如图 2-132 所示模型圆形部分，则选择底下的一条循环边与最外环的循环边进行断开。

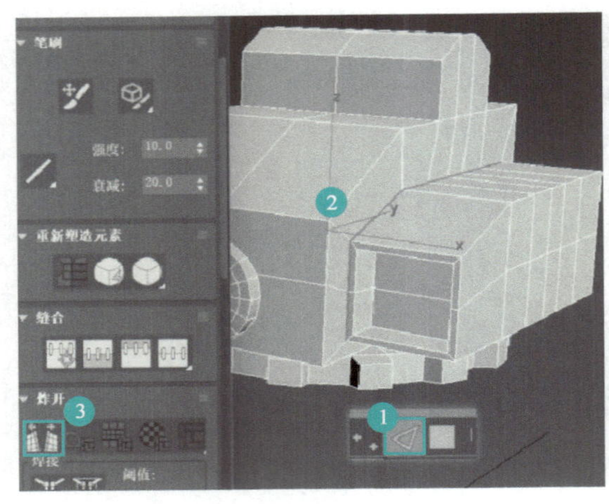

图 2-127　断开 UV

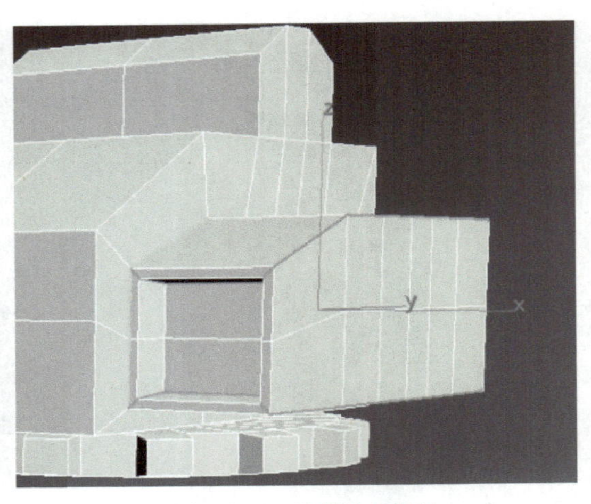

图 2-128　选择边缘的边

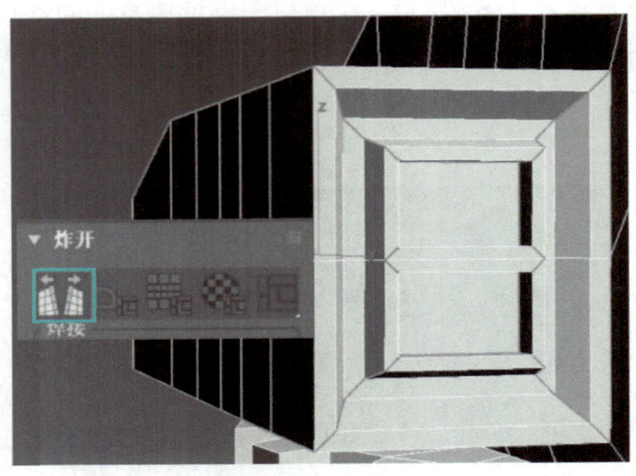

图 2-129　选择对角的边

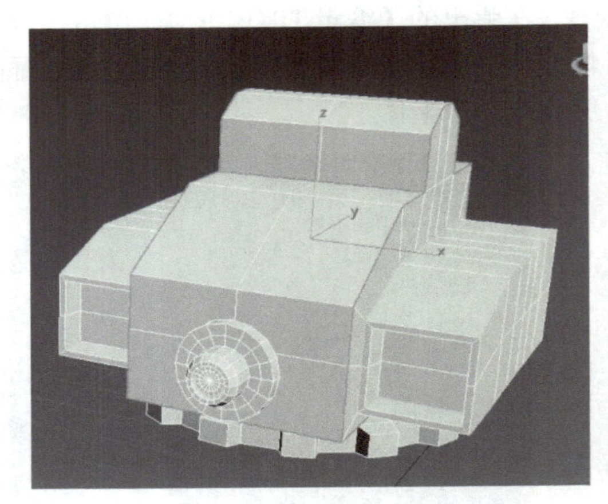

图 2-130　选择中间物体边缘的边

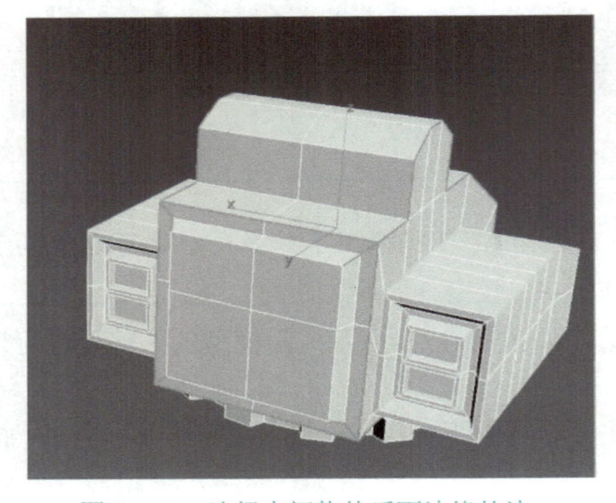

图 2-131　选择中间物体后面边缘的边

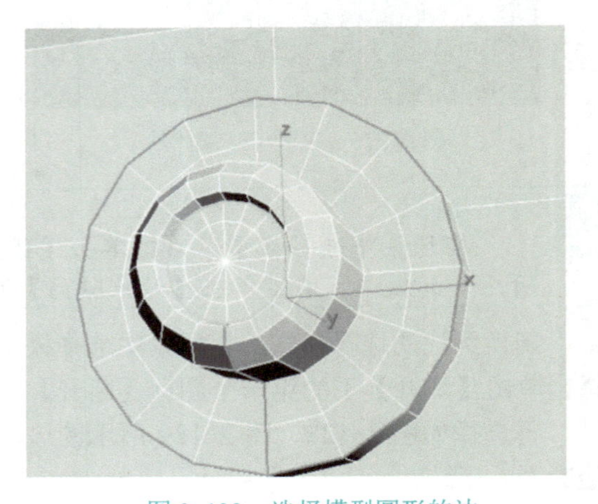

图 2-132　选择模型圆形的边

齿轮部分选择最外侧的一圈面进行断开，如图 2-133 所示，再选择内圈的边和两条竖边进行断开，如图 2-134 所示。

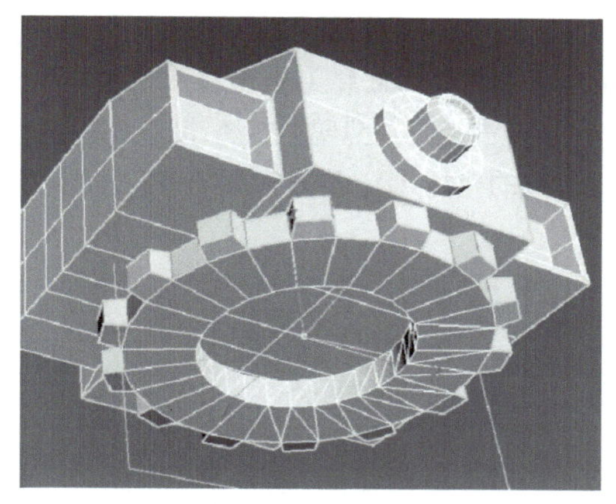

图 2-133 选择底部的面

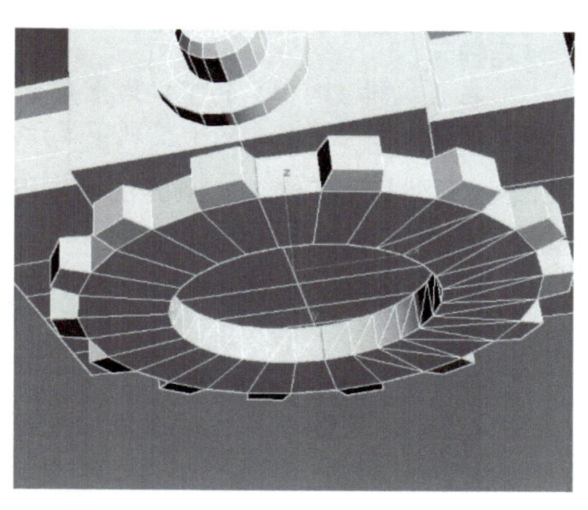

图 2-134 选择齿轮的边

在【编辑 UVW】的窗口中选择所有的面，单击【剥】下方的【快速剥】按钮，如图 2-135 所示。

切换右上角的显示为【区域扭曲】，将窗口中颜色较深的 UV 沿红色边进行断开再快速剥，如图 2-136 所示。

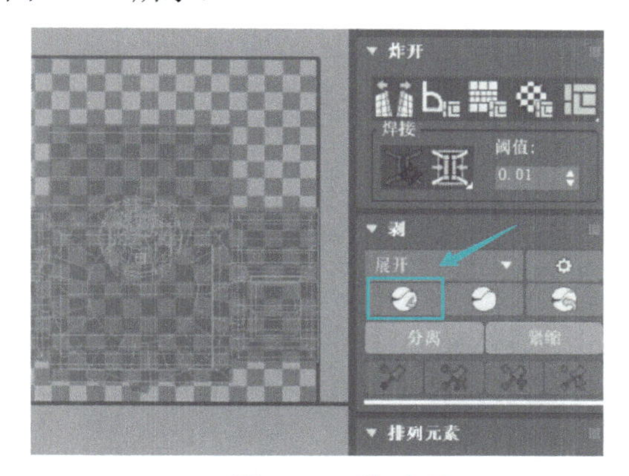

图 2-135 快速剥

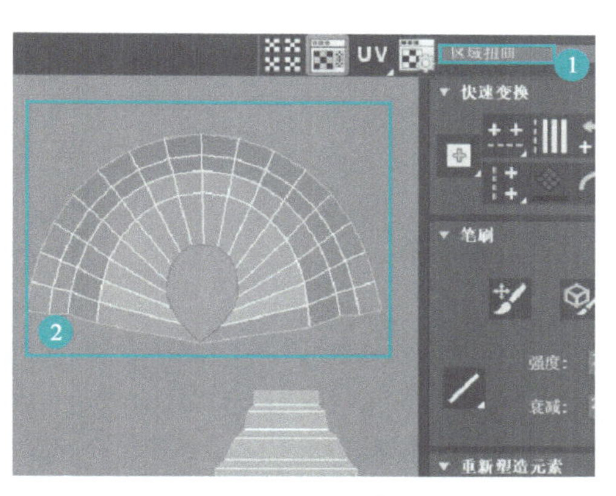

图 2-136 切换显示

当 UV 没有显示红色和蓝色部分时，就表示 UV 完全展开平整，如图 2-137 所示。

将较长的 UV 进行断开。重新快速剥，如图 2-138 所示，完成 UV 展开。UV 要避免重叠。

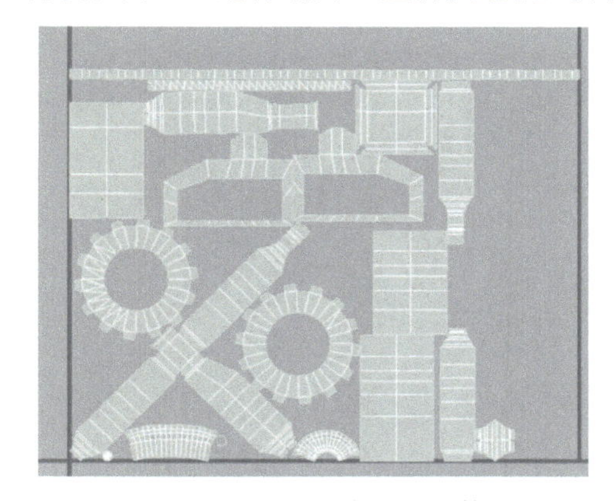

图 2-137 UV 完全展开平整

图 2-138 重新快速剥

技巧提示

在【编辑 UVW】的窗口右上角可更改显示为【区域扭曲】，UV 被挤压则显示红色，被拉伸则显示蓝色，UV 平整则不显示颜色，UV 扭曲越严重则颜色越深。

机器人模型其他部位 UV 展开的操作相同。腿部位的模型 UV 排布如图 2-139、图 2-140 所示。

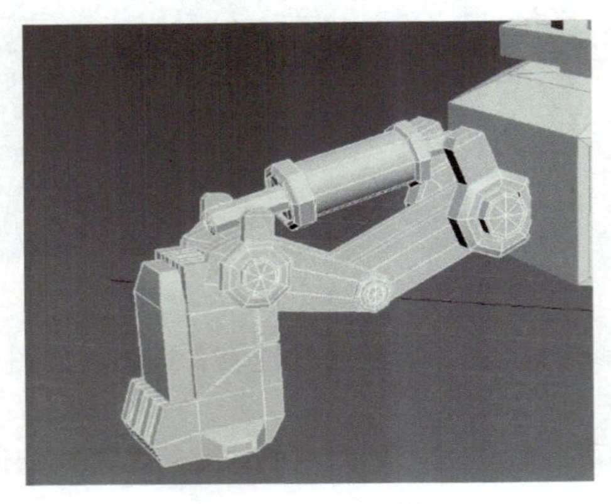

图 2-139　腿部模型

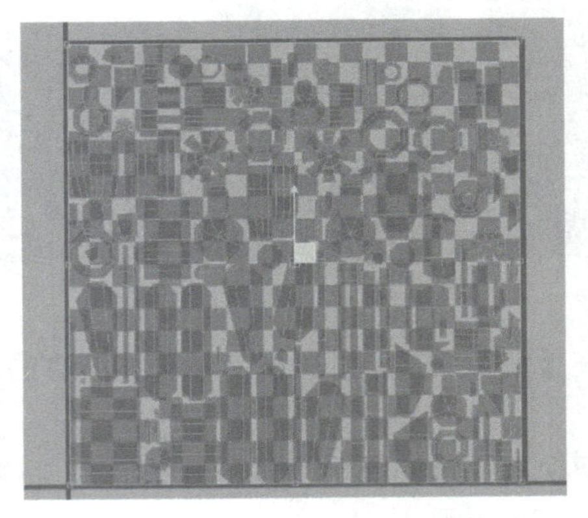

图 2-140　腿部 UV 排布

机器人的底座模型 UV 排布如图 2-141、图 2-142 所示。

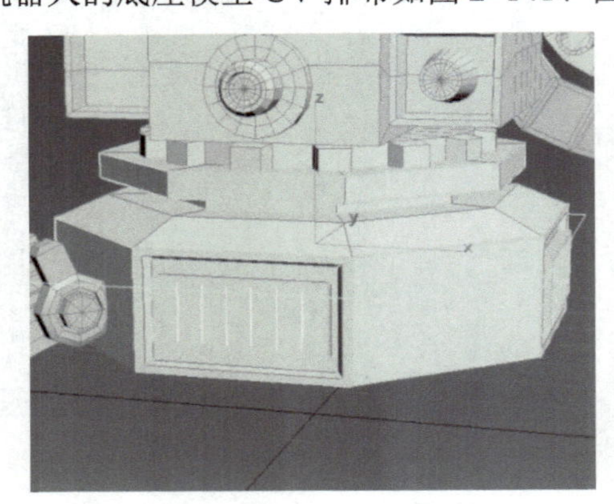

图 2-141　底座模型

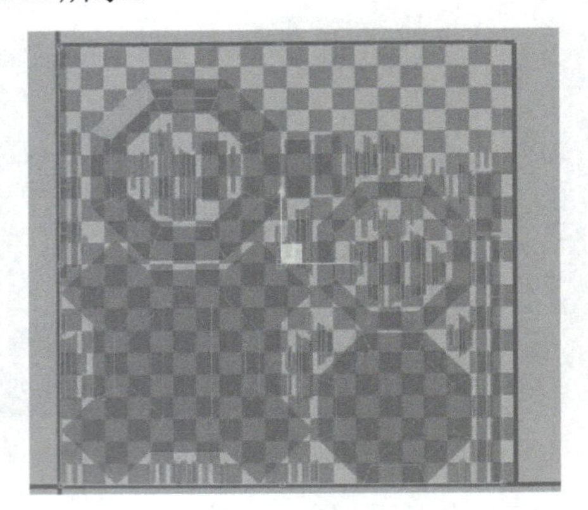

图 2-142　底座 UV 排布

机器人的头部模型 UV 排布如图 2-143、图 2-144 所示。

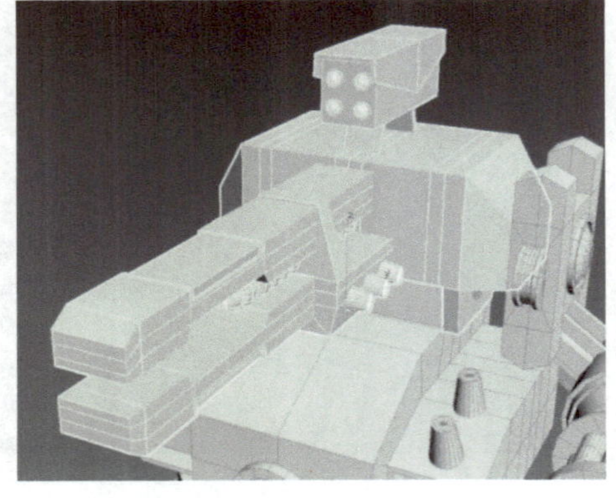

图 2-143　头部模型

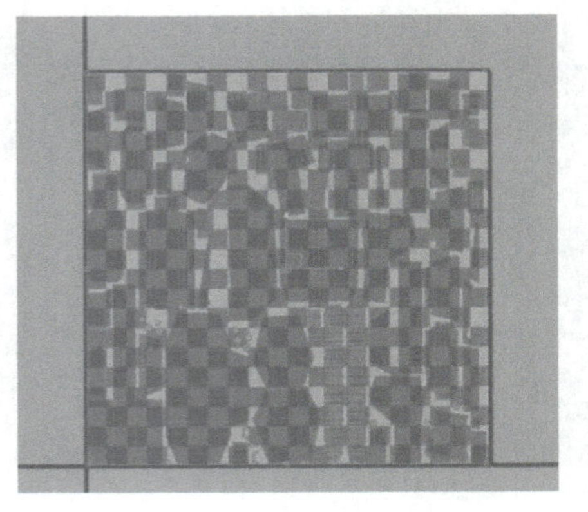

图 2-144　头部 UV 排布

机器人的手臂模型 UV 排布如图 2-145、图 2-146 所示。

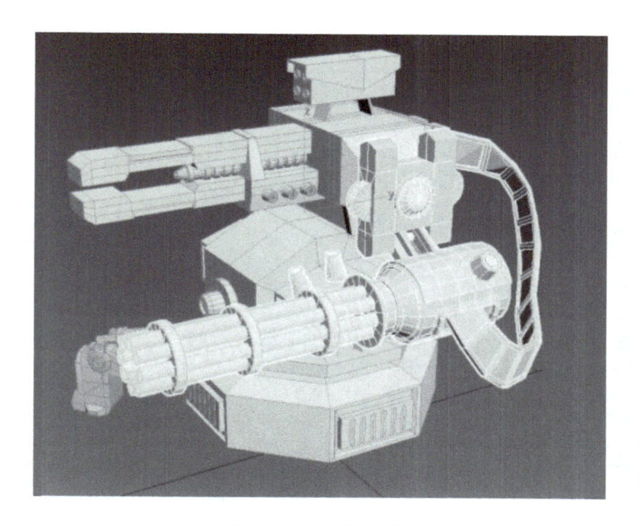

图 2-145　手臂模型

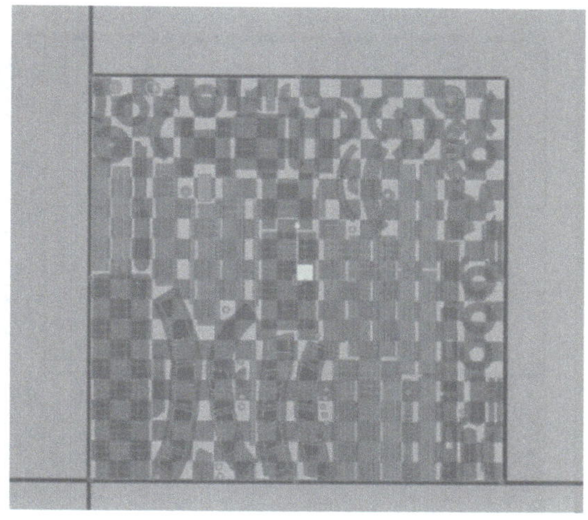

图 2-146　手臂 UV 排布

将所有 UV 展开好之后，对对称的模型进行镜像复制，选择枪模型，单击工具栏中的【镜像】工具，如图 2-147 所示。

选择【复制】，在【镜像轴】中选择【X 轴】，单击【确定】，即可复制出对称的另一半相同 UV 的模型。对其他部分进行相同操作，补全整个机器人，完成效果如图 2-148 所示。

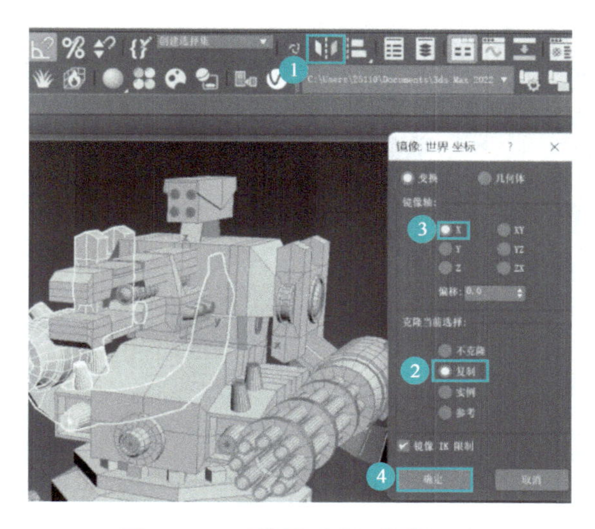

图 2-147　对枪模型进行镜像复制

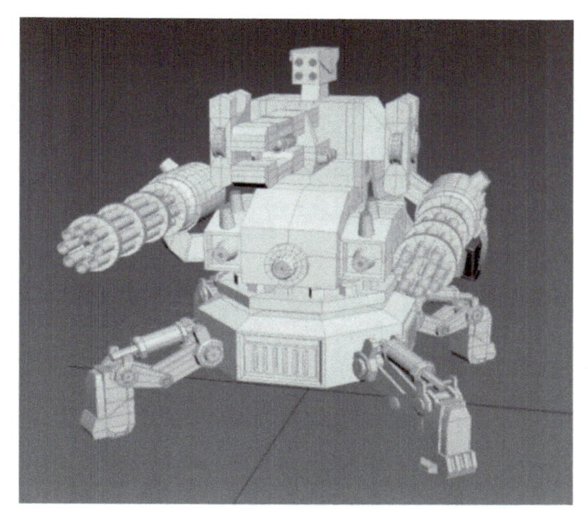

图 2-148　复制其他部分补全后的机器人

技巧提示

为了节约时间并提高工作效率，在三维建模过程中，可以通过复制相同部位的 UV 和贴图绘制的方式来快速创建镜像模型。

按快捷键〈M〉调出【材质编辑器】窗口，如图 2-149 所示，选择第二个材质球并命名为“qiang”，单击【物理材质】进行切换，选择【V-Ray】中的【VRayMtl】材质，如图 2-150 所示。

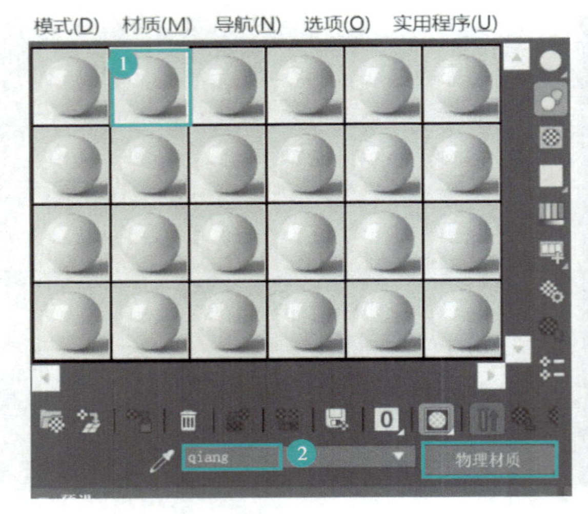

图 2-149　选择材质球

图 2-150　选择材质球 VRayMtl

单击【漫反射】的颜色，选择任意一种颜色，如图 2-151 所示。选择枪的模型，单击【将材质指定给选定对象】按钮，如图 2-152 所示，将材质附加给模型。对其他部位的材质球进行相同操作，注意使用不同的颜色加以区分。

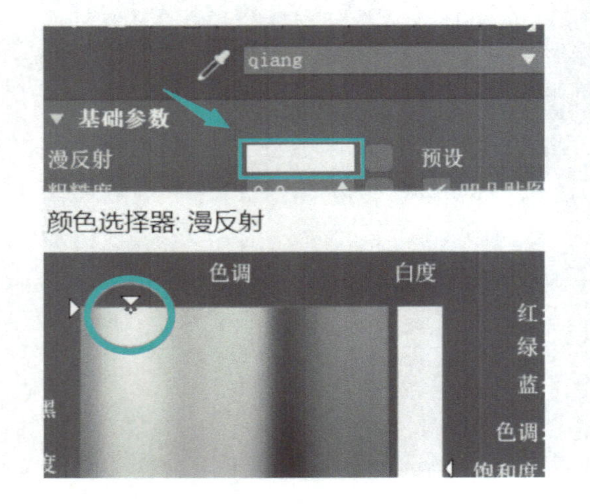

图 2-151　更改颜色

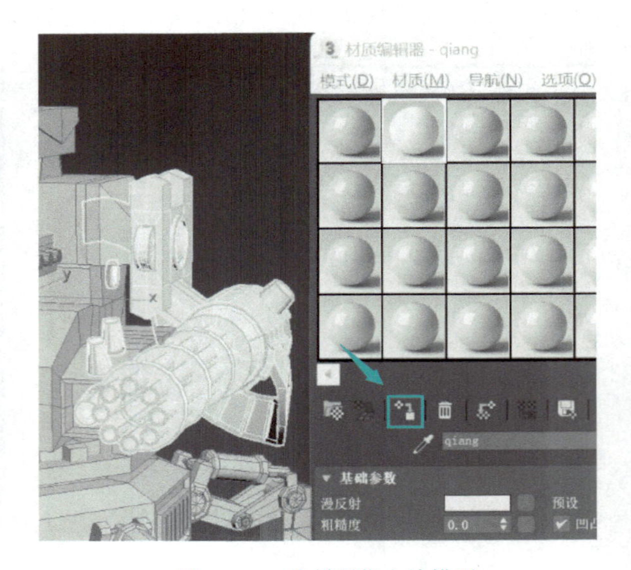

图 2-152　将材质指定给模型

其他部位的材质球编辑及模型附加材质球后的效果如图 2-153 所示。

在完成 UV 展开、复制镜像和材质设置之后，就可以将模型导出为所需的格式了。选择所有的模型，确保它们都处于选中状态。接下来，在菜单栏中选择【文件-导出-导出】，如图 2-154 所示，这将打开一个导出对话框。

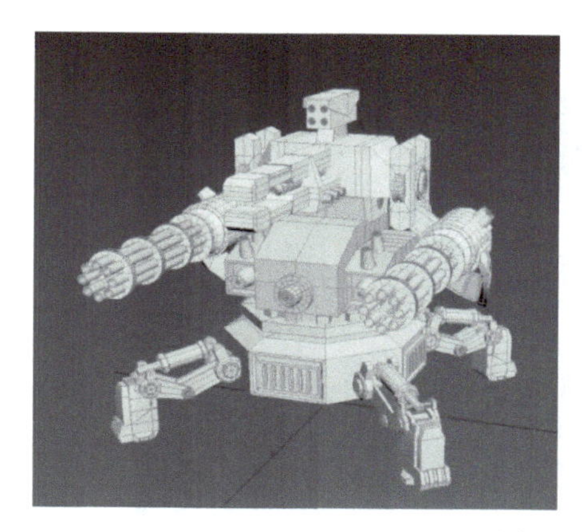
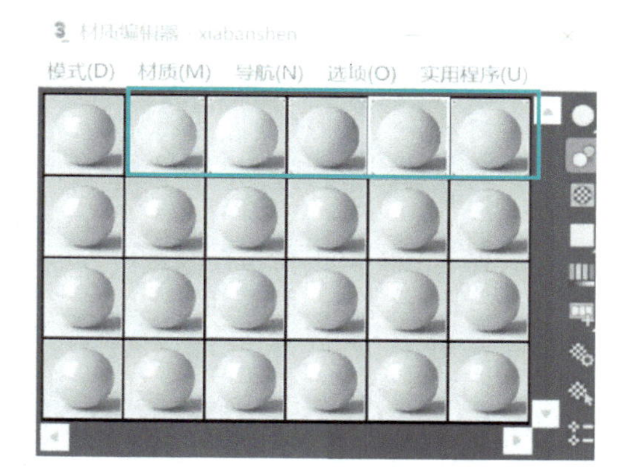

图 2-153 材质球编辑

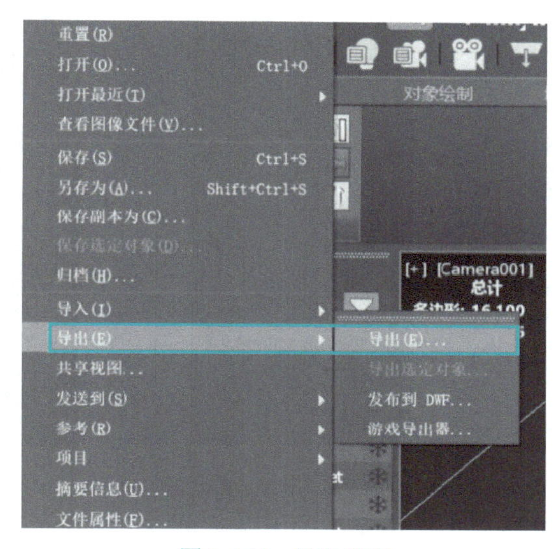

图 2-154 导出界面

在导出对话框中，需要选择导出的格式，这里选择 FBX 格式。这是一种广泛使用的 3D 模型格式，能够保留模型的详细信息和各种设置。为了方便后续管理和识别，还需要为导出的模型命名，并确保名称清晰、简洁且易于理解。完成这些操作后，就可以单击【保存】按钮，将模型导出为 FBX 格式并保存到指定的文件夹中，如图 2-155 所示。

图 2-155 文件命名

2.6.2 机器人材质贴图绘制

打开软件 Substance 3D Painter，新建新项目，如图 2-156 所示，模板选择【PBR-Metallic Roughness Alpha blend（starter-assets）】，文件选择【导出 fbx 模型文件】，文件分辨率选择【1024】，法线贴图格式选择【DirectX】，单击【确定】。

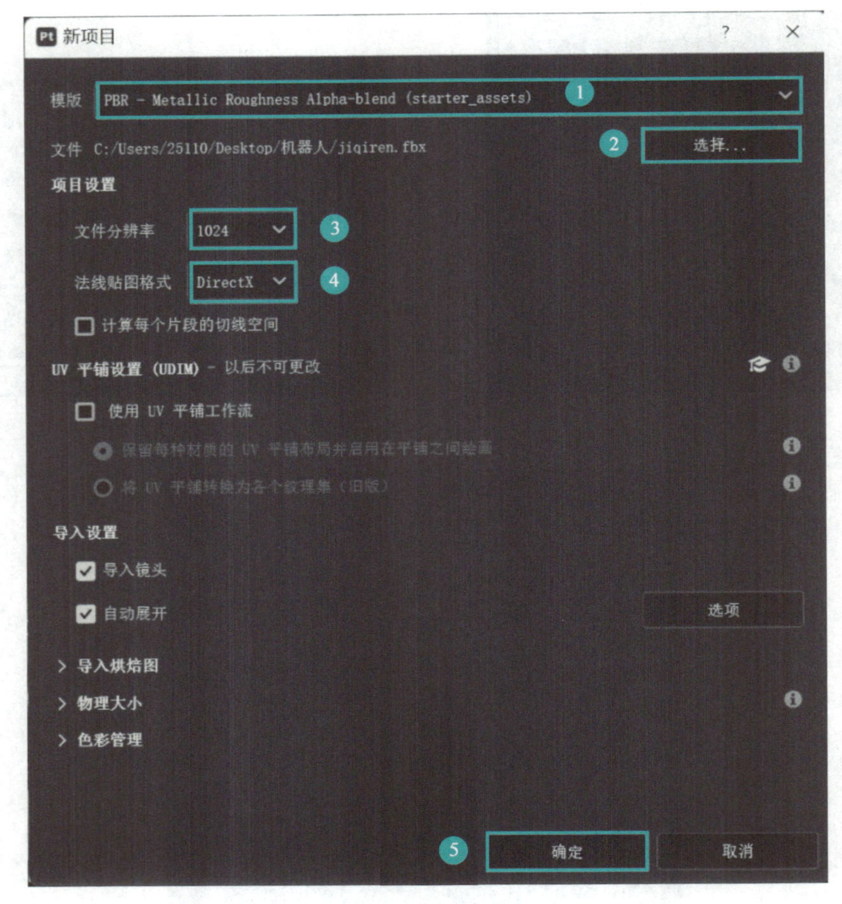

图 2-156　新建项目

在【纹理集设置】(如图 2-157 所示)的下拉菜单中选择【烘焙模型贴图】(如图 2-158 所示)。

图 2-157　纹理集设置

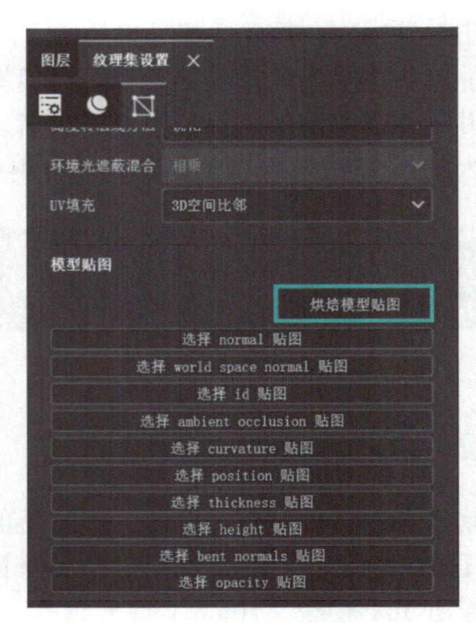

图 2-158　烘焙模型贴图

在烘焙模型贴图界面中，设置输出大小为【1024】，勾选【将低模网格用作高模网格】，单击【烘焙所选纹理】即可开始烘焙贴图，如图 2-159 所示。

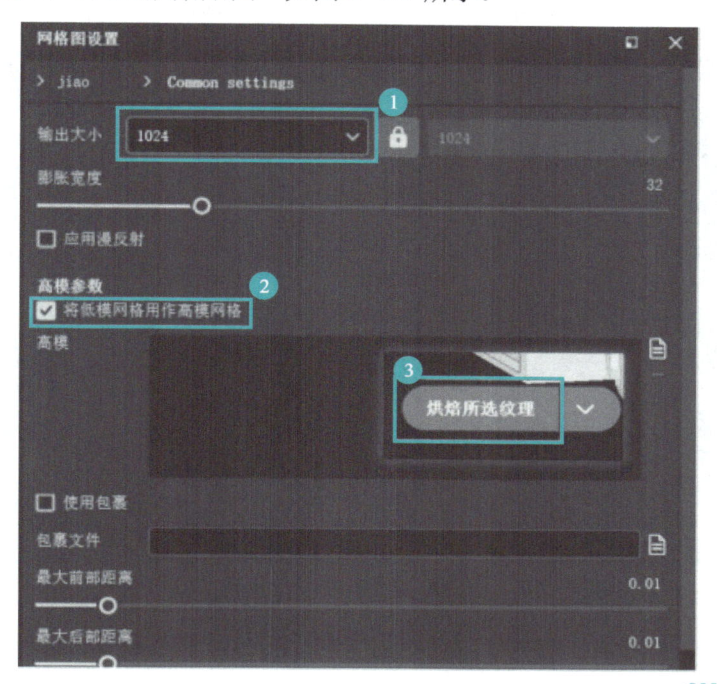

图 2-159　烘焙所选纹理

选择用于脚模型的纹理集列表。在资源中选择【Steel Rust and Wear】并拖到脚的模型上，如图 2-160 所示。

机器人的材质贴图绘制——基本材质

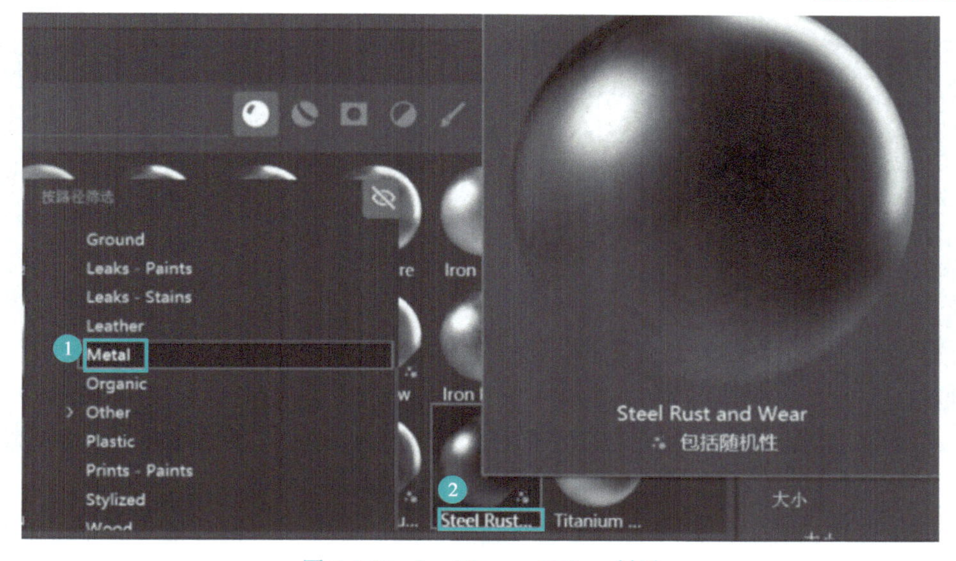

图 2-160　Steel Rust and Wear 材质

打开材质图层面板，调整【Surface Imperfections】（即表面缺陷参数），如图 2-161 所示，让模型看起来更加自然和真实。

界面和设置中的各种选项和滑块是用来控制表面缺陷的显示方式和程度的。

经过一系列的调整后，材质表面的效果发生了显著变化。如图 2-162 所示，可以清楚地看到调整后的材质表面细节更加丰富，质感也更加真实。

图 2-161　调整参数

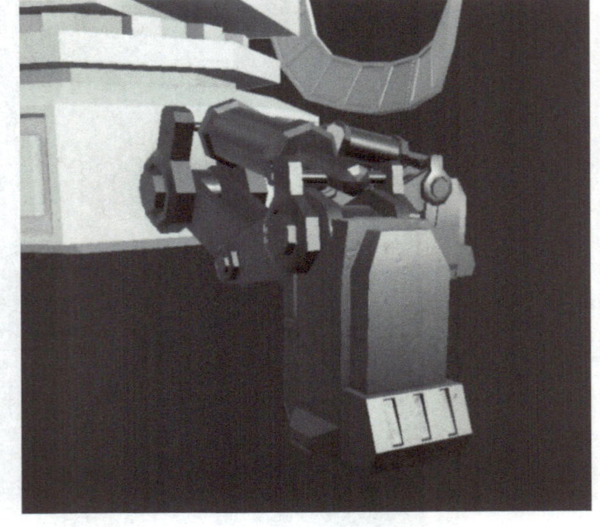

图 2-162　材质表面

选择名为“Rust Coarse”的材质，并将这个材质拖放到脚的模型上，并进行适当的调整，图层设置如图 2-163 所示。

技巧提示

“Rust Coarse”这个材质表现出强烈的生锈感，非常适合用这个材质来模拟机器人脚部长时间暴露在潮湿环境中的金属表面生锈的效果。

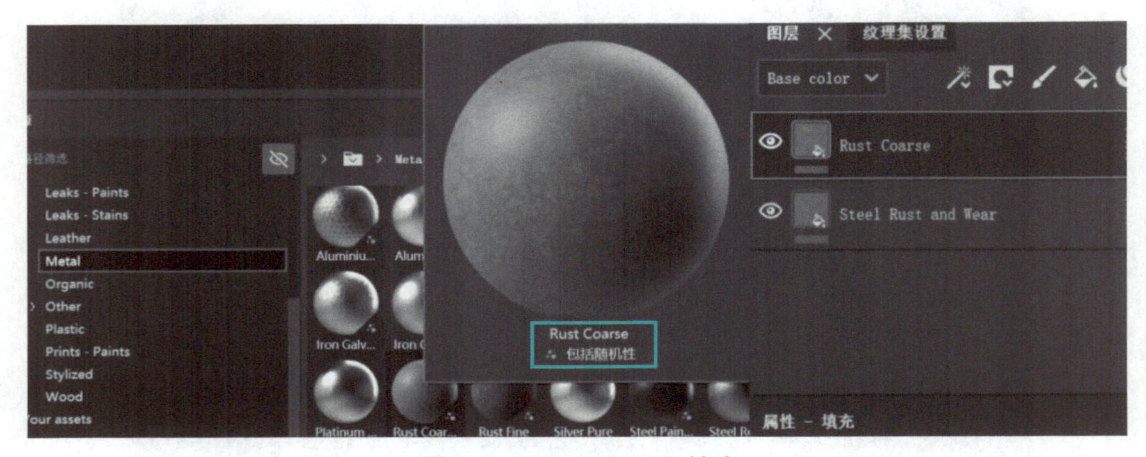

图 2-163　“Rust Coarse”材质

通过调整图层的叠加方式和透明度等参数的方式，实现了生锈效果与原有材质的完美融合。最终的显示效果如图 2-164 所示，可以看到脚部模型已经呈现出了逼真的生锈效果，与整体场景非常协调。

选择【智能遮罩】，并将【Sand】遮罩拖到【Rust Coarse】图层上，如图 2-165 所示。

图 2-164　“Rust Coarse 材质”的模型效果

图 2-165　智能遮罩（Sand）

单击【Rust Coarse】图层，打开材质编辑器，在颜色选择器里更改 Rust Color 的颜色为灰色，使其更符合生锈的视觉效果，如图 2-166 所示。

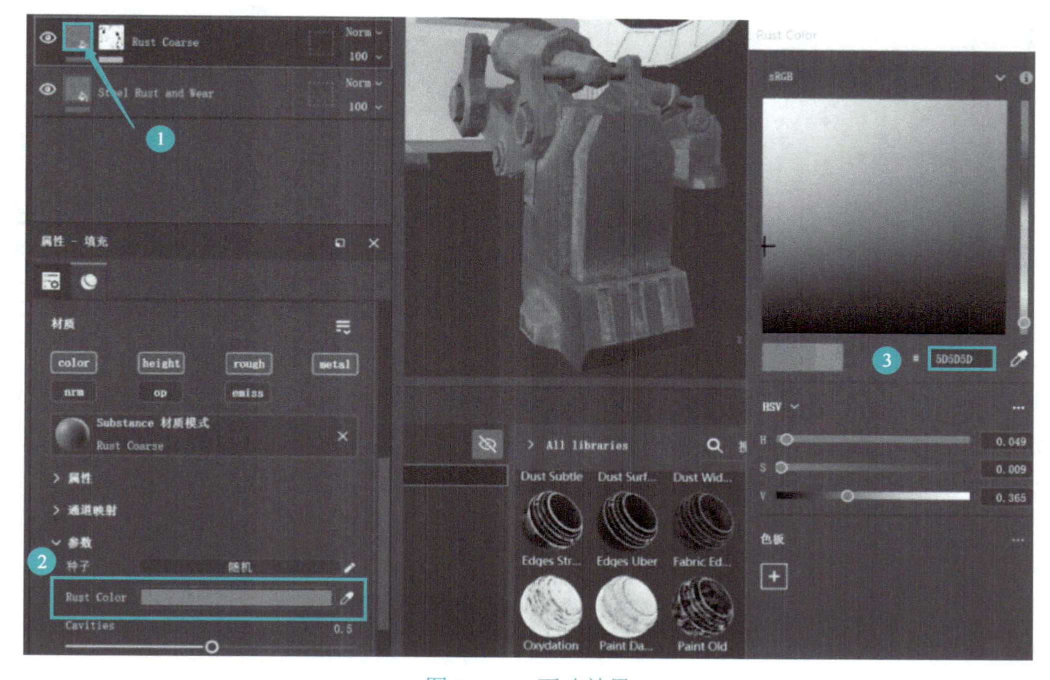

图 2-166　更改效果

制作边缘磨损效果需要在 PT 的材质库中选择【Iron Grainy 材质】，如图 2-167 所示，这种材质能够表现出金属磨损后呈现的最里层材质。将【Iron Grainy】材质直接拖放到脚的三维模型上，使其覆盖整个表面。

使用智能遮罩功能以显示出【Iron Grainy】材质呈现的部位。在 PT 的智能遮罩选项中，选择【Edges Strong】。这款遮罩能够智能地识别出模型的边缘部分。如图 2-168 所示，将【Edges Strong】智能遮罩拖动到【Iron Grainy】材质的图层上方，形成一个遮罩层，如图 2-169 所示。

在完成以上步骤后，可以预览一下最终的效果，可以看到【Edges Strong 智能遮罩】已经成功地应用到了【Iron Grainy】材质上，使得脚的模型的边缘部分呈现出了更加明显的磨损效果。最终的效果图如图 2-170 所示，可以看到脚的模型的边缘部分已经被成功地打造出了逼真的磨损效果，整个模型看起来更加真实、生动。

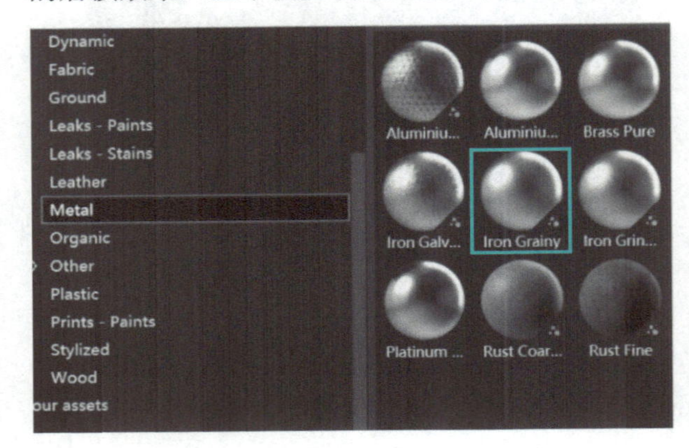

图 2-167　选择 Iron Grainy 材质

图 2-168　选择遮罩

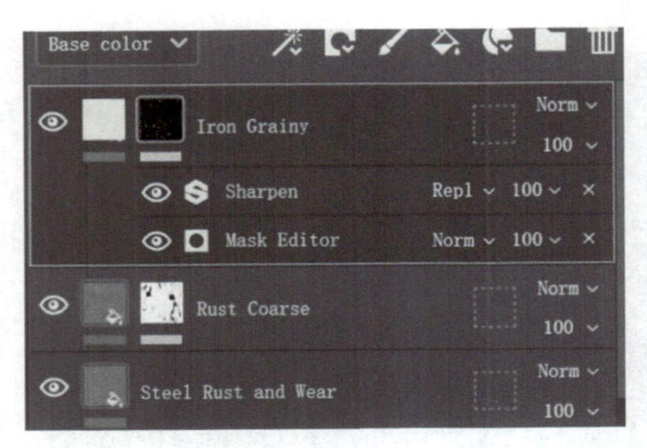

图 2-169　智能遮罩（Edges Strong）

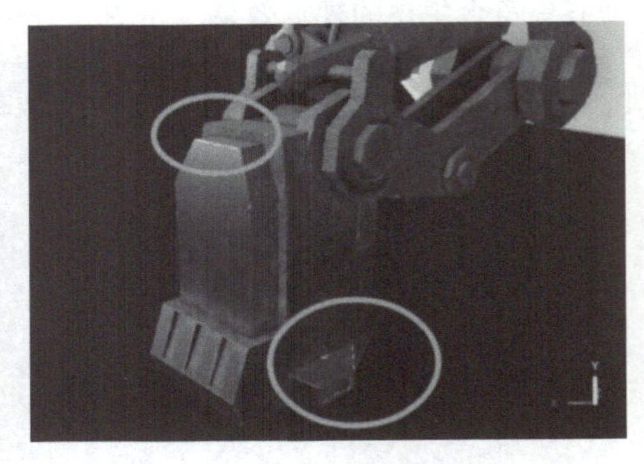

图 2-170　磨损效果

通过按〈Ctrl+G〉快捷键将所有选中的图层组合成一个组层，方便管理和编辑。选中所有需要组合的图层，按住〈Ctrl〉并使用鼠标左键单击选择，或者按住〈Shift〉的同时连续选择多个图层。按下〈Ctrl+G〉快捷键，选中的图层就会被组合成一个文件夹。如图 2-171 所示，可以看到所有选中的图层已经被成功地组合成一个组层，便于对整个模型进行统一的操作和管理。

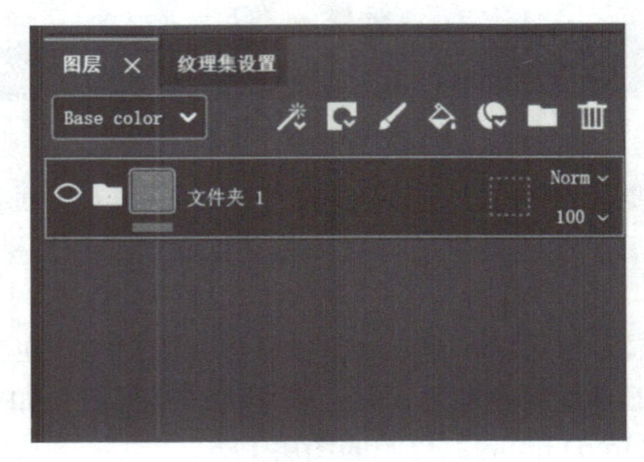

图 2-171　图层成组

下面是给机器人制作下半身材质的流程。确保材质的贴图与模型的对应部位完美匹配，需要选择下半身的纹理集。这一步骤至关重要，因为它能够确保材质在应用到模型上时，能够准确地覆盖相应的区域。在 PT 的材质库中，选择名为“Steel Painted Scraped Green”的智能材质。这款材质不仅具有钢铁的质感，还融合了刮擦的痕迹和绿色的涂漆效果，非常适合用来表现机器人下半身那种经过岁月沉淀的沧桑感。

如图 2-172 所示，可以清晰地看到“Steel Painted Scraped Green”智能材质在预览窗口中的效果。其独特的绿色涂漆与刮擦痕迹交织在一起，形成了一种别具一格的视觉效果。

将其拖动到机器人下半身模型上的显示效果如图 2-173 所示。

图 2-172 绿漆材质

图 2-173 材质效果

单击代表材质或贴图的文件夹图标，展开该文件夹。在展开的文件夹中，找到名为“Base Metal”的图层。选中该图层，使其高亮显示，如图 2-174 所示。

图 2-174 编辑智能材质

更改【Base color】颜色为灰色。在选中【Base Metal】图层后单击【Base color】下方的色块修改颜色，如图 2-175 所示。

图 2-175　更改颜色面板

更改材质后的效果如图 2-176 所示。对于其他部位的材质的添加，可将编辑好的材质图层直接复制以使用。效果如图 2-177 所示。

图 2-176　更改材质后的效果

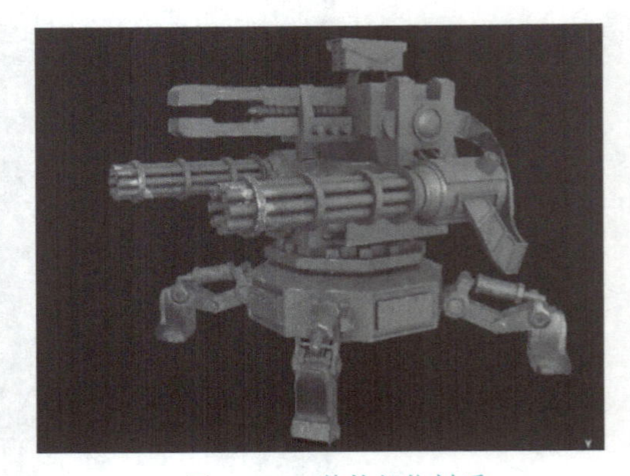
图 2-177　其他部位材质

选择智能材质“Steel Painted”。在 Substance Painter 的【材质】面板中，找到名为“Steel Painted”的智能材质。

拖动材质到要添加红色材质的部位。在释放鼠标左键之前，确保已经放置了材质，并且确保它覆盖了想要的添加红色材质区域，选择 Steel Painted 图层文件夹并单击右键添加黑色遮罩，如图 2-178 所示。

图 2-178　选择智能材质和遮罩

使用【几何体填充】图标，使用【UV 块填充】对需要填充的部位进行白色填充，如图 2-179 所示。

在材质图层文件夹中更改材质的颜色，将其调整为深红色，如图 2-180 所示，调整后的效果如图 2-181 所示。

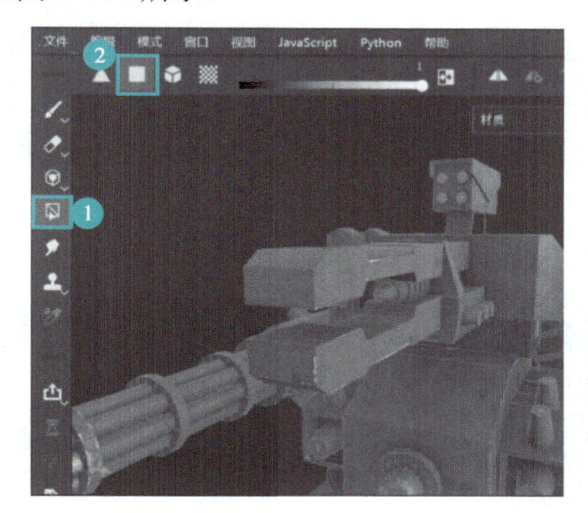

图 2-179　几何体填充

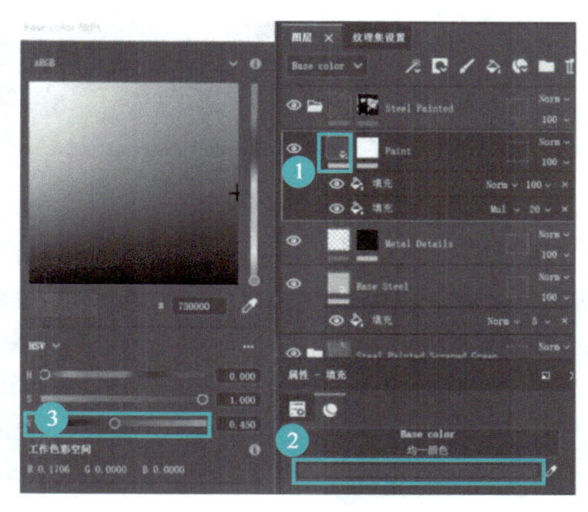

图 2-180　更改颜色（深红色）

图 2-181　更改颜色后效果

在层级结构中，找到【Steel Painted Scraped Green】图层文件夹，选中该文件夹，使用〈Ctrl+C〉（Windows 系统复制快捷键）复制它。

找到【Steel Painted】图层。在【Steel Painted】图层上方右键单击，选择【粘贴】或使用〈Ctrl+V〉粘贴复制的文件夹。

在粘贴的【Steel Painted Scraped Green】图层文件夹上方，找到名为【Concrete Edges】的智能遮罩拖到该文件夹，如图 2-182 所示，将部分红色材质遮挡住，即可制造出破损效果。

图 2-182　制作破损效果

新建图层，选择【Screw Bolt】画笔，如图 2-183 所示。

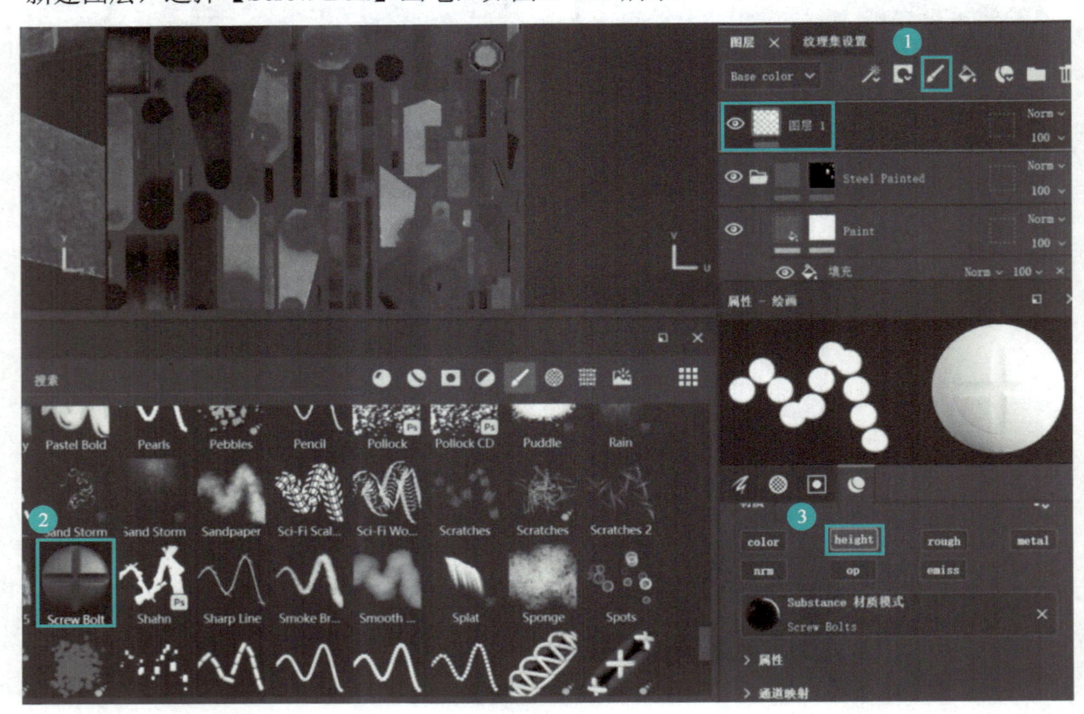

图 2-183　选择画笔

只保留 height（高度）选项，在模型上进行绘制，制作的螺丝效果如图 2-184 所示，按住〈Ctrl〉和鼠标右键，拖动鼠标即可调整笔刷大小。绘制完螺丝还需要绘制弹孔，弹孔的绘制效果如图 2-185 所示。

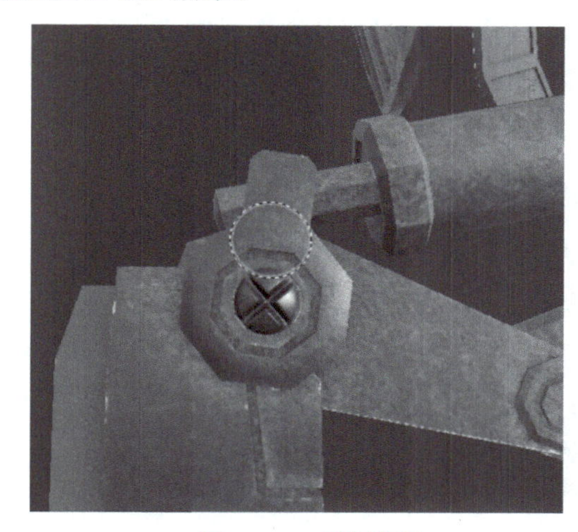

图 2-184　绘制螺丝

图 2-185　绘制弹孔

在制作弹孔时需要选择【Bullet Impact】笔刷对弹孔进行绘制，如图 2-186 所示。

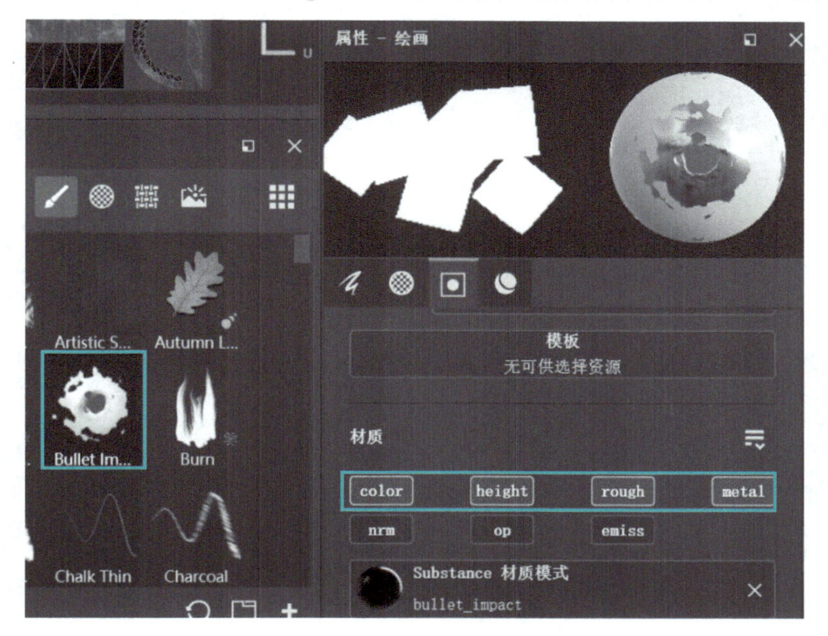

图 2-186　弹孔笔刷

通过映射来制作凹凸表面。在图层栏中单击【添加图层】按钮新建图层并重命名为“凹凸痕迹”，如图 2-187 所示。

在左侧工具栏中选择【映射工具】，并在属性栏中的材质部分，只使用【height】和【nrm】这两个和高度有关的参数。

在资源窗口中选择【贴图】分类，在一些法线贴图中任选一个，并将这个贴图拖至【Height】和【Normal】栏中进行使用。

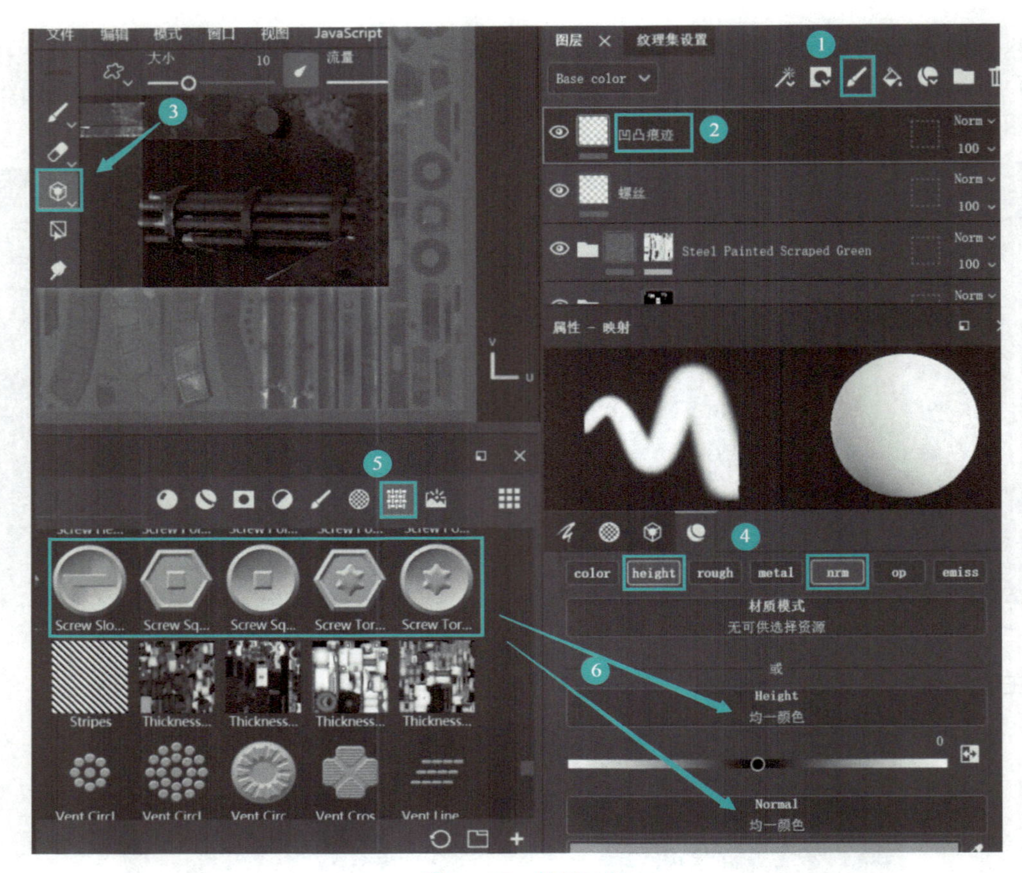

图 2-187　使用映射

使用鼠标在 3D 视图中进行涂抹，如图 2-188 所示，以应用映射效果。根据映射工具的效果，需要一次性涂抹完整，以获得最佳效果，如图 2-189 所示。

图 2-189

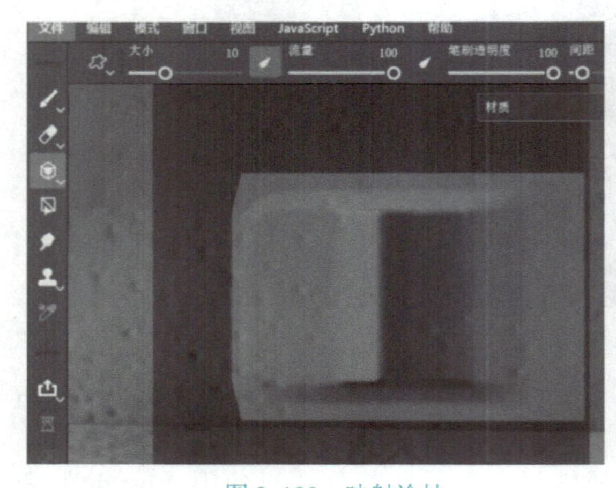

图 2-188　映射涂抹

图 2-189　映射效果

此时材质的金属质感不佳，可以通过新建一个填充图层来改善这一状况。单击【添加填充图层】按钮，将这个新的图层重命名为“金属填充图层”，以清晰地标识其用途。

在创建图层后，在属性窗口中只选择【metal】金属度选项，并将参数拖至 1，如图 2-190

所示。通过这种方式，材质的金属感会更加真实和强烈，从而提升整体视觉效果。

图 2-190　新建金属填充图层

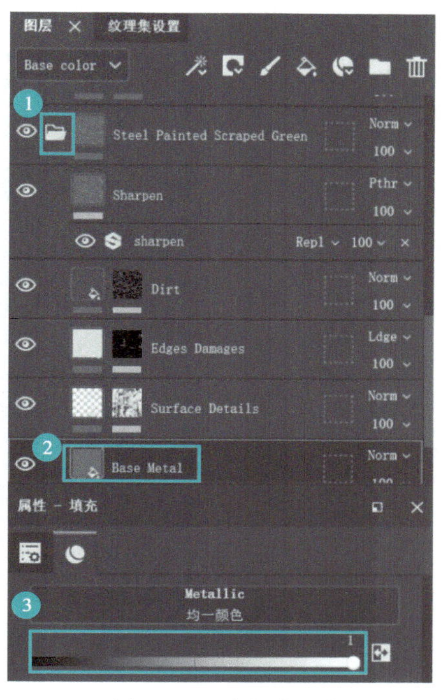

图 2-191　金属度调整

另一种方法是将所做的材质图层文件夹展开，找到基本材质图层，将【metal】金属度拖至 1，如图 2-191 所示。

技巧提示

制作眼睛等发光部位时，需要选择一个合适的材质来模拟其发光的特性。可以选择塑料材质“Plastic Glossy Pure”，它能够呈现出光滑且具有光泽的表面效果，非常适合用于模拟眼睛等发光部位。

将“Plastic Glossy Pure”材质拖动至模型上，如图 2-192 所示，右键单击【Plastic Glossy Pure】图层添加黑色遮罩，如图 2-193 所示。

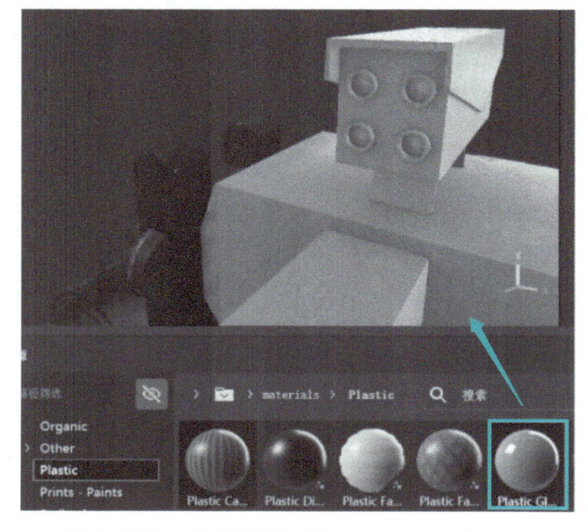

图 2-192　使用材质 Plastic Glossy Pure

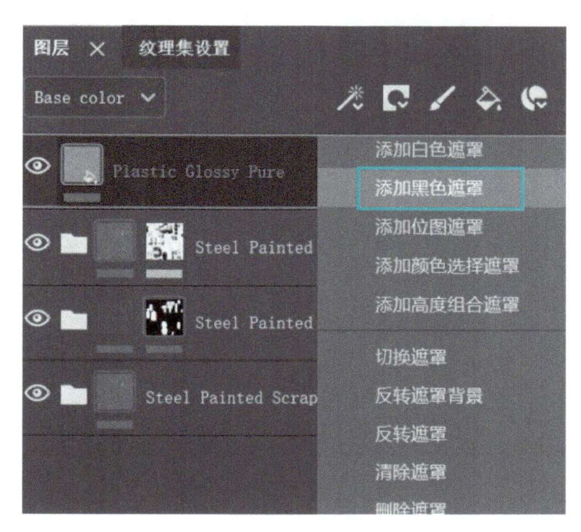

图 2-193　添加黑色遮罩

使用几何体填充工具，选择【按 UV 块填充】来对模型眼睛进行填充，如图 2-194 所示，使“Plastic Glossy Pure”材质只在眼睛处显示。

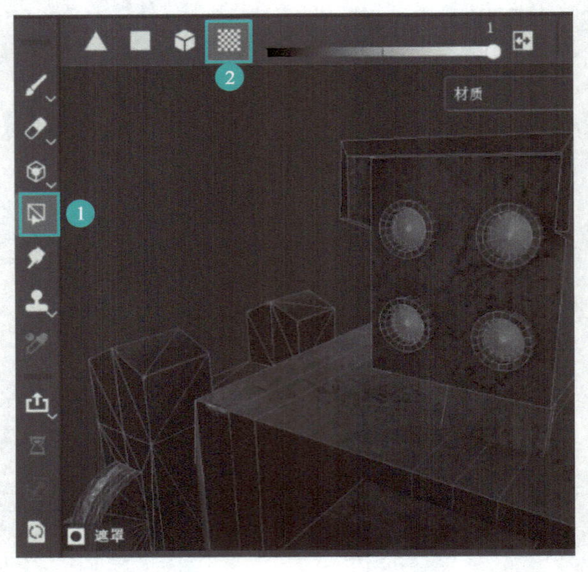

图 2-194 几何体填充

技巧提示

在为模型的发光部位添加材质之后，为了更好地控制其发光效果，可以进一步使用黑色遮罩来限制材质的范围。通过填充黑色遮罩，可以将发光部位限定在特定的区域内，从而更好地突出其效果。

单击【填充图层】以调整材质，使用图层参数中的【emiss】选项，如图 2-195 所示，通过调整这个参数，可以进一步控制发光的颜色。

调整材质属性中的【Base color】和【Emissive】的颜色，如图 2-196 所示。其他发光部位使用同样方法，根据需要来调整发光的颜色，使其与整体效果相协调。

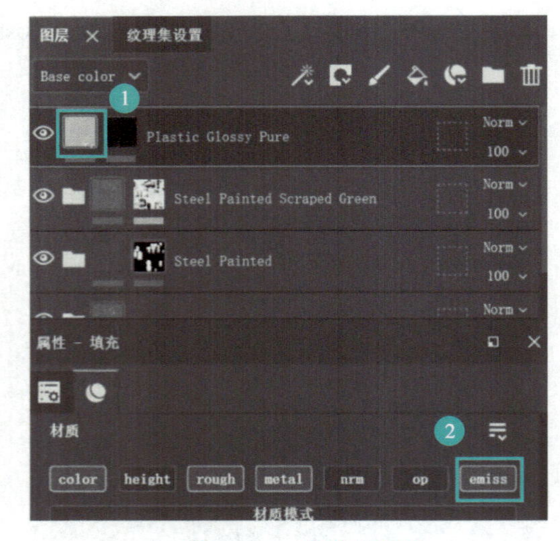

图 2-195 自发光设置

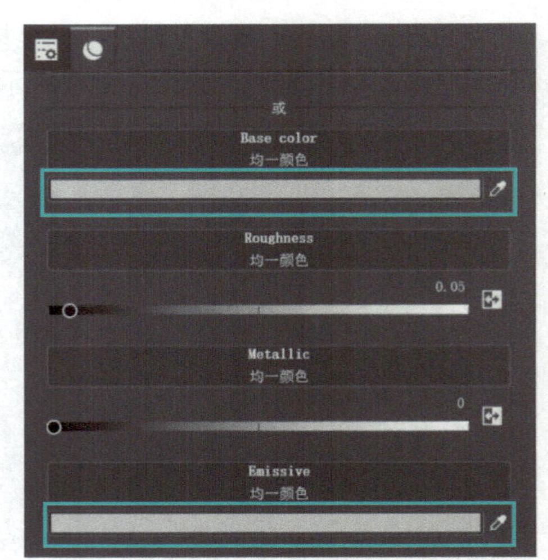

图 2-196 颜色设置

绘制好所有贴图材质后，如图 2-197 所示。在菜单文件中导出贴图，如图 2-198 所示。

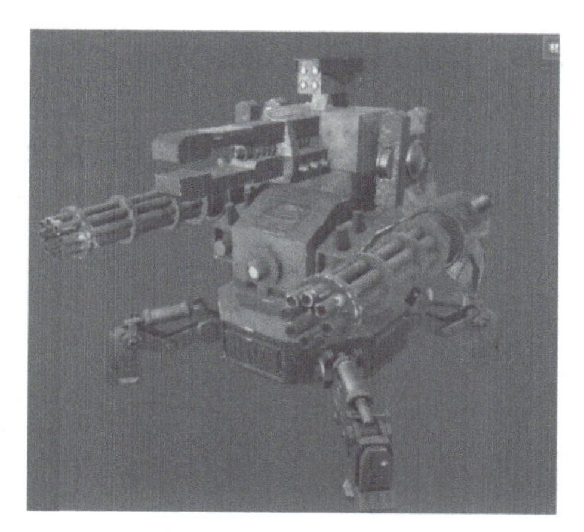

图 2-197　材质效果

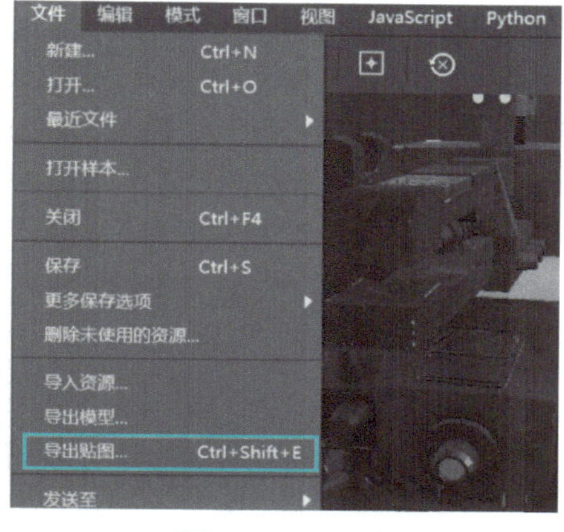

图 2-198　导出贴图

在弹出的导出纹理窗口，更改输出目录，即导出的位置，如图 2-199 所示。贴图导出后，每个纹理集的扩展名对应相应的贴图，如图 2-200 所示。

图 2-197

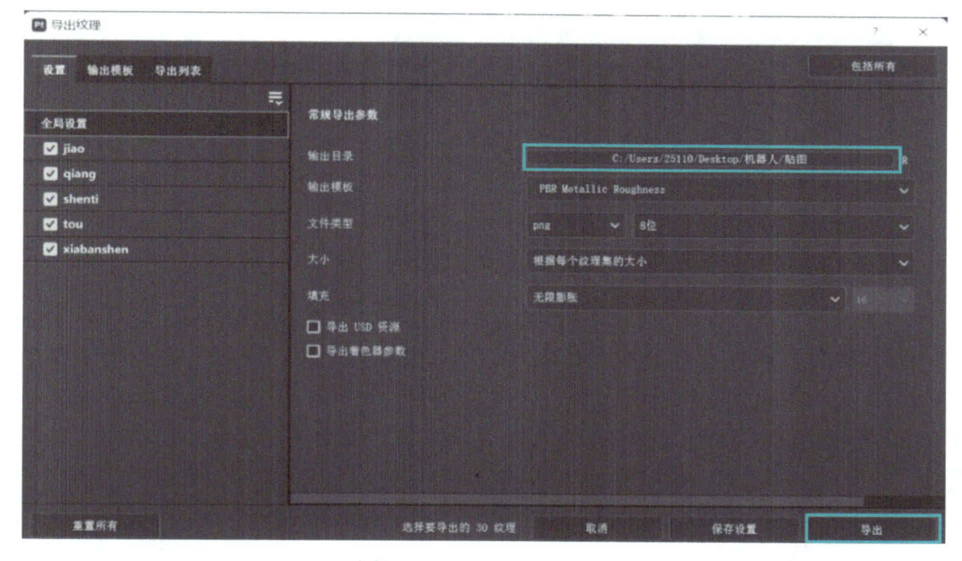

图 2-199　更改输出位置

图 2-200　对应贴图

紧接着打开 3ds Max，使用 VRay 渲染器进行渲染，材质球使用【VRayMtl】进行制作。直接打开之前做好的材质球进行更改，根据贴图进行设置，如图 2-201 所示，勾选【使用粗糙度】，漫反射贴图设置为后缀为 Base Color 的贴图，粗糙度和漫反射粗糙度贴图设置为后缀为 Roughness 的贴图，凹凸贴图设置为后缀为 Height 的贴图，自发光贴图设置为后缀为 Emissive 的贴图，金属度贴图设置为后缀为 Metallic 的贴图。

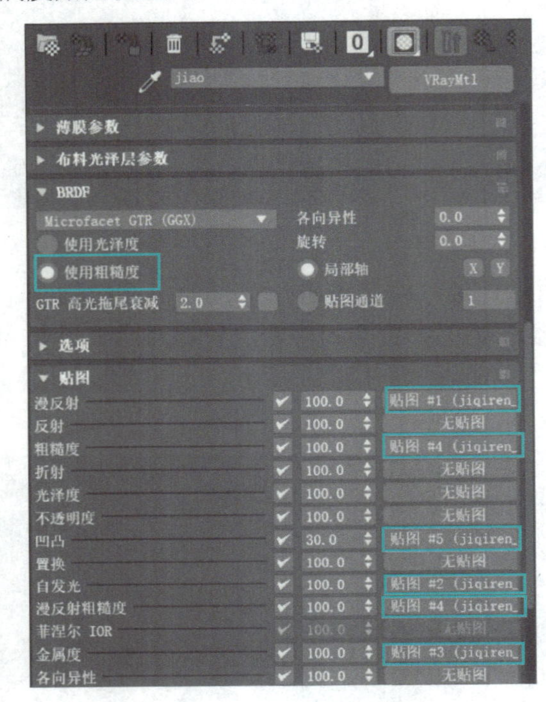

图 2-201 材质球设置

设置好所有材质之后进行灯光布置。添加灯光，如图 2-202 所示，在场景中单击【加号】进行创建。

在灯光的属性面板中，找到【类型】选项，并从下拉菜单中选择【穹顶】。单击“贴图”右侧的【弹出按钮】，打开贴图浏览器。在弹出的贴图浏览器中，选择“摄影棚_032.HDR”，如图 2-203 所示。

图 2-202 添加灯光

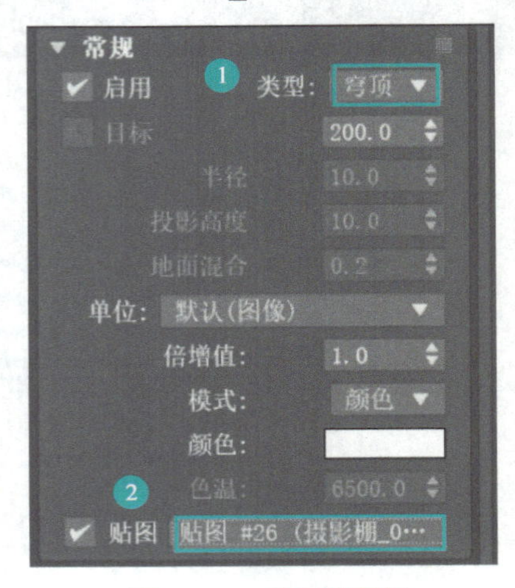

图 2-203 设置穹顶灯

单击【确定】按钮应用贴图，并设置为【不可见】，如图 2-204 所示。创建平面灯光，如图 2-205 所示，设置灯光类型为平面，勾选【目标】，设置【倍增值】。

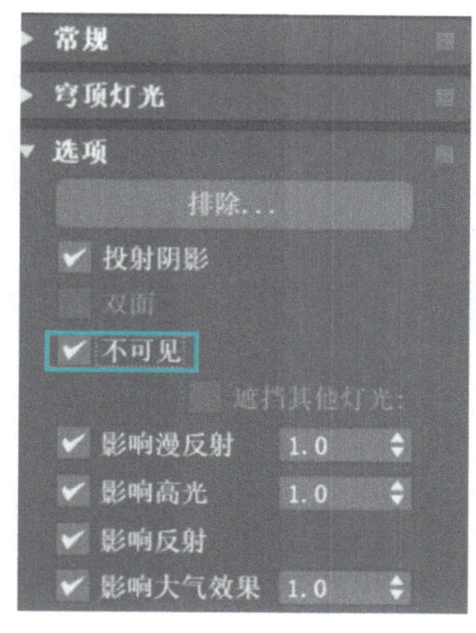

图 2-204　设置不可见

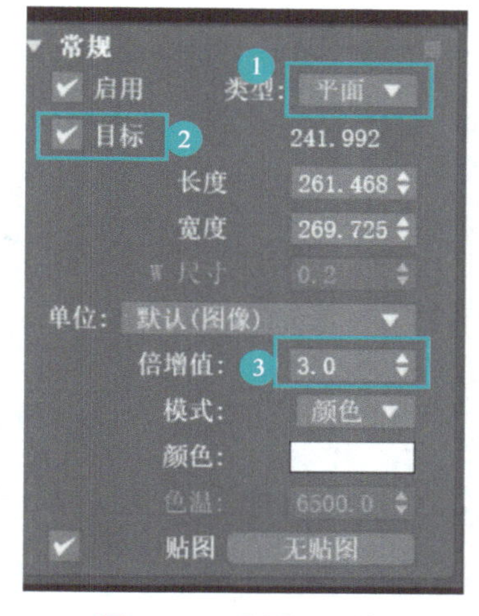

图 2-205　创建平面灯

将平面灯光复制到另外两侧，形成三面照明，调整照明参数，即大小和倍增值，让正面最亮，另两个较暗，并创建摄像机，如图 2-206 所示。

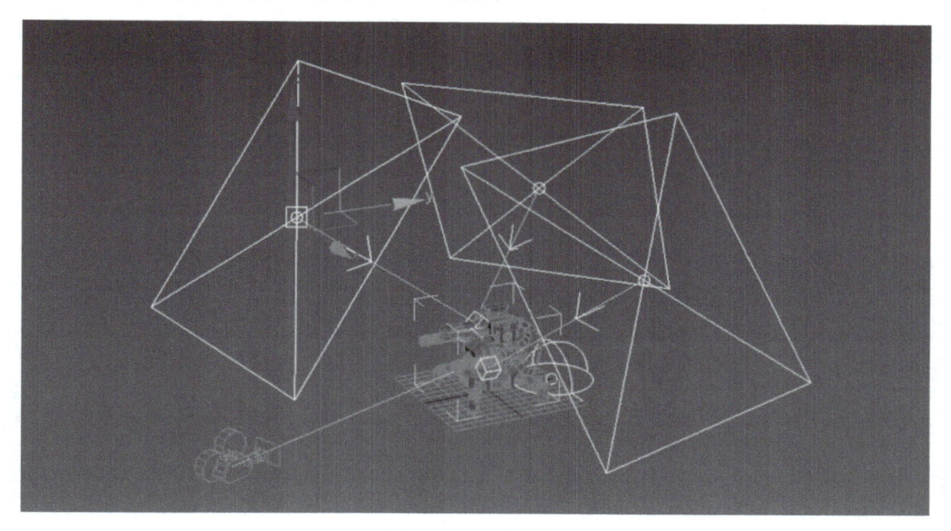

图 2-206　穹顶灯

技巧提示

VRay 平面灯的亮度和平面灯的面积有关。面积越大，亮度越高。

按下〈F10〉打开渲染设置面板。在渲染设置面板中，选择【VRay】选项卡。确保已正确加载并启用了 VRay 渲染器，在【VRay】选项卡中，可以调整各种参数以优化渲染效果，例如输出大小、采样器类型等。对于【输出大小】选项，根据图 2-207 所示设置输出大小。

在【图像采样器（抗锯齿）】选项中，选择【小块式】采样器类型。这将有助于观察渲染情况。

在【噪点阈值】选项中，将噪点阈值调整到 0.005，以进一步减少噪点并提高图像质量。根据图 2-208 所示进行调整。

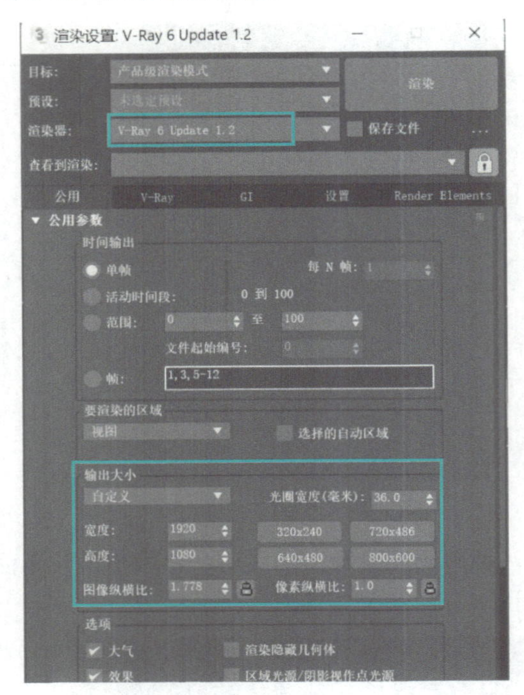

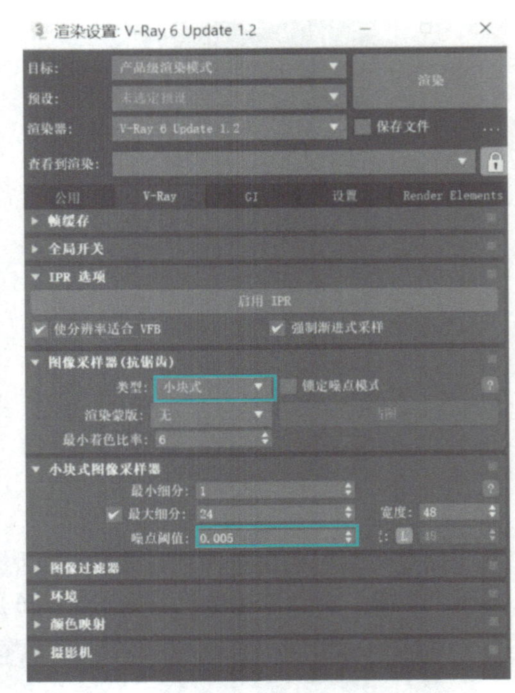

图 2-207　渲染设置　　　　图 2-208　噪点设置

按〈F9〉进行渲染。渲染完成后单击如图 2-209 所示图标，将渲染好的模型图片保存为 PNG 格式。

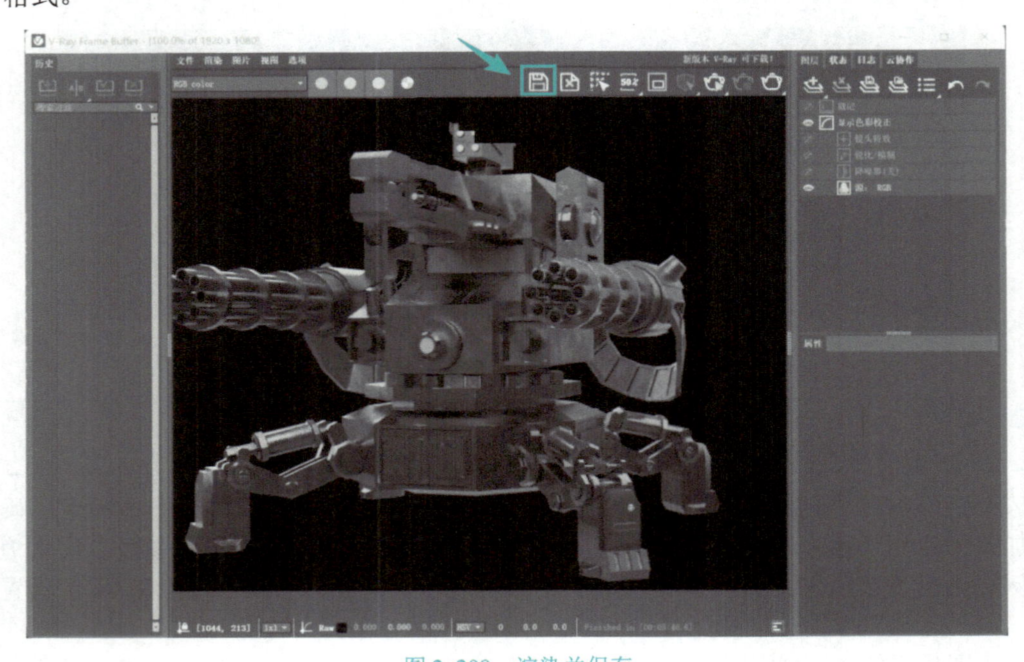

图 2-209　渲染并保存

网络游戏
女性角色制作

本项目效果图

3.1 项目准备

3.1.1 网络游戏女性角色案例展示

本项目将学习制作一个网络游戏中的女性角色，如图 3-1 所示。读者将学习使用 Maya 软件创建角色身体、服饰与头发模型、UV 展开以及贴图绘制等环节，掌握从基础到高级的女性角色制作技能。在 UV 展开阶段，将学习通过快速“剥皮”与“松弛”方式，确保贴图的正确映射，以及使用绘图软件为角色绘制纹理和颜色，完成整个贴图绘制过程。

图 3-1

图 3-1 网络游戏中的女性角色案例展示（正、后）

3.1.2 网络游戏女性角色案例准备

为了满足项目组的要求，特下发设计工作单，期望设计人员能够明确模型制作的各项要求，清晰了解每个环节的具体要求，确保模型设计制作的高效和质量。设计人员需根据工作单规定的时间节点，认真完成模型的设计和制作。工作单内容如表 3-1 所示。

表 3-1　网络游戏女性角色工作单

项目名	项目分解			工时小计
	低模	UV	贴图绘制	
网络游戏女性角色	2 天	3 天	1 天	6 天
制作规范	1．保证模型的精度符合项目标准，特别注意避免出现过多或过少的面数，确保优化性能，要求布线合理，不能有废点。 2．参照原画制作，注意模型的结构比例问题。 3．根据项目要求进行贴图制作，包括下一代贴图的组成、格式和大小。确保贴图效果精细、真实			
注意事项	面数控制在 8000 面以内，贴图分辨率为 1024×1024px			

素材导读

中国传统纹饰是中国服饰文化的重要组成部分。传统纹饰的题材广泛，包括动物、植物、神话传说、历史故事等。其中，龙、凤、鸟、兽、鱼、虫、花、草等吉祥图案是最常见的，寓意着美好的祝福和祈愿，如宝相花纹图（如图 3-2 所示）、朵花纹和花草纹（如图 3-3 所示）。传统纹饰的工艺手法多样，包括刺绣、织锦、雕刻、彩绘等。这些工艺手法使得纹饰更加生动、精美，同时也体现了工匠们的精湛技艺和创造力。传统纹饰在服饰中的运用，不仅具有装饰作用，更是一种文化传承和表达的方式。它能够展现出一个人的身份地位、信仰和审美趣味，同时也是一个时代文化和历史的见证。

图 3-2　宝相花纹图

图 3-3　朵花纹和花草纹

3.2 女性模型创建

3.2.1　女性角色头部模型制作

男女头部模型在制作方法上大体相同，但女性头部模型的面部线条相较于男性会更加柔和。女性的颌面更窄，整个头型更偏向于圆润。在女性头部模型中，眼睛通常较大且形状明显，鼻子小巧，嘴唇柔软，头发更细软。因此，在制作女性头部模型时，需要注意这些特点，以突出女性的面部特征。

女性角色头部模型制作

1．头部基本模型创建

首先，创建一个多边形的立方体，使用【平滑】工具对立方体的表面进行平滑处理，如图 3-4 所示。

选择下巴的面，使用【挤出】工具调整模型以形成下巴的结构，如图 3-5 所示。

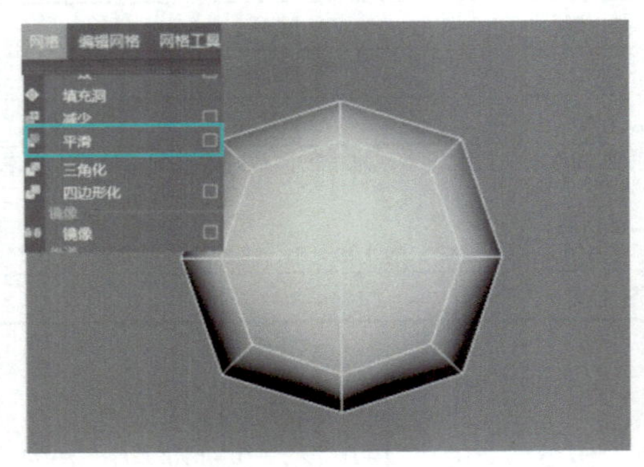

图 3-4 平滑立方体

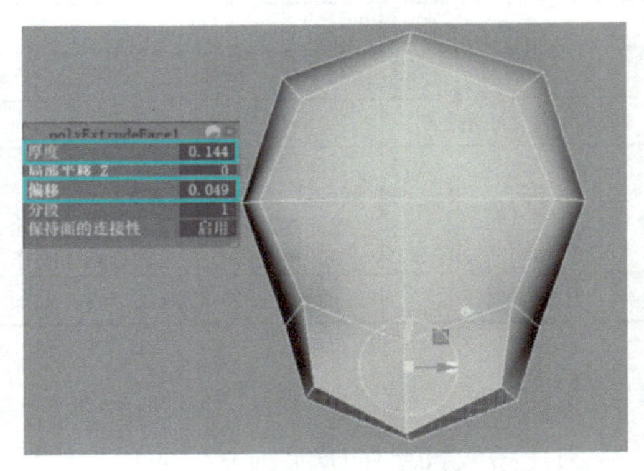

图 3-5 挤出下巴（正）

女性的下巴宽度较窄。整体头型与男性头部相比，也应略窄。头部基本结构如图 3-6 和图 3-7 所示。

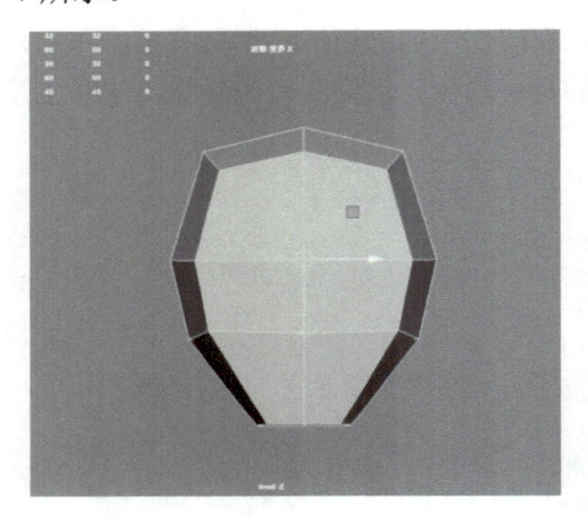

图 3-6 下巴造型（正）

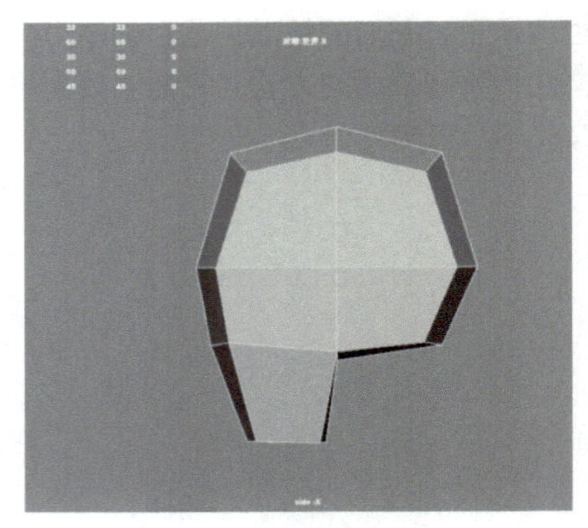

图 3-7 下巴造型（侧）

颈部基本结构制作流程如下。选择立方体底部的面，使用【挤出】工具来创建颈部结构，如图 3-8～图 3-10 所示。

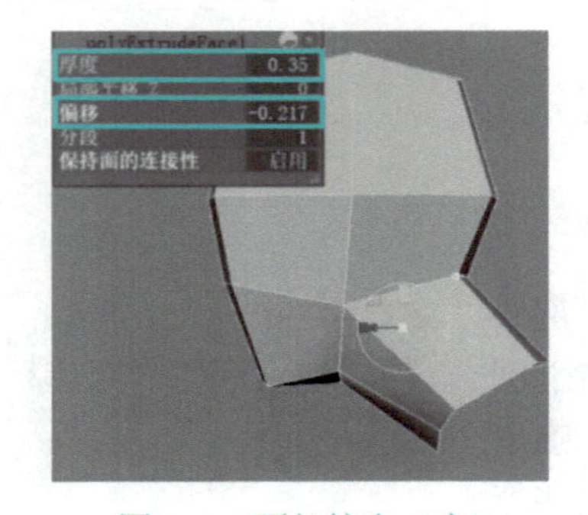

图 3-8 颈部挤出（底）

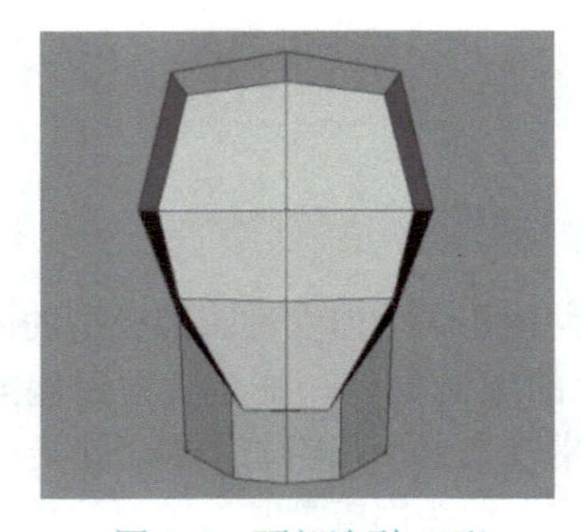

图 3-9 颈部造型（正）

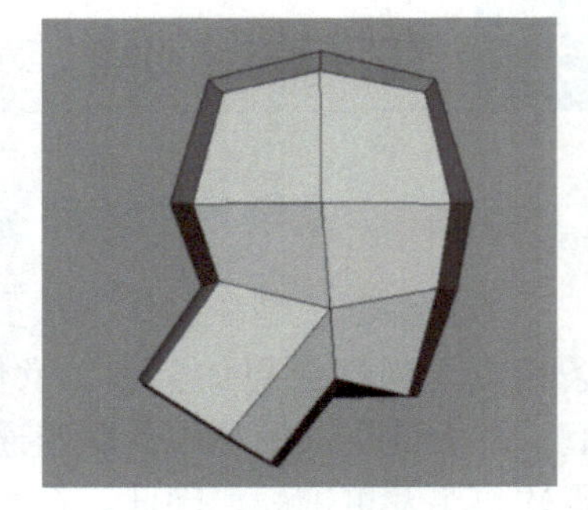

图 3-10 颈部造型（侧）

2. 五官结构的深入

鼻子基本形制作流程如下。

使用【多切割】工具在模型上切割三条线，从而确定鼻子的宽度，如图 3-11 和图 3-12 所示。进入顶视图调整头型为后脑部分较宽、额头部分较窄的样式，如图 3-13 所示。

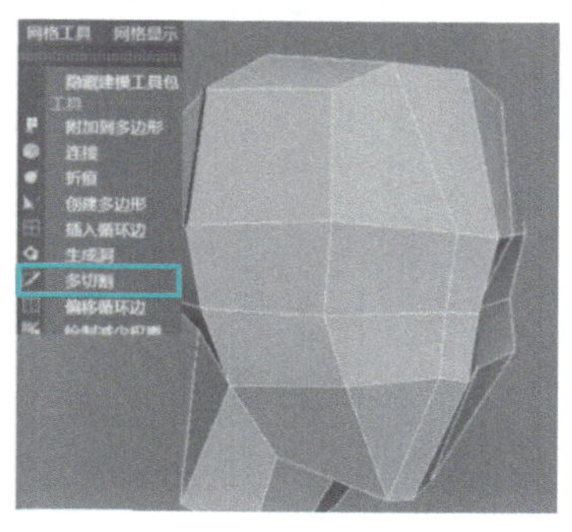

图 3-11　多切割切线

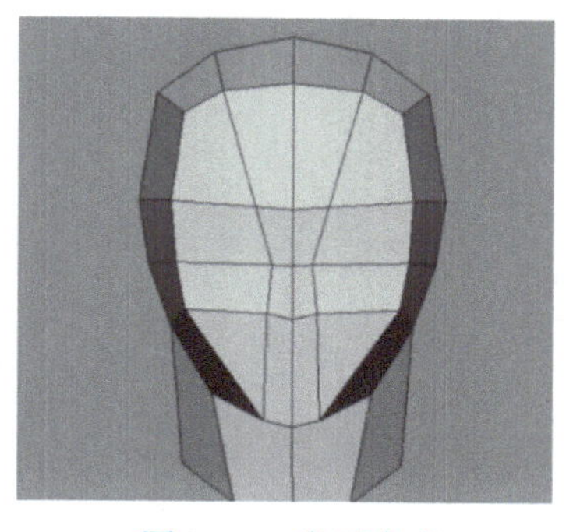
图 3-12　鼻子宽度

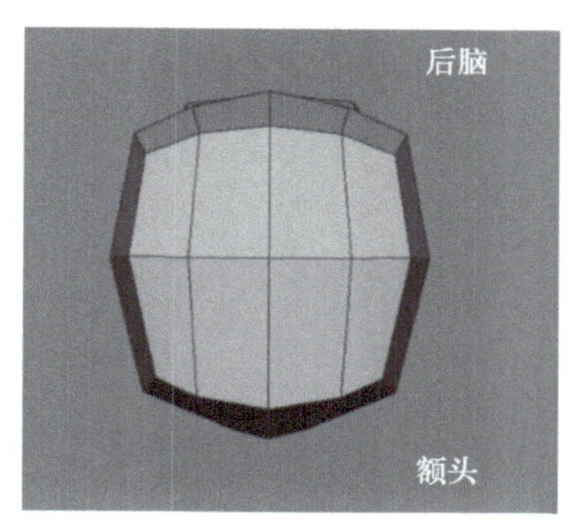

图 3-13　调整头型（顶）

使用【挤出】工具制作鼻子基本形。使用快捷键〈Ctrl+Delete〉删除所选边。如图 3-14 和图 3-15 所示。最后进行鼻子造型的调整，如图 3-16 和图 3-17 所示。

使用【多切割】工具，在从鼻底到下巴的 1/3 处切割一条线，从而确定嘴唇中缝线的位置，如图 3-18 所示。

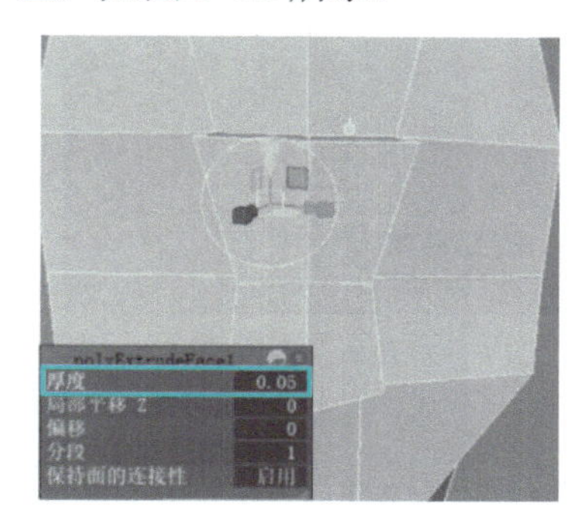

图 3-14　选择面挤出

图 3-15　选择边删除

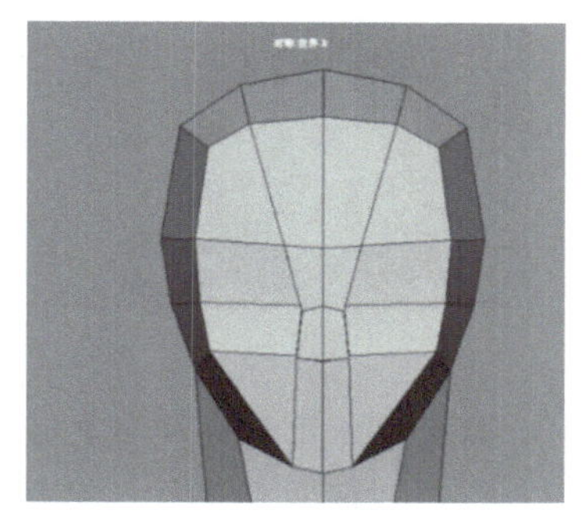
图 3-16　鼻子造型（正）

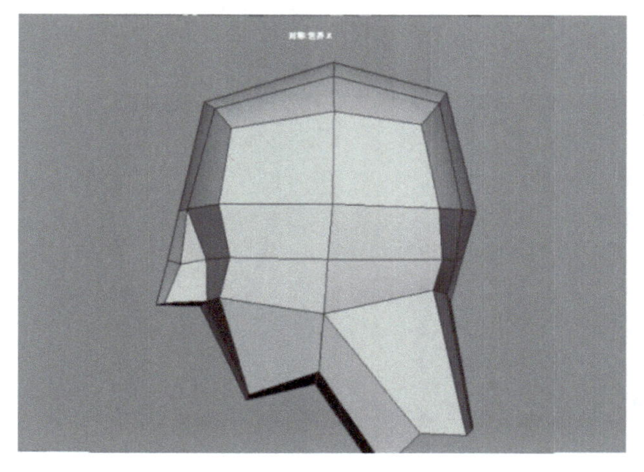
图 3-17　鼻子造型（侧）

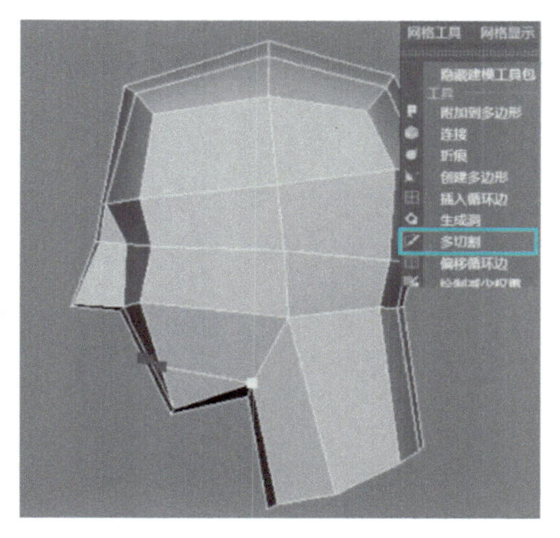

图 3-18　嘴唇中缝线

选择图 3-19 所示的线，使用【倒角】工具进行倒角，如图 3-20 所示。切换到【点级别】，修改三角面，调整出耳朵的造型。切换为后视图，将耳朵后的点往内移动，使得能够从后方看到下颌骨。同时，颈部可以再次调整粗细，如图 3-21、图 3-22 所示。

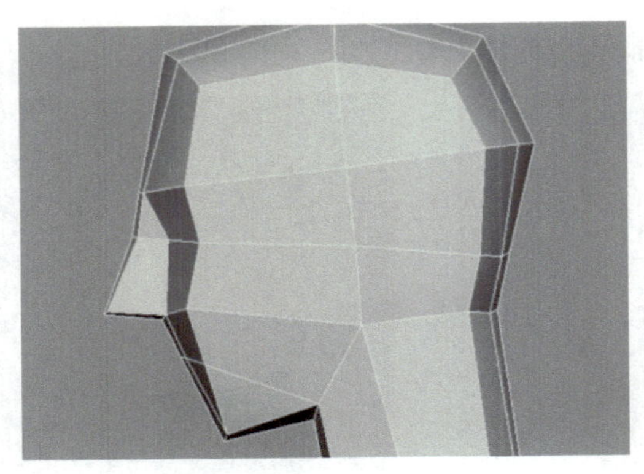

图 3-19　选择线

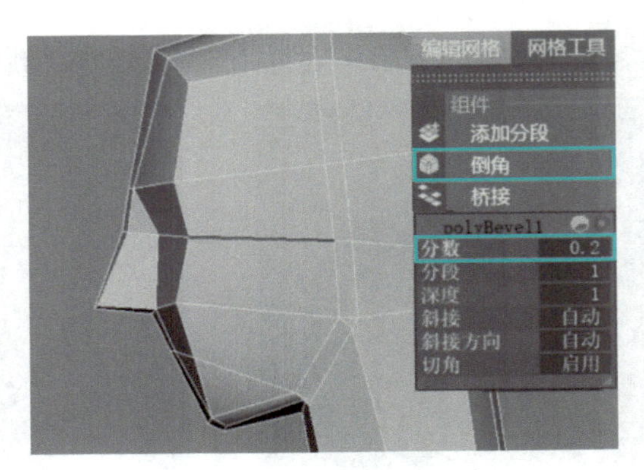

图 3-20　倒角工具

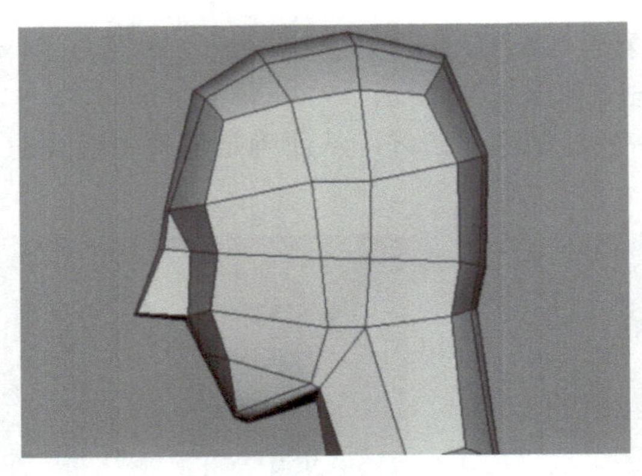

图 3-21　调整布线（侧）

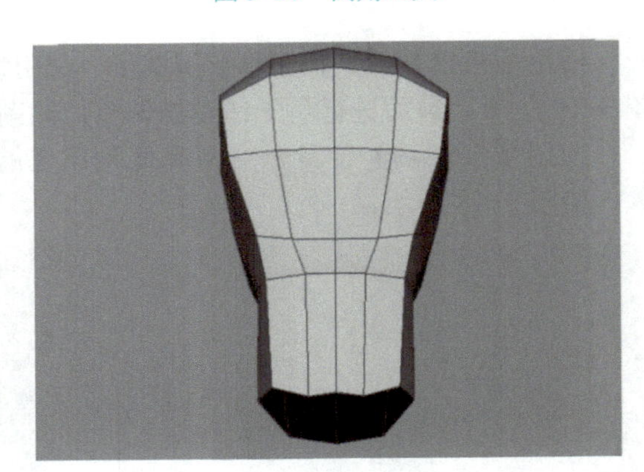

图 3-22　调整头型（后）

耳朵基本型制作流程如下。

选择对应耳朵的面，使用【挤出】工具制作耳朵的高度，随后使用快捷键〈Ctrl+Delete〉删除所选边并调整耳朵的造型，如图 3-23、图 3-24 所示。

女性的脸型上宽下尖，脸部外轮廓应呈现弧线，颈部更加纤细。将基本形体调整完善，方能制作五官的细节，如图 3-25 所示。

图 3-23　挤出并调整耳朵的造型

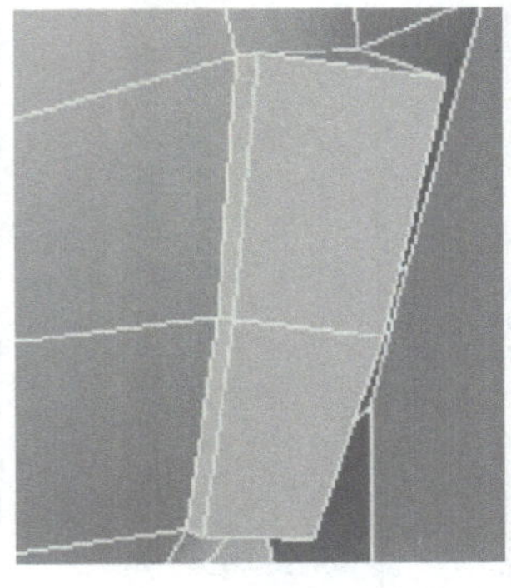

图 3-24　选择边删除

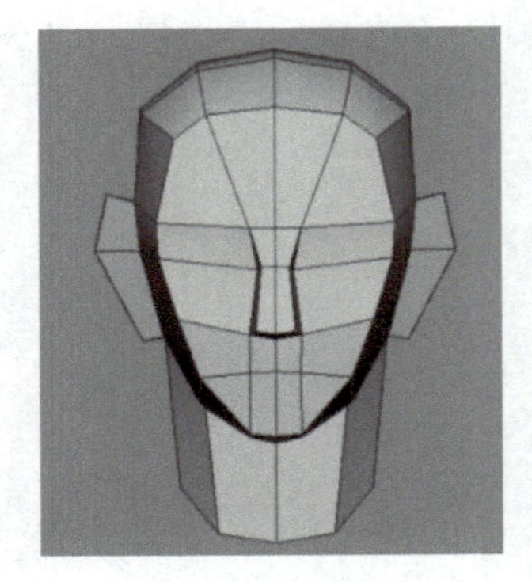

图 3-25　调整基本型

唇部基本型制作流程如下。

使用【多切割】工具将模型切出唇部外轮廓，如图 3-26 所示。从仰视图调整唇部弧度，在侧视图选中唇部中缝线上的点并向后移动，如图 3-27 和图 3-28 所示。

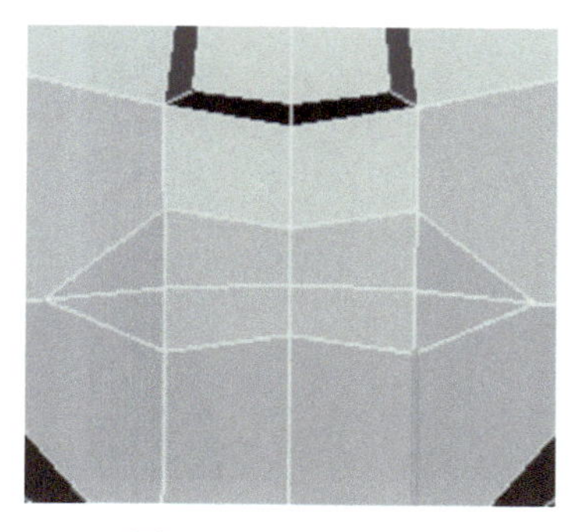

图 3-26　多切割切线

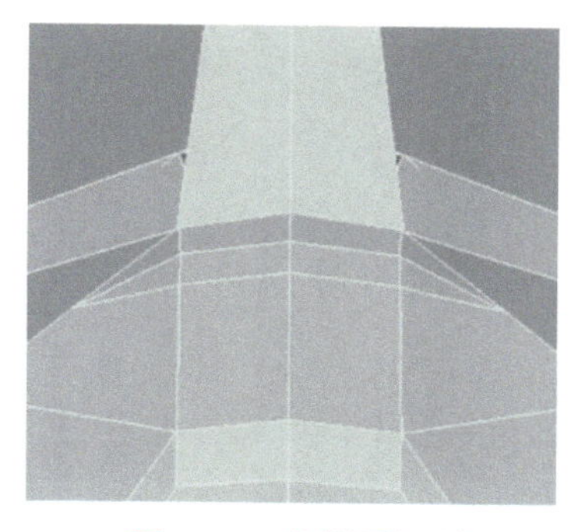
图 3-27　仰视图调型

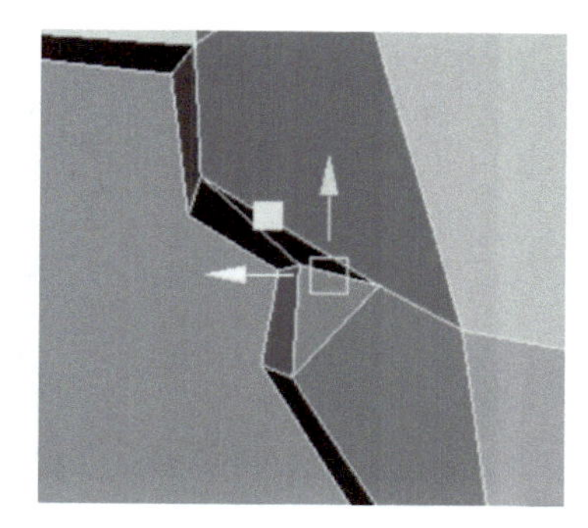
图 3-28　侧视图调型

使用【多切割】工具从嘴角开始向上切一条线到后脑底部，从不同角度调整这条线，使头部更加饱满圆润，如图 3-29 和图 3-30 所示。

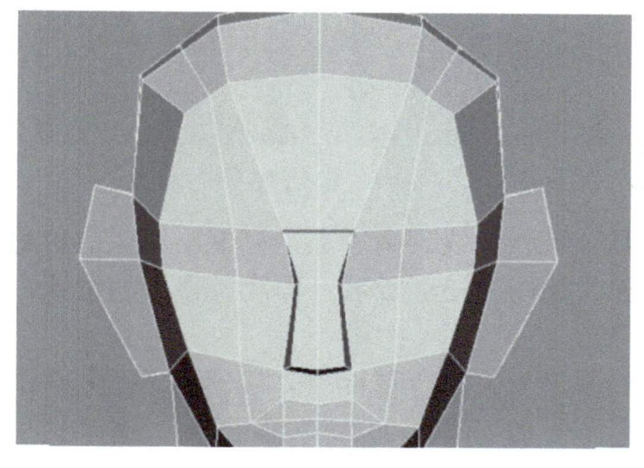
图 3-29　切线效果（正）

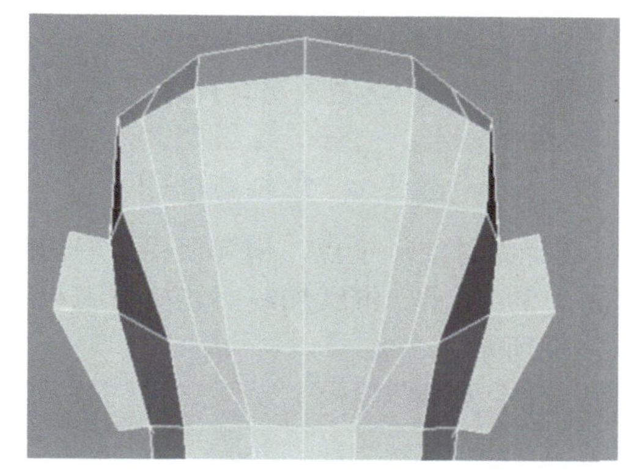
图 3-30　切线效果（后）

添加线之后，从前视图再次调整头型，使头顶部呈扁圆形态，并调整五官比例，如图 3-31 和图 3-32 所示。

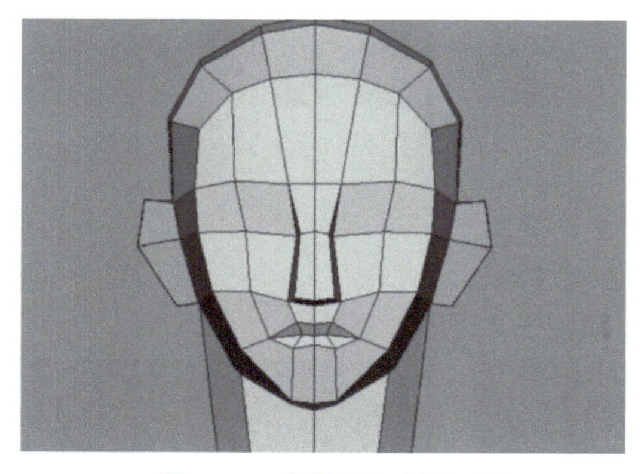
图 3-31　调整五官头型（正）

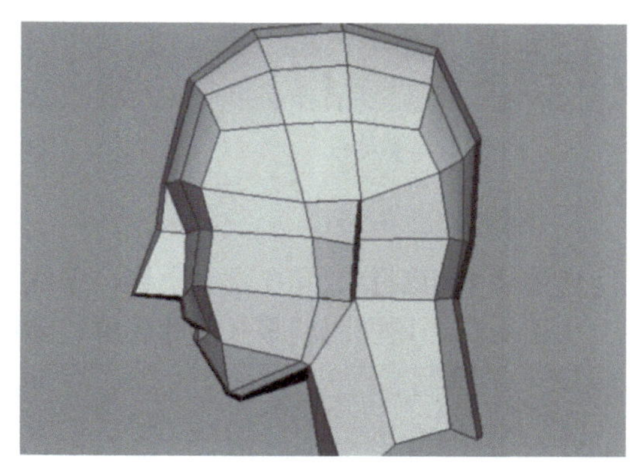
图 3-32　调整五官头型（侧）

眼睛基本型制作流程如下。

选择眼睛位置的点，使用【倒角】工具，制作眼部基本型，如图 3-33 所示。对眼部外轮廓进行调整，使用【多切割】工具在眼部外轮廓线上由内向外切割出线。在外部再添加一圈线，作为眼窝的结构，如图 3-34～图 3-36 所示。

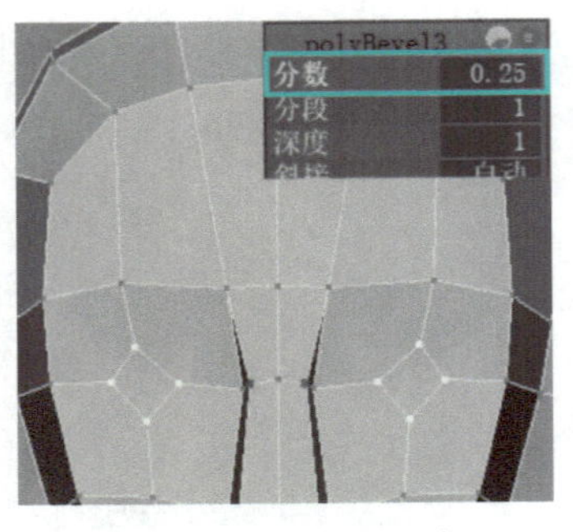

图 3-33 切开眼睛

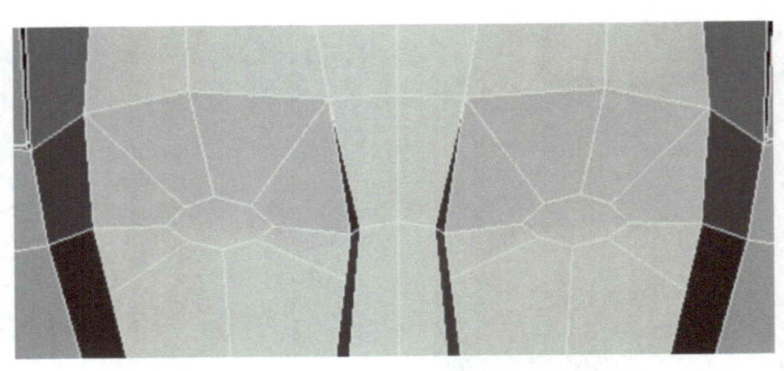
图 3-34 眼部轮廓加线调整

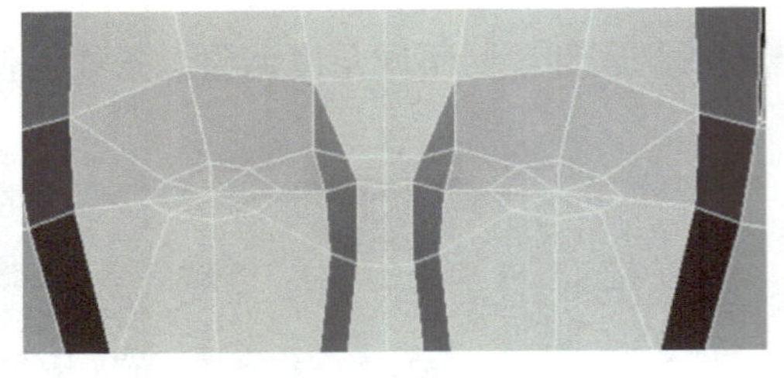
图 3-35 眼部布线修改

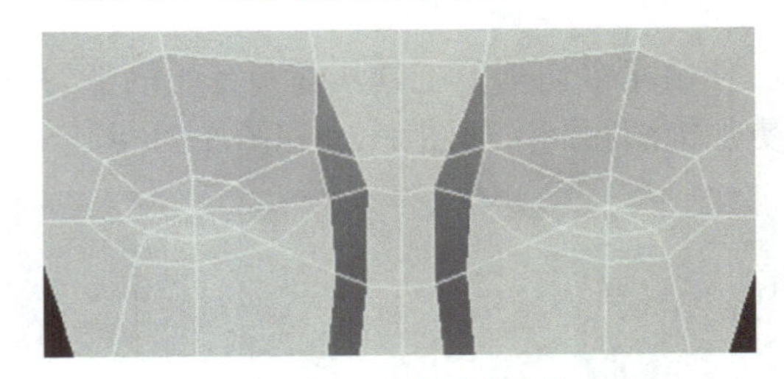
图 3-36 眼窝布线添加

选择颧骨的一个点，横向使用【多切割】工具，切一条线到鼻子上，以卡出鼻头的位置，如图 3-37 所示。继续加线，连接鼻底和耳朵底部，如图 3-38 所示。再次调整点线位置，如图 3-39 所示。

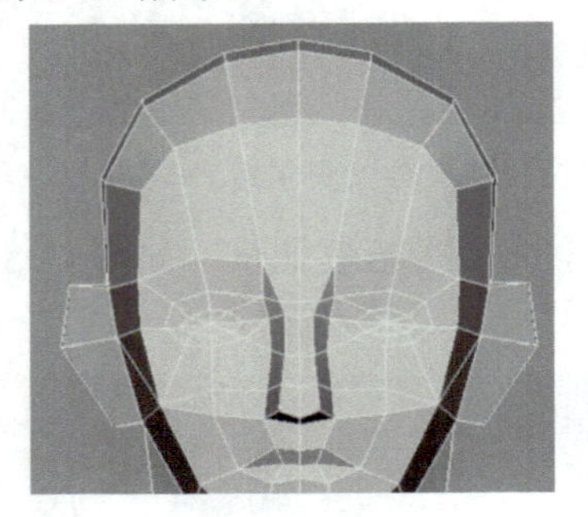
图 3-37 鼻头线

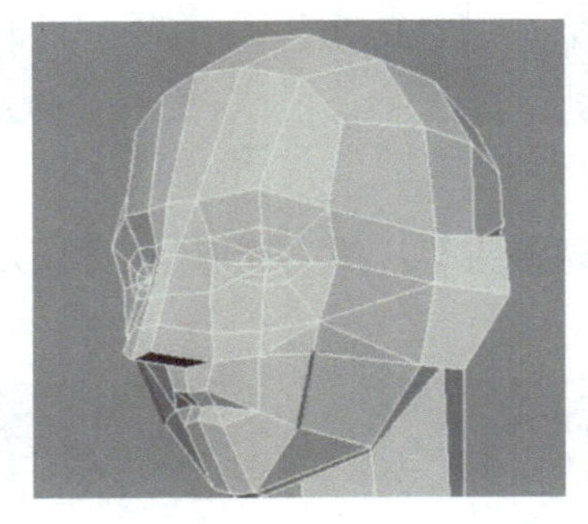
图 3-38 鼻底线

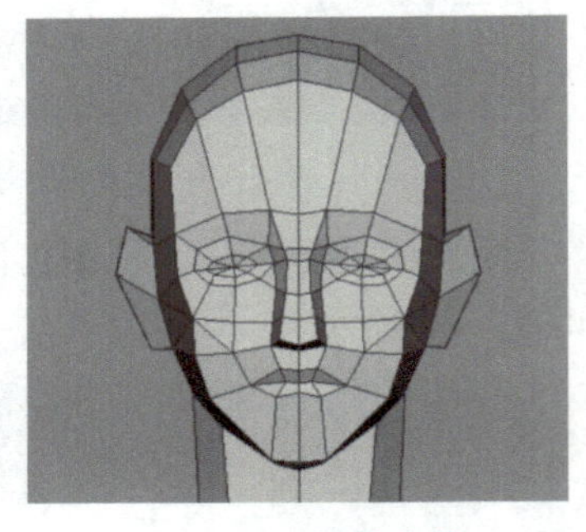
图 3-39 调整点线

3. 增加头部布线

使用【多切割】工具在额头上切一条线，如图 3-40 所示。

从正视图、顶视图调整头部的轮廓，如图 3-41 和图 3-42 所示。

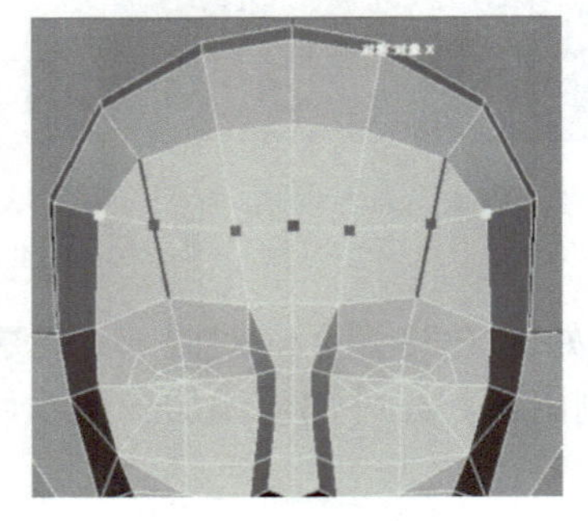
图 3-40 额头切线

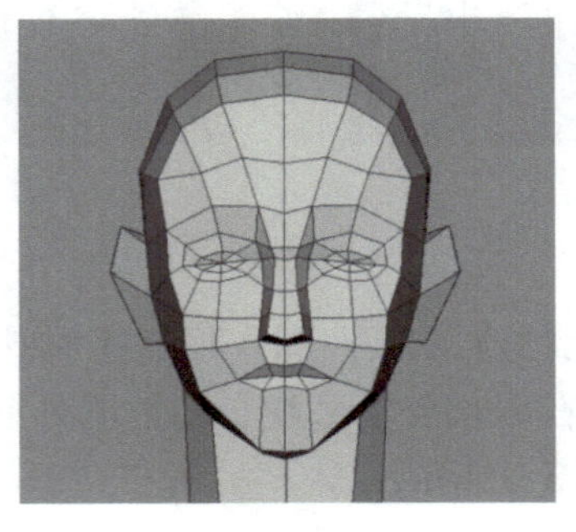
图 3-41 调整头型（前）

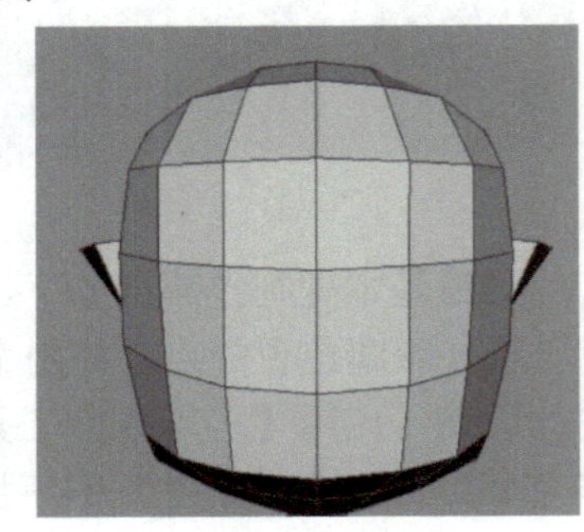
图 3-42 调整头型（顶）

使用【多切割】工具在嘴部周围切线，从侧面调整出下唇底部的凹陷，如图 3-43 和图 3-44 所示。

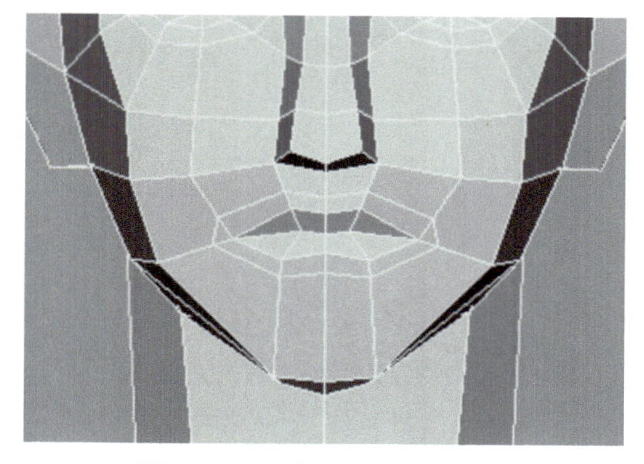

图 3-43　唇边加线调整（正）

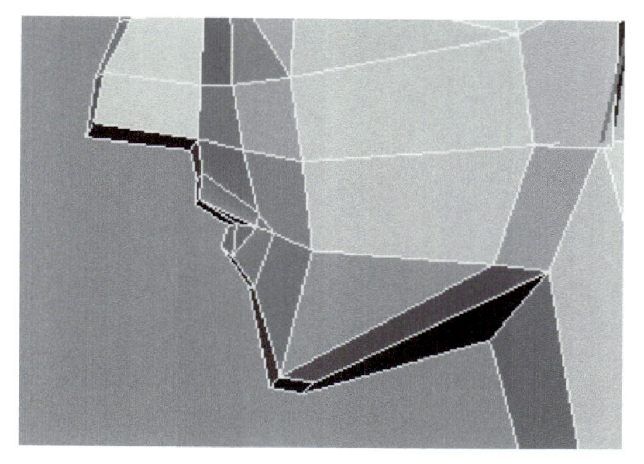

图 3-44　唇边加线调整（侧）

选择图 3-45 所示的横断线，使用【编辑网格-连接工具】，如图 3-46 所示。调整面部布线，使面部布线更均匀，如图 3-47 所示。

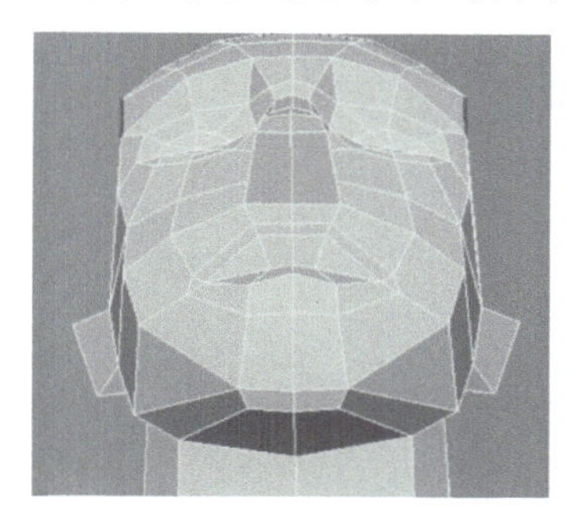

图 3-45　连接横断线

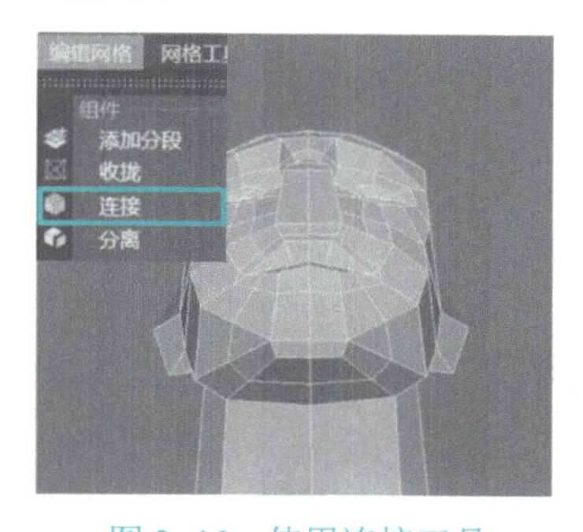

图 3-46　使用连接工具

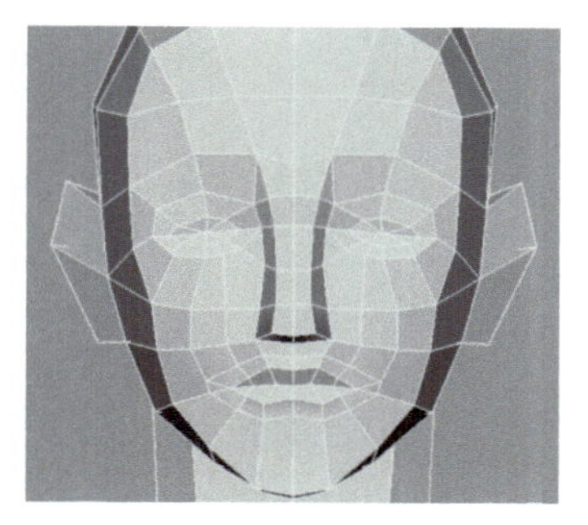

图 3-47　调整嘴唇的造型

使用【多切割】工具，分出鼻头与鼻梁的结构。在鼻头上横向添加一条线，使鼻头更加圆润，如图 3-48 所示。

为了区分鼻头与鼻翼以及增加鼻翼厚度，再次使用【多切割】工具。制作过程中，应多次注意调整鼻子的造型，如图 3-49 所示。

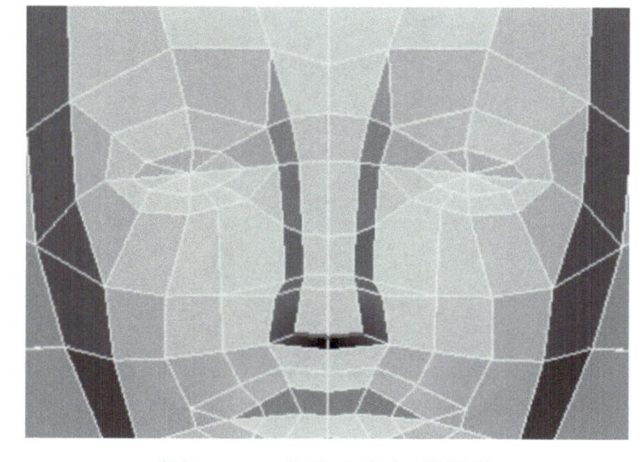

图 3-48　鼻头上方加线调整

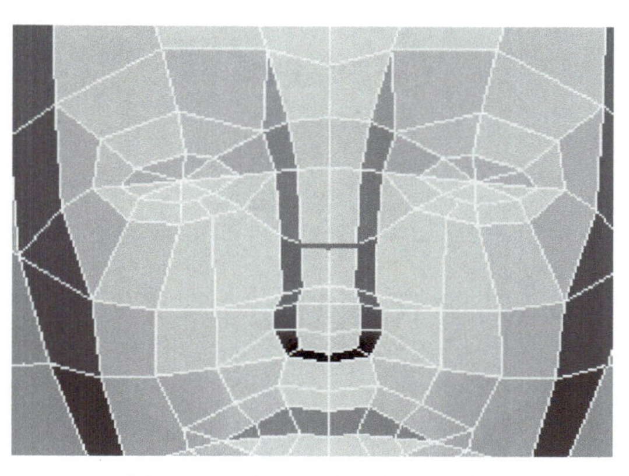

图 3-49　鼻头与鼻翼加线调整

继续使用【多切割】工具切出鼻翼的造型，如图 3-50 所示。

选择如图 3-51 所示的线向外拖曳，做出鼻翼造型。

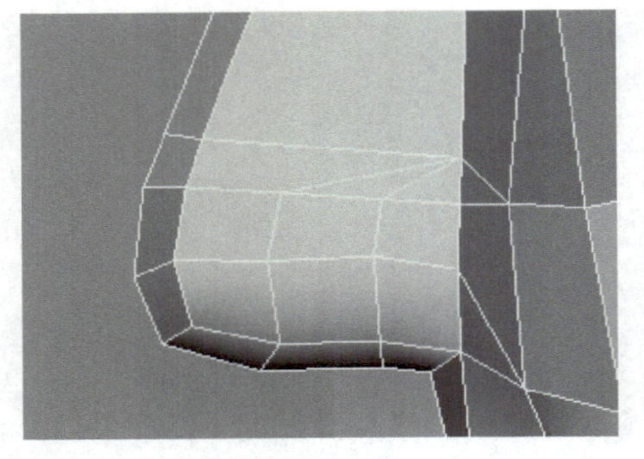

图 3-50　鼻翼加线

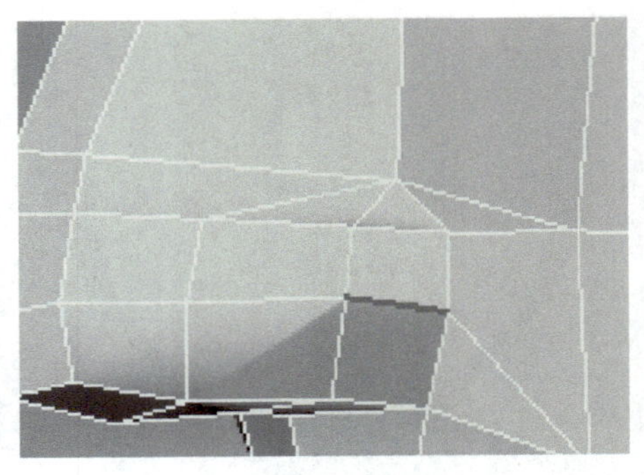

图 3-51　拖拽造型

4. 结构布线调整

使用【多切割】工具在脸侧面切一条线，使布线更均匀，如图 3-52 所示。

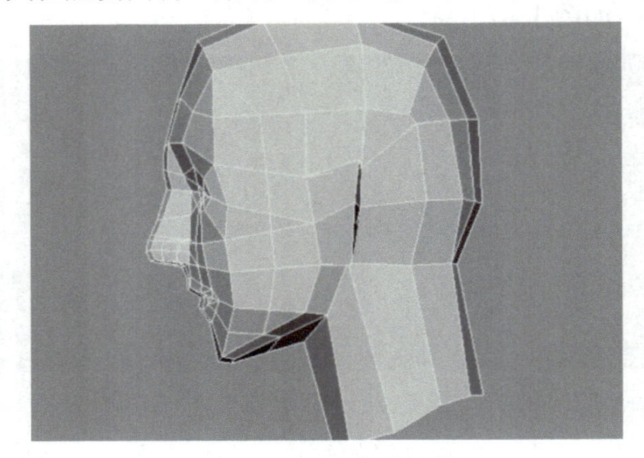

图 3-52　面部加线调整

在上唇与下唇处再次添加线条，如图 3-53 所示。

调整嘴唇点线，可使唇部更加饱满，如图 3-54 所示。

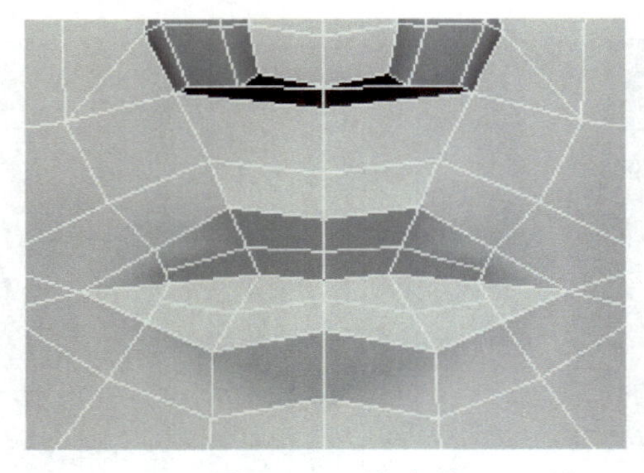

图 3-53　唇部加线

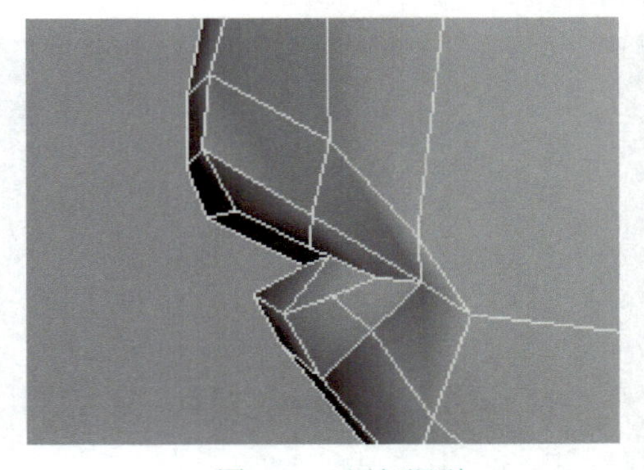

图 3-54　唇部调型

下巴位置同样使用【多切割】工具，如图 3-55 所示。让下巴看起来更加饱满，如图 3-56 所示。

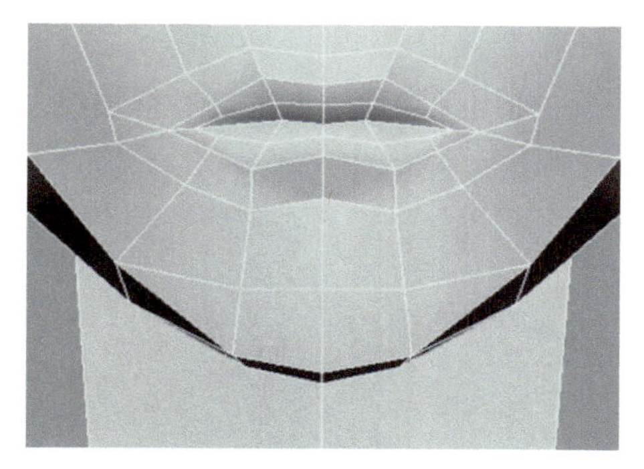
图 3-55　下巴加线

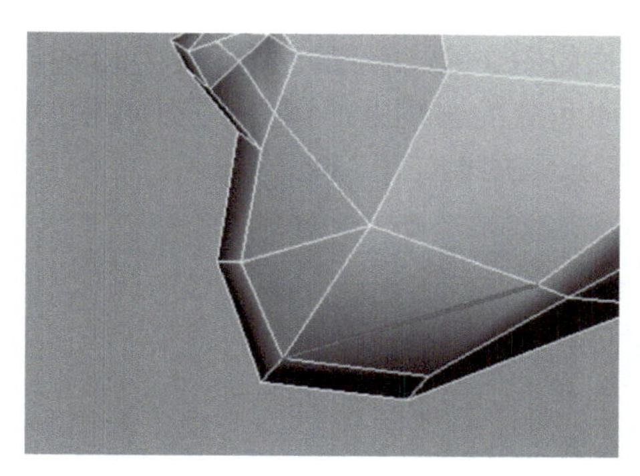
图 3-56　下巴调型

5. 五官深入

调整眼睛位置后，按住快捷键〈Shift〉向内缩放制作眼皮厚度，并添加线以使眼睛的弧度更柔和，如图 3-57～图 3-60 所示。

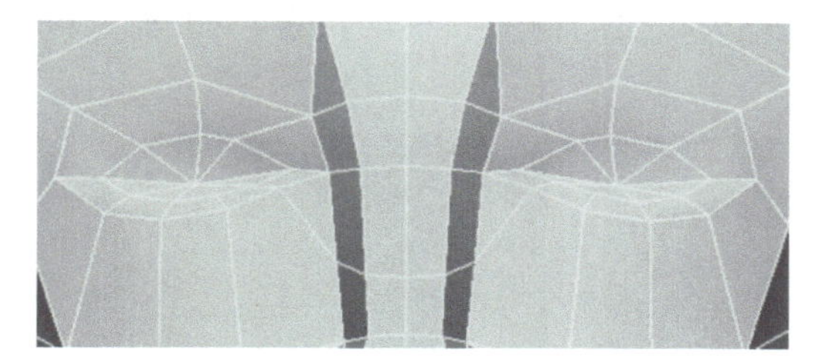
图 3-57　调整眼睛位置

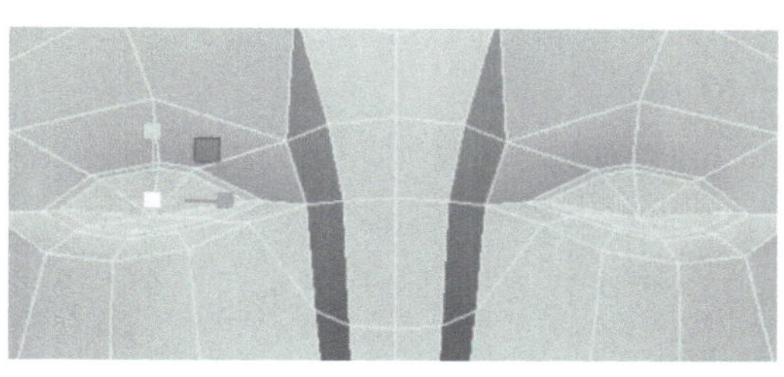
图 3-58　眼睛厚度加线

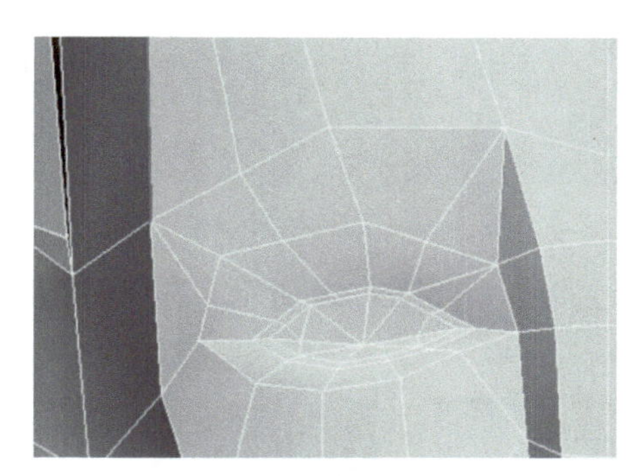
图 3-59　眼睛布线添加

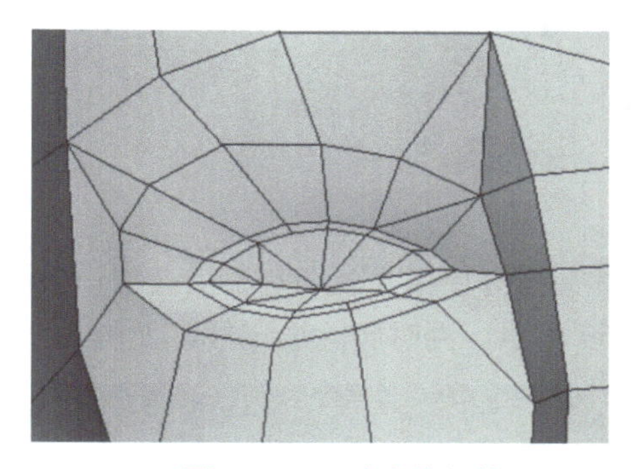
图 3-60　眼睛布线调整

使用【多切割】添加如图 3-61 和图 3-62 所示的线，同时对布线进行调整。

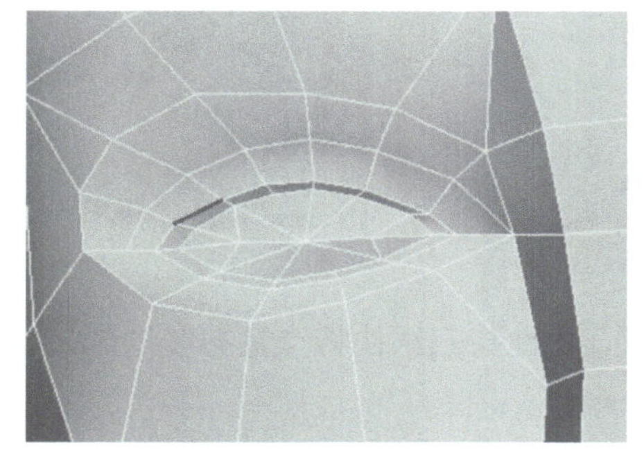
图 3-61　眼窝加线

图 3-62　太阳穴加线

选择如图 3-63 所示的两个点进行合并。

对眼角处的布线进行调整，选择如图 3-64 所示，使用【多切割】工具进行加线。删除如图 3-65 所示的线。

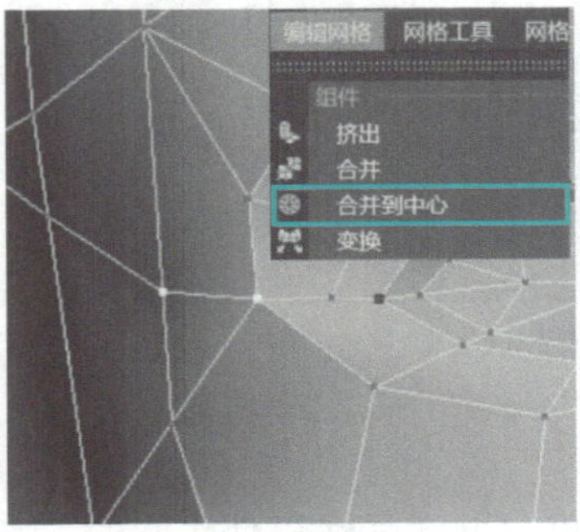

图 3-63　合并到中心

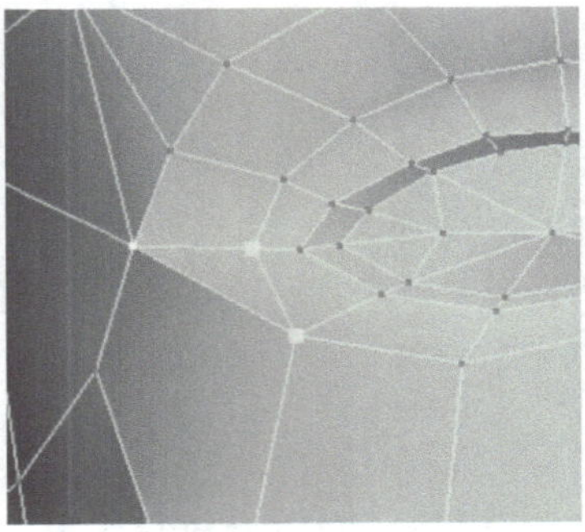
图 3-64　眼角加线

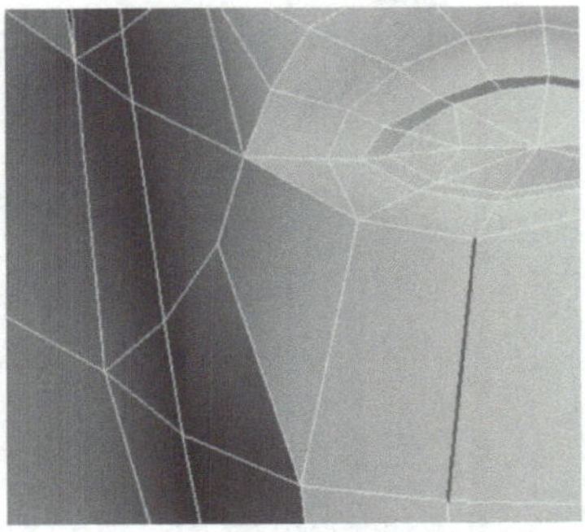
图 3-65　删除线

正面调整眉弓的点，使其处于一条弧线上，并从底视图调整眉弓的位置，如图 3-66 和图 3-67 所示。

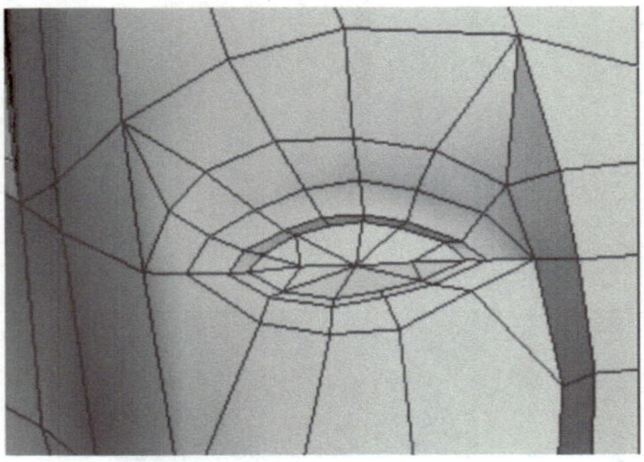
图 3-66　眉弓位置调整（正）

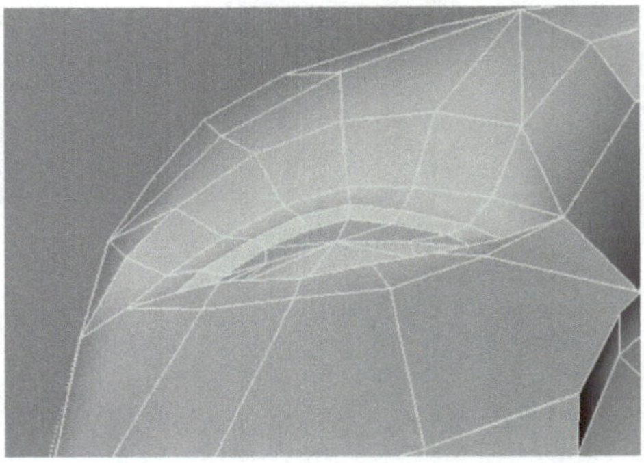
图 3-67　眉弓位置调整（底）

在耳朵上方使用【多切割】工具切一条线作为过渡线，如图 3-68 所示。选择嘴角处加线，如图 3-69 所示。同时删除选定线，如图 3-70 所示。

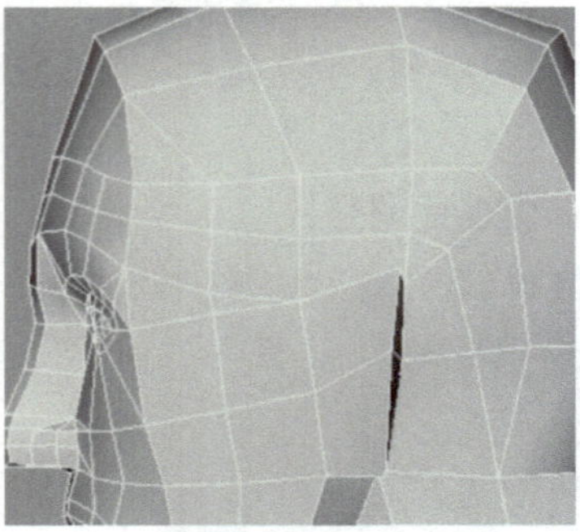
图 3-68　耳朵加线（侧）

图 3-69　嘴角加线

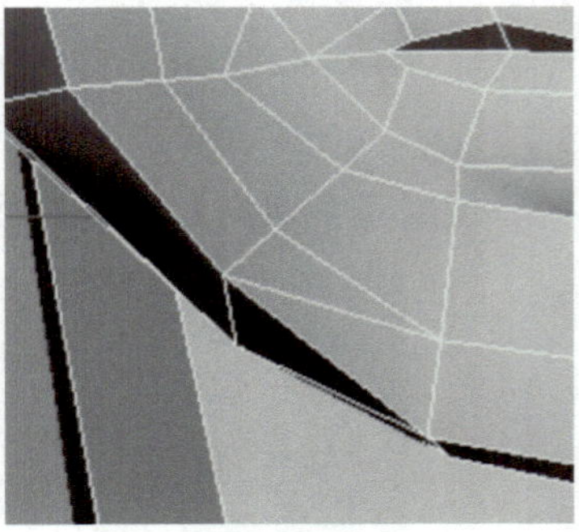
图 3-70　删除线

调整过程中应反复多次调整模型点线，使其符合女性头部结构特点且布线均匀，如图 3-71 和图 3-72 所示。

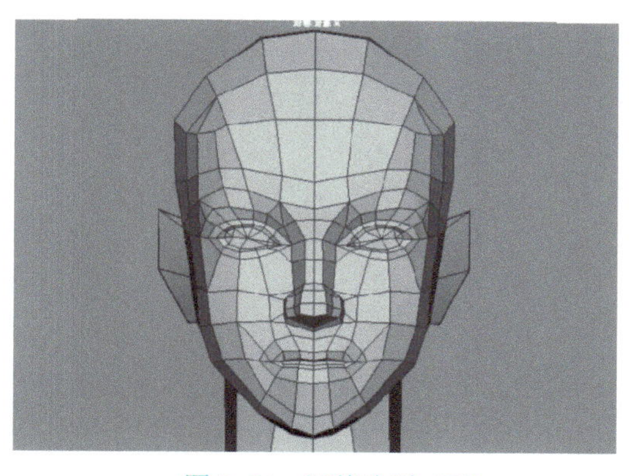

图 3-71　调整造型（正）

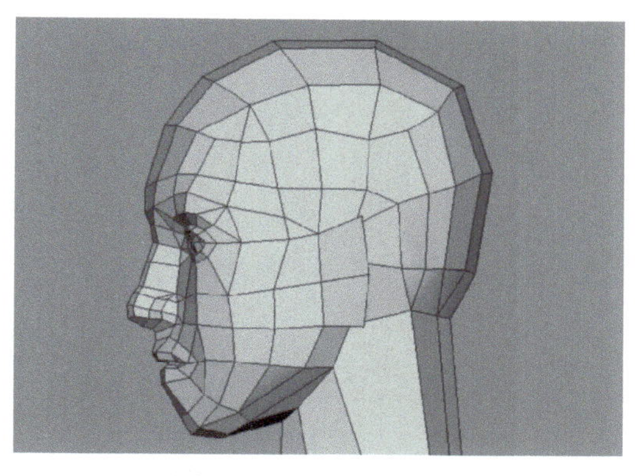

图 3-72　调整造型（侧）

调整模型的布线，并对面部不规范的边线进行修复。

使用【多切割】，切割如图 3-73 所示的线，删除如图 3-74 所示的线。

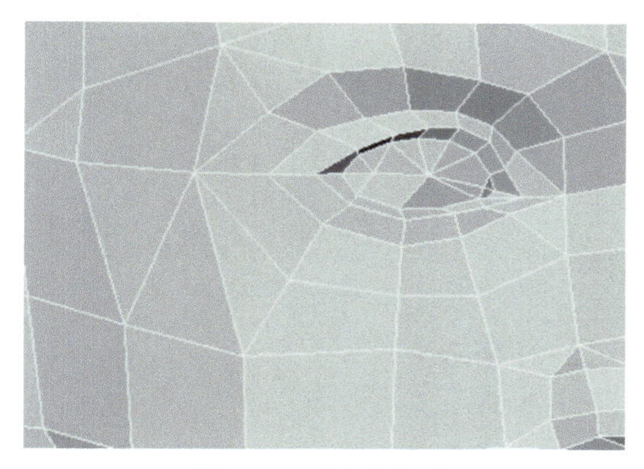

图 3-73　多切割加线

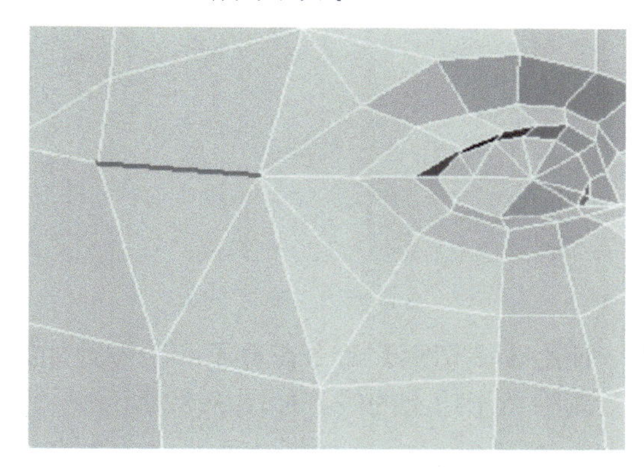

图 3-74　删除三角面

对于眉弓处的三角面，同样使用【多切割】加线，如图 3-75 所示。选择如图 3-76 所示的边线并删除，以消除三角面。

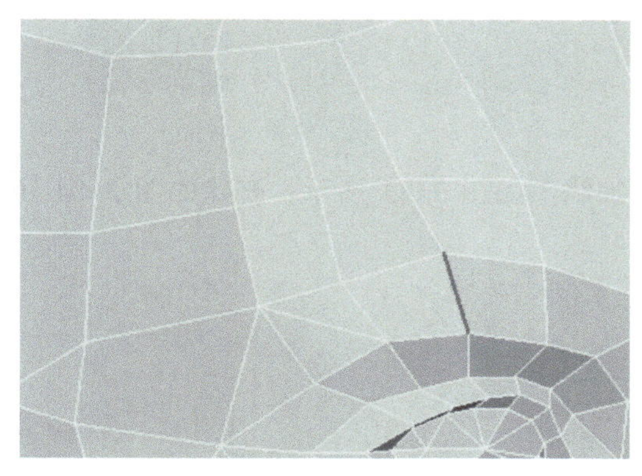

图 3-75　修改布线

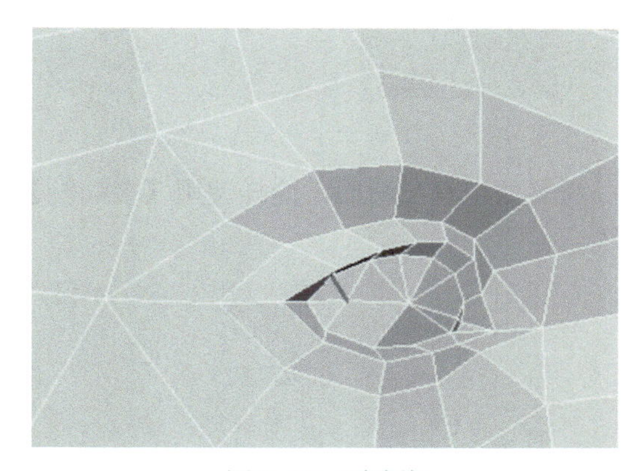

图 3-76　删除线

继续消除三角面，如图 3-77 所示加线。如图 3-78 所示删除线。

对眼睛切割如图 3-79 所示的线，以删除如图 3-80 所示的线，以消除三角面。

删除如图 3-80 所示的线。

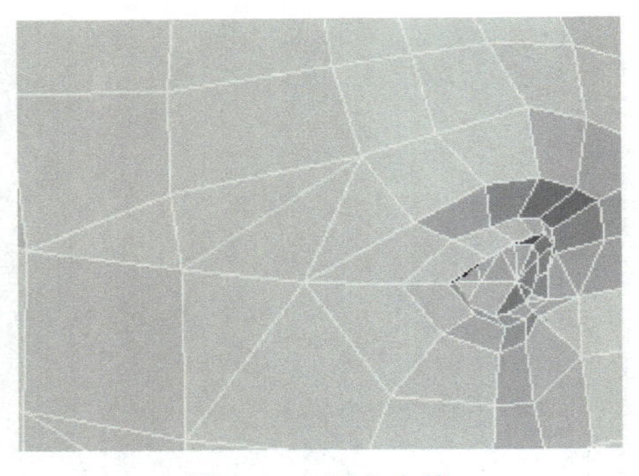

图 3-77　眼角布线

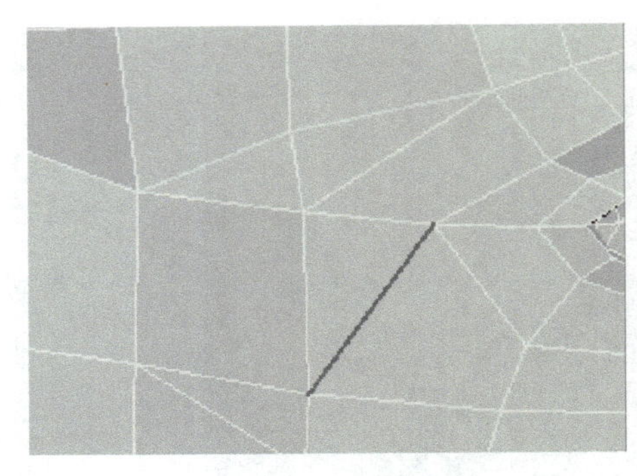

图 3-78　删除线

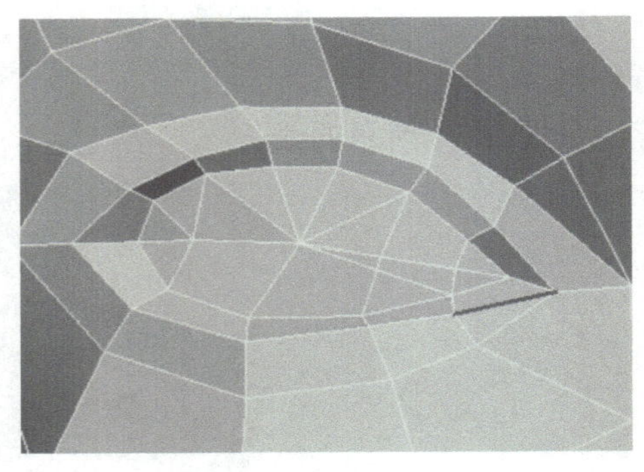

图 3-79　眼睛布线

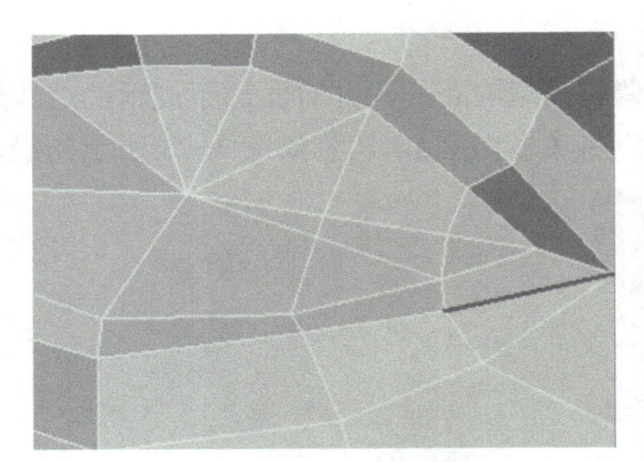

图 3-80　修改三角面

使用【多切割】命令在鼻子和脸颊处加线，如图 3-81 所示。

删除鼻子边上的线，如图 3-82 所示。

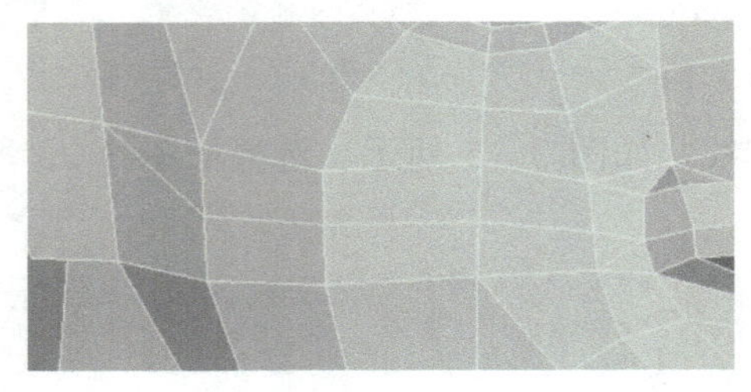

图 3-81　面部布线添加

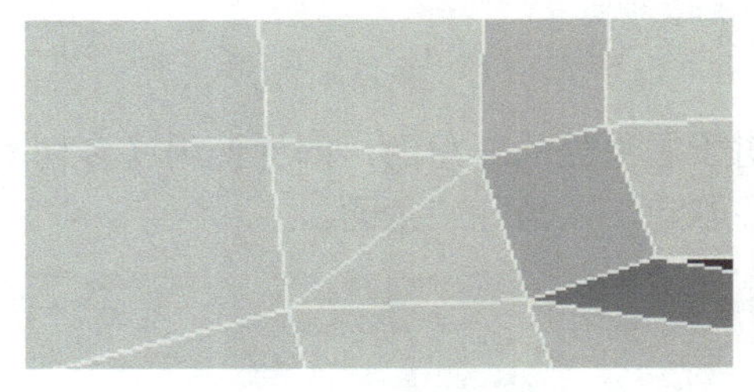

图 3-82　删除鼻翼三角面

鼻翼处也有三角面，同样使用【多切割】工具加线，如图 3-83 所示。删除如图 3-84 所示的线。

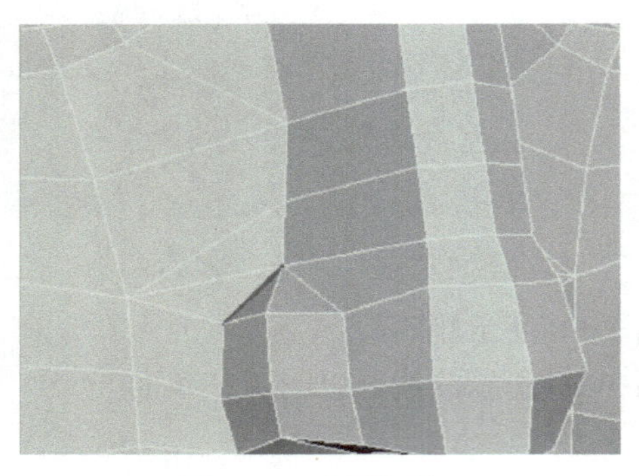

图 3-83　鼻翼加线

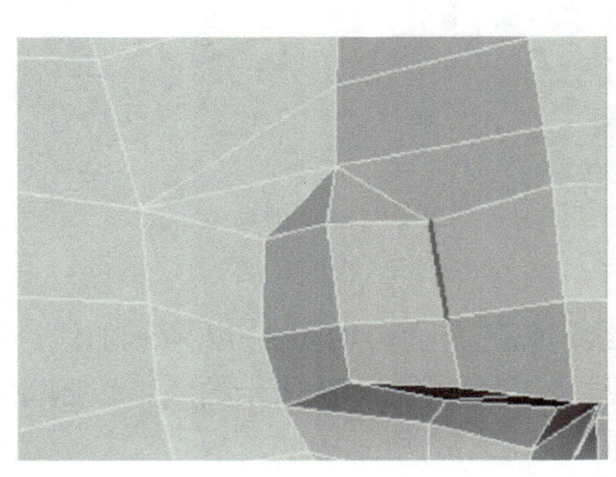

图 3-84　删除鼻翼三角面

选择如图 3-85 所示的面，向内进行挤出。对挤出的面内加一圈环线，如图 3-86 所示。在嘴巴四周再加一圈环线，如图 3-87 所示。

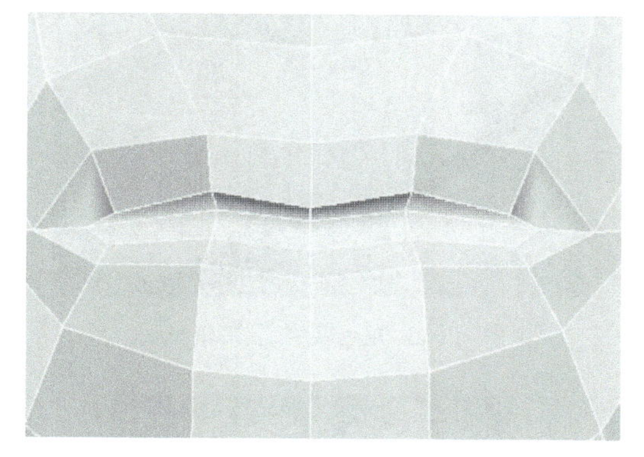

图 3-85　选择面

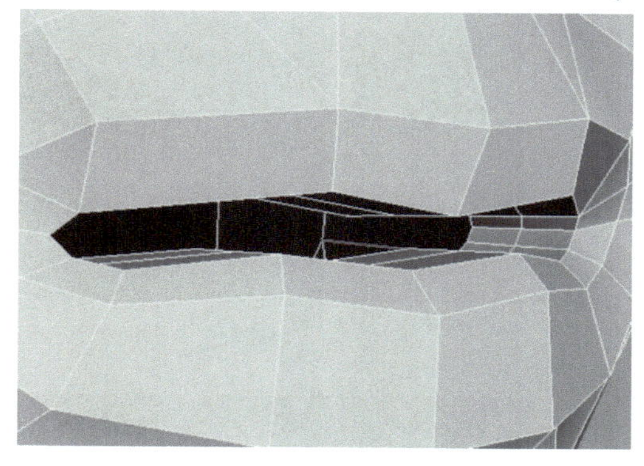

图 3-86　添加嘴部两侧环线

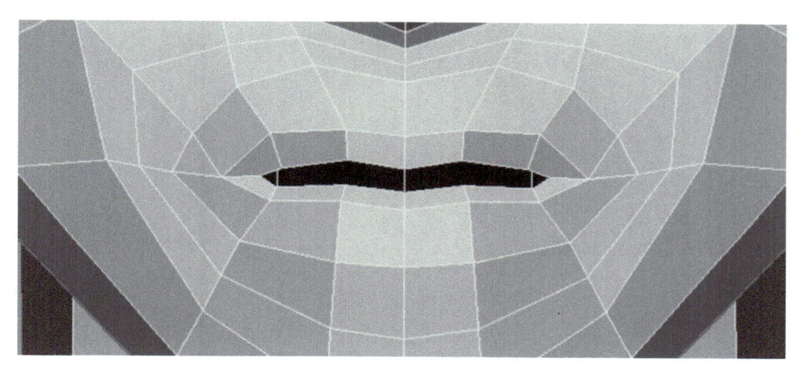

图 3-87　添加嘴角环线

选择如图 3-88 所示的线向内进行拖拽，做出人中凹陷和下巴凹陷的效果。

向鼻底加一条线到嘴唇，如图 3-89 所示。继续加线破除嘴角的三角面，如图 3-90 所示。

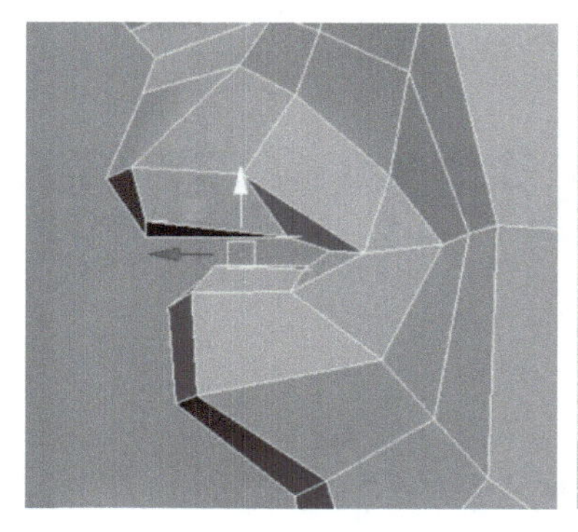

图 3-88　拖拽线

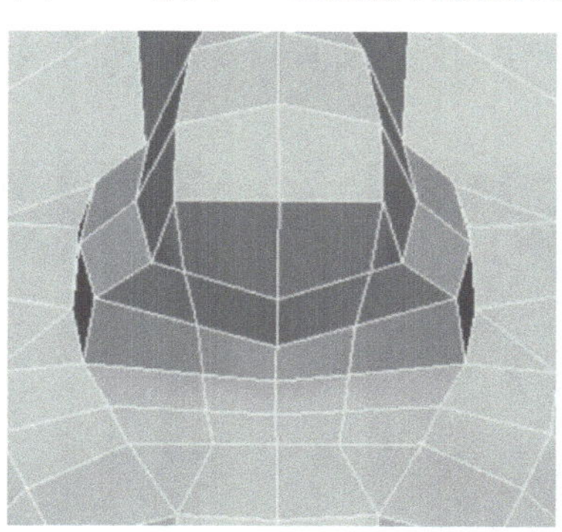

图 3-89　鼻底加线

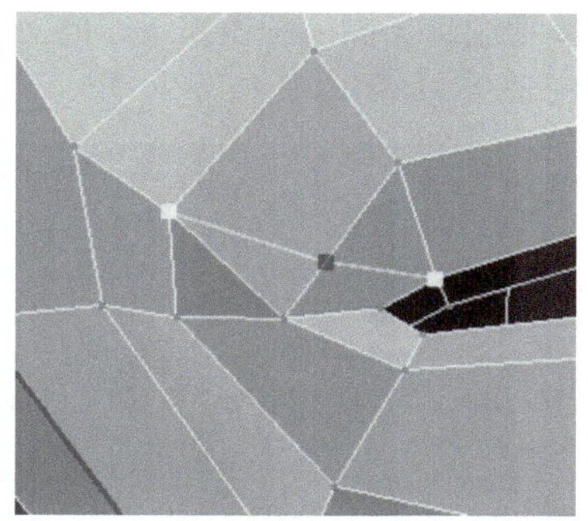

图 3-90　嘴角加线

删除嘴角边的线，如图 3-91 所示。

由于嘴角向外发散，不足以支撑脸型的圆润度，于是使用【多切割】继续加线，如图 3-92 所示。

经过漫长的修改布线规范后。女性头部最终正面图与侧面图分别如图 3-93 和图 3-94 所示。

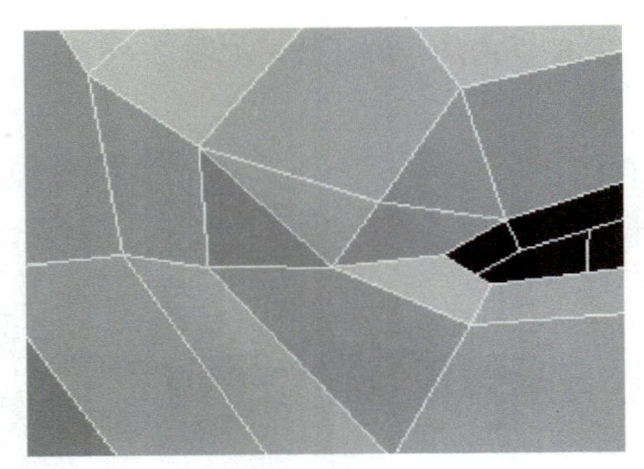

图 3-91　删除线

图 3-92　嘴角添加布线

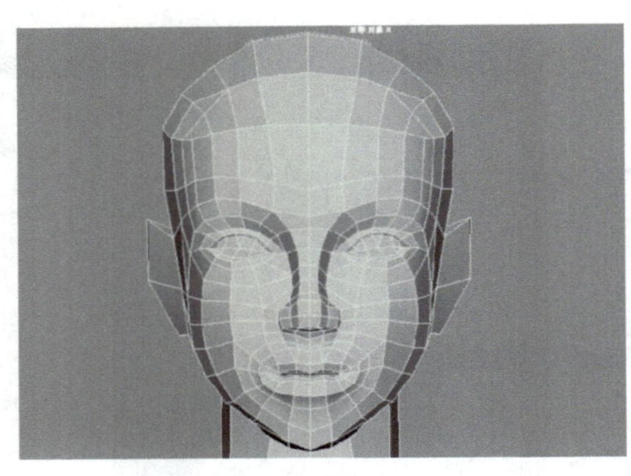

图 3-93　头部正视图

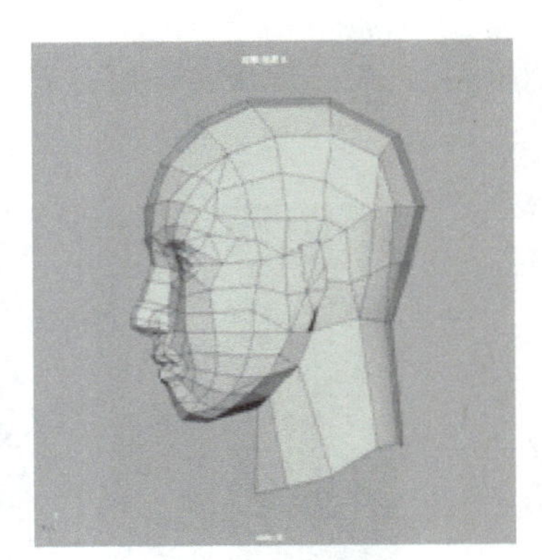

图 3-94　头部侧视图

3.2.2　女性角色身体模型制作

1. 身体基本模型

女性角色身体模型制作

在前视图模式下，单击【视图-图像平面-导入图像】，导入角色正面参考图。在侧视图模式下，同上操作，导入侧面参考图。如图 3-95 和图 3-96 所示。

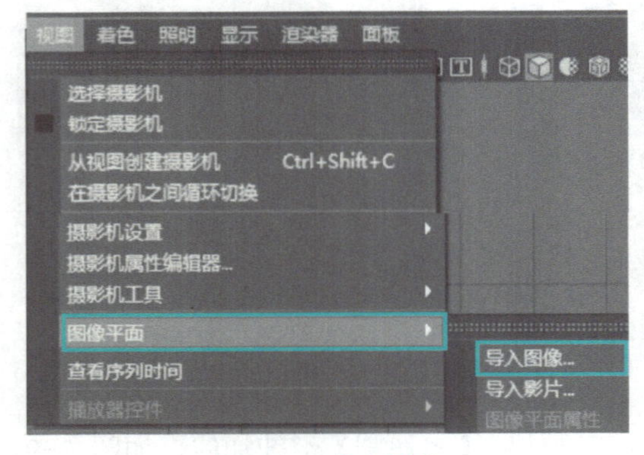

图 3-95　导入图像

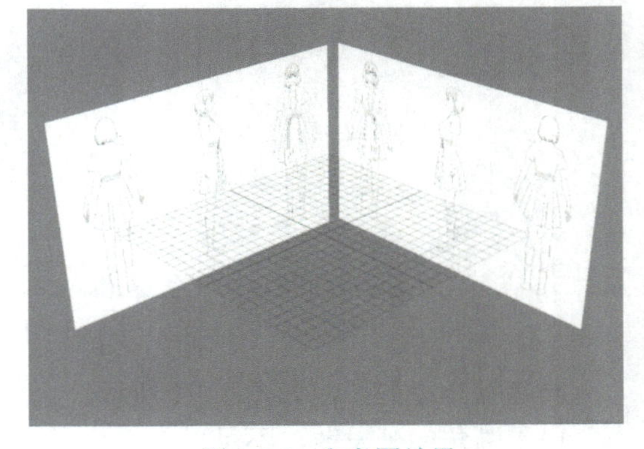

图 3-96　参考图效果

人体模型的制作由盆腔开始，其基本形是一个倒梯形。使用环形边工具，按〈Ctrl+鼠标右键〉调出【环形边分割】功能，在立方体上添加一条竖直的中线，如图 3-97 所示。

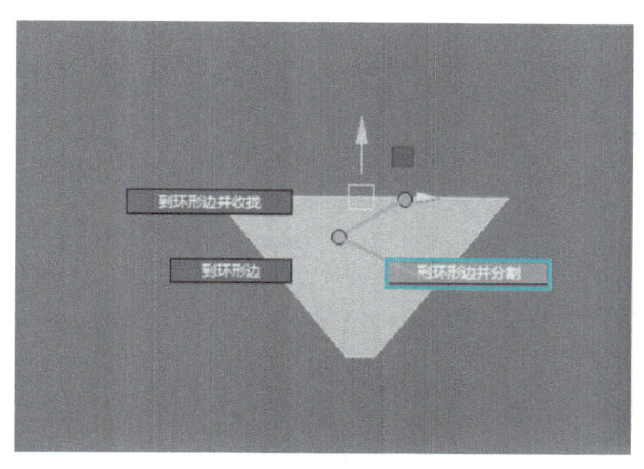

图 3-97　环形边分割

进入面模式，选择一半的面并删除。选择【编辑-特殊复制】，将复制类型设置为【实例】。在参数设置中，将【X 轴缩放】设置为-1，如图 3-98 和图 3-99 所示。

图 3-98　选择面

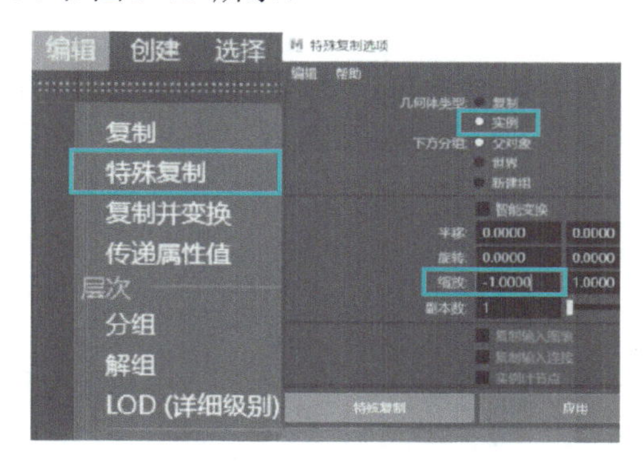

图 3-99　特殊复制

选择盆腔侧面的面，使用【挤出】工具将大腿根部挤出，然后再次挤出大腿的长度、小腿的长度和脚的长度。接着选择脚前面的面，向前挤出脚掌的长度，如图 3-100 所示。

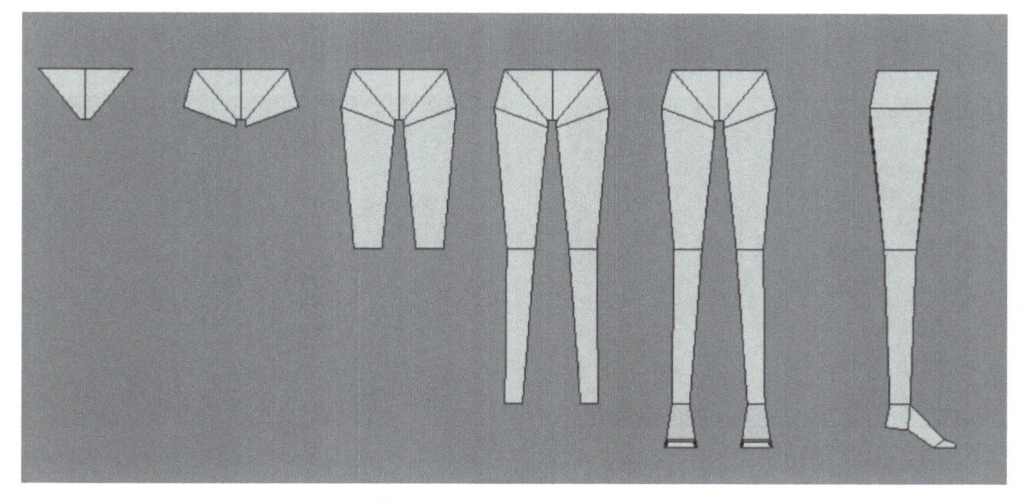

图 3-100　挤出腿部基本型

继续用挤出工具向上挤出腰部、胸廓、斜方肌、脖子的结构。如图 3-101 所示。

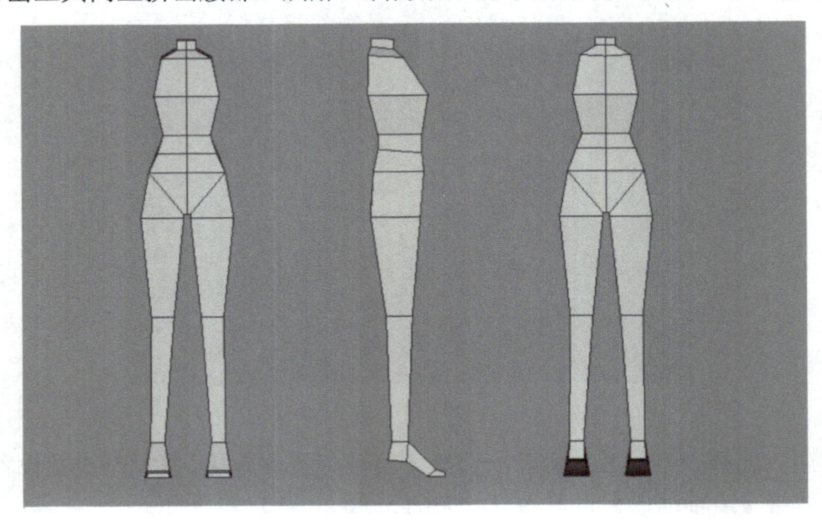

图 3-101　挤出躯干基本型

选择胳膊的面，使用【挤出】工具挤出三角肌的结构。在腋窝下方保持较窄的宽度。同时，要注意胳膊侧面要基本保持方形，如图 3-102 和图 3-103 所示。

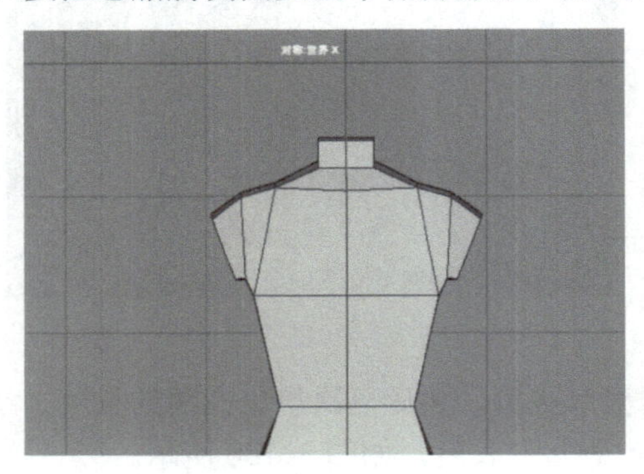

图 3-102　挤出三角肌结构（正）

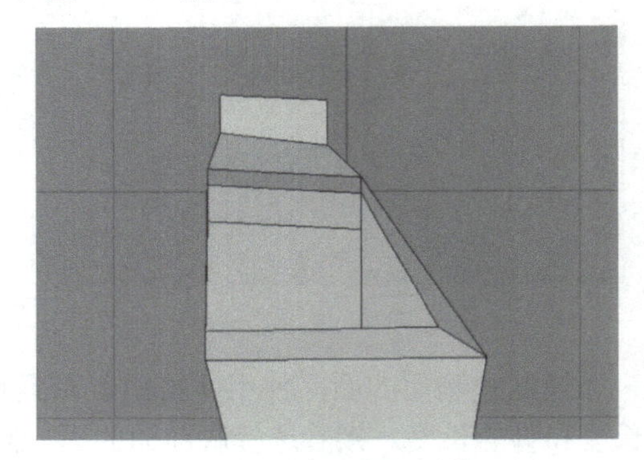

图 3-103　挤出三角肌结构（侧）

使用【挤出】工具，挤出上臂肱骨、小臂的结构，如图 3-104 和图 3-105 所示。

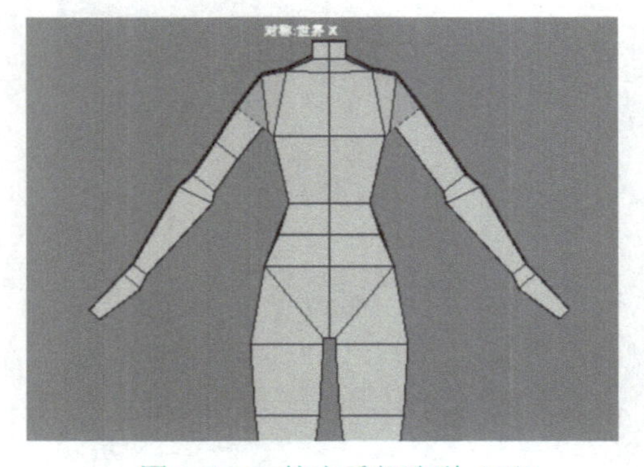

图 3-104　挤出手部造型（正）

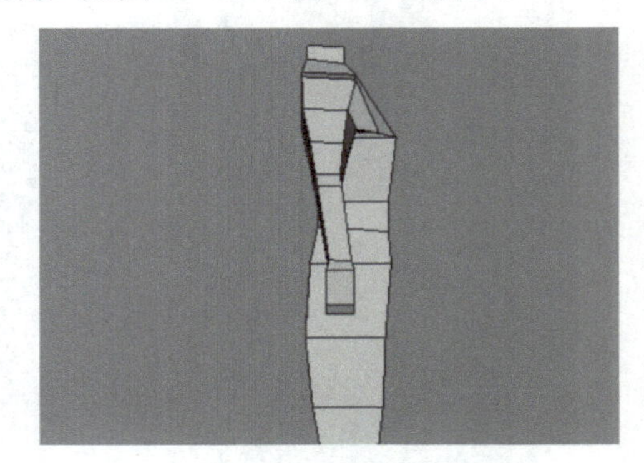

图 3-105　挤出手部造型（侧）

分别给上臂、小臂、大腿和小腿加上中间结构线，然后调整造型，如图 3-106 和图 3-107 所示。

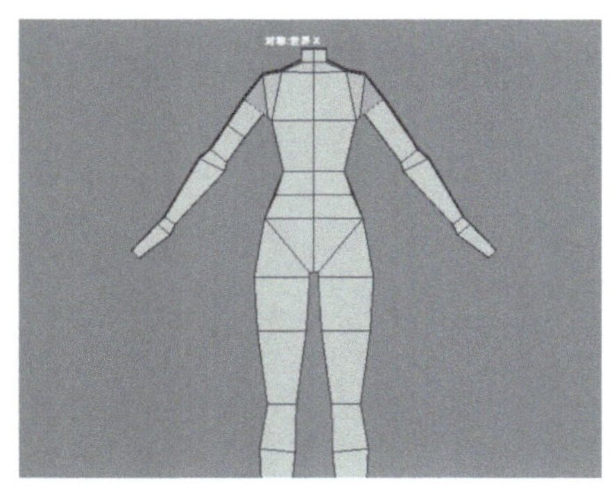

图 3-106　添加线定出结构线（正）

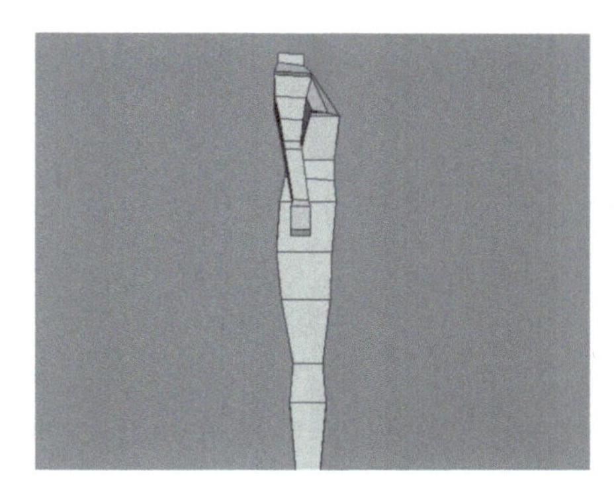

图 3-107　添加线定出结构线（侧）

2. 肢体细节深入

使用【多切割】工具在臀部上切一条线，调整臀部的造型。如图 3-108 所示。

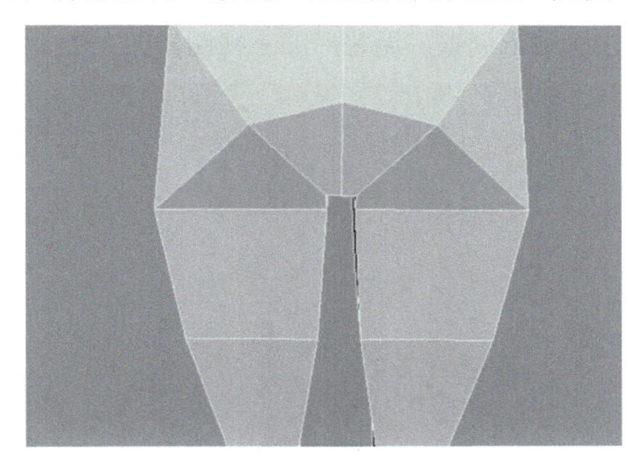

图 3-108　臀部切线调整

选择数字键〈3〉进入预览平滑模式。虽然造型变得更加圆滑，但模型可能会出现收缩现象，需要再次参考原画图片来调整点的位置，如图 3-109 和图 3-110 所示。

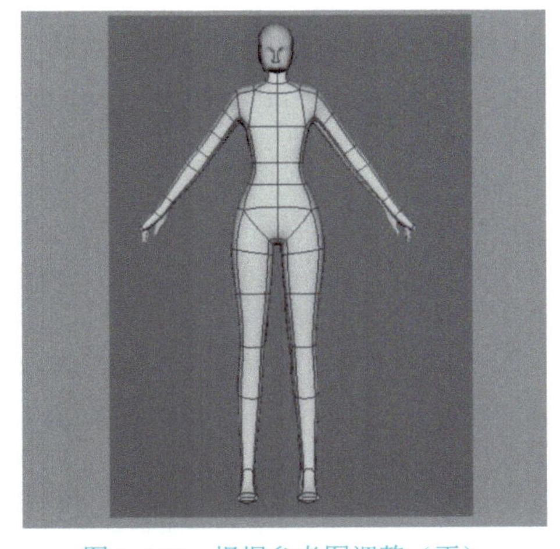

图 3-109　根据参考图调整（正）

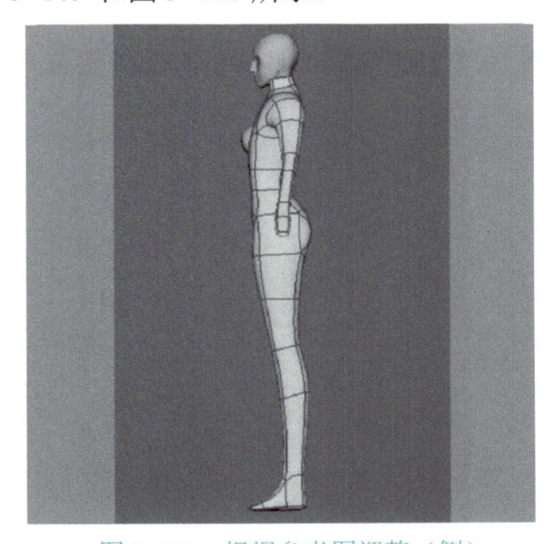

图 3-110　根据参考图调整（侧）

完成造型调整后，选择【网格-平滑】工具，使其变得平滑，和预览状态相同。调整出膝盖的结构。膝盖处一般由三条线构成，如图 3-111 和图 3-112 所示。

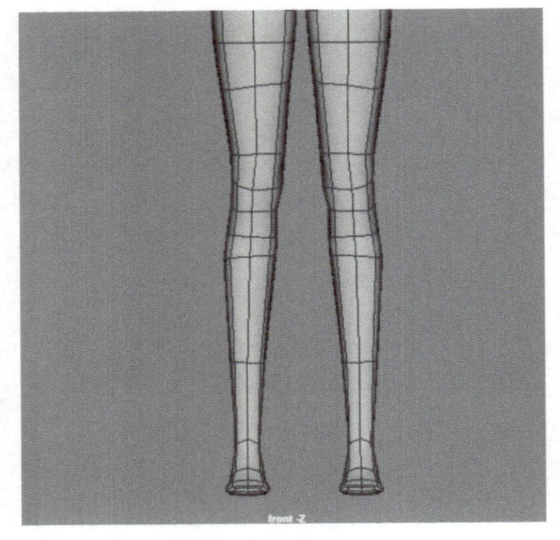

图 3-111　调整膝盖结构线（正）

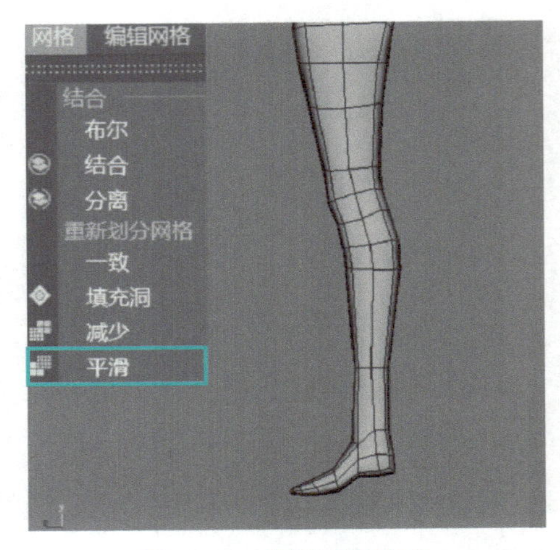

图 3-112　调整平滑模式

关节处再次添加线条进行细节调整，调整后的三视图如图 3-113 所示。

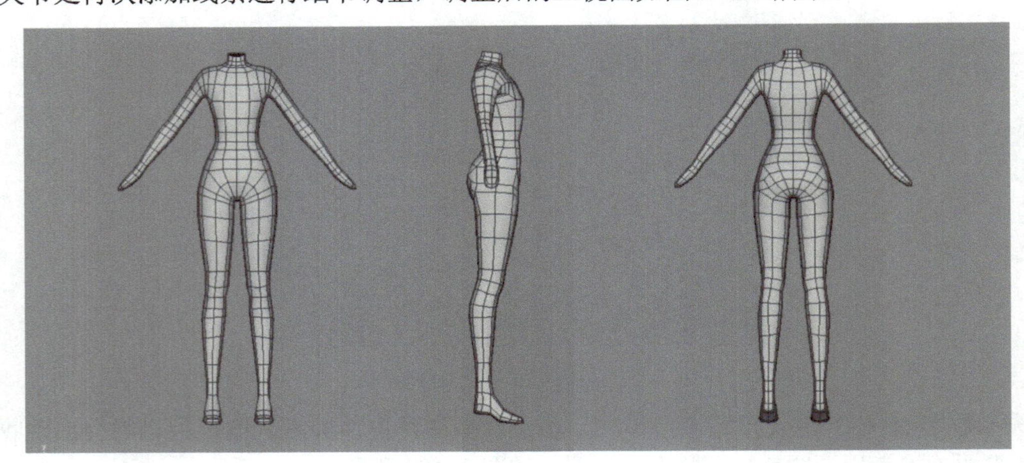

图 3-113　身体三视图

使用【多切割】工具切出胸部外轮廓，如图 3-114 和图 3-115 所示。

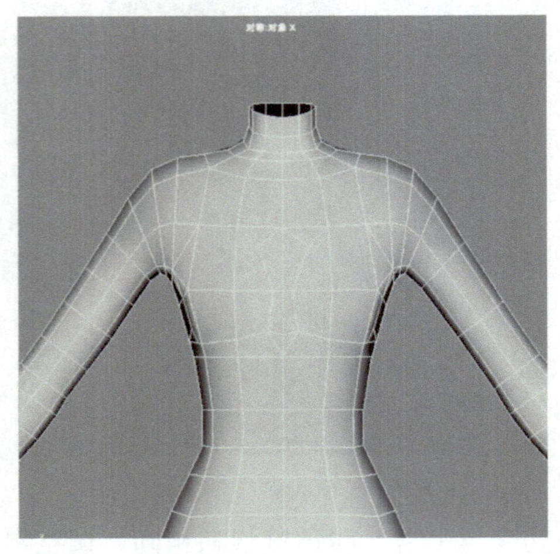

图 3-114　胸部切线（正）

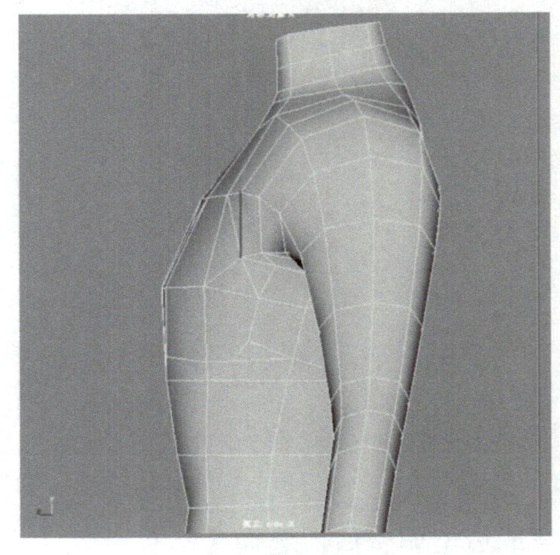

图 3-115　胸部切线（侧）

选择胸部的面，使用【挤出】工具挤出胸部的高度，使用【多切割】工具添加线条来调整胸型，如图 3-116 和图 3-117 所示。

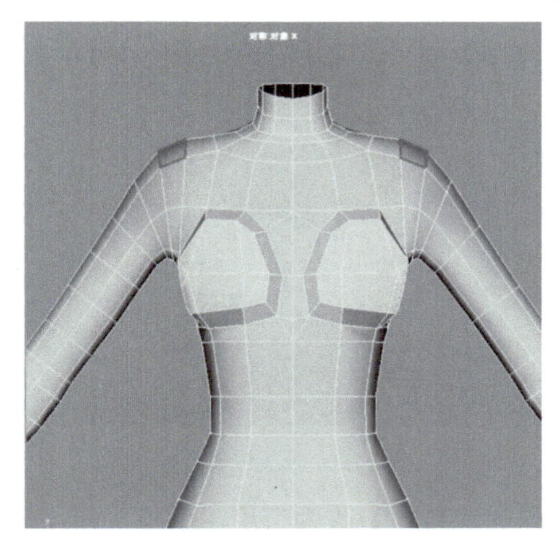

图 3-116　挤出胸部

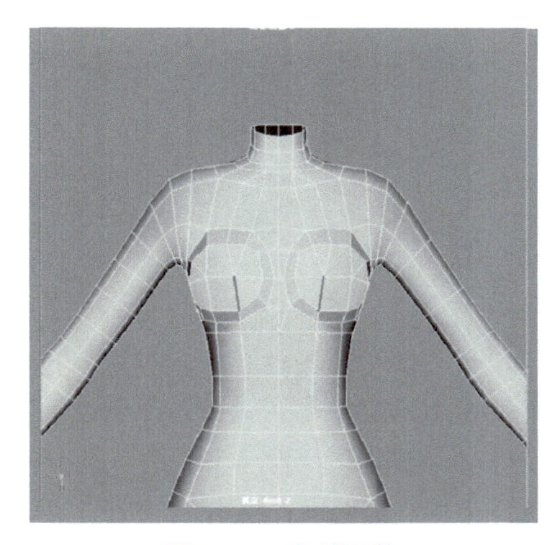

图 3-117　加线调整

再次添加线条使胸部更圆滑，从正面看胸部的结构布线如图 3-118 所示。从侧面看胸部的造型如图 3-119 所示。

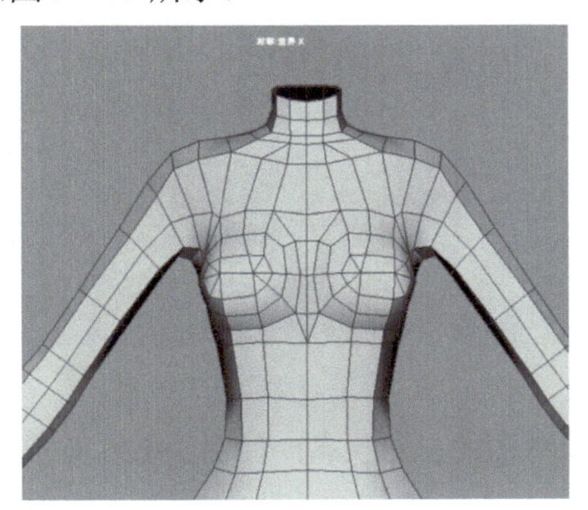

图 3-118　胸部结构布线（正）

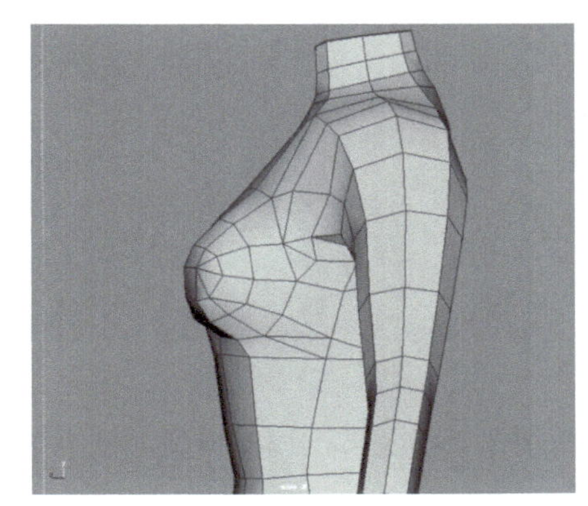

图 3-119　胸部结构布线（侧）

3. 手部模型制作

在手臂最下方使用【挤出】工具，制作出手腕与手掌的基本型，如图 3-120 和图 3-121 所示。

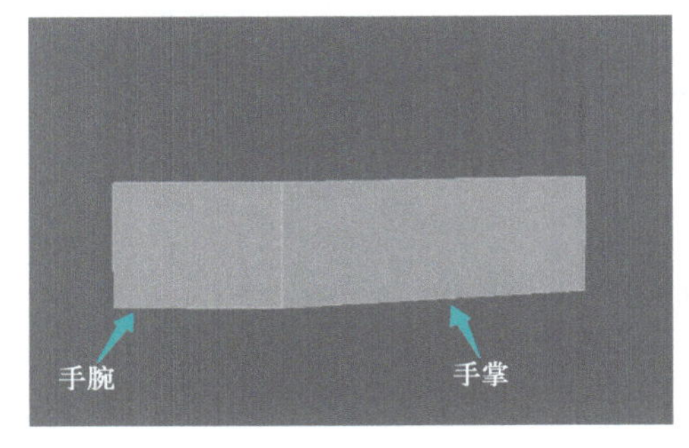

图 3-120　手腕与手掌

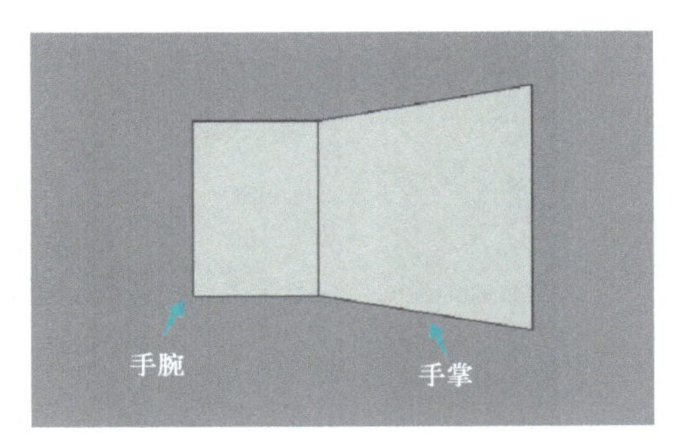

图 3-121　手腕与手掌

调整手掌弧度，如图 3-122 所示。为手掌加线，调整手背造型，同时保留虎口位置，为后续的大拇指制作减少难度，如图 3-123 所示。

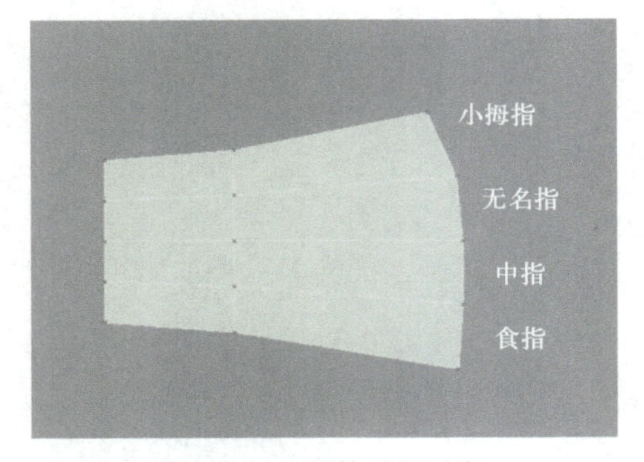

图 3-122　调整手掌弧度

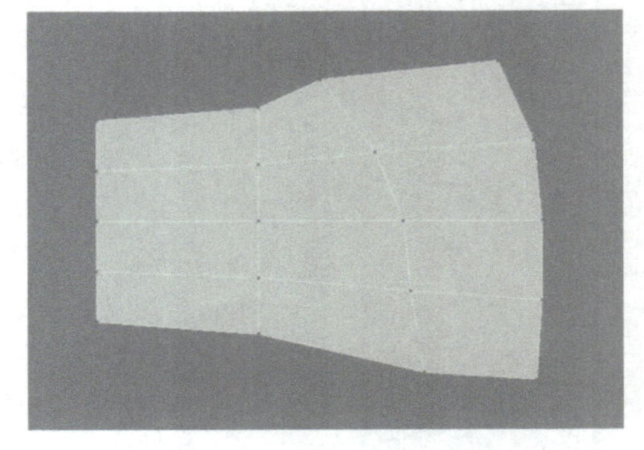

图 3-123　加线调整手背造型

选择手指头的面进行挤出。【挤出】中的【保持面的连接性】改为禁用，手指头即可分别挤出，如图 3-124 所示。而后将手指头调整如图 3-125 所示。

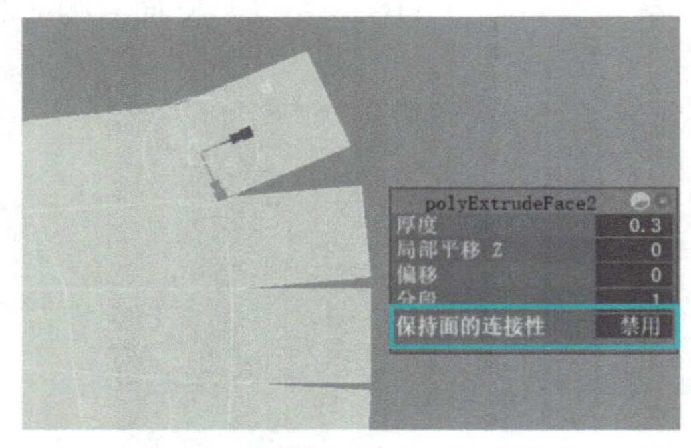

图 3-124　禁用连接性

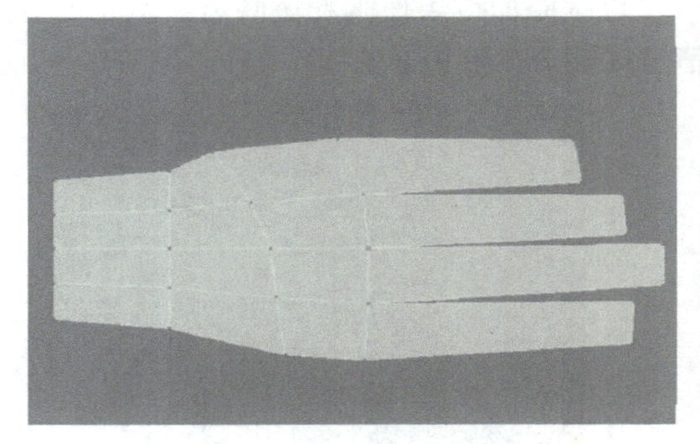

图 3-125　调整手指

加线制作手指关节，调整模型，使手指呈现微微弯曲的自然状态，如图 3-126 所示。

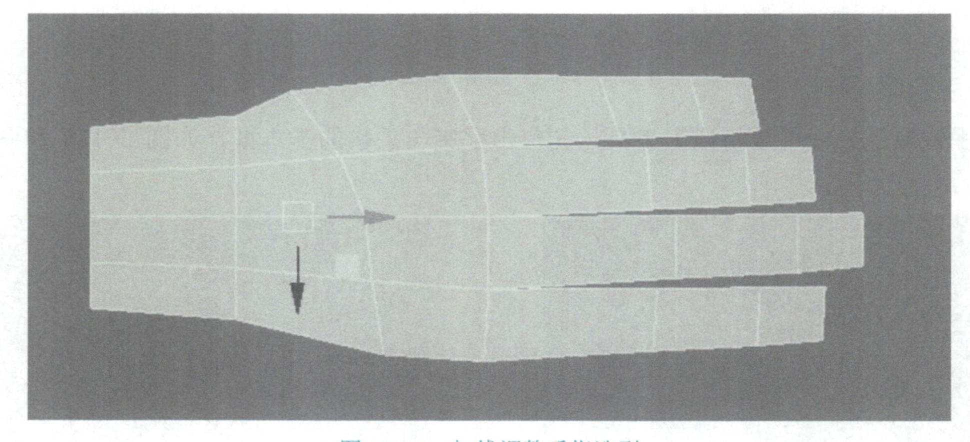

图 3-126　加线调整手指造型

手指根部的卡线如图 3-127 所示。

缩放卡线之前的所有手指头，如图 3-128 所示。

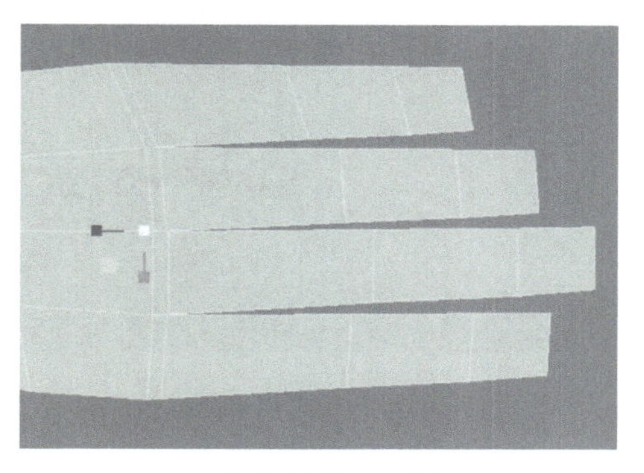

图 3-127　卡线

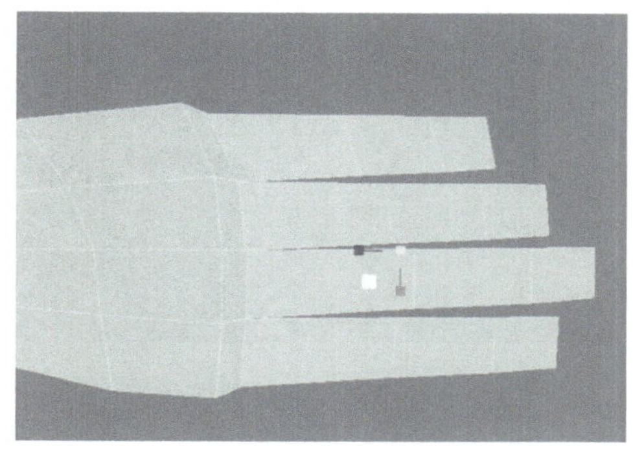

图 3-128　缩放手指

目前手指太过靠拢。单选手指头向外拖动，效果如图 3-129 所示。向手指根部继续加线，选中所加的线段向下轻移，如图 3-130 所示。

图 3-129　移动手指

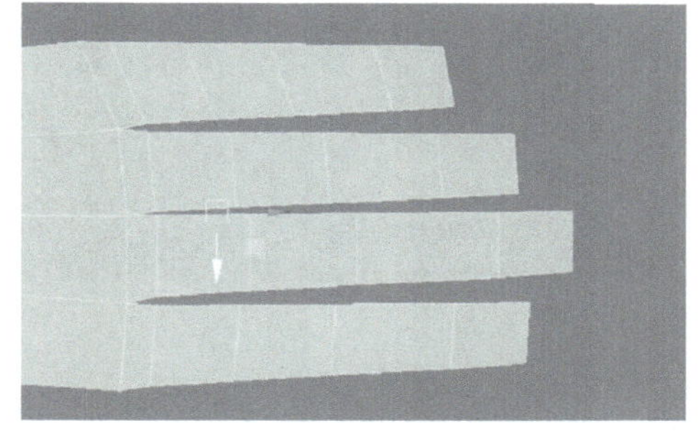

图 3-130　手指加线

选中如图 3-131 所示的面，向外挤出一段，作为大拇指的基本型。选择如图 3-132 所示的边删除。

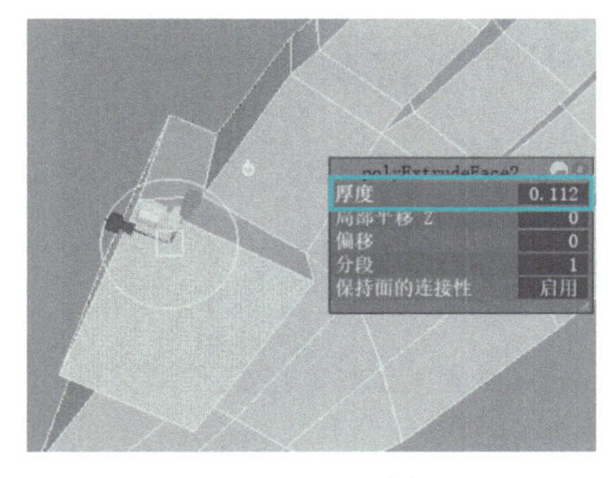

图 3-131　挤出大拇指

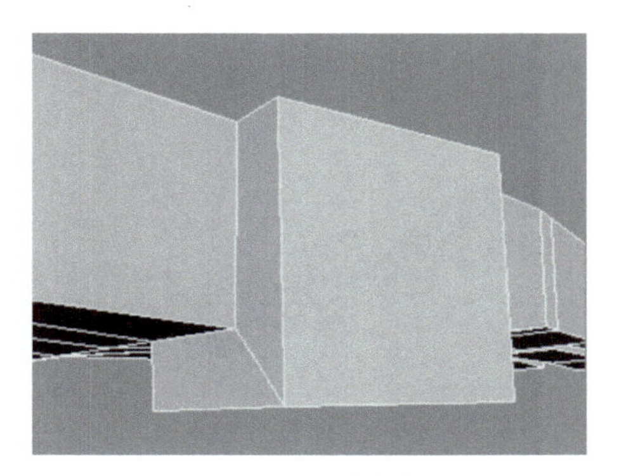

图 3-132　删除边

在大拇指的面上加线，如图 3-133 所示。

删除图 3-134 中的所选边。

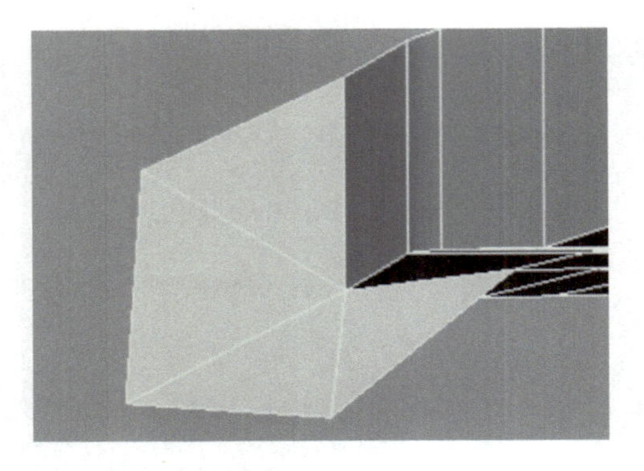

图 3-133　大拇指加线

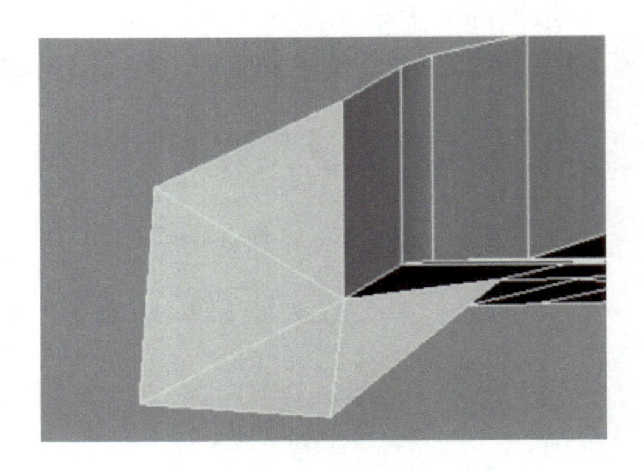

图 3-134　大拇指删除边

选中如图 3-135 所示的面挤出。其长度与食指第一段关节长度相同，如图 3-136 所示。

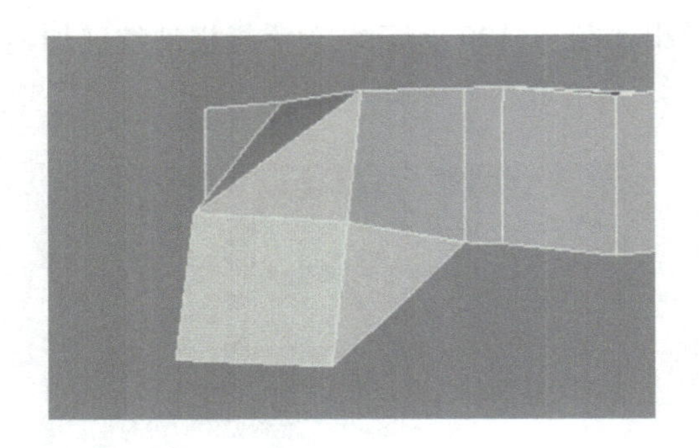

图 3-135　挤出面

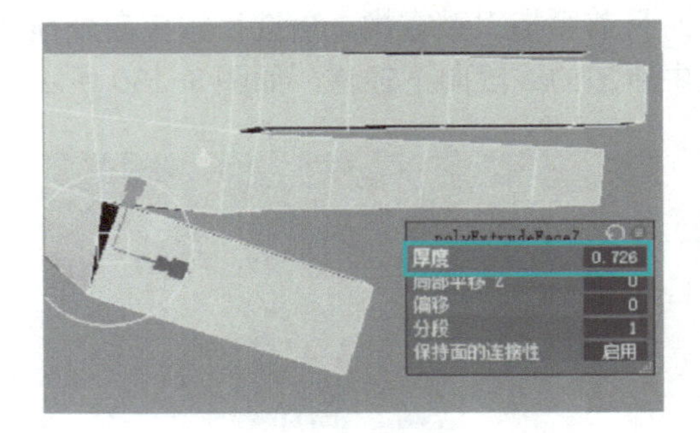

图 3-136　挤出参数

为大拇指添加两段关节线，如图 3-137 所示。

图 3-137　大拇指关节加线

删除图 3-138 中的所选面。

选择手指侧边的边，使用连接工具，如图 3-139～图 3-141 所示。

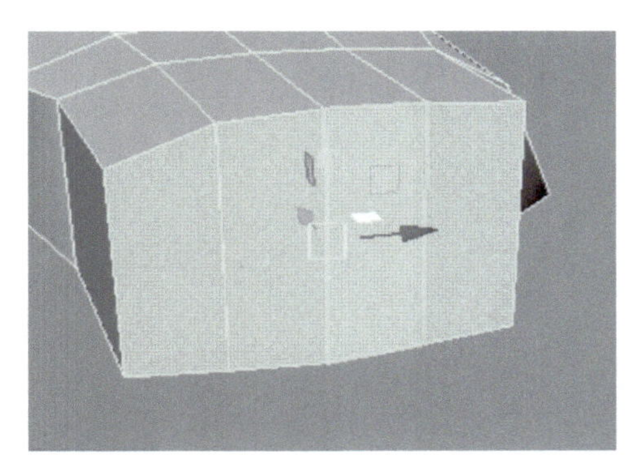

图 3-138　删除面

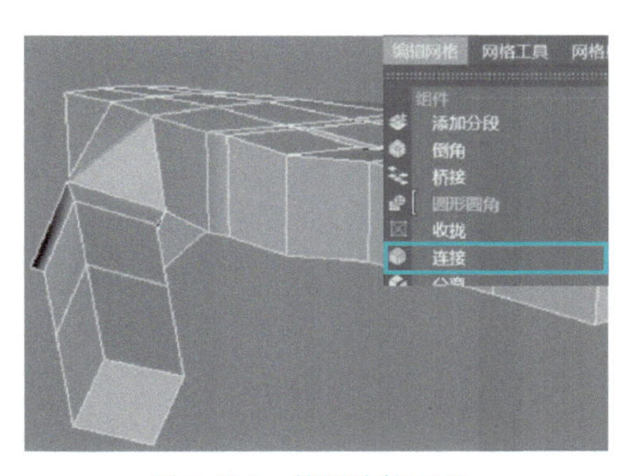

图 3-139　使用连接工具

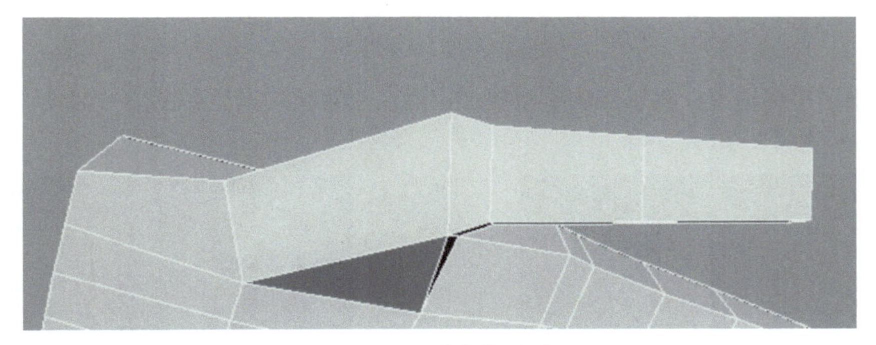

图 3-140　大拇指选边

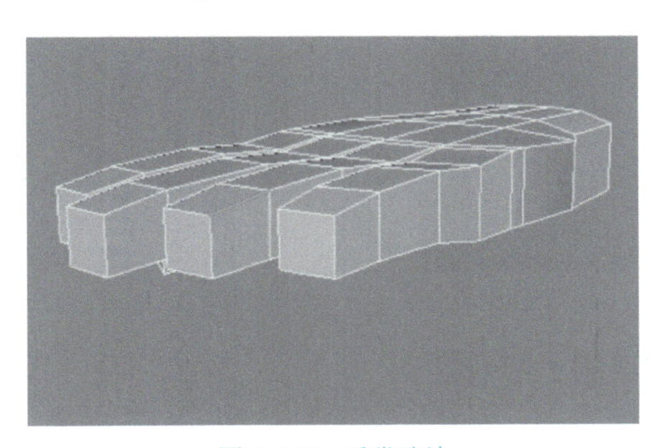

图 3-141　手掌选边

如图 3-142 所示，选择每根手指的边，向内缩放，使四边形变为六边形。这时的手指造型可以更美观。效果如图 3-143 所示。

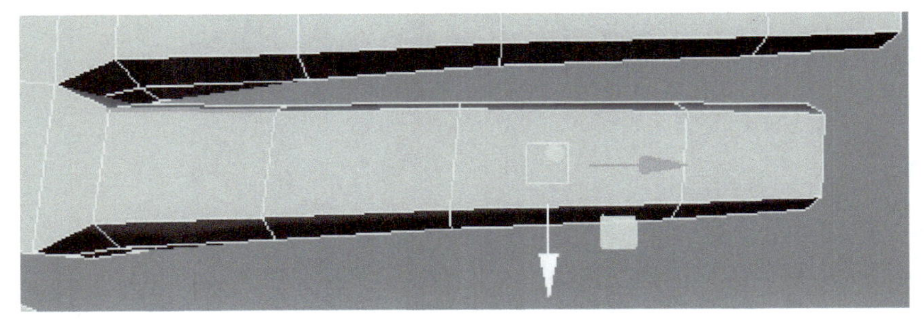

图 3-142　选择边

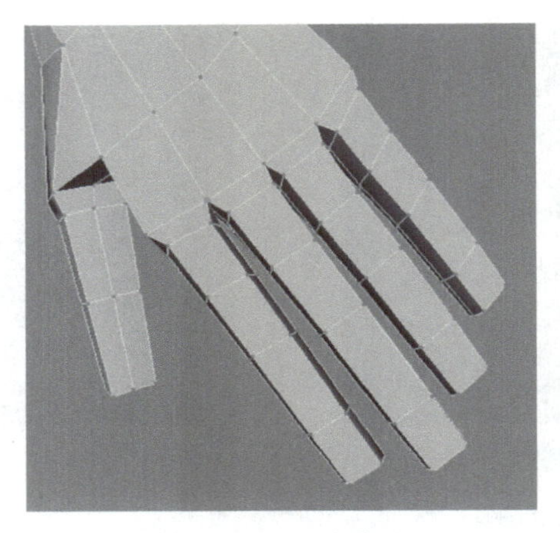

图 3-143　手指收缩

最后再微调手部造型，将手部调整得更加圆润。手背结构造型如图 3-144 所示，手心结构造型如图 3-145 所示。

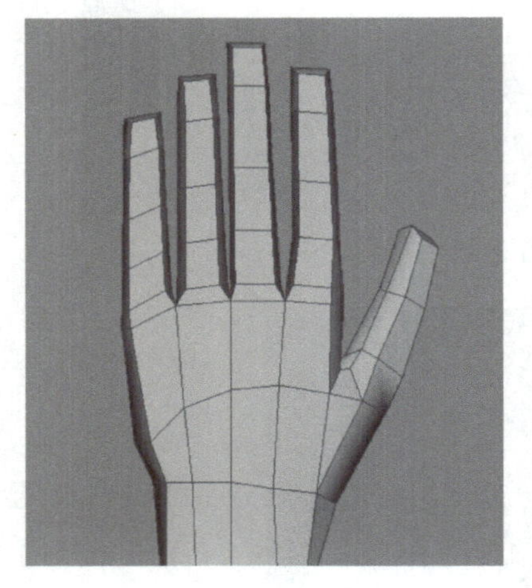

图 3-144　手背结构造型

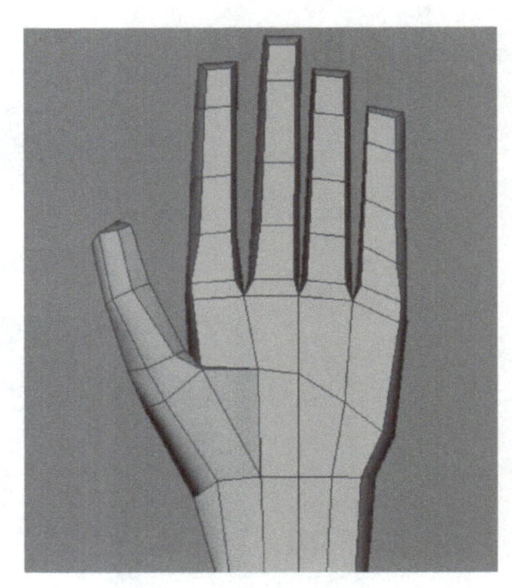

图 3-145　手心结构造型

女性角色模型三视图如图 3-146 所示。

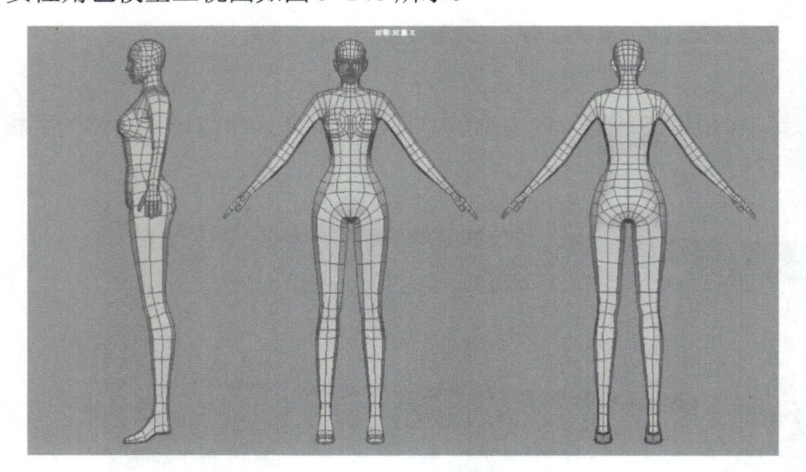

图 3-146

图 3-146　女性角色模型三视图

3.3 女性服饰与头发创建

3.3.1 服饰创建

服饰制作采用提取法，即从模型上提取部分的面，然后通过调整造型的方法来制作服饰。这种方法的优点在于可以快速地创建服饰，并且可以保证服饰与身体高度匹配。

通过提取法，可以从模型上获取更多的细节和形状信息，从而更好地设计和制作服饰。

1. 外套制作

外套的制作参考图 3-147 所示的部分。在面模式下，选择图 3-148 所示的面，用【编辑网格-复制】工具复制出想要的面。

图 3-147　参考图显示

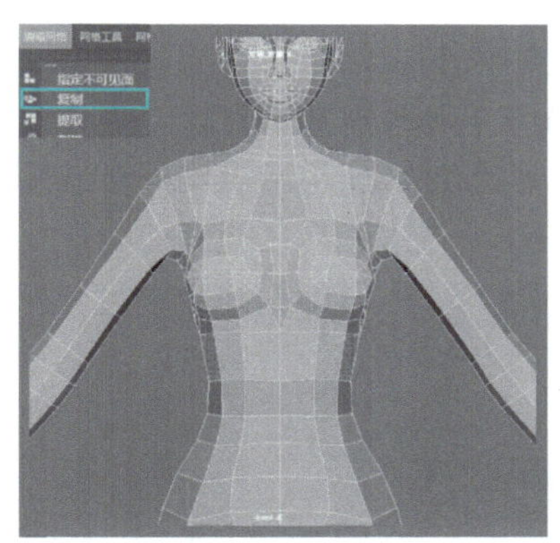

图 3-148　复制所选面

使用【缩放】工具调整衣服的形状和大小，同时可以使用【多切割】工具调整布线的位置和形状，以获得更好的效果，如图 3-149 所示。

接下来，使用【重新拓扑】功能来优化模型的布线。在【重新拓扑】设置中，将输入节点的【目标面数】设置为 300，以获得更平滑的表面和更好的细节。具体设置如图 3-150 所示。

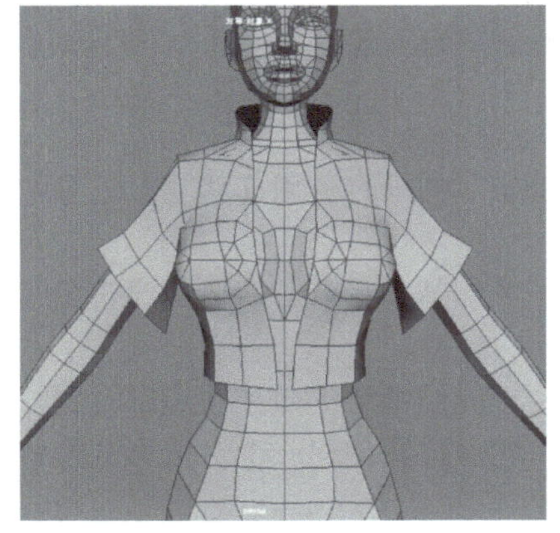

图 3-149　加线调整

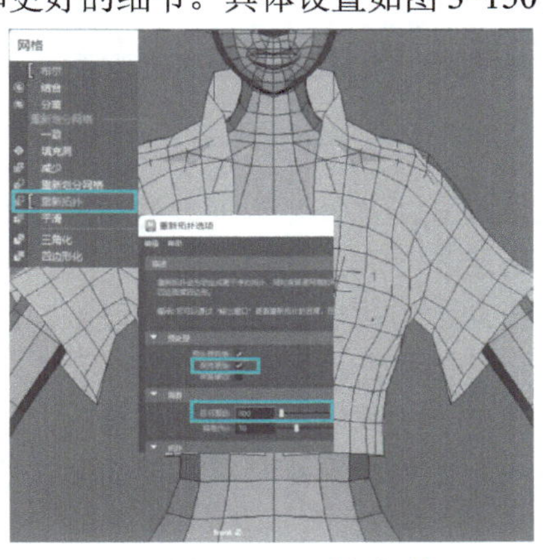

图 3-150　重新拓扑

通过调整外套的点面，使其与身体匹配，避免穿帮现象。完成调整后，外套效果如图 3-151 和图 3-152 所示。

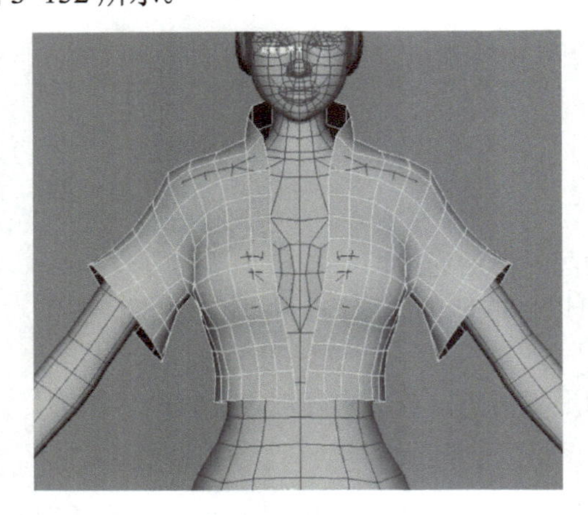

图 3-151　外套效果（正）

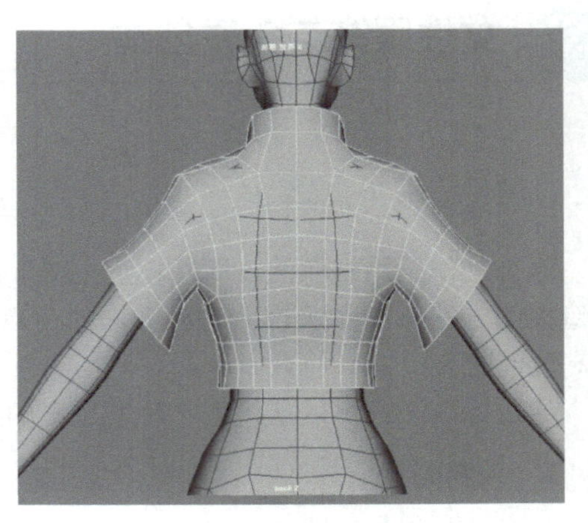

图 3-152　外套效果（后）

2．制作裙子

腰带操作步骤与外套基本相同。使用【面复制】工具将腰带部分复制出来。复制后，调整腰带的大小、形状和位置，以使其与外套相匹配。完成调整后，腰带的效果如图 3-153 和图 3-154 所示。

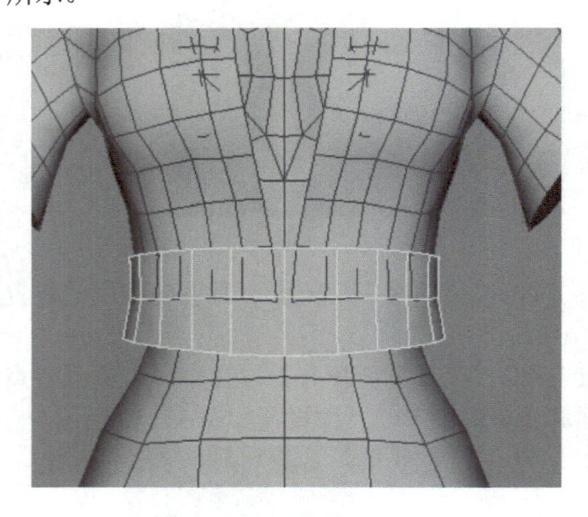

图 3-153　腰带效果（正）

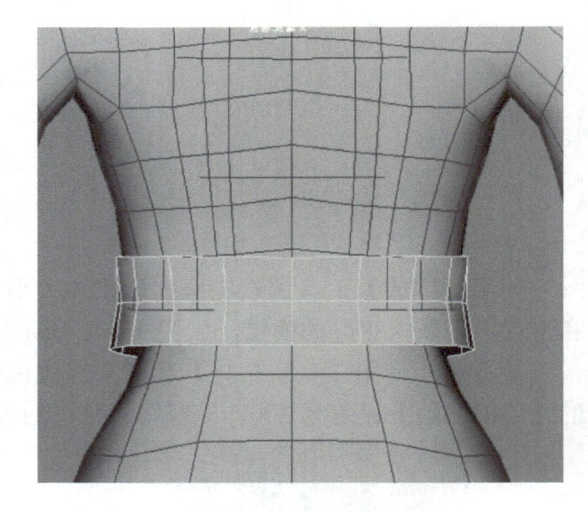

图 3-154　腰带效果（后）

进入线模式，选择腰带下方的边沿线，按住〈Shift〉的同时使用【移动】工具拖拽边，如图 3-155 所示。

横向方向上给裙子添加更多的段数，以增加裙子的细节和形状。从侧面调整裙子造型，使其更加贴合身体曲线，如图 3-156 所示。

制作腰带上的绳结，与制作外套的方法类似。由于绳结缠绕的效果在腹部位置，可以通过手绘的方式制作效果。复制所需要的面，然后只需在腹部位置创建一个多边形圆柱体。参数与效果如图 3-157 所示。

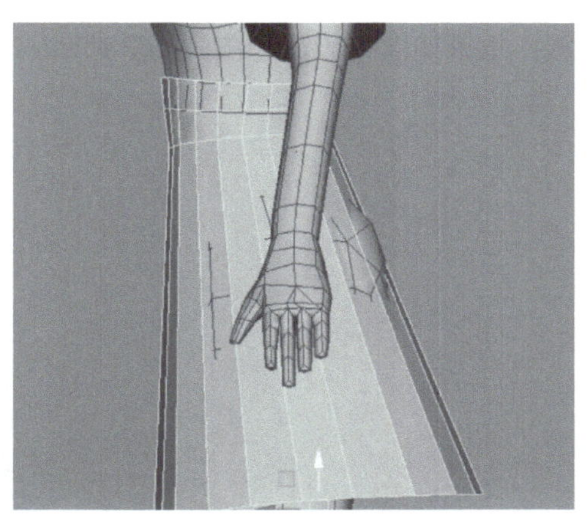

图 3-155 挤出裙子并调整造型

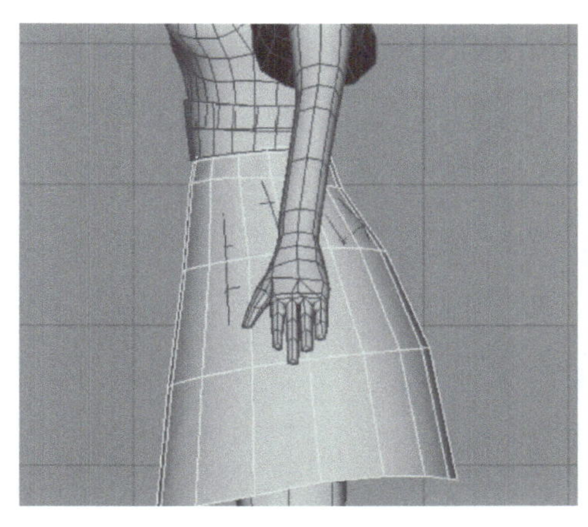

图 3-156 加线调型

使用【多边形平面】创建出绳结的形状并设置【细分宽度】和【高度细分数】均为 1。将绳结模型放置在多边形圆柱体尾端，再通过挤出边，一步步地增加绳结的细节和形状精度，最终效果如图 3-158 所示。

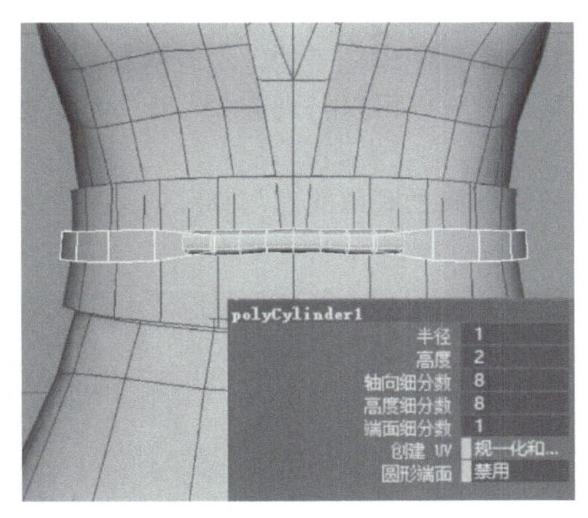

图 3-157 多边形圆柱体

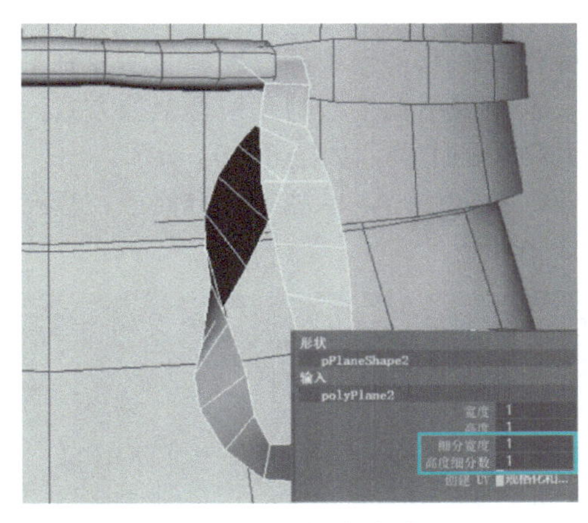

图 3-158 绳结造型（正）

操作同上完成绳结，效果如图 3-159 和图 3-160 所示。

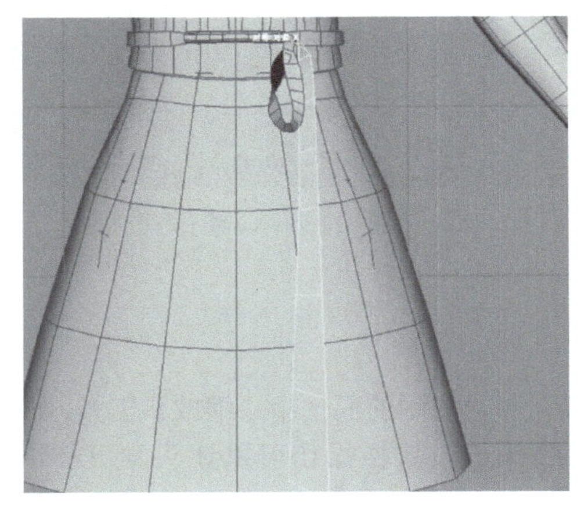

图 3-159 长绳造型

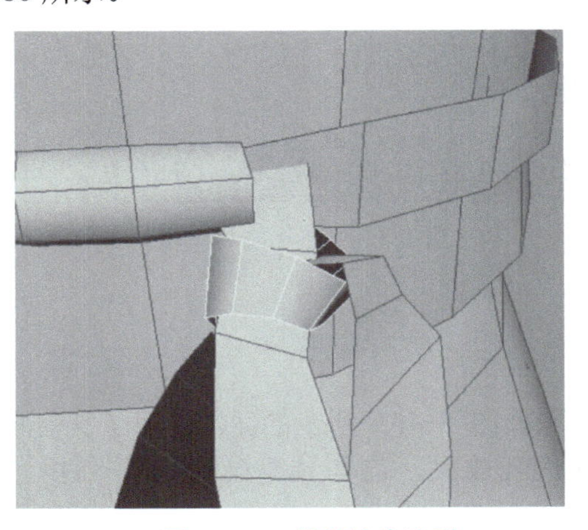

图 3-160 绳结缠绕造型

绳结制作完成后，将其复制一份并镜像到另一侧，效果如图 3-161 和图 3-162 所示。

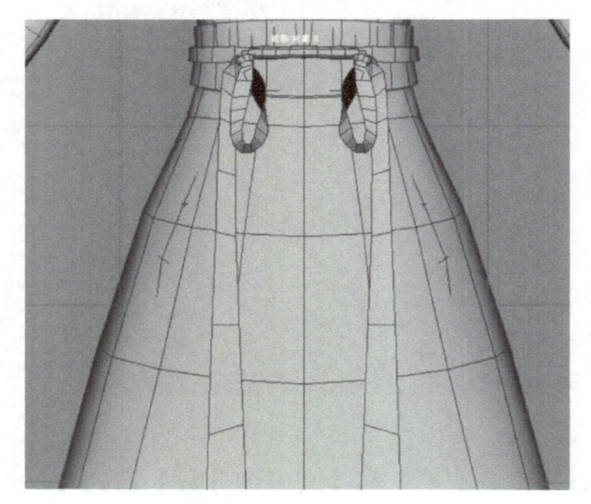

图 3-161　绳结效果（正）

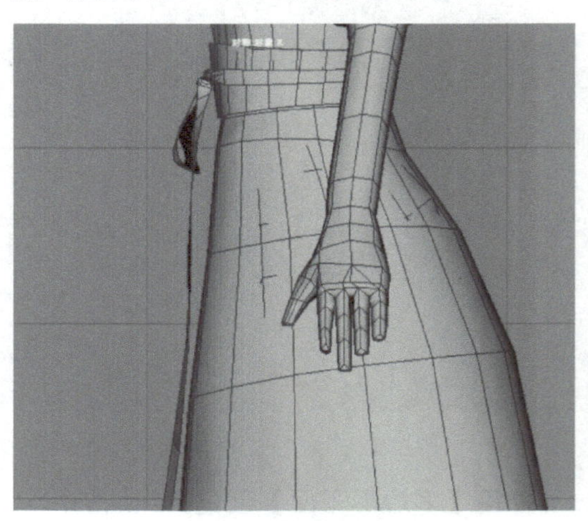

图 3-162　绳结效果（侧）

3. 制作鞋子

操作方法和外套相同，选择【面复制】工具进行操作。制作鞋子的方法有两种。第一种方法是，鞋子采用直接绘制到模型上的方式，在制作鞋子的时候可以将脚放大，让脚底变厚，从而达到鞋子的造型，如图 3-163 所示。

第二种方法是，单独制作鞋筒子，套在脚踝处，将鞋筒子底部的点与脚踝的点完全重叠，如图 3-164 所示。

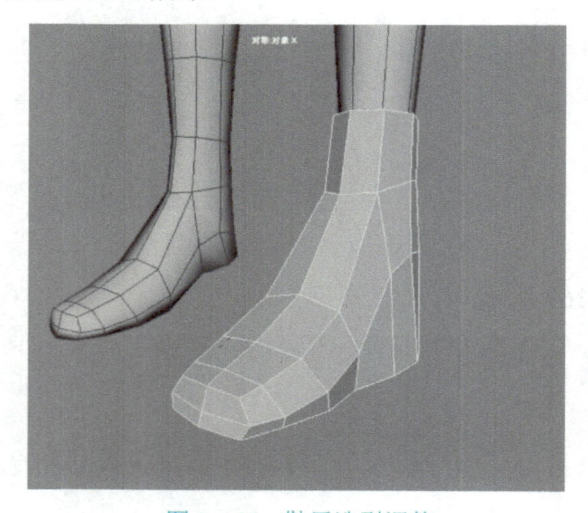

图 3-163　鞋子造型调整

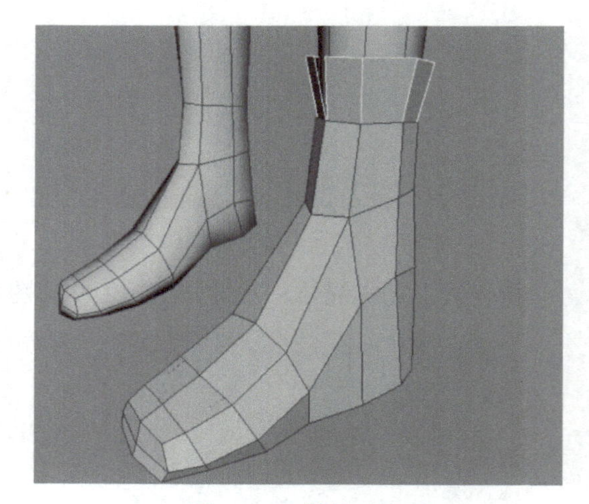

图 3-164　鞋筒子造型

3.3.2　头发创建

选择图 3-165 所示的面，使用【复制面】工具，并对复制的面使用【缩放】工具，将复制的面适当放大，使其显得自然蓬松一些，不要紧贴头皮。这样操作可以让头发更加逼真、自然。

选择头发的底部边沿线，使用【移动】工具将头发拖曳到所需长度。调整头发侧面的造型，使其贴合头部曲线。给头发添加段数，通过调整段数和细节，让头发随着身体结构自然弯曲，如图 3-166～图 3-168 所示。

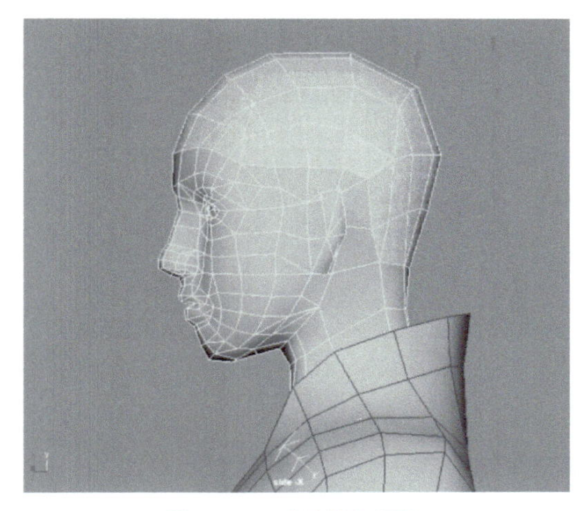

图 3-165　复制显示面

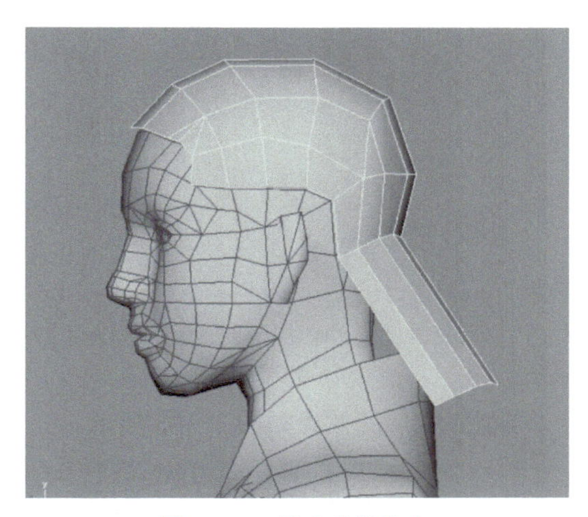

图 3-166　挤出头发长度

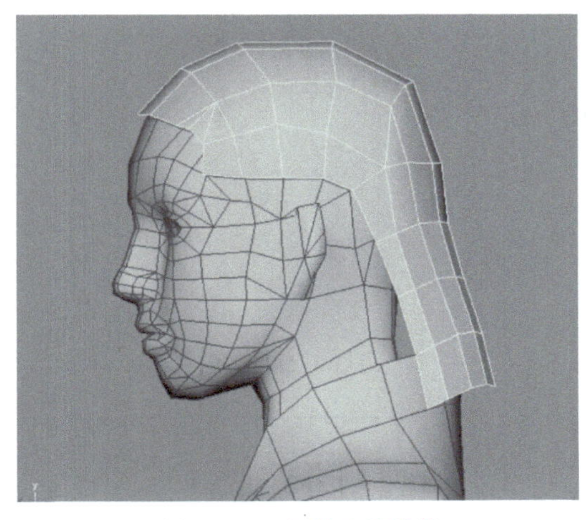

图 3-167　调整头发段数

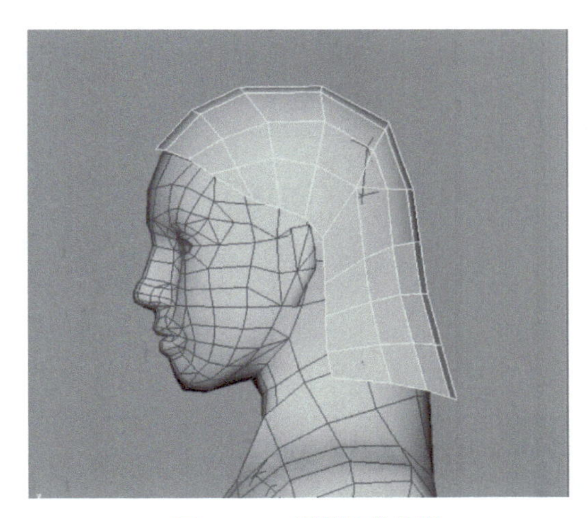

图 3-168　调整头发细节

在头发模型的侧面选择一条边，按住〈Shift〉并拖曳出面片作为两绺头发。并从侧面和正面调整造型，以表现出头发的垂坠感。同时，在刘海处增加几个发片，以增加细节和逼真感，如图 3-169～图 3-172 所示。

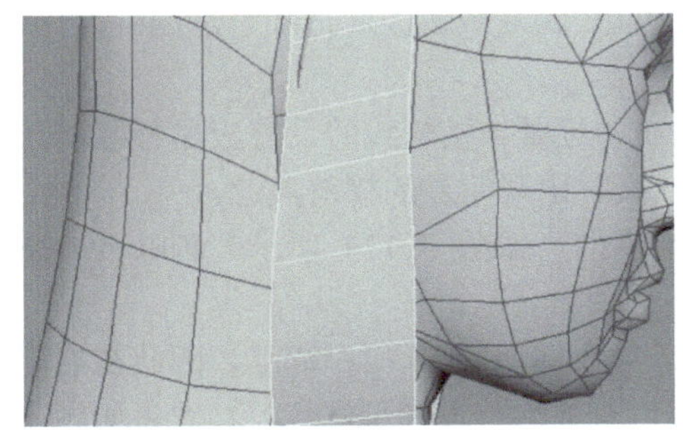

图 3-169　侧面发片造型（一）

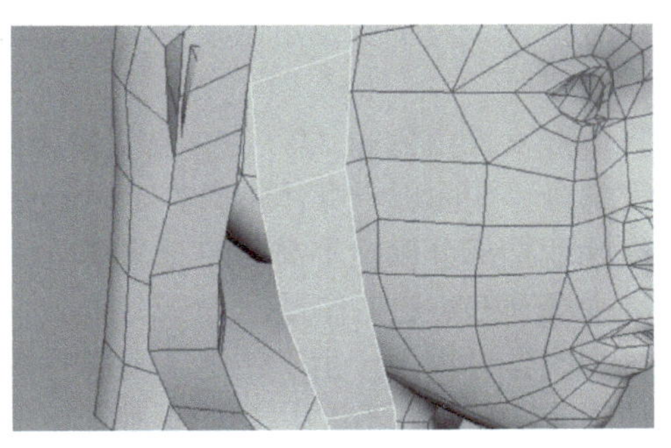

图 3-170　侧面发片造型（二）

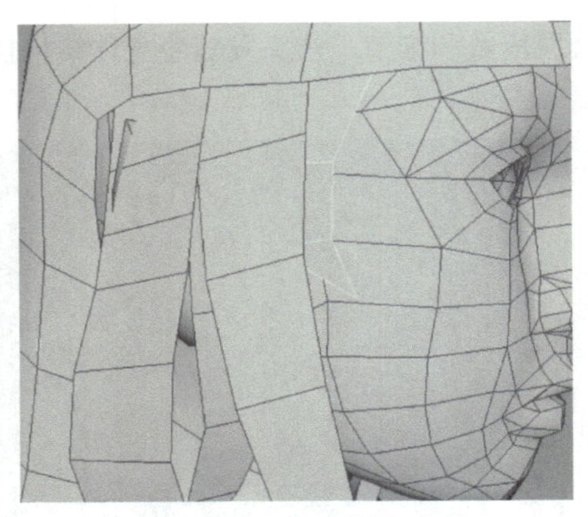
图 3-171　侧面刘海造型

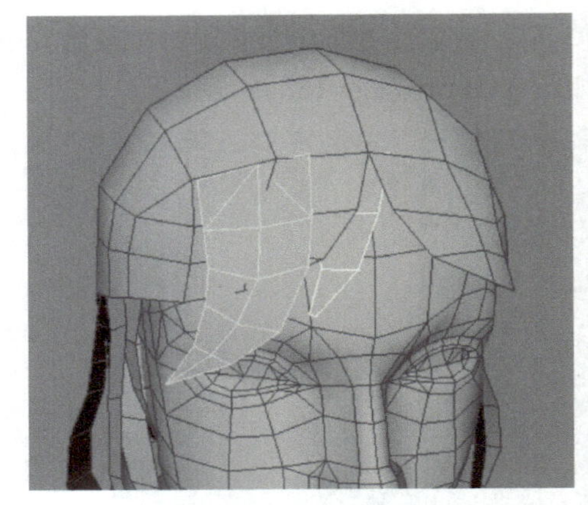
图 3-172　前面刘海造型

模型完成后的效果如图 3-173 所示。

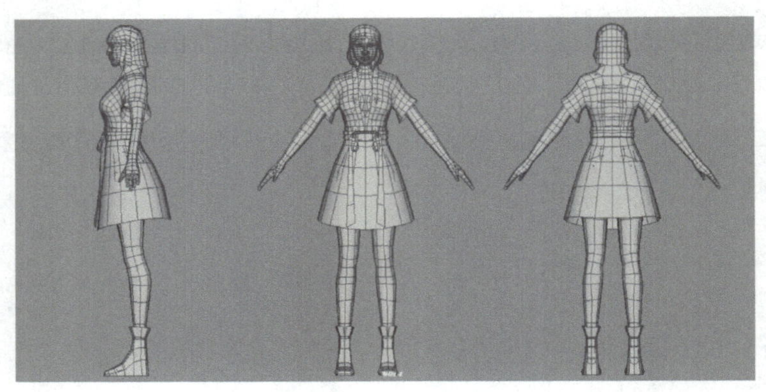
图 3-173　角色三视图

3.4 角色 UV 展开

3.4.1 通过快速剥皮与松弛方式展开角色 UV

展开角色 UV

UV 展开是三维建模中的重要步骤，它决定了模型表面的贴图映射和接缝位置。对于女性角色模型，其造型具有弧度且较为复杂，因此选择合适的 UV 展开方式非常重要。

在展开女性角色的 UV 时，首先需要确定接缝线的位置。接缝线的设置应尽可能避开模型的关键部分，如面部、身体轮廓等，以避免在最终渲染时出现明显的接缝痕迹。

删除遮挡部分以及不需要的对称模型，保留一半模型，如图 3-174 所示。删除一半模型可适当减少展开 UV 的工作量。

模型制作过程中，由于使用了大量的挤出工具，导致模型 UV 相对混乱。因此在展开 UV 前，使用【UV 编辑器】中【创建-基于摄像机】，可以有效地整理模型的 UV。效果如图 3-175 所示。

图 3-174　调整模型

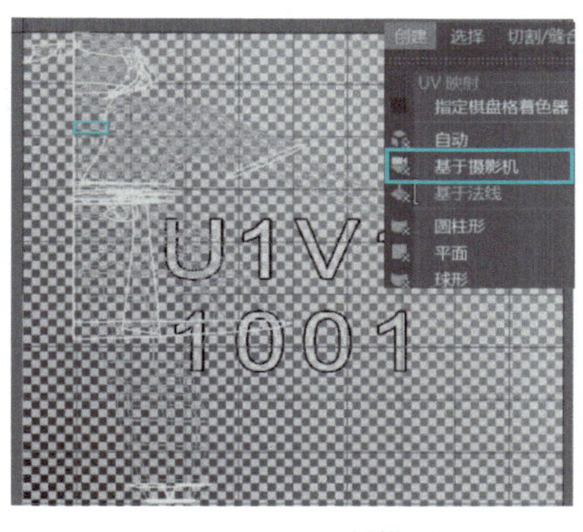

图 3-175　映射模型

如图 3-176 所示，选择脸部与脖子的分界线，使用【UV 编辑器】中【切割/缝合-剪切】工具（快捷键〈Shift+X〉）。

如图 3-177 所示，选择身体部分与手臂的分界线，使用【剪切】工具。

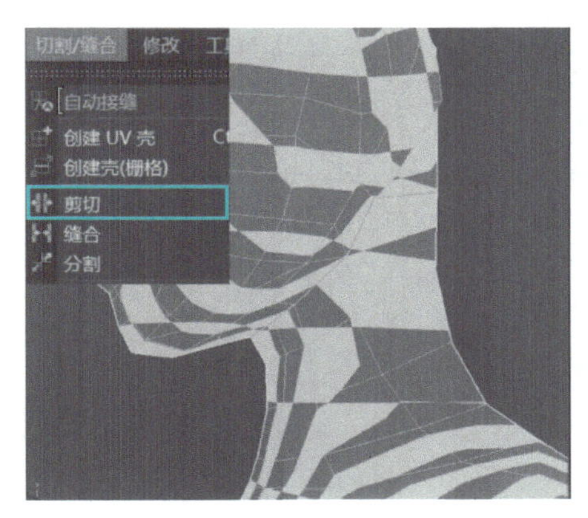

图 3-176　面部与脖子切割线

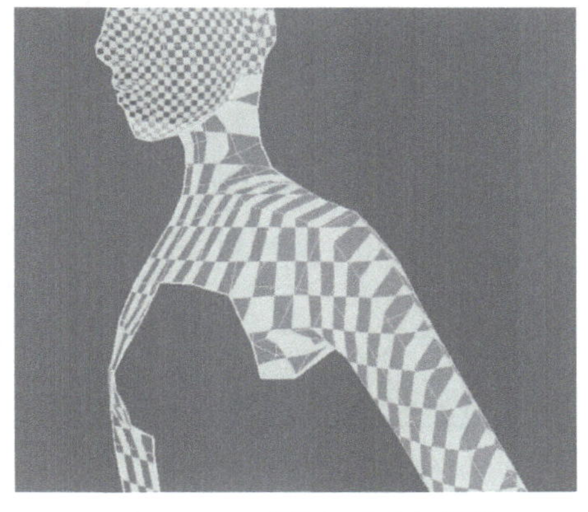
图 3-177　身体与手臂切割线

选择图 3-178 所示的线，使用【剪切工具】选择界面右侧 UV 工具包中的【展开】，如图 3-179 所示。UV 展开后效果图如图 3-180 所示。

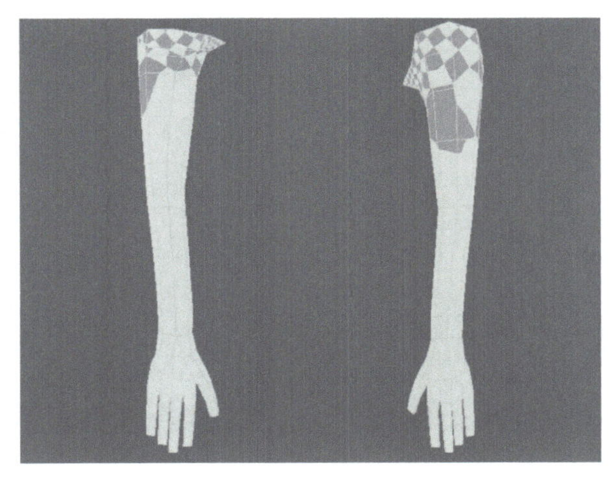
图 3-178　手心手背切割线

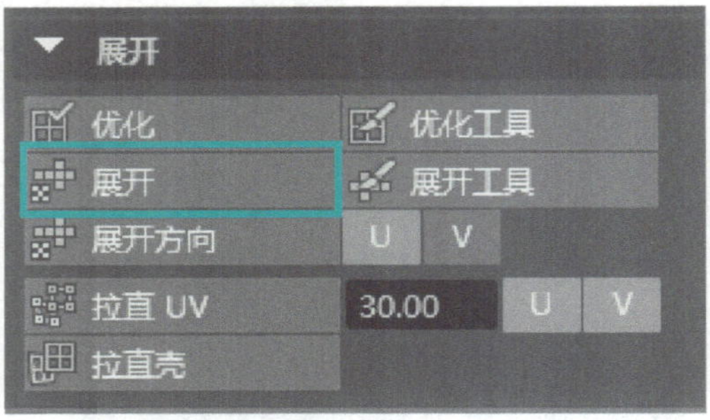

图 3-179　展开工具

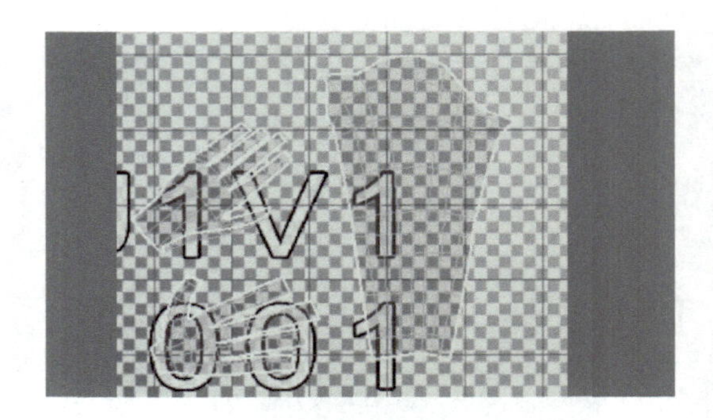

图 3-180　手臂 UV 展开效果图

选择如图 3-181 所示的线，使用【剪切】工具，将腿部结构分开。UV 展开效果如图 3-182 所示。

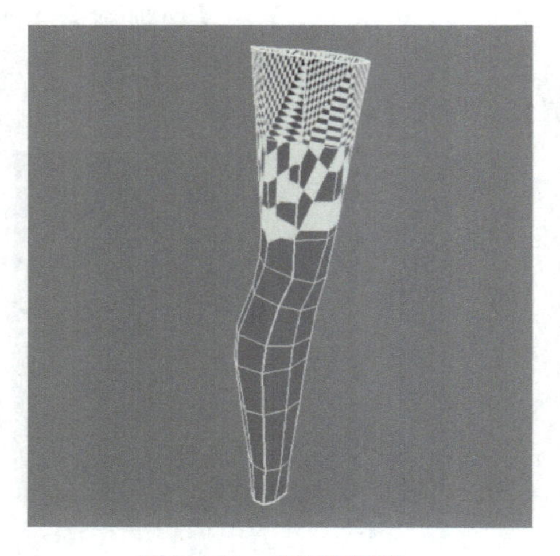

图 3-181　大腿切割线

图 3-182　腿部 UV 展开效果图

选择如图 3-183 所示的线，使用【剪切】工具，将外套结构分开。UV 展开效果如图 3-184 所示。

图 3-183　外套切割线

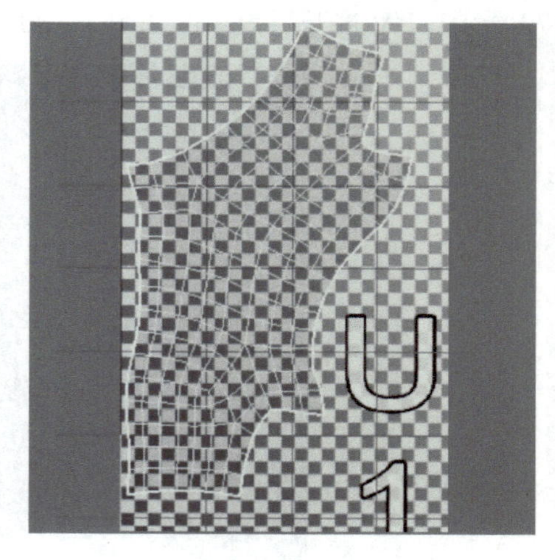

图 3-184　外套 UV 展开效果图

3.4.2　UV 整理

依据观察习惯，应让上半身的角色 UV 占的面积更大，因为面积越大画面越细致。因此，UV 摆放要满，空间利用率要大，如图 3-185 所示。

使用【特殊复制】工具，复制一半模型，再使用【结合】工具，将模型合并在一起，如图 3-186 所示。

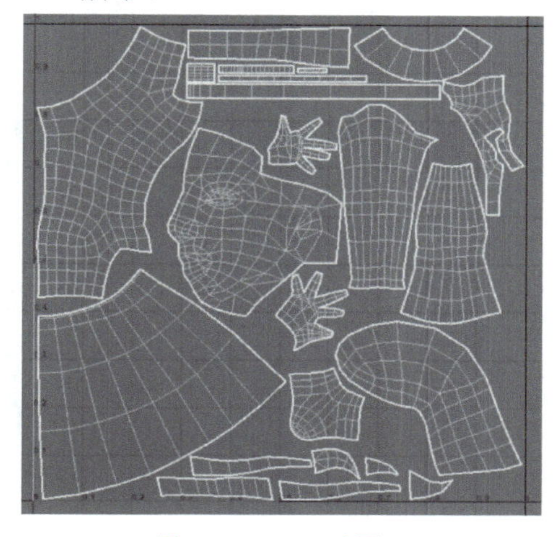

图 3-185　UV 贴图

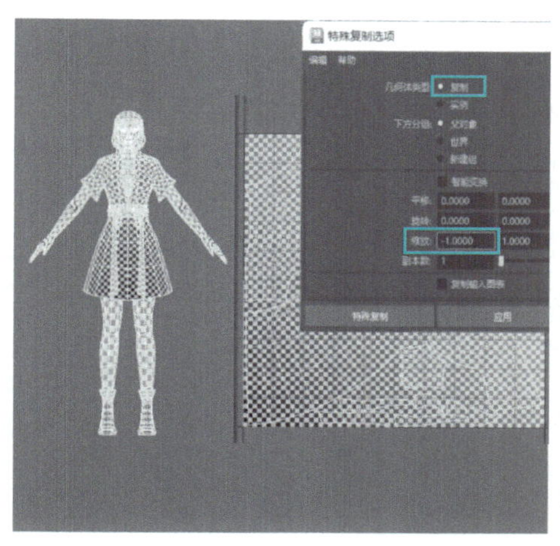

图 3-186　合并后的模型 UV

最后，将模型导出为 OBJ 类型文件。

3.5　贴图绘制

女性角色模型制作完成后，开始绘制女性角色贴图。绘制工具为 C4D 软件。

3.5.1　绘制前准备

打开 C4D 软件，单击右上角界面，将界面修改为 BP　3D Paint 模式，如图 3-187 所示。

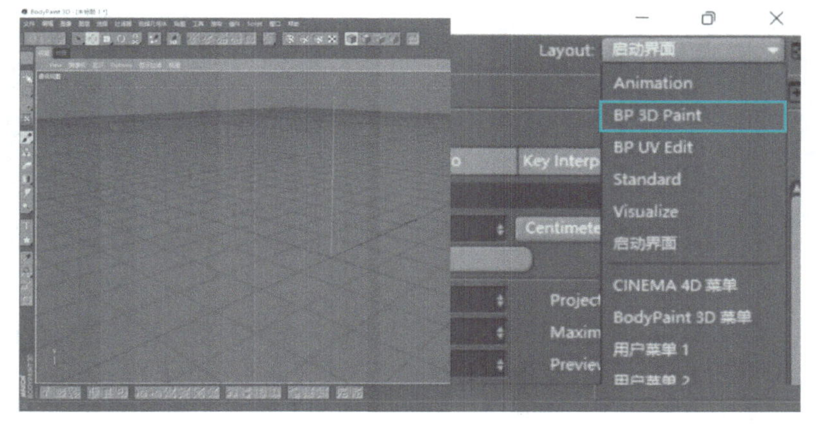

图 3-187　修改界面

文件导入方式有两种：（1）长按鼠标左键并拖动要导入的 OBJ 文件，将其直接拖入软件窗口。这是一种比较直观和简单的方式，不需要通过菜单或者对话框进行操作。通过这种方式可以直接将文件导入到软件中，适用于比较常规的文件导入操作。

（2）选择【文件-打开】，在弹出的面板里选择要导入的模型文件，如图 3-188 和图 3-189 所示。这种方式稍微复杂一些，需要通过菜单进行操作。但是，这种方式可以提供更多的控制，例如可以选择文件的路径、文件类型等。同时，这种方式也适用于导入比较复杂或者大型的文件。

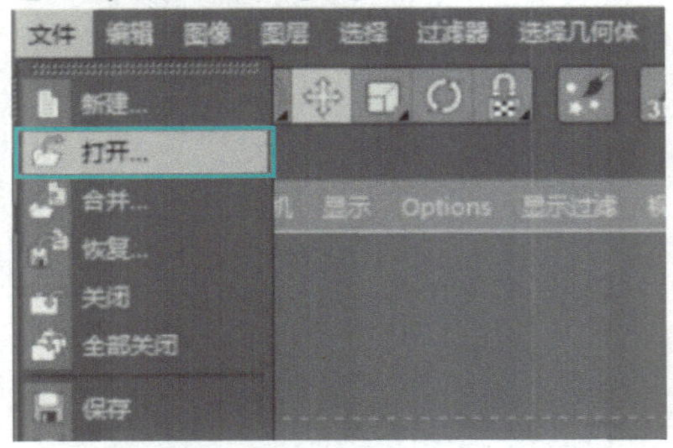

图 3-188 导入模型（一）

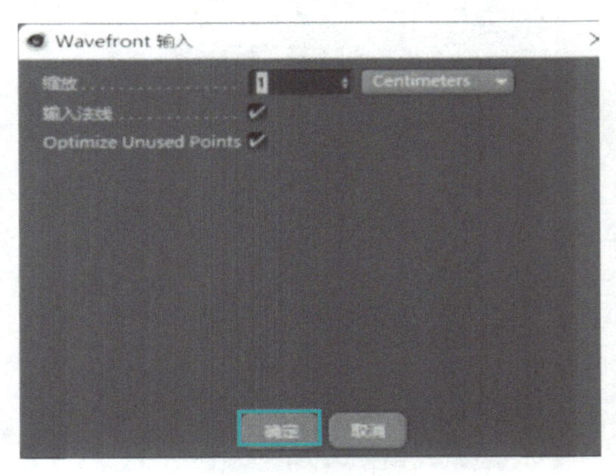

图 3-189 导入模型（二）

在界面右侧的材质面板里面，右击【材质球】，在弹出的面板中选择【纹理通道-颜色】，如图 3-190 所示。

在弹出的面板里面设置贴图的宽度和高度均为 1024 像素，选择确定，如图 3-191 所示。

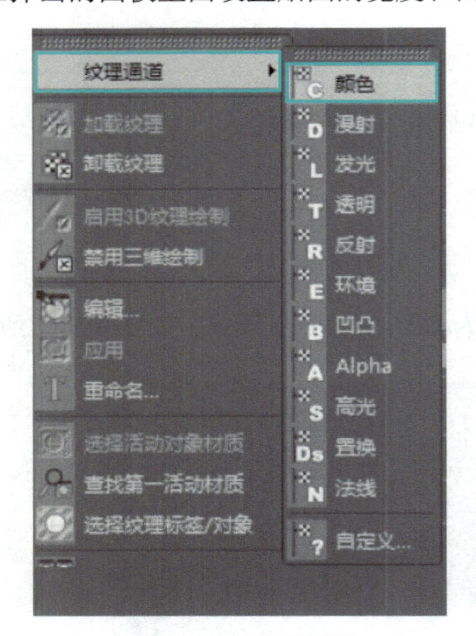

图 3-190 更改通道

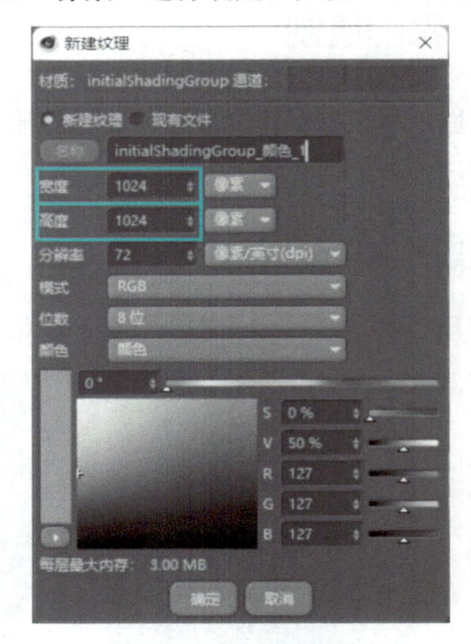

图 3-191 设置贴图大小

在 C4D 的三维视图中，光影着色模式会干扰明暗关系的判断，特别是在进行贴图绘制的时候。因此，可以将显示方式从【光影着色】模式更改为【常量着色】模式。

具体操作为，在视图窗口中，选择【显示-常量着色】选项，如图 3-192～图 3-194 所示。

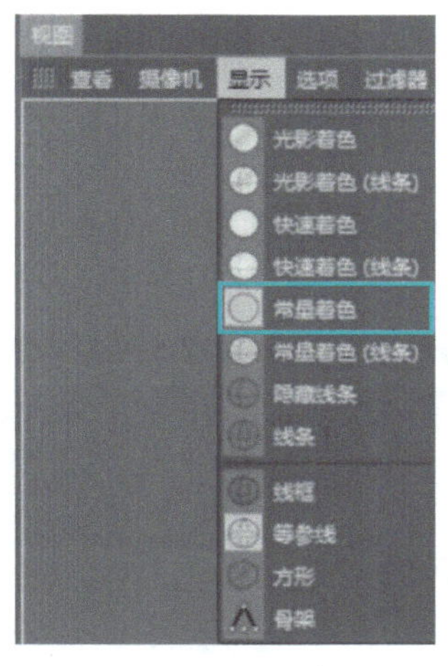

图 3-192 常量着色按钮

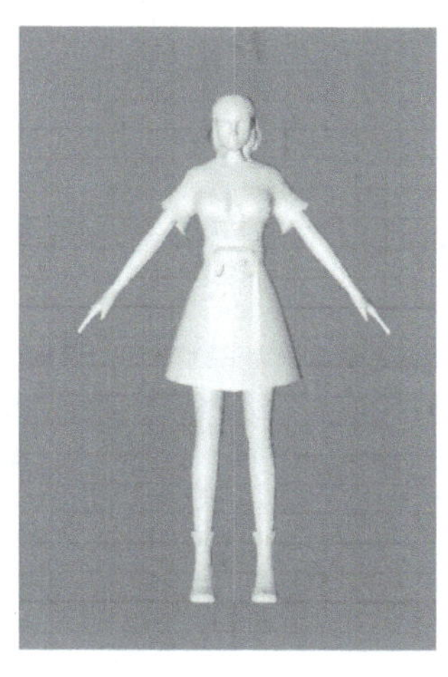
图 3-193 光影效果

图 3-194 常量效果

三维模式绘制固有色方便直观，但是 UV 边角处不容易绘制。因此，可以在三维视图中绘制大致的颜色后，再在纹理视图中进行补充。

具体操作如下，选择纹理窗口下的【纹理】，在下拉菜单中选择想要显示的纹理对应的文件名，如图 3-195 所示；或者选择界面右侧材质栏中，材质球列表右侧的小方块，如图 3-196 所示。

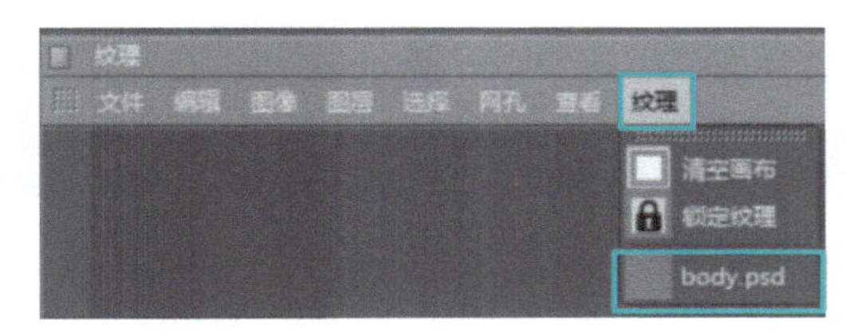

图 3-195 选取纹理 1

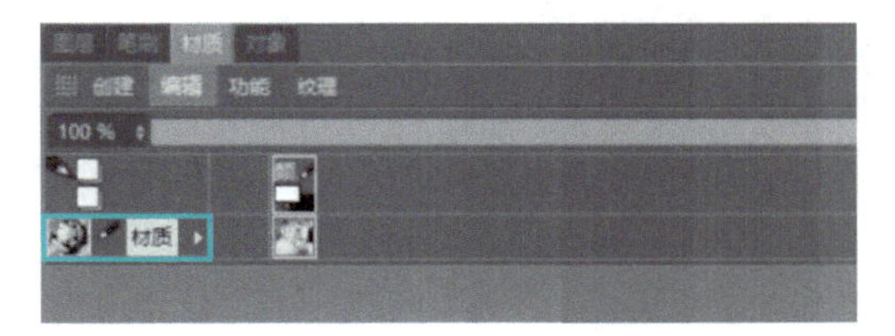

图 3-196 选取纹理 2

在没有绘制颜色时，纹理窗口显示灰色状态。这样的显示效果表示没有 UV 线，不能明确每一部分的界限。因此，选择【纹理视图-网孔-显示网孔】，即可显示 UV 面的界限，如图 3-197 所示。

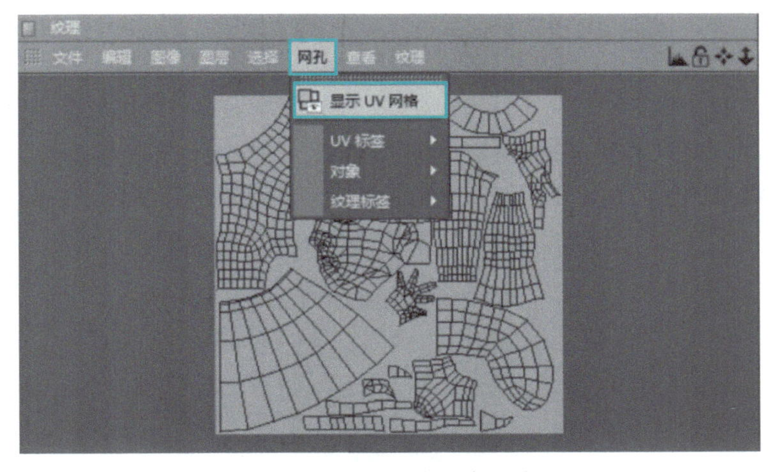

图 3-197 显示孔纹效果图

3.5.2 女性角色脸部绘制

1. 笔刷的使用与颜色的调整

将界面切换为【BP-3DPaint】后，左侧面板会出现笔刷面板和颜色面板，如图 3-198 所示。

图 3-198 面板介绍

在笔刷面板中，【尺寸】用于调整笔刷大小，【压力】用于调整笔刷颜色深浅，【硬度】用于调整笔刷边缘清晰程度，如图 3-199 所示。

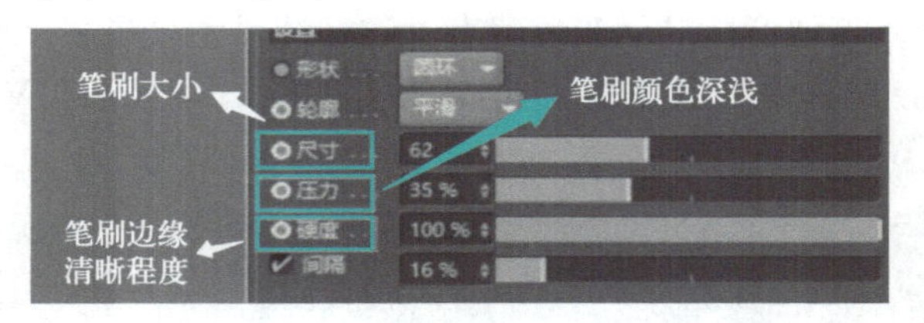

图 3-199 笔刷面板介绍

在颜色面板中，可以看到当前笔刷的颜色和色相、饱和度、亮度等参数。可以通过拖动颜色滑块的方式来调整颜色，也可以直接在颜色区域中单击选择所需颜色，如图 3-200 所示。

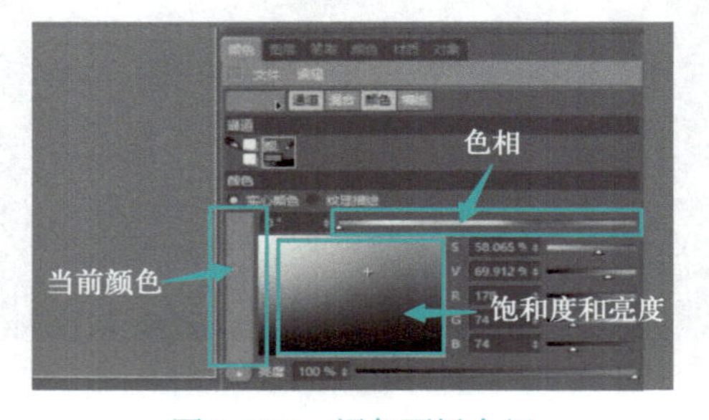

图 3-200 颜色面板介绍

2. 绘制固有色

角色肤色属于黄色中透着红色。但是，颜色不能过于偏红，否则会使人物显得焦灼；也不能过于偏黄，否则会使人显得病态。绘制固有色后，为了突出角色的肤质和立体感，需要进一步调整颜色的饱和度和明度，使暗部和亮部的对比更加明显。

绘制暗部时，需要特别注意眉弓底部、眼睛外侧、鼻子底部、下唇底部和脸部两侧的位置。这些位置受到光影的影响，通常会比其他部分暗一些。绘制这些部位应选用深色调的颜色，如深蓝、深紫、深绿或深棕，这些颜色能与角色的固有色形成鲜明对比，从而突出阴影效果。

绘制亮部时，可以选择浅黄色、浅粉色或浅橙色等明亮色调的颜色，这些颜色能与暗部形成强烈的对比，从而使亮部更加突出和鲜艳。着重绘制额头、鼻子正面、脸部正面、上唇上部和下巴上部。这些区域受到的光照更多，因此比暗部更亮、更鲜艳，如图 3-201 和图 3-202 所示。

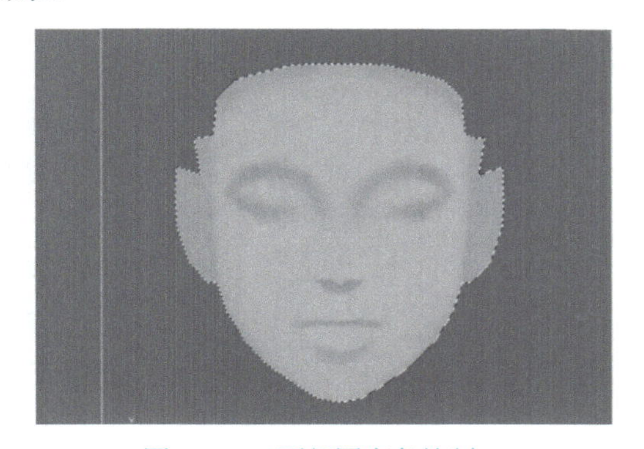

图 3-201　面部固有色绘制

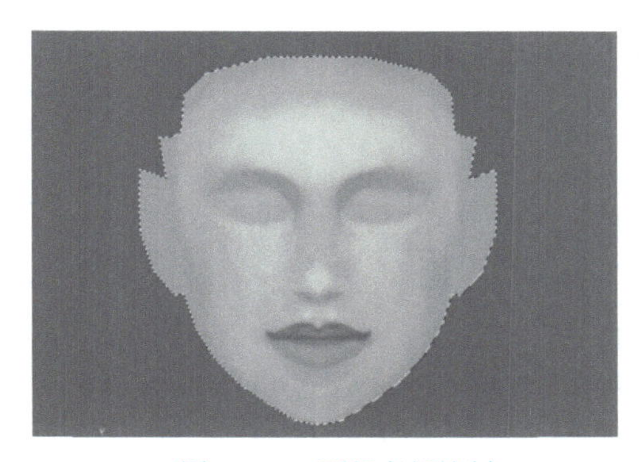

图 3-202　面部亮部绘制

3. 眼睛的绘制

图 3-202

首先，使用灰白色系的颜色绘制眼白，注意眼白的明暗变化，以突出眼球的立体感。接着，使用浅灰色或淡棕色绘制上眼睑，使其呈现出自然过渡的效果，如图 3-203 和图 3-204 所示。

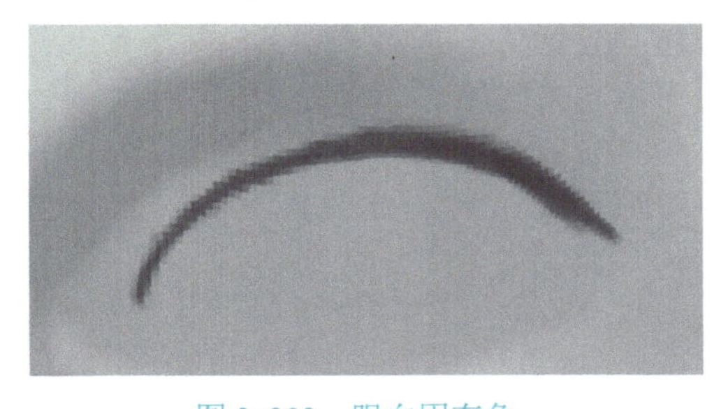

图 3-203　眼白固有色

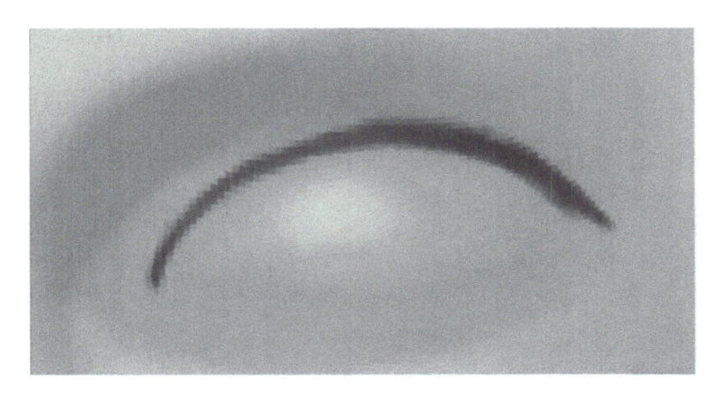

图 3-204　眼白明暗变化

使用肉粉色或淡黄色绘制下眼睑，同样要注意明暗变化，使下眼睑与眼白形成自然的过渡，如图 3-205 所示。

使用棕色系的颜色绘制眼球，注意明暗变化和瞳孔的颜色深度；可以使用深棕色或赭石色强调瞳孔部分，使眼球更加立体，如图 3-206 所示。

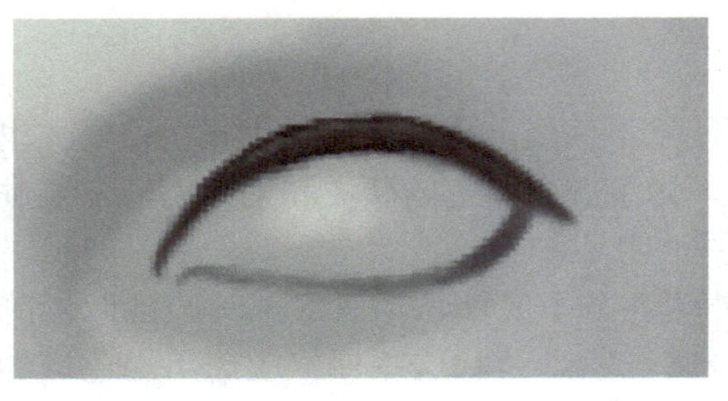

图 3-205　眼睛立体感

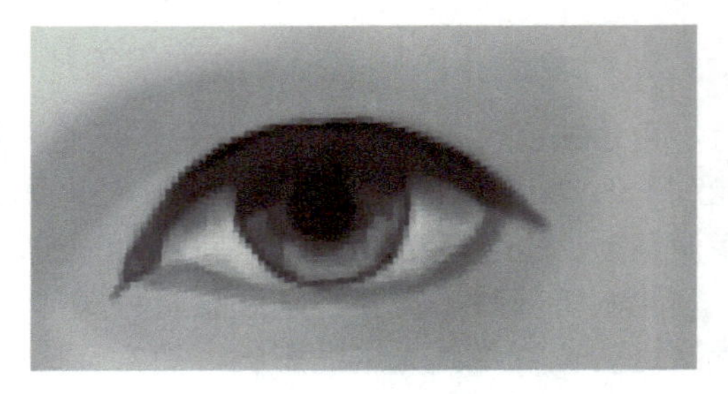

图 3-206　瞳孔绘制

使用浅棕色或灰色绘制双眼皮和下眼睑的细节部分，使眼部层次更加丰富，如图 3-207 所示。

使用黑色或深棕色绘制眼睫毛，注意睫毛的长度和弯曲度；可以适当虚化边缘，避免过于生硬。同时，也可以使用黑色或深棕色来加强眉毛的线条和形状，使眼睛更加有神。

最后，使用高光笔在眼睛的适当位置添加高光，如眼球的亮面、眼白的反光部分等，如图 3-208 所示。

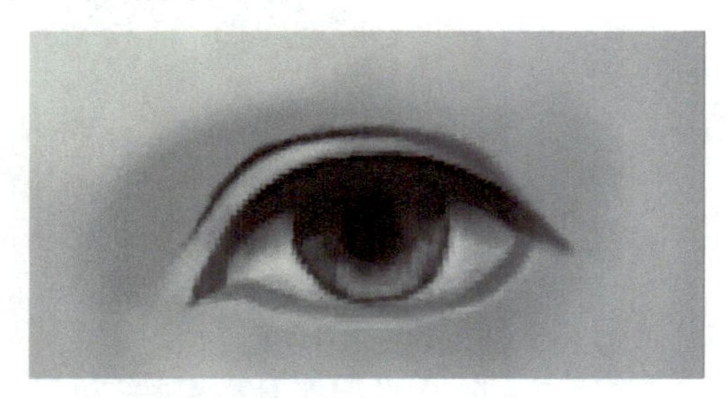

图 3-207　眼皮添加

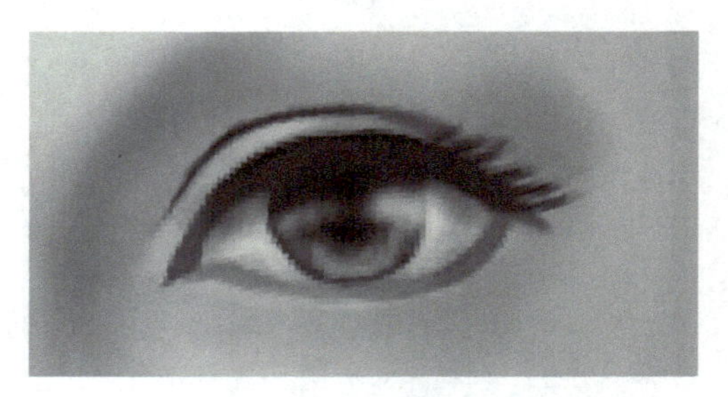

图 3-208　眼睛完整效果图

4. 鼻子和嘴部的绘制

图 3-208

选择明度稍低的肤色勾勒鼻子的底部。增加饱和度以增强鼻子的立体感，但要避免颜色过于鲜艳，如图 3-209 所示。

使用较深的颜色绘制鼻孔的形状，并注意明暗过渡要自然。在鼻子底部和侧面之间，使用肤色进行过渡，使明暗部分融合在一起，如图 3-210 所示。

图 3-212

最后，在鼻子的顶部添加高光效果，突出鼻梁并增强立体感。亦可对鼻子进行微调，如增加阴影或高光的细节，使鼻子看起来更加真实和立体，如图 3-211 和图 3-212 所示。

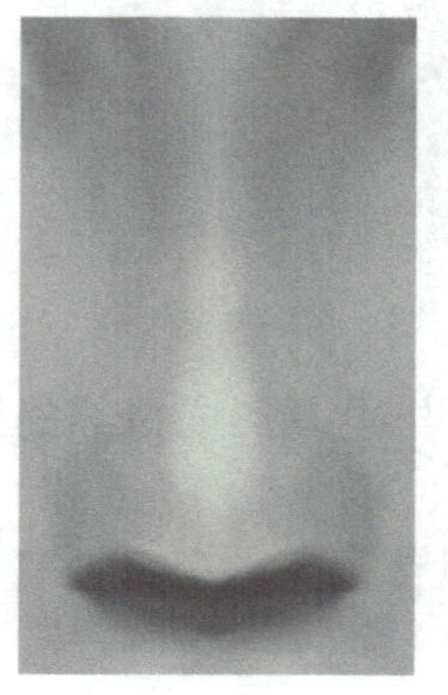

图 3-209　鼻子底部

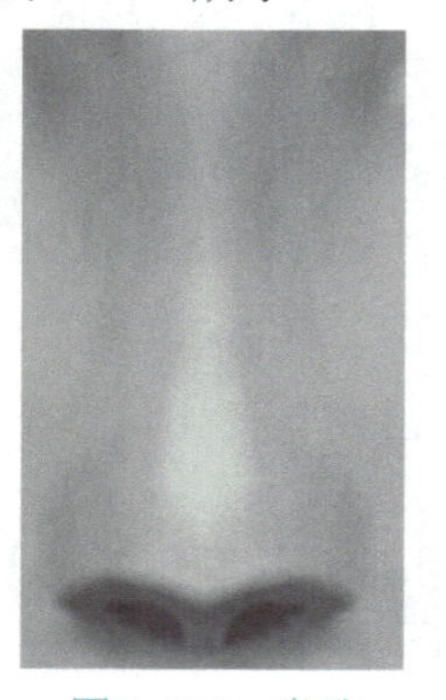

图 3-210　鼻孔

图 3-211　鼻子亮部

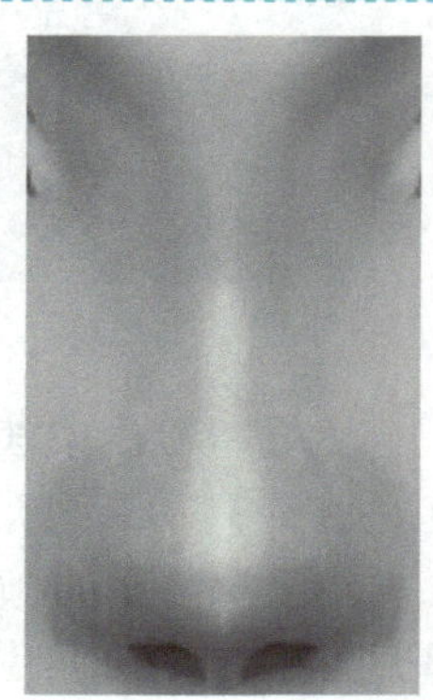

图 3-212　鼻子底部

绘制嘴部需要注意上下嘴唇的明暗变化。上嘴唇处于暗部，使用较为深的红色绘制；下嘴唇则是受光面，使用较为浅的红色绘制。在固有色的基础上，把握中缝线的造型，使其饱和度稍高。添加上下嘴唇的投影，使立体感更加突出，如图 3-213～图 3-215 所示。

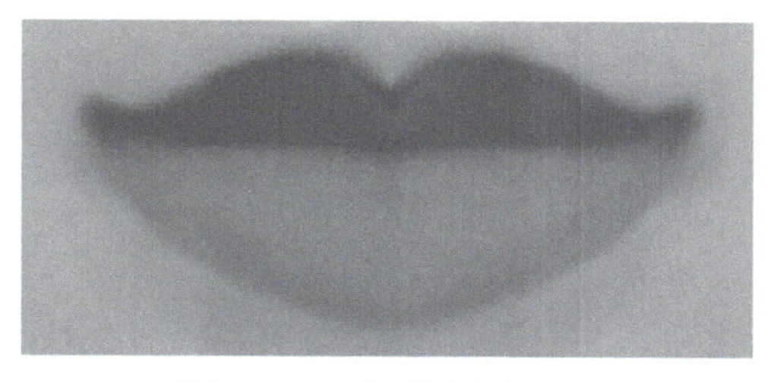

图 3-213　嘴唇固有色

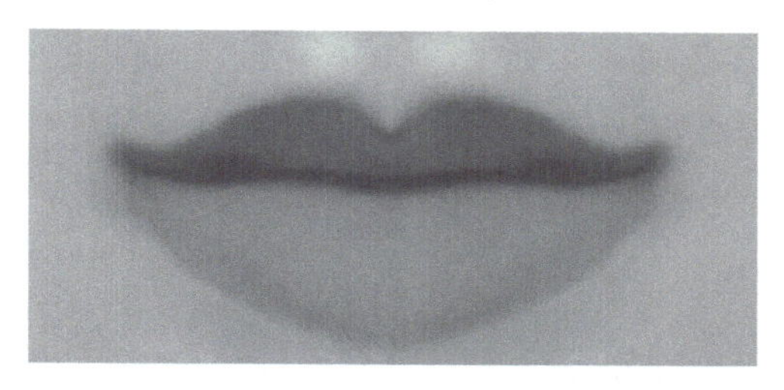

图 3-214　上嘴唇暗部

最后，要绘制出下嘴唇的高光，使其更加生动立体。细节的把握对于整个嘴部的绘制至关重要，如图 3-216 所示。

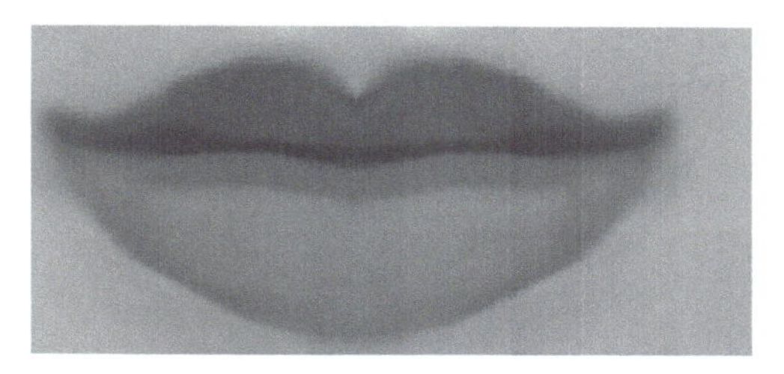

图 3-215　下嘴唇暗部

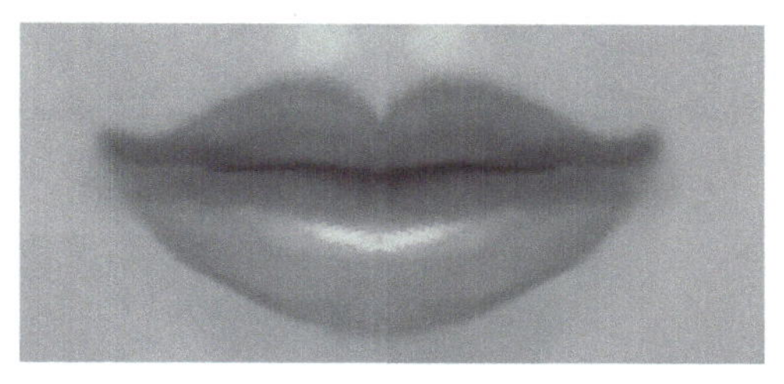

图 3-216　嘴巴完整

脸部的整体效果如图 3-217 和图 3-218 所示。

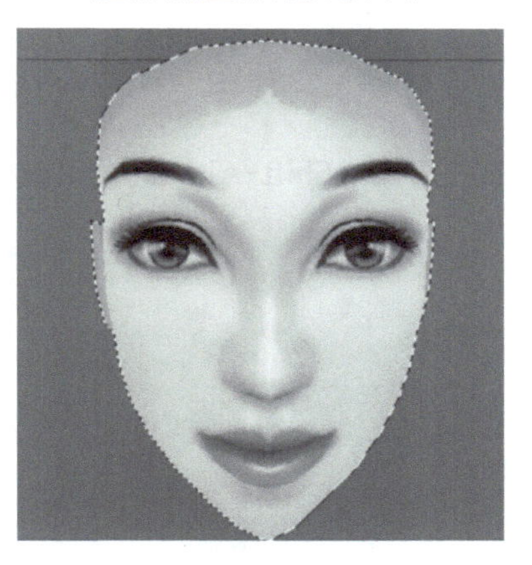

图 3-217　脸部整体效果图（正）

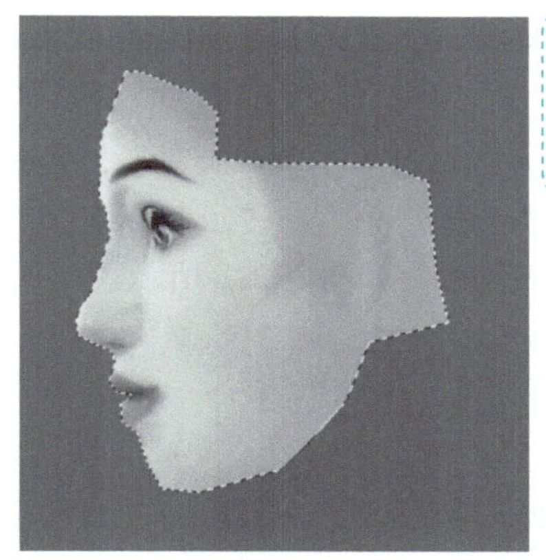

图 3-218　脸部整体效果图（侧）

图 3-217 和
图 3-218

3.5.3　女性角色头发绘制

1. 绘制明暗关系和制作透贴

绘制头发要注意整体明暗关系和立体感，不要过于琐碎。绘制整体的明暗关系如图 3-219 所示。

通过新建【Alpha 通道】，可以增加贴图的透明通道，如图 3-220 所示，从而更好地表现出头发的立体感。

进入图层面板可以看到图层底部的【Alpha 通道】，贴图透明部分需要使用黑色绘制，贴图显示部分则需要使用白色绘制，如图 3-221 所示。

图 3-219　头发明暗关系

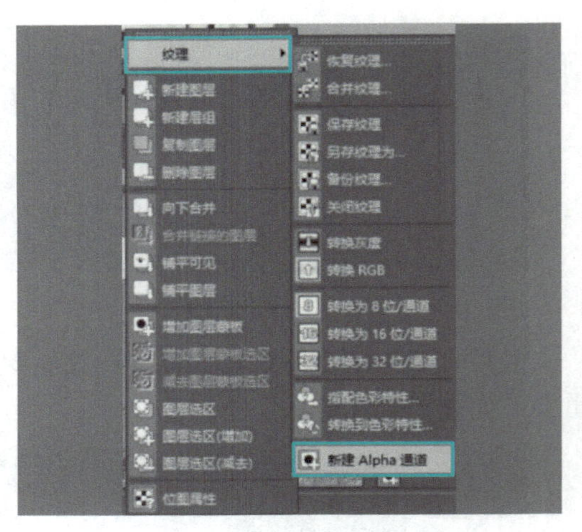

图 3-220　添加透明贴图

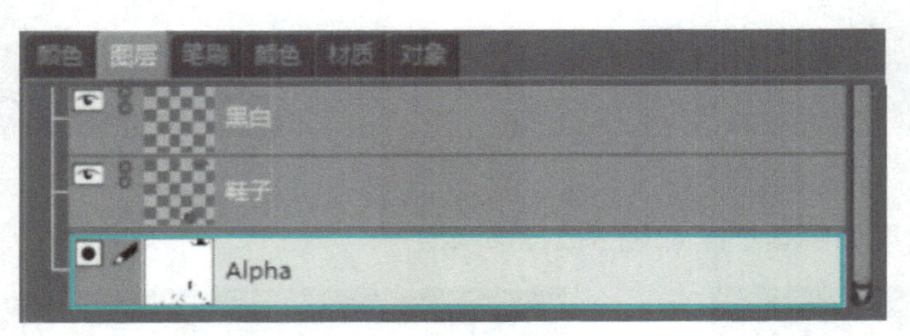

图 3-221　透明贴图位置

为了更方便绘制头发，可以将头发单独显示，进入纹理视图，按住〈Shift+Alt〉的同时选择 UV 块，选择【隐藏未选择】，如图 3-222 所示。

最后，绘制的透明贴图效果如图 3-223 所示。

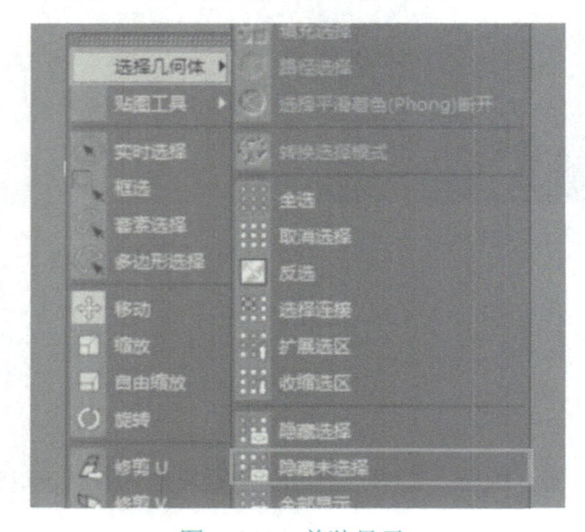

图 3-222　单独显示

图 3-223　发丝绘制效果

2. 增加头发模型的绘画细节

对头发的细节部分，如发丝、分叉或卷曲，可以使用更细小笔刷来绘制。这些细节可以用较深的颜色或与主色调不同的颜色来强调，如图 3-224～图 3-226 所示。

图 3-224　头发整体效果（正）

图 3-225　头发整体效果（侧）

图 3-226　头发整体效果（后）

3.5.4　女性角色服饰绘制

1. 衣服固有色和体积关系的绘制

按照原画绘制衣服的固有色以及角色体积关系的绘制。

角色的服饰整体可分为外套、裙子、丝袜、腰带和绳结等部分。其中大部分为蓝绿调，但绘制过程中需要注意色调的倾向，以示区别。整体体积关系的效果图如图 3-227 和图 3-228 所示。

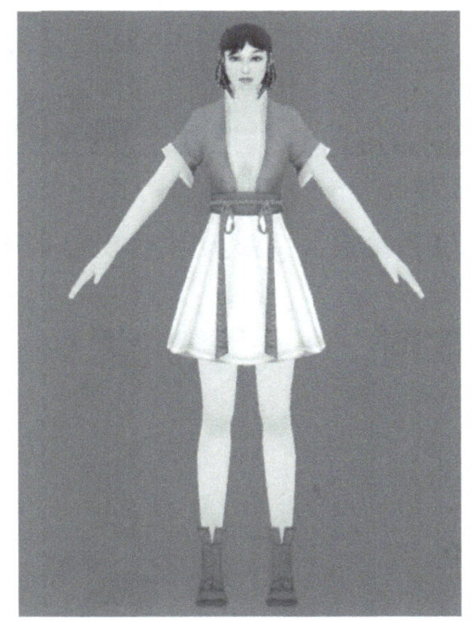

图 3-227　体积关系（正）

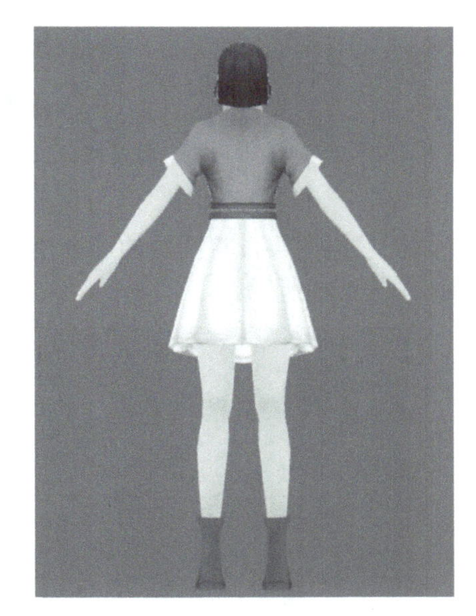

图 3-228　体积关系（后）

2. 衣服细节的深入

外套细节的绘制，要随着整体布褶的起伏做出变化，同时也要随着整体的明暗颜色变化而变化，如图 3-229 所示。绳结腰带的细节图如图 3-230 所示，腰部的细节绘制注意，先画中间亮、两边暗的变化。

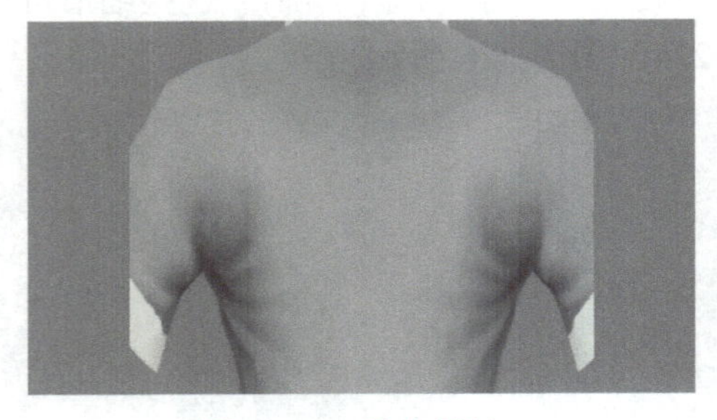

图 3-229　外套褶皱

图 3-230　绳结腰带的细节

使用快捷键〈Ctrl+S〉保存 C4D 文件，会自动创建一个 C4D 文件和 Photoshop 文件。

3. 细节完善

打开 Photoshop 文件，选择素材文件中如图 3-231 所示的纹样素材，将图片拖入 Photoshop。

将纹样覆盖裙子，选择如图 3-232 所示的图层，右击并选择【创建剪贴蒙版】。素材图便会根据裙子图层的大小进行剪贴，纹样覆盖效果如图 3-233 所示。

图 3-231　添加纹样

图 3-232　创建剪贴蒙版

图 3-233　裙子纹样效果

选择纹样素材图层，将图层的混合模式调整为【正片叠底】，不透明度修改为【60%】，如图 3-234、图 3-235 所示。

图 3-234　正片叠底

图 3-235　裙子纹样效果

外套与鞋子的纹样操作同裙子一致。Photoshop 中纹样效果如图 3-236、图 3-237 所示。

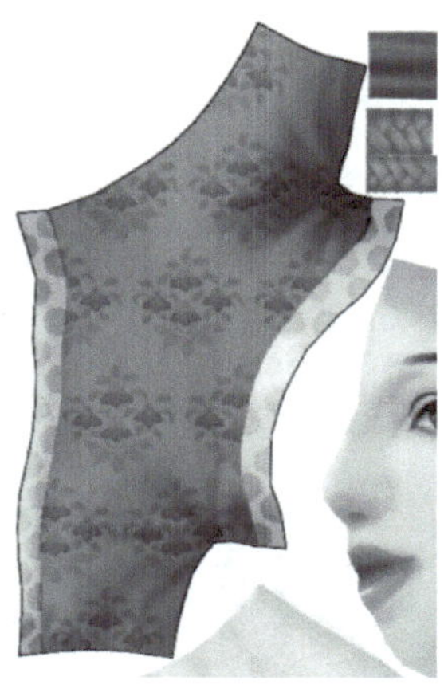

图 3-236 添加纹样

图 3-237 纹样效果

图 3-236 和
图 3-237

按快捷键〈Ctrl+S〉保存后，重新打开 C4D 文件，最终效果如图 3-238 所示。

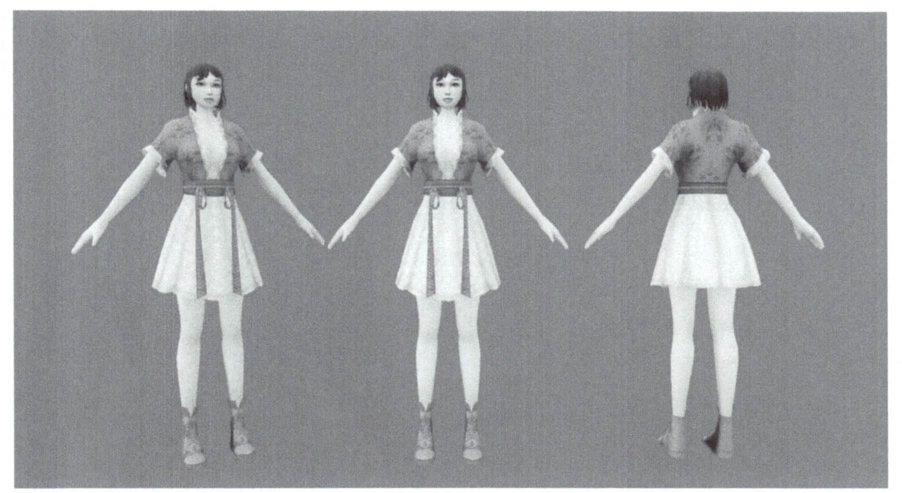

图 3-238 女性角色最终效果图

图 3-238

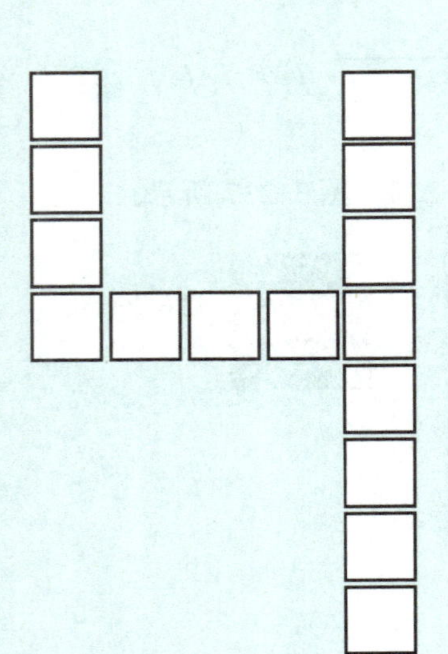

网络游戏男性角色制作

本项目效果图

4.1 项目准备

4.1.1 网络游戏男性角色案例展示

本项目将学习网络游戏男性角色的制作，如图 4-1 和图 4-2 所示。通过学习模型创建、装备制作、UV 展开以及贴图绘制等环节，读者将掌握从基础到高级的男性角色制作技能。读者将学习用 3ds Max 软件制作男性角色的头部和身体模型；使用 ZBrush 软件为角色雕刻合适的装备；使用 Maya 软件为角色添加合适的发型，并使用绘图软件为其绘制纹理和颜色。

图 4-1 和
图 4-2

图 4-1 网络游戏男性角色案例正视图展示

图 4-2 网络游戏男性角色案例侧视图展示

4.1.2 网络游戏男性角色案例准备

为满足项目组的要求，特下发设计工作单，期望设计人员能够明确模型制作的各项要求，清晰了解每个环节的具体要求，确保模型设计制作的高效和质量。设计人员需根据工作单规定的时间节点，认真完成模型的设计和制作。工作单内容如表 4-1 所示。

表 4-1　网络游戏男性角色工作单

项目名	项目分解				工时小计
	低模	UV	高模	贴图绘制	
网络游戏男性角色	2 天	2 天	2 天	1 天	7 天
制作规范	1. 保证模型的精度符合项目标准，特别注意避免过多或过少的面数，确保优化性能，要求布线合理，不能有废点。 2. 参照原画制作，注意模型的结构比例问题。 3. 根据项目要求进行贴图制作，包括下一代贴图的组成、格式和大小。确保贴图效果精细、真实				
注意事项	面数控制在 8000 面以内，贴图分辨率 2048×2048px				

素材导读

中国传统服饰注重宽大舒适，同时又强调身姿和线条的展现。中国传统服饰文化是中国人民在长期劳动和生活中创造的宝贵财富，它不仅具有审美价值，更蕴含了丰富的文化内涵和历史意义。通过了解中国传统服饰文化，可以更好地理解中华民族的历史和文化传统，同时也可以为现代服饰设计提供灵感和借鉴。

4.2 男性角色模型制作

男性头部结构比例特点和头部模型的理论基础如下。

“三庭五眼”中的“三庭”是指从发际线开始到眉弓是第一庭，从眉弓到鼻底是第二庭，从鼻底到下巴是第三庭，这三庭长度一样。“五眼”是指以眼睛的宽度为基本单位，将头部在横向上等分为五等份，其中两眼之间的间距恰好为一个眼的宽度，并且眼睛的外眼角到头部边缘的距离也刚好是一个眼的宽度。

如果将眼角之间连成线，这条线即是位于头顶到下巴的中线，如图 4-3 所示。从顶部看头的造型，额头要窄，后脑勺要宽，如图 4-4 所示。

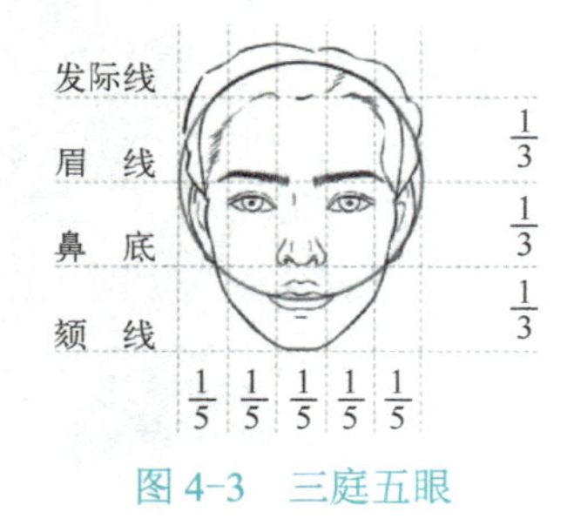

图 4-3　三庭五眼

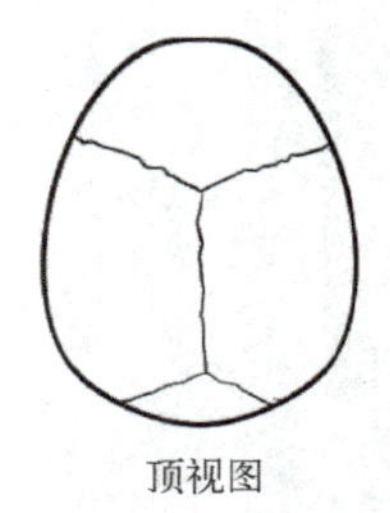

图 4-4　头顶造型

4.2.1　男性角色头部模型制作

男性角色头部模型制作

1. 创建头部基本形体

头部的基本形状是由一个椭圆加一个方盒子拼接而成的，如图 4-5 和图 4-6 所示。

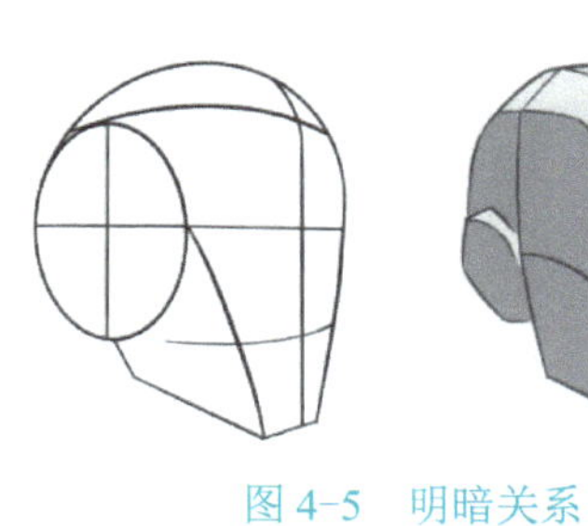

图 4-5　明暗关系

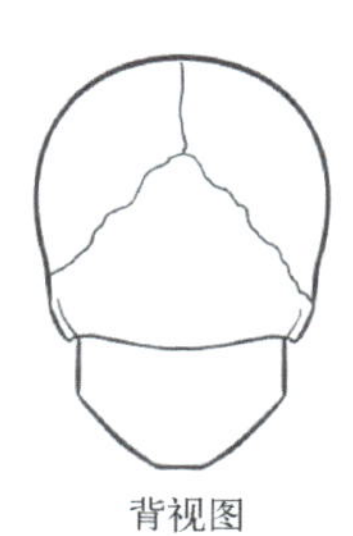

图 4-6　头部形态

创建一个【Box】（长方体），将物体转化成【可编辑多边形】，在修改面板中使用【编辑几何体-网格平滑】工具，将盒子转化成球体，如图 4-7 和图 4-8 所示。

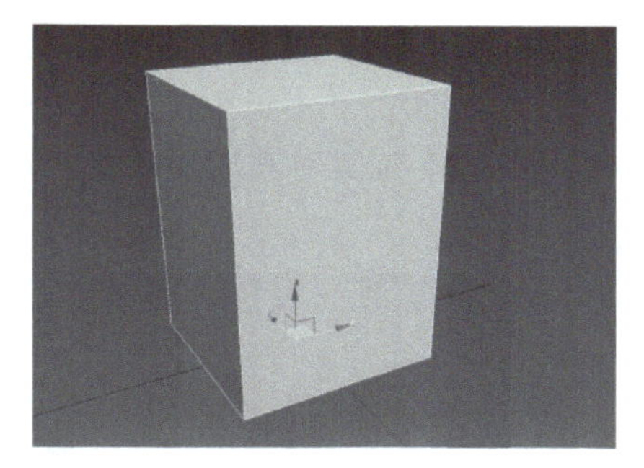

图 4-7　创建长方体

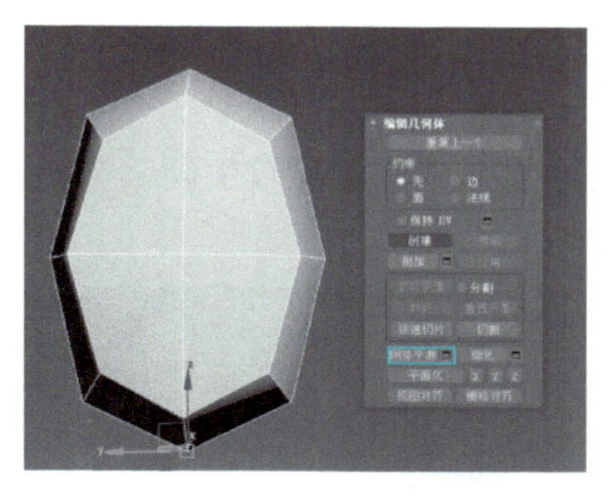

图 4-8　使用网格平滑

进入面级别，选择底部的面，用【挤出】工具制作下颌骨的结构。删除一半脸部，通过【镜像】里的【实例】镜像出另一半，从正面调整脸型，如图 4-9～图 4-13 所示。

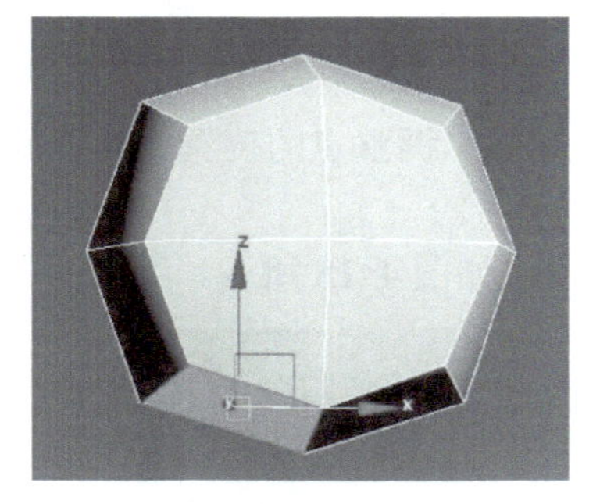

图 4-9　底视图选择面

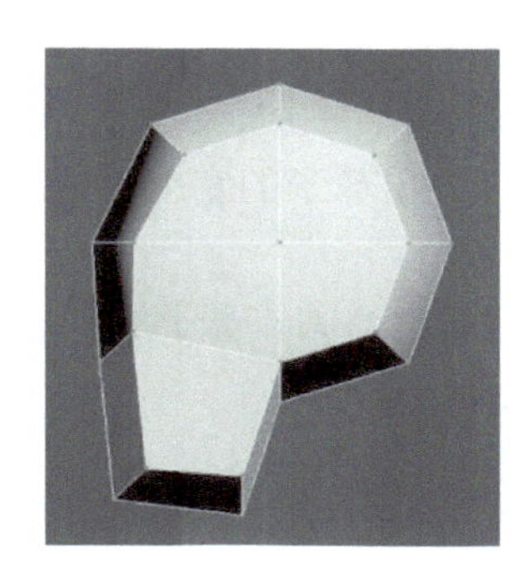

图 4-10　挤出下颌骨

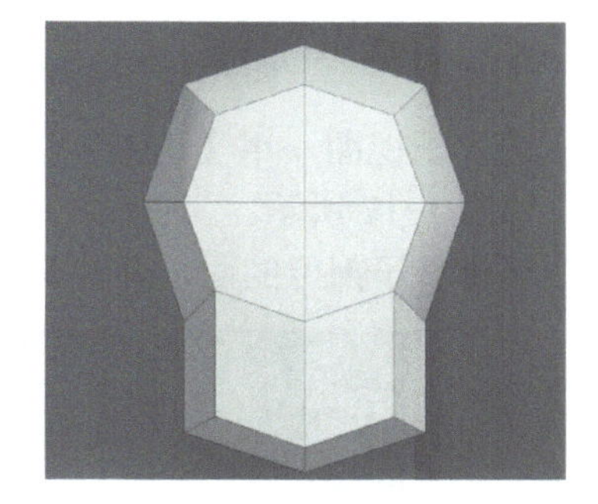

图 4-11　正视图

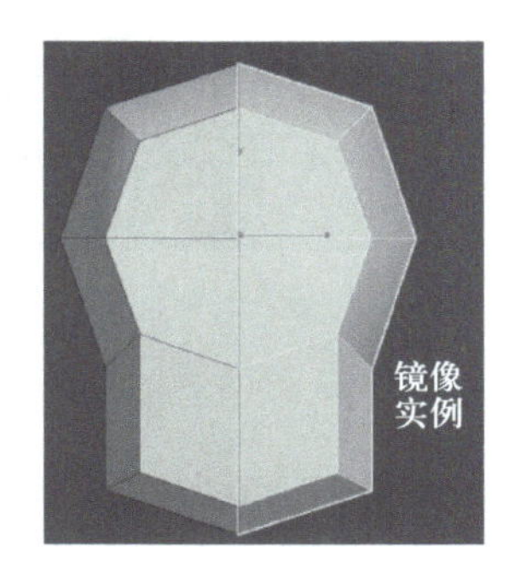

图 4-12　镜像另一半

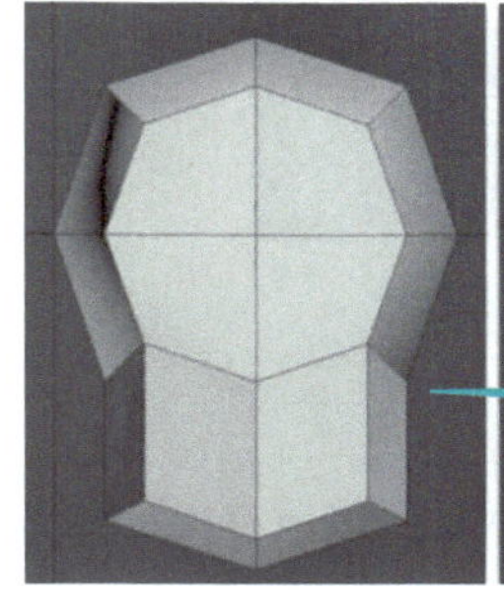

图 4-13　调整面部位置

选择底部上下两个面，用【挤出】工具挤出脖子的结构，如图 4-14 所示。

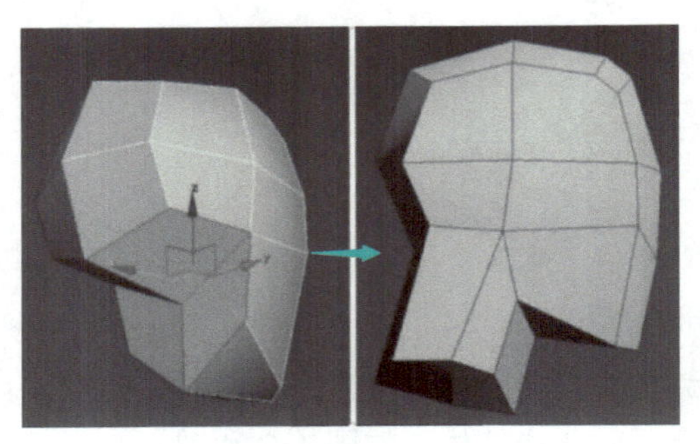

图 4-14　选择面并挤出脖子

进入点级别，调整头骨与脖子转折点的位置，让转折点与鼻底基本齐平，如图 4-15 所示。

从正面看头顶两侧比较生硬，于是可以选择线，用【切角】工具对其加线调型，如图 4-16 所示。

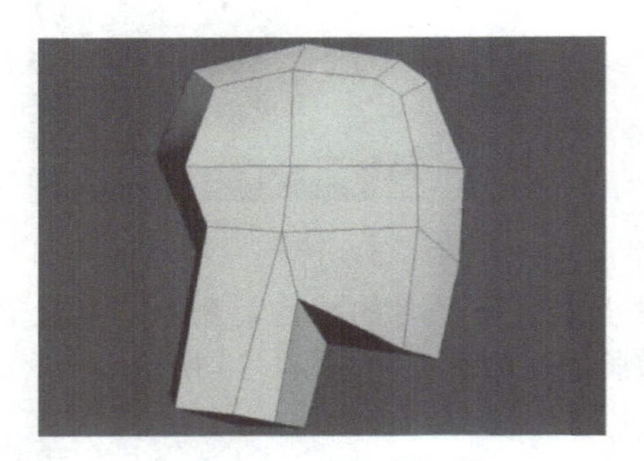

图 4-15　侧视图调整

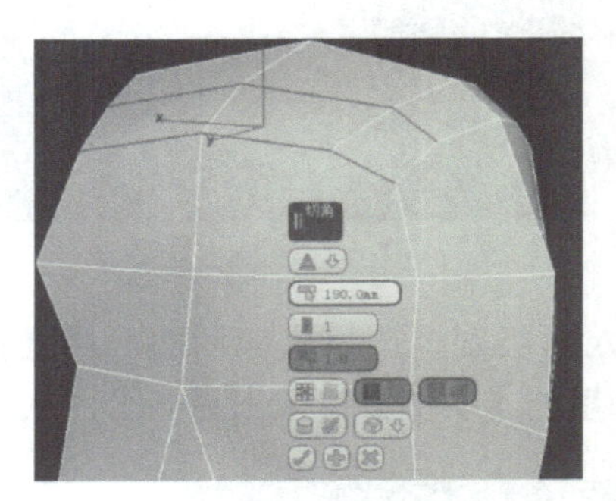

图 4-16　选择线切角

进入正视图，用【切割】工具，分出鼻子的宽度；进入底视图，调整点的位置，让鼻底扁平，如图 4-17 所示。

选择鼻子部位的面，并对其进行挤出，制作鼻子的基本高度，如图 4-18 所示。

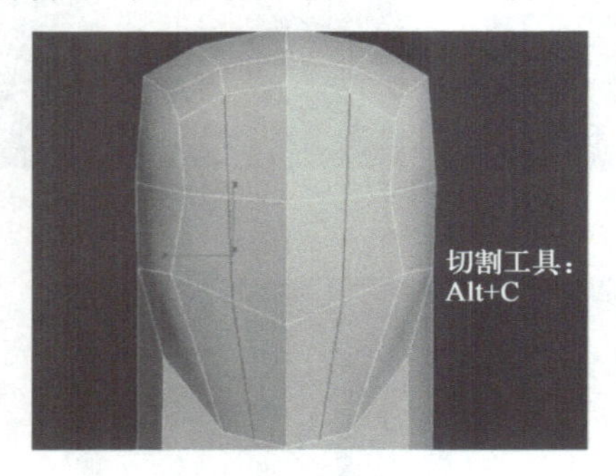

图 4-17　确认鼻子宽度

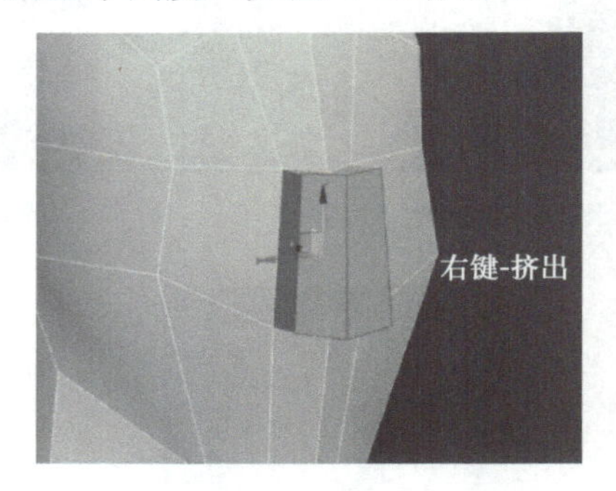

图 4-18　挤出高度

2. 五官结构的深化

调整鼻子形状。选择内部的面，按〈Delete〉将其删除，如图 4-19 和图 4-20 所示。

调整鼻子的点，使鼻子位置确定之后再确定眼睛的位置。由于眼睛位于整个头的正中间，于是从侧面用【连接】工具连接一条线来确定眼睛的位置，如图 4-21～图 4-23 所示。

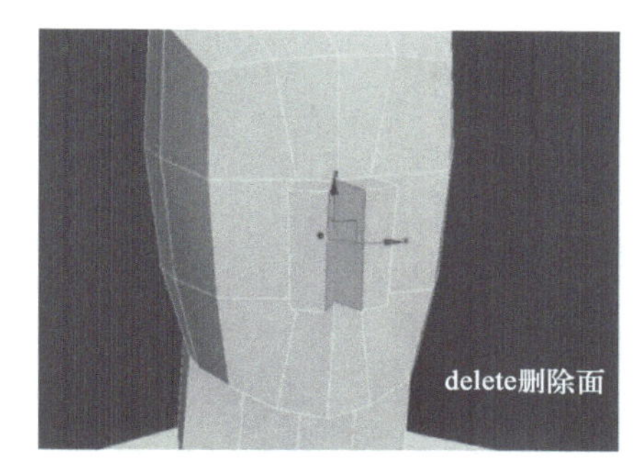

图 4-19　删除鼻子中间的面

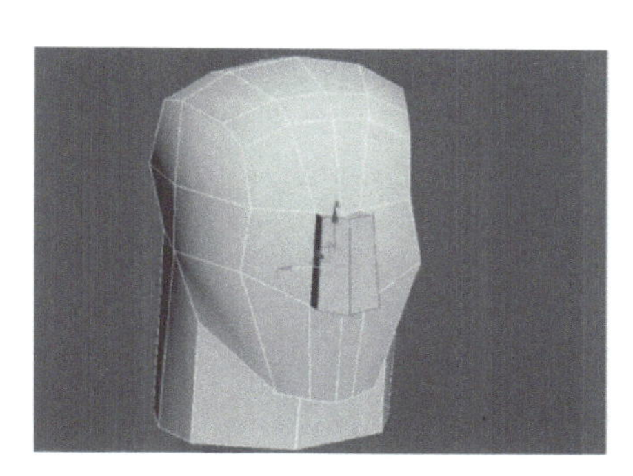
图 4-20　调整点位

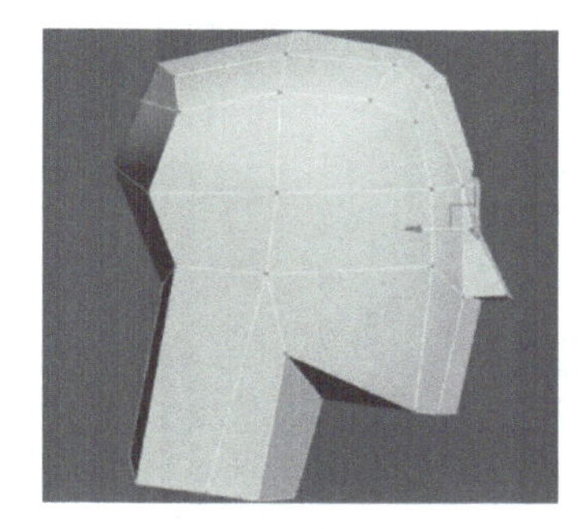
图 4-21　调整鼻子位置

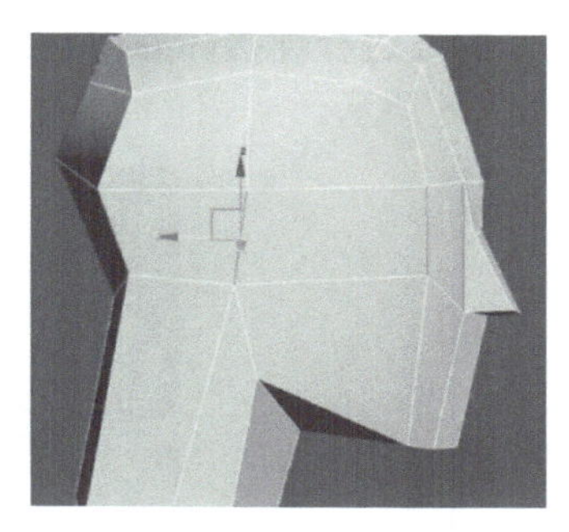
图 4-22　循环选择线

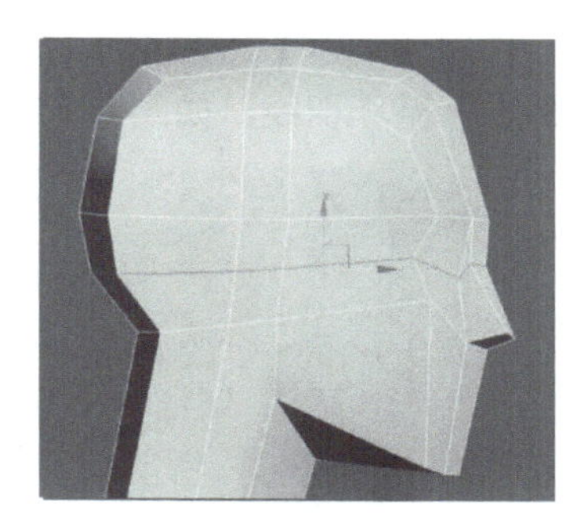
图 4-23　连接面部的线

选择耳朵的面，用【挤出】工具制作耳朵的高度，并从顶视图旋转出耳朵的方向，如图 4-24～图 4-26 所示。

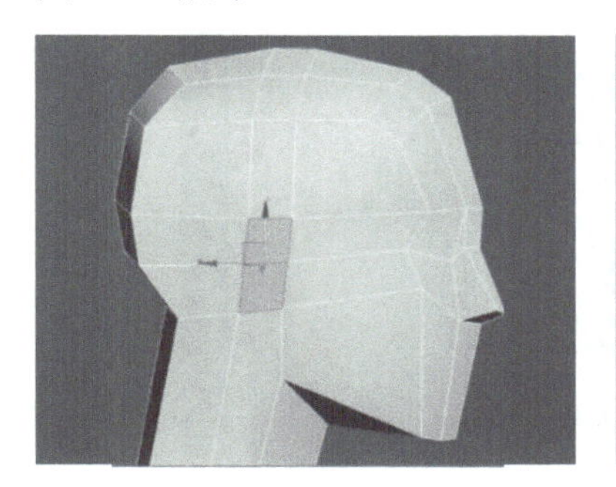
图 4-24　选择耳朵的面

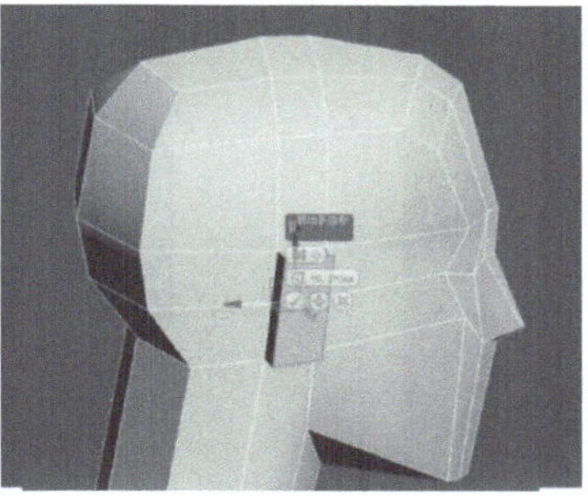
图 4-25　使用挤出工具

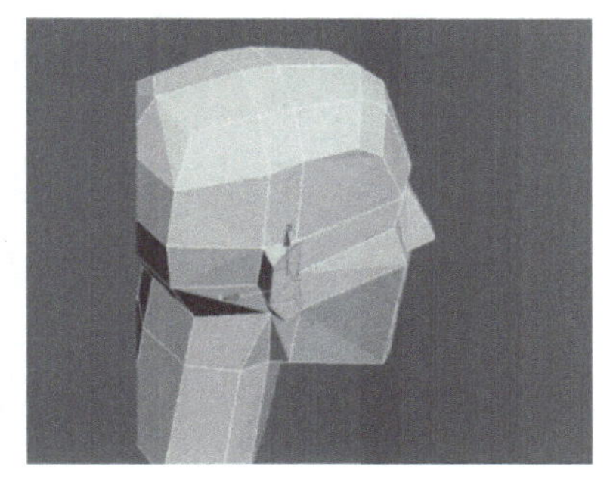
图 4-26　调整耳朵位置

在顶视图中调整头部造型和耳朵位置，在正视图中调整布线结构，从多个视角转换观察布线，如图 4-27～图 4-30 所示。

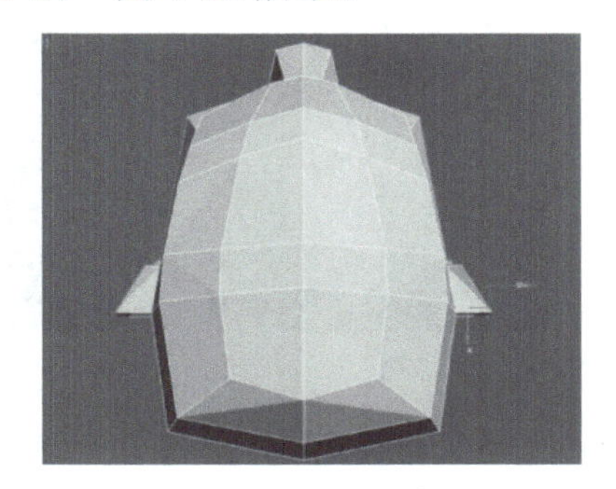
图 4-27　顶视图效果

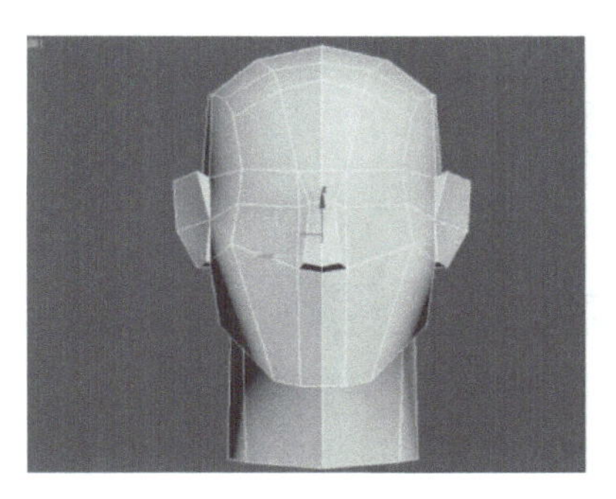
图 4-28　正视图效果

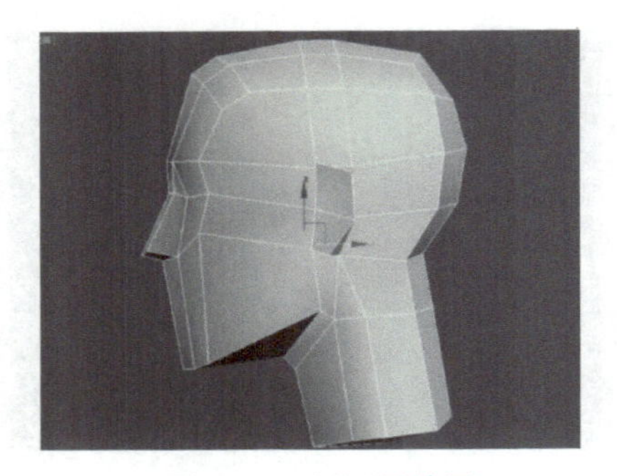

图 4-29　侧视图效果

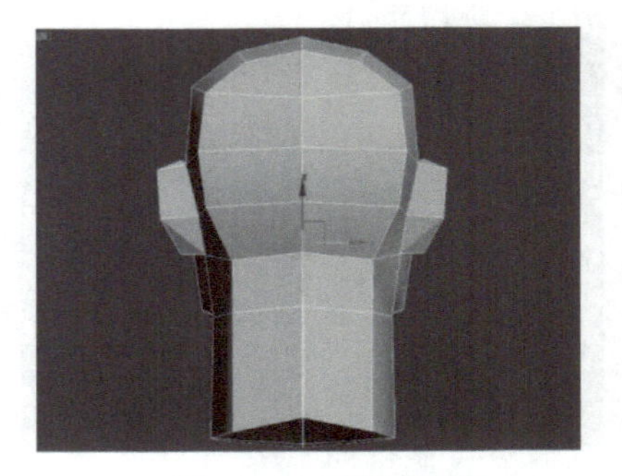

图 4-30　后视图效果

使用【切割】工具把嘴巴和鼻子的线进行连接，并调整结构关系。选择鼻中线顶点位置对脸部进行循环切线，如图 4-31～图 4-36 所示。

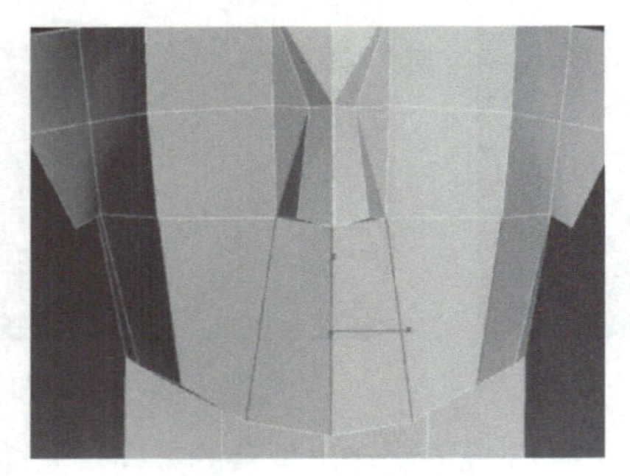

图 4-31　选择嘴巴的线

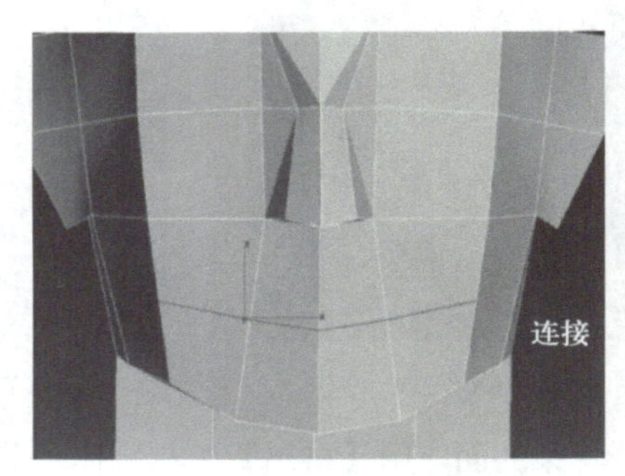

图 4-32　使用连接工具

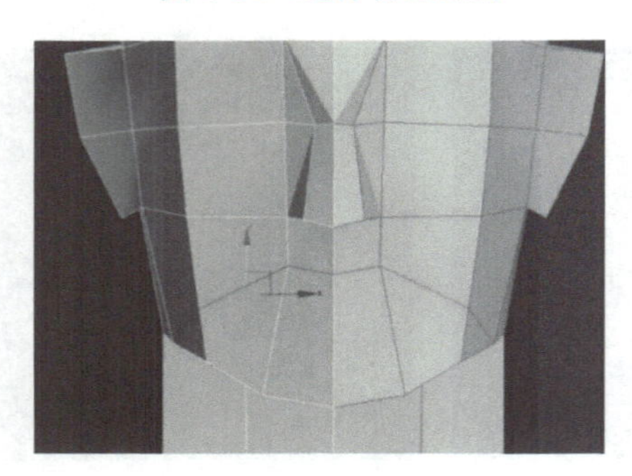

图 4-33　调整嘴巴线条

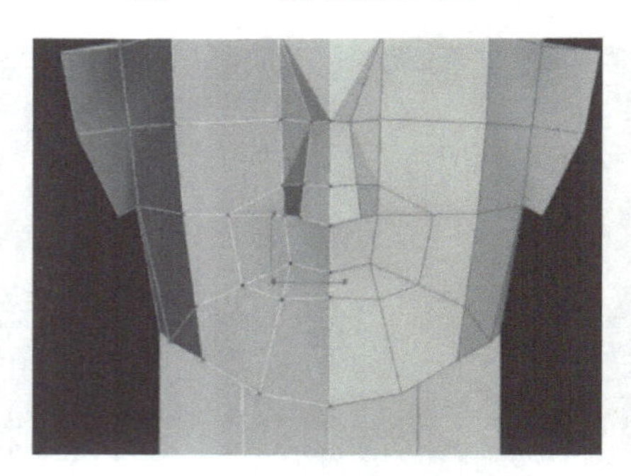

图 4-34　连接鼻子和嘴巴的线

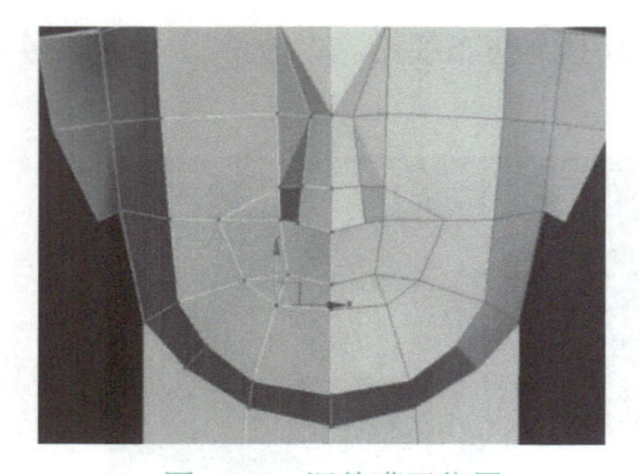

图 4-35　调整嘴巴位置

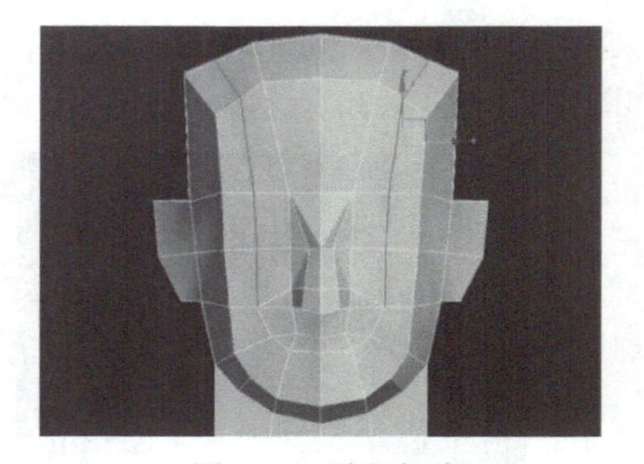

图 4-36　脸部加线

调节眼部的顶点，以确定眼睛的位置，如图 4-37 所示。使用【切角】工具调节眼睛的大小，如图 4-38 所示。

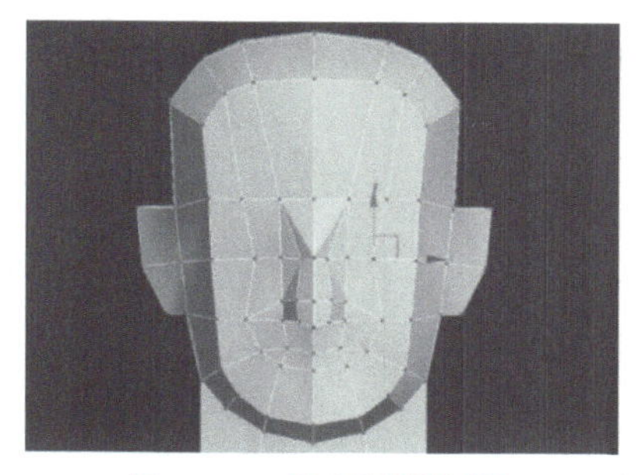
图 4-37　确定眼睛位置

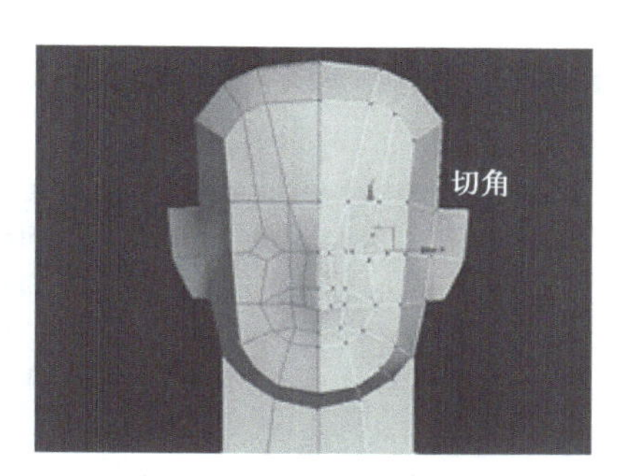

图 4-38　调节眼睛大小

选择下巴的线，使用【切角】工具对下巴进行切割，以调整下巴结构，如图 4-39 和图 4-40 所示。

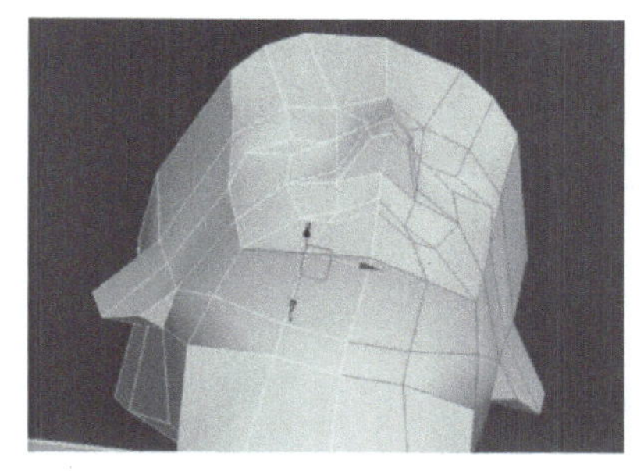
图 4-39　选择下巴的线

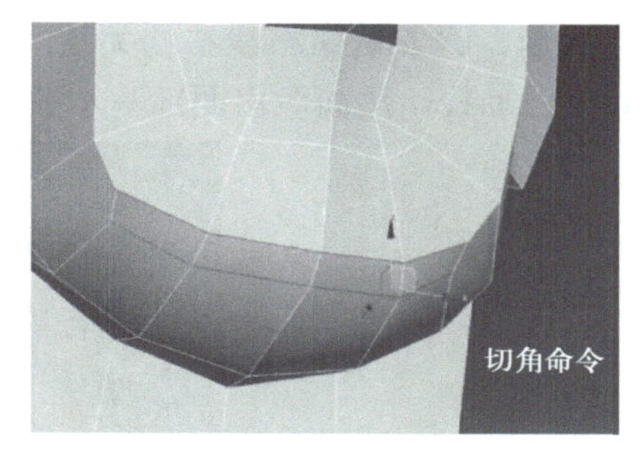

图 4-40　切割下巴

选择额头的循环线，使用【连接】工具对额头进行加线连接以调整结构，如图 4-41 和图 4-42 所示。

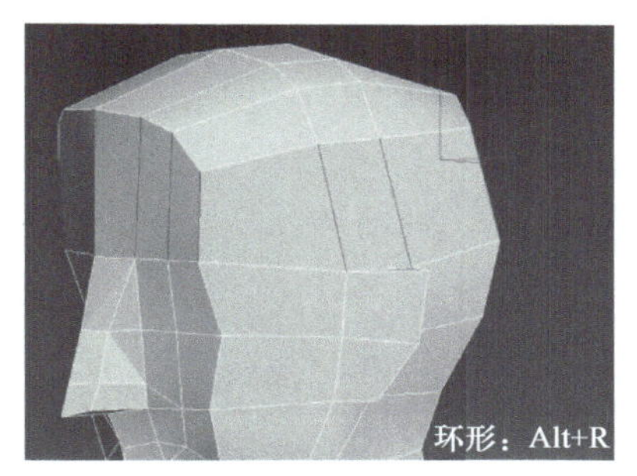

图 4-41　额头加线

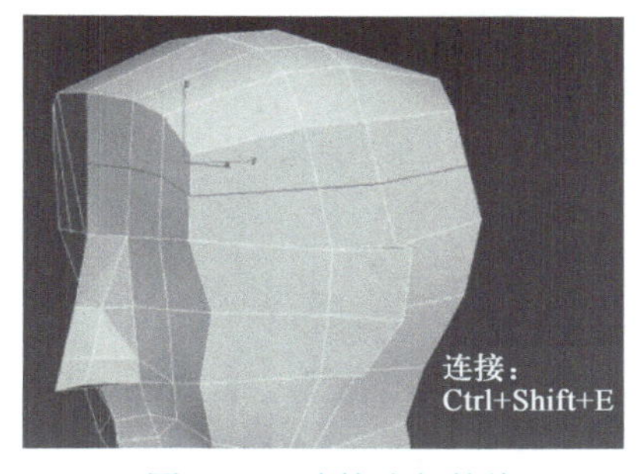

图 4-42　连接头部的线

对嘴巴加线调形，调整嘴巴形状，如图 4-43 所示。

选择如图 4-44 所示的线，对其使用【切角】工具，增加面部细节，如图 4-45 所示。

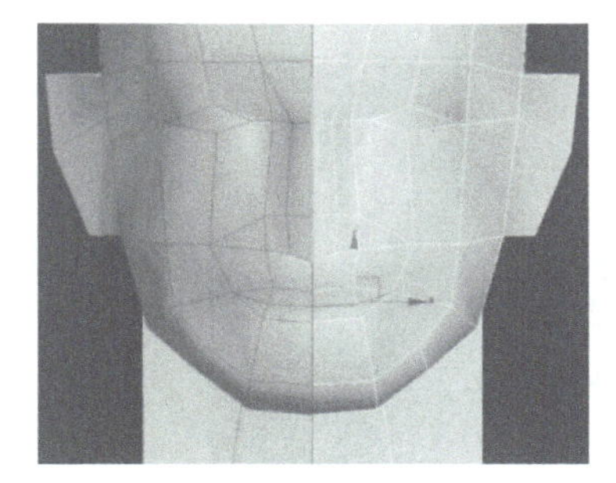
图 4-43　嘴巴加线

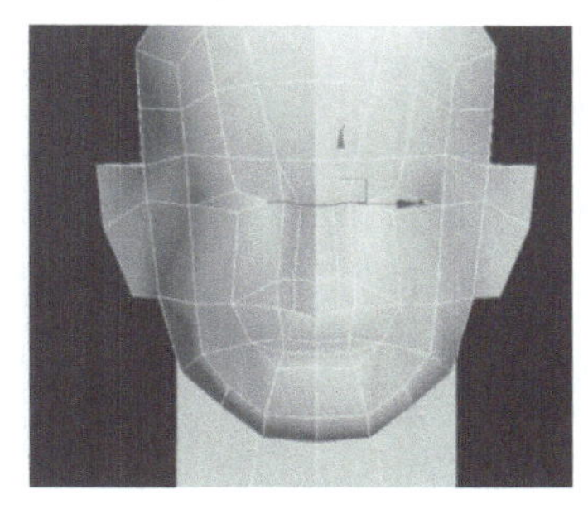
图 4-44　选择眼睛的线

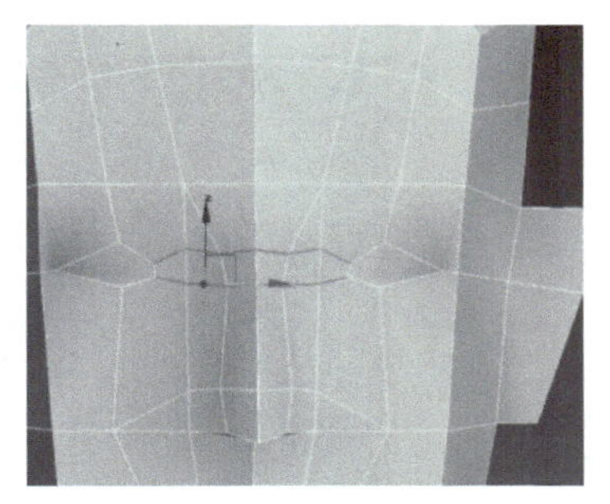
图 4-45　使用切角工具

选中眼尾的一圈循环线，对其使用【切角】工具，做加线以调整眼睛结构，如图 4-46 和图 4-47 所示。

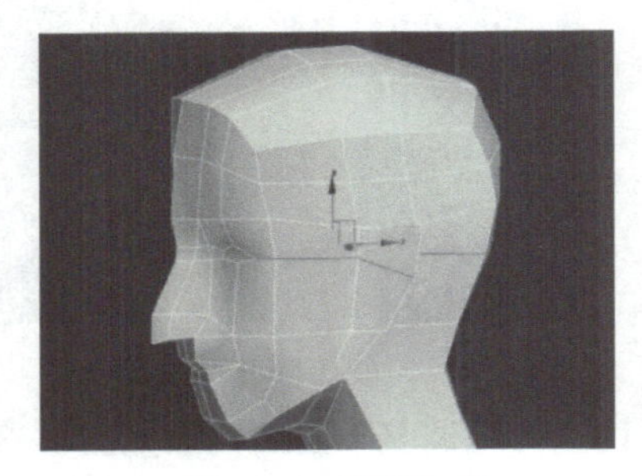
图 4-46 眼角加线

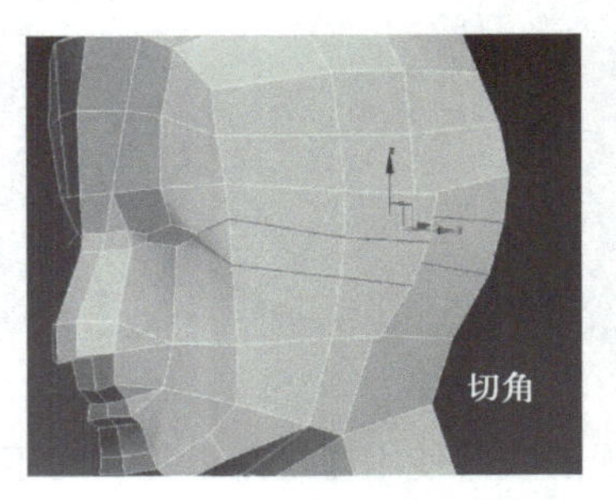

图 4-47 对眼尾的循环线切角

加线完成后，调整侧面布线结构关系。对人中卡线，以便面部结构造型的调整，将布线均匀调整，对下巴加线，进而做出面部基本关系，如图 4-48～图 4-50 所示。

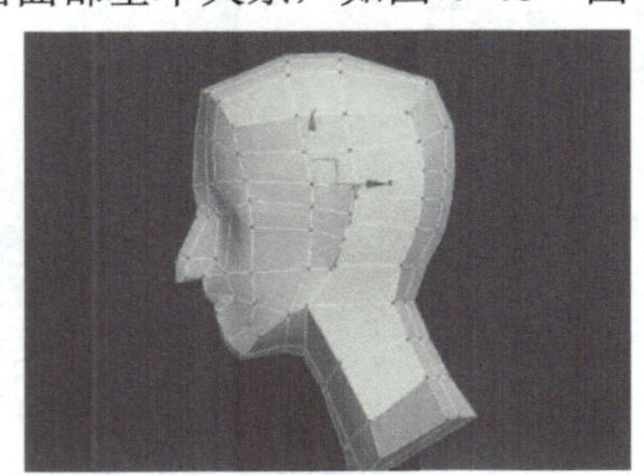
图 4-48 侧视图结构调整

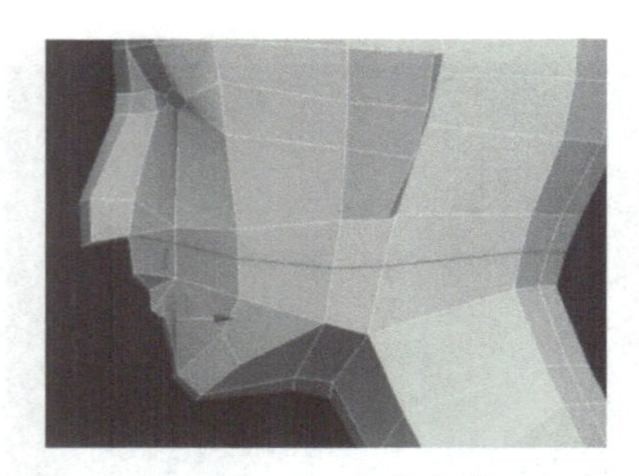
图 4-49 人中卡线

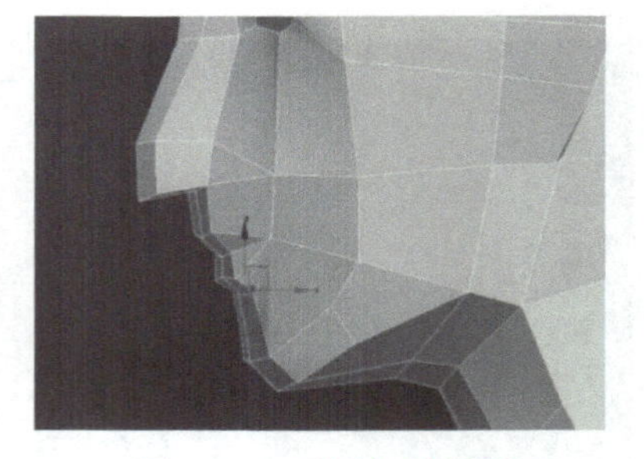
图 4-50 下巴加线调形

正视图布线如图 4-51 所示，接着加线调整细节。选择眼部的循环线，使用【连接】工具增加眼部细节，或者使用【切割】工具切出眼部细节，布线如图 4-52 和图 4-53 所示。

对眼睛布线结构进行适当调整，如图 4-54～图 4-56 所示。

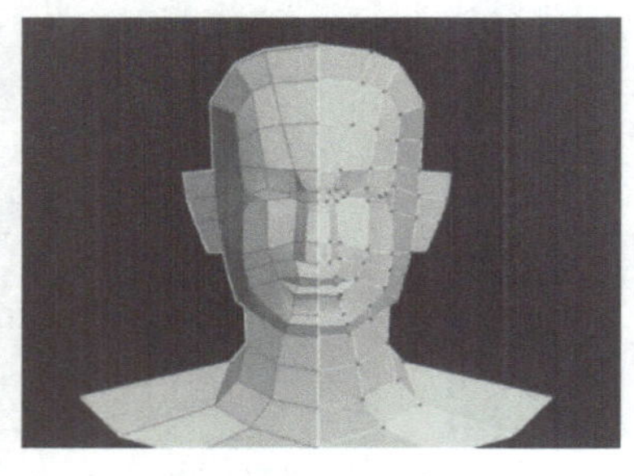
图 4-51 正面布线造型

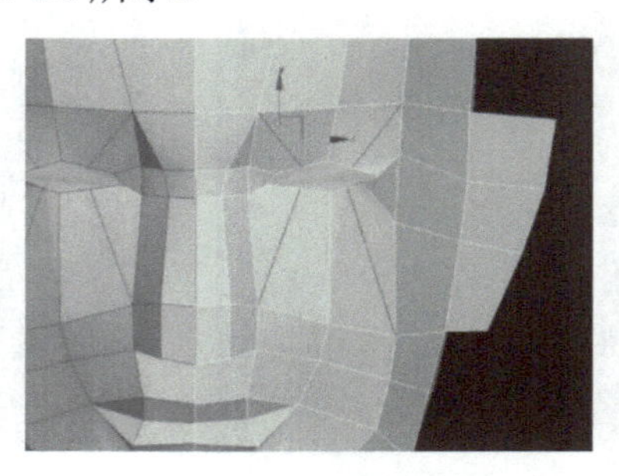
图 4-52 选择眼部环线

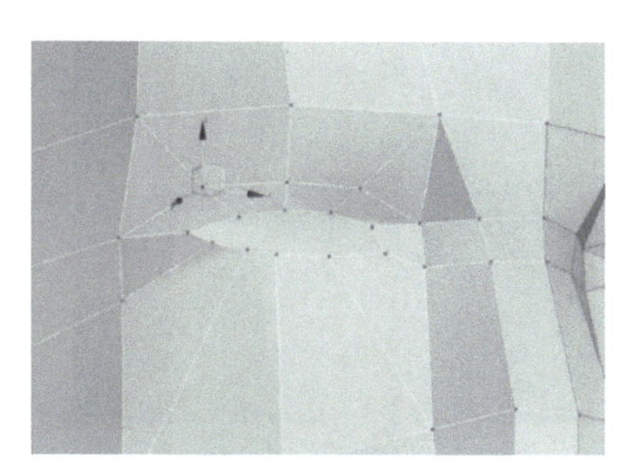

图 4-53　使用切割工具切线

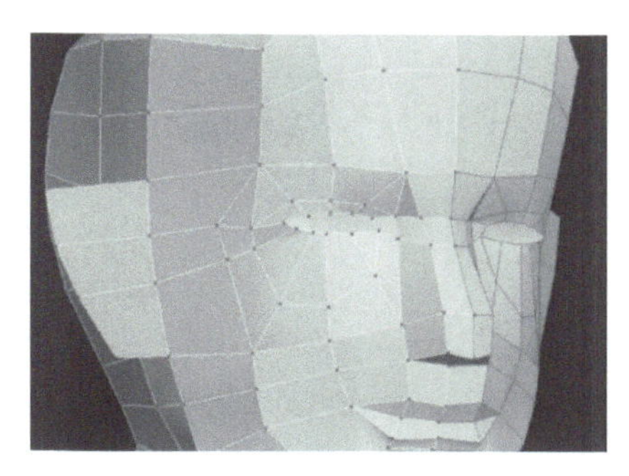

图 4-54　调整眼部结构布线

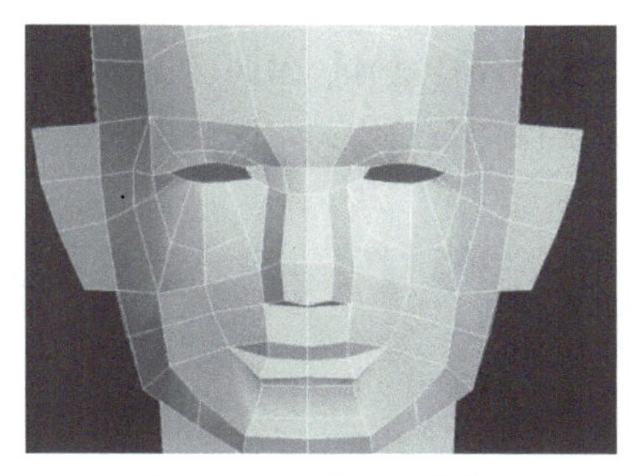

图 4-55　调整面部布线

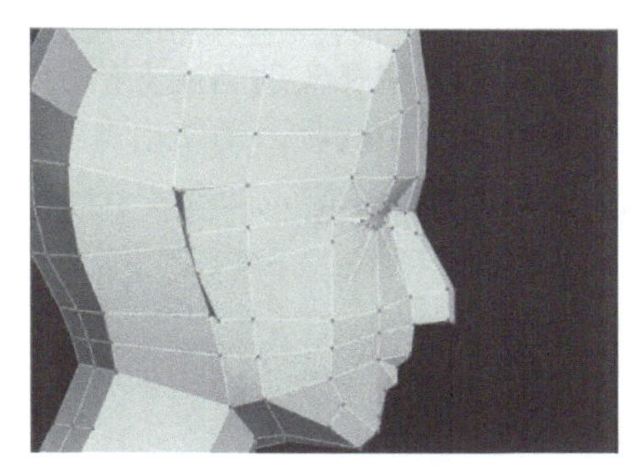

图 4-56　调整侧面布线造型

多次添加眼部循环线，连接这些加线，并挤压出眼部结构，为鼻子循环线添加细节。多次为眼周添加循环线以丰富布线结构，将其连接以调整眼部结构，一些眼部周围的布线可以再次添加线，调整眼部的细微结构变化，如图 4-57～图 4-62 所示。

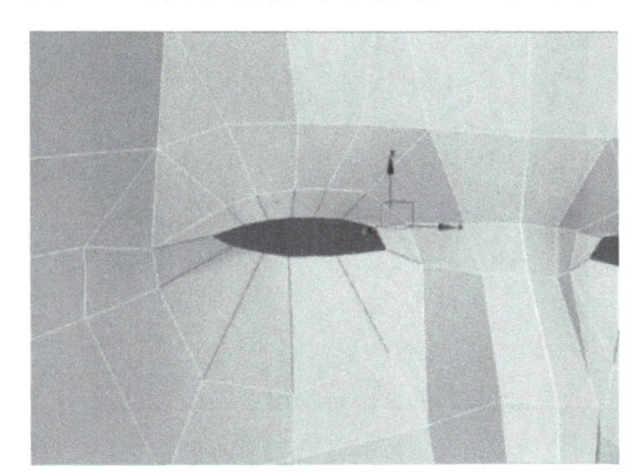

图 4-57　选择眼部循环线

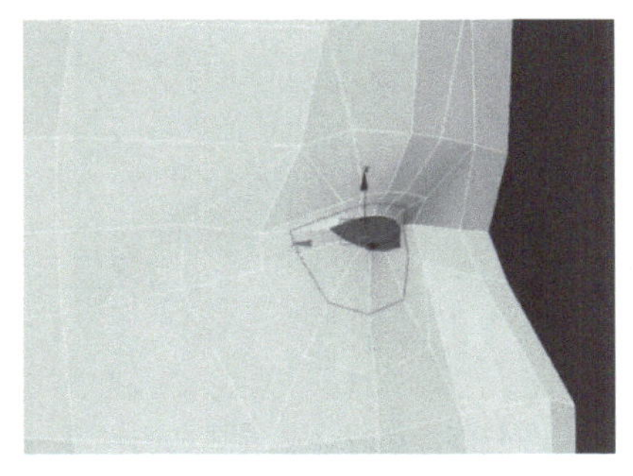

图 4-58　眼轮廓用连接工具加线

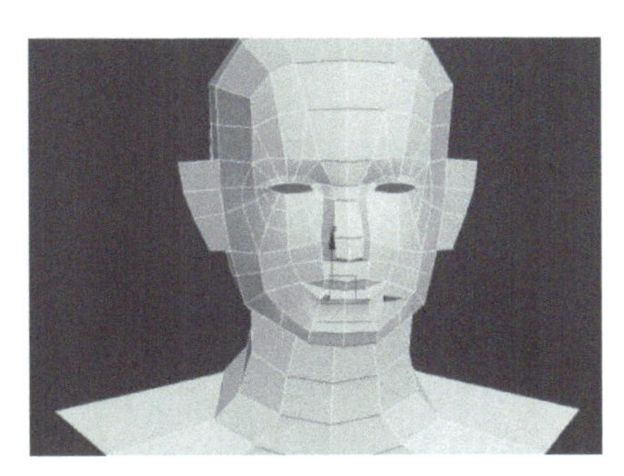

图 4-59　选择鼻子循环线

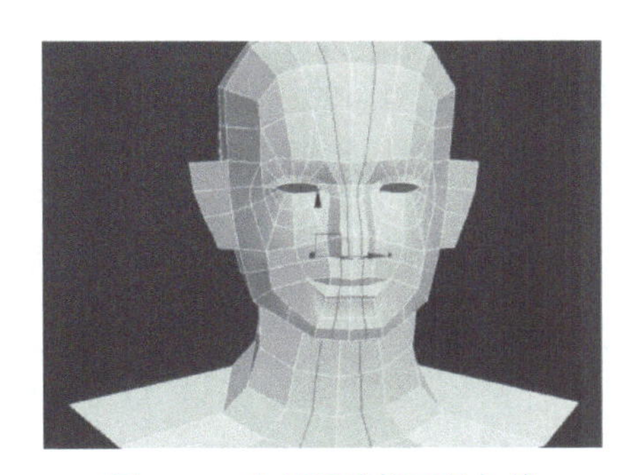

图 4-60　头部用连接工具加线

图 4-61　二次选择眼部循环线

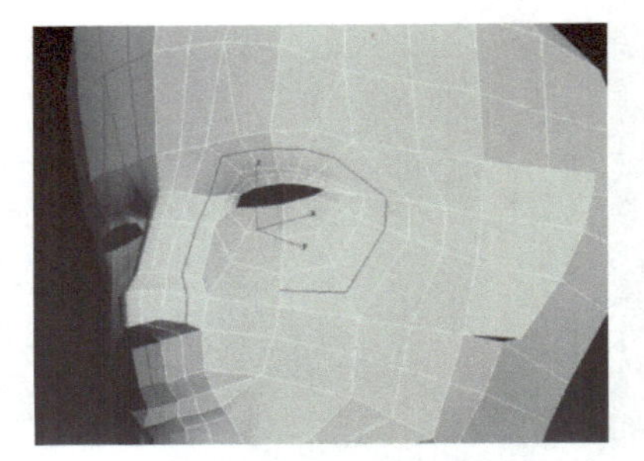
图 4-62　眼轮廓用连接工具二次加线

3. 调整鼻子结构布线

调整鼻子结构。将鼻头适当往上抬，调整鼻子两侧的线往鼻基底下收，做出鼻子的轮廓，两侧的线也要往鼻子中间收。调整出鼻子轮廓的同时要保持布线均匀，眼睛侧的鼻梁线也要往面部压线。做出的鼻子轮廓，如图 4-63～图 4-66 所示。

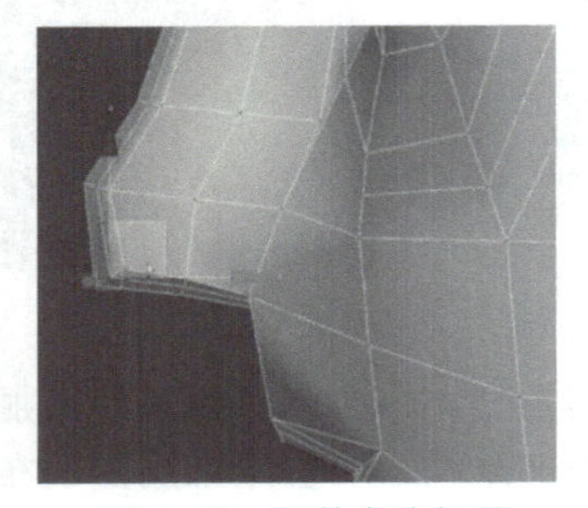
图 4-63　调整鼻头细节

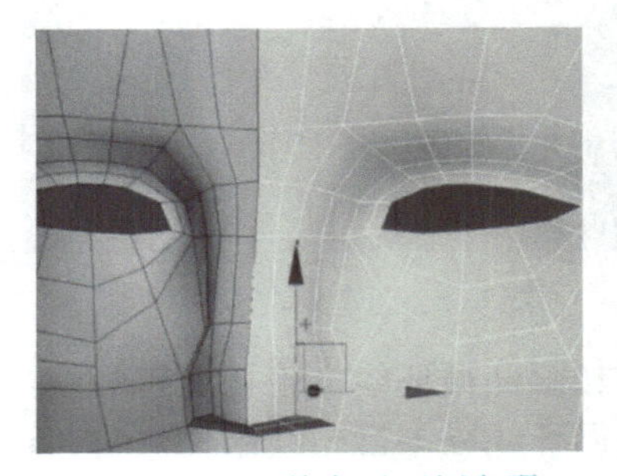
图 4-64　调整鼻子两侧鼻翼

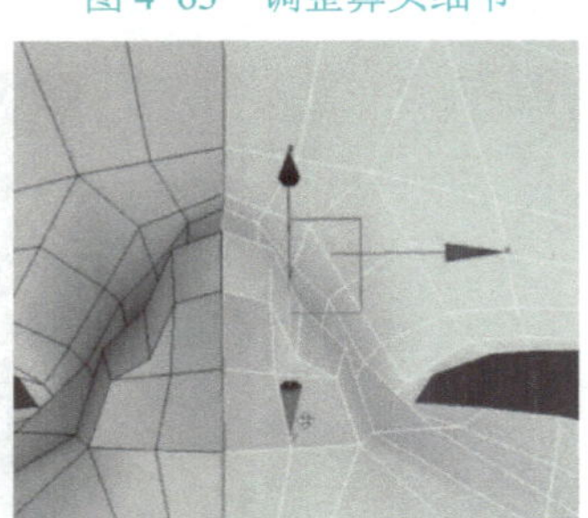
图 4-65　选择鼻骨的线往面部压

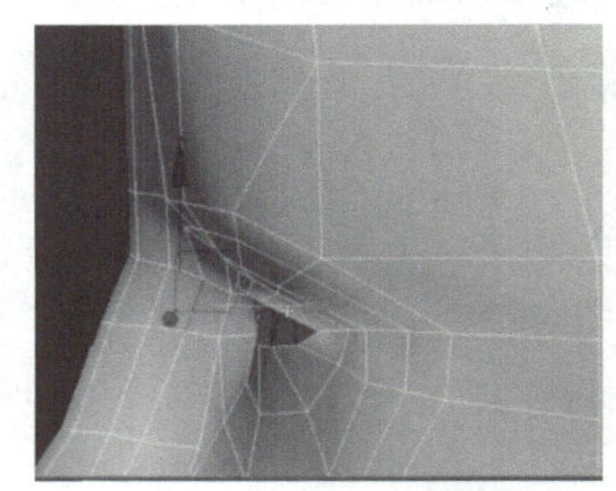
图 4-66　将鼻梁线往面部调整

在做出鼻孔之前，还需对面部布线进行调整。

首先调整鼻基底下人中的结构线。调整鼻子底下线的弧度，不要使其呈现一条直线，如图 4-67 所示。下巴侧面的线也要适当地往回收，如图 4-68 所示。

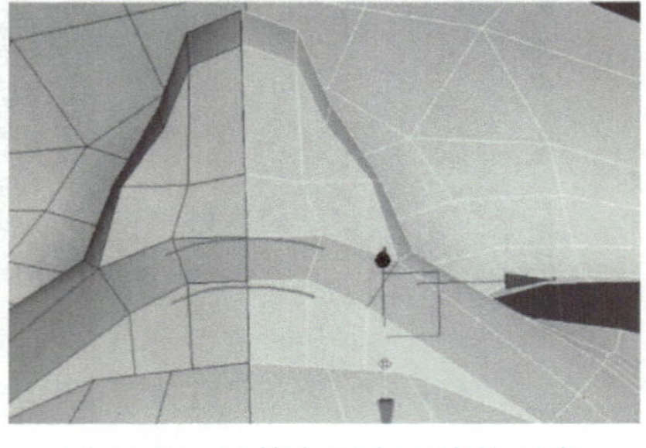
图 4-67　调整鼻子底下线的弧度

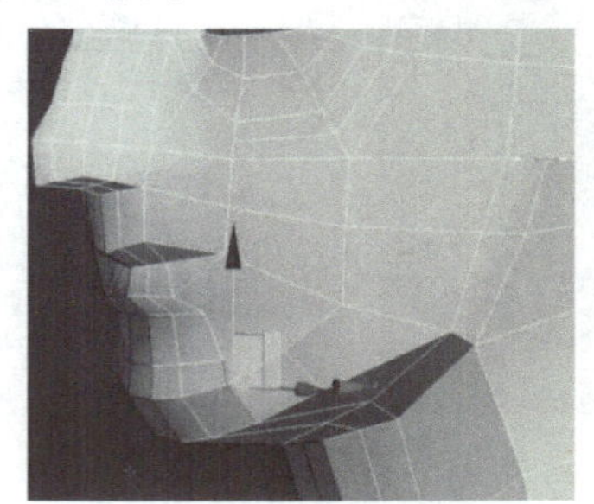
图 4-68　往回收下巴的线

选择面部侧边下巴到前额上方的循环线，右击将其连接以做面部细节。调整头部结构以及下巴的结构线，如图 4-69～图 4-72 所示。

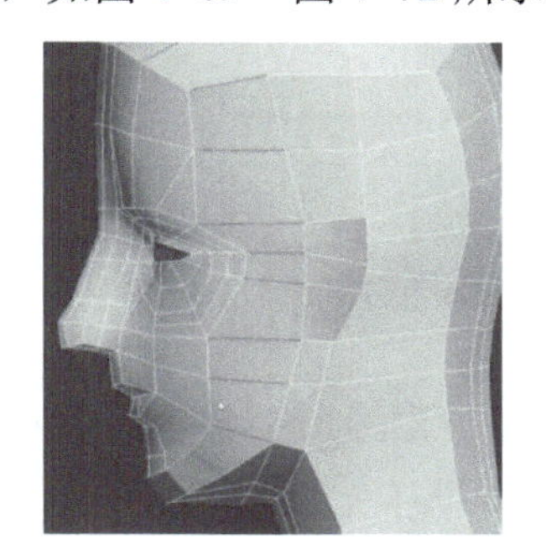

图 4-69　选择下巴循环线

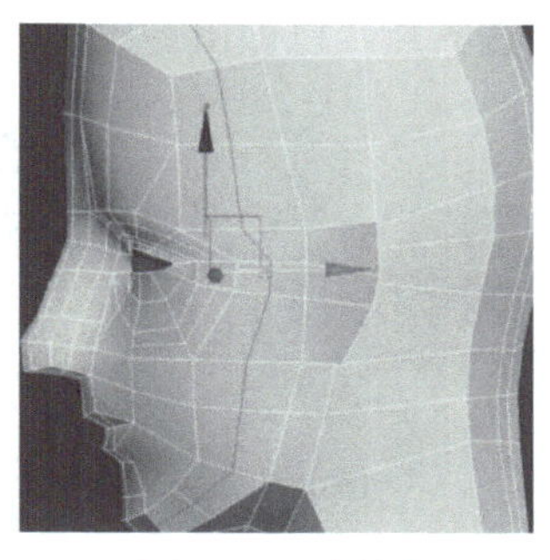

图 4-70　连接线

图 4-71　将头部结构调圆滑

图 4-72　下巴结构调整

继续加线做面部细节。选择人中到后脑的循环边，右击连接线。将人中线往面部收以调整基本结构，如图 4-73～图 4-75 所示。

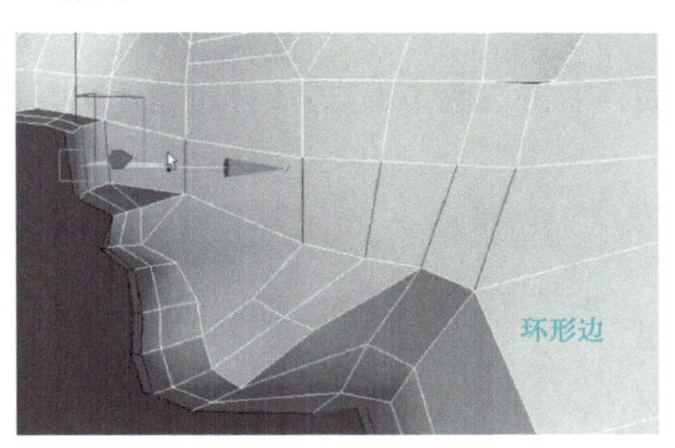

图 4-73　选择人中的循环边

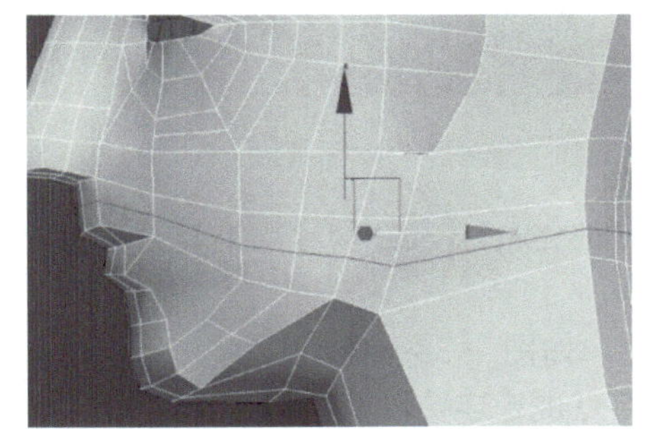

图 4-74　连接人中的线

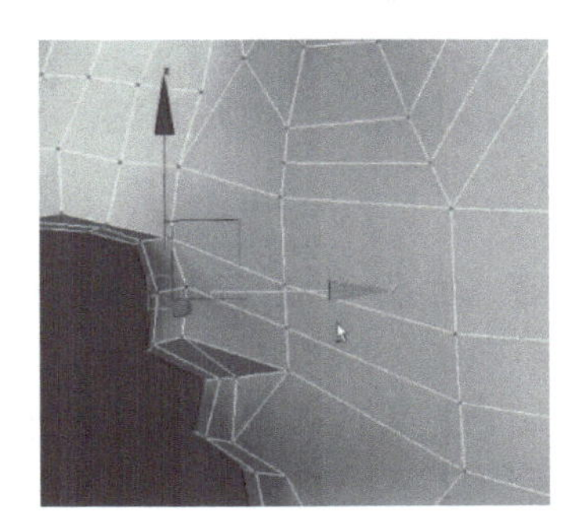

图 4-75　将人中线往面部收

选择下巴两侧的线，对其使用【切角】工具来加线以添加下巴的细节，使下巴更加平滑，如图 4-76 所示。

调整嘴巴位置的点，以做出嘴巴的弧度，如图 4-77 所示。

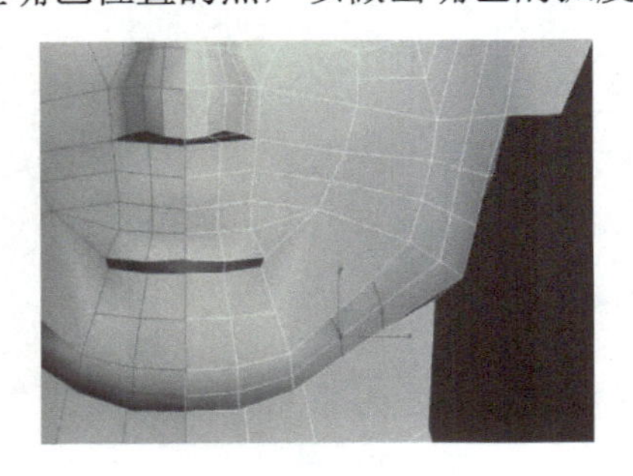

图 4-76　下巴侧面卡线

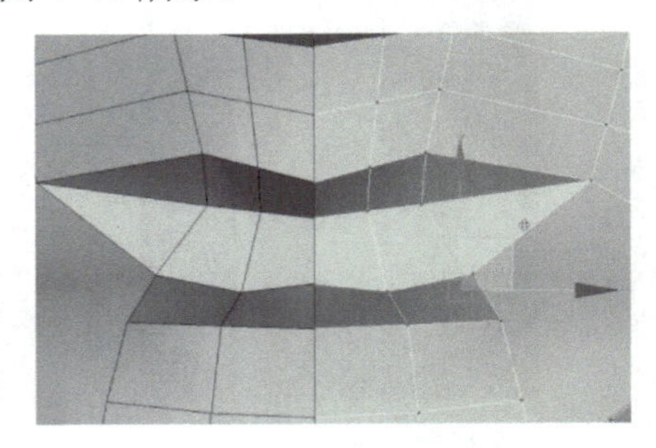

图 4-77　调节嘴巴弧度的点

选择鼻底的面，通过右击选取【插入】工具，如图 4-78 所示。删除该面，做出鼻孔的位置，如图 4-79 所示。

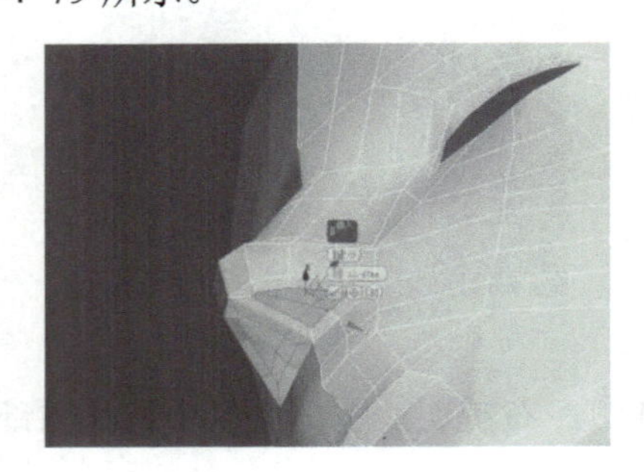

图 4-78　插入面

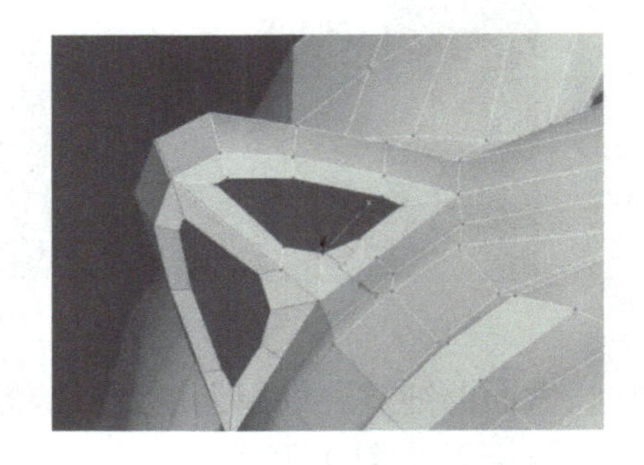

图 4-79　删除鼻底的面

选中如图 4-80 所示的线，右击选取【塌陷】，再通过【切割】工具对鼻底进行加线以做调整，如图 4-81 所示。

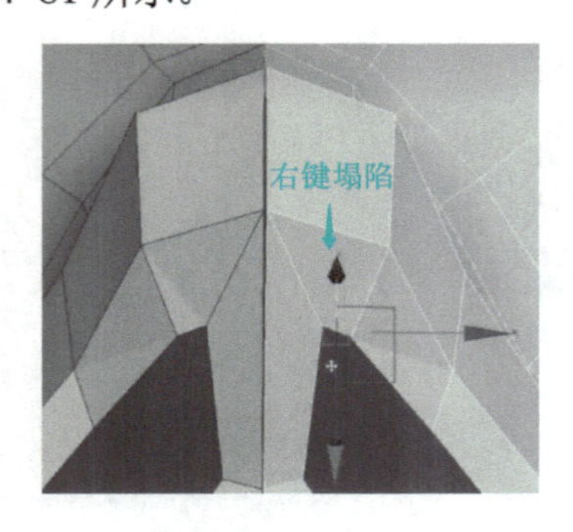

图 4-80　塌陷选中的线

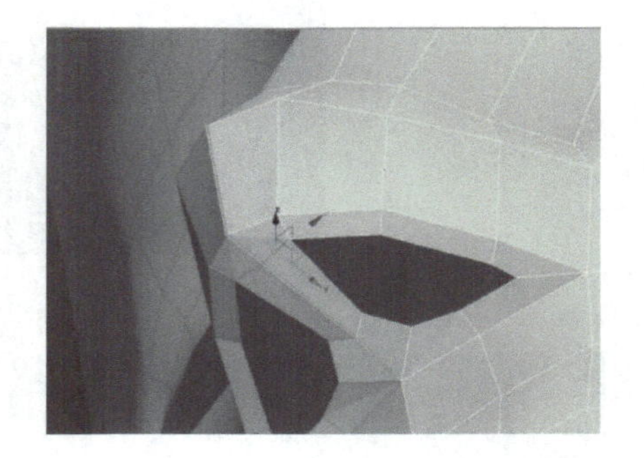

图 4-81　切割鼻底加线

选中鼻底，如图 4-82 所示，通过快捷键〈Ctrl+Backspace〉（移除工具）来去除三角形，再简单调整一下轮廓，如图 4-83 所示。

使用【切割】工具在鼻子侧边切出鼻翼的面，如图 4-84 所示。

使用【连接】工具快捷键〈Ctrl+Shift+E〉将点进行连接以消除多边形，如图 4-85 所示。

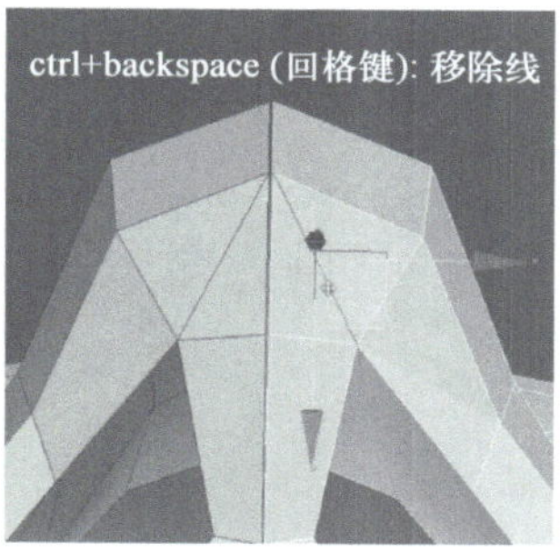

ctrl+backspace (回格键): 移除线

图 4-82 消除三角形

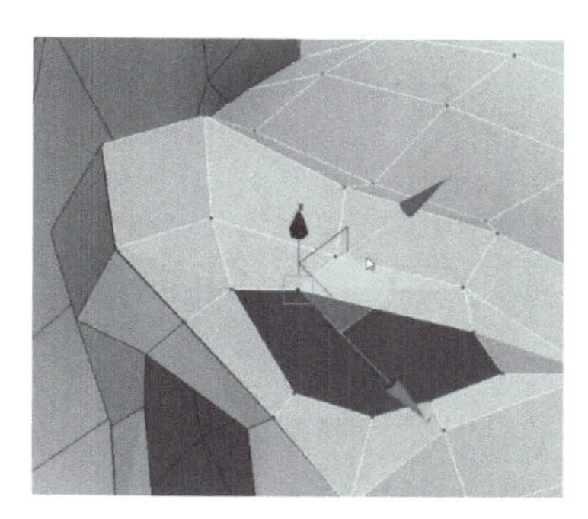

图 4-83 调整轮廓

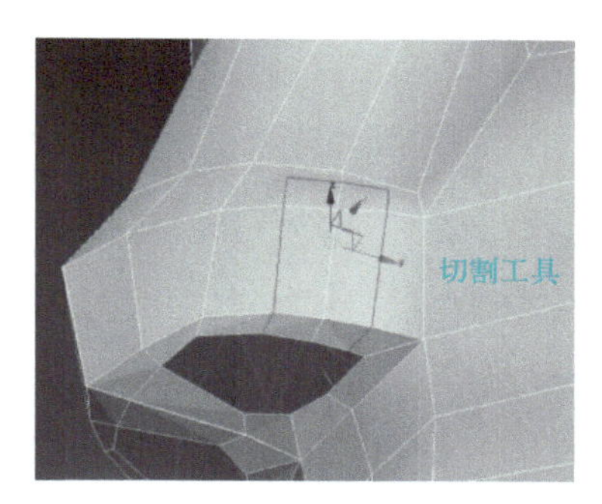

切割工具

图 4-84 使用切割工具做出鼻翼

快捷键 连接命令：Ctrl+Shift+E

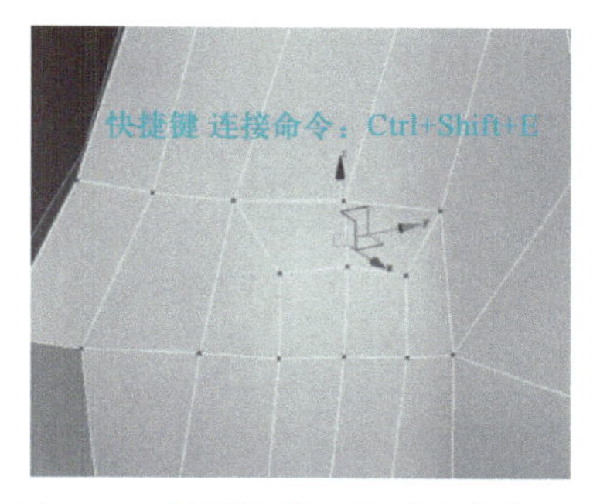

图 4-85 使用连接工具消除多边形

调整鼻翼的弧度，如图 4-86 所示；选择鼻翼的面，如图 4-87 所示；沿着 Z 轴往外拉出厚度，如图 4-88 所示；再根据图 4-89 所示调整出鼻子造型。

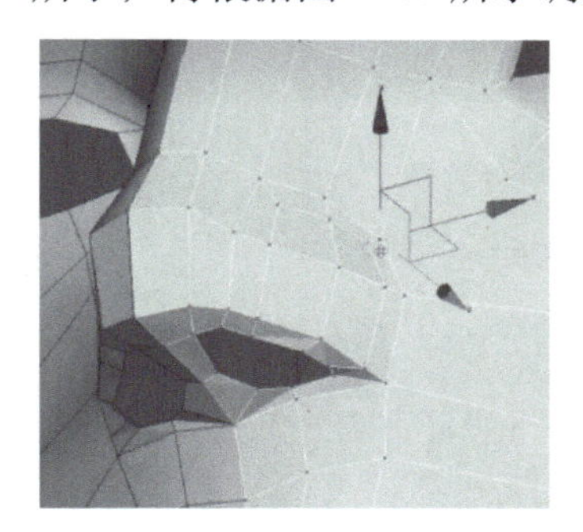

图 4-86 调整鼻翼弧度

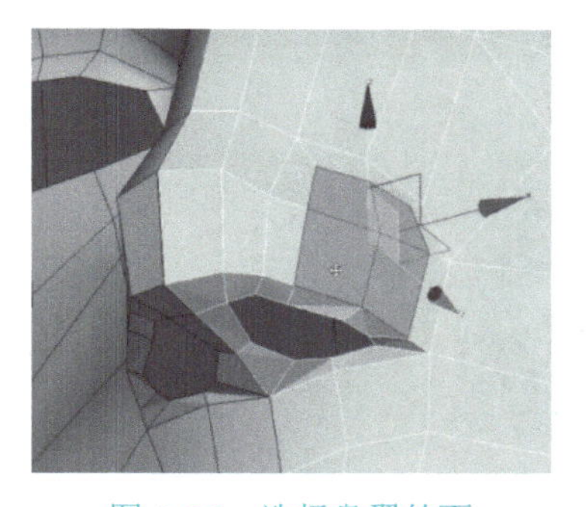

图 4-87 选择鼻翼的面

沿Z轴拉出厚度

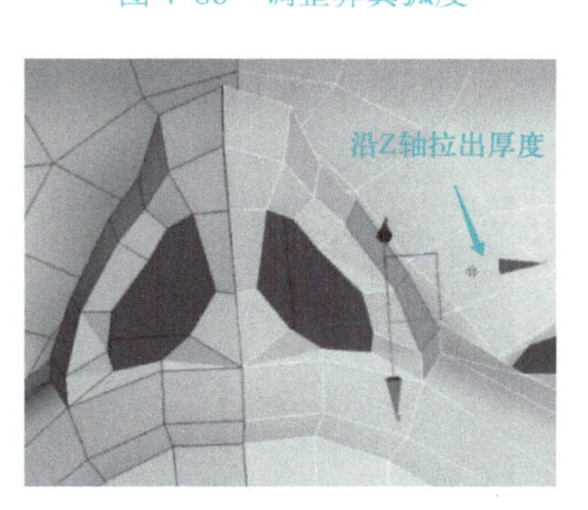

图 4-88 沿着 Z 轴拉出厚度

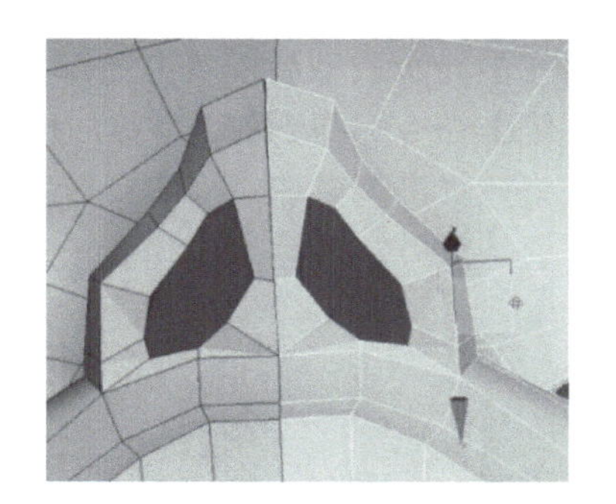

图 4-89 调整鼻子的造型

调整鼻底的点，如图 4-90 和图 4-91 所示。

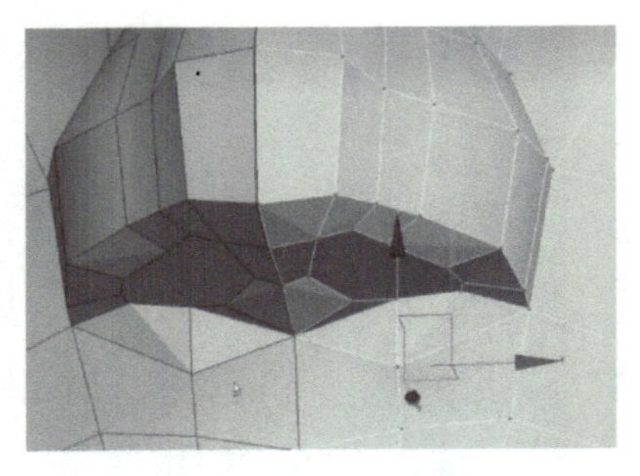

图 4-90　将鼻底的线往下调整

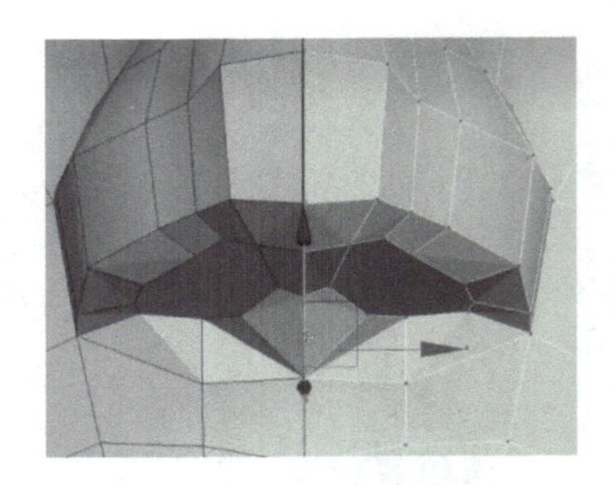

图 4-91　调节点

对鼻底再次使用【切割】工具来加线以添加细节，如图 4-92 所示。通过移除多余的线来消除三角形，如图 4-93 所示。

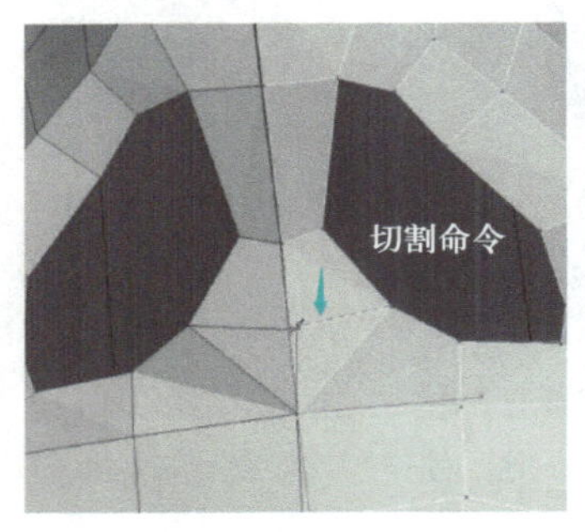

图 4-92　鼻底切割加线

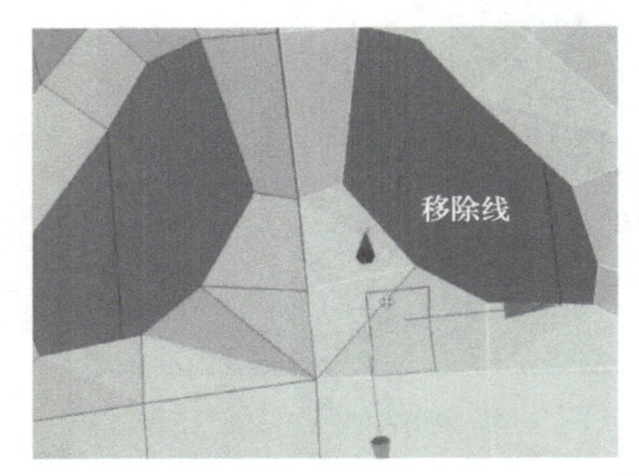

图 4-93　移除线

继续对鼻底加线，如图 4-94 所示；调整鼻孔轮廓造型，如图 4-95 所示。

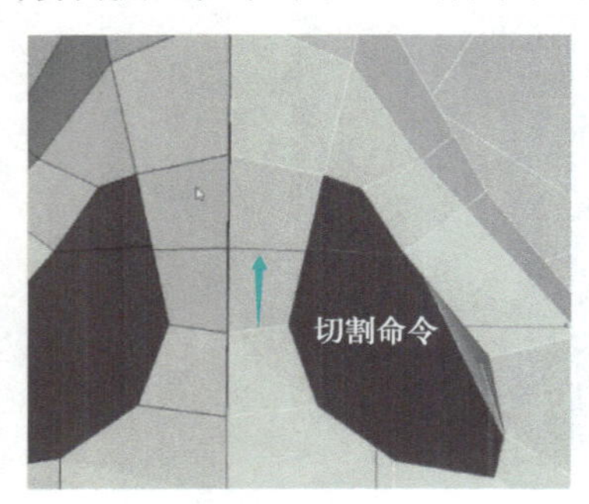

图 4-94　切割加线

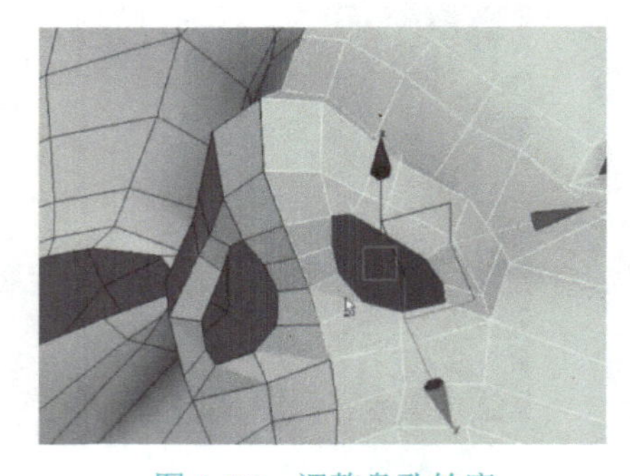

图 4-95　调整鼻孔轮廓

调整完鼻子的轮廓造型后，双击选择鼻孔一圈的线，如图 4-96 所示，进行缩放挤压操作，右击选取【塌陷】命令，得到如图 4-97 所示造型。

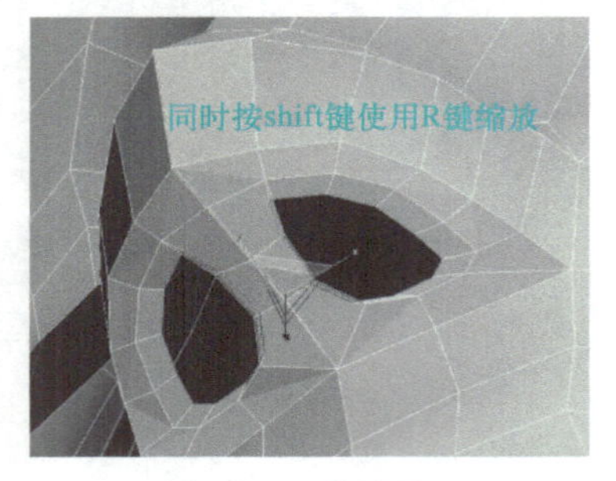

图 4-96　缩放挤压

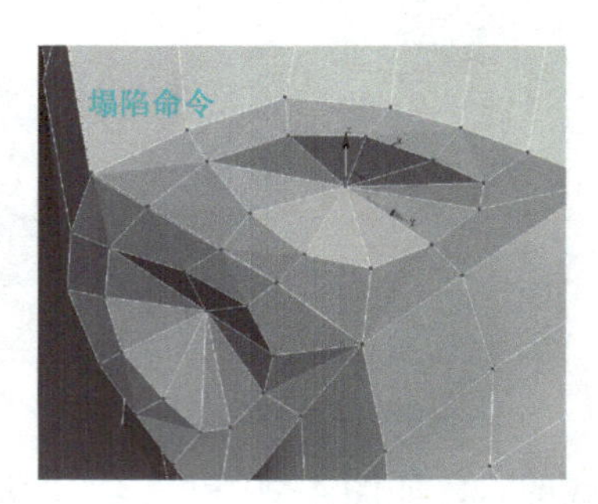

图 4-97　右键塌陷工具

选择鼻孔的线，使用【切角】工具做出如图 4-98 所示的造型。将鼻孔的点向上调整，调整后整体鼻子造型如图 4-99 所示。

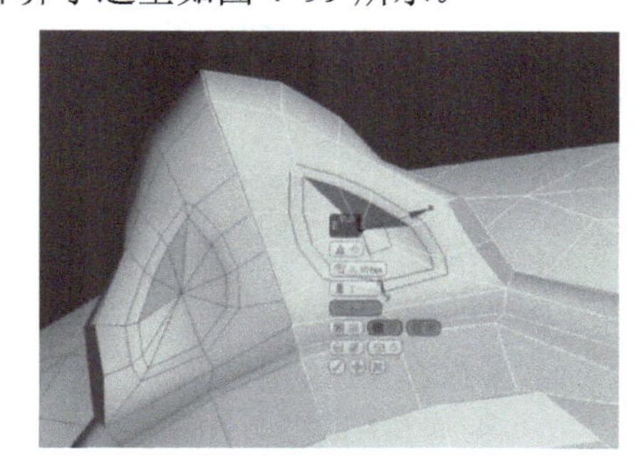
图 4-98　鼻孔结构

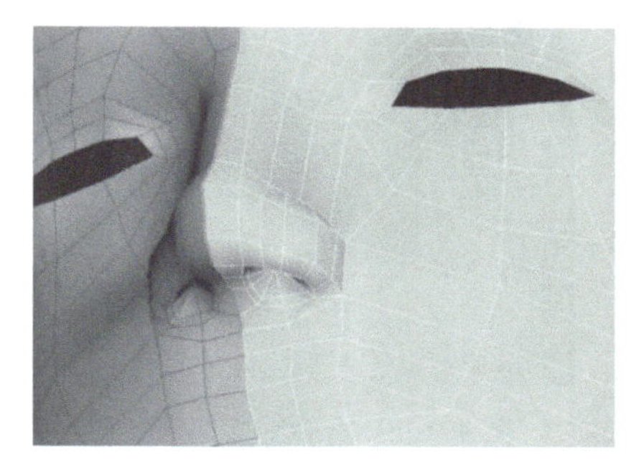
图 4-99　鼻子造型

选择鼻骨的线，如图 4-100 所示；使用连接工具加线，如图 4-101 所示；如图 4-102 所示选择两点进行连接。

通过连接点的方式，移除多余的线得到四边形结构如图 4-103～图 4-105 所示。

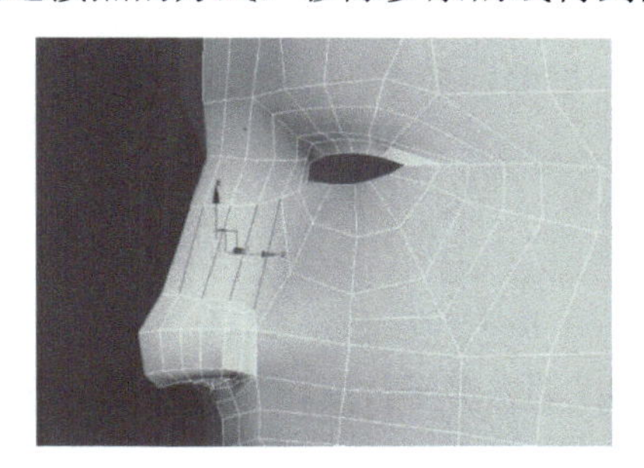
图 4-100　选择鼻子的线

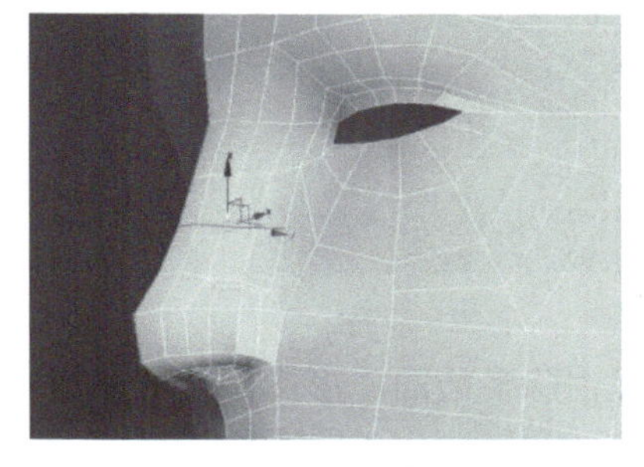
图 4-101　鼻骨用连接工具加线

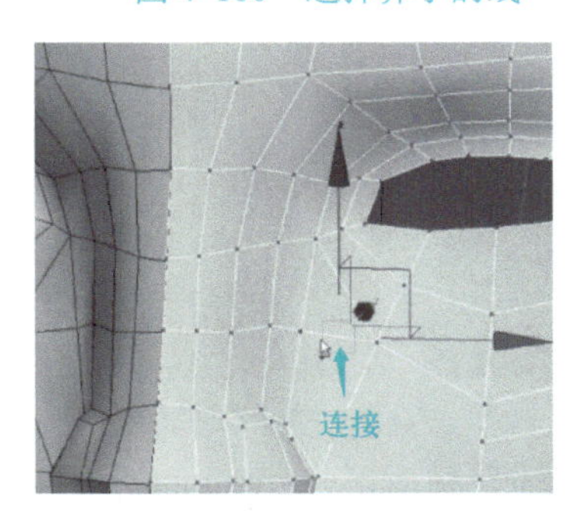

图 4-102　连接鼻骨的线

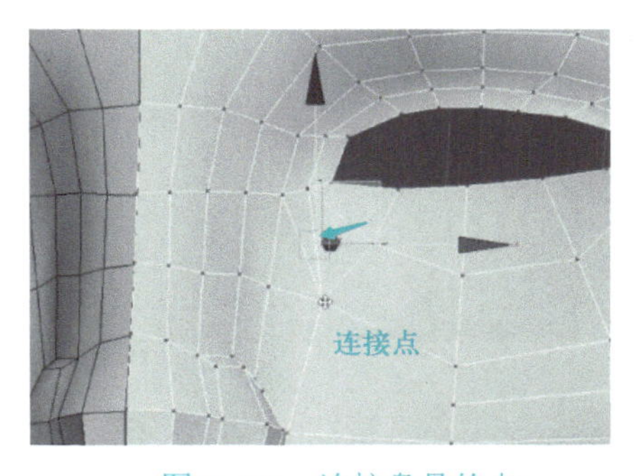

图 4-103　连接鼻骨的点

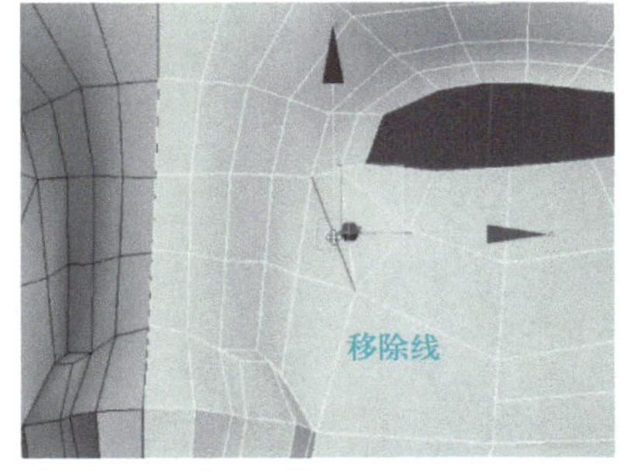

图 4-104　消除三角形

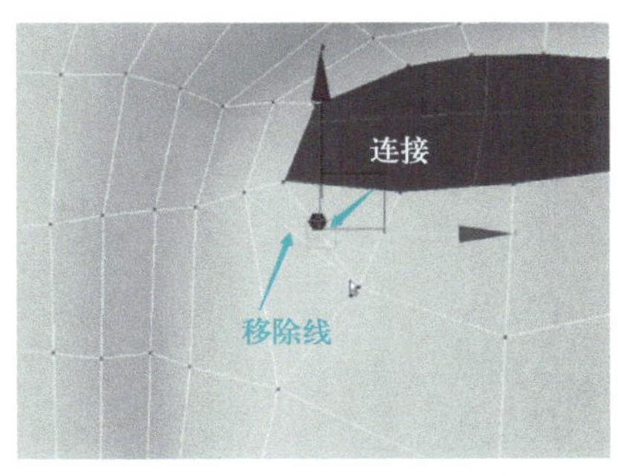

图 4-105　连接移除眼部线条

使用【切角】工具将鼻子中间加线连接，如图 4-106 和图 4-107 所示。

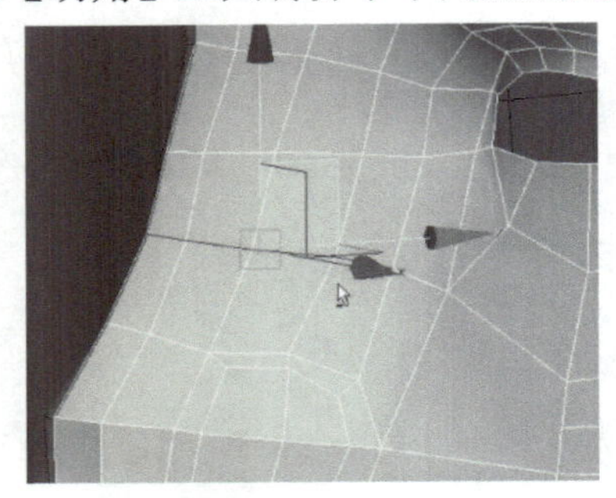

图 4-106　选择连接鼻子的线

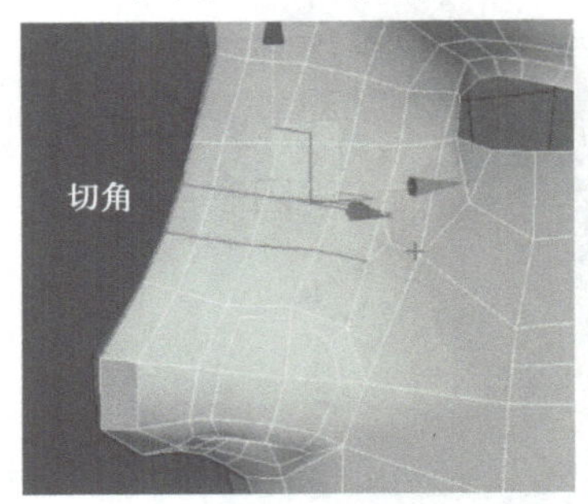

图 4-107　切角

使用【切割】工具连接面中的点，如图 4-108 和图 4-109 所示。

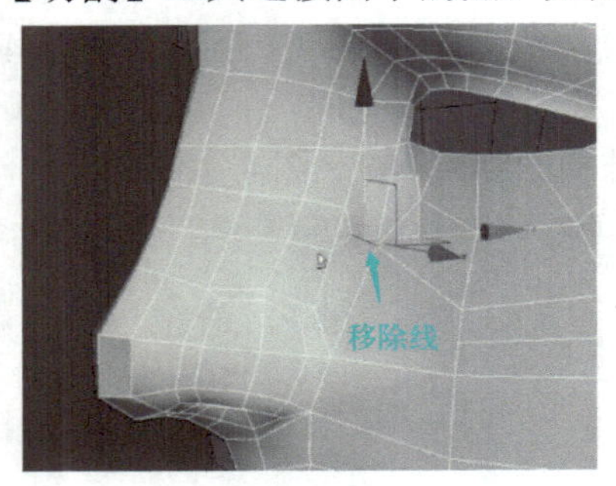

图 4-108　移除线

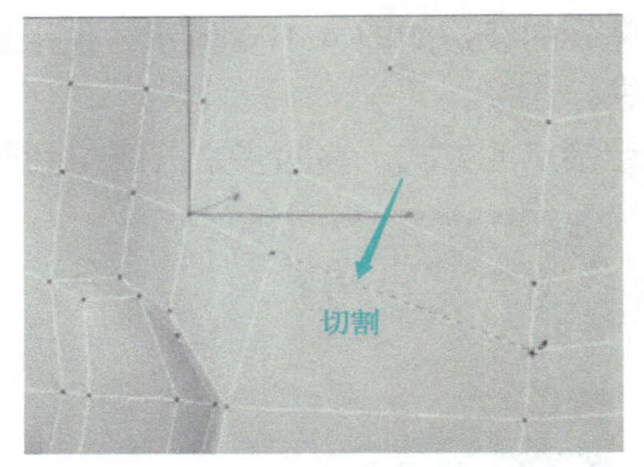

图 4-109　切角连接线点

连接点消除多边面，形成闭合圈如图 4-110 所示；调整鼻子坡度，如图 4-111 所示。

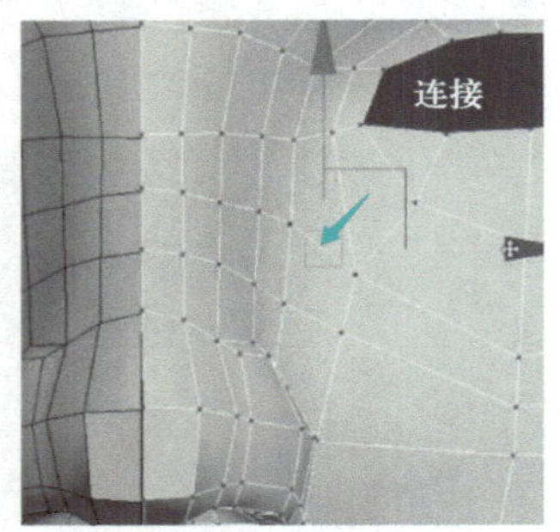

图 4-110　连接点以消除多边面

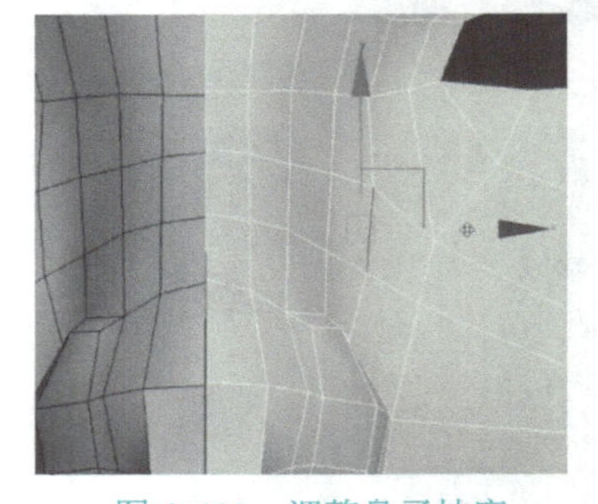

图 4-111　调整鼻子坡度

调整后的鼻子布线效果如图 4-112 所示；再调整鼻子布线结构和右眼的凹陷结构，如图 4-113 所示。

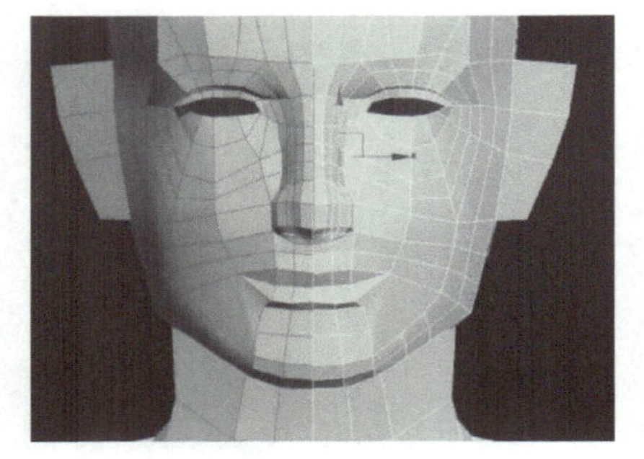

图 4-112　鼻子布线

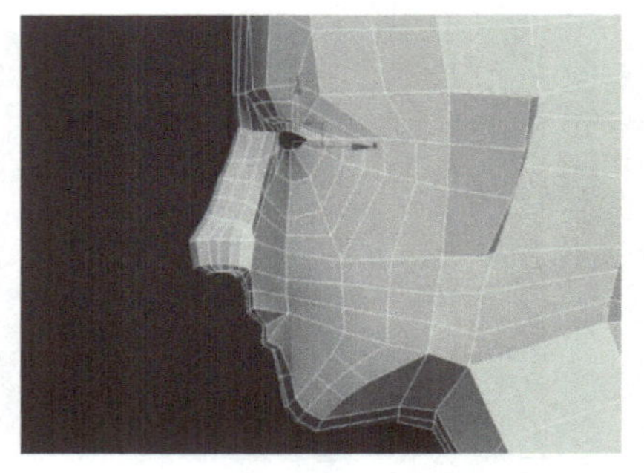

图 4-113　调整眼部结构

调整嘴巴造型结构，如图 4-114 所示，再使用【切割】工具对图 4-115 中①②的点沿着眼部的方向进行加线操作以去除多边形。

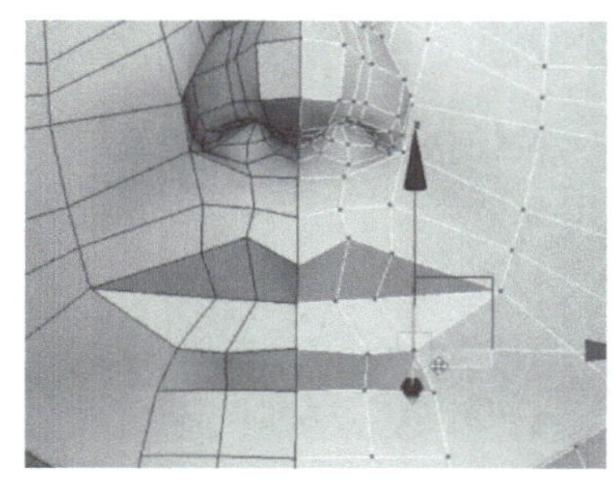
图 4-114　调整嘴巴造型结构

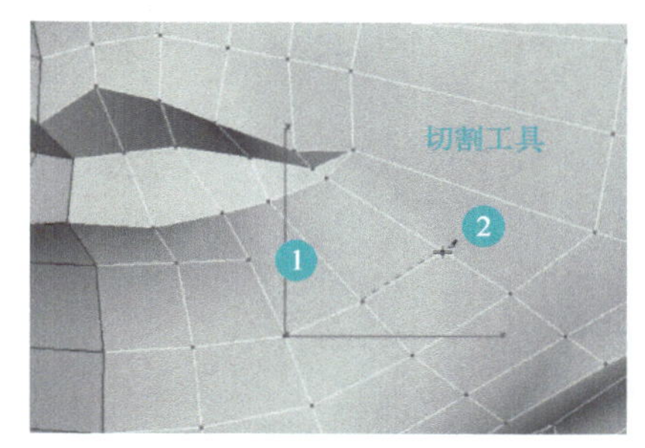

图 4-115　切割加线去除多边形

切割到眼部，如图 4-116 所示；调整嘴角弧度，如图 4-117 所示。

图 4-116　切割到眼部

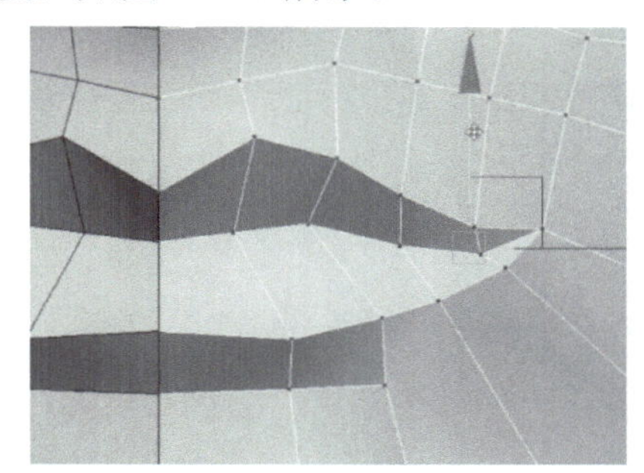
图 4-117　调整嘴角弧度

如图 4-118 标注②所示，使用【切割工具】沿着面部切割至眼部，布线如图 4-119 所示。

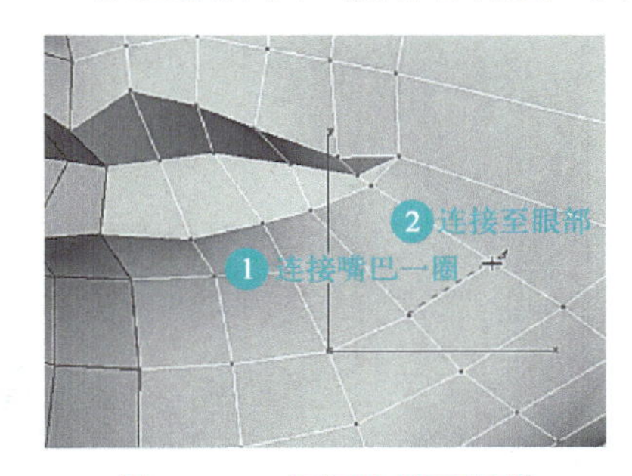

图 4-118　切割连接至眼部

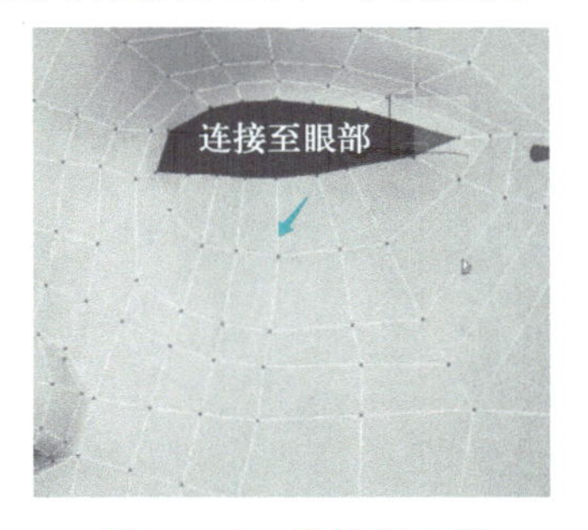

图 4-119　连接至眼部

选择嘴巴下面的线，使用【切割】工具将其连接至嘴巴上方，如图 4-120 所示。
选择嘴角的线，右击选择【塌陷】，如图 4-121 所示。

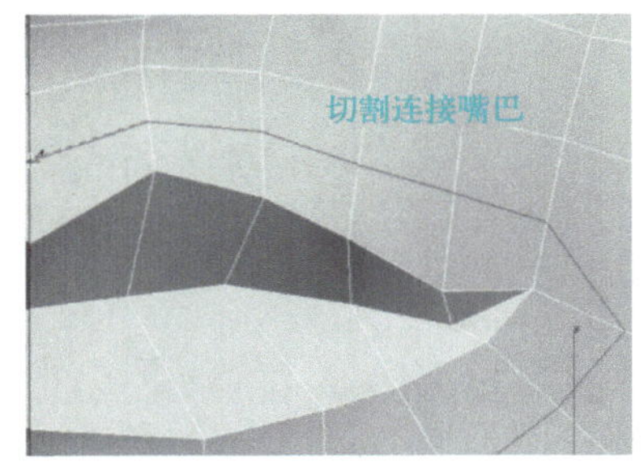

图 4-120　另一条线切割连接嘴巴

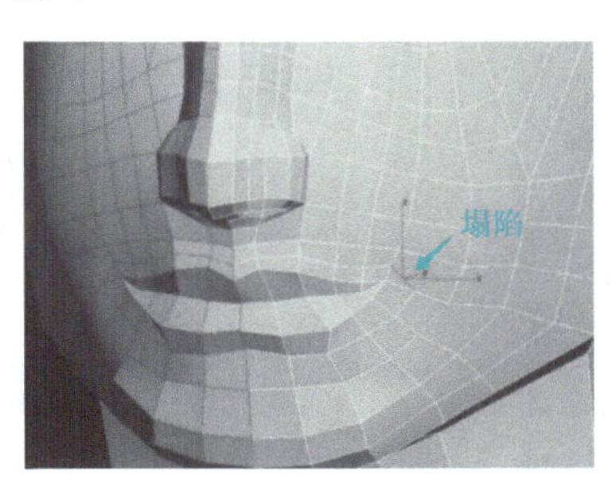

图 4-121　塌陷

选择嘴巴周围一圈的线，右击选择【连接】工具，如图 4-122 和图 4-123 所示。

图 4-122　循环嘴周围的线

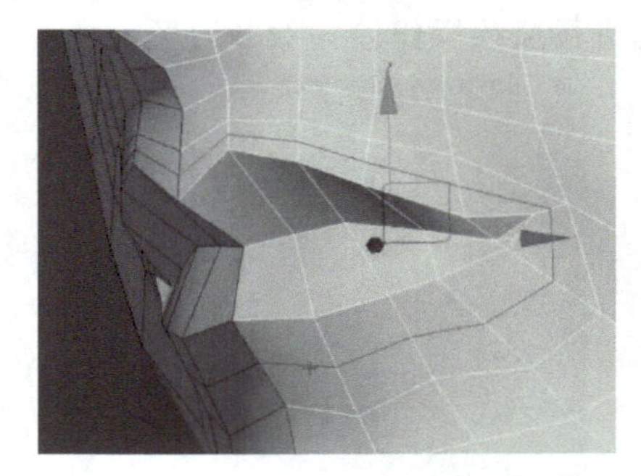

图 4-123　连接嘴周围的线

调整点的结构，卡出嘴唇的结构线；调整侧边的结构线，并适当加线以调整细节，如图 4-124～图 4-129 所示。

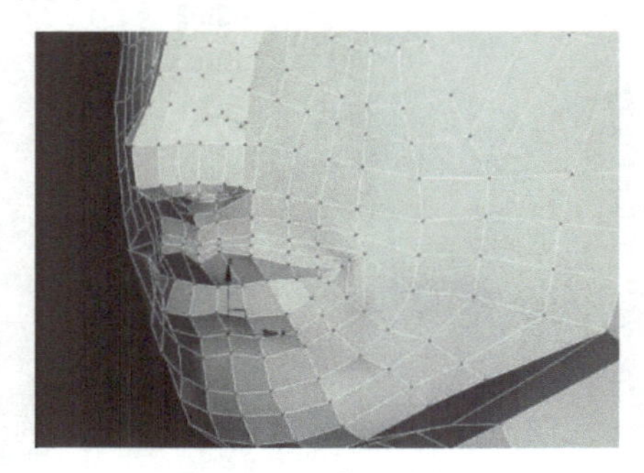

图 4-124　嘴巴结构

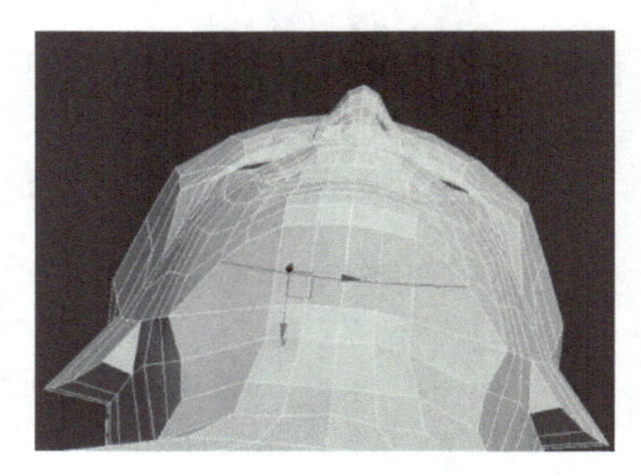

图 4-125　加线做细节

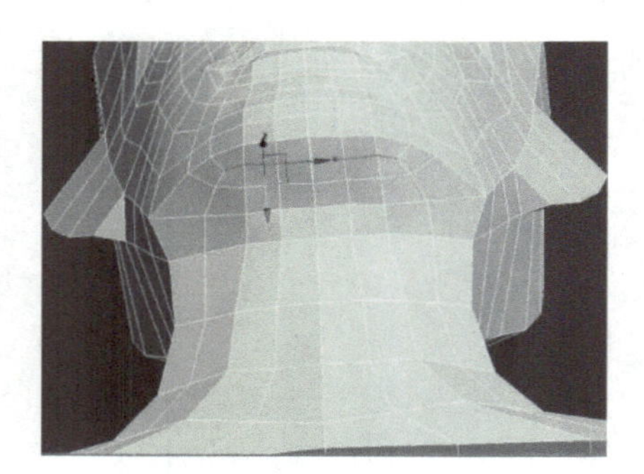

图 4-126　下巴加线

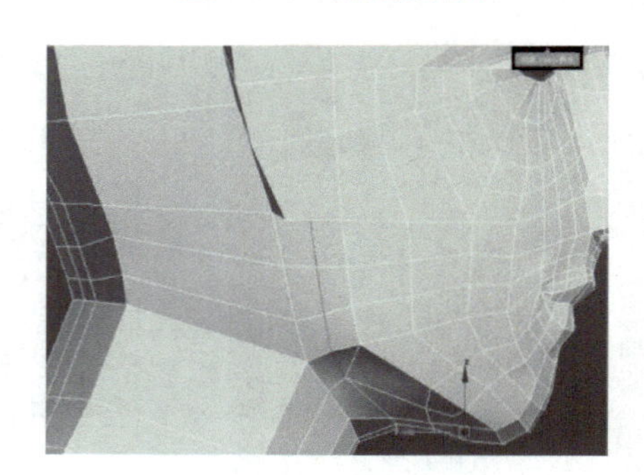

图 4-127　侧面结构

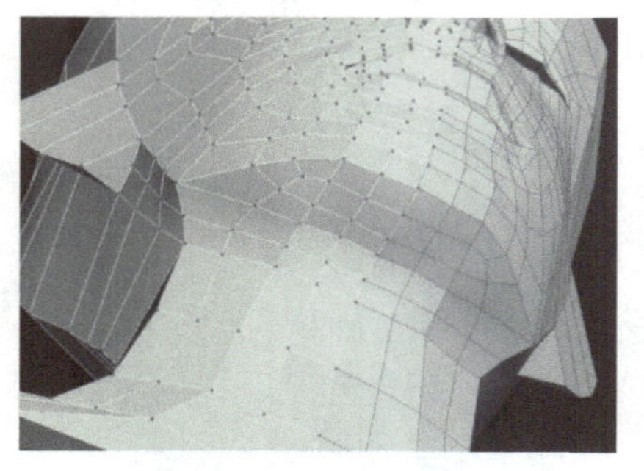

图 4-128　布线效果

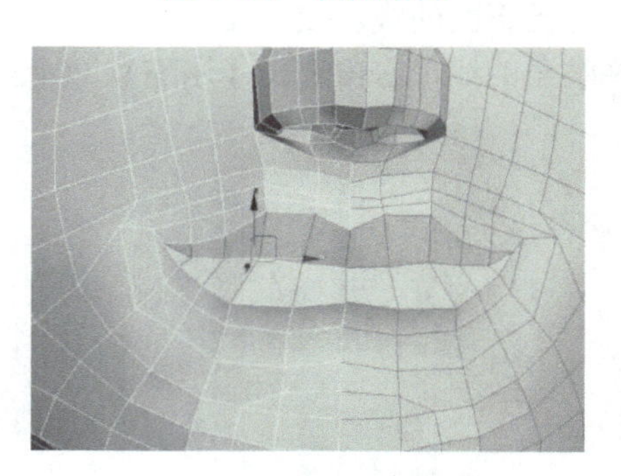

图 4-129　嘴巴循环边

向嘴巴中间循环加线，调整出嘴唇的结构和厚度。将下巴切线来做细节，如图 4-130～图 4-133 所示。

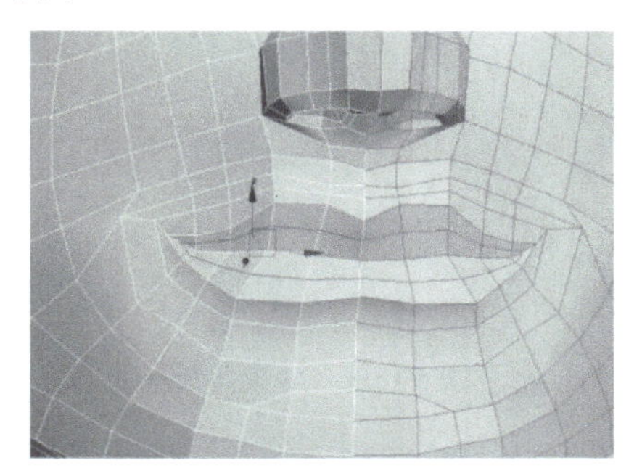

图 4-130　嘴唇加线

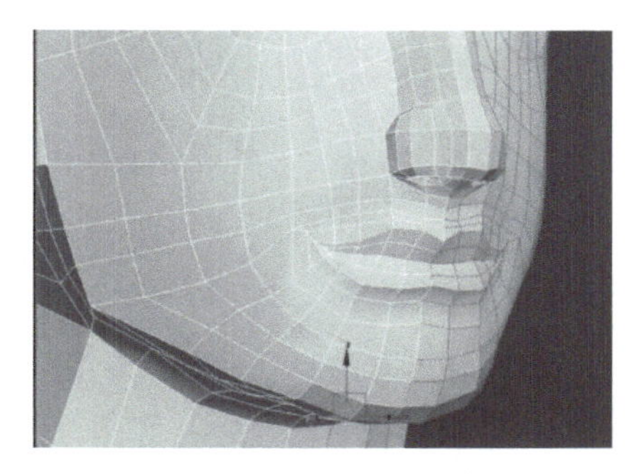

图 4-131　完善结构点

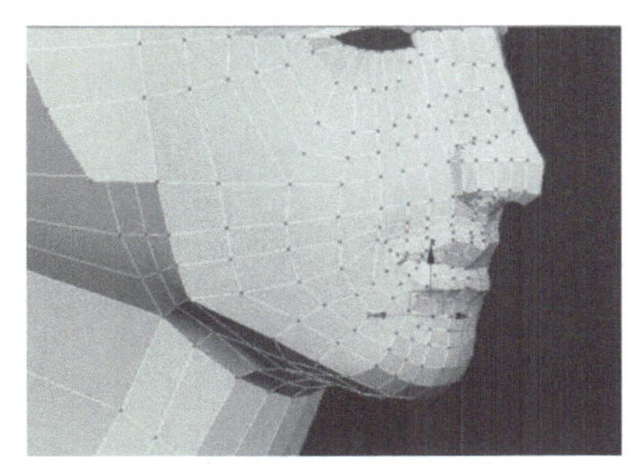

图 4-132　调整下巴布线

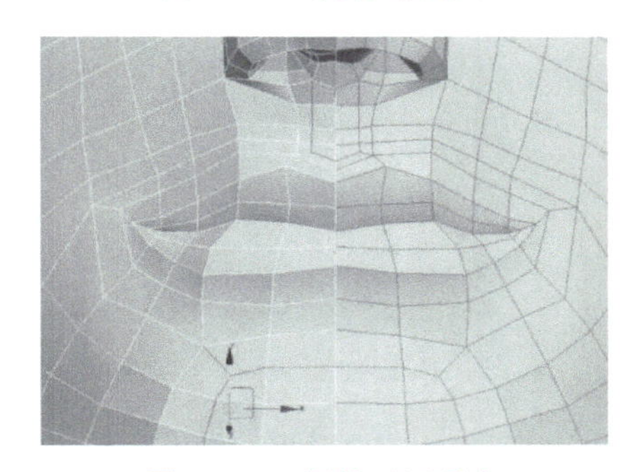

图 4-133　调整下巴弧度

调整好嘴巴布线，再做额头的布线。

注意从多个视角进行调整，再细化眼部的结构，如图 4-134～图 4-143 所示。

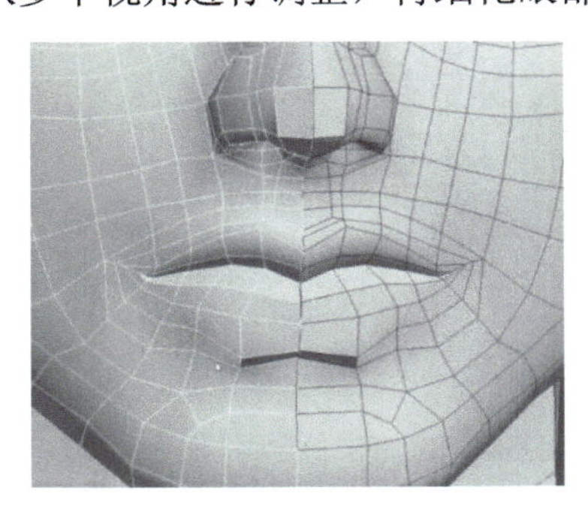

图 4-134　嘴巴布线

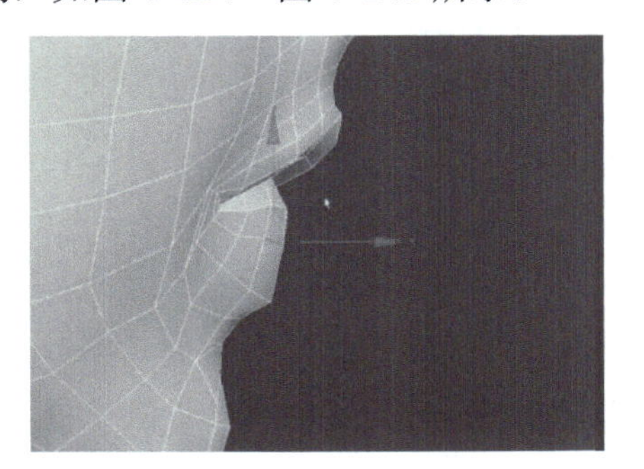

图 4-135　侧视图调整

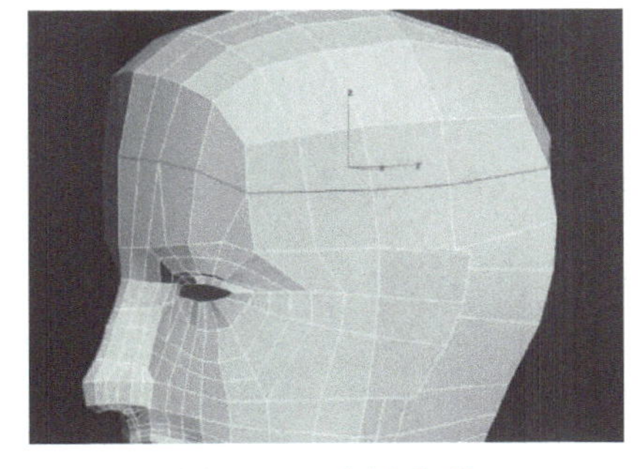

图 4-136　额头加线

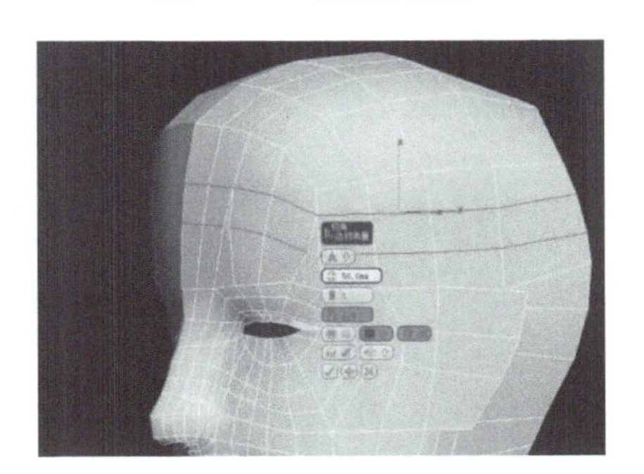

图 4-137　切角

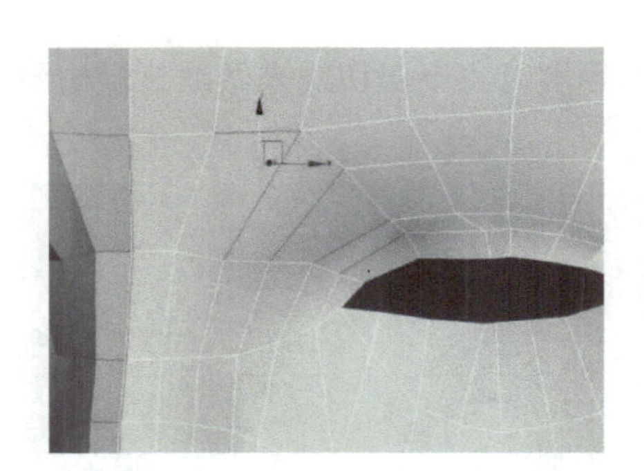

图 4-138　选中循环线并将其连接

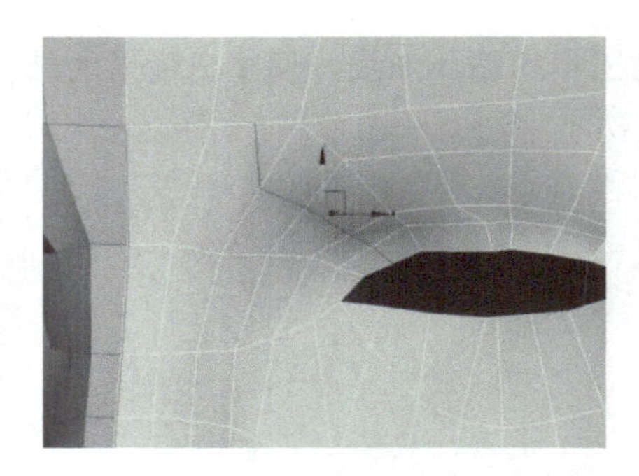

图 4-139　合理布线

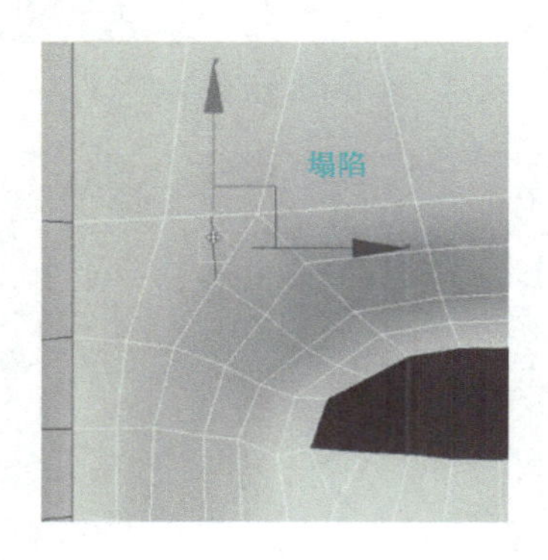

图 4-140　塌陷

图 4-141　塌陷完成后调整线的位置

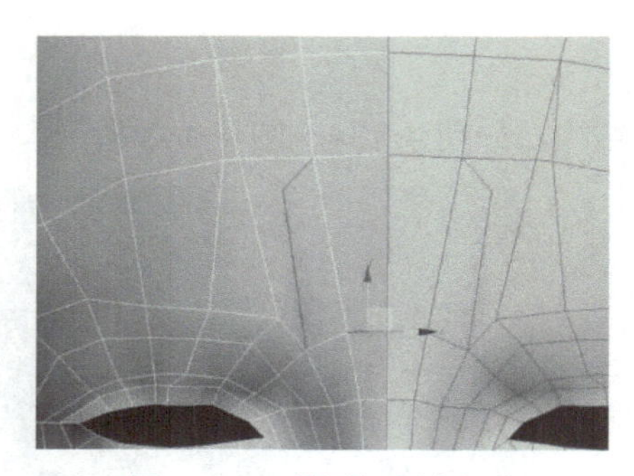

图 4-142　使用切割来加线

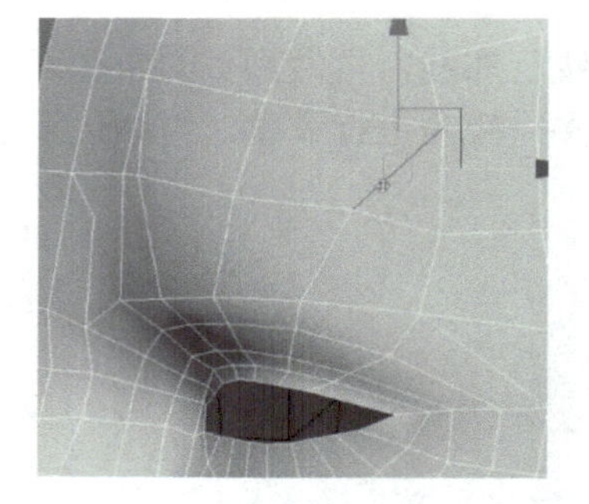

图 4-143　移除选中的线

使用【切割】工具做出眉弓骨的位置。通过顶点加线的方式来消除三角形，进而调整结构，如图 4-144～图 4-149 所示。

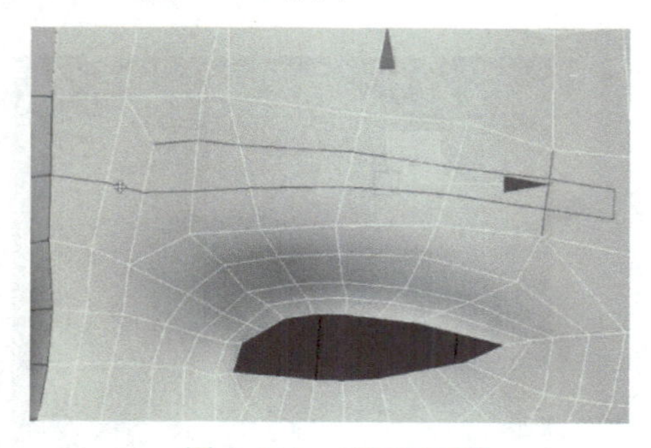

图 4-144　切割眉弓骨

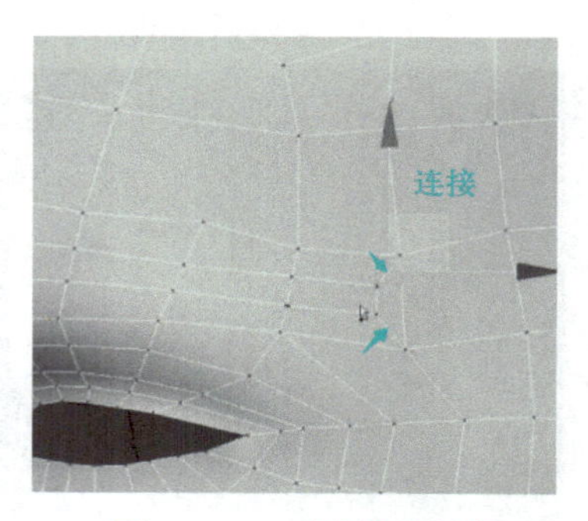

图 4-145　对点进行连接

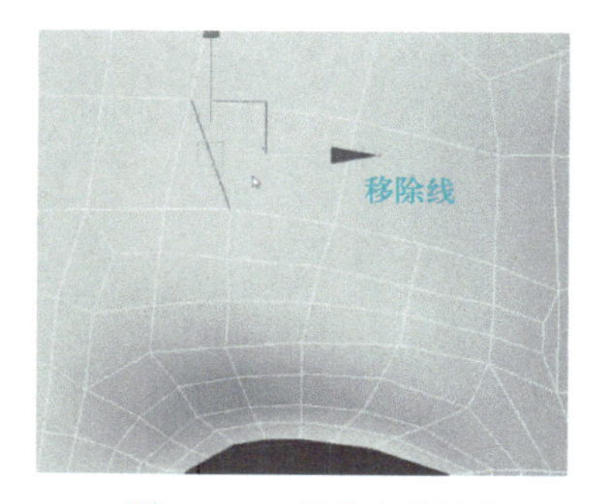

图 4-146　移除多余的线

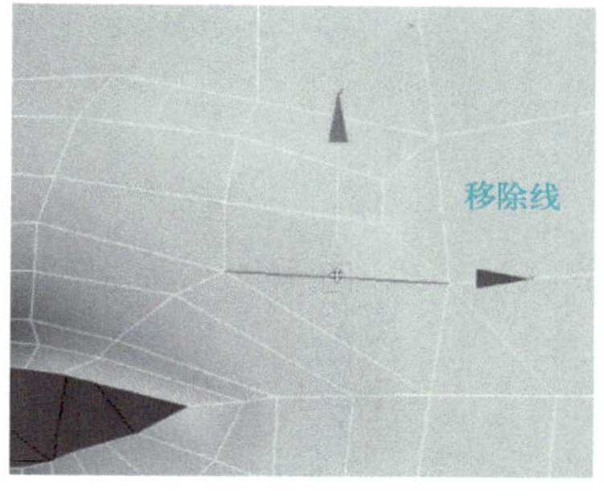

图 4-147　移除眉骨的这条线

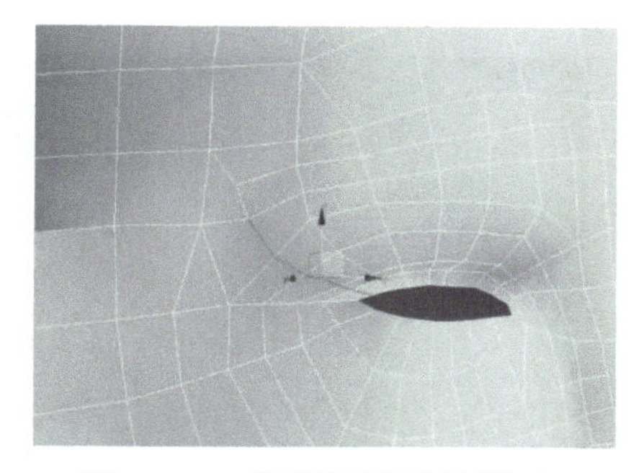

图 4-148　将眉骨线切割到眼睛

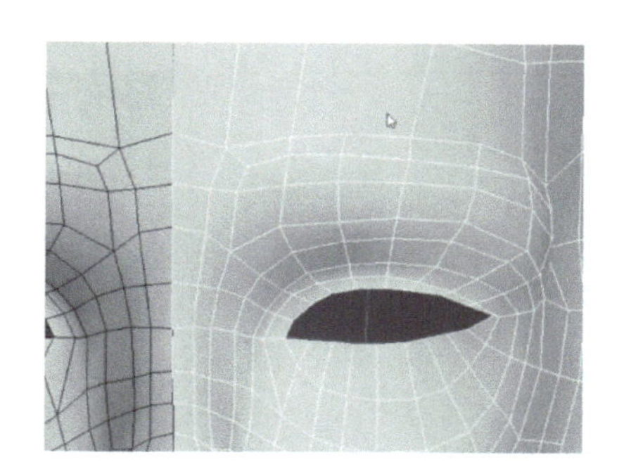

图 4-149　眼睛布线

使用【切割】工具消除多边形，如图 4-150 所示；为眼部加线以制作细节，如图 4-151 所示。

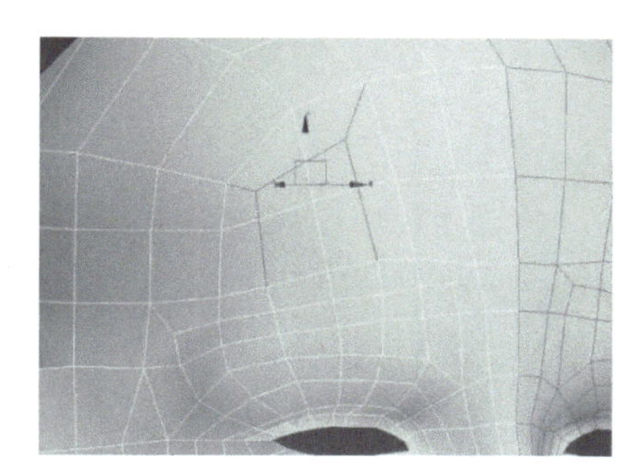

图 4-150　切割线去除多边形

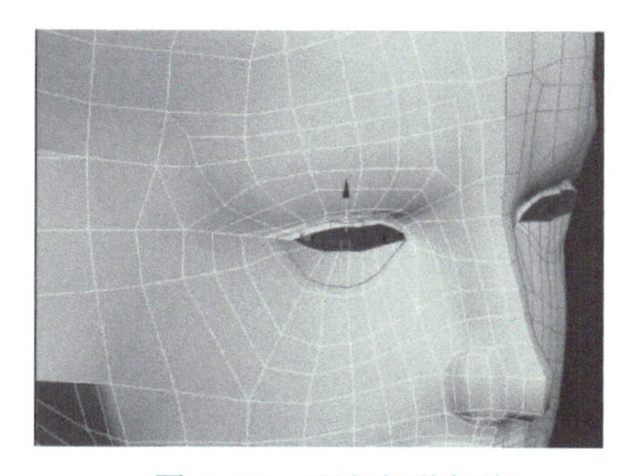

图 4-151　眼部细节加线

通过为眼部加线的方法做出眼袋的效果，并调整双眼皮的结构线，且从多个角度反复调整模型结构，如图 4-152～图 4-157 所示。

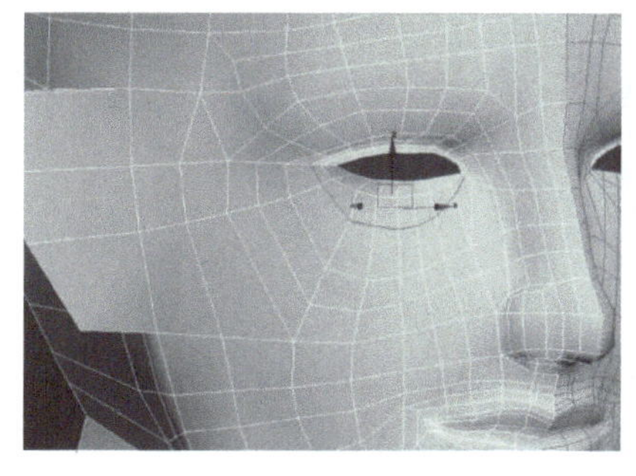

图 4-152　做出眼袋效果

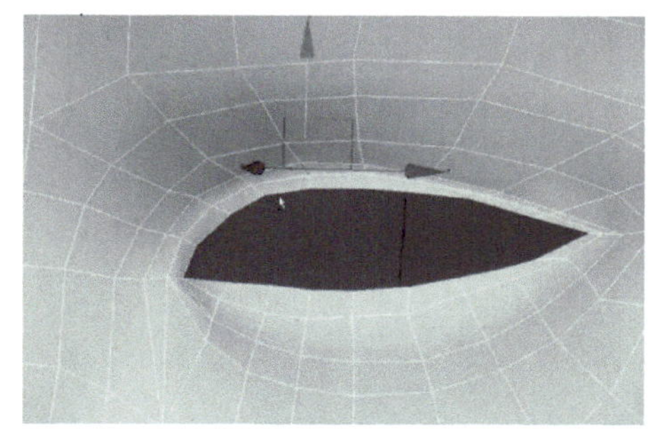

图 4-153　眼部双眼皮加线

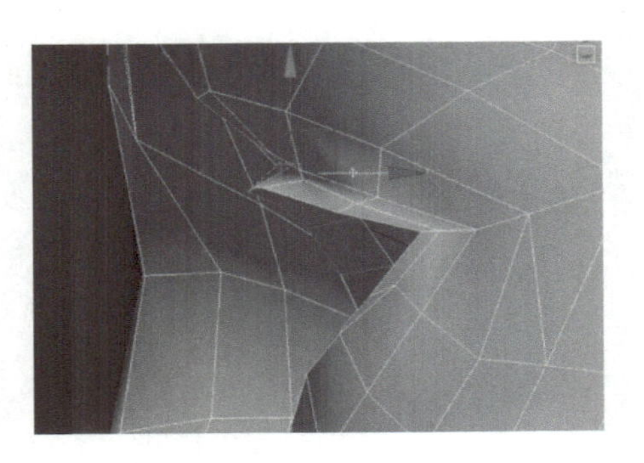

图 4-154　卡线以制作双眼皮

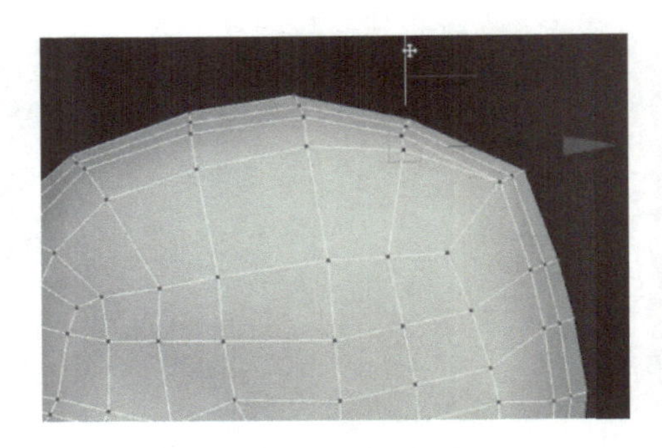

图 4-155　调线使脑袋圆滑（后）

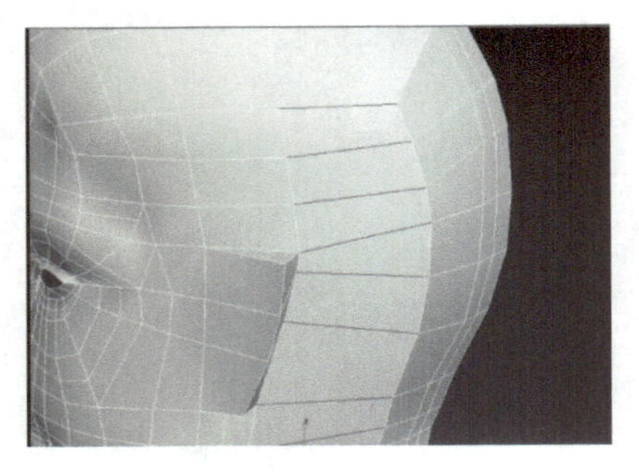

图 4-156　循环侧边的线

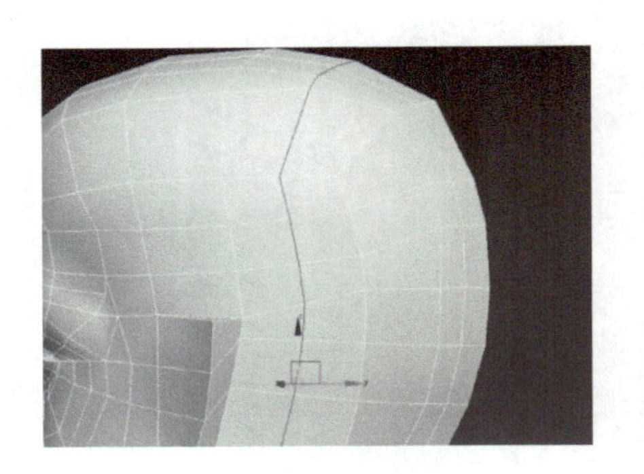

图 4-157　连接线以制作细节

选中头部整体模型，使用【涡轮平滑】为模型眼部加线以制作细节，如图 4-158～图 4-162 所示。

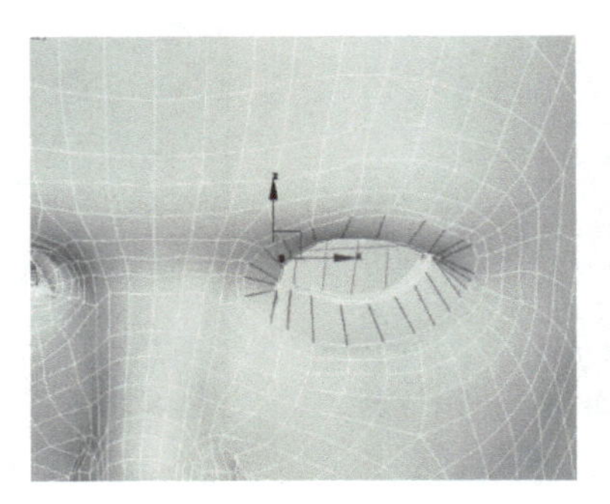

图 4-158　涡轮平滑后眼部加线

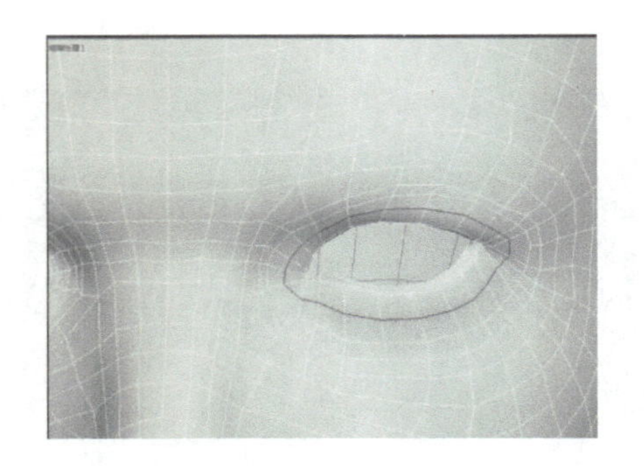

图 4-159　眼部加线后调整结构

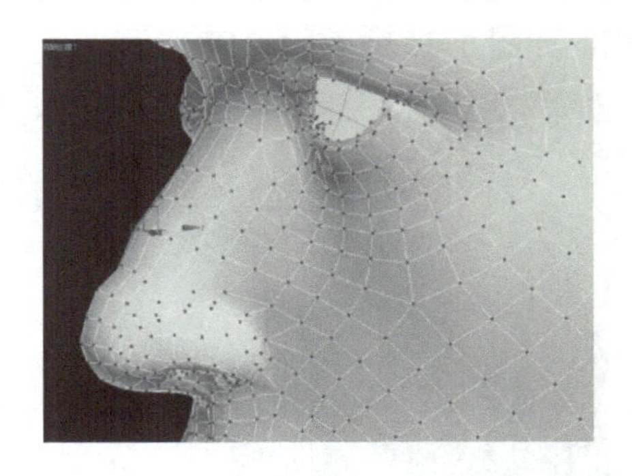

图 4-160　调整鼻子的结构

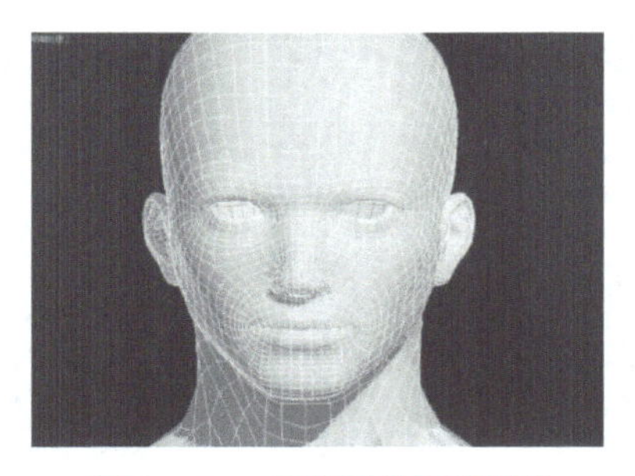

图 4-161　正视图的面部结构

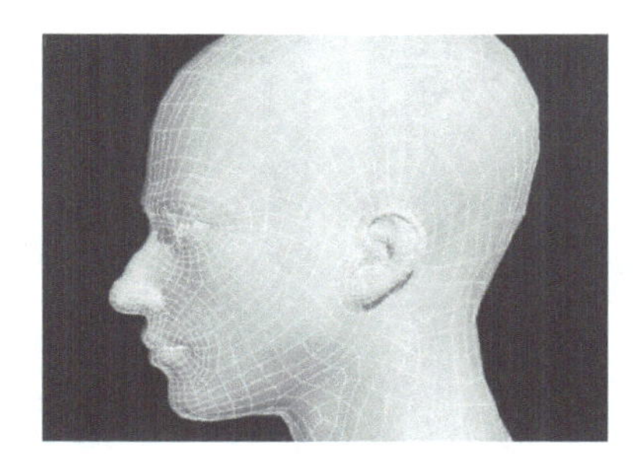

图 4-162　侧面的布线调整

4.2.2 男性角色人体结构比例要领

男性角色人体结构比例要领

以一个男性的标准身体为例，将人的高度分为八段。第一段从头顶到下巴，第二段从下巴到胸部，第三段到肚脐，第四段到耻骨联合处，第五段到大腿的中间，第六段到膝盖的下缘，第七段到腓肠肌的底端，第八段到脚底。游戏中腿部做了夸张处理，因此腿部可以达到 4.5 个头长。

男性肩宽等于 2 个头长。从侧面看头的中间、胸廓的中间、盆骨的中间、脚的中间在同一条直线上。后背、臀部和小腿的最鼓点基本上在一条直线上，如图 4-163 所示。

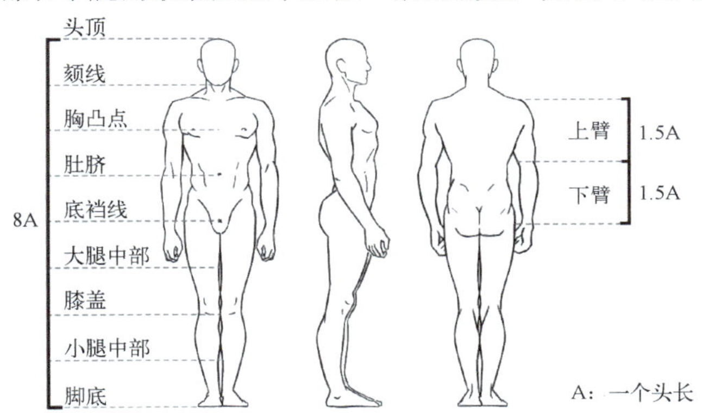

图 4-163　男性标准比例参考

创建身体基本形体的流程如下。

根据比例，躯干分为 3 个头长。创建一个 Box（长方体），在其中间加一条中线，在高度上分为 3 段，且每一段的一半基本上是一个正方形，顶视图的一半也接近正方形，如图 4-164 和图 4-165 所示。选择图 4-165 所示模型，右击【转化为可编辑多边形】，再选择【线】模式对模型进行加线，如图 4-164～图 4-169 所示。

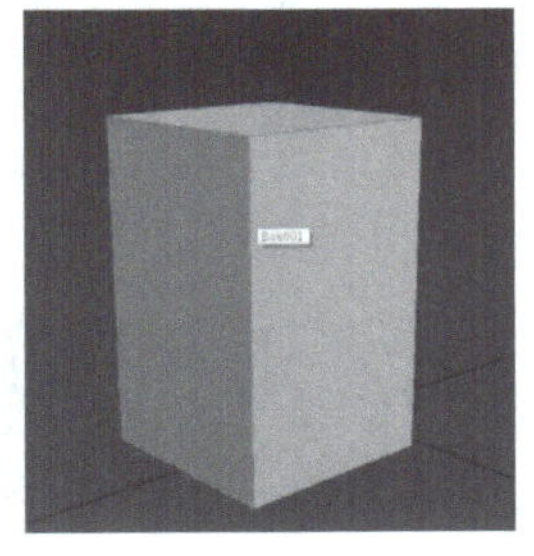

图 4-164　创建长方体

图 4-165　转换为可编辑多边形

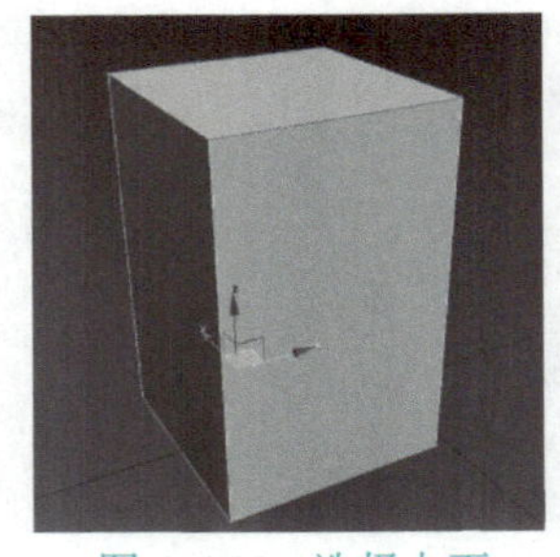

图 4-166 选择上下环形边

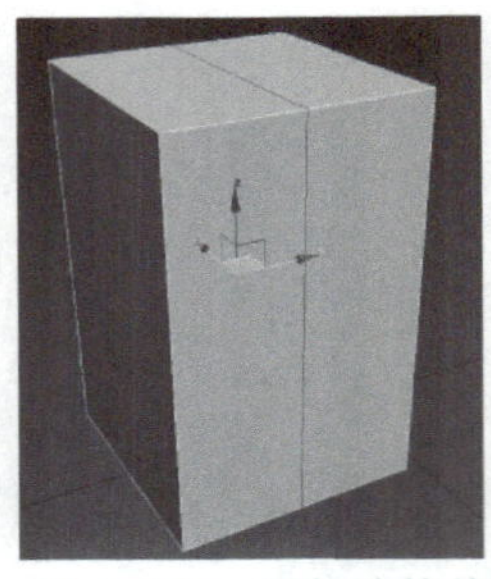

图 4-167 添加连接线

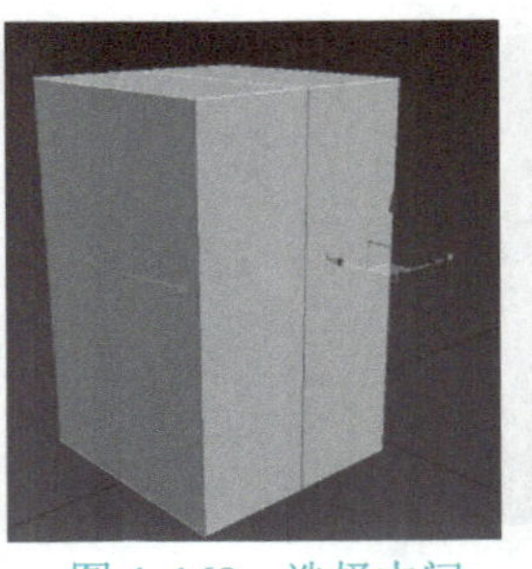

图 4-168 选择中间环形边

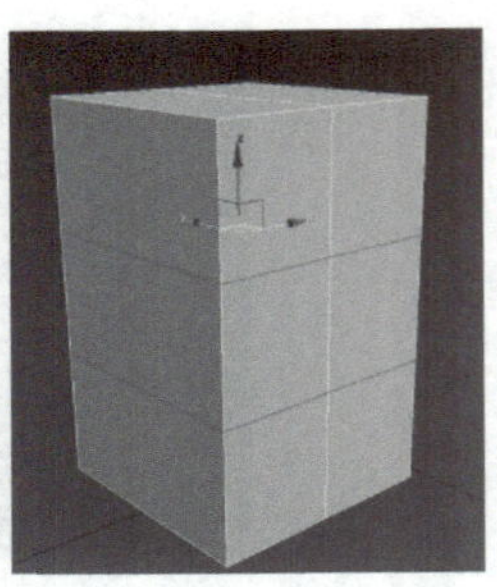

图 4-169 添加两条循环边

模型是左右对称的，因此可以只做一半然后通过关联镜像的方法复制出另一半。进入面级别，删除一半的面，单击主工具栏上的【镜像工具】，选择【关联复制】，如图 4-170 和图 4-171 所示。

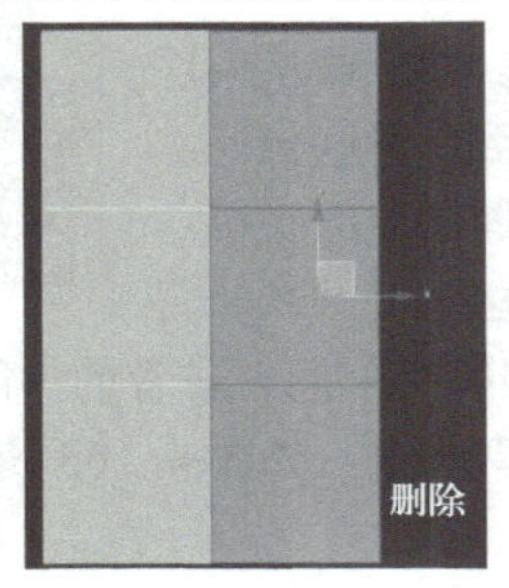

图 4-170 删除一半的面

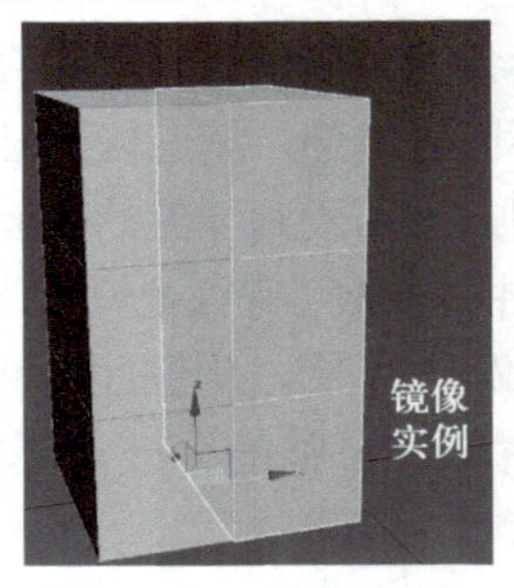

图 4-171 镜像实例

用现有的点调整出躯干的造型，注意正面与侧面都需要调整，如图 4-172～图 4-174 所示。

图 4-172 肩膀往下移

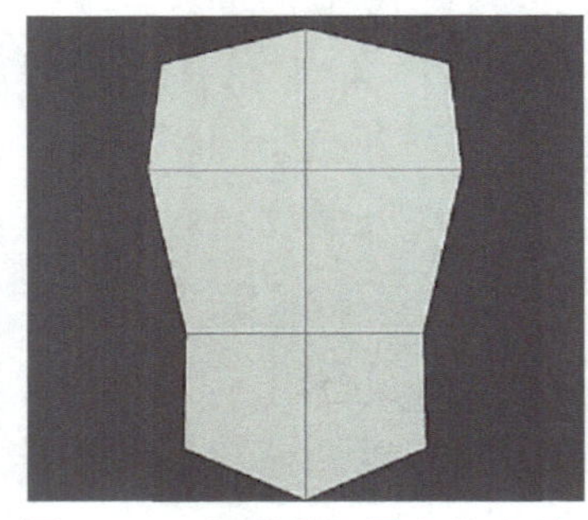

图 4-173 调整前视图身体造型

图 4-174 身体左视图造型

这些关键点都对应着人体的关键位置，如图 4-175 所示。

躯干部位后面的背阔肌要宽一些，胸大肌要窄一些，盆腔前宽后窄。按照这个特点调整造型，如图 4-176 和图 4-177 所示。

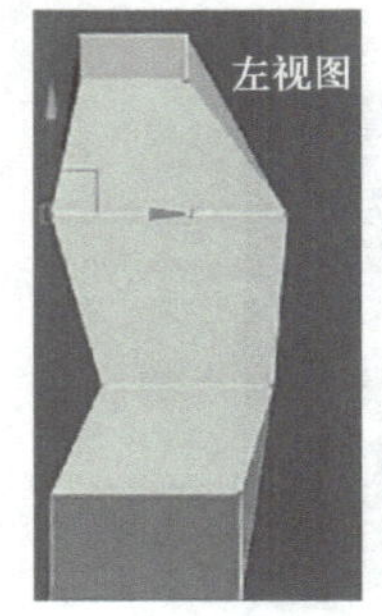

图 4-175 左视图腰部收缩

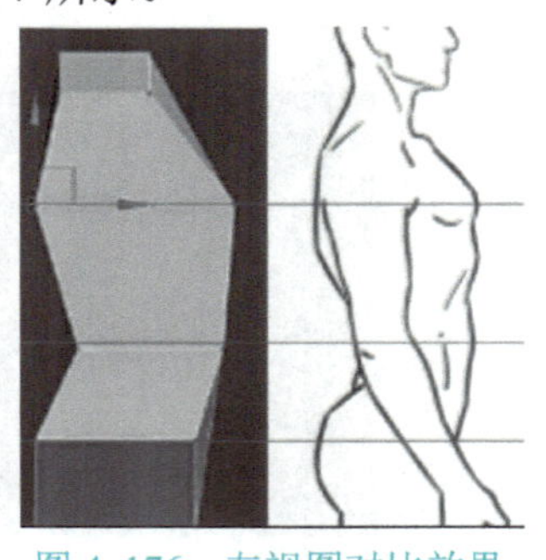

图 4-176 左视图对比效果

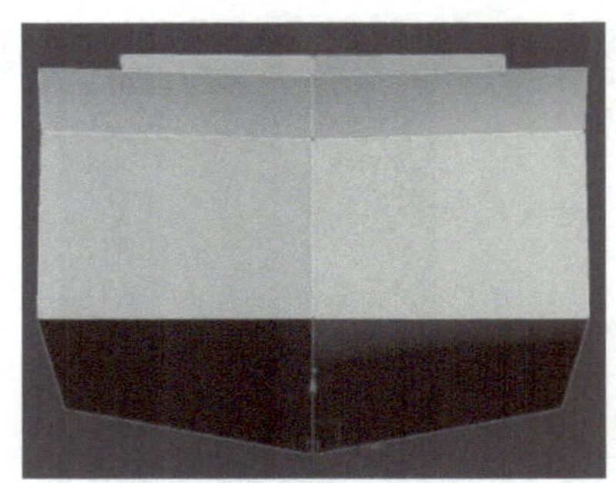

图 4-177 在顶视图调整胸部

进入面级别，选择图 4-178 所示的面，挤出腿的长度（为 4.5 个头）然后从侧面调整腿的斜度，注意腿后面偏直，前面呈倾斜状态，如图 4-179 所示。

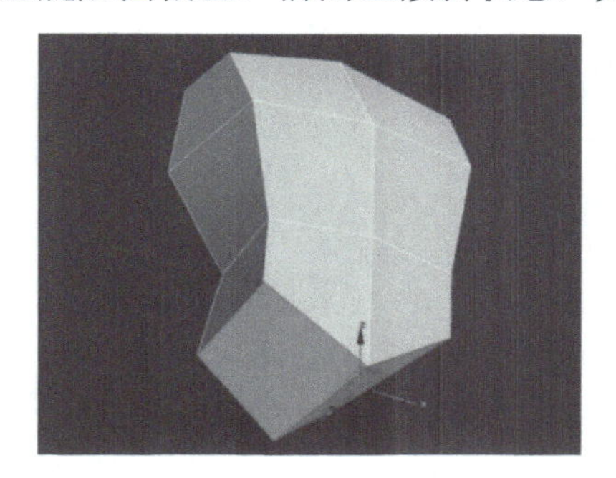

图 4-178　选择底部的面

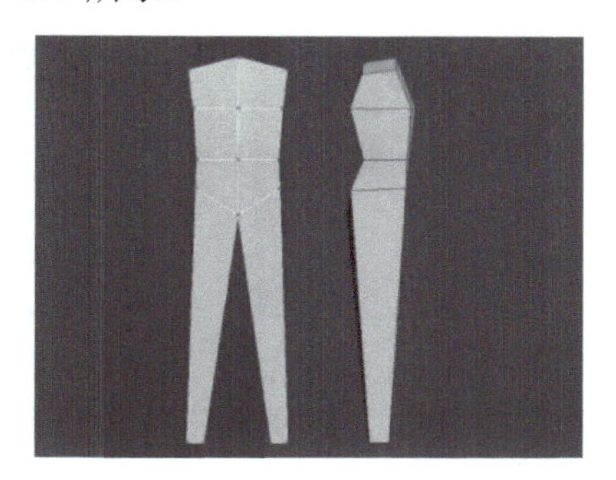

图 4-179　挤出腿部

在腿部中间偏上的位置，使用【切割】工具添加膝盖，如图 4-180 所示。

选择小腿循环线，使用【切角】命令对脚踝进行布线，如图 4-181 所示，选择脚踝的面，右击【挤出】做出脚掌造型，如图 4-182 所示。

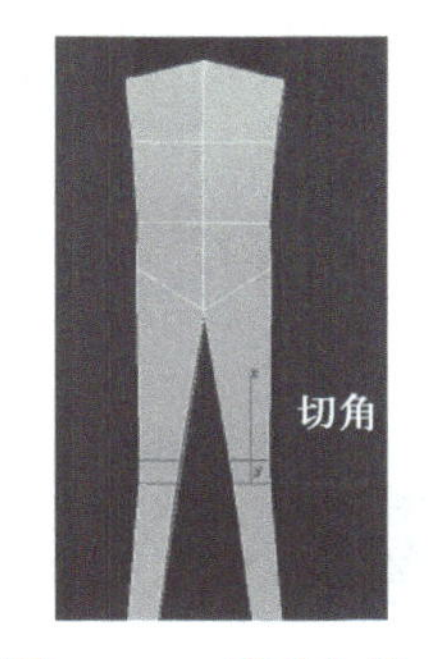

图 4-180　膝盖加线

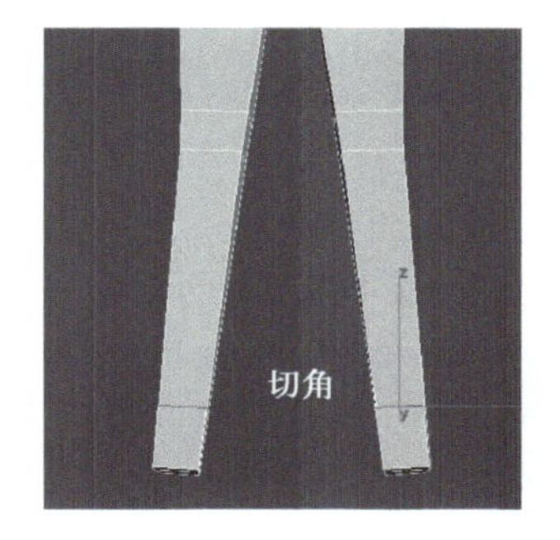

图 4-181　脚踝加线

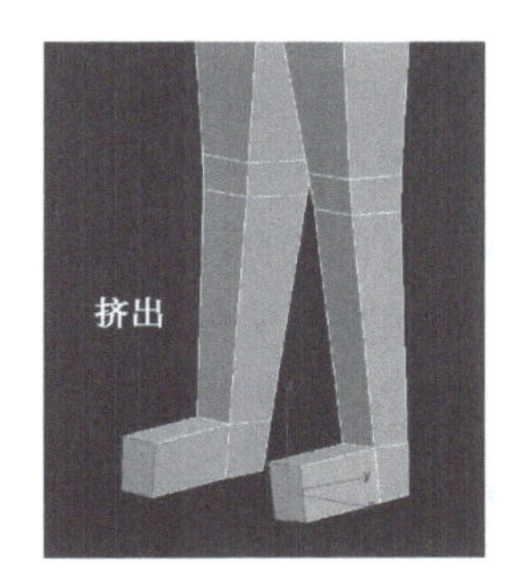

图 4-182　挤出脚掌结构

给大腿与小腿分别添加一条线，按照人体肌肉结构调整大腿的最鼓点和小腿的最鼓点，如图 4-183 和图 4-184 所示。从侧面调整脚的造型，保证脚的倾斜度，如图 4-185 所示。

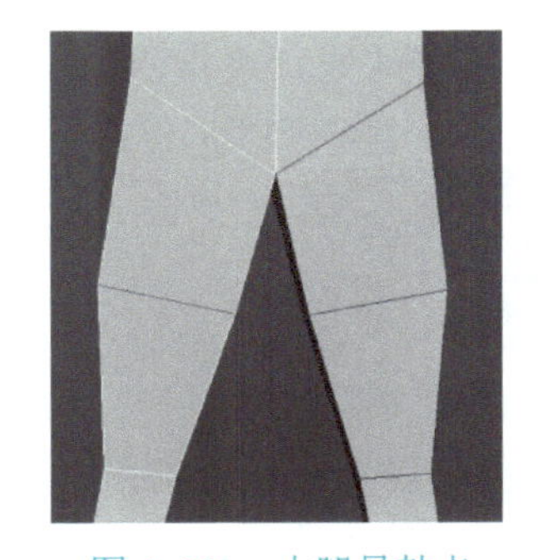

图 4-183　大腿最鼓点

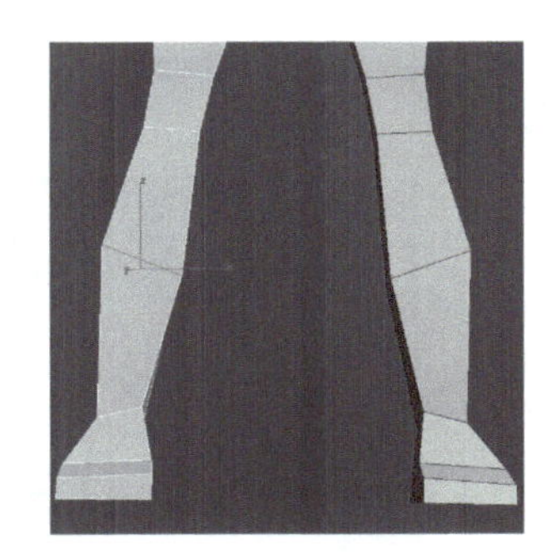

图 4-184　小腿最鼓点

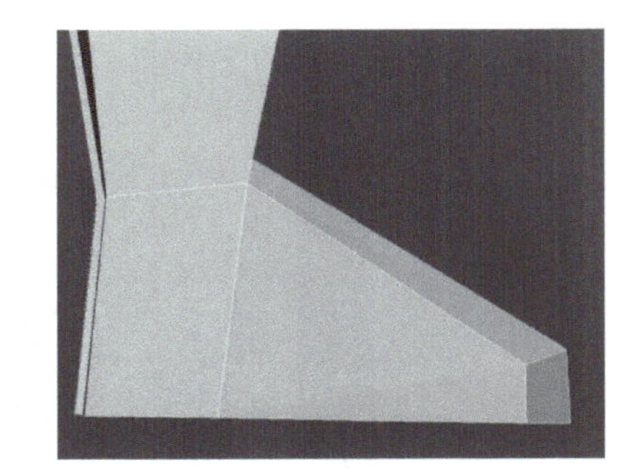

图 4-185　脚侧面结构调整

选择如图 4-186 所示的面，用【挤出】工具挤出胳膊的长度，如图 4-187 所示。

在肘部的位置，用【连接】工具添加肘部的线，并且将其向后移动，以制作出胳膊自然弯曲的效果，如图 4-188 所示。

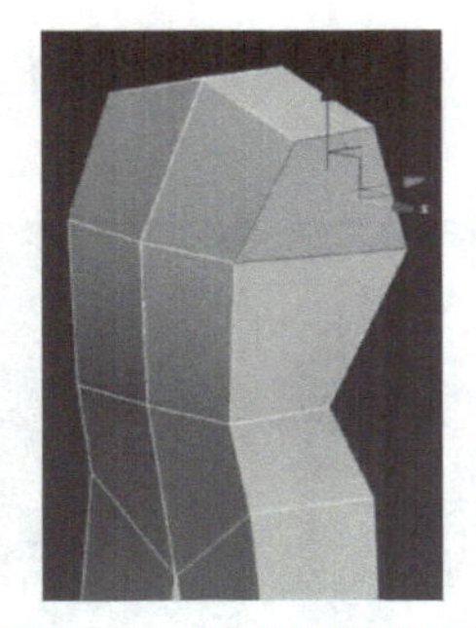

图 4-186　选择胳膊的面

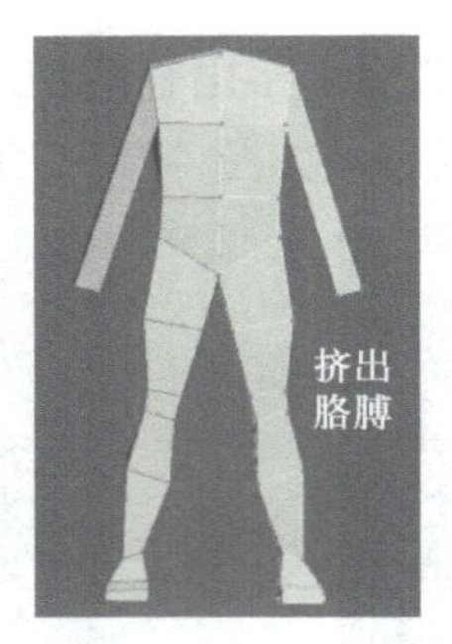

图 4-187　挤出胳膊

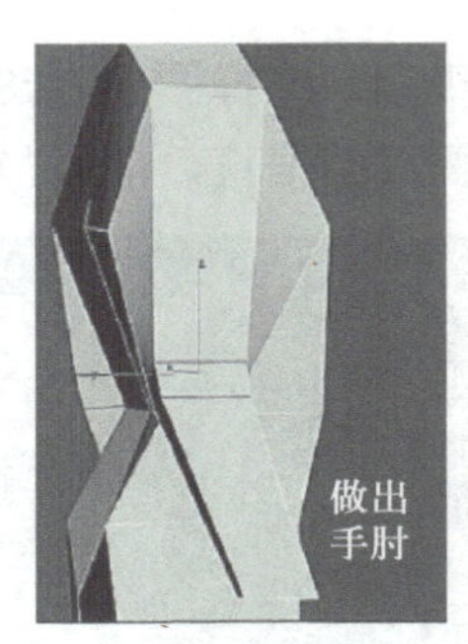

图 4-188　加线做手肘

在上臂添加两条线，调整出三角肌的造型，如图 4-189～图 4-191 所示。

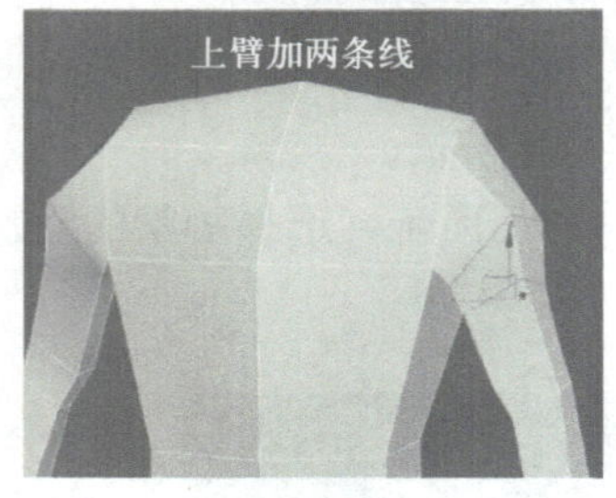

图 4-189　在上臂加两条线

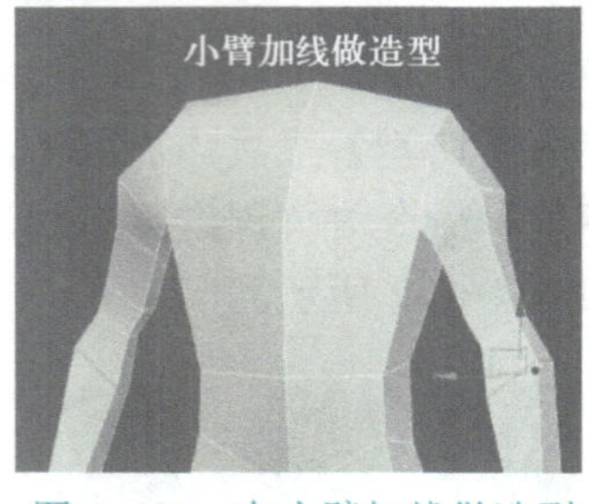

图 4-190　在小臂加线做造型

图 4-191　调整腰部造型

选择上身的横断线，用【连接】工具添加一条线，进入点级别调整大腿根部之间的宽度，进入顶视图调整胸廓的弧度，如图 4-192～图 4-196 所示。

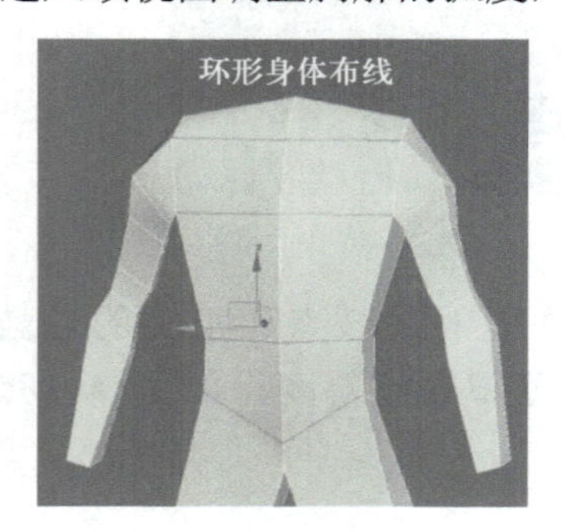

图 4-192　环形身体布线

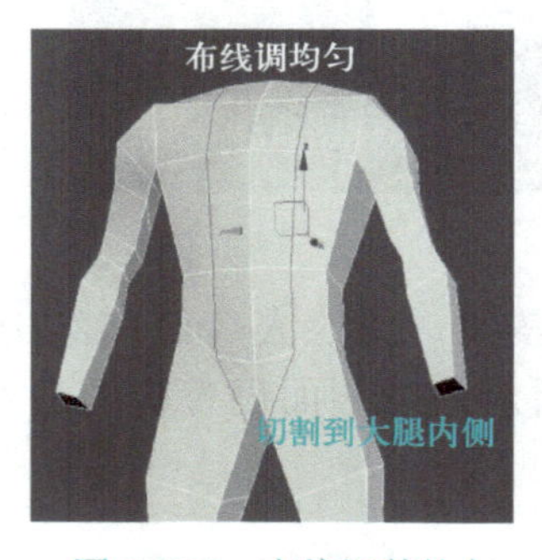

图 4-193　布线调整均匀并做切割

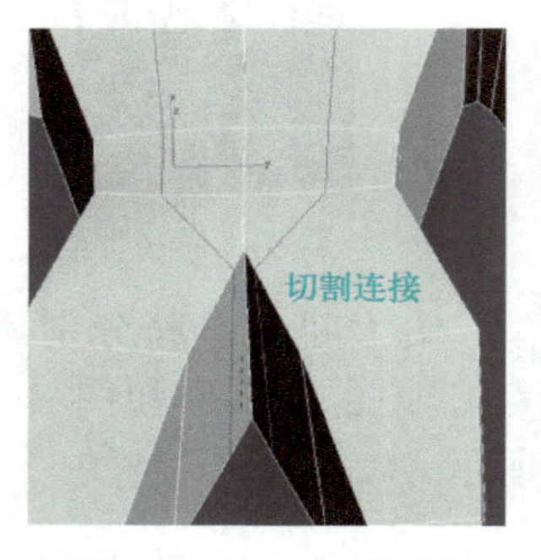

图 4-194　从后面切割连接前面的线

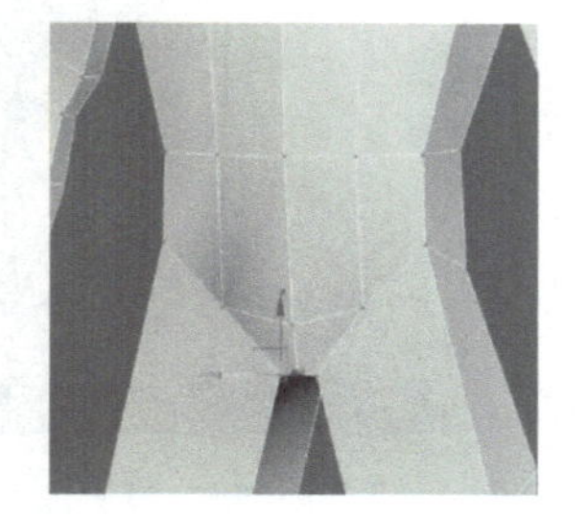

图 4-195　调整底部的点和宽度

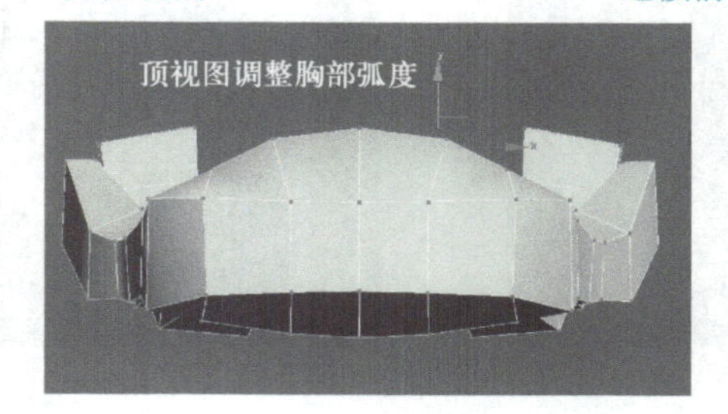

图 4-196　在顶视图调整胸部弧度

男性角色身体基本形体模型的整体效果如图 4-197 所示。

选择如图 4-198 所示的面，将其向前挤出一段作为脖子。再将其多次挤出作为头部。挤出后需适当调整点位，如图 4-199～图 4-202 所示。

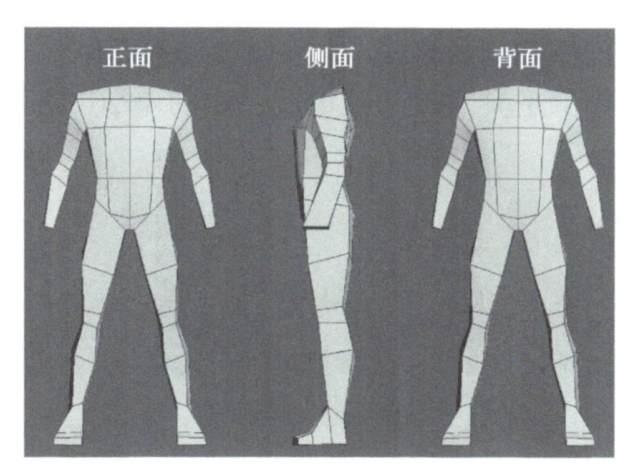

图 4-197　三视图结构造型

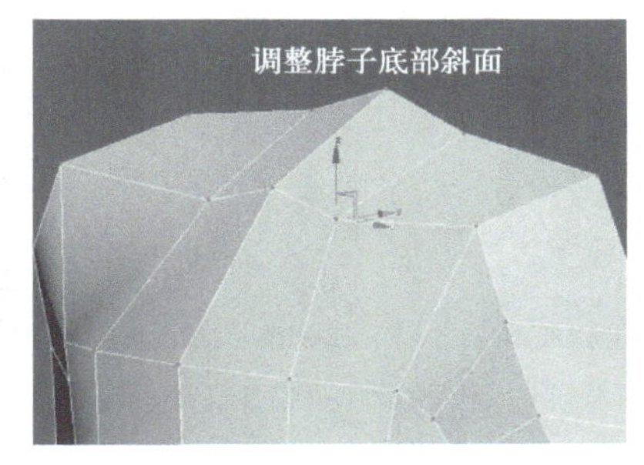

图 4-198　调整脖子底部斜面

图 4-199　选择面挤出脖子

图 4-200　挤出头部

图 4-201　挤出脸部

图 4-202　调整头顶的造型

下面是肢体细节制作的流程。选择身体侧面横断的线，用【连接】工具添加一条中线，将腿部和胳膊调整得更加圆润，如图 4-203～图 4-205 所示。

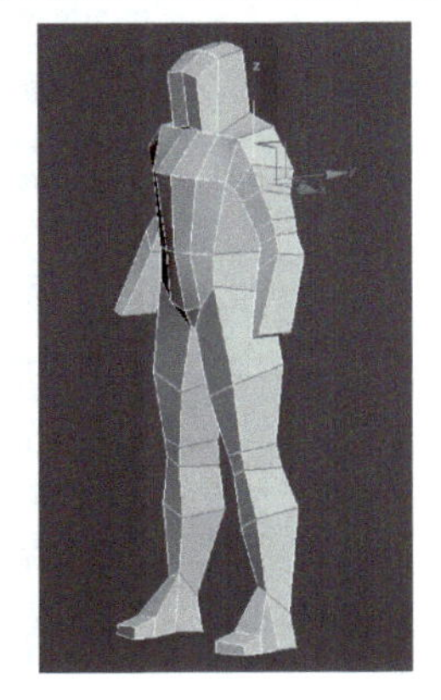

图 4-203　循环加线

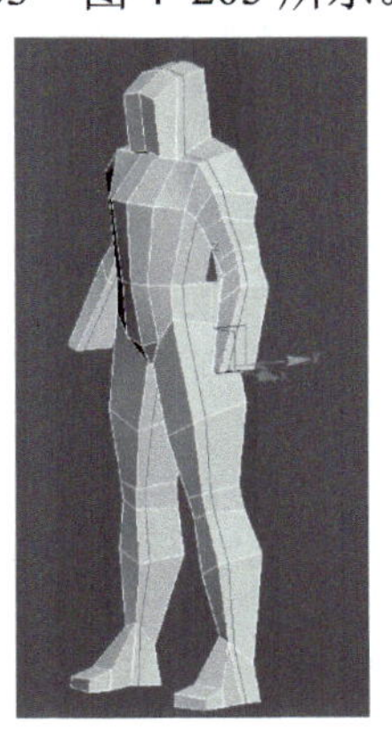

图 4-204　连接工具

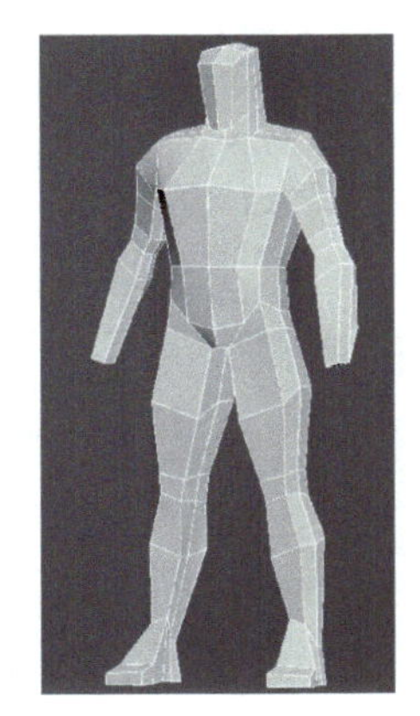

图 4-205　调整人体造型

使用【切割】工具在腿部添加一条直线，如图 4-206 所示。

选择腰部竖线，用【连接】工具添加一条横线，如图 4-207 和图 4-208 所示。

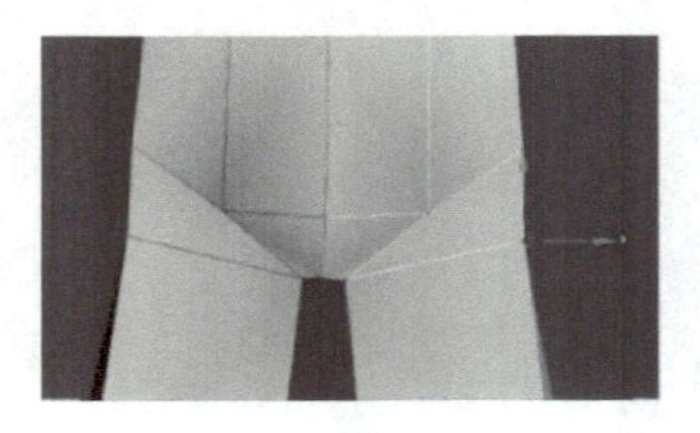

图 4-206　切割加线

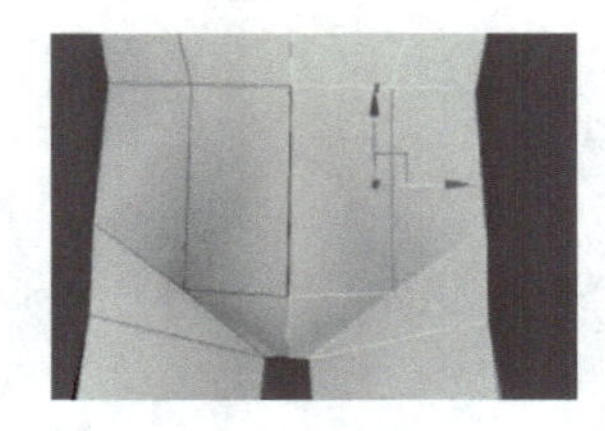

图 4-207　选择腰部循环线

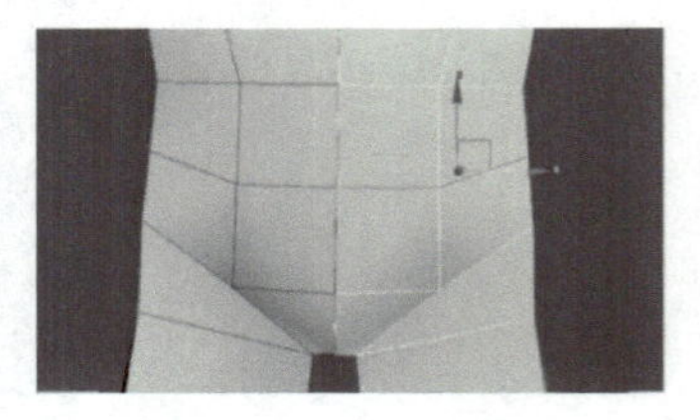

图 4-208　在腰部连接加线

在胸部也添加一条线作为胸大肌的底端，如图 4-209 和图 4-210 所示。

将视图切换到侧面，进入侧面调整点到合适的位置，如图 4-211 所示。

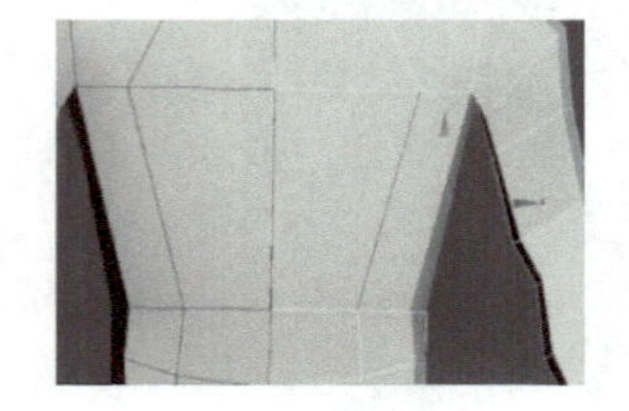

图 4-209　胸部循环边

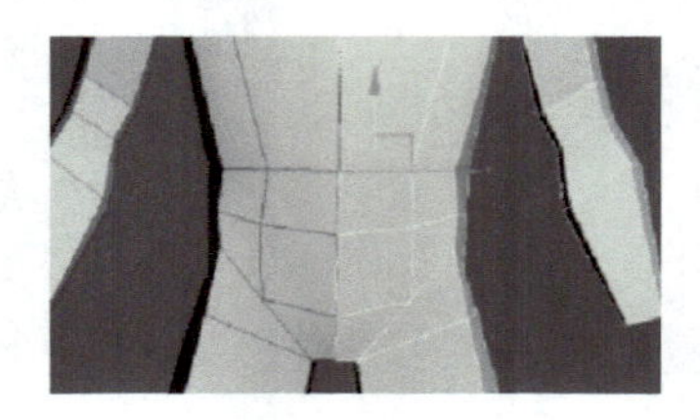

图 4-210　连接调整造型

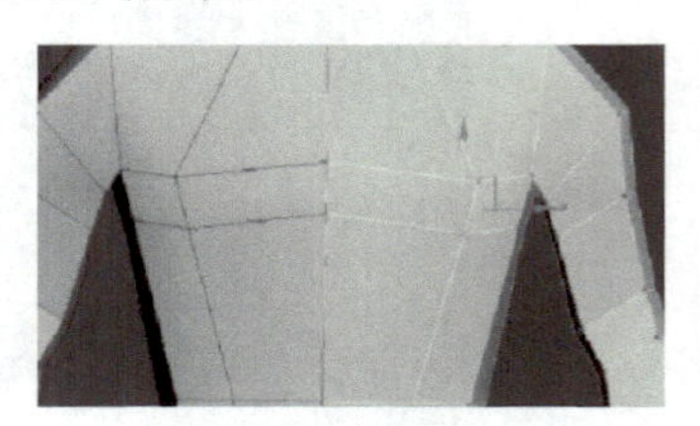

图 4-211　调整胸部结构

调整收缩腰部的点，如图 4-212 所示。用【切割】工具添加一条线作为锁骨的位置，调整颈部造型，如图 4-213 所示。

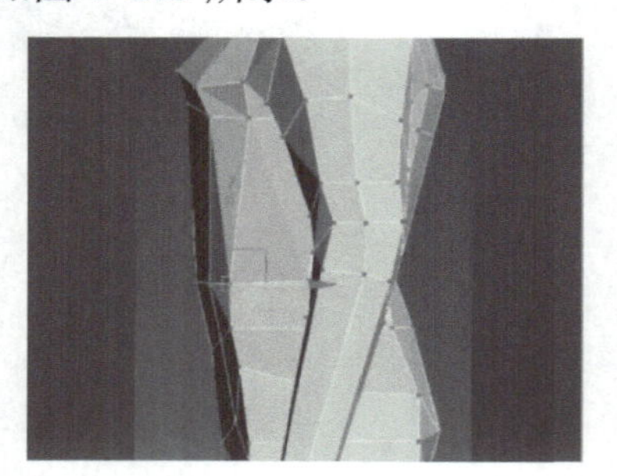

图 4-212　调整腰部线条结构

图 4-213　调整颈部造型

整体效果如图 4-214～图 4-216 所示。

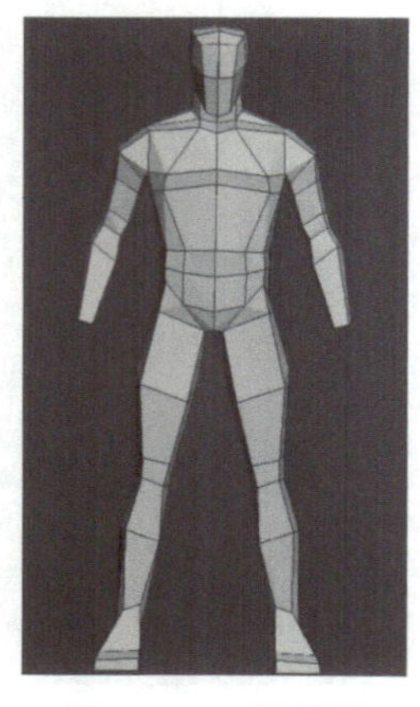

图 4-214　前视图

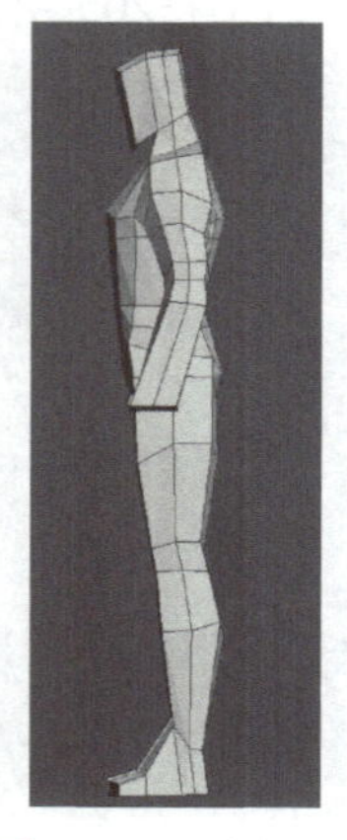

图 4-215　左视图

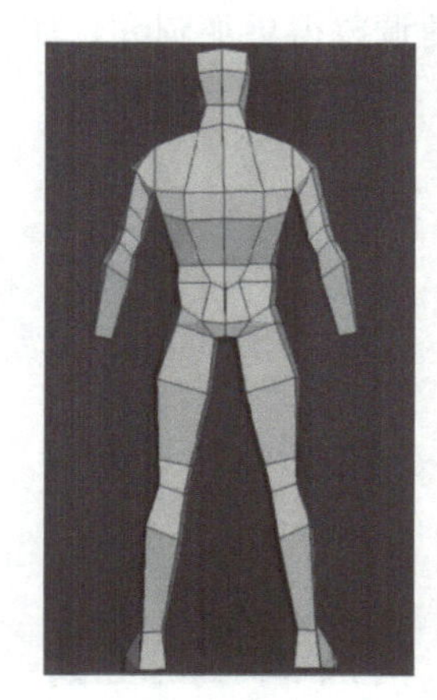

图 4-216　后视图

用【连接】工具在胸前添加两条线，再调整胸前布线，如图 4-217～图 4-220 所示。

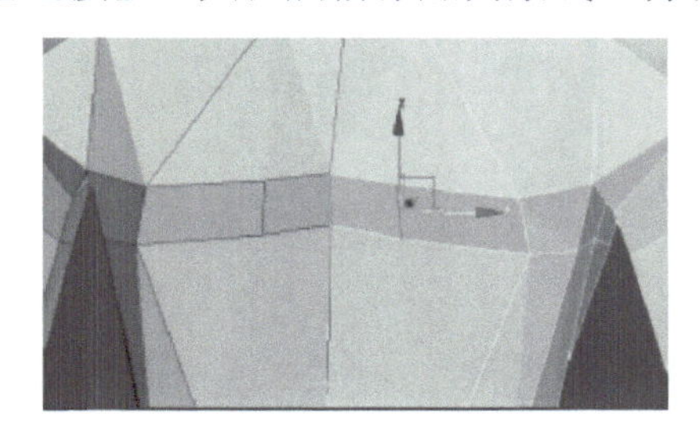

图 4-217 胸前加线

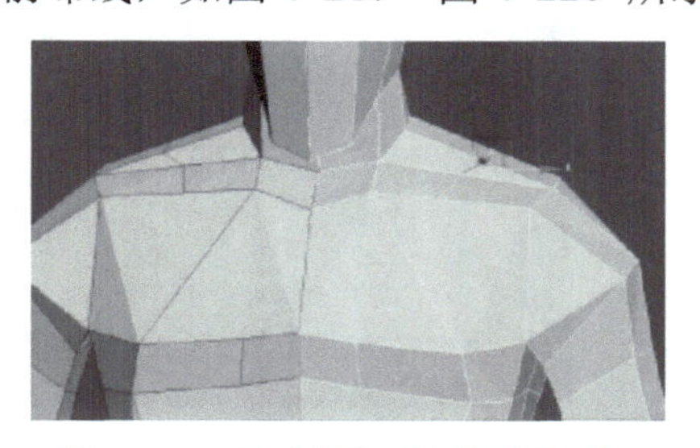

图 4-218 在肩膀加线以添加细节

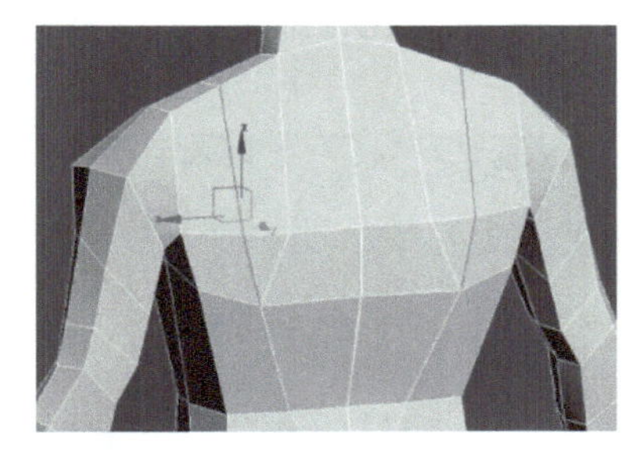

图 4-219 后背连接线

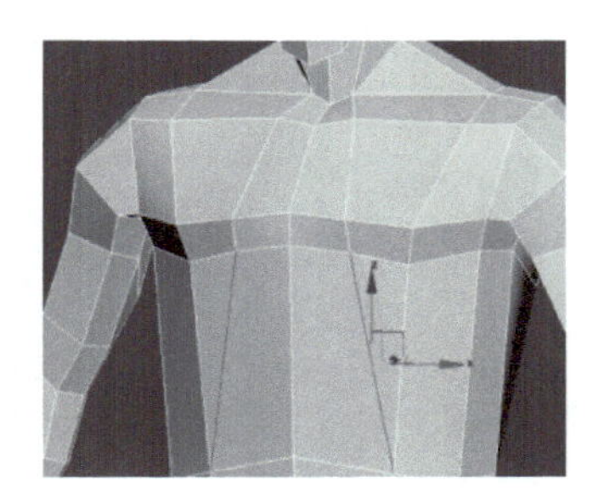

图 4-220 切割用于连接的腰部

在胸大肌的下面再添加一条线，如图 4-221 所示。

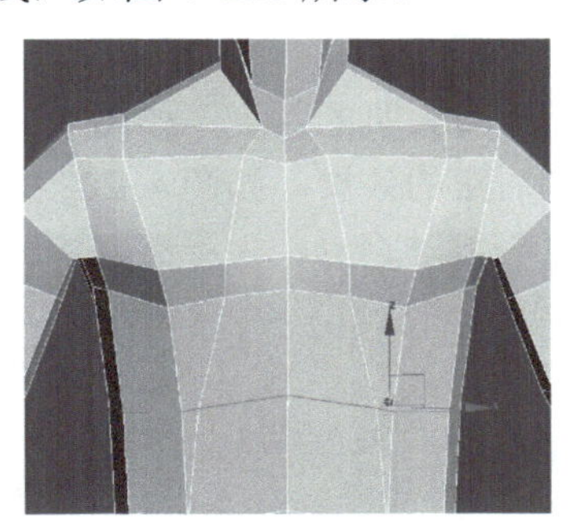

图 4-221 在胸大肌下面加线

为了让腿部更圆滑，对其添加竖线与横断线，且布线要均匀，如图 4-222 所示。

在小腿上再添加一条线标示出腿部腓肠肌的末端结构，如图 4-223、图 4-224 所示。为了让形体更完美、布线更均匀，给小腿背部添加一条线，如图 4-225 所示。

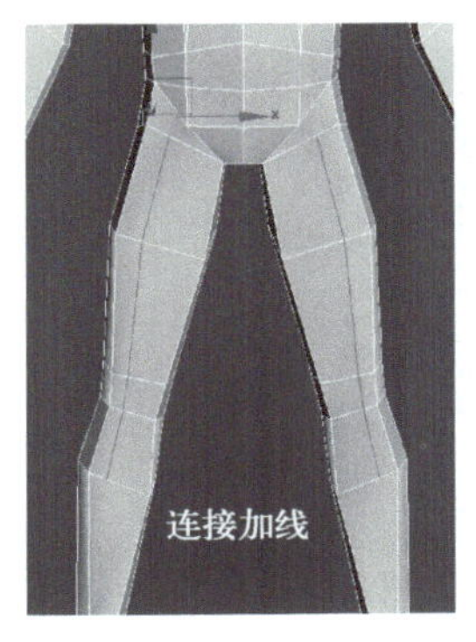

图 4-222 大腿加线

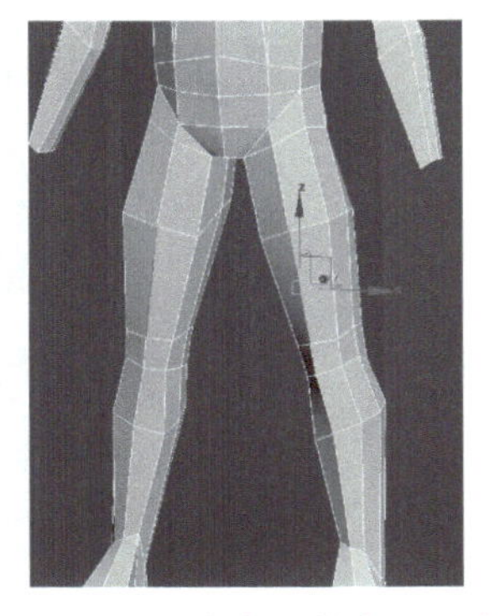

图 4-223 将大腿轮廓调圆润

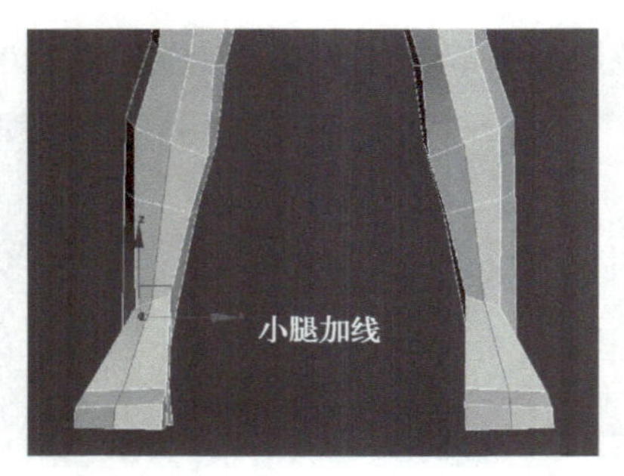

图 4-224　小腿加线

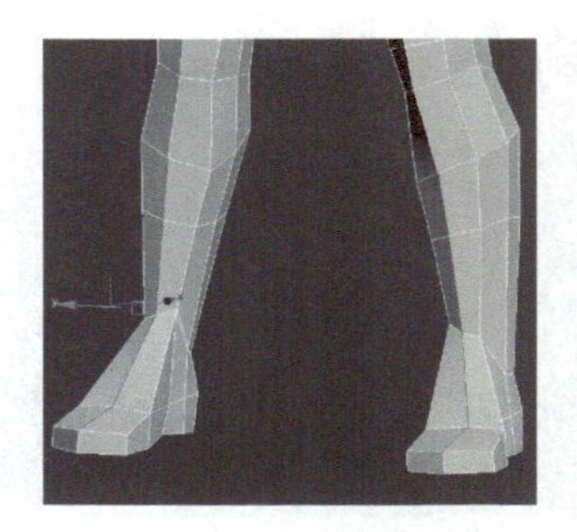
图 4-225　调整弧度

在小腹上添加一条线做出腹部的曲度，如图 4-226 所示。在臀部底部加一条线做出臀部的厚度，如图 4-227 所示。

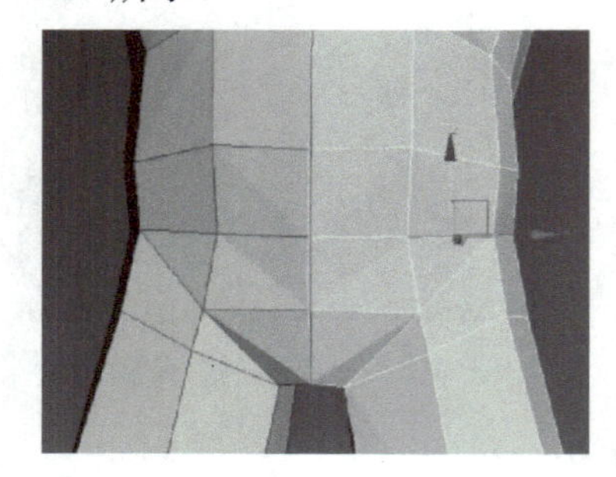
图 4-226　在小腹上加线做腹部曲度

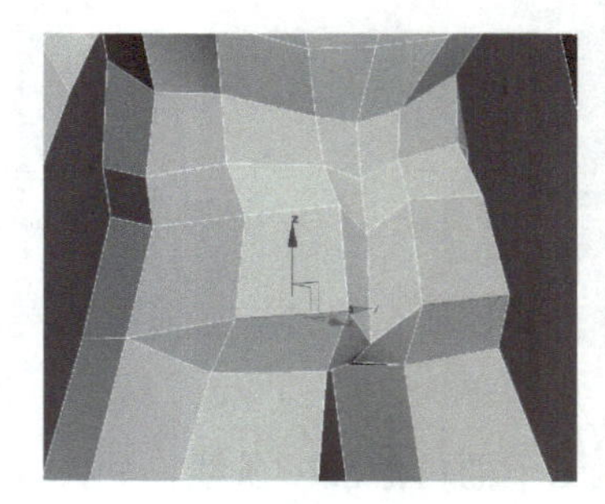
图 4-227　将臀部做出厚度

在胸大肌的中间添加一条线做出胸大肌的弧度，如图 4-228 所示。

在脚上添加一条线可以做出脚后跟的效果，如图 4-229 所示。

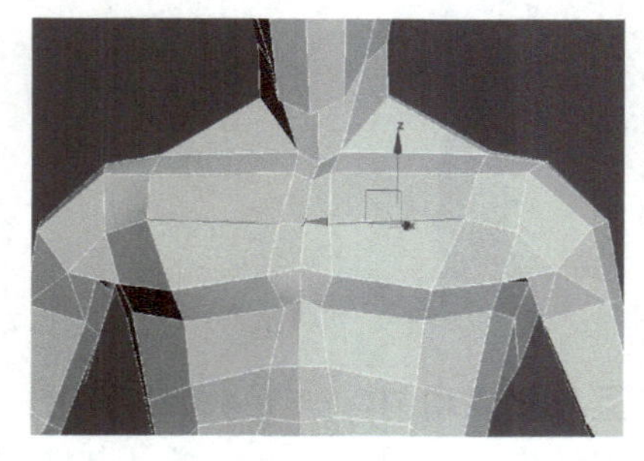
图 4-228　在胸大肌的中间添加一条线

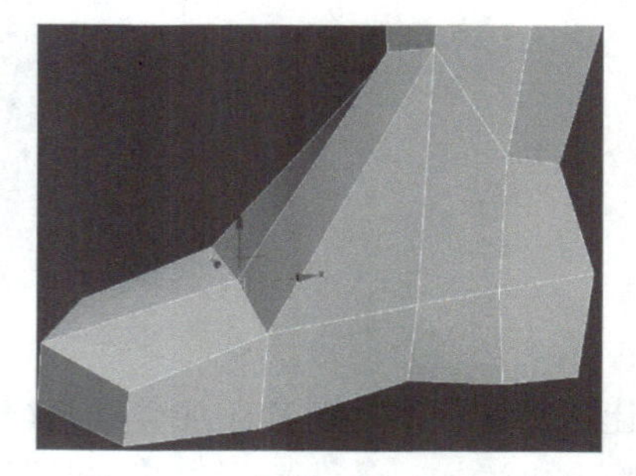
图 4-229　加线以做出脚背结构

男性角色身体的基本形体结构如图 4-230 所示。

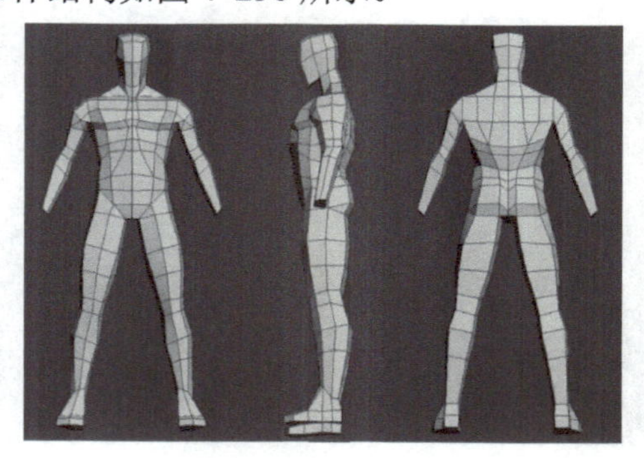
图 4-230　身体基本结构布线

4.2.3　头部与身体的拼接和调整

男性角色手部模型制作具体步骤参考 3.2.2 节图 3-120 手部结构。下面介绍头部与身体的拼接和调整。

选择身体模型腹部三角面的布线，使用【切割命令】对正面和后背进行切线操作，移除线以调整布线结构，再进行切割连接，以调整布线，如图 4-231～图 4-236 所示。

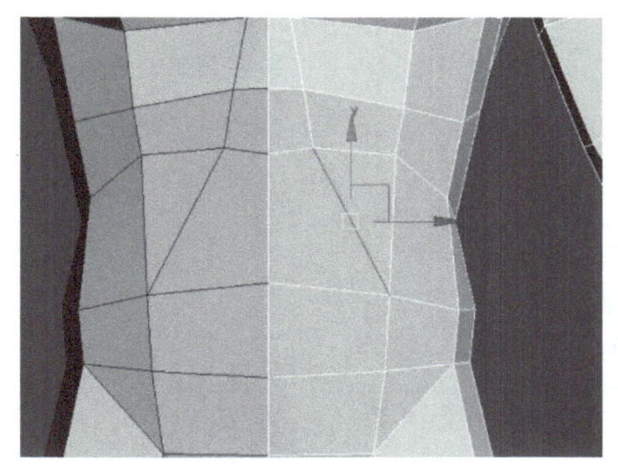

图 4-231　移除如图所示的线

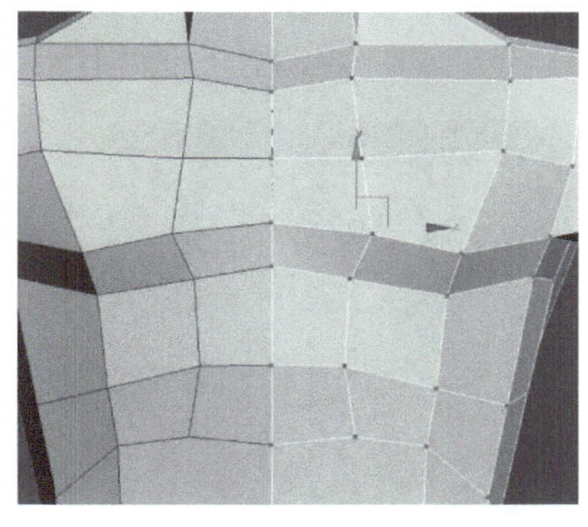

图 4-232　调整布线结构

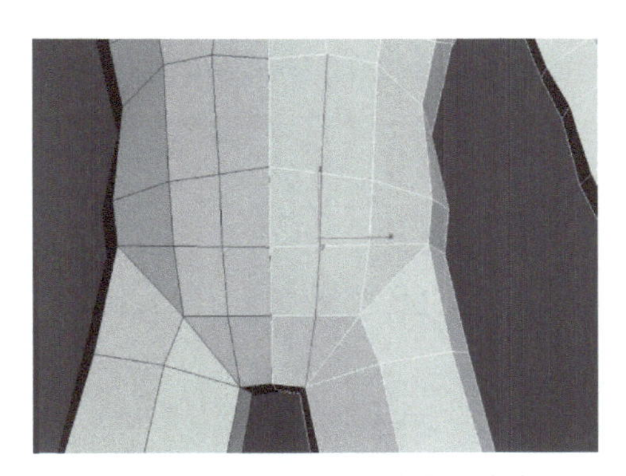

图 4-233　使用切割命令来连接线

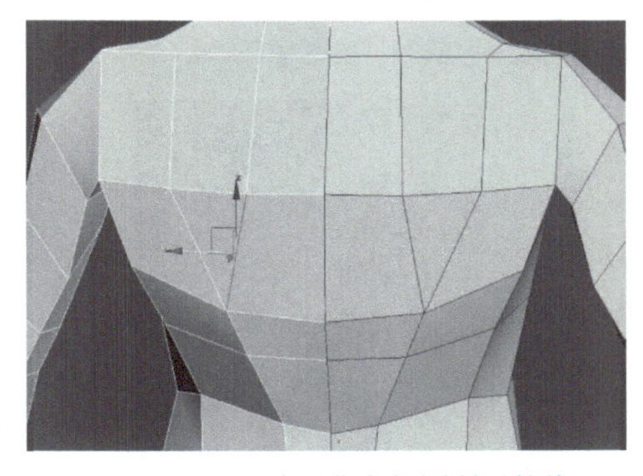

图 4-234　移除后背上如图所示的线

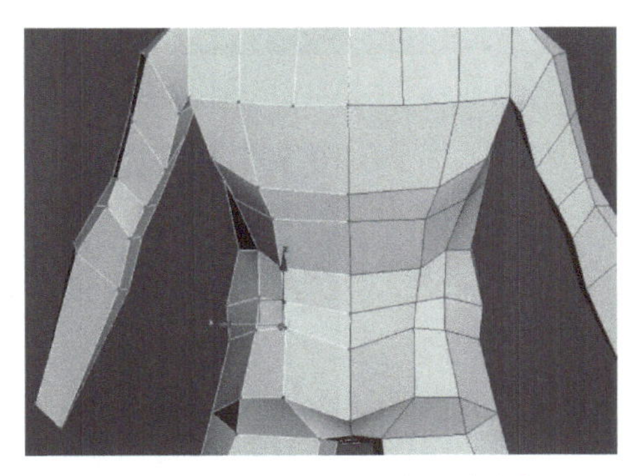

图 4-235　将背部布线调整均匀

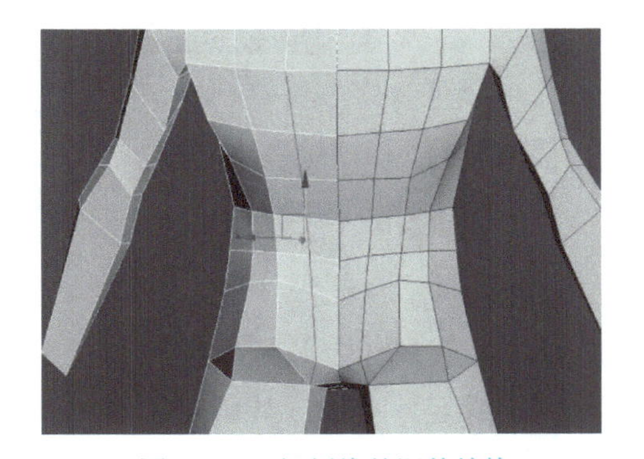

图 4-236　切割线并调整结构

选择后手臂的循环线，将其连接并调整轮廓，使得手臂更加圆滑。用同样方法可对腿部进行操作。最后通过【对称】命令可合并模型，结构布线如图 4-237～图 4-244 所示。

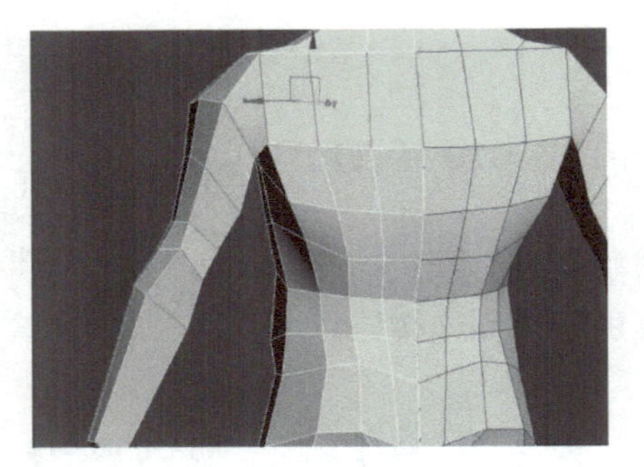

图 4-237 后手臂循环边

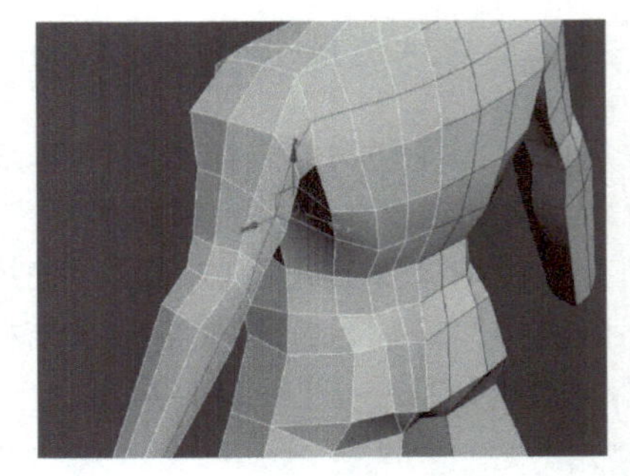

图 4-238 连接线并调整轮廓

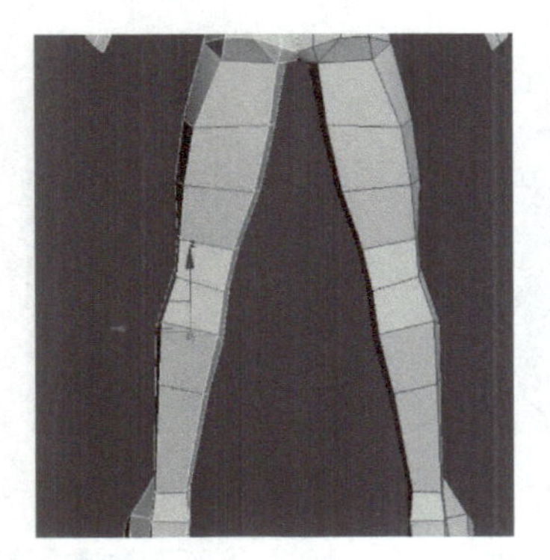

图 4-239 腿部循环边

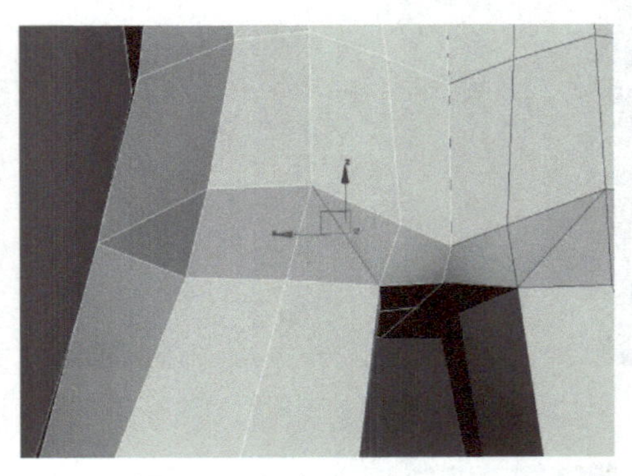

图 4-240 连接线并移除多余线

图 4-241 手臂循环边

图 4-242 连接线并移除多余线

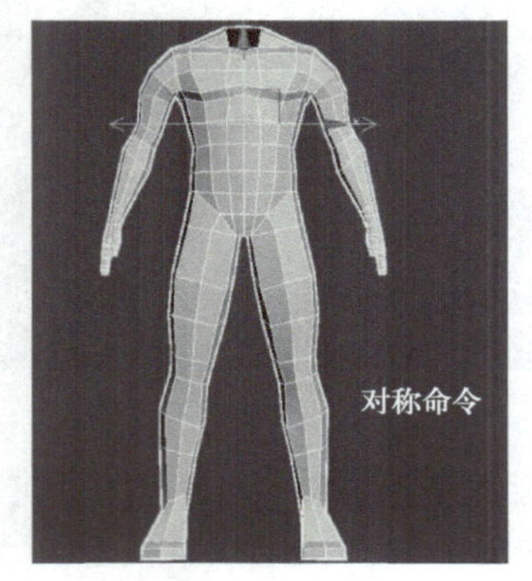

图 4-243 对称模型

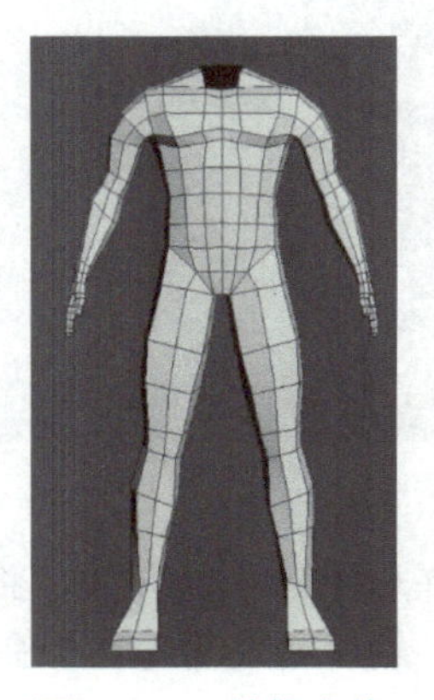

图 4-244 结构布线

初步模型调整完成后，删除基础头型，使用【涡轮平滑】命令让身体模型布线更加均匀。在导入前面完成的头部模型之前，需要先依次单击【文件-导出-导出选定对象】选择头部模型并设置其导出格式为 OBJ 将其导出，再打开身体文件，导入该头部模型，调整位置，如图 4-245～图 4-251 所示。

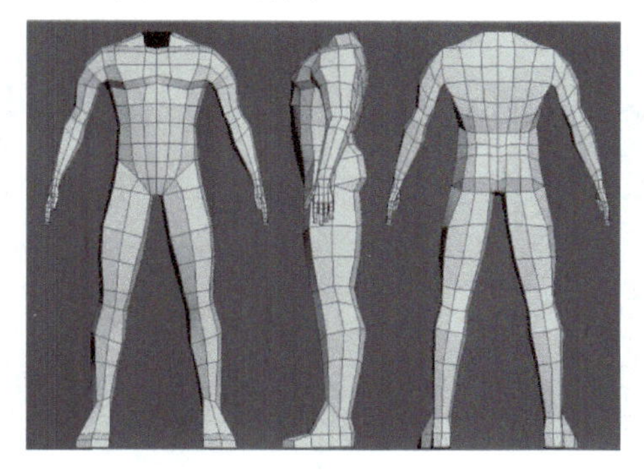

图 4-245　调整结构布线

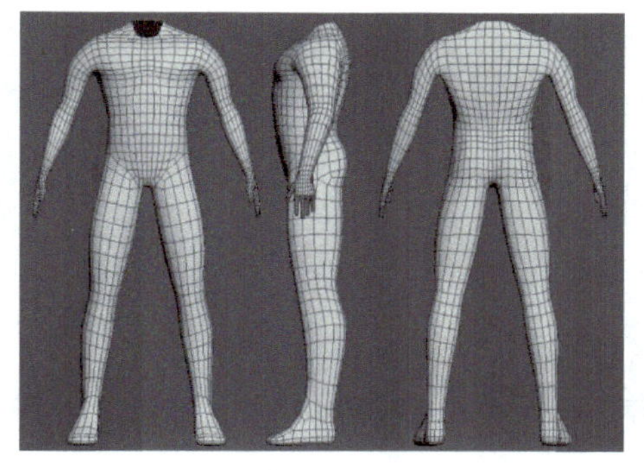

图 4-246　涡轮平滑加线

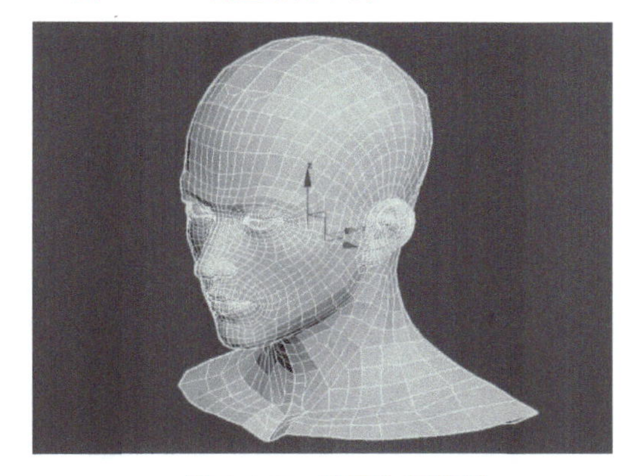

图 4-247　选择头部模型

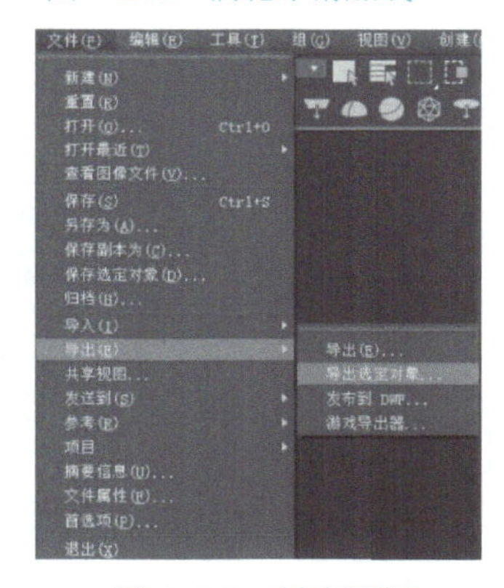

图 4-248　导出面板

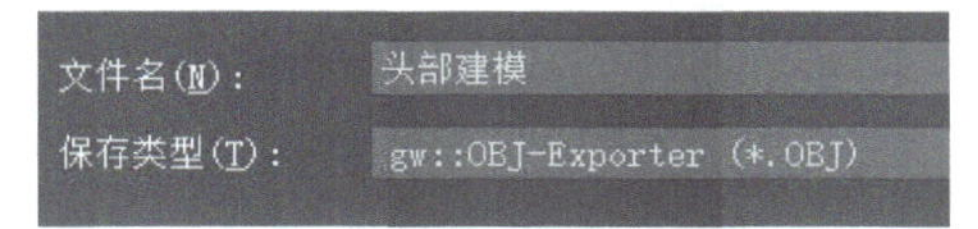

图 4-249　导出格式

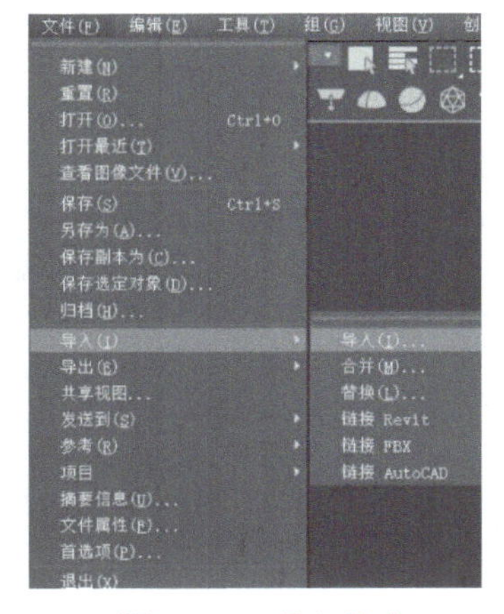

图 4-250　导入格式

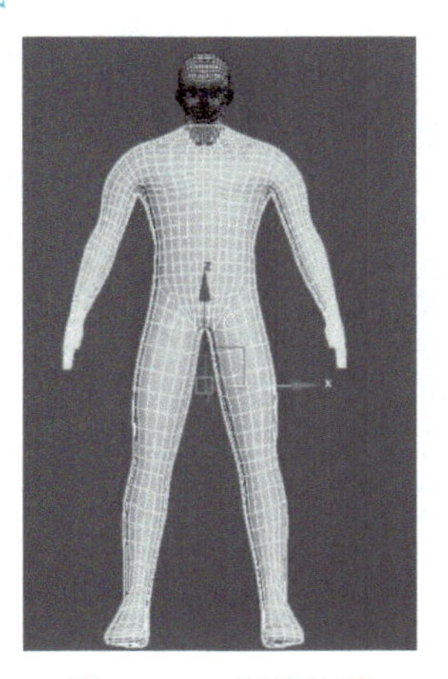

图 4-251　调整位置

调整位置后，删除一半的头部建模和身体建模，打开【吸附工具】进行吸附顶点操作以调整位置，并选择点进行塌陷，方法是对其使用【附加】命令后再使用【塌陷】命令，调整布线则使用【对称】命令，在命令面板对所调整布线进行塌陷全部操作从而完成模型，如图 4-252～图 4-261 所示。

图 4-252 删除一半的面

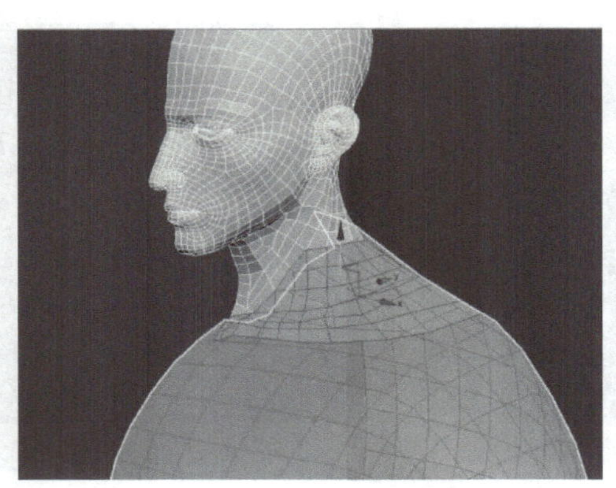

图 4-253 删除多余的颈部面

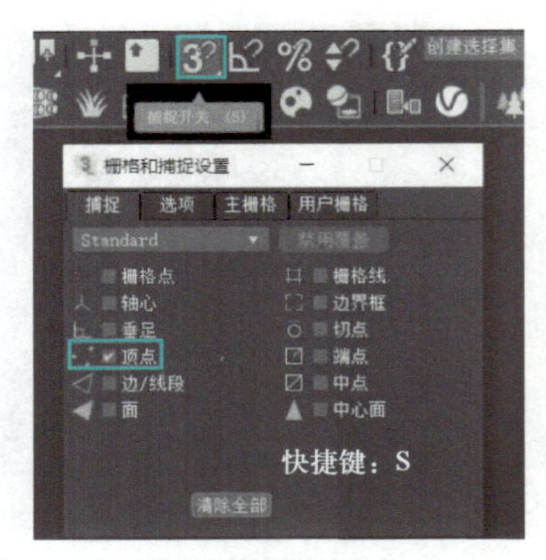

图 4-254 打开捕捉开关

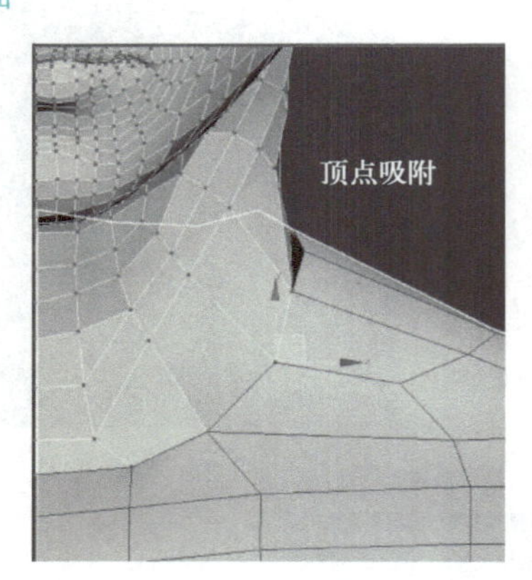

图 4-255 吸附顶点

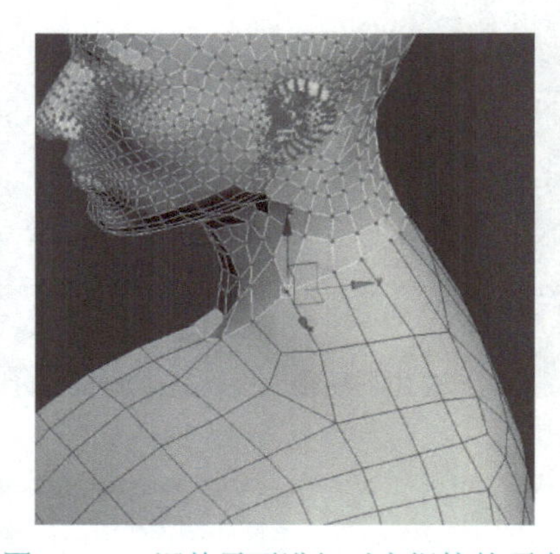

图 4-256 调整需要进行对齐焊接的顶点

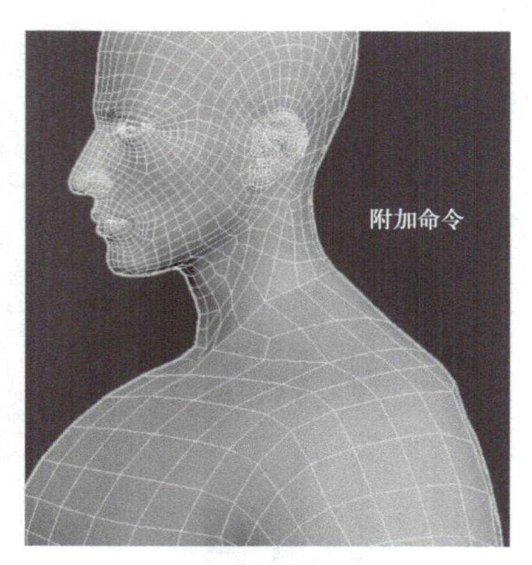

图 4-257 为头部附加身体

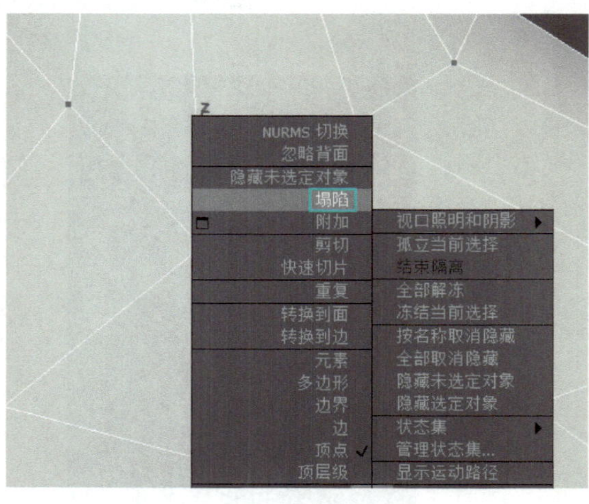

图 4-258 右击塌陷命令

图 4-259　调整布线

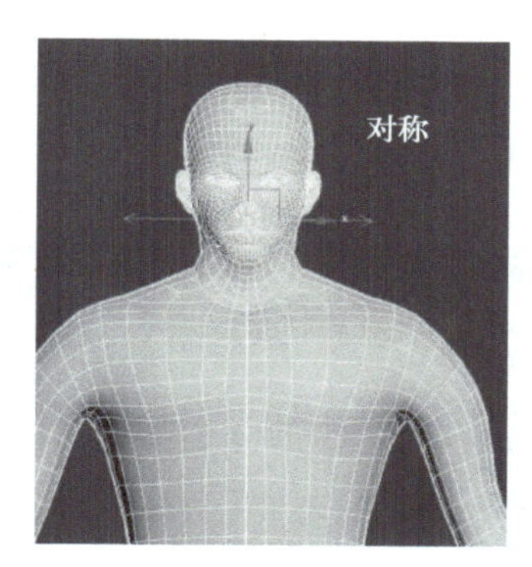

图 4-260　使用对称命令

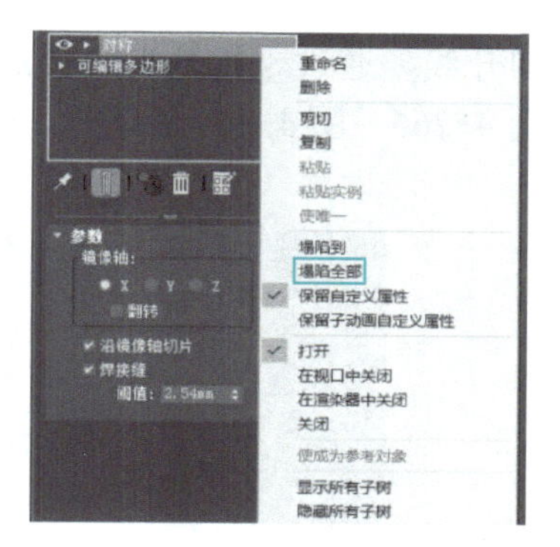

图 4-261　塌陷全部

4.2.4　身体模型展开 UV

选择模型的一半，按〈Delete〉删除模型，选择【镜像】工具，通过【实例】对称另一半，如图 4-262 所示。

选择一半的模型，使用【修改器列表-UVW 展开】工具，如图 4-263 所示。

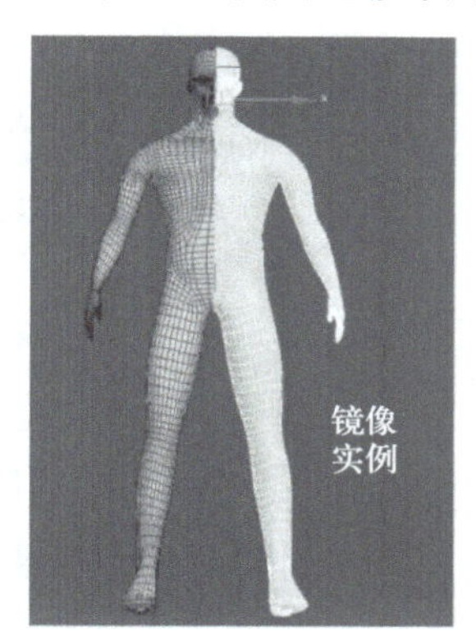

图 4-262　使用镜像实例来将另一半对称出来

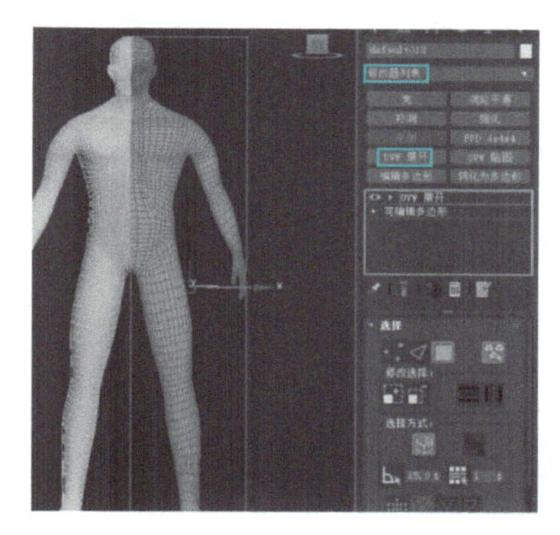

图 4-263　选择 UVW 展开工具

在【UVW 展开】工具中，选择【平面贴图】，对齐选项为【Y 轴】，如图 4-264 所示。

UV 投影效果如图 4-265 所示。

图 4-264　选择投影平面贴图和 Y 轴工具

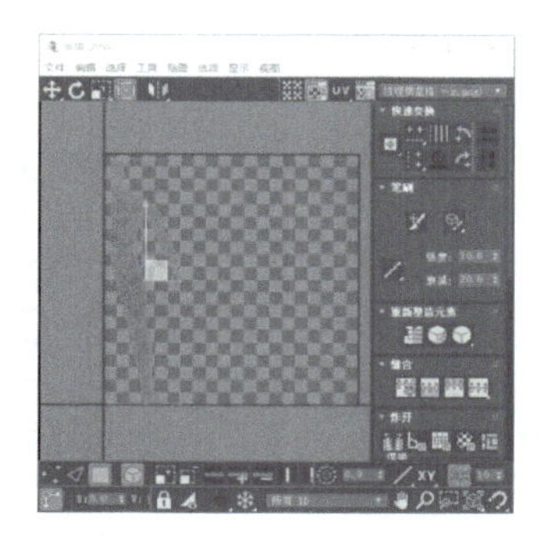

图 4-265　UV 投影效果

通过【实例】对称后，选择一半的模型，对其进行【UVW 展开】，打开 UV 编辑器，选择【纹理棋盘格】工具。

调整模型大小，但不要变形。在 UV 面板里面选择【线模式】，在脚踝、大腿、手腕等位置切开线，通过【松弛】将面展开，要注意切线一定要在内侧并且隐秘不显眼的位置切开，如图 4-266～图 4-269 所示。

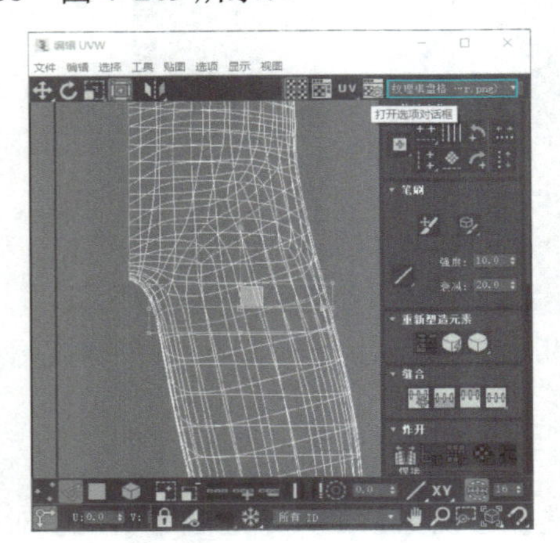
图 4-266　选择大腿切线

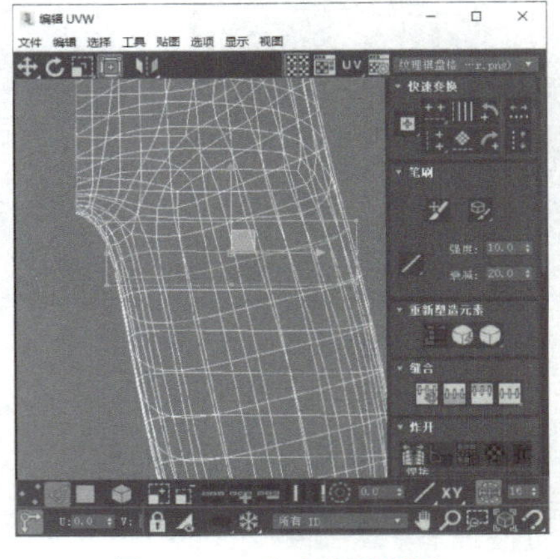
图 4-267　右击将其断开

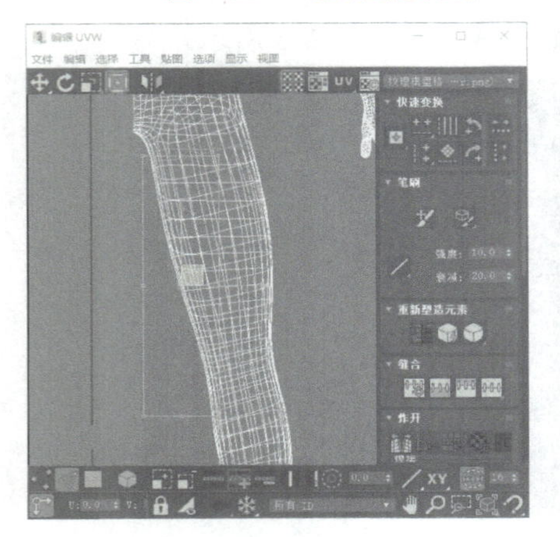
图 4-268　使用扩大循环 UV 工具

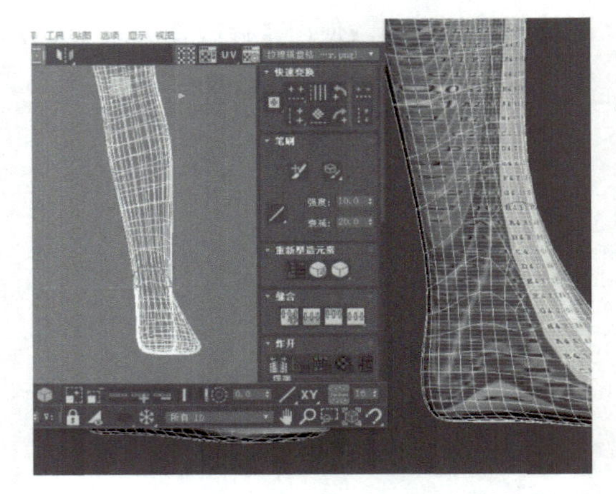
图 4-269　选中脚踝并将其和大腿内侧的线断开

在图 4-270 中，使用【松弛】工具将大腿的 UV 进行展开。

在编辑 UVW 面板中，选择大腿的面，使用【松弛】工具，选择【由多边形角松弛】展开面，如图 4-271 所示。

图 4-270　松弛工具

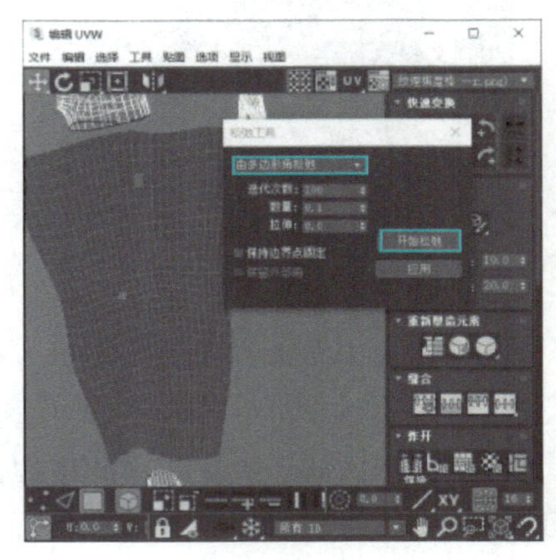
图 4-271　使用松弛工具

最后腿部呈现如图 4-272 和图 4-273 所示。

图 4-272　打直边

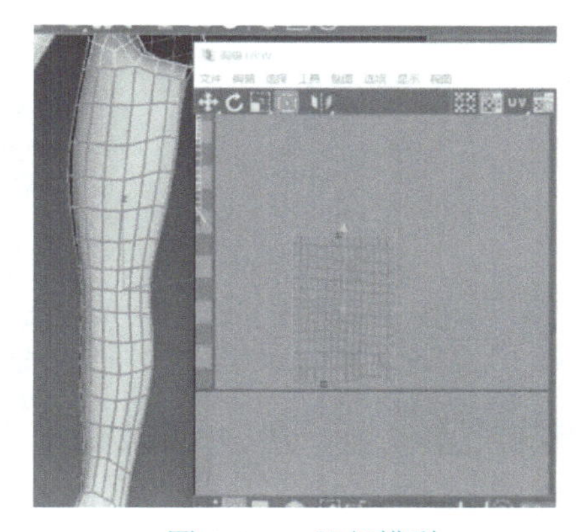

图 4-273　腿部模型

完整的 UV 摆放及展开如图 4-274～图 4-281 所示。

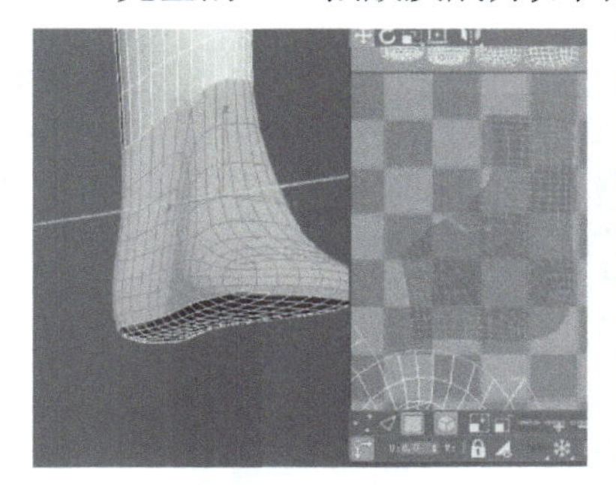

图 4-274　脚背 UV 造型展示

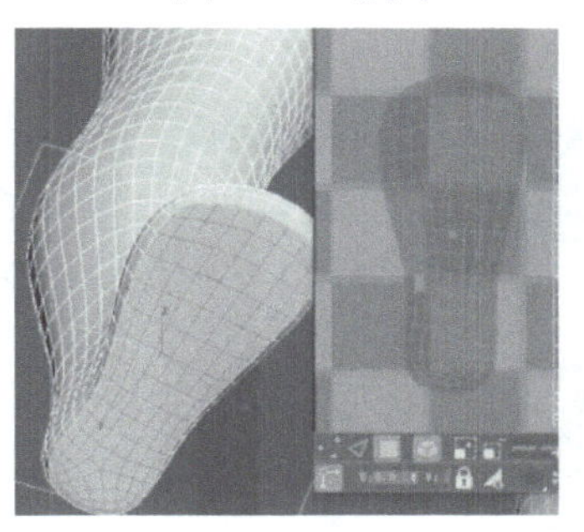

图 4-275　脚底 UV 展示

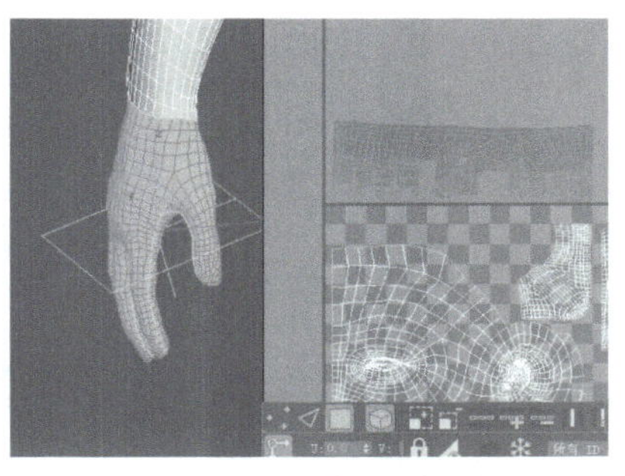

图 4-276　手 UV 展示

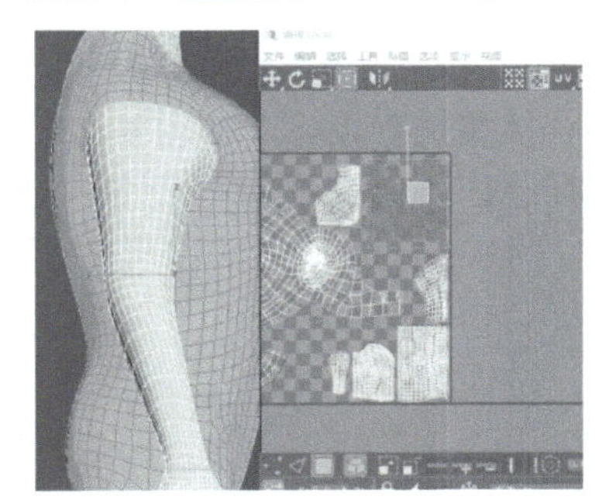

图 4-277　上半身 UV 平铺

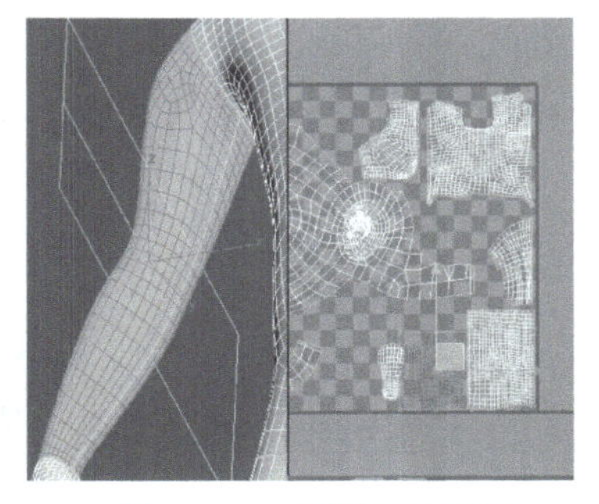

图 4-278　手臂 UV 展示

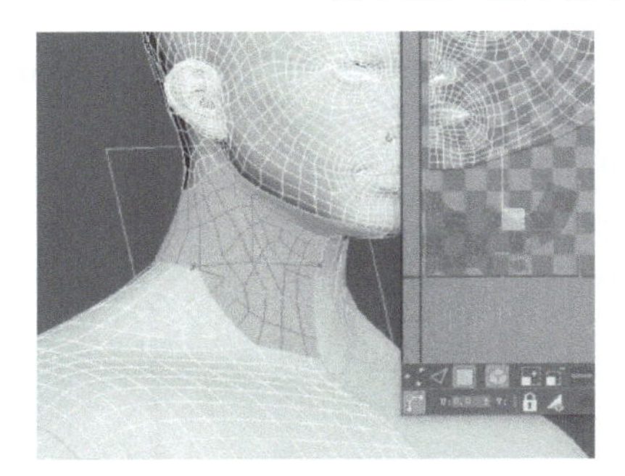

图 4-279　脖子切线

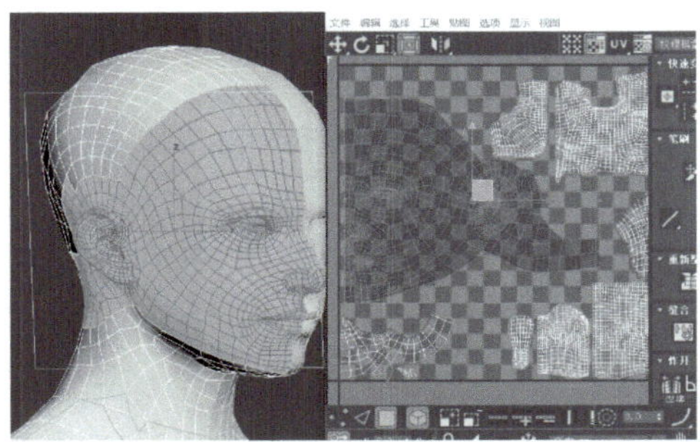

图 4-280　脸部切线

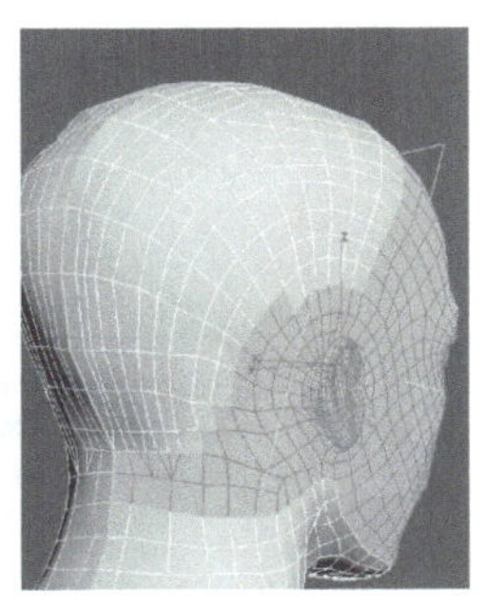

图 4-281　后脑勺 UV 展示

最后渲染 UV 模板如图 4-282～图 4-284 所示。

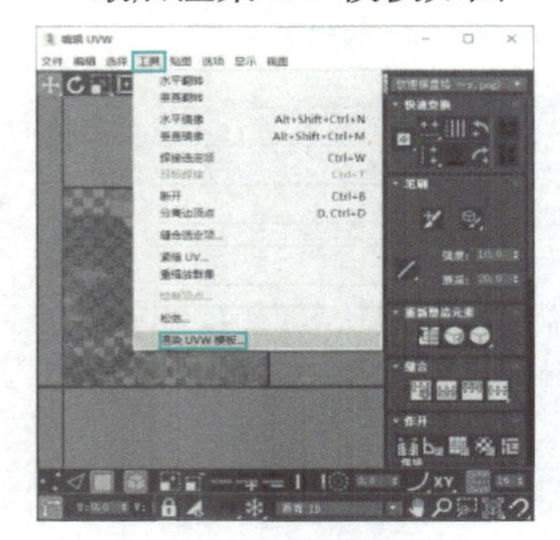

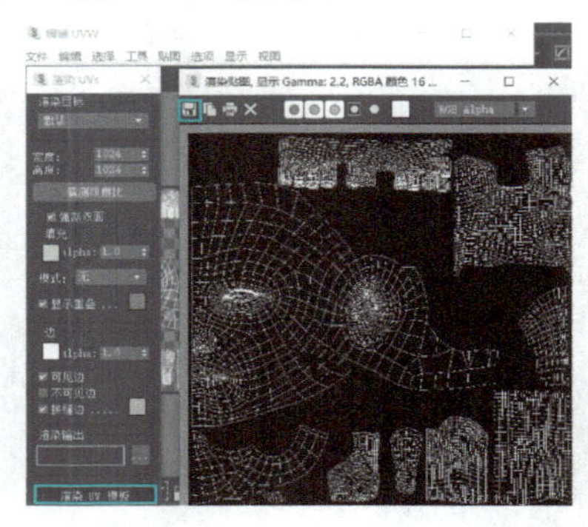

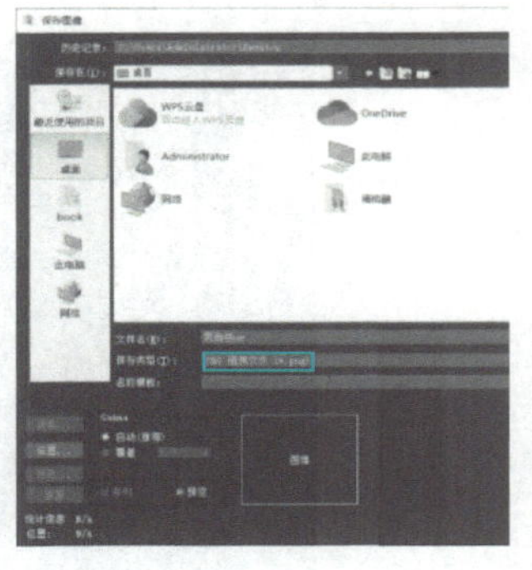

图 4-282　渲染 UV 模板　　图 4-283　保存 UV 模板　　图 4-284　保存位置及格式

选择【UVW 展开-塌陷全部】工具，如图 4-285 所示。再通过【镜像】工具复制出另一半，如图 4-286 所示，选择模型的一半，在【编辑几何体】工具面板下找到【附加】工具将模型合在一起，如图 4-287 所示。

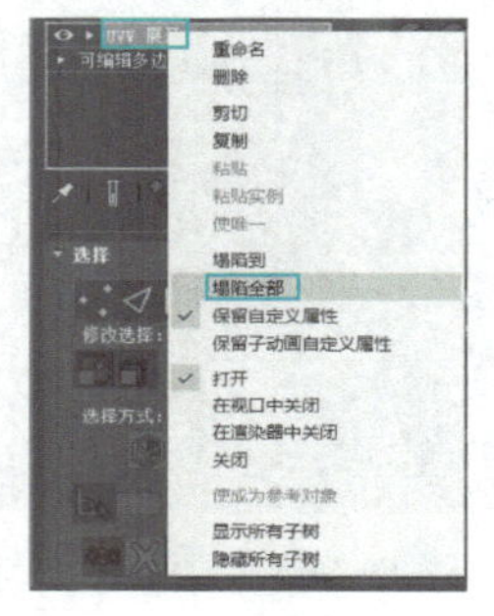

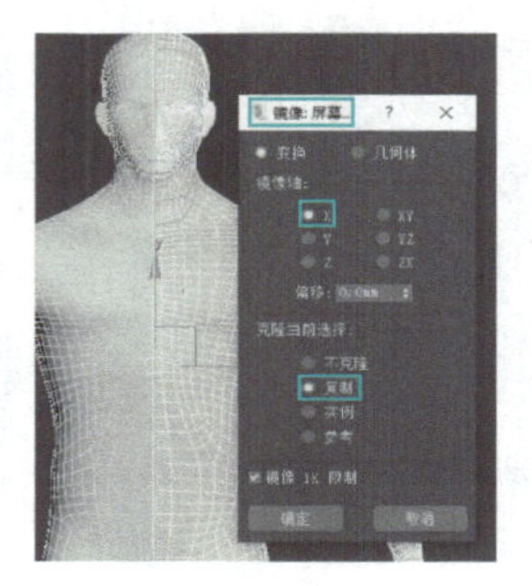

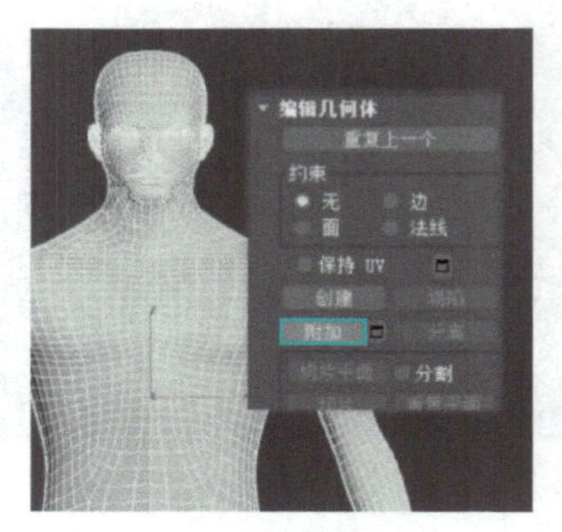

图 4-285　塌陷 UV　　图 4-286　镜像复制另一半　　图 4-287　附加另一半

使用【修改工具面板】中的【对称】工具，将整合模型进行塌陷，如图 4-288 所示。

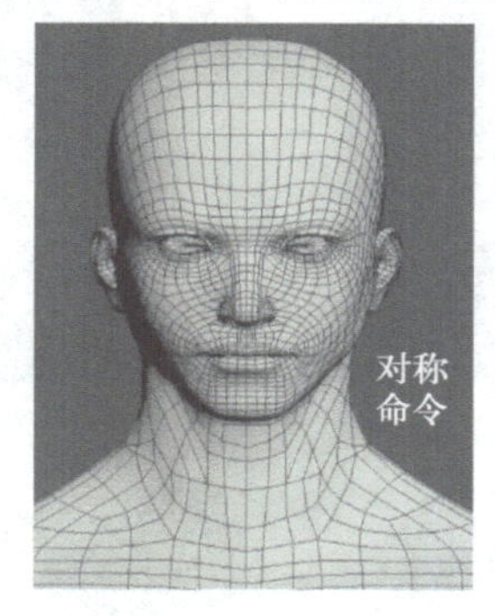

图 4-288　使用对称工具以塌陷模型

创建身体上部装备 1

4.3 装备创建

4.3.1 头部模型和身体上部装备调整

本案例使用 Maya 和 ZBrush 软件来创建装备。关于 ZBrush 软件的基础操作见 1.3 节。本节重点提供制作思路。

打开 ZBrush 软件，导入从 Maya 软件导出的 OBJ 角色模型。在 ZBrush 的主界面的右侧，找到工具面板，单击【导入】按钮，从文件中选择代表身体模型的 OBJ 文件，如图 4-289 所示。

导入模型后，在面板左侧笔刷的位置选择任意笔刷来进行遮罩的绘制。按住〈Ctrl〉，选择画笔类型的遮罩。在弹出的画笔类型菜单中，选择画笔的类型，如图 4-290 所示。

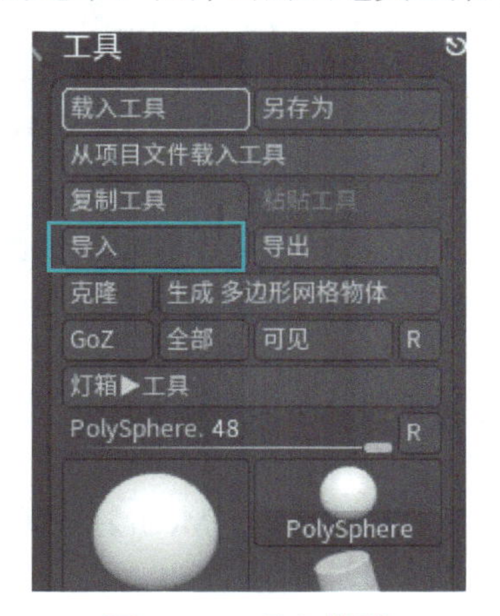

图 4-289　导入模型

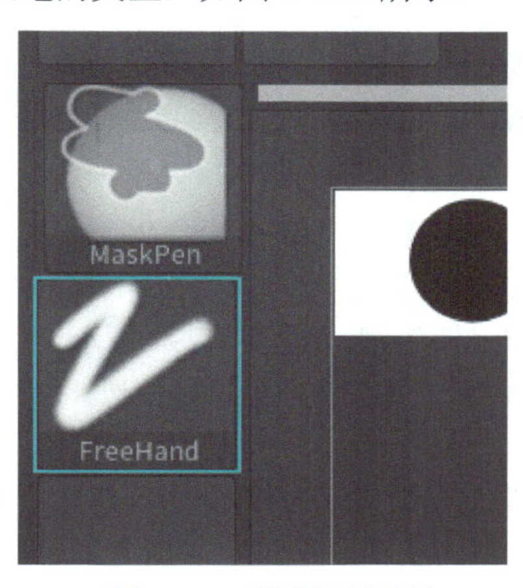

图 4-290　设置遮罩笔触

在开始制作装备之前，仔细观察原画参考，注意到这件装备设计较为贴身。上衣部分分为里衣和外衣，还包括了腰带、裤子、裙摆、鞋子等结构。后续逐步对对应模型进行制作。角色参考如图 4-291 所示。

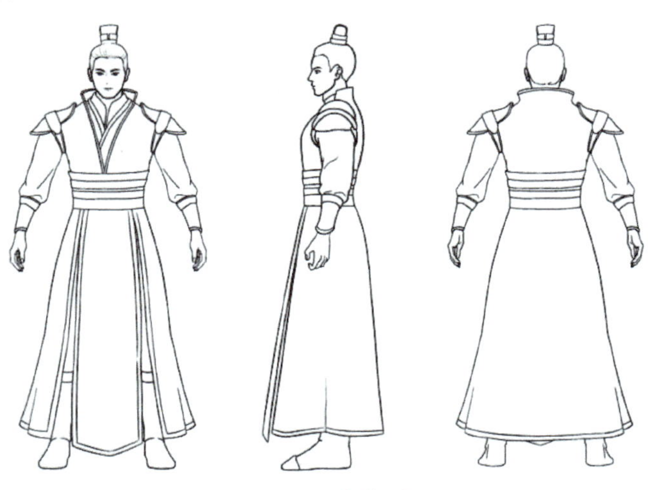

图 4-291　角色原画

使用遮罩来勾勒出装备的轮廓。按住〈Ctrl〉在身体模型上绘制领口部分的遮罩，确保遮罩形状与参考资料中的装备轮廓大致一致，如图 4-292 所示。

完成遮罩绘制后，选择【工具-子工具-提取工具】，设置提取的厚度。完成提取后，选择【接受】按钮确认操作。可看到装备的初步模型已经根据身体模型的遮罩部分被提取出来，如图 4-293 所示。

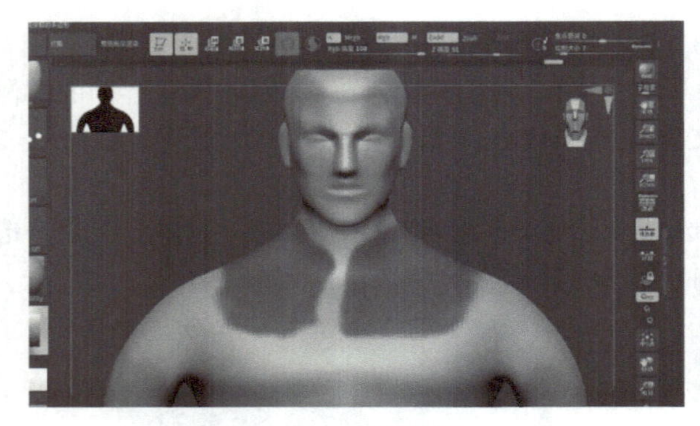

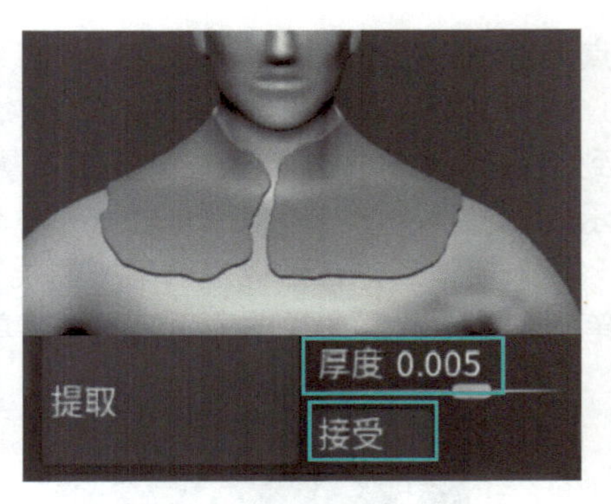

图 4-292 绘制遮罩　　图 4-293 提取遮罩厚度

选择【接受】后，模型上将出现遮罩。在这一步骤中，目标是分离出领口单独的面片，方便在后续步骤进行拓扑。按住〈Ctrl+Shift〉并左键单击遮罩的区域，对遮罩以外的模型进行隐藏，只保留遮罩模型，如图 4-294 所示。

按住〈Ctrl〉并在空白处进行框选，清除所有遮罩，使模型恢复到未遮罩的状态，如图 4-295 所示。

转到界面右侧【几何体编辑-修改拓扑】工具，选择其中的【Micro Mesh】（删除隐藏）选项，移除未显示的遮罩部分，只留下之前选定的区域，如图 4-296 所示。

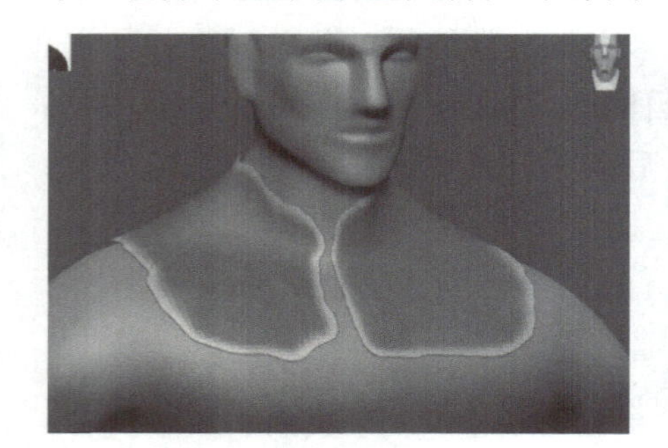

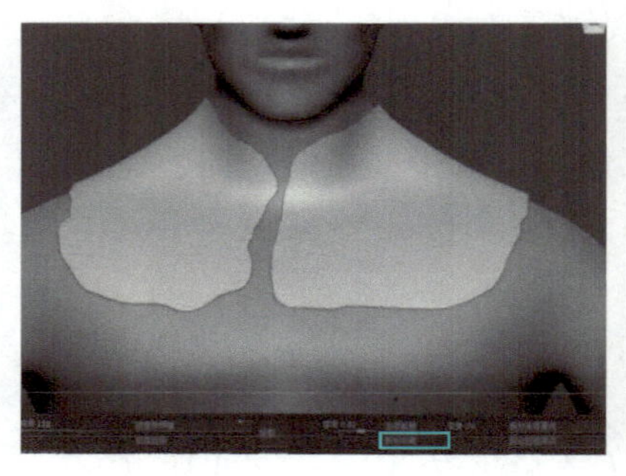

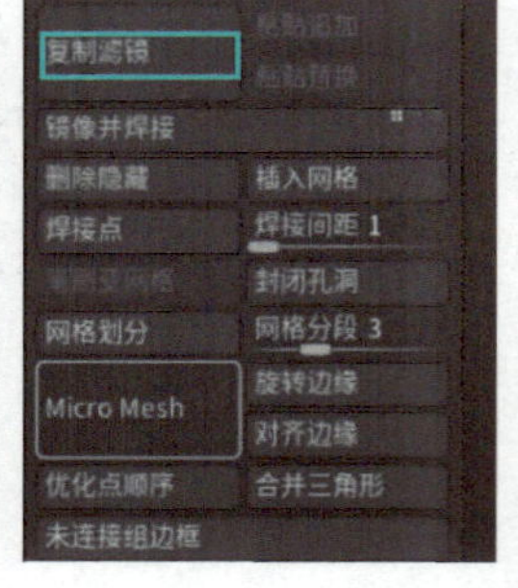

图 4-294 隐藏遮罩　　图 4-295 取消遮罩　　图 4-296 删除隐藏

优化模型是三维建模的一个关键步骤。此步骤目标是减少模型的面片数量，同时保持其整体形状和结构的规整性。界面右侧【几何体编辑-ZRemesher】工具能够自动重新布线和调整模型的多边形数量。设置目标多边形数，对模型使用【ZRemesher】工具，重新调整模型的布线和面数，如图 4-297 所示。

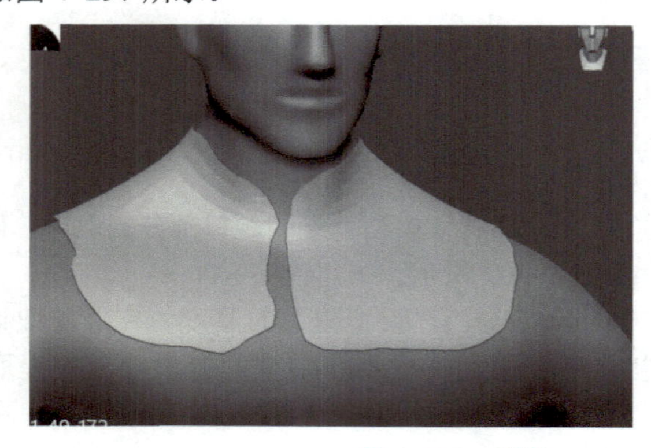

图 4-297 使用 ZRemesher 工具

为确保模型的结构协调，使用在窗口左上角位置的【Move 笔刷】对领口模型进行形状的调整，如图 4-298 所示。

在调整时应从多个角度观察模型，确保从每个视角看起来都自然和谐。这样的多角度校正有助于达到更加精确的效果，如图 4-299 所示。

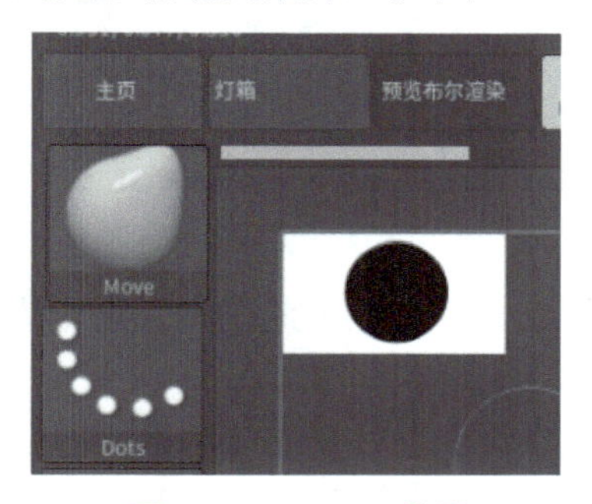

图 4-298　Move 笔刷

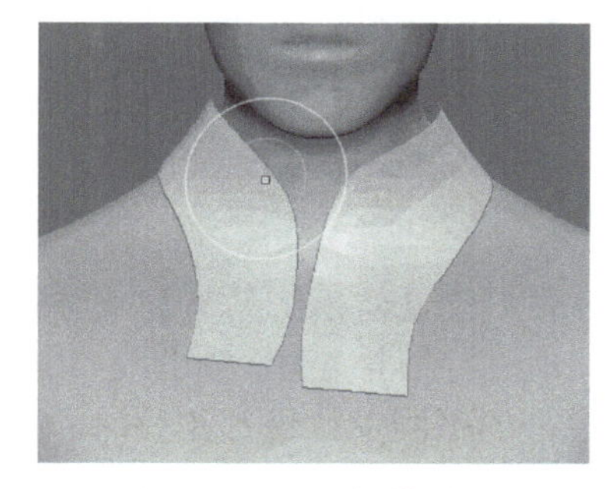
图 4-299　调整模型结构

制作上衣的其他部分时，沿用领口的制作流程。调整模型时，需要关注部件间的重叠，确保避免任何穿插，同时保持衣服整体的轮廓和立体感，如图 4-300 所示。

优化拓扑布线，使用【ZRemesherGuides 笔刷】预先设定布线路径，以确保更合理和流畅的线条，如图 4-301 所示。

图 4-300　制作上衣其余部分

图 4-301　绘制布线路径

设置完成后，应用【ZRemesher】工具，对模型进行拓扑重构，优化其结构，如图 4-302 所示。

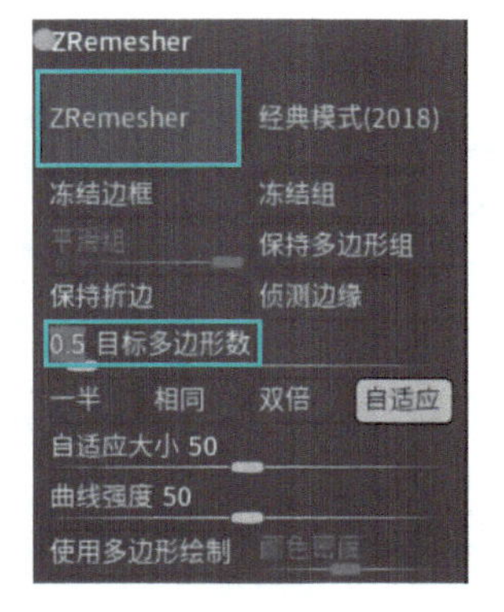

图 4-302　执行 ZRemesher

将在 ZBrush 中制作好的上衣模型导入 Maya 软件中。在导入模型后，把 ZBrush 中制作的模型进行低模的重新拓扑。使用 Maya 中的【磁铁】工具如图 4-303 所示。

完成上述操作后，将工作区切换到建模工具包，便于进一步的操作和调整，如图 4-304 所示。

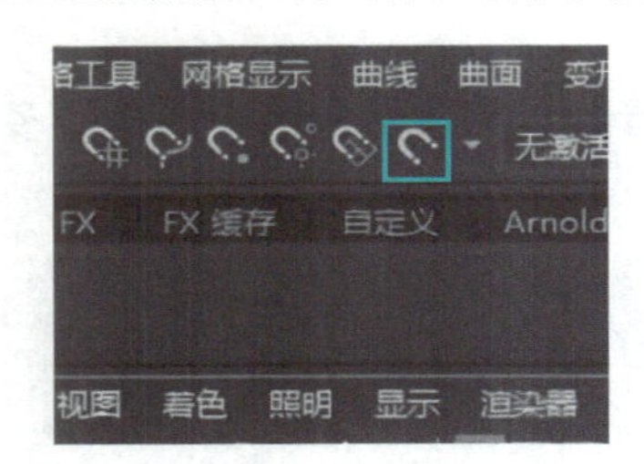

图 4-303　磁铁工具

图 4-304　建模工具包

打开软件右侧【建模工具包】，选择【四边形绘制】工具。可使用此工具，沿着模型的结构线条，精确地进行拓扑处理，如图 4-305 所示。

选择模型的不同部位进行拓扑时，可以通过在绘制好四个点后按住〈Shift〉同时选择四个点中间位置的方式，使点变成面，对领口和里衣还有外衣部分进行细致的低多边形拓扑。在这个过程中，不可见或不必要的多余部分不必进行拓扑。拓扑完成的效果，如图 4-306 所示。

技巧提示

保持四边形的大小和形状相对一致，有助于更均匀地分布细节，尤其是在动画变形时。注意边缘的流向，使其符合模型的解剖结构和动态需求。良好的边缘流有助于更自然地设置动画和更容易地进行模型修改。

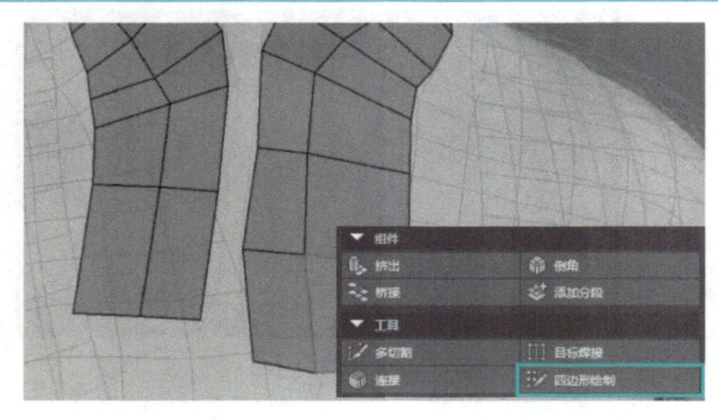

图 4-305　四边形绘制

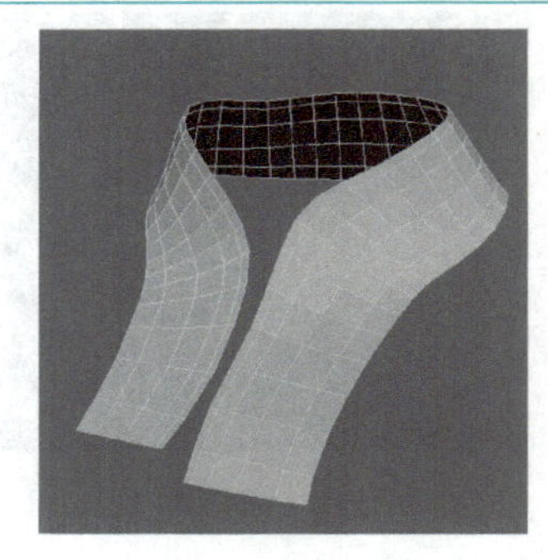

图 4-306　拓扑完成效果

鼠标左键双击面板左侧移动工具目标，激活工具设置。对软选择进行参数设置，如图 4-307 所示。

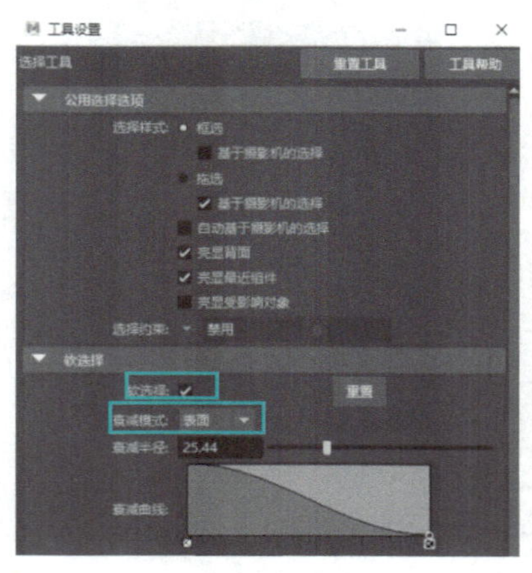

图 4-307　设置软选择

技巧提示

启用【软选择】模式，按下〈B〉键，同时按住鼠标左键拖动，可调节软选择大小范围。不需要软选择时应关闭【软选择】选项。

在软选择模式下，更加精细地调整模型的顶点和边缘。确保模型的各个部分不会与角色的身体产生不自然的穿插或重叠，如图 4-308 和图 4-309 所示。

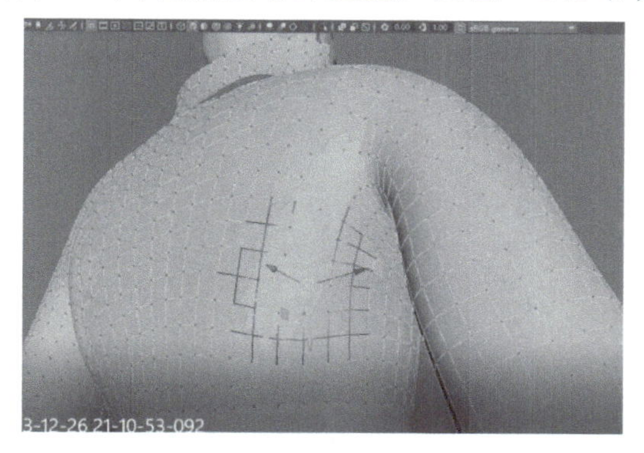

图 4-308　调整外衣模型

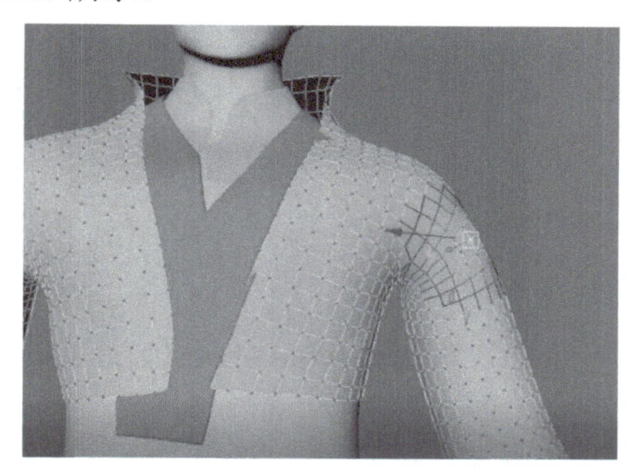

图 4-309　调整外衣穿插

选择装备的领口部分，切换到面模式，对模型的面进行操作。在领口的所有面被选中后，应用【挤出面】工具，创建领口的厚度，如图 4-310 所示。

对这些挤出的面进行【局部平移】操作，【局部平移 Z】的数值设定为 0.5，平移出面的厚度，以确保领口的形状和位置看起来自然合适，如图 4-311 所示。

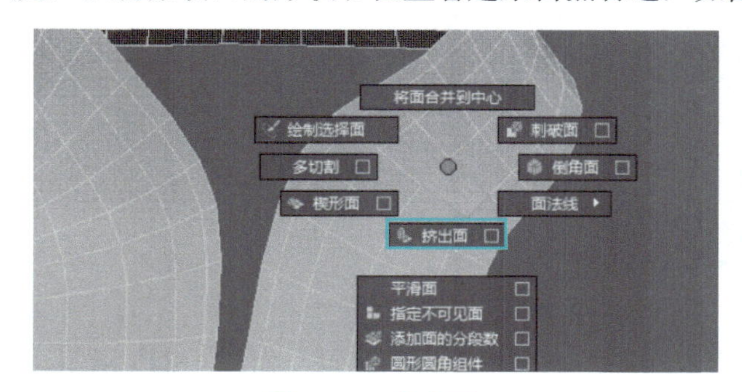

图 4-310　挤出面

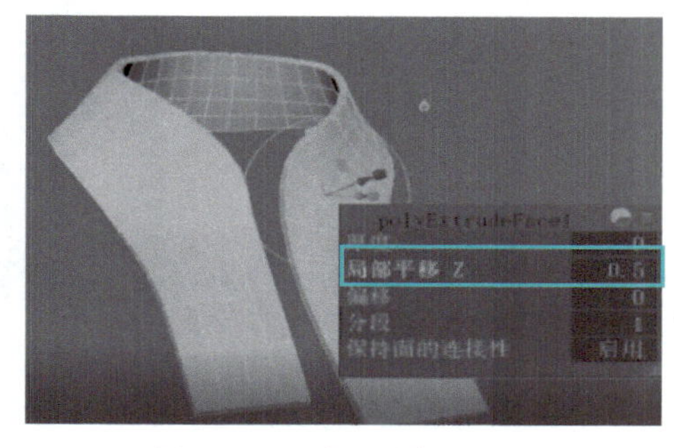

图 4-311　做出厚度局部平移

选择领口边缘的面，右击边缘面选择【复制面】工具，如图 4-312 所示。

对复制出的面进行【局部平移】，为面添加厚度，来为领口制作报表模型，如图 4-313 所示。

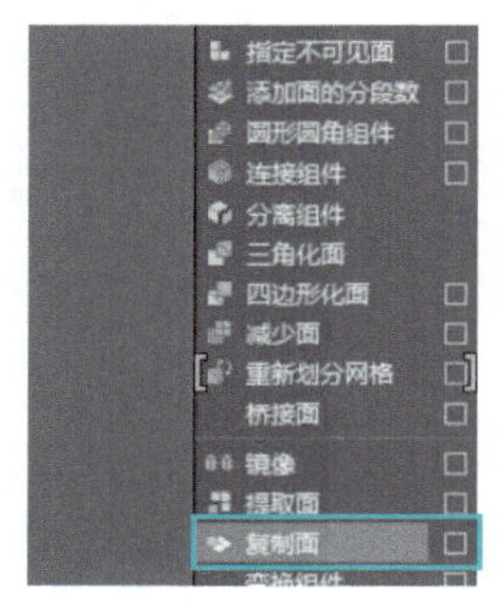

图 4-312　复制面

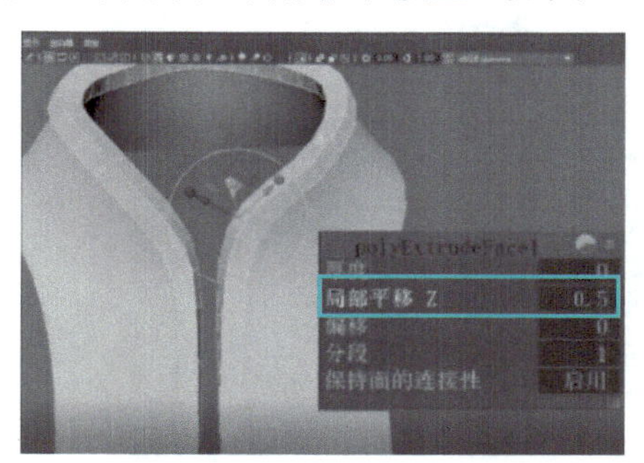

图 4-313　增加厚度局部平移

和领口厚度制作方法一致，增加里衣的厚度。对袖口的结构进行细致的调整，以使其符合设计要求，如图 4-314 所示。

将在 Maya 中已经完成拓扑的上衣模型导出为 OBJ 格式，再将其导入到 ZBrush 软件中。在 ZBrush 中，使用〈Ctrl+D〉快捷键给模型添加细分层次，为制作后续高模部分做准备，如图 4-315 所示。

创建身体上部装备 3

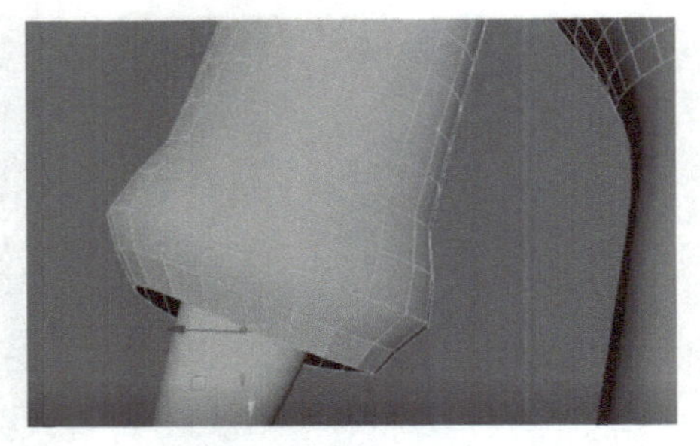
图 4-314　调整袖口结构

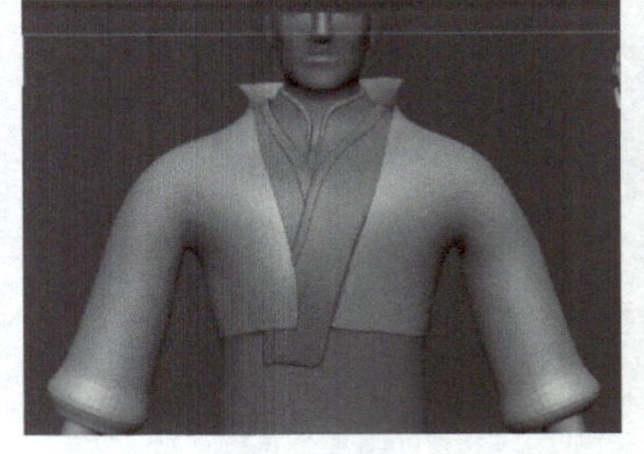
图 4-315　添加模型细分层次

在处理角色模型的外衣部分时，在 Maya 软件中对其添加适当的厚度。添加厚度的方法和里衣部分一致。完成厚度添加后，将外衣模型导入到 ZBrush 软件中。

在 ZBrush 中，对模型进行进一步的细分处理和结构调整。通过调整结构，确保外衣的形状符合参考图，如图 4-316 所示。

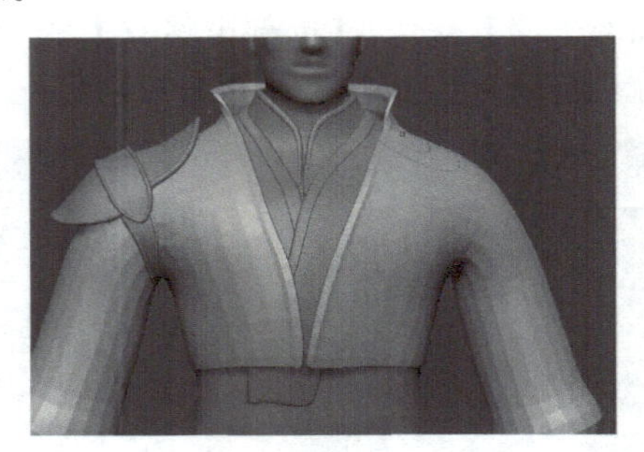
图 4-316　添加外衣厚度

角色模型装备的其余部分的处理流程与上衣相同。在肩甲上绘制遮罩，如图 4-317 所示。

绘制遮罩后，进行遮罩提取的操作，提取肩甲处模型。执行删除隐藏部分的步骤。提取并清理遮罩之后，对肩甲的结构进行调整，包括修改其形状和大小，以确保肩甲与角色的其他装备部分在视觉和功能上协调一致，如图 4-318 所示。

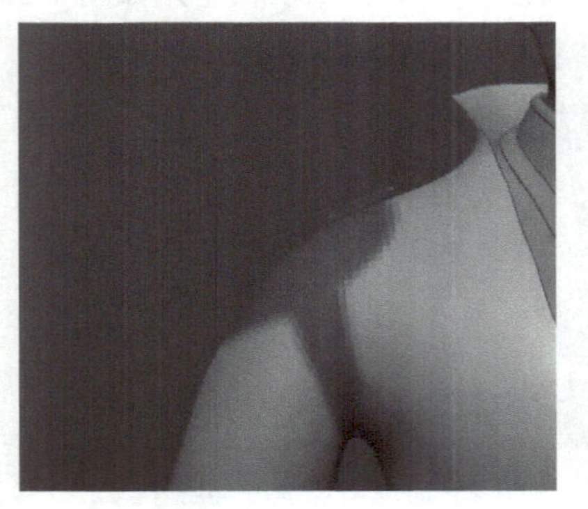
图 4-317　绘制肩甲遮罩

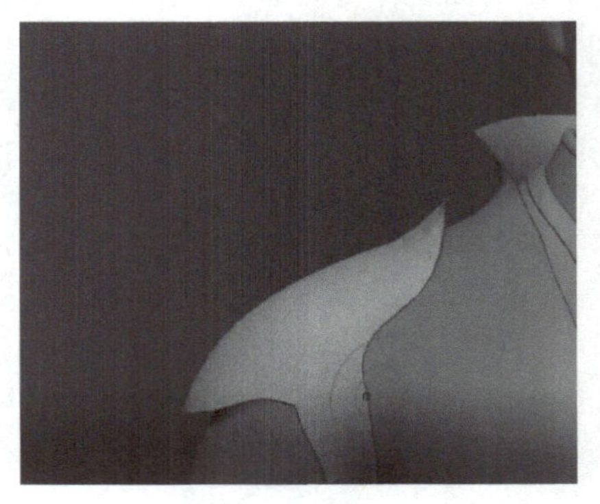
图 4-318　调整肩甲结构

在 Maya 软件中对肩甲模型进行重新拓扑的操作，如图 4-319 所示。

完成拓扑后，对肩甲模型的面进行挤出操作。在这一步中，将【局部偏移 Z】数值设定为 0.8，制作出肩甲的厚度效果，如图 4-320 所示。

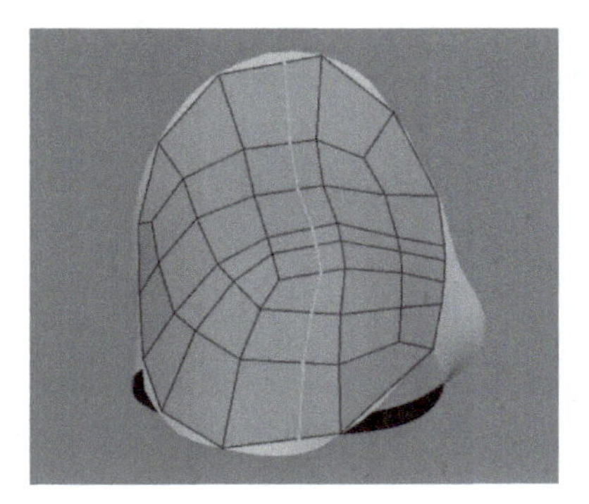

图 4-319　肩甲模型重新拓扑

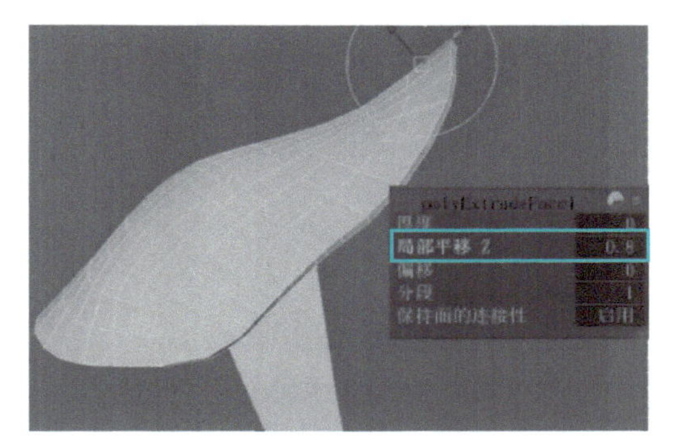

图 4-320　制作肩甲厚度

在 Maya 的菜单栏中选择【网格工具】，并使用【插入循环边】。这一步骤在模型中添加了更多的边线，增加细节或改善网格布局。如图 4-321 所示。

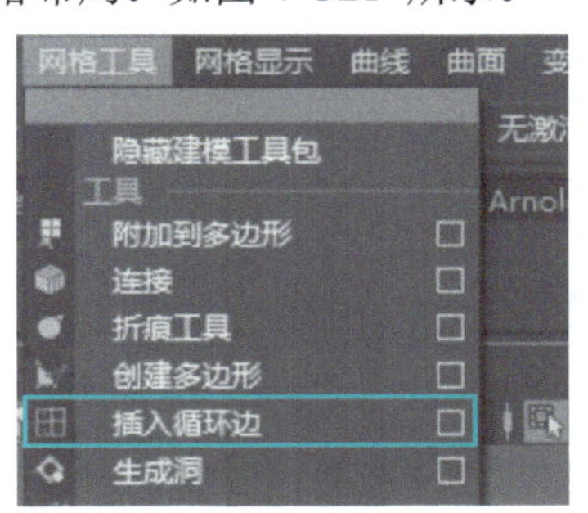

图 4-321　从网格工具选择插入循环边工具

完成循环边插入模式的设置后，继续对肩甲的边缘部分使用【循环边】。可以在肩甲的边缘创建更多的控制点，为编辑操作提供更多的灵活性，如图 4-322 所示。

对肩甲的边缘进行挤压操作，制作出边缘的厚度。在这一步中，将【局部偏移 Z】数值设定为 0.4，以达到合适的厚度效果，如图 4-323 所示。

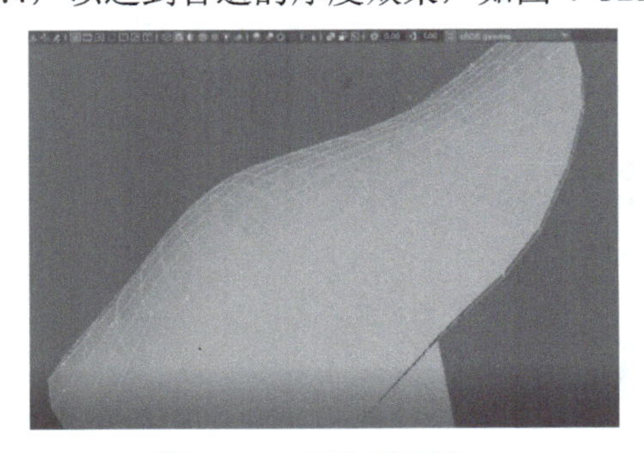

图 4-322　插入循环边

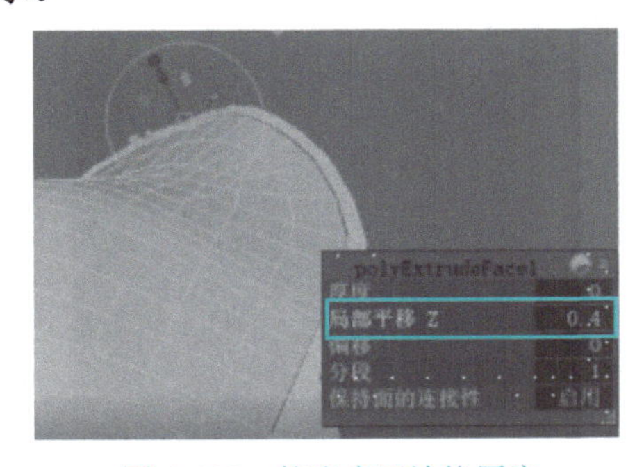

图 4-323　挤出肩甲边缘厚度

制作肩甲绑带模型，确保其形状和尺寸符合肩甲的整体设计。完成模型的基本形状后，对其进行【挤出】操作以增加绑带的厚度。对绑带的边缘进行包边处理，以增强其细节。绑带部分最终效果，如图 4-324 所示。

对肩甲绑带部分再执行一次【局部偏移】，做到边缘卡边的效果，如图 4-325 所示。

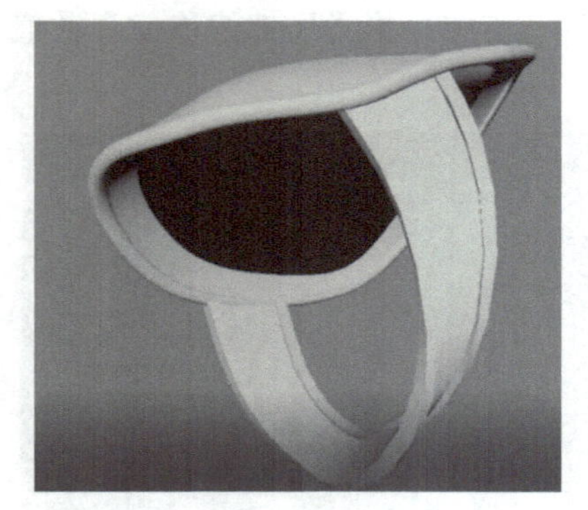

图 4-324　制作肩甲绑带模型

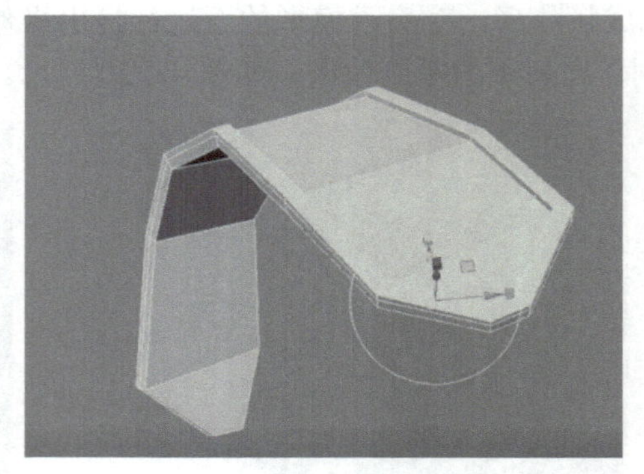

图 4-325　挤出肩甲其余模型

把肩甲模型导入 ZBrush，调整模型穿插并添加细分，如图 4-326 所示。

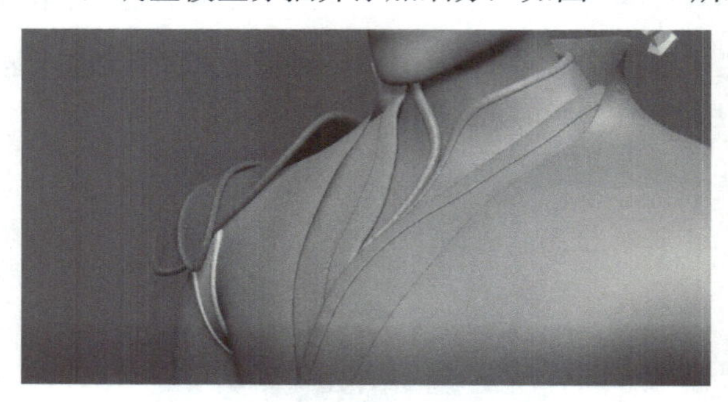

图 4-326　调整肩甲整体结构

制作角色模型的腰带部分。和前文所述流程一样，对腰带的模型进行遮罩的提取，对其尺寸进行整体调整，以确保其与角色的比例协调一致。

创建身体上部装备 4

本阶段的重点是调整腰带的大小和位置，确保它贴合角色的身体，并且看起来自然合适，如图 4-327 所示。

在 Maya 软件中对腰带模型进行进一步的处理。为腰带添加一定的厚度，使其从视觉上更具立体感和真实性。移除任何多余的面或不必要的细节，以保证模型的整洁，如图 4-328 所示。

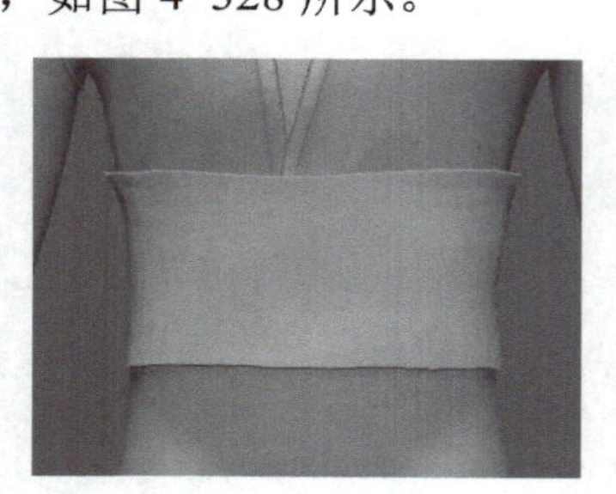

图 4-327　腰带模型大型

图 4-328　制作腰带厚度

选择模型上的两个环形面区域，需要确保这两圈面是连续的。选中这两圈面之后，单击鼠标右键，从弹出的菜单中选择【复制面】工具。使选中的面区域从原始模型中分离出来，形成独立的部分。进行提取操作时，需注意保持模型的其他部分不受影响，如图 4-329 所示。

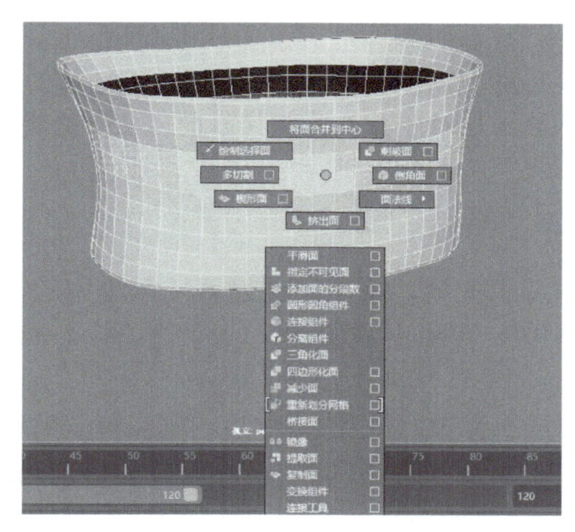

图 4-329　复制面

再次选择循环面，并对其再执行一次【复制面】的操作，对复制出来的面添加厚度，如图 4-330 所示。

对复制出来的面，即腰带的两条绑带，进行进一步处理。在这一步中，目标是为这两条绑带添加边缘厚度，如图 4-331 所示。

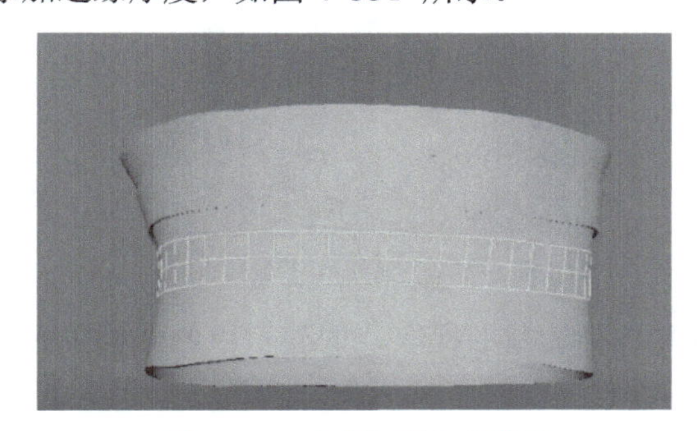

图 4-330　复制腰带绑定模型

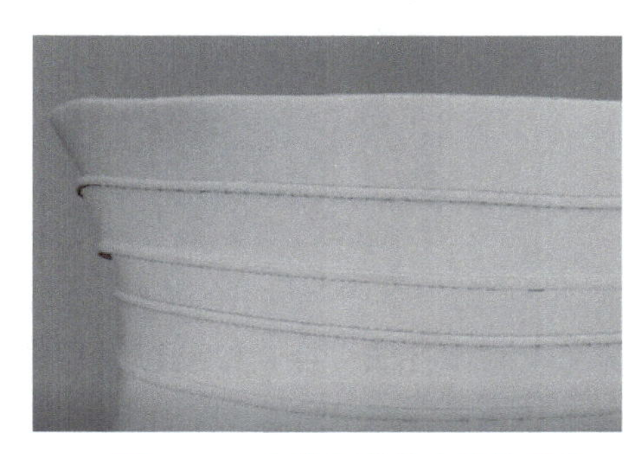

图 4-331　制作腰带绑定边缘厚度

将腰带模型导入到 ZBrush 软件中，对模型进行细致调整，特别是解决模型穿插的问题。处理完穿插问题后，继续为腰带模型添加【细分层次】，为上衣部分添加皱褶细节。在 ZBrush 中，使用各种雕刻工具来模拟布料的自然褶皱和皱褶效果。这一步骤要求细致观察和耐心，以确保褶皱的细节自然，如图 4-332 所示。

图 4-332　制作上衣部分细节

技巧提示

解决穿插问题可以使用 Move Topological 笔刷。这个笔刷只允许移动接触的这一部分模型，而不影响其他部分。这对于分开紧密接触的网格部分特别有用。

4.3.2 身体下部和手部装备创建

在 ZBrush 软件中制作裤子低模，采用绘制遮罩提取模型的方式。绘制遮罩提取模型制作步骤和上衣模型一致，如图 4-333 所示。

为裤子模型添加【细分层次】。细分层次增加后，制作裤子的褶皱细节。使用 ZBrush 的【雕刻】工具来模拟裤子上自然的褶皱效果，如图 4-334 所示。

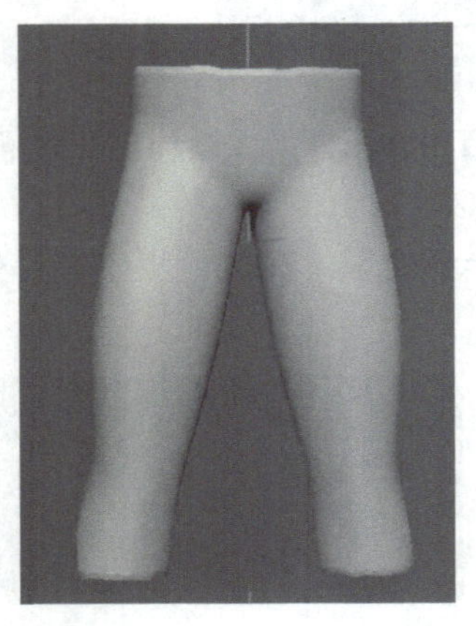

图 4-333 制作裤子低模

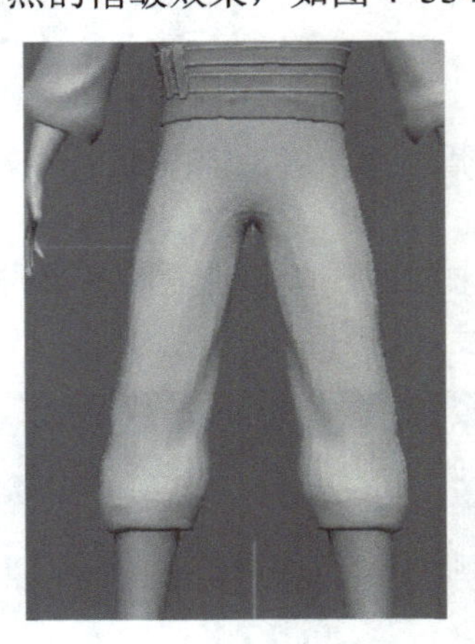

图 4-334 制作裤子细节

和上衣制作方法一样，绘制出手甲的遮罩并进行遮罩的提取，调整手甲的结构关系，如图 4-335 所示。

调整手甲模型与外衣之间的穿插和结构关系。仔细检查手甲和外衣的每个部分，确保它们之间没有不自然的穿插现象，并且结构关系协调。效果如图 4-336 所示。

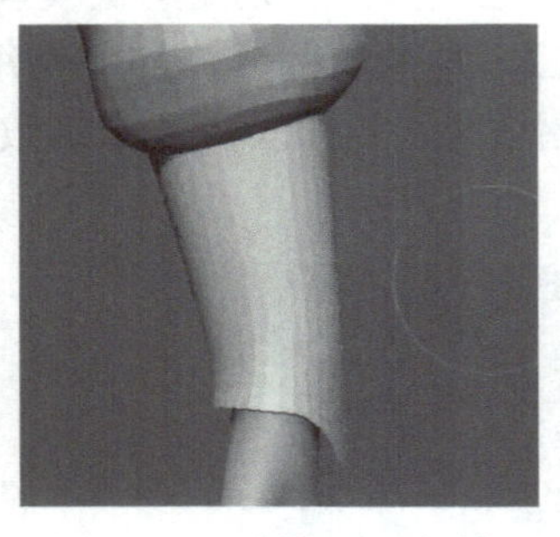

图 4-335 制作手甲低模

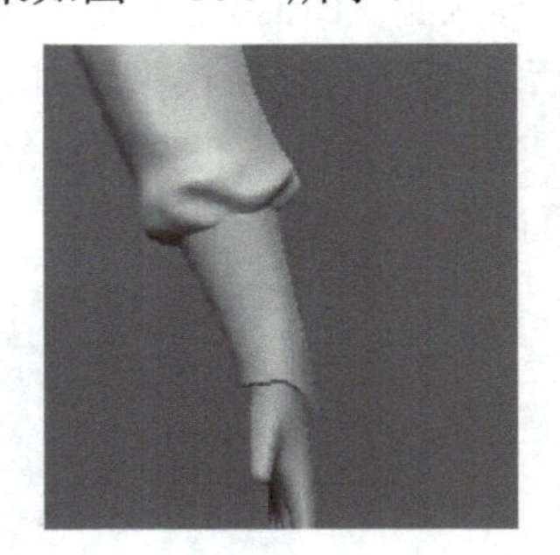

图 4-336 处理穿插

打开 Maya 软件制作裙摆。通过观察参考图，发现裙摆呈现一个圆柱的形状，于是采用圆柱并对其进行变形处理。

制作裙摆中间部分。创建正方形面片，调整面片的分段数，如图 4-337 所示。

对创建面片进行调整比例操作，以及对边进行调整，使该面片的上面比下面更窄，使用【软选择】对中间裙摆进行调点结构操作，如图 4-338 所示。

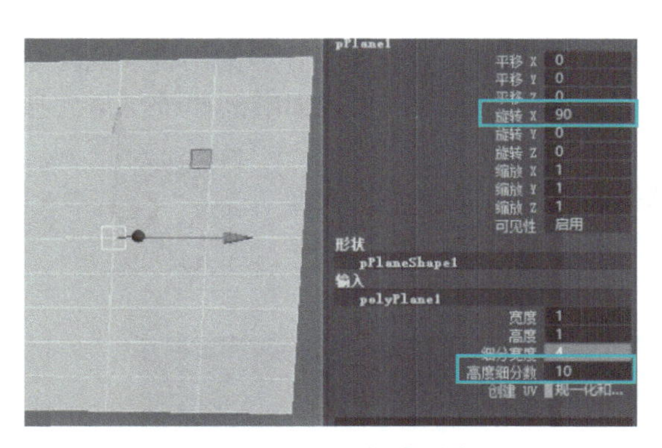

图 4-337　创建面片

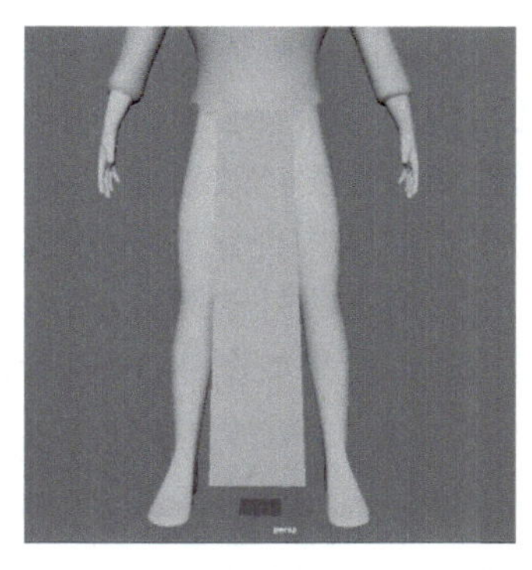

图 4-338　调整面片形状结构

创建一个圆柱体，修改其高度分段，确保圆柱体拥有足够的分段，便于后续的调整和雕刻。调整好段数后，将圆柱体调整为上小下大的结构。这种结构调整是为了模拟裙摆等服装部件的自然形态，如图 4-339 所示。

对圆柱体进行优化。选取圆柱中间以及上下多余的部分，执行删除面的操作。目的是移除那些不需要的圆柱体部分，以形成更符合实际裙摆形状的模型。效果如图 4-340 所示。

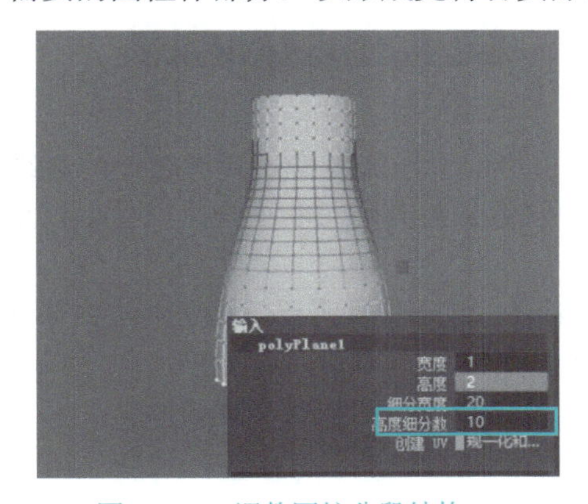

图 4-339　调整圆柱分段结构

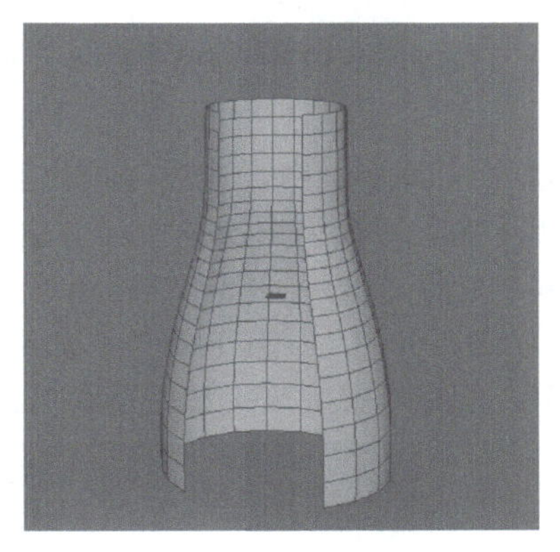

图 4-340　删除圆柱多余部分

调整裙摆结构。根据参考资料对模型进行大致的调整，以确保其基本形状和结构符合裙摆的实际效果。完成初步调整之后，利用软选择工具进一步优化模型，使裙摆自然褶皱和弯曲。

通过【软选择】工具，对模型特定部分的点进行微调，使其更加贴合裙摆的自然形态，如图 4-341 所示。

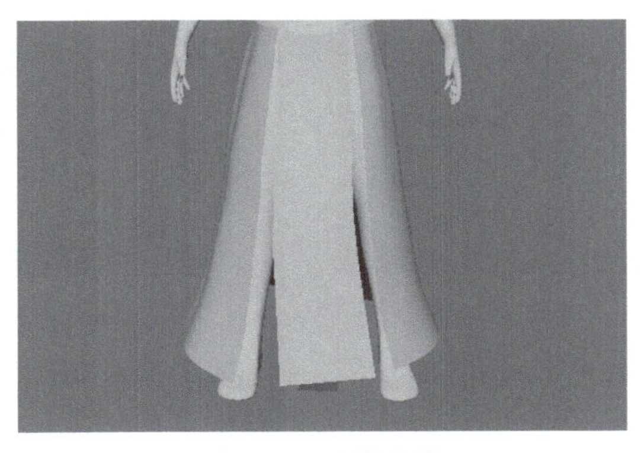

图 4-341　裙摆低模

把在 Maya 中制作好的裙子低模型导入到 ZBrush 中。调整裙子模型的结构，确保它与腰带部分的结构和形状贴合。这种结构上的调整至关重要，因为它直接影响到裙子与角色身体的整体协调性和自然度。效果如图 4-342 所示。

对裙子的结构进行加强处理。对裙子模型的细节和强度进行精细调整，包括增加额外的细分层次、调整褶皱的深度和位置，优化整体形状和轮廓。效果如图 4-343 所示。

图 4-342 调整裙子结构

图 4-343 为裙子添加皱褶

重新导入 Maya 中，通过【挤出】工具为裙子和手甲添加厚度，并对它们的边缘进行处理。给裙子和手甲模型增加厚度。创建厚度时，要注意保持其均匀和适当，以保证模型的整体美观性和功能性。效果如图 4-344 所示。

导入 ZBrush 中进一步为裙子添加更多的边缘细节。这一步骤需要对裙子的边缘部分细化和强化细节，使裙子看起来更加完整和精致，如图 4-345 所示。

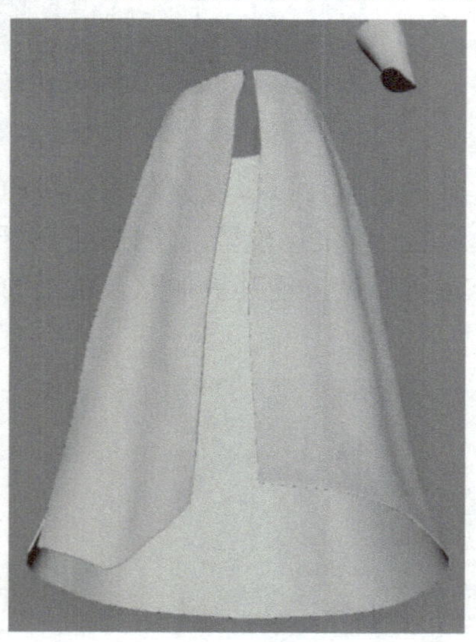
图 4-344 对裙子添加厚度

图 4-345 为裙子添加细节

在制作鞋子装备的过程中，采用与裤子装备制作时类似的方法，对原本的身体模型进行面的复制操作。

选择形成鞋子部分的面并进行复制，使用〈Shift+鼠标右键〉，执行复制面的操作。这样确保从身体模型上正确地分离出鞋子的初步形状，如图 4-346 所示。

调整复制面的结构大小，使复制出来的面不与身体模型重合，以调整鞋子的结构，如图 4-347 所示。

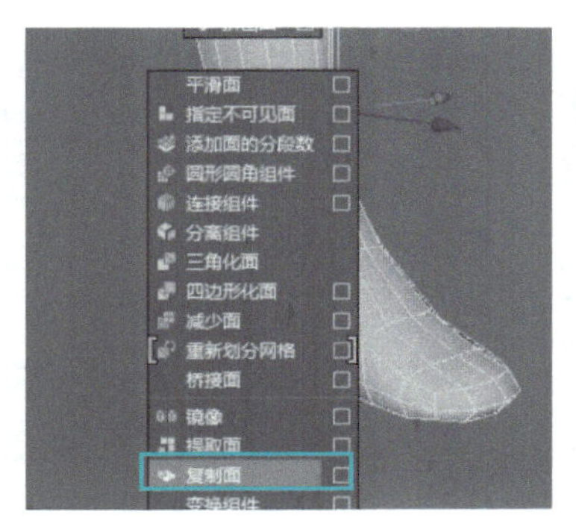

图 4-346　复制鞋子模型面

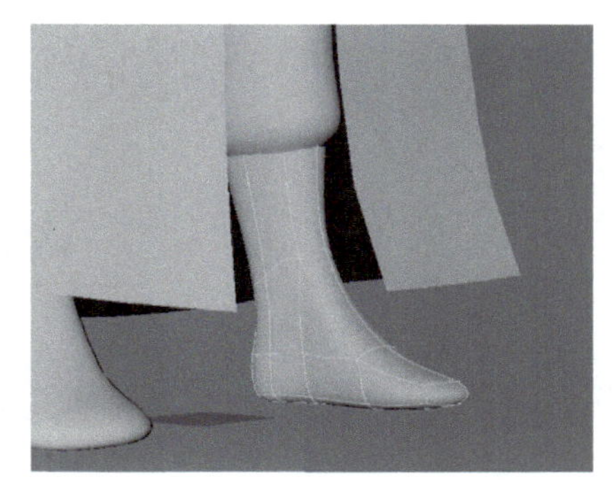

图 4-347　调整鞋子模型结构

在 Maya 软件中导出 OBJ 模型，再将 OBJ 模型导入 ZBrush 软件中，继续进行鞋子的制作，专注于创建鞋子的高模。高模制作是一个精细化的过程，使用笔刷为鞋子添加更多细节，包括添加细微的结构、调整鞋子的整体形状和比例，确保其与角色的其他部分保持协调。鞋子模型高模部分如图 4-348 所示。

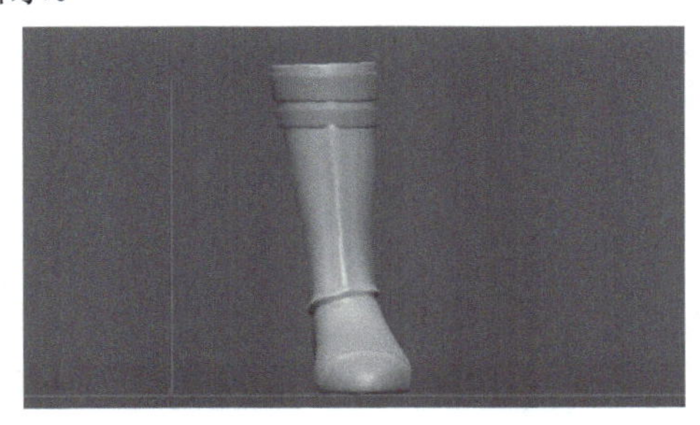

图 4-348　鞋子模型高模部分

在 ZBrush 软件中，对角色的整体装备进行细节添加和结构调整，以增强装备的细节层次，同时纠正任何看起来不自然或不舒服的结构部分，确保整体装备在视觉和功能上都达到最佳效果。

在添加细节时，使用 ZBrush 的【雕刻】笔刷来精细地处理每一个装备部分，包括鞋子、裙摆、腰带等，如图 4-349 所示。

图 4-349　调整整体细节

制作装备的发冠配饰。在窗口的多边形建模位置创建圆柱体，修改其旋转分段的数量。调整旋转分段以控制圆柱体的细节程度和平滑度，如图 4-350 所示。

对新建的圆柱体进行结构上的调整。删除圆柱体的上下两个面，并继续调整圆柱体的结构，使其形成上大下小的形状，如图 4-351 所示。

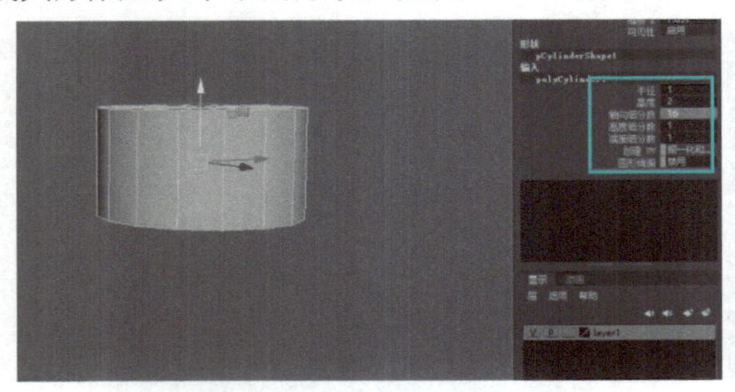

图 4-350 新建圆柱体制作发冠配饰

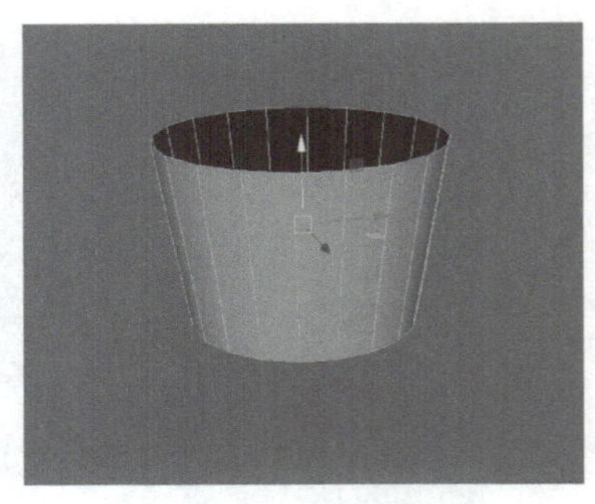

图 4-351 删除上下两面

在圆柱体的处理过程中，使用【网格-插入循环边】功能。这一步骤的目的是在圆柱体的中间位置插入一条循环边，如图 4-352 所示。

插入循环边后，调整圆柱体中间点的结构。使圆柱体的中间部分结构形成一个 V 字形状。这种结构调整有助于为模型提供所需的特定形状。细致调整后的中间点的位置和角度，将直接影响最终形状的准确性，如图 4-353 所示。

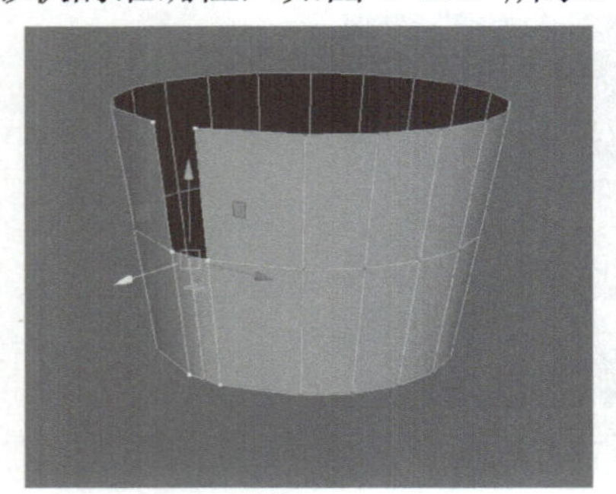

图 4-352 插入循环边

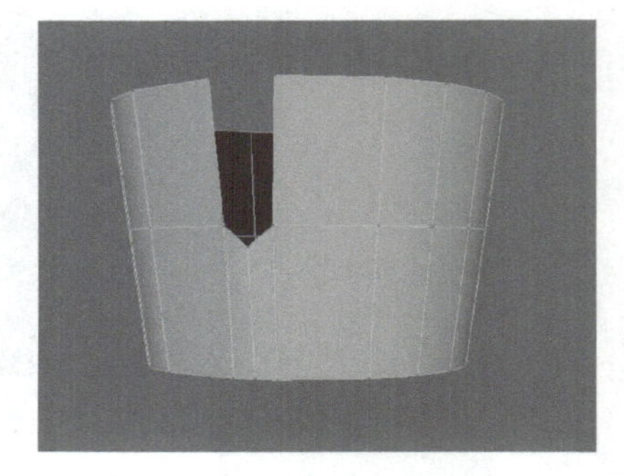

图 4-353 调整点的结构

双击选择圆柱体顶部的循环边。使用右键菜单中的【挤出】操作，对选定的循环边进行挤出处理。在执行挤出操作时，选择【局部偏移】的选项。设置【局部偏移 Z】为-0.3，这样挤出的部分将向圆柱体的内部移动，并创建一个内凹的效果，如图 4-354 所示。

再次选择圆柱体的循环边，重复进行右键挤出操作。在挤出操作中选择【局部偏移】的选项。并同样设置局部偏移为-0.3。不同于之前向内部挤出，这次操作将在挤出的部分上添加一定的厚度，为模型增添更多的细节和立体感，如图 4-355 所示。

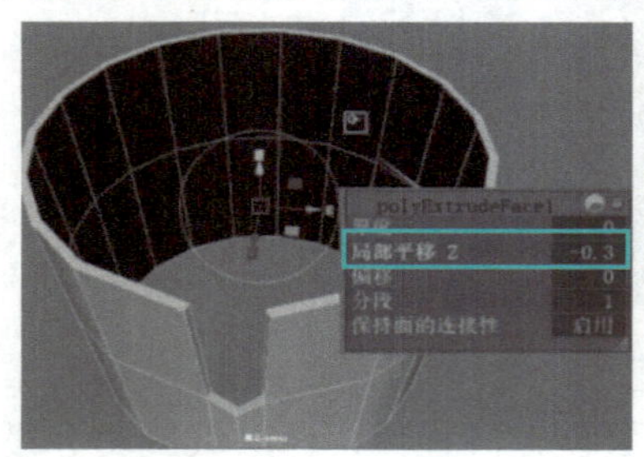

图 4-354 按局部偏移挤出

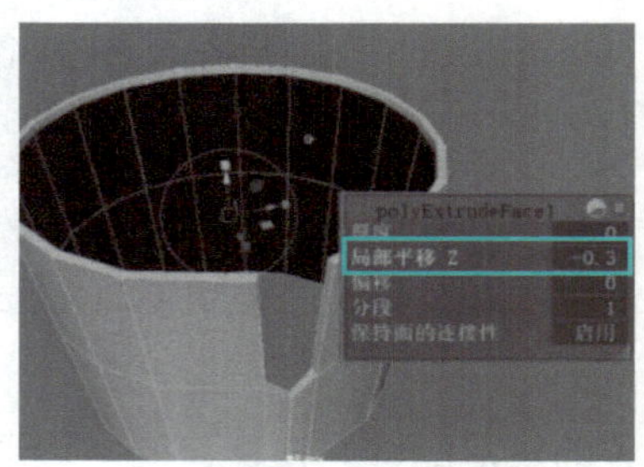

图 4-355 按厚度挤出

技巧提示

在模型的细化过程中，使用插入循环边工具，在模型的边缘部分执行卡边操作。卡边是一种重要的建模技术，它通过在边缘处添加额外的循环边来增强模型的边缘定义和清晰度，使模型的轮廓更加突出和精确，如图 4-356 所示。

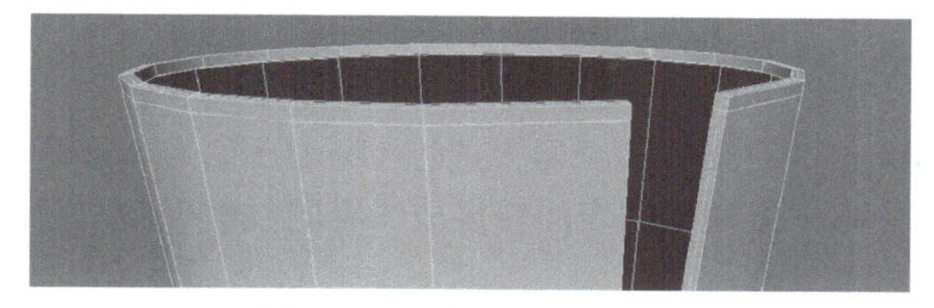

图 4-356　边缘插入循环边

新建一个圆柱体。完成创建后，将圆柱体旋转 90°，使其与预期的方向或布局对齐。旋转完成后，调整圆柱体的【轴向细分数】。这一步是确保圆柱体具有适当的细分，方便后续的调整和细化工作，如图 4-357 所示。

选择圆柱体上多余的面并将其删除。删除多余面的目的是简化模型，形成更加符合设计要求的结构。在执行删除操作时应仔细选择，确保只有不需要的面被删除，如图 4-358 所示。

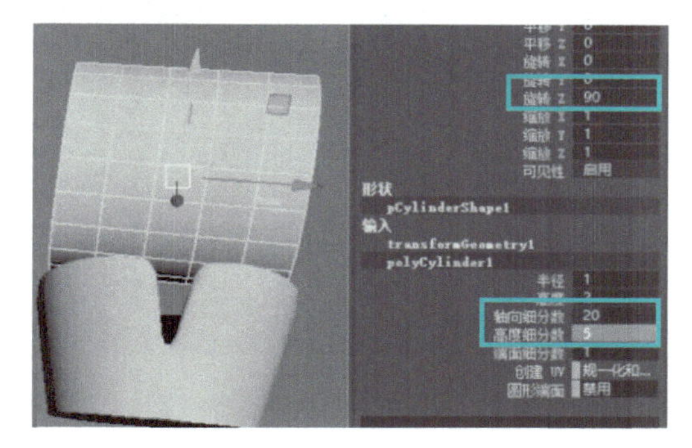

图 4-357　新建圆柱体制作发尾

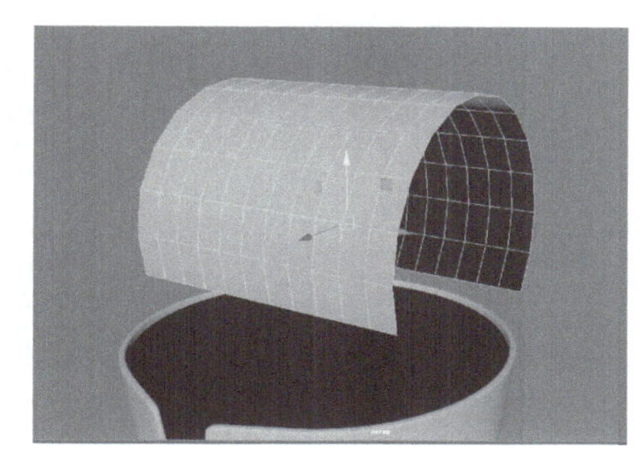

图 4-358　删除多余面

选择点，按〈B〉进入软选择模式，对模型进行调整，如图 4-359 所示。

选择模型上的面并将其【挤出】，设定厚度值，执行两次按厚度的挤出操作，如图 4-360 所示。

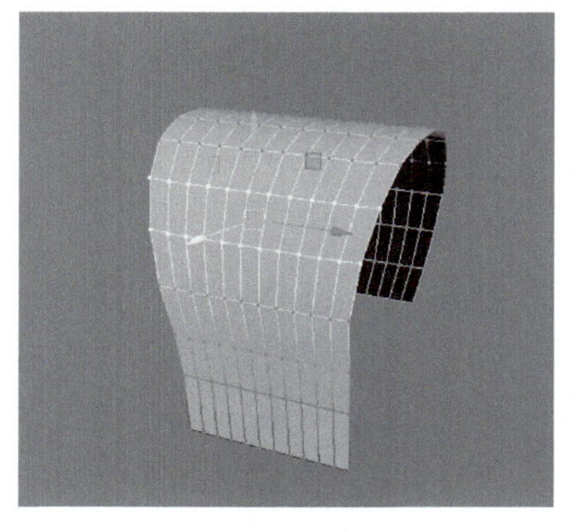

图 4-359　调整结构

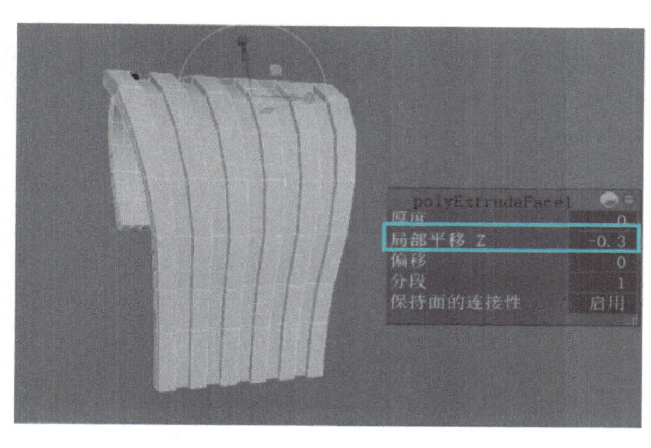

图 4-360　挤出两次面

4.4 角色 UV 展开

4.4.1 装备 UV 展开

现在，将利用 Maya 中的 UV 编辑器来进行 UV 展开。UV 展开是一个重要的过程，它将三维模型的表面转换成二维的纹理平面，便于后续的纹理贴图和细节处理。

选择【UV-平面映射选项】。如图 4-361 所示，平面映射选项提供多种映射方式，以适应不同形状和需求的模型。

在平面映射选项中，选择沿【Z 轴】进行投影的方式，那么 UV 展开将基于模型在 Z 轴的方向进行，这通常适用于立体感较强的模型部分，如图 4-362 所示。

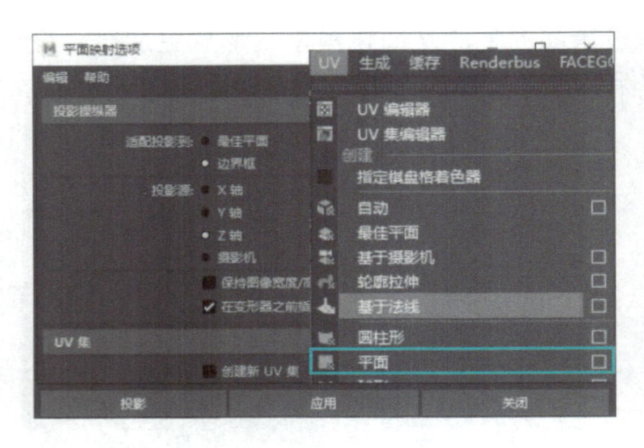

图 4-361 平面映射选项

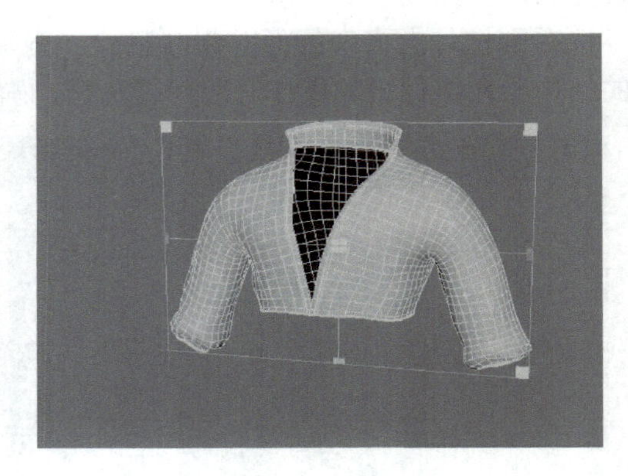

图 4-362 沿 Z 轴进行投影

在 Maya 中，选择将要进行 UV 展开的上衣模型，并进入编辑模式。在 UV 编辑器中，创建一个新的 UV 空间，成为展开 UV 的基础，如图 4-363 所示。

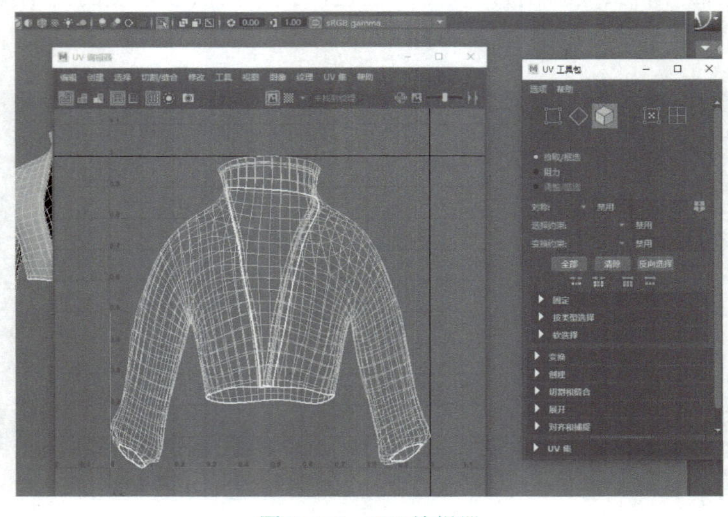

图 4-363 UV 编辑器

选择用于 UV 展开的切割线。尽量选择那些不易被看见的部位进行切线操作，进而使 UV 接缝在最终模型上不那么明显，保持视觉上的整洁和连贯性，如图 4-364 所示。

选定切割的 UV 线后，在窗口右侧的 UV 工具包中选择【剪切】，如图 4-365 所示。

完成所有切线的剪切之后，在 UV 编辑器中框选整个模型。鼠标右击进入【UV 壳】选项。在 UV 编辑器中创建 UV 壳的目的是将切割后的 UV 部分整理成一个独立的单元，便于后续的编辑和布局调整，如图 4-366 所示。

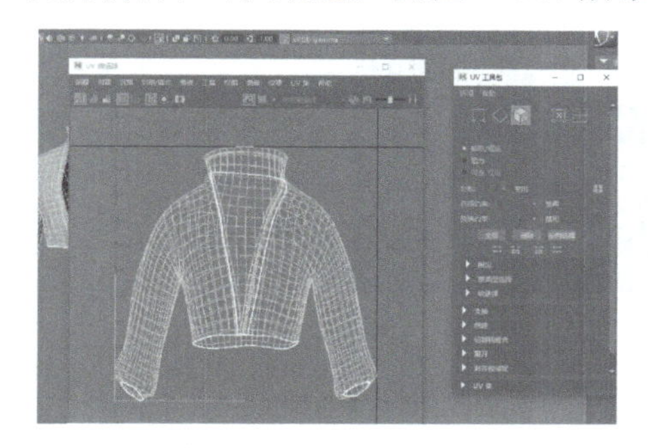

图 4-364　选择 UV 线

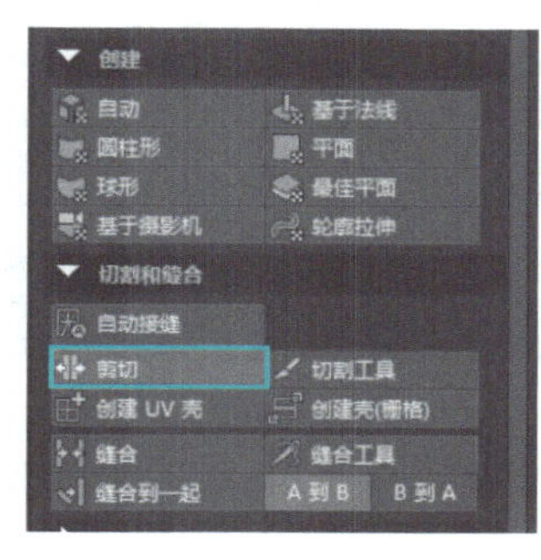

图 4-365　剪切 UV 线

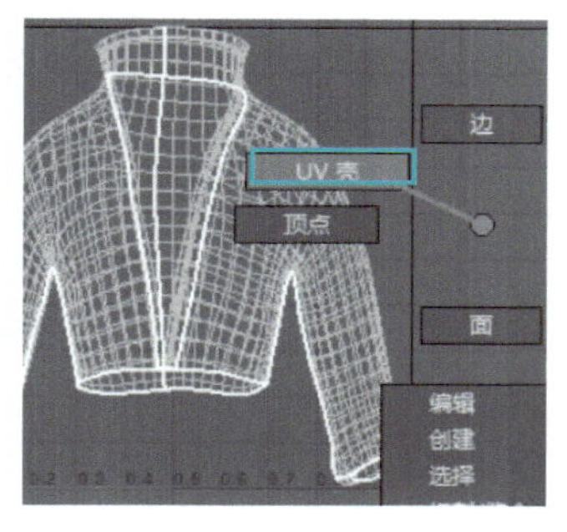

图 4-366　选择 UV 壳

选择 UV 工具包中的【展开】工具，对上衣模型执行展开操作。基于模型的几何结构，自动生成 UV 布局，如图 4-367 所示。

使用 UV 工具包中的【排布】工具对展开的 UV 进行排布，优化 UV 的布局，使其在 UV 空间中均匀且有效地分布，最大化纹理的利用率，如图 4-368 所示。

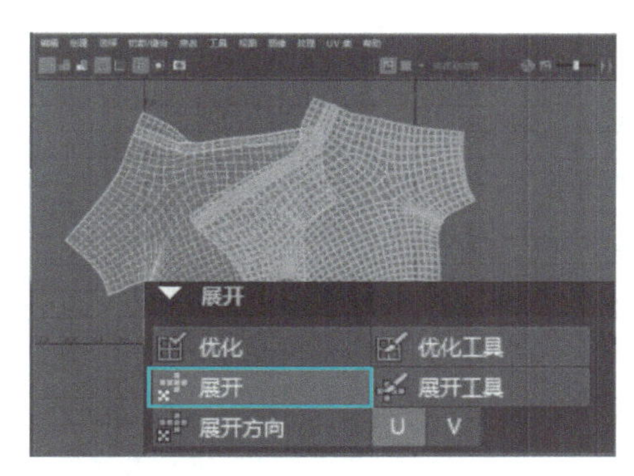

图 4-367　展开 UV

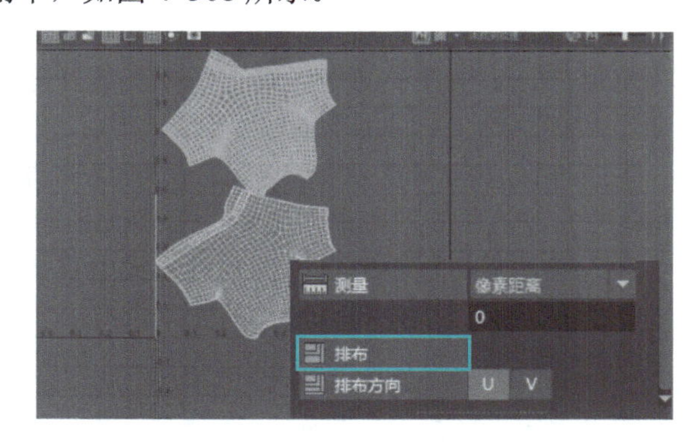

图 4-368　排布 UV

4.4.2　角色 UV 整理

展开其余装备模型的 UV，遵循之前在 4.2.5 中展示的方法。

每个模型的 UV 展开都是根据其特定的形状和设计需求来定制的，以确保纹理在模型上的正确映射和显示。在整理 UV 时，应当考虑模型的重要性和可见性。对于视觉上更为重要或经常被看到的模型部分，UV 应该让上半身占的面积相对较大，以便展示更多的细节。而对于那些不太显眼或经常被遮挡的部分，UV 应该让上半身占的面积较小。

此外，在排列 UV 时，在不同 UV 之间留出适当的空隙，避免 UV 重叠，这对于确保纹理的正确应用非常重要，如图 4-369 所示。

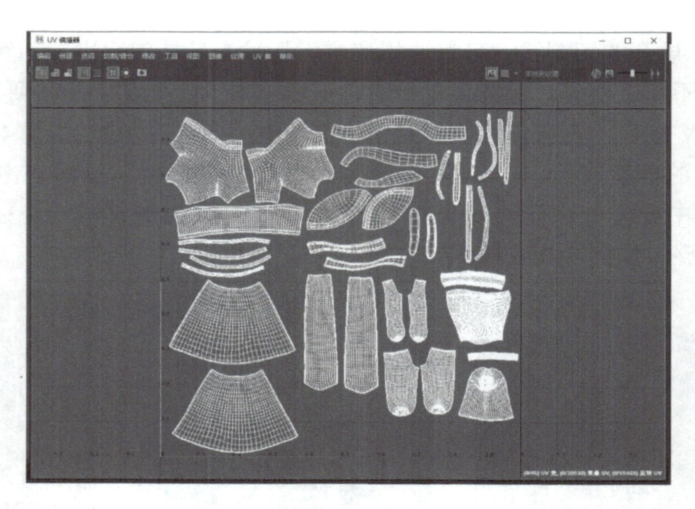

图 4-369　整理 UV

4.5 男性角色发型与贴图绘制

4.5.1 发型制作

使用 Maya 软件中的交互式 XGen 工具处理发型部分。XGen 是一个强大的工具，专门用于创建复杂的毛发、皮毛和草地等效果。

将工作区切换到【XGen 交互式梳理编辑器】。它提供了丰富的工具集合。交互式梳理编辑器的启用和界面展示，如图 4-370 所示。

进入交互式梳理模式后，选择角色模型需要制作毛发的面。在选择毛发生成区域时，考虑只选择那些视觉上重要的区域，而无须选择非重要区域。这样不仅节省计算机的运算资源，也能集中处理效果在视觉上更加重要的区域，如图 4-371 所示。

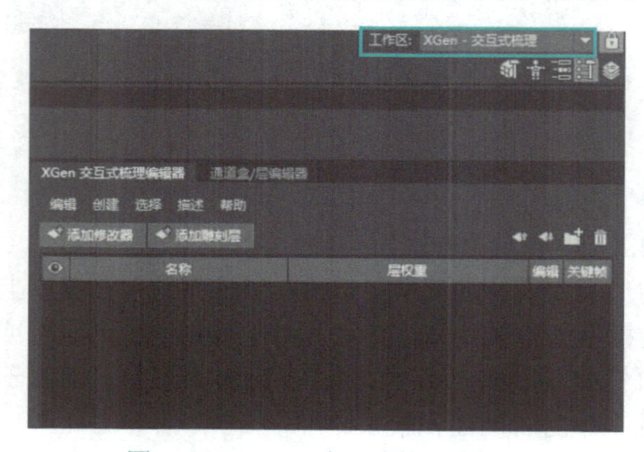

图 4-370　XGen 交互式梳理编辑器

图 4-371　选择毛发面

选择【创建】，设置如图 4-372 所示的对应参数。

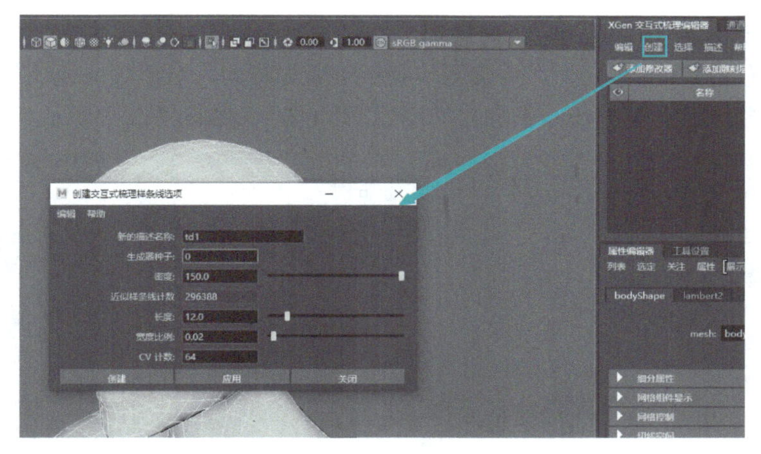

图 4-372　创建交互式梳理样条线

在 Maya 的 XGen 交互式梳理模式中，添加【导向】修改器。该修改器是 XGen 中一个重要的工具，用于定义和控制毛发的基本方向和形状，如图 4-373 所示。

添加【导向】修改器后，在属性编辑器中进行进一步的操作。选择刚才添加的【导向】修改器，在【输入导向】下方选择【创建】，如图 4-374 所示。

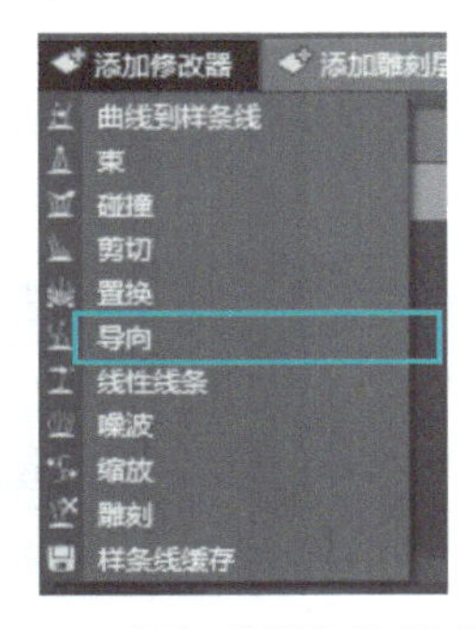

图 4-373　添加【导向】修改器

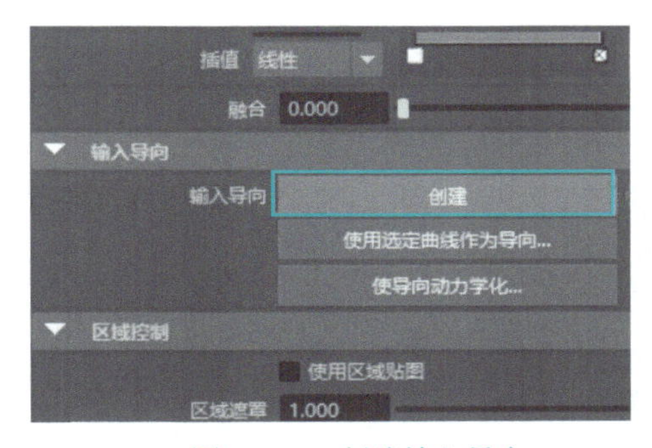

图 4-374　创建输入导向

在 Maya 的 XGen 工具中，打开【guide】（导向）折叠。激活并编辑子对象【雕刻层】的属性。子对象雕刻层是用于调整和细化导向的工具，对毛发的形状和流向进行更精确的控制。打开导向折叠并激活子对象雕刻层 1 的编辑属性的步骤，如图 4-375 所示。

选择 XGen 菜单栏中的密度工具。密度工具是用于调整毛发密度的关键工具，指定毛发在不同区域的稠密程度，如图 4-376 所示。

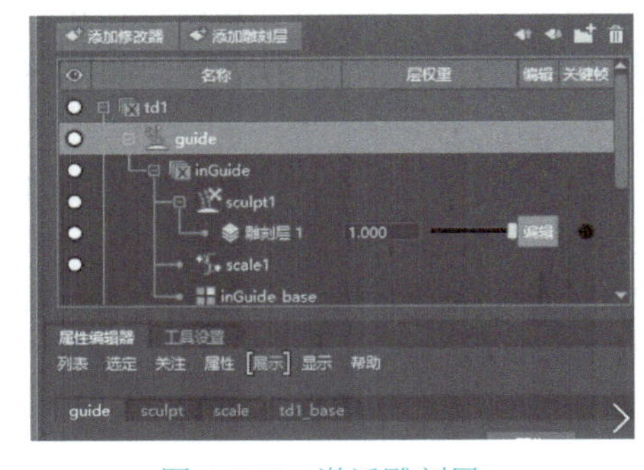

图 4-375　激活雕刻层

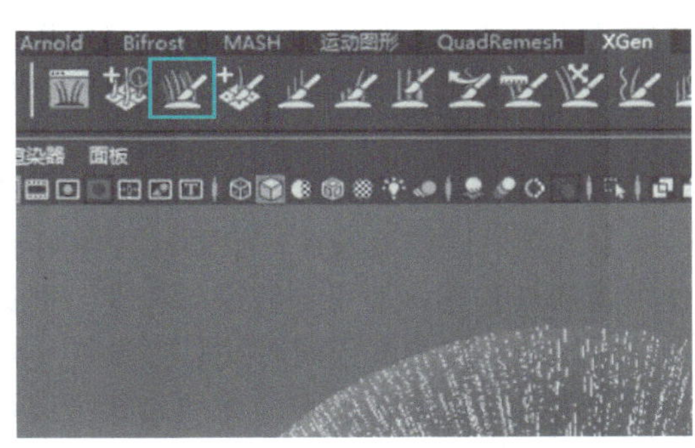

图 4-376　选择密度工具

使用密度工具时，首先进入其设置选项。在【工具设置】中，将【绘制操作】调整为【减少】。设置去除默认添加的导向，在后续的步骤手动添加导向，以便更好地调整毛发。完成这些设置后，单击【整体应用】按钮，去除自动创建的引导线，如图 4-377 所示。

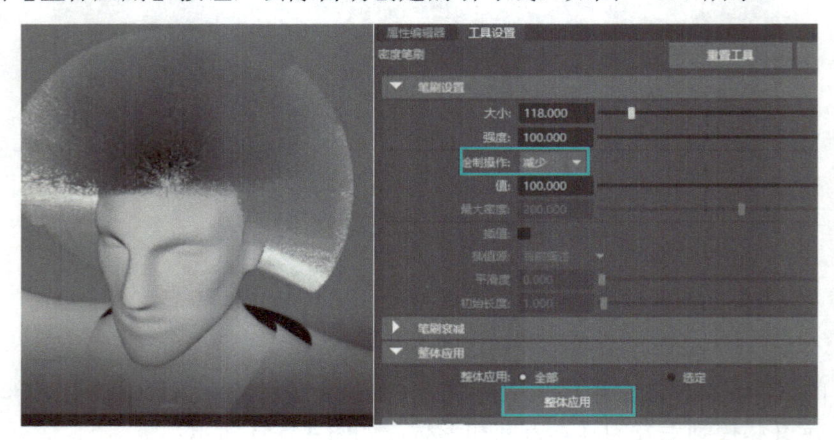

图 4-377　去掉引导线

在 XGen 菜单栏当中，选择【放置】工具。【放置】工具的使用是手动摆放引导线，如图 4-378 所示。

在模型上摆放引导线时，要注意此时处于导向的雕刻层。在摆放引导线时，重要的是根据制作的发型进行规划，如图 4-379 所示。

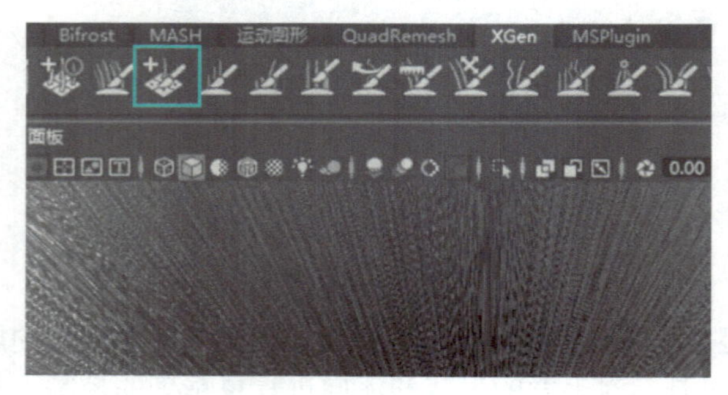

图 4-378　放置工具

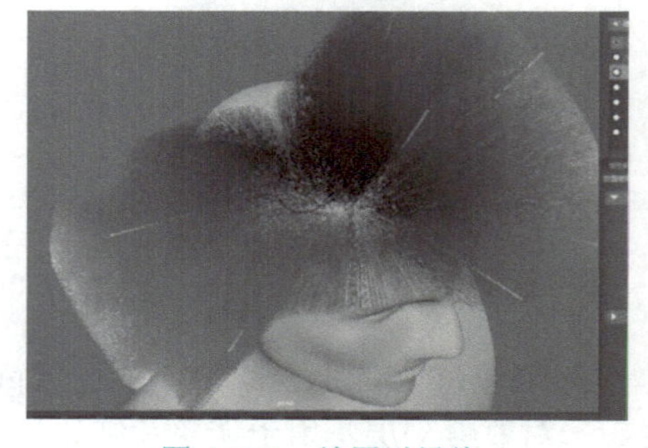

图 4-379　放置引导线

技巧提示

引导线的布局应该是错落有致的，以模拟真实头发的自然生长方式和视觉效果。

单击【关闭显示】按钮隐藏毛发，只保留引导线。选择【冻结】笔刷并对引导线进行冻结操作。冻结引导线让模型在某些区域保持当前的形状，而不受后续编辑的影响，如图 4-380 所示。

完成冻结操作后，使用【梳理】笔刷。在使用梳理笔刷时，在【工具设置】中勾选【反转冻结效果】选项。这样设置后，笔刷只会作用于被冻结的引导线上，如图 4-381 所示。

使用【梳理】笔刷对引导线进行梳理。根据想要的发型形状和结构来调整引导线。通过梳理和调整引导线，塑造出预期的发型轮廓和风格，如图 4-382 所示。

选择使用【长度】笔刷对引导线的长度进行修改。长度笔刷允许增长或缩短引导线，以影响毛发的长度，如图 4-383 所示。

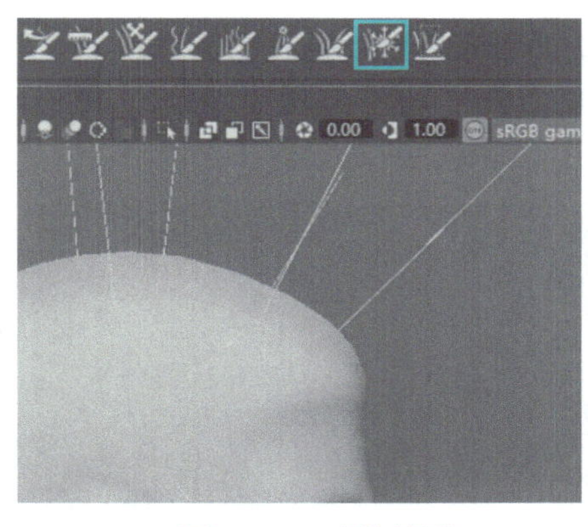

图 4-380　冻结笔刷

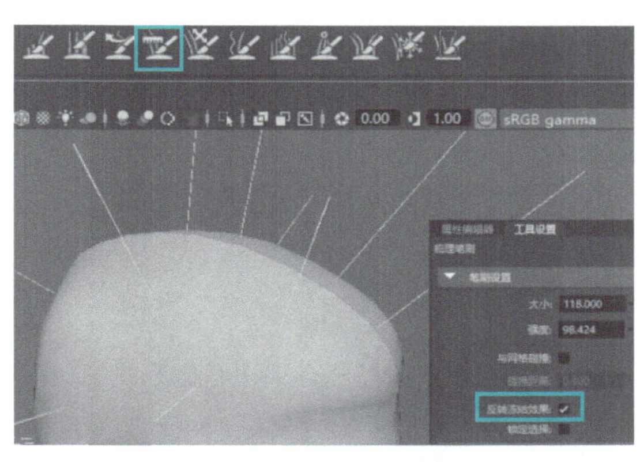

图 4-381　梳理笔刷

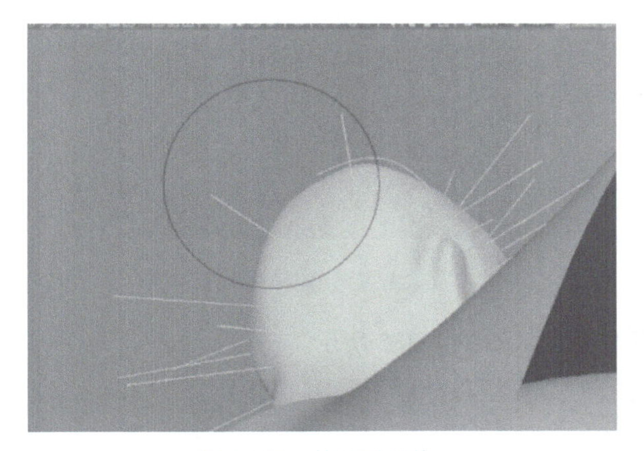

图 4-382　梳理引导线

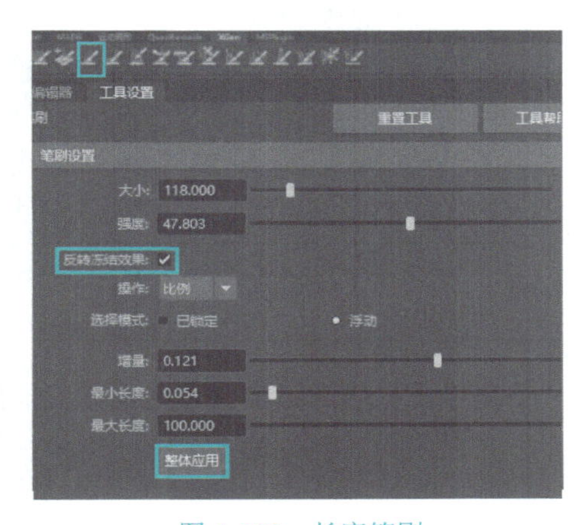

图 4-383　长度笔刷

在整个毛发梳理过程中，反复使用冻结笔刷、长度笔刷以及梳理笔刷来对所有引导线进行细致的调整。通过这些工具的综合使用，精确地梳理和塑造出符合预期的发型结构的引导线。完整引导线的效果如图 4-384 所示。

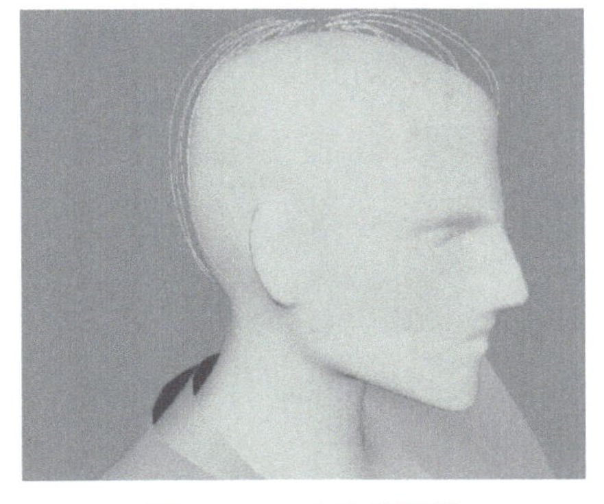

图 4-384　完整引导线

在 Maya 的 XGen 工具中继续进行毛发制作，在【添加修改器】下拉框中选择添加【束】（Clump）修改器。在添加束修改器后，对毛发属性参数进行调整，以确保束效果符合发型设计的需求。添加束修改器并调整其属性参数的界面，如图 4-385 所示。

继续操作，添加【噪波】(Noise）修改器。该修改器用于使毛发拥有随机性和不规则性，使发型看起来更自然和具有动态感。添加该修改器后，同样调整其属性参数，如图 4-386 所示。

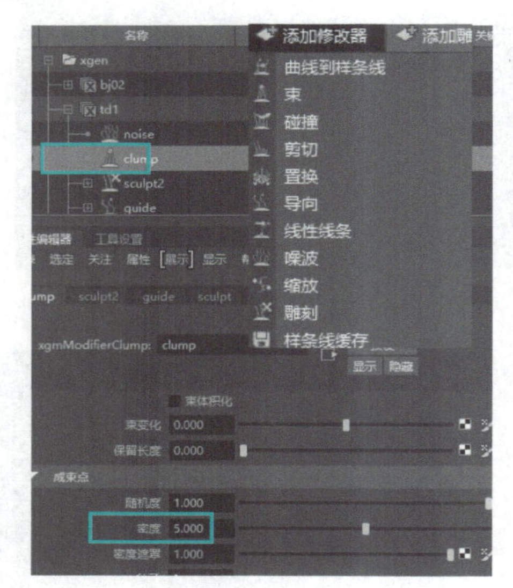

图 4-385　添加束修改器

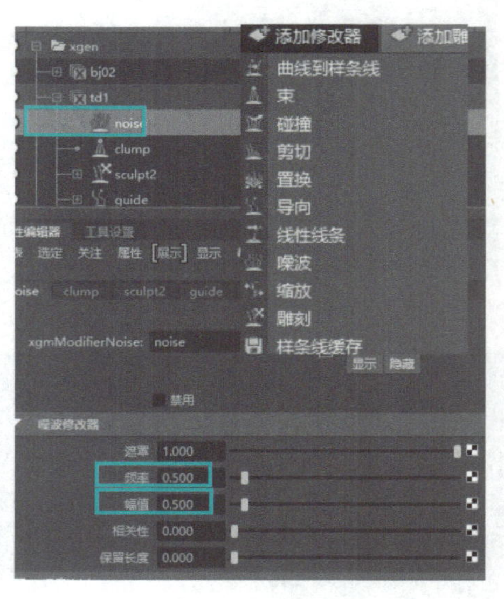

图 4-386　添加噪波修改器

重复以上操作，添加头顶毛发和其他部分毛发，如图 4-387 所示。

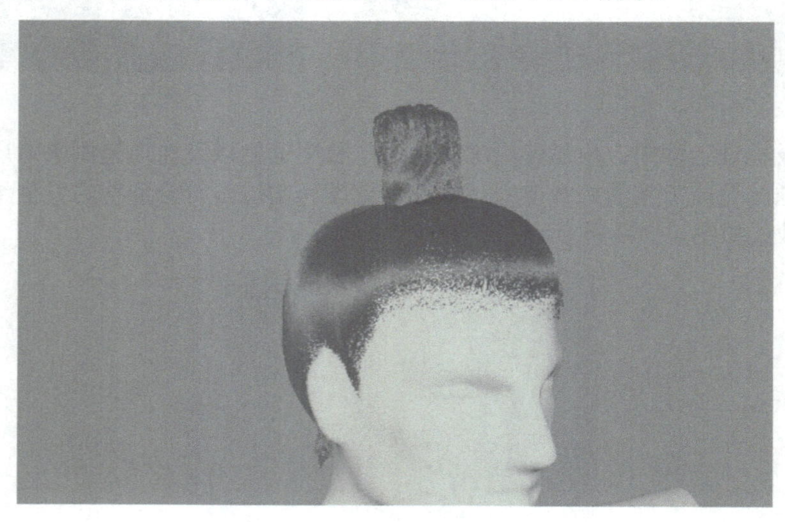

图 4-387　添加其他部分毛发

装备贴图制作 1

4.5.2　装备贴图制作

装备贴图使用 Adobe Substance 3D Painter 软件进行制作。

开始制作贴图前需对模型进行烘焙。用 Maya 导入在 ZBrush 当中制作好的高模和低模。添加低模后缀并命名为“_low”，高模后缀命名为“_high”，如图 4-388 所示。

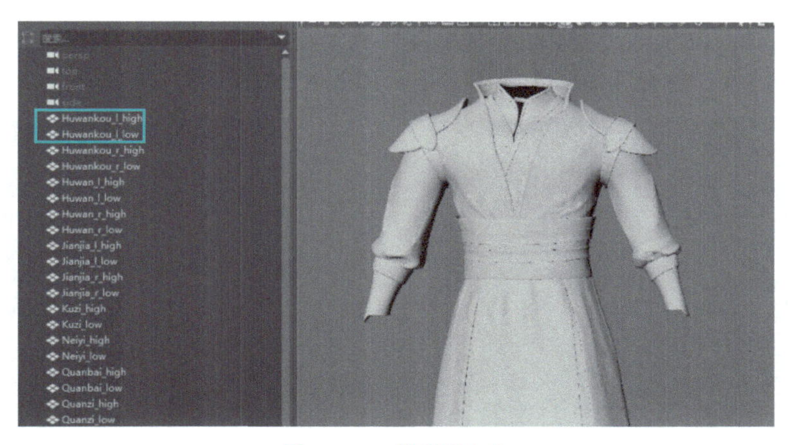

图 4-388　模型重命名

选择所有模型并将其导出为 OBJ 格式，进入八猴软件进行贴图烘焙。这里也可使用其他软件进行贴图的烘焙。

打开八猴软件，使用其烘焙贴图的功能，选择并打开包，如图 4-389 所示。

在【Quick Loader】中选择 Load，打开重命名好的 OBJ 文件，如图 4-390 所示。这时软件自动对高低模进行烘焙，如图 4-391 所示。

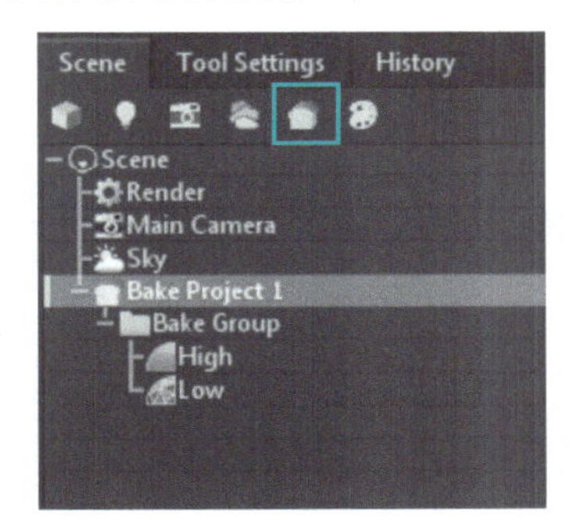

图 4-389　打开八猴包

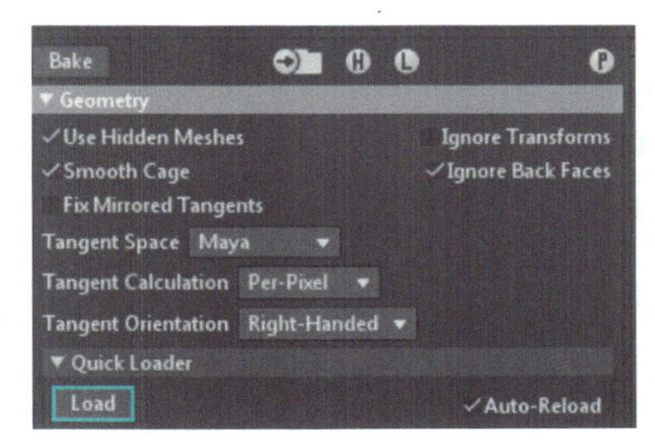

图 4-390　打开高低模 OBJ 文件

图 4-391　烘焙成功效果

在左侧面板 Output 选项设置好烘焙的贴图格式以及导出贴图大小，如图 4-392 所示。

设置好导出路径，选择【Bake】进行导出，如图 4-393 所示。

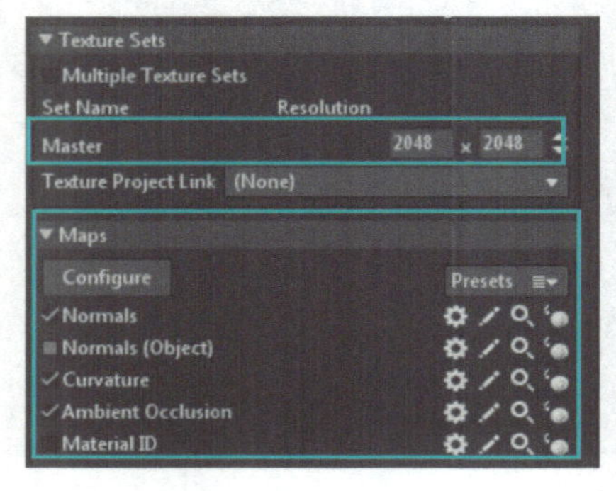

图 4-392　设置烘焙模型类型

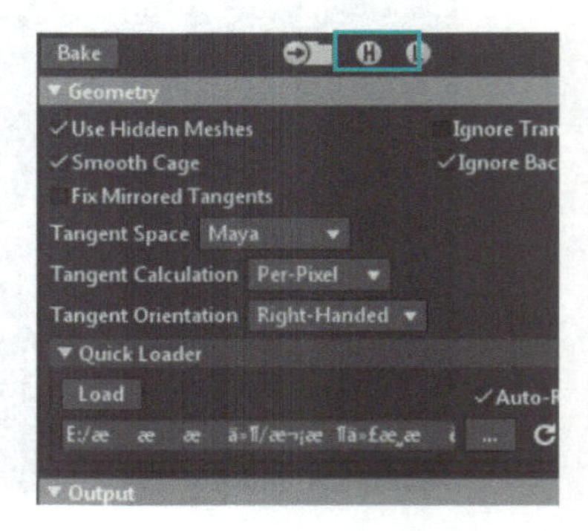

图 4-393　Bake 导出模型

对装备模型进行贴图的绘制。这里使用的软件是 Substance 3D Painter。本节主要讲解制作思路。

装备贴图制作2

打开 Substance 3D Painter 软件进行贴图的绘制，新建项目，选择导入在 Maya 中分好的高低模，如图 4-394 所示。

因为制作的装备模型是单面的，所以在开始绘制之前，需要在窗口右侧的着色器中进行设置，选择 vraymt1-specular 类型，让装备模型的两面都显示出来，如图 4-395 所示。

图 4-394　新建 PT 项目

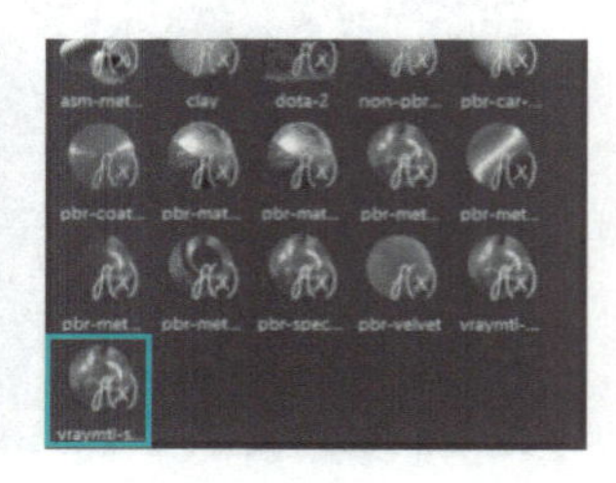

图 4-395　切换显示模式

在文件菜单中选择【导入资源】，如图 4-396 所示，导入烘焙好的贴图。选择贴图格式，如图 4-397 所示。

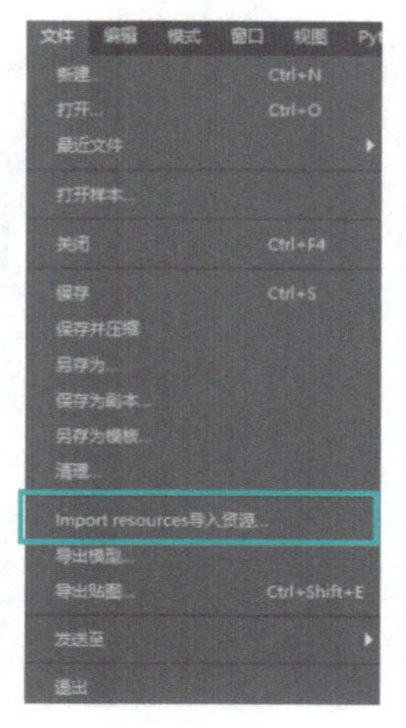

图 4-396　导入资源

图 4-397　添加资源

在【纹理集设置】当中，把导入的贴图对应相应的位置并一一贴入，如图 4-398 所示。

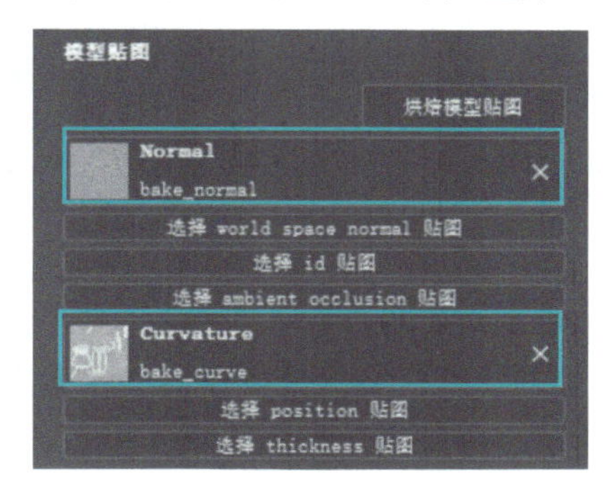

图 4-398　贴入烘焙贴图

贴上烘焙好的贴图后的模型初始效果如图 4-399 所示。

图 4-399　PT 模型初始效果

在图层面板新建文件夹，右击该文件夹并创建黑色遮罩，如图 4-400 所示。

在窗口左侧选择【几何体填充】，如图 4-401 所示。

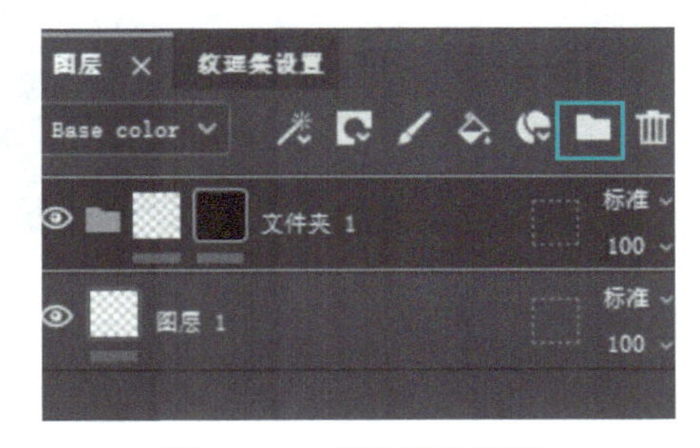

图 4-400　填充黑色遮罩

图 4-401　按 UV 进行遮罩的填充

选择第三种类型为按 UV 填充遮罩，双击需要的模型部分，可以对文件夹的遮罩部分进行填充，以方便在绘图过程中按照 UV 区域进行贴图的绘制，如图 4-402 所示。双击选中模型并为其填充遮罩的成功效果如图 4-403 所示。

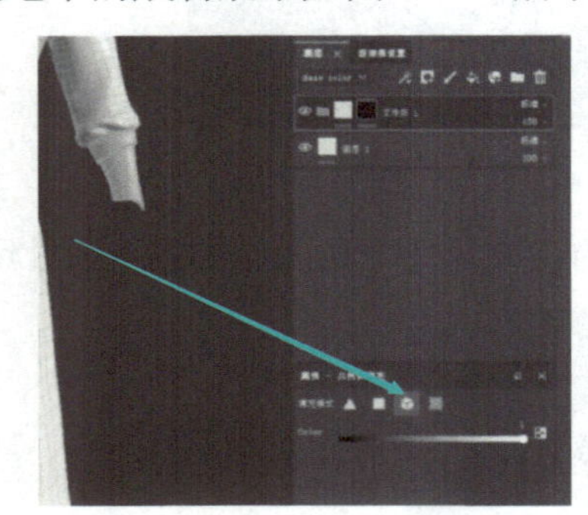

图 4-402　按 UV 填充

图 4-403　填充成功效果

选择【文件-导入资源】，如图 4-404 所示。

选择【添加资源】，添加智能材质球。案例素材提供了各类的智能材质球给大家进行编辑，样式可自行选择，如图 4-405 所示。添加成功如图 4-406 所示。

图 4-404　导入资源

图 4-405　添加智能材质球

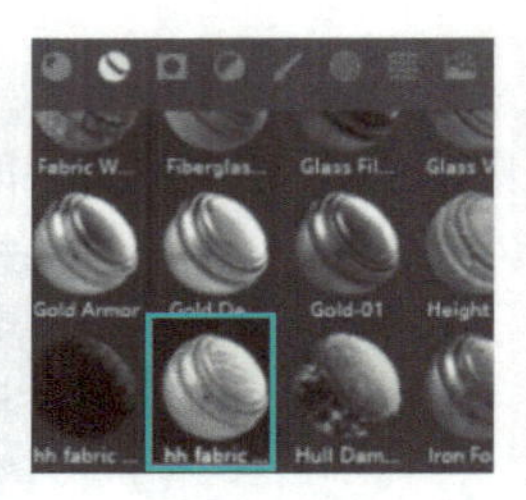

图 4-406　添加成功显示

鼠标左键按住导入的智能材质球并将其拖曳至按 UV 填充好遮罩的文件内，如图 4-407 所示。

此时模型的部分颜色和纹理并不是需要的效果，可以对智能材质球进行调整。打开文件夹可以对智能材质球的每个层进行调整。通常第一个层是颜色图层，如图 4-408 所示。

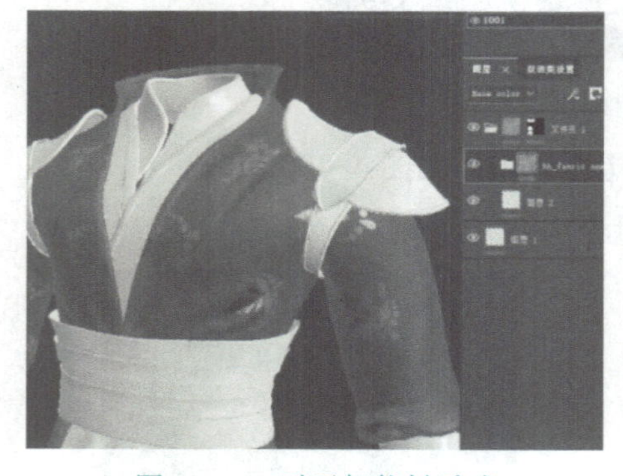

图 4-407　赋予智能材质球

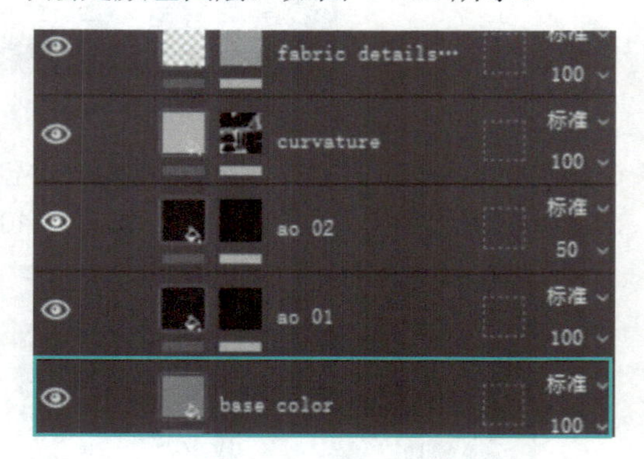

图 4-408　打开文件夹

单击【base color】图层，在【属性-填充】-【均一颜色】中调整底色为灰蓝色，如图 4-409 所示。

不需要的效果可以通过单击小眼睛进行关闭，如图 4-410 所示。

图 4-409　更改底色

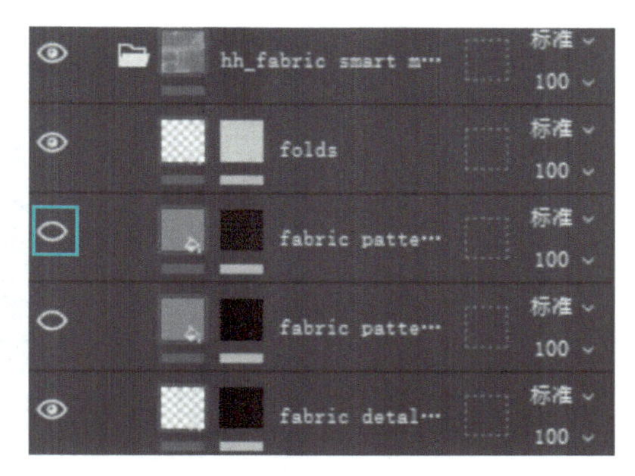

图 4-410　关闭不需要效果

技巧提示

在 Substance 3D Painter 中的图层和在 Photoshop 图层的使用逻辑是一样的，都是通过多个图层进行效果的叠加达到最终的效果。单击不同的图层都可以对该图层进行属性的调整，包括大小、旋转、平铺等。

新建一个【填充图层】并右击对其添加【黑色遮罩】，制作裙摆边缘效果，如图 4-411 所示。

图 4-411　创建剪贴蒙版

再次在窗口左侧选择【几何体填充】，如图 4-412 所示。选择【按 UV 块进行填充】，如图 4-413 所示。

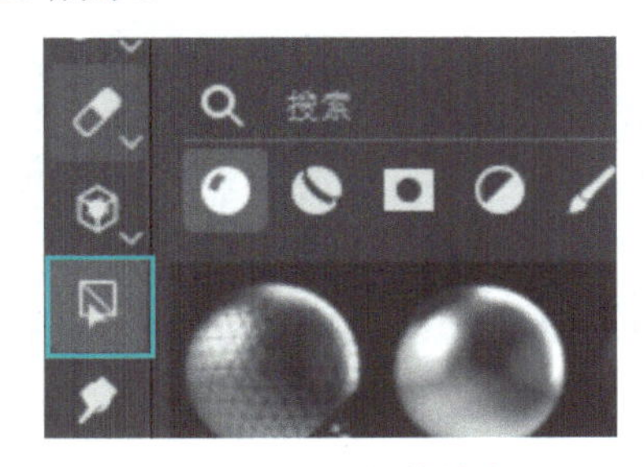

图 4-412　几何体填充

图 4-413　按 UV 面进行填充

按 UV 面进行填充这种方式可以选择面进行填充。双击裙子需要填充的面，如图 4-414 所示。

图 4-414　填充裙子边缘

选择填充图层并进入其属性面板，在【属性-均一颜色】中可以修改填充的颜色，如图 4-415 所示。填充效果如图 4-416 所示。

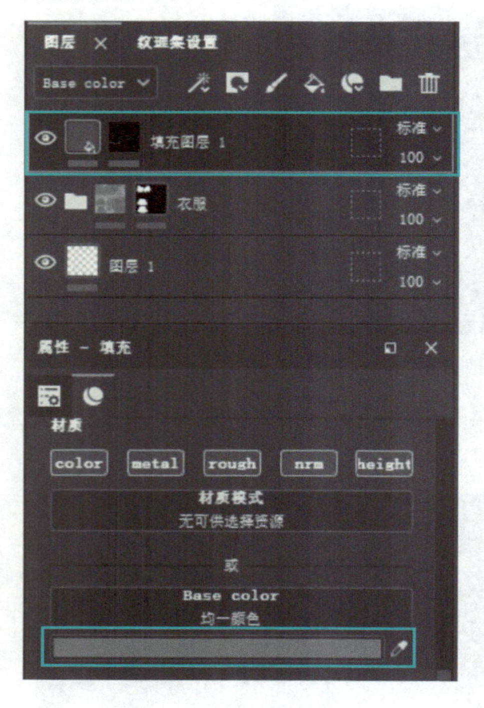

图 4-415　选择填充图层

图 4-416　修改边缘颜色

继续添加其他类型智能材质球来完善模型细节，叠加有纹样装饰的智能材质球，隐藏不需要的图层。具体操作和以上部分一致，如图 4-417 所示。

其余部分重复以上操作。最终效果如图 4-418 所示。注意不同材质模型组要进行区分。

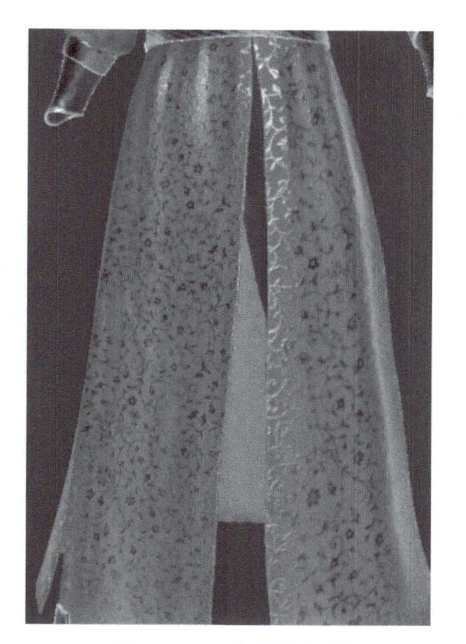

图 4-417　加花纹细节

图 4-418　最终效果呈现

设置导出贴图参数，导出绘制好的贴图，如图 4-419 所示。

贴图导出后在文件夹内的样式，如图 4-420 所示。

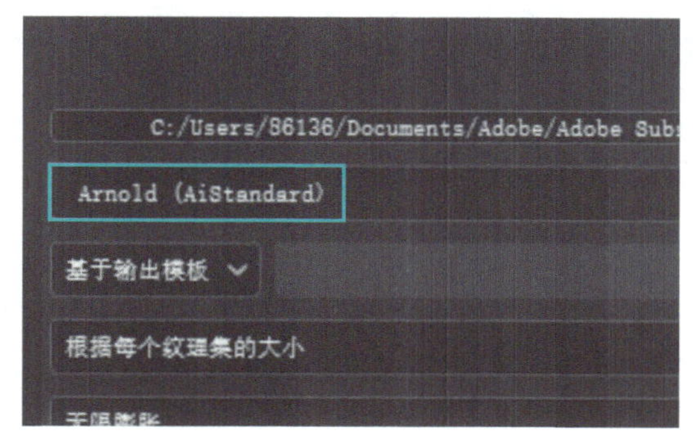

图 4-419　导出纹理贴图

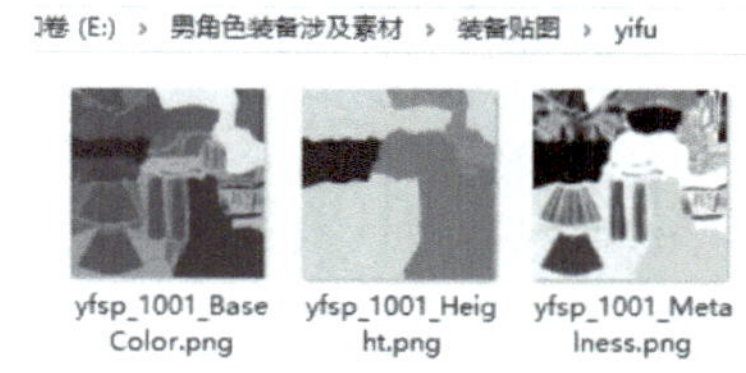

图 4-420　贴图导出样式

打开 Maya，打开【材质编辑器】，如图 4-421 所示。

选择【Arnold-Shader-aiStandardSurface】材质球，如图 4-422 所示。

图 4-421　材质编辑器

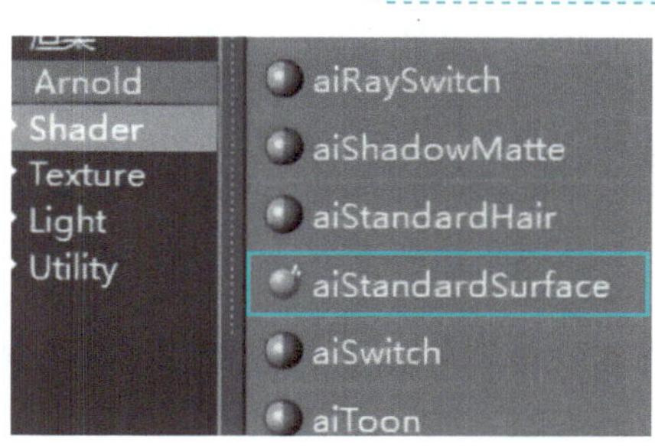

图 4-422　aiStandardSurface 材质球

在材质编辑器窗口区域，选择需要添加材质的模型，右击把创建好的 aiStandardSurface 材质球赋予模型，如图 4-423 所示。

为了更好地区分不同材质球，在材质编辑器的右侧对材质进行重命名操作，如图 4-424 所示。

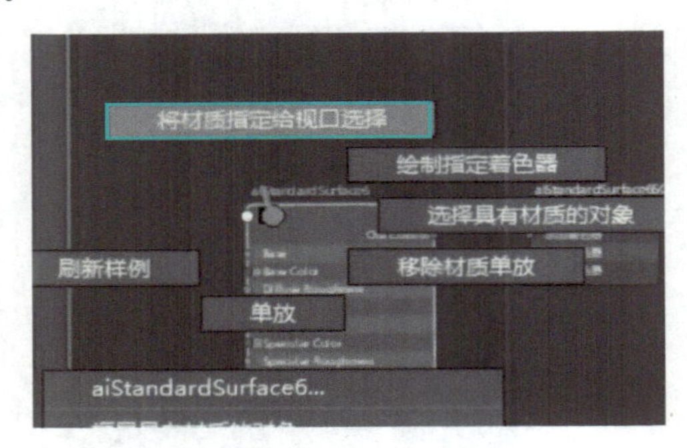

图 4-423 赋予材质球

图 4-424 aiStandardSurface 重命名

将 Substance Painter 中制作好的贴图进行链接。

在材质编辑器中，选择 Base 选项下的 Color 通道右侧的【黑白棋盘格】，制作好的颜色贴图在此进行连接，如图 4-425 所示。

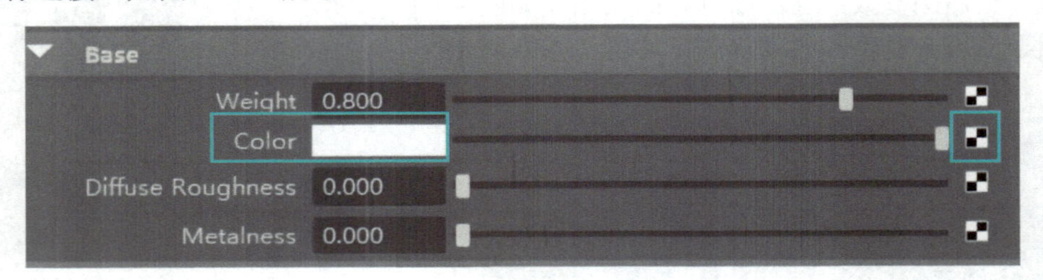

图 4-425 Color 通道

单击棋盘格，出现用于创建渲染节点的面板，在此面板中选择【文件】，如图 4-426 所示。

单击图像名称右侧的【文件夹】按钮，选择颜色贴图。其余设置如图 4-427 所示。完成设置后，颜色贴图连接完成。

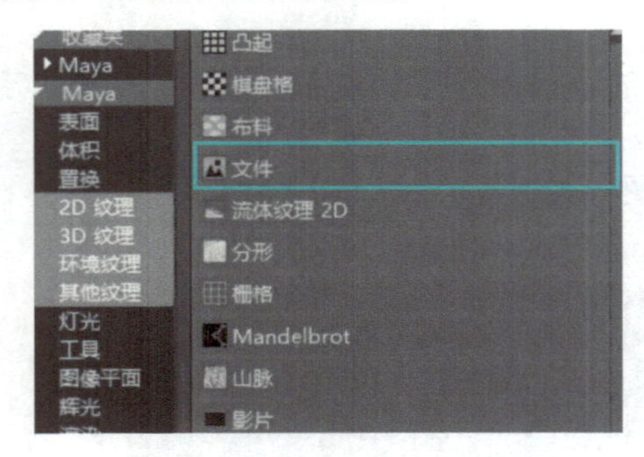

图 4-426 添加颜色贴图文件

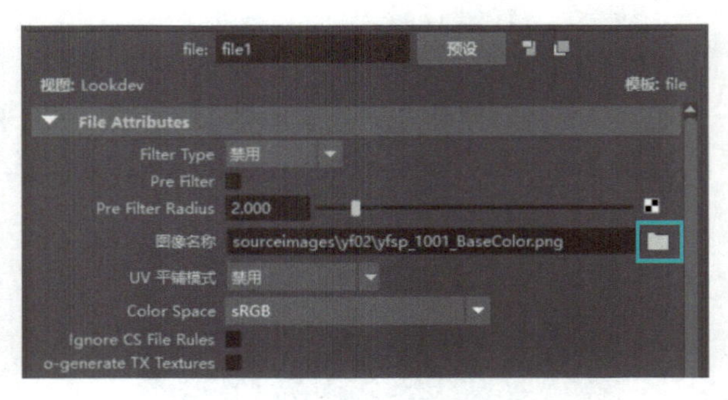

图 4-427 上传颜色贴图

单击材质编辑器主区域位置，使其右侧变回用以连接贴图的特性编辑器面板，如图 4-428 所示。

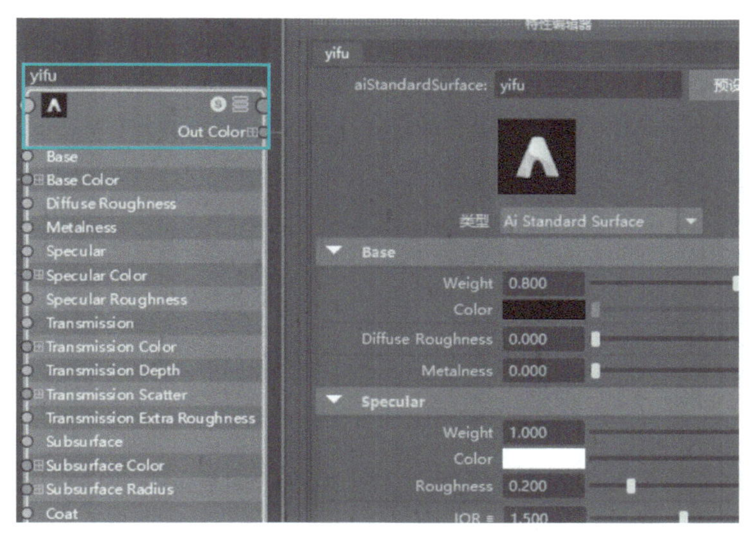

图 4-428　连接贴图的特性编辑器面板

在材质编辑器右侧面板中，找到 Base 选项下的 Metalness 通道。选择其右侧的【黑白棋盘格】，制作好的金属度贴图在此进行连接，如图 4-429 所示。

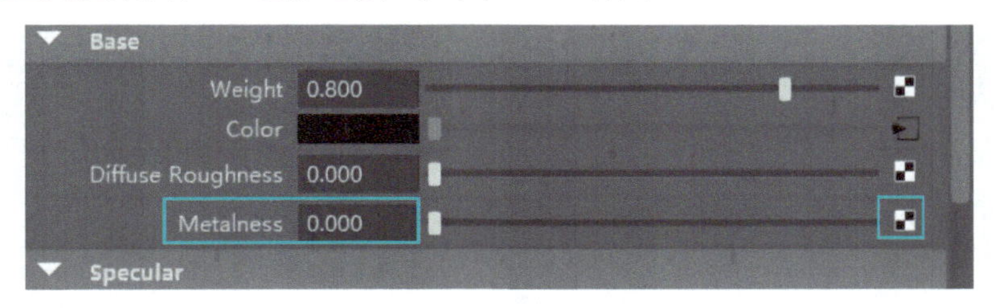

图 4-429　Metalness 通道

单击【黑白棋盘格】后会出现用于创建渲染节点的面板，在此面板中选择【文件】，如图 4-430 所示。

单击【文件】后，在材质编辑器右侧会出现用于选择贴图的面板。单击图像名称右侧的【文件夹】按钮，选择金属度贴图。其余设置如图 4-431 所示。完成设置后，金属度贴图连接完成。

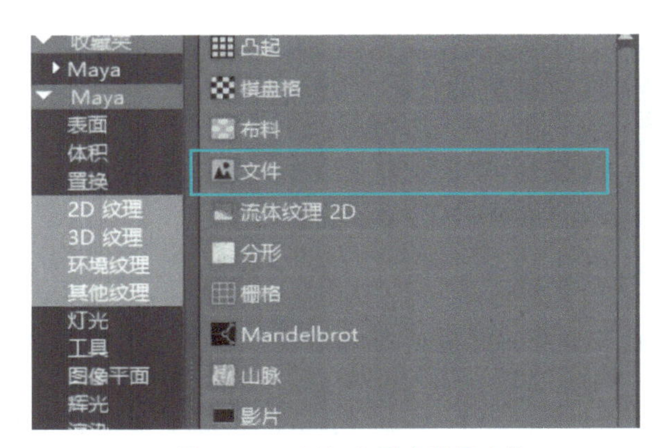

图 4-430　添加金属度贴图文件

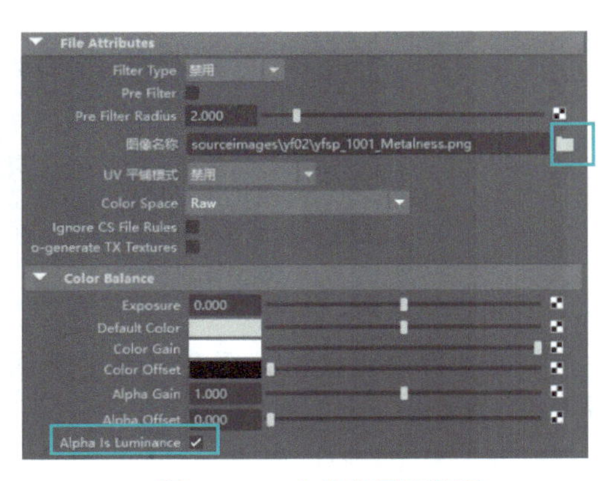

图 4-431　上传金属度贴图

在材质编辑器右侧面板中，找到 Specular 选项下的 Roughness 通道。选择其右侧的【黑白棋盘格】，制作好的粗糙度贴图在此进行连接，如图 4-432 所示。

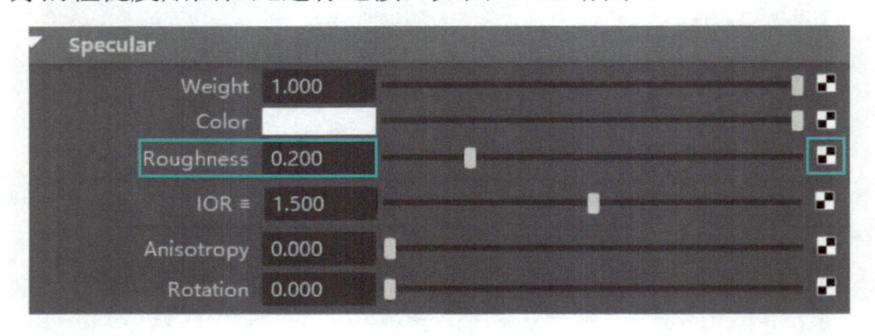

图 4-432　粗糙度通道

单击【黑白棋盘格】后会出现用于创建渲染节点的面板，在此面板中选择【文件】，如图 4-433 所示。

单击【文件】后，在材质编辑器右侧会出现用于选择贴图的面板。单击图像名称右侧的【文件夹】按钮，选择粗糙度贴图。其余设置如图 4-434 所示。完成设置后，粗糙度贴图连接完成。

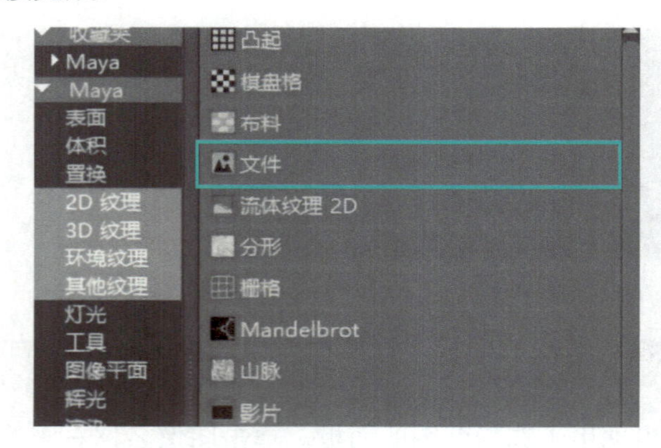

图 4-433　添加粗糙度贴图文件

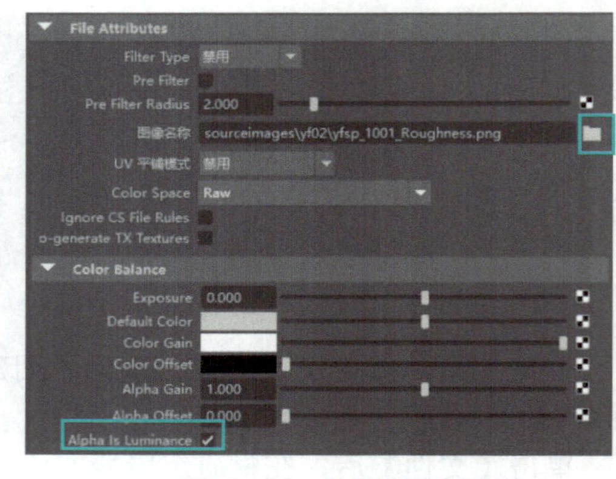

图 4-434　上传粗糙度贴图

在材质编辑器右侧面板的选项中，找到 Geometry 选项下的 Bump Mapping 通道。选择其右侧的【黑白棋盘格】，制作好的法线贴图在此进行连接，如图 4-435 所示。

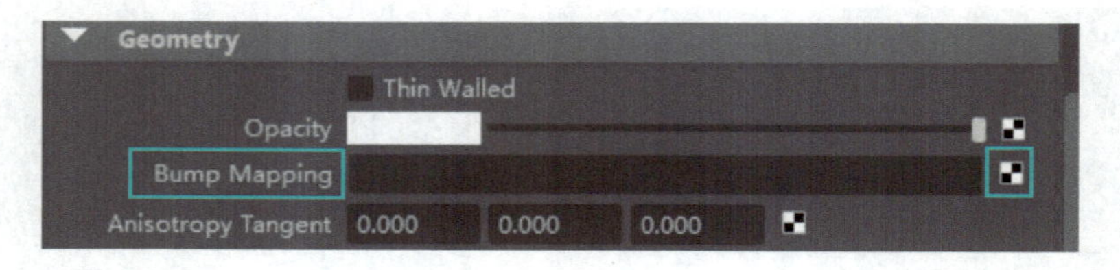

图 4-435　Bump Mapping 通道

单击【黑白棋盘格】后会出现用于创建渲染节点的面板，在此面板中选择【文件】，如图 4-436 所示。

单击【文件】后，将【Use as】切换为【切线空间法线】，选择【Bump Value】通道后的小三角，如图 4-437 所示。

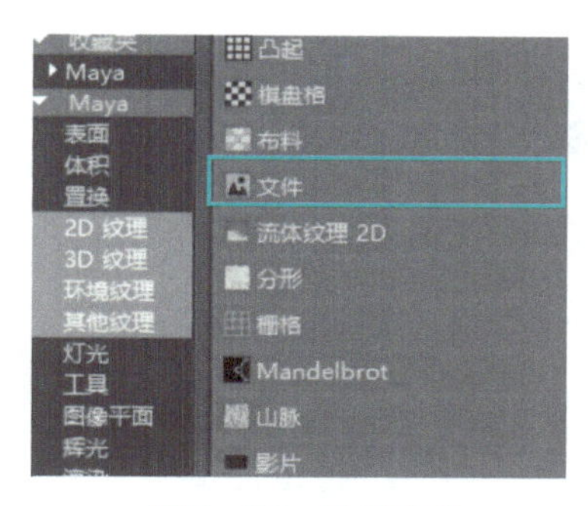

图 4-436　选择文件

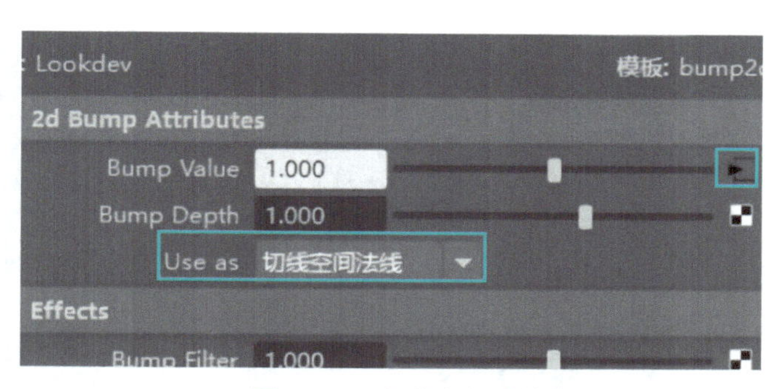

图 4-437　切线空间为法线

此时在材质编辑器右侧会出现用于选择贴图的面板。单击图像名称右侧的【文件夹】按钮，选择法线贴图。其余设置如图 4-438 所示。

选择材质编辑器中的法线【bump2d3】节点，调整它的属性编辑器中 Arnold 的属性，如图 4-439 所示。

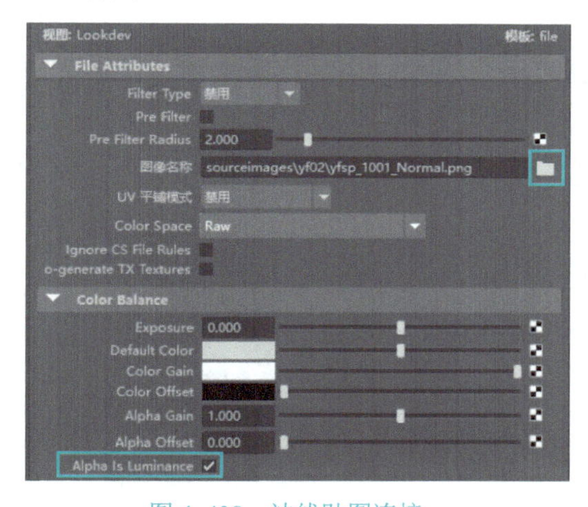

图 4-438　法线贴图连接

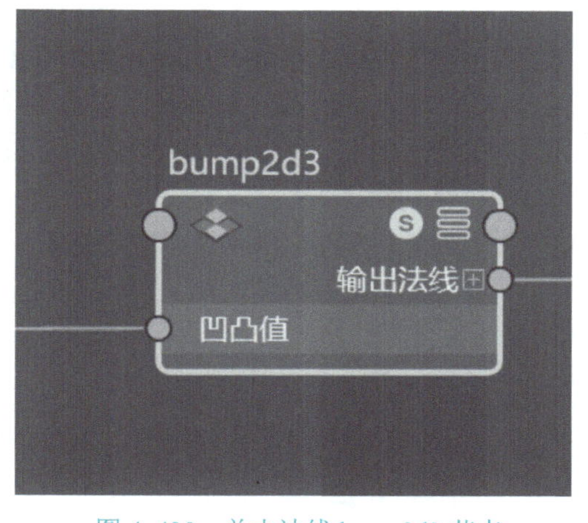

图 4-439　单击法线 bump2d3 节点

在界面右侧【属性编辑器】中找到【Arnold】选项，取消勾选【Flip R Channel】与【Flip G Channel】。完成设置后，法线贴图连接完成，如图 4-440 所示。

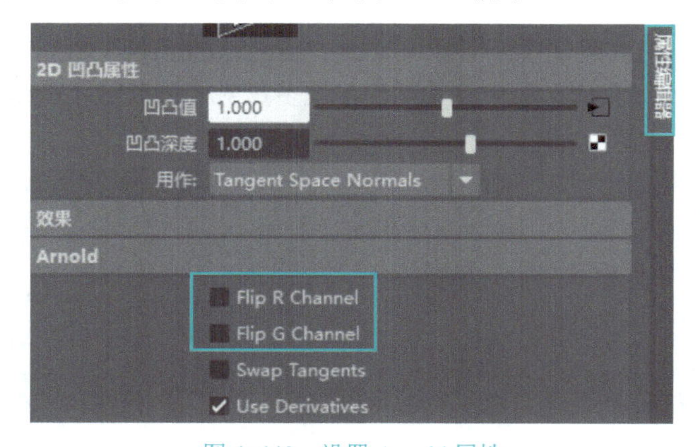

图 4-440　设置 Arnold 属性

其余模型的贴图连接方式重复以上步骤直至所有贴图连接完成，如图 4-441 所示。

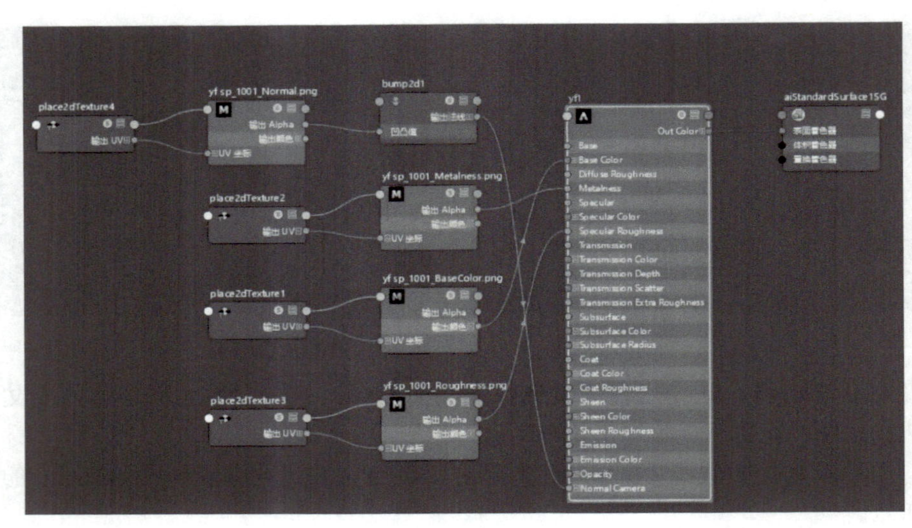

图 4-441 材质节点连接

贴图链接部分制作完成，现在开始制作灯光部分。

在创建光源前先制作一个背景，创建一个面片，如图 4-442 所示。

选中边缘处的点，将其往上移动，使创建的面片呈现一个直角面，方便后面光源进行反射，如图 4-443 所示。

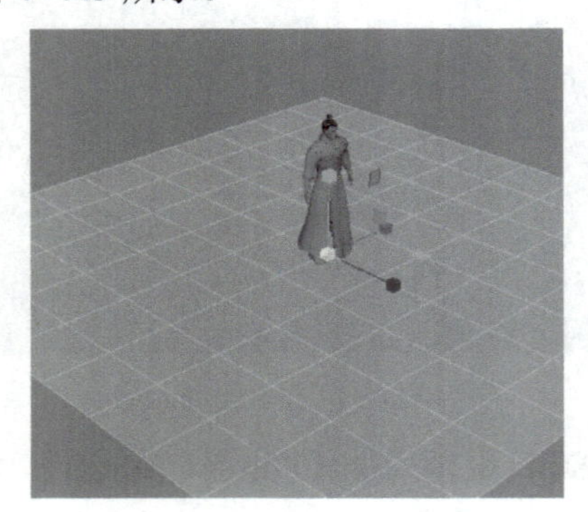
图 4-442 制作地面

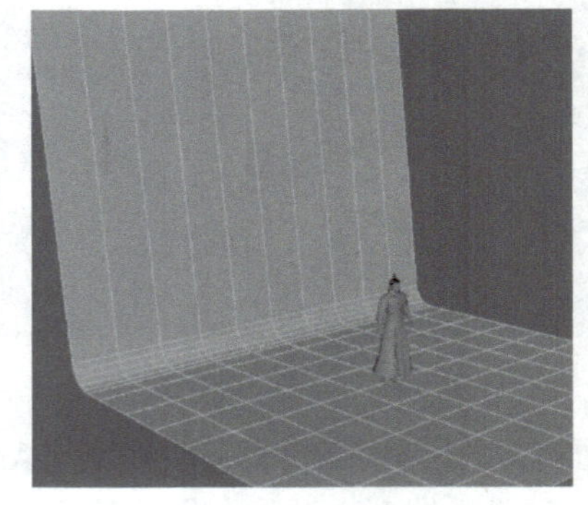
图 4-443 制作垂直地面

选中背景，右击并对其赋予【Arnold-Shader-aiStandardSurface】材质球，如图 4-444 所示。

修改背景的颜色为深灰色。由于背景不参与过多反射，所以将【Roughness】（粗糙度）数值调为 1，如图 4-445 所示。

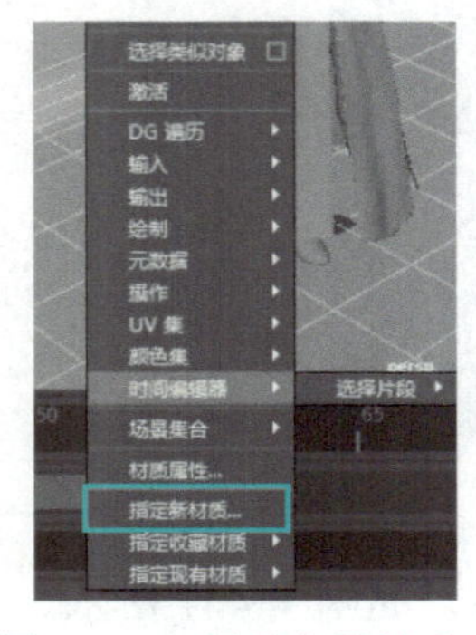

图 4-444 创建背景材质

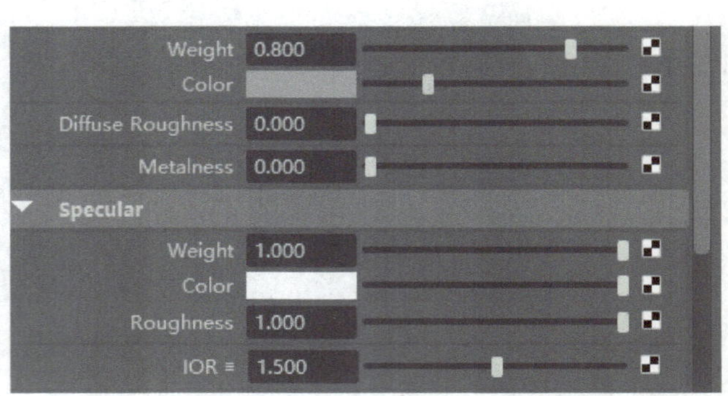

图 4-445 调整背景材质

在菜单栏中，选择【Arnold-区域光】，为角色添加区域光，如图 4-446 所示。

图 4-446　创建区域光

调整区域光的位置，分别在人物模型的左右侧和背面创建一盏区域光，如图 4-447 所示。

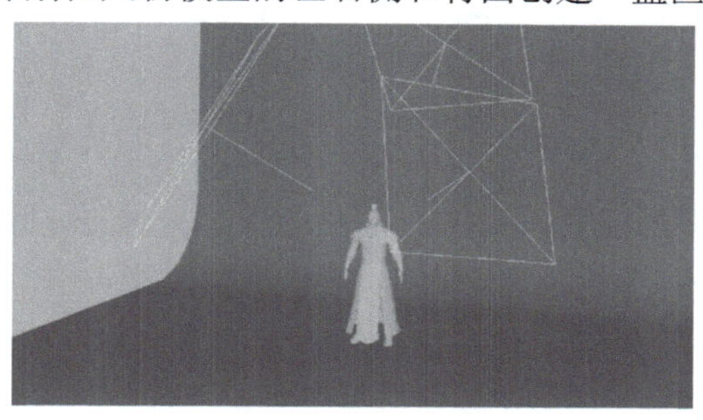

图 4-447　添加光源

单击光源，在窗口右侧的属性编辑器中调整灯光的【Intensity】（强度）、【Exposure】（曝光）和【Samples】（采样）。

调整时，以一个光源作为主光源，其余作为辅助光源存在。辅助的光源的强度应比主光源弱，如图 4-448 所示。

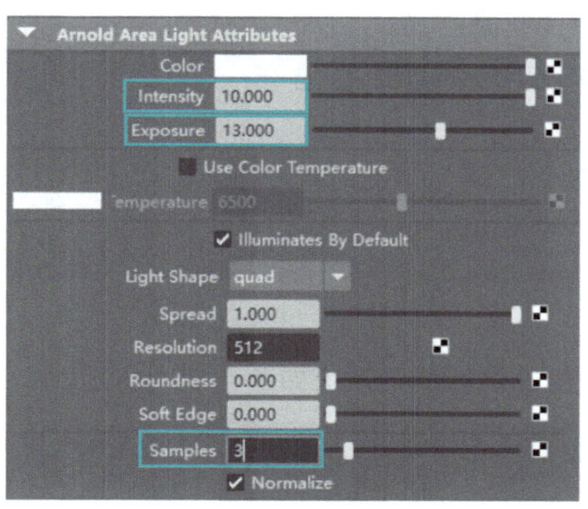

图 4-448　调整光源强度

设置好材质和光源后即可进行最后的渲染操作。在渲染前进行一些准备工作，单击菜单栏画红框区域打开【渲染设置】，如图 4-449 所示。将渲染器切换为【Arnold Renderer】，如图 4-450 所示。

图 4-449　打开渲染设置

图 4-450　切换渲染窗口

设置渲染的图像大小，如图 4-451 所示。设置 Arnold Renderer 面板中的渲染质量，参数如图 4-452 所示。

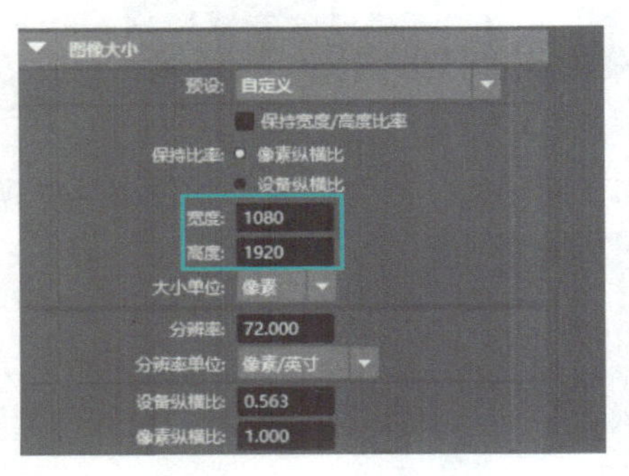

图 4-451　设置渲染图像大小

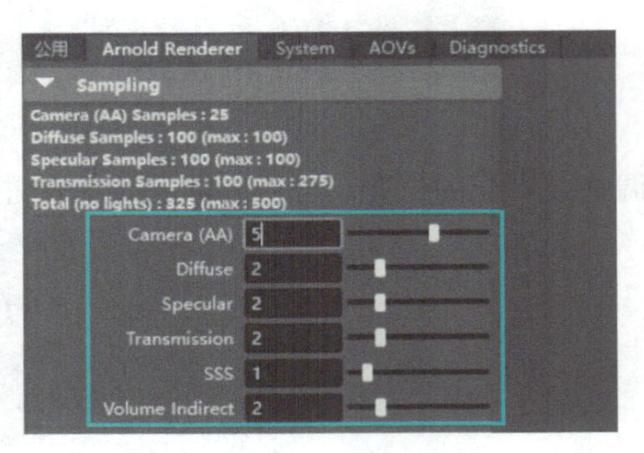

图 4-452　设置渲染质量

单击【渲染查看器】开始渲染。Arnold 离线渲染过程需要一段时间，渲染结束会自动保存至渲染设置中的文件保存路径。渲染监视窗口如图 4-453 所示。

图 4-453　渲染监视窗口

最后渲染完成后的男性角色模型整体效果如图 4-454 所示。

图 4-454　男性角色最终效果图

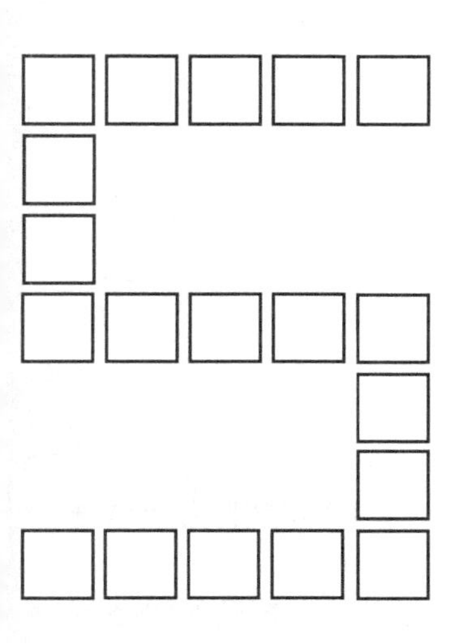

“异次元联盟”综合案例

本项目效果图

5.1 项目准备

5.1.1 综合案例展示

本项目将学习角色造型（Pose）制作阶段，学习如何利用 Advanced Skeleton 插件对模型进行骨骼绑定、角色姿势调整，以适应游戏中的动作需求。通过细致的调整和优化，创造出逼真且符合游戏设定的角色造型。最后，将整合所有素材，完成项目的整合工作。效果如图 5-1 所示。

图 5-1　综合案例展示

5.1.2 “异次元联盟”综合案例准备

根据项目组的要求，下发设计工作单，对模型分类、模型精度、UV、法线、AO 和贴图等制作项目提出详细的制作要求。设计人员根据工作单要求在规定的时间内完成模型的设计制作，工作单内容如表 5-1 所示。

表 5-1　综合案例——异次元联盟工作单

项目名	项目分解			工时小计
	赋予贴图	场景搭建	灯光	
“异次元联盟”综合案例场景渲染	2 小时	3 小时	2 小时	7 小时
制作规范	1．确保骨骼绑定的准确性和稳定性。 2．灯光的位置应符合场景的实际情况。			

（续）

项目名	项目分解			工时小计
	赋予贴图	场景搭建	灯光	
“异次元联盟”综合案例场景渲染	2 小时	3 小时	2 小时	7 小时
制作规范	3．灯光的颜色和亮度可以影响场景的氛围，如温暖、冷清、紧张等。应根据需要来选择合适的灯光效果。 4．确定场景需求：在创建摄像机之前，需要明确场景的需求和目的，例如拍摄角色动作还是展示场景环境等。 5．根据需要调整渲染参数，如采样率、抗锯齿等，以提高渲染质量和减少噪点			
注意事项	1．合理设置灯光，避免过度使用灯光。 2．进行测试渲染，评估效果和性能。 3．注意细节，确保场景真实感和视觉效果			

素材导读

中国是一个多民族国家，各民族之间的交流和融合具有悠久的历史传统。在古代，各民族就不断加强联系和交往，促进了民族的融合。各民族在经济上互通有无，文化上相互借鉴，促进了共同发展和繁荣。例如，汉族的农耕技术、手工业等传入少数民族地区，促进了当地经济的发展；同时，少数民族的舞蹈、音乐、服饰等文化元素也丰富了汉族的文化内涵。

5.2 角色骨骼绑定

本项目采用了 Maya 软件结合 Advanced Skeleton 插件的方式进行角色模型骨骼绑定。同时，为了实现高效且准确的绑定效果，还利用了 Mixamo 这一在线平台进行辅助。骨骼绑定作为角色模型制作中的核心环节，赋予了虚拟角色生动的运动表现。它不仅决定了角色的基本运动方式，更对角色的细微表情、姿态调整等有着深远的影响。随着技术的持续演进，骨骼绑定的复杂性和精细度也在不断提升，为虚拟角色的真实感创造了更多可能性。

角色骨骼绑定

5.2.1 Advanced Skeleton 插件安装

Advanced Skeleton 是一款专为角色和四足动物绑定而设计的软件插件。它不仅拥有丰富的预设骨骼系统，包括鸟类、蜘蛛、恐龙和猩猩等，还具备高效、快速的绑定功能，显著提升了制作效率。相较于传统的 Fit Skeleton，Advanced Skeleton 的特点在于其强大的自定义功能，允许用户创建任意类型的 Fit Skeleton，极大地拓展了创作空间。此外，该插件还支持本地旋转轴和旋转度的精确控制，方便用户进行细致地调整。更值得一提的是，Advanced Skeleton 支持从 Advanced Skeleton 回到 Fit Skeleton 的功能，这意味着用户可以在不影响已创建的 Advanced Skeleton 的基础上，对基础设置进行修改和调整。同时，它还集成了 Selector Designer 的拖拽功能，使得用户能够更加直观、便捷地进行操作。在身体配置方面，Advanced Skeleton 不再对角色的身体部位数量进行限制，无论是三个头、五条腿，还是一百个手指，都可以根据需要进行配置，真正实现了创意的无限可能。

在浏览器中输入 Advanced Skeleton 的官方下载地址，单击下载按钮进入下载页面。在页面中选择下载 Advanced Skeleton 插件，图标如图 5-2 所示，并选择 5.875 版本，如图 5-3 和图 5-4 所示。

请注意，确保下载的链接来自官方网站或可信赖的来源，以获取最新版本和安全可靠的软件，并避免潜在的安全风险和恶意软件威胁。在安装插件之前检查下载的文件是否被杀毒软件拦截，或者使用可信的第三方杀毒软件进行检查。此外，定期更新软件版本也是确保安全性和功能性的重要步骤。

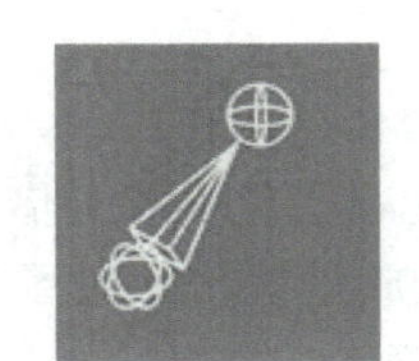

图 5-2　插件图标

图 5-3　下载按钮

高级骨架.5.910.zip
高级骨架.5.900.zip
高级骨架.5.899.zip
高级骨架.5.898.zip
高级骨架.5.897.zip
高级骨架.5.895.zip
高级骨架.5.890.zip
高级骨架.5.885.zip
高级骨架.5.880.zip
高级骨架.5.875.zip
高级骨架.5.870.zip
高级骨架.5.862.zip

图 5-4　插件版本 5.875

下载完成后将其解压并完整复制粘贴到计算机路径 C:\Users\用户名\Documents\maya\2019\zh_CN\scripts 中，如图 5-5 所示。

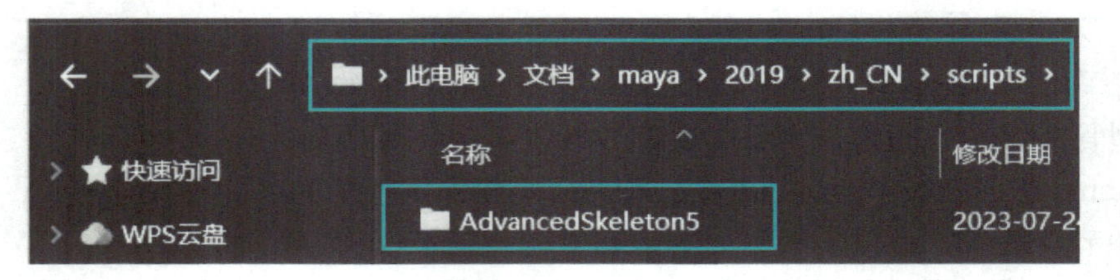

图 5-5　安装路径

打开 Maya 软件，单击工具架的【设置】按钮，在弹出的面板中单击【新建工具架】，如图 5-6 所示。单击【新建工具架】，将其命名为 adv，工具架末尾会自动创建出工具架，如图 5-7 和图 5-8 所示。

图 5-6　新建工具架

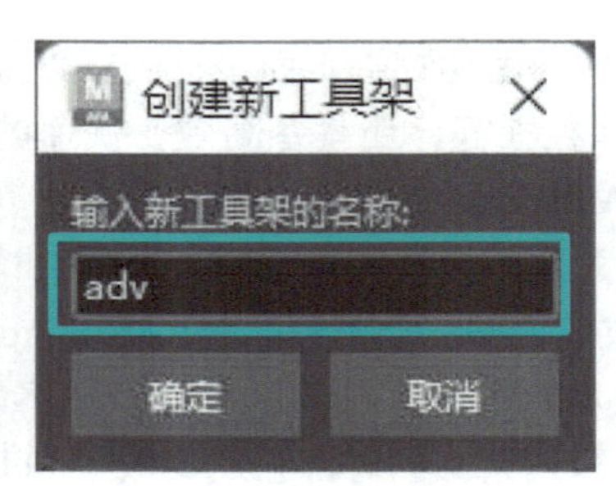

图 5-7　工具架命名

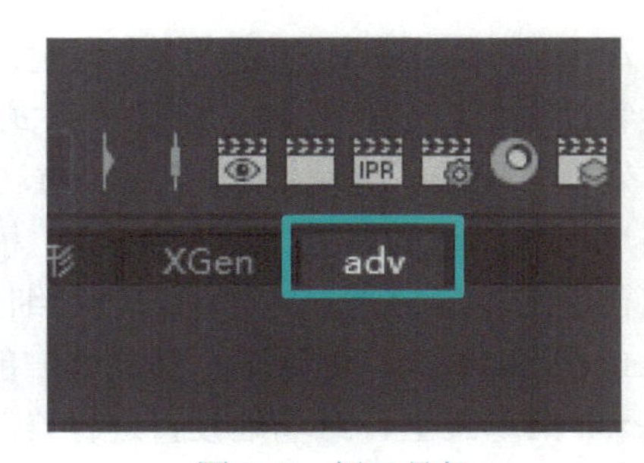

图 5-8　新工具架

单击自创的 adv 工具架，之后在安装路径中打开 AdvancedSkeleton5 文件夹并将其中的 install.mel 文件拖入 Maya 视图界面，如图 5-9 和图 5-10 所示，自创的 adv 工具架中就会多出四个 Advanced Skeleton 的图标，如图 5-11 所示。

图 5-9 Advanced Skeleton5 文件

图 5-10 拖拽文件

图 5-11 图标

在图 5-11 中，序号 1 的图标是 Advanced Skeleton 插件的绑定流程操作面板。这个面板提供了从设置骨骼到绑定模型的整个流程的控制。通过这个面板，用户可以快速地设置骨骼、权重和约束，以及进行骨骼与模型的绑定。

序号 2 的图标是 Advanced Skeleton 插件的身体绑定的面板。这个面板专注于身体部分的绑定，提供了对骨骼、皮肤和权重的高级控制。动画师可以在这里对角色的身体进行详细调整，确保骨骼与模型的完美匹配。

序号 3 的图标是 Advanced Skeleton 插件的表情绑定的面板。专门用于面部表情的绑定，允许用户快速设置和调整角色的面部动画。通过这个面板，动画师可以轻松地为角色的面部创建逼真的表情和动作。

序号 4 的图标是 Advanced Skeleton 插件的选择器面板。提供了一个可视化的界面，用于选择、调整和组织角色的骨骼。用户可以使用这个面板方便地选择、移动、旋转和缩放骨骼，以实现精确的控制和调整。

各图标打开后的面板分别如图 5-12～图 5-15 所示。

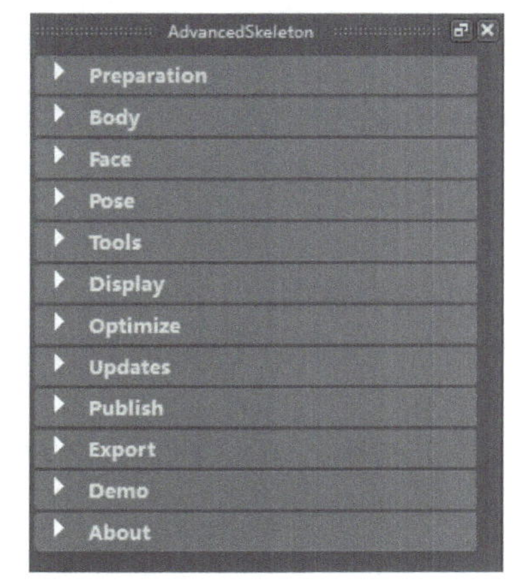

图 5-12 绑定流程操作面板

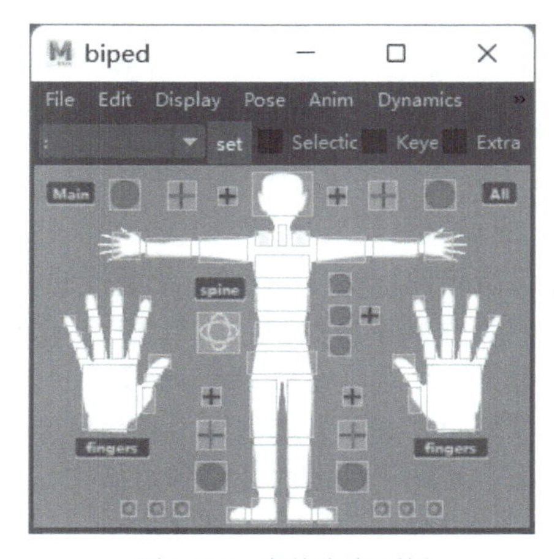

图 5-13 身体绑定面板

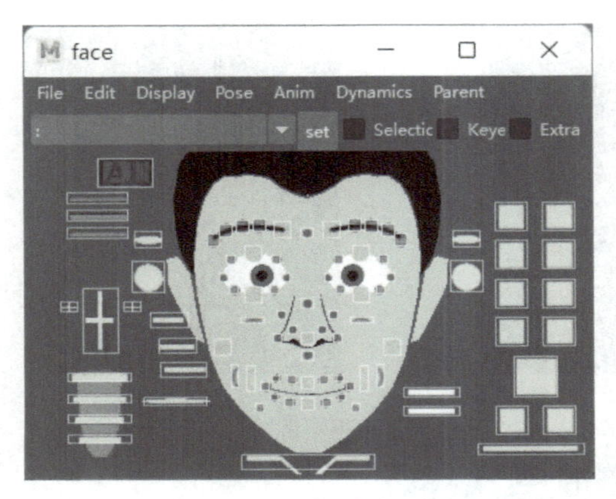

图 5-14 面部绑定面板

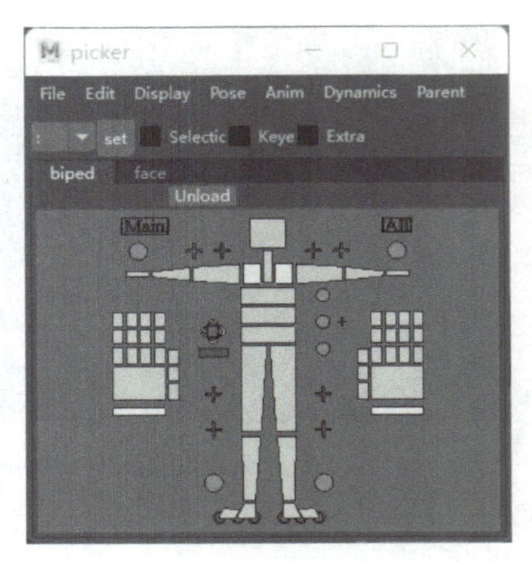

图 5-15 选择器面板

5.2.2 Advanced Skeleton 配合 Mixamo 网站快速绑定

本任务旨在帮助读者快速了解如何进行骨骼绑定，将使用 Maya 软件、Advanced Skeleton 插件以及 Mixamo 网站来实现这一目标。

步骤一：将待绑定的模型导入 Maya 中。可以通过以下两种方法之一进行导入。

方法一：使用菜单栏中的【文件-导入】选项。在弹出的导入面板中，找到所需模型文件并选择它，单击【打开】命令，如图 5-16 所示。

方法二：直接将模型文件拖到 Maya 的视图中。这种方法更加直观和便捷，适合快速导入模型，如图 5-17 所示。

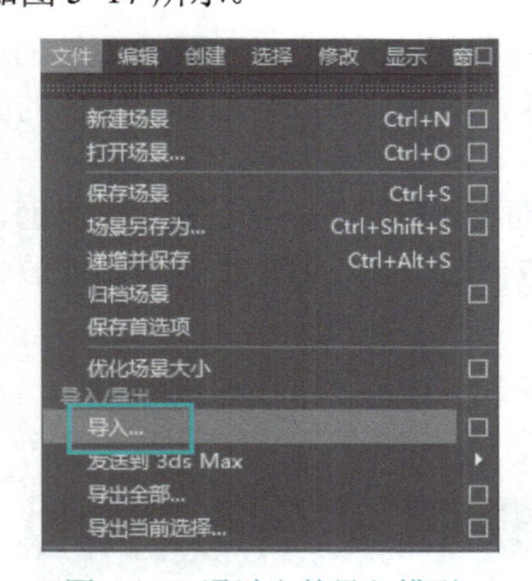

图 5-16 通过文件导入模型

图 5-17 通过拖拽导入模型

步骤二：清理模型。

单击【绑定流程操作面板】，此面板通常在 Maya 界面的右侧弹出。

在绑定流程操作面板中，单击【Preparation】选项卡。可以看到在【Model】部分有一系列选项。选择第一个选项【Model clear】。

单击【Model clear】选项后，将弹出一个面板。在这个面板中，单击【Create】按钮会将模型打包成组，有助于后续的骨骼绑定操作。

成组后，继续在面板中选择【Clean】选项。这将自动清理模型上的历史记录和其他不必要的属性，进一步为骨骼绑定做好准备。操作顺序如图 5-18 所示。

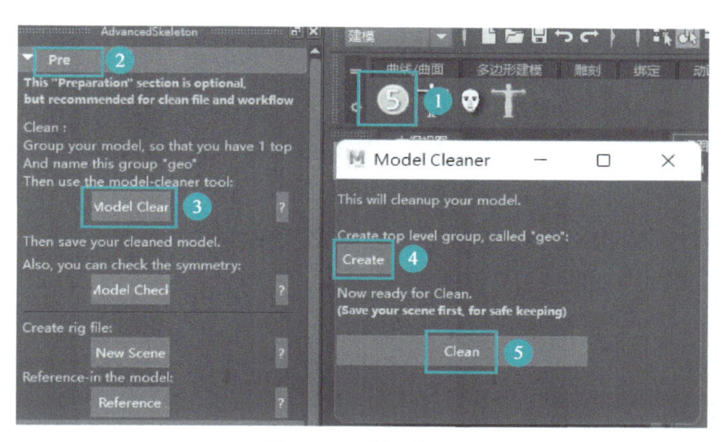

图 5-18　清理模型

步骤三：检查模型是否对称。

选中模型，单击【Model】选项中的第二个选项【Model Checker】，在弹出的面板中，单击【Check】按钮，如果模型是对称的，那么检查过程将顺利完成，并显示相应的提示信息。如果模型不对称，将看到一个窗口弹出，提示模型的不对称之处，并且会在模型上以点的形式标出不对称的部分，如图 5-19 和图 5-20 所示。

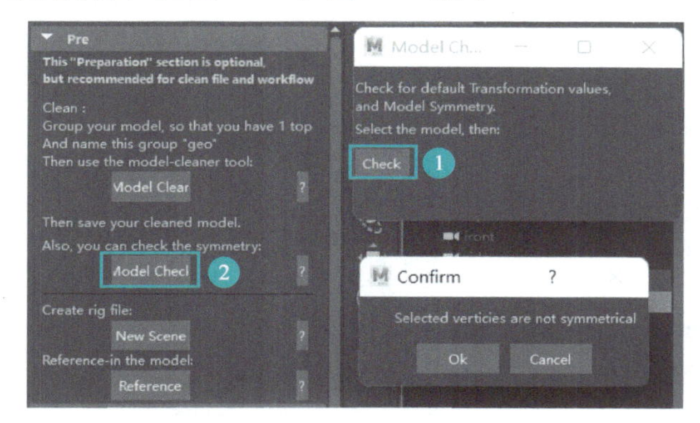

图 5-19　检查不对称点

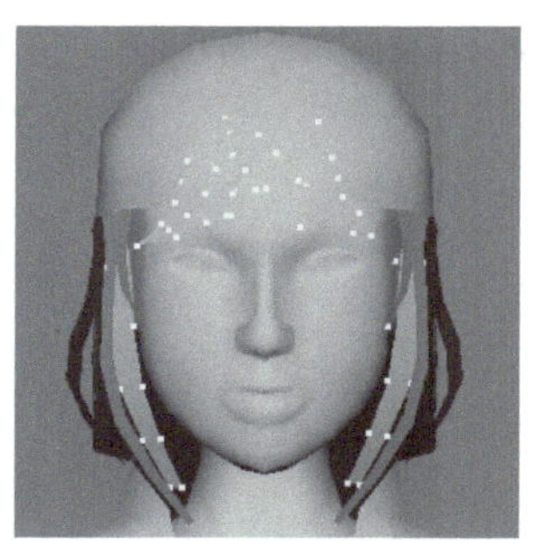

图 5-20　不对称点标黄

步骤四：导出模型并上传至 Mixamo。

在 Maya 中，选择模型，使用【文件-导出当前选择】命令。在弹出的版面中选择导出路径，以及选择文件类型为 FBX 格式，如图 5-21 和图 5-22 所示。

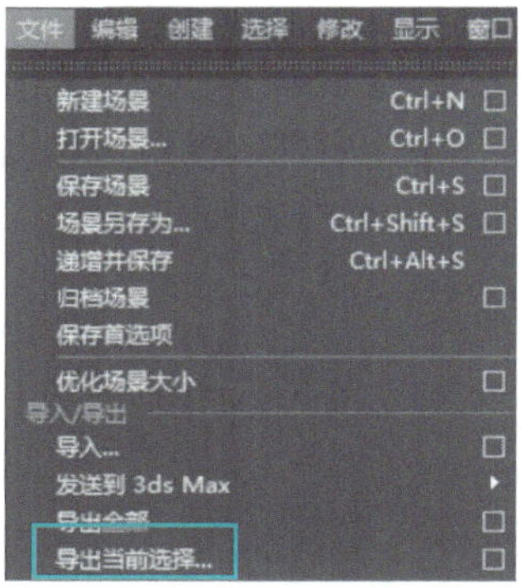

图 5-21　导出当前选择

图 5-22　FBX 格式

打开浏览器，在地址栏输入 Mixamo 官方地址，如图 5-23 所示。

图 5-23 Mixamo 官方网站

单击【UPLOAD CHARACTER】按钮，在弹出的面板中单击【Select Character File】选项并上传导出的 FBX 文件，如图 5-24 和图 5-25 所示。

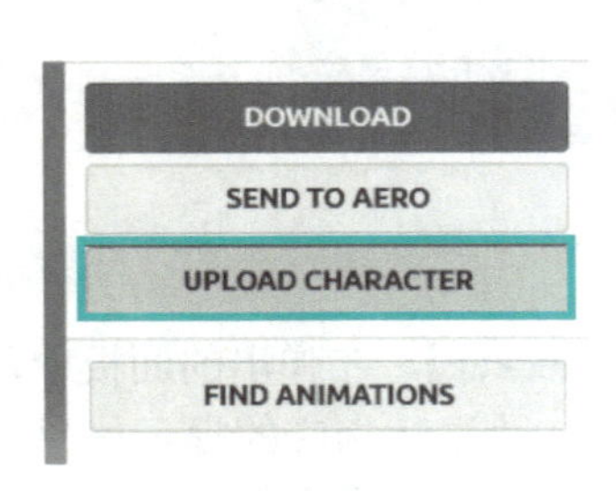

图 5-24 Mixamo 导入文件

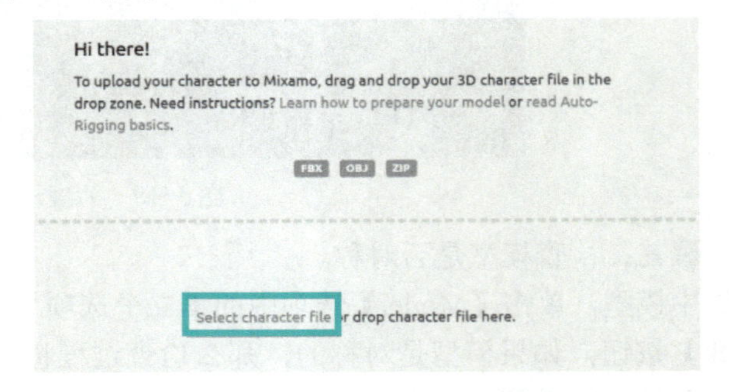

图 5-25 Mixamo 上传模型

步骤五：网站会自动加载导入的模型，需要稍微等待。加载完成后，单击【Next】按钮。根据网站给的参考图进行位置标签的放置，如图 5-26 和图 5-27 所示。放置完成后单击【Next】按钮。会自动绑定骨骼和蒙皮。

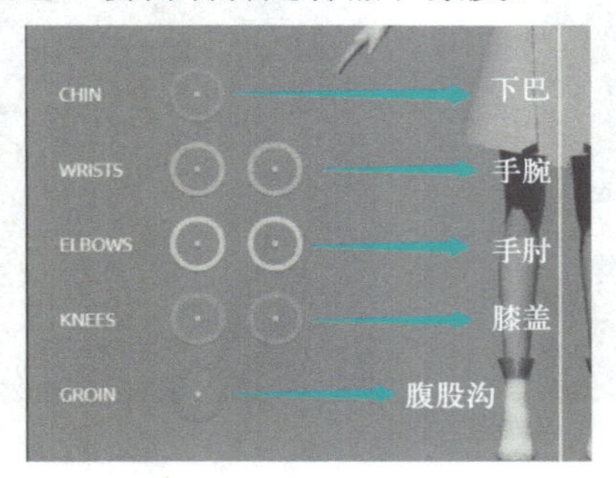

图 5-26 对应名字

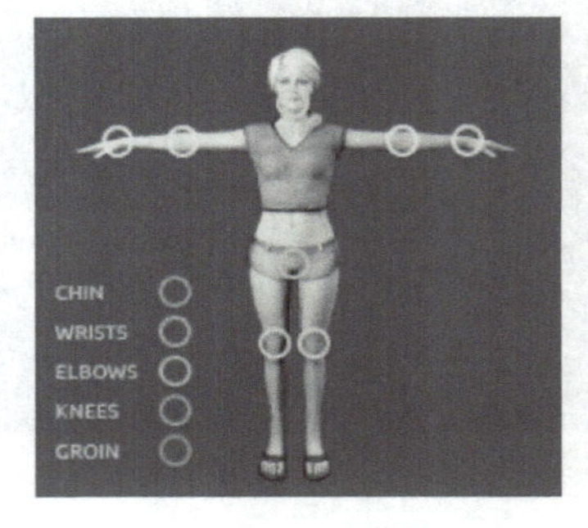

图 5-27 参考图

绑定完成后，会播放一段小动画，可以观察一下权重效果，如果效果不好可以单击【Back】重新放置标志。如果效果满意就可以单击【Next】按钮，进行下一步。

步骤六：下载 Mixamo 骨骼模型。

单击【DOWNLOAD】按钮，在弹出来的面板中单击【Pose】选项，选择【Original Pose(.Fbx)】。选项设置完成后，直接单击【DOWNLOAD】下载绑定好的模型，如图 5-28 所示。

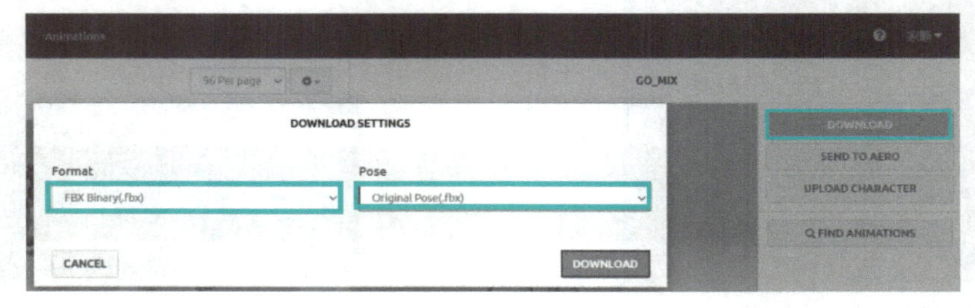

图 5-28 下载文件

步骤七：替换骨骼。

将下载好的模型拖入 Maya，可以发现模型是拥有骨骼的。

接下来，单击 Advanced Skeleton 的【绑定流程操作面板】，在弹出的菜单列表中，找到并单击【Tools】选项。在【Tools】下拉菜单中，选择【NameMatcher】，如图 5-29 所示。

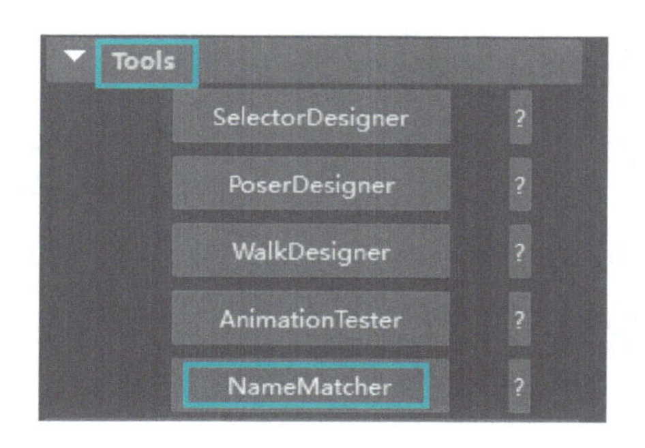

图 5-29　骨骼名称匹配面板

然后，在弹出的面板中，单击【Templates】选项，选择【files】文件为【Mixamo】。

随机选择一块骨骼，单击【NameSpaces】选项，在展开的下拉菜单中，单击【detect from selected】，插件会自动识别骨骼的空间，骨骼名称为“mixamorig”。

再单击【Functions】选项下的【Create+Place Fitskeleton】，插件会根据 Mixamo 的骨骼创建和放置骨骼链，如图 5-30 所示。

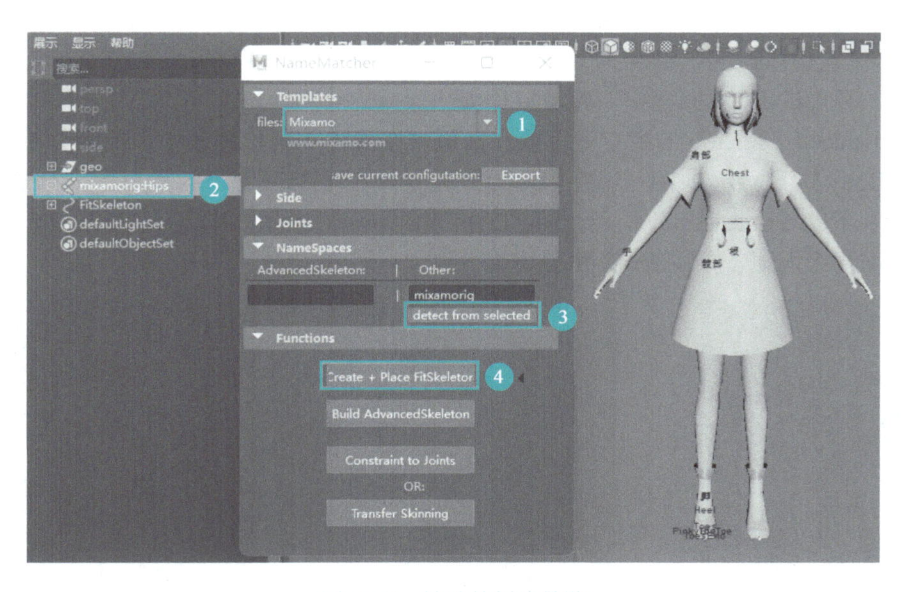

图 5-30　继承并创建骨骼

步骤八：创建骨骼控制器并继承 Mixamo 骨骼的权重信息。

单击【Build AdvancedSkeleton】按钮创建骨骼控制器。接下来，单击【Transfer Skinning】按钮继承 Mixamo 骨骼的权重信息，如图 5-31 所示。

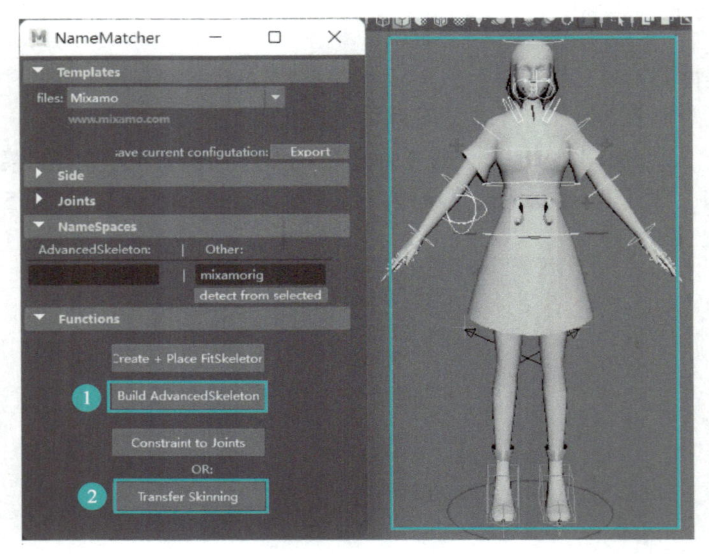

图 5-31 继承权重信息

5.2.3 快速绑定常见问题

快速绑定常见问题如下：

1）插件版本过旧问题，解决方法为安装 5.875 版本或更高版本。

2）模型的历史记录没有删除干净，解决方法是使用 Advanced Skeleton 的清理工具。

3）骨骼错位，解决方法是确保 Mixamo 导出模型的 Pose 格式是 Original。

4）骨骼位置错误，其中继承完骨骼后的常见的问题有如下两种。

问题一，腿部的 IK 方向出错。解决办法如下。

单击 Advanced Skeleton 的绑定流程操作面板，在弹出的菜单列表中，找到并单击【Body】选项。在【Body】下拉菜单中，选择【Build】选项。在【Build】下拉菜单中，勾选【Edit】中的【Display】下的【pole-vector】，会显示红色三角形，其中尖角朝向便是 IK 方向，正确的 IK 朝向是向前垂直于大腿，如图 5-32 和图 5-33 所示。

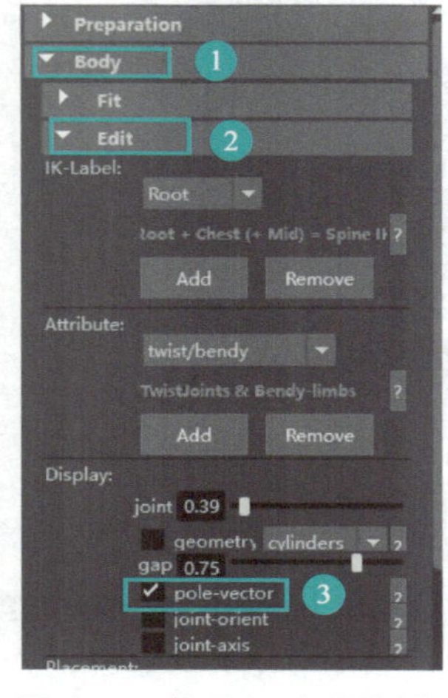

图 5-32 显示 IK 方向按钮

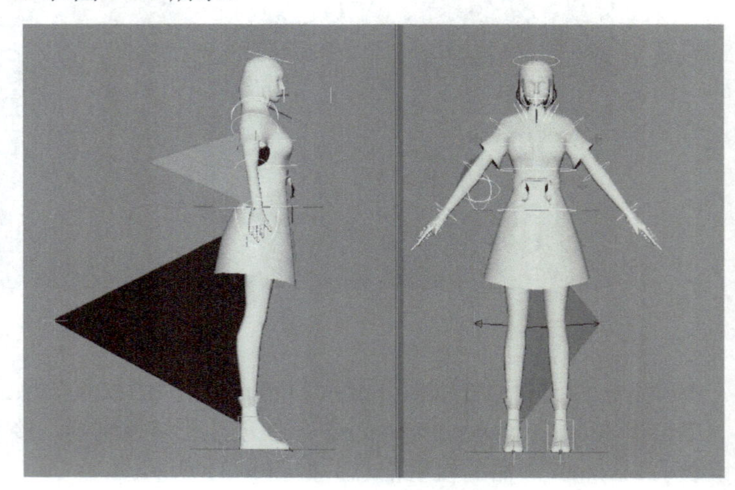

图 5-33 IK 方向错误

按〈4〉进入线框显示模式，选中大腿骨骼并将其旋转，将 IK 方向旋转至朝向前方，在前视图中左右移动，将 IK 方向调整至垂直于腿部或者手部，如图 5-34 所示。

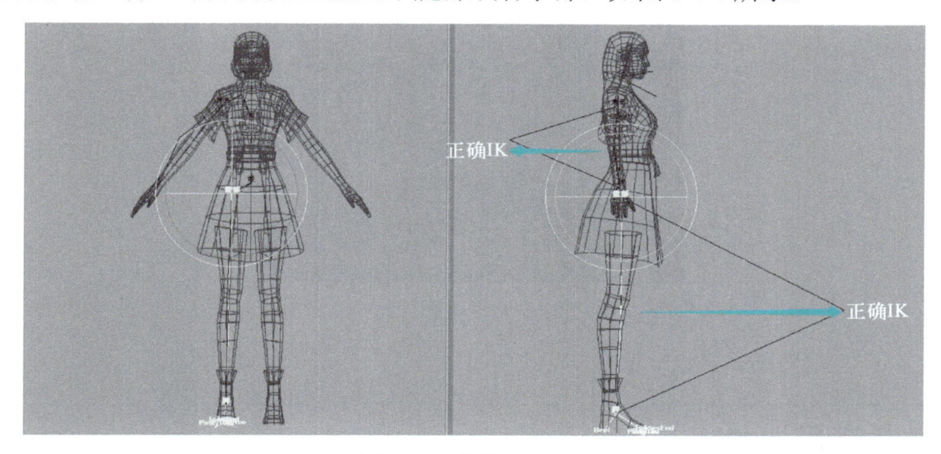

图 5-34 调整 IK 方向

问题二，下巴骨骼和眼睛骨骼位置放置偏移或错误。解决办法如下。

使用位移工具在侧视图中移动骨骼，如图 5-35 和图 5-36 所示。

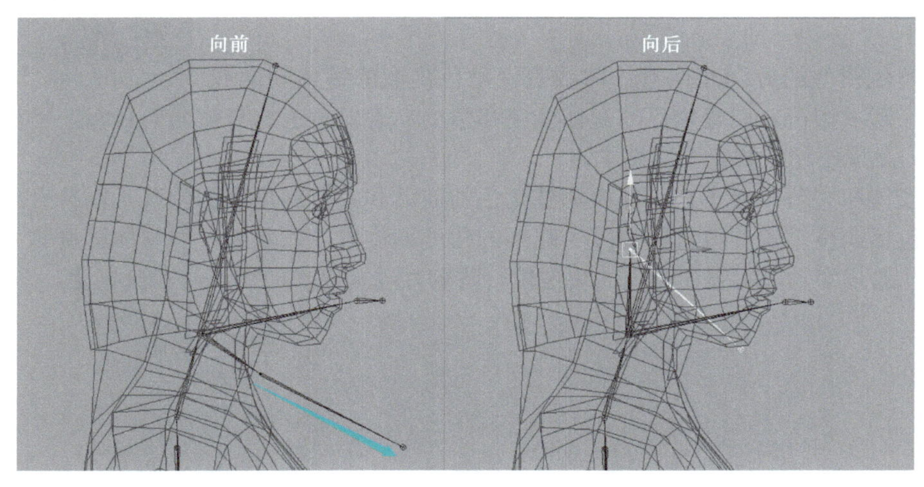

图 5-35 调整下巴骨骼方向

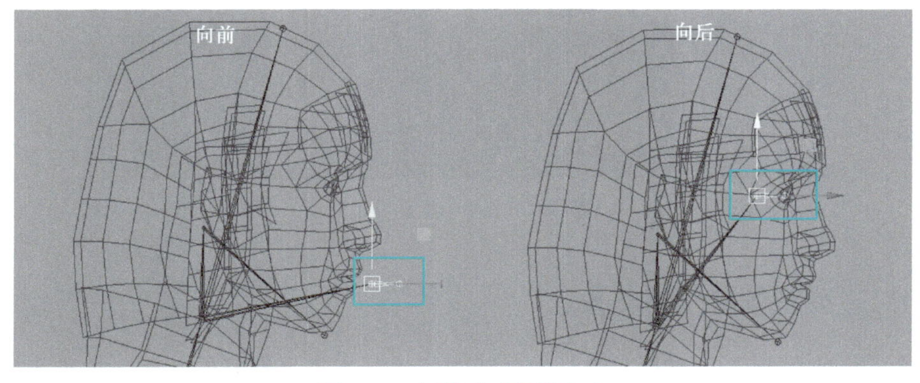

图 5-36 调整眼睛骨骼方向

问题解决完毕，单击【Build】下拉框中的【ReBuild AdvancedSkeleton】按钮，如图 5-37 所示，会重新绑定骨骼与控制器，同时蒙皮权重信息不变。

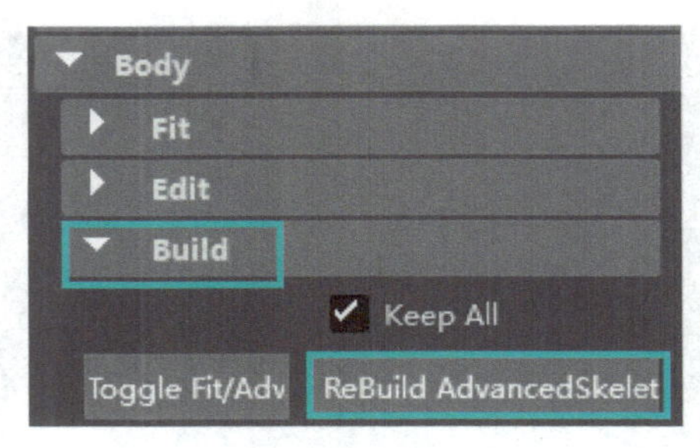

图 5-37　重建骨骼

5.3 角色造型制作

本项目将调整出如图 5-38 所示的动作。在进行姿态调整时，通常需要遵循从整体到局部的顺序，逐步进行。以下是一个常见的调整顺序。

确定角色模型的方向和位置：需要确保角色模型的整体朝向和位置与战斗需求相符。调整角色的身体朝向和角度，确保角色的身体面向目标，平衡点稳定，重心向下，呈现出稳定和有力的感觉。

调整肢体和关节：接下来，需要调整角色的肢体和关节的角度和位置，以符合战斗姿势的要求。这包括调整手臂的位置和角度、腿部的角度和位置，以及躯干的弯曲程度等。通过调整肢体和关节的角度，可以强调角色的攻击性、防御性以及动作的协调性和流畅性。

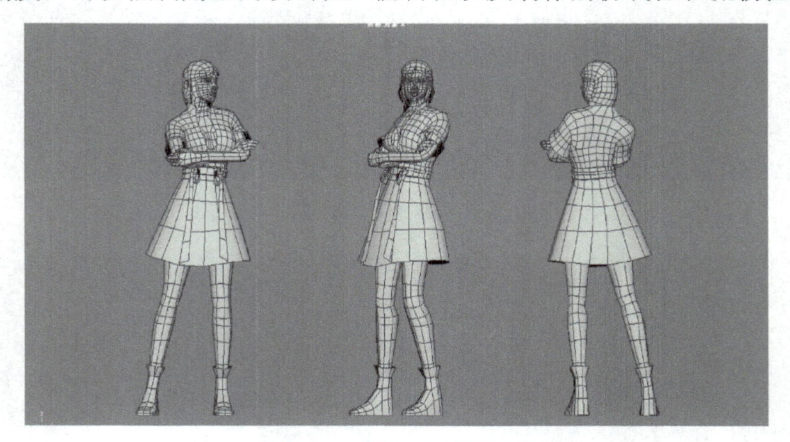

图 5-38　最终造型效果图

5.3.1　造型制作工作前准备

在调整姿势前需要进行准备工作，为后续的姿势制作打下良好的基础，提高工作效率和制作质量。

1. 检查骨骼绑定

在调整姿势之前，再次确保骨骼绑定是正确的。检查骨骼与模型之间的贴合度，确保没有明显的错位或松弛。

2. 调整布局

在开始制作姿势之前，可以调整 Maya 主窗口的布局，以便更加高效地工作。将状态栏左侧的布局选项【建模】布局修改为【动画】布局，如图 5-39 所示。

3. 设置选择对象或隔离多余对象

关闭【选择关节对象】和【选择曲面对象】，这样可以确保在之后的造型调整中不误选中关节和模型，如图 5-40 所示。或在视图窗口单击【显示】按钮，在弹出的下拉列表中只勾选【多边形】和【NURBS 曲线】复选框，如图 5-41 所示。

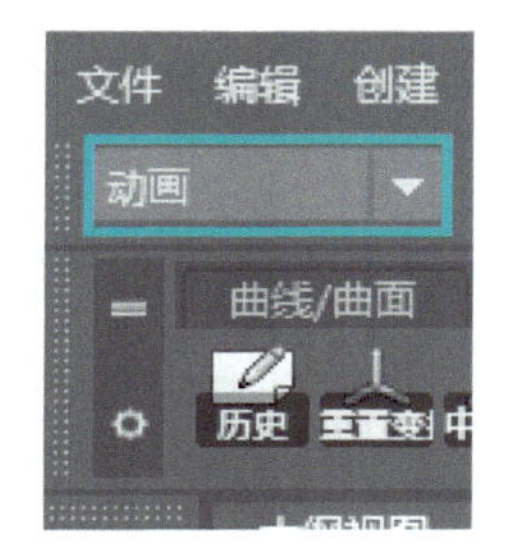

图 5-39　窗口布局

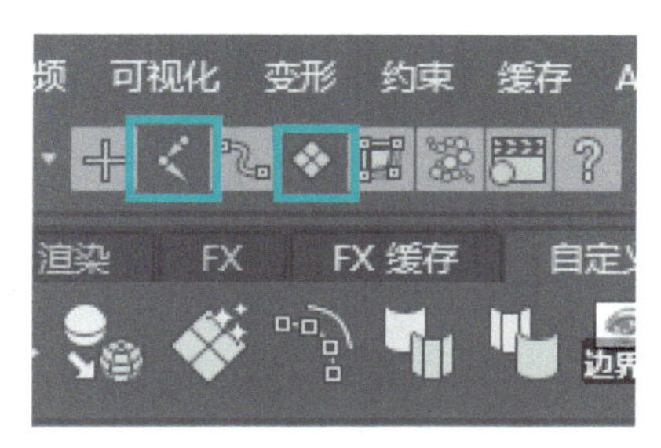

图 5-40　设置选择对象

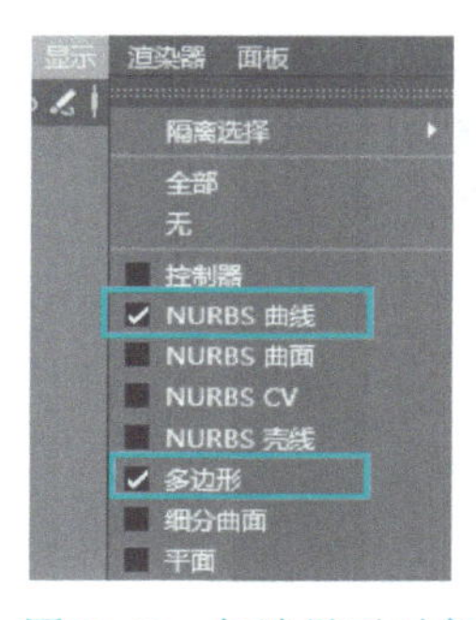

图 5-41　勾选显示对象

4. 了解控制器

Maya 中的骨骼控制器通常是以 NURBS 曲线来控制，如图 5-42 所示。根据不同骨骼绑定方式，骨骼控制器各有不同，但都是通过旋转、移动来进行操作。

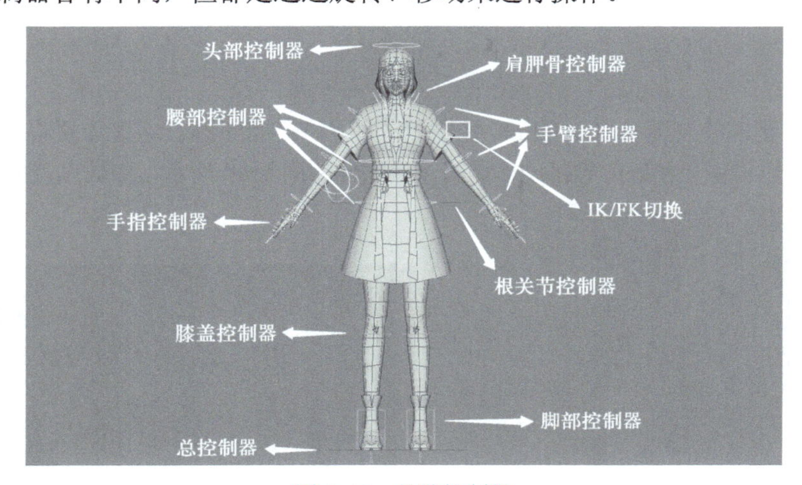

图 5-42　骨骼控制器

Advanced Skeleton 的骨骼控制器的介绍如下。IK（反向运动）是根据计算出的物体位移和运动方向，将所得信息继承给其子物体的一种物理运动方式。也就是通过定位骨骼链中较低的骨骼，使较高的骨骼旋转，从而设置关节的姿势。它根据末端子关节的位置移动来计算得出每个父关节的旋转，通常用于将骨骼链的末端“固定”在某个相对该骨骼链移动的对象上。应用如模型走动时手臂的摆动就是用 FK。

FK（正向运动）是一种通过“目标驱动”来实现的运动方式。FK 是带有层级关系的运动，是根据父关节的旋转来计算得出每个子关节的位置。FK 有种牵一发而动全身的效果。应用如模型下蹲时双脚固定在地面上用的就是 IK。

5.3.2 角色造型调整

在制作姿势前可以参考各种图片作为临摹的素材。通过仔细观察图片中角色的姿势、肢体语言，能够在 Maya 中准确地还原并优化这些动作。这种通过参考图片进行临摹的方法能够帮助用户快速捕捉角色的动态特征，并更深入地理解角色的性格和情绪，从而为其赋予更加鲜活的生命力。

本项目将根据图 5-43 所示的姿势进行姿势调整。女性双手抱臂的姿势通常是一种自信、优雅的体现，因此，这个姿势主要需要表现女性的腰部曲线，以提高臀部的位置，从而突出女性的身体曲线。

图 5-43 姿势临摹图

步骤一：将腰部控制器从默认的 FK 控制器调整为 IK 控制器，这里需要将 FKIKBlend 参数从 0 修改为 10，以提供更精确的腰部动作调整。控制器如图 5-44 所示，参数设置如图 5-45 所示。

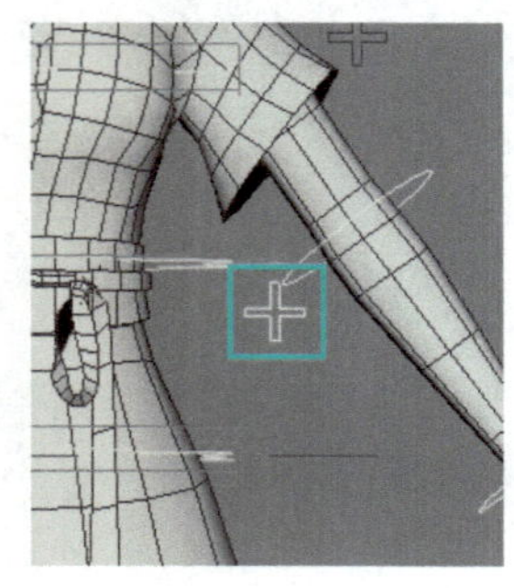

图 5-44 腰部控制器

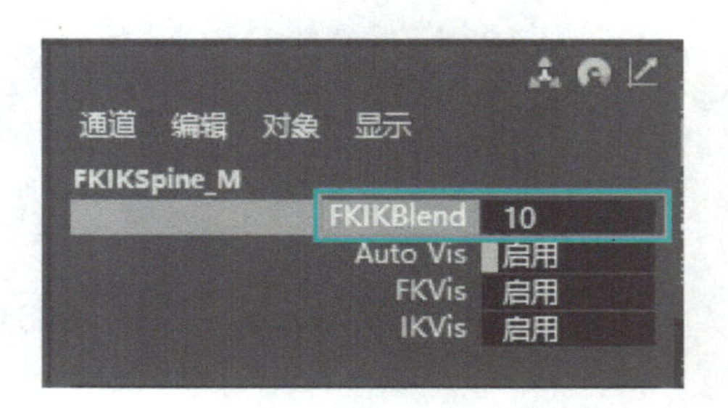

图 5-45 FKIKSpine_M 参数

步骤二：选择控制器并向右调整重心。控制器如图 5-46 所示，参数设置如图 5-47 所示。同时需要让右脚跟随重心进行移动。控制器如图 5-48 所示，参数设置如图 5-49 所示。

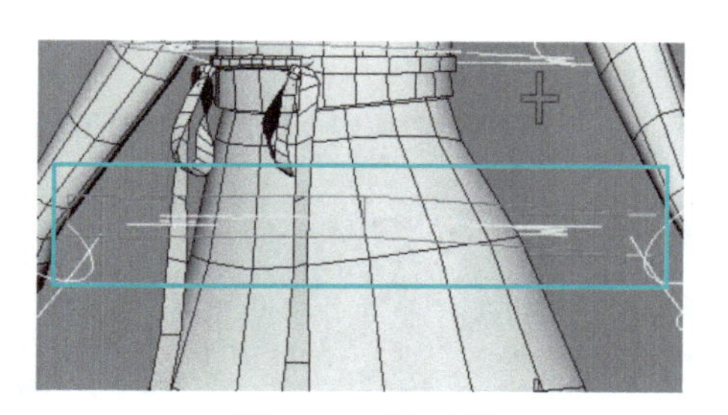
图 5-46 控制器

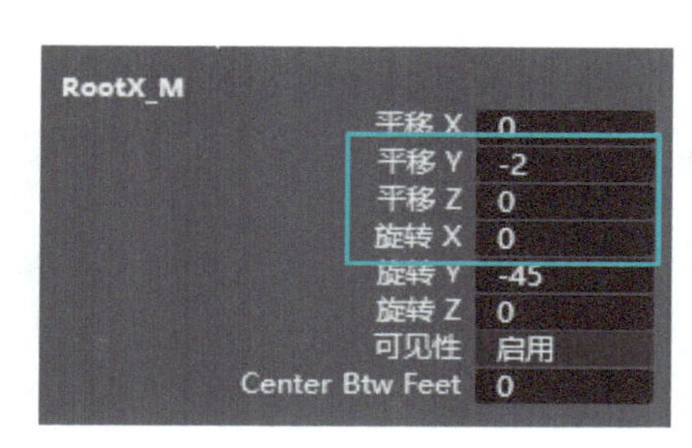

图 5-47 RootX_M 参数

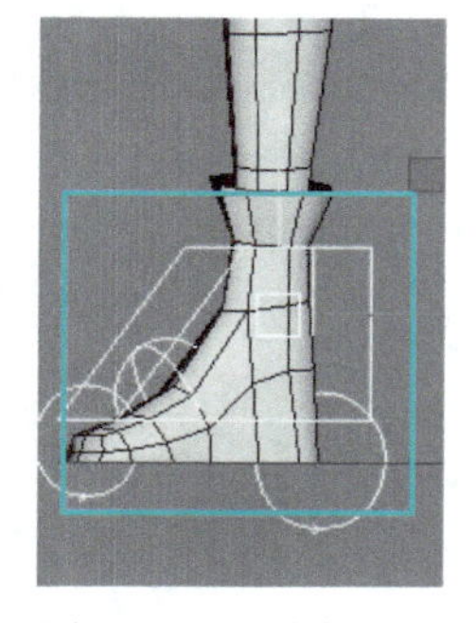
图 5-48 右脚控制器

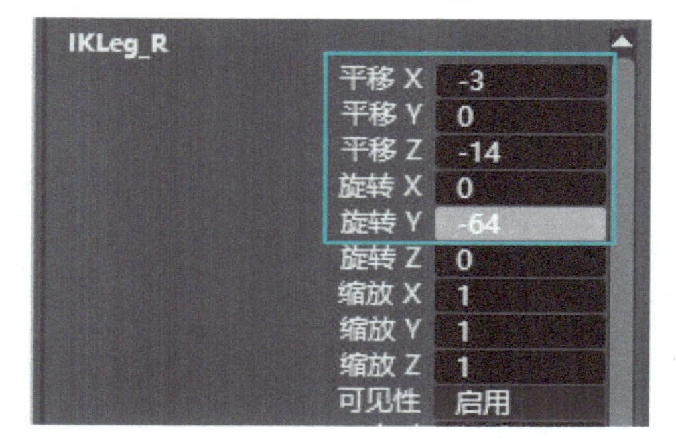

图 5-49 IKLeg_R 参数

步骤三：选择左脚控制器并让其向前伸出。控制器如图 5-50 所示，参数设置如图 5-51 所示。

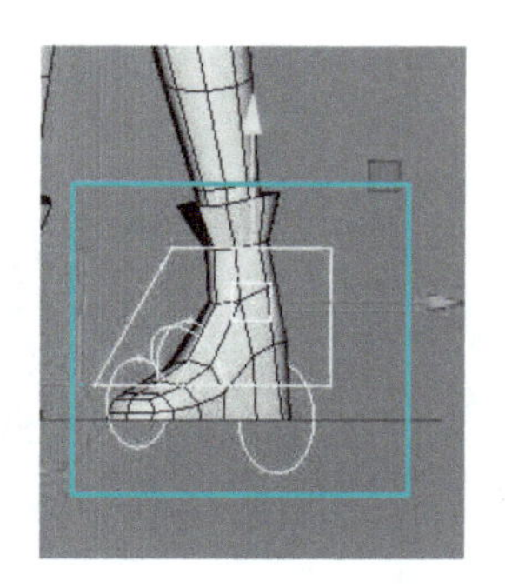
图 5-50 左脚控制器

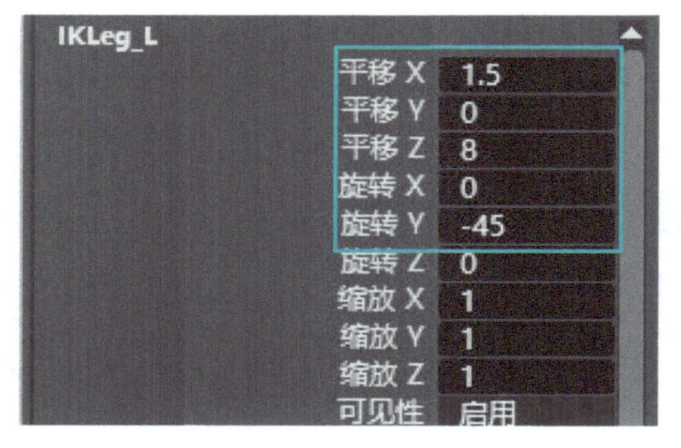

图 5-51 IKLeg_L 参数

步骤四：调整腰部控制器，使角色的胯部向上扭动。控制器如图 5-52 所示，参数设置如图 5-53 所示。同时调整腰背向后靠。控制器如图 5-54 所示，参数设置如图 5-55 所示。

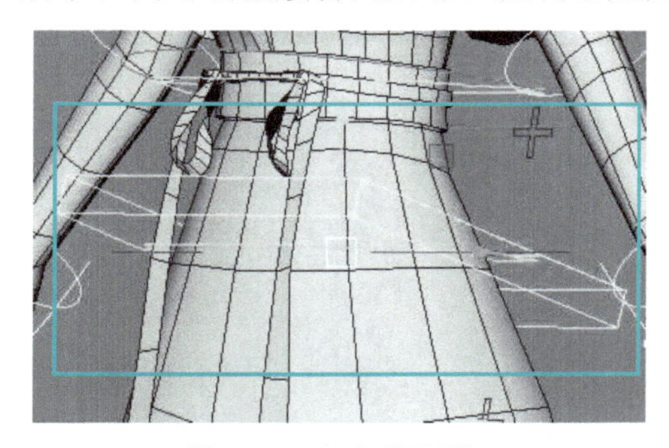
图 5-52 腰部控制器

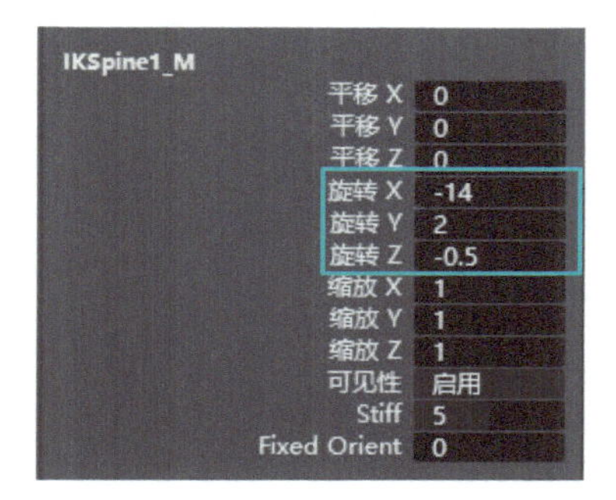

图 5-53 IKSpine1_M 参数

步骤五：为了保持人物模型重心的稳定，需要将胸部向与胯部相反方向扭动。控制器如

图 5-56 所示，参数设置如图 5-57 所示。

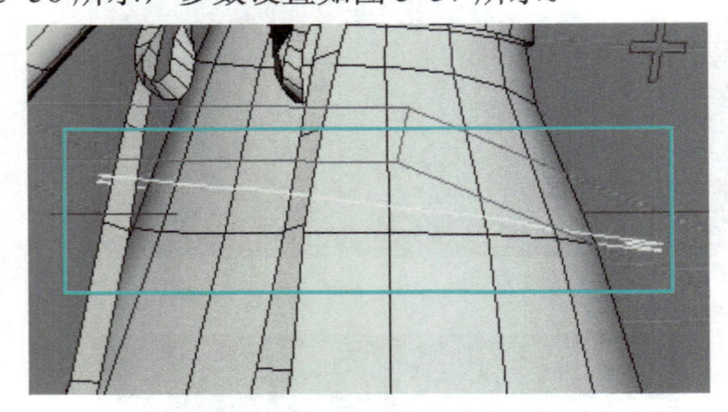

图 5-54 腰背部控制器

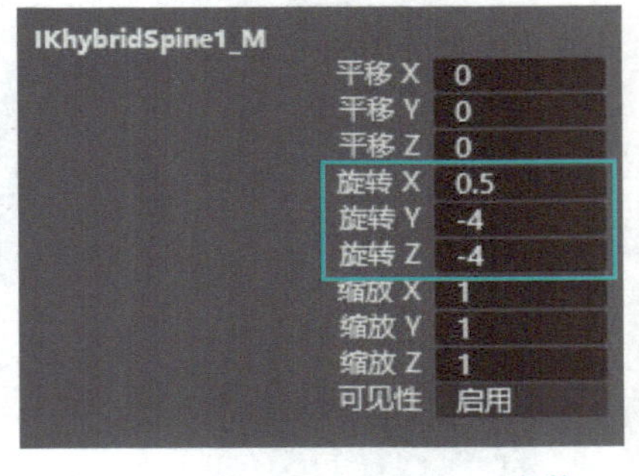

图 5-55 IKhybridSpine1_M 参数

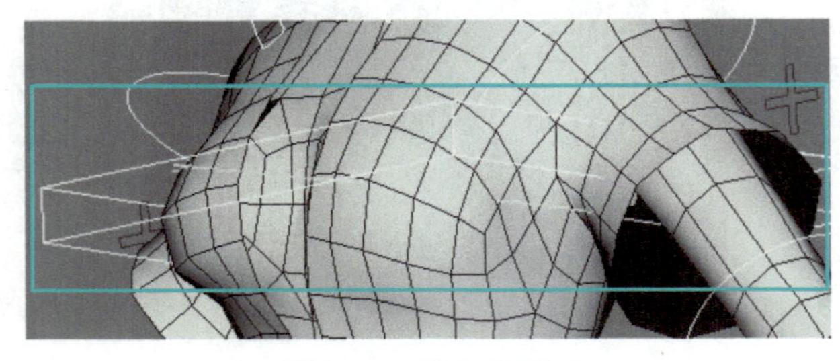

图 5-56 胸部控制器

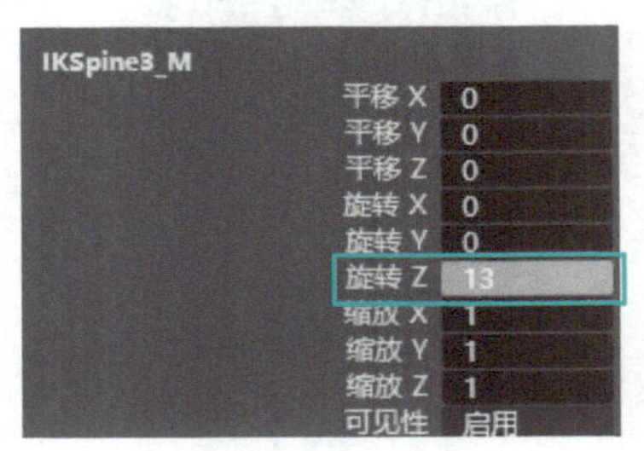

图 5-57 IKSpine3_M 参数

步骤六：在设置了胯部和胸部的扭动后，腰部中段会呈现较为扭曲的姿势。为了纠正这种扭曲，需要使用腰部控制器对其进行相应的调整。通过向扭胯方向移动腰部控制器，可以减少腰部扭曲的程度。控制器如图 5-58 所示，参数设置如图 5-59 所示。

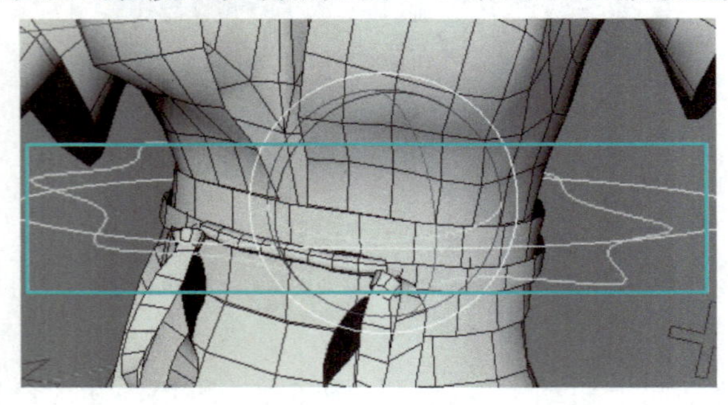

图 5-58 调整腰部控制器

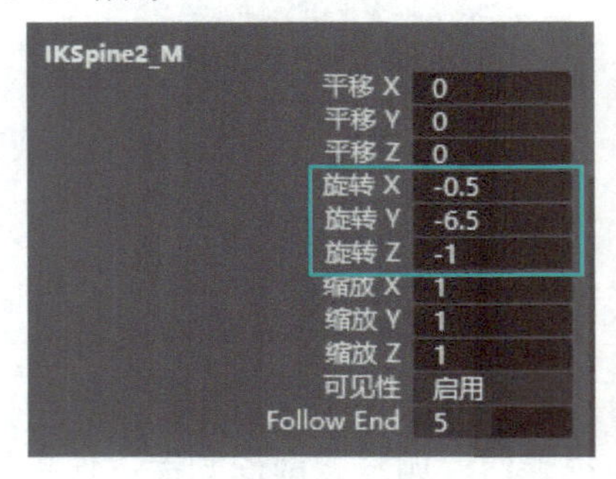

图 5-59 IKSpine2_M 参数

步骤七：将左手手臂调整至身侧，让整只手臂呈现出放松和自然的状态。控制器与参数如图 5-60～图 5-67 所示。

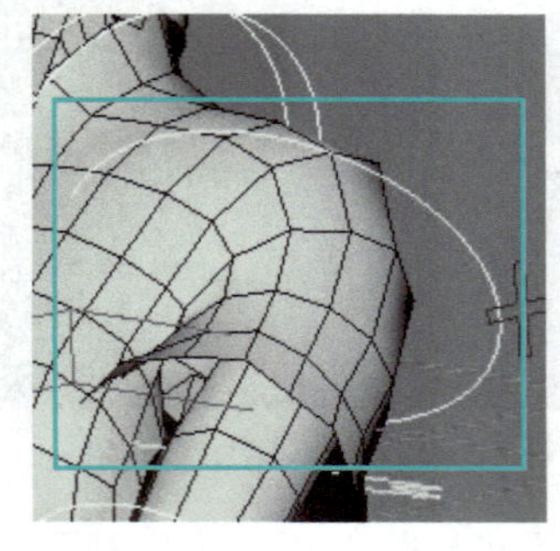

图 5-60 左手手臂控制器

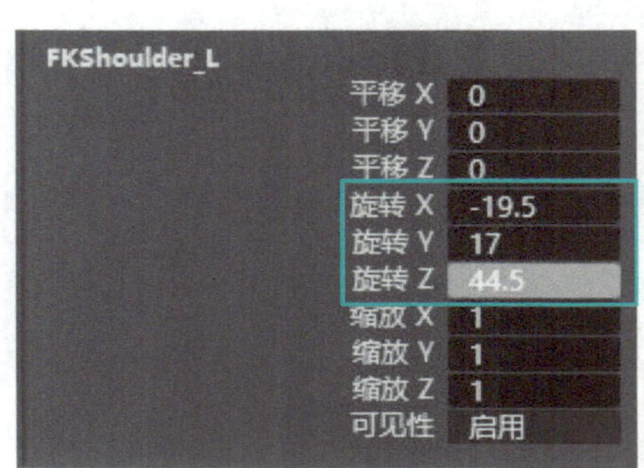

图 5-61 FKShoulder_L 参数

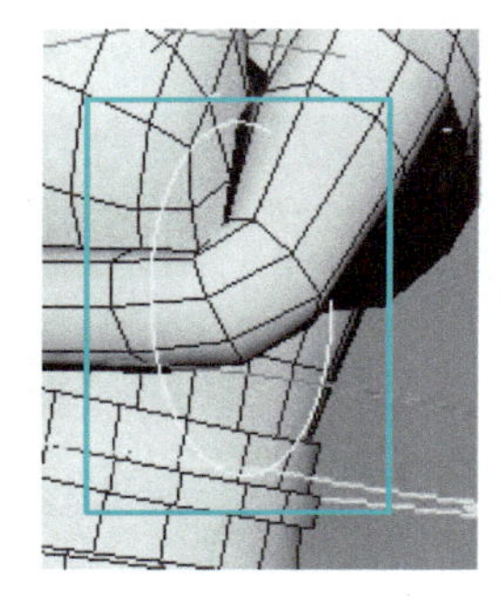

图 5-62 左手手肘控制器

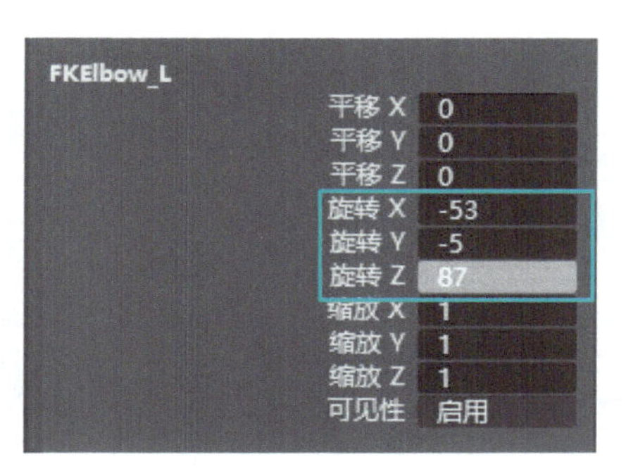

图 5-63 FKElbow_L 参数

图 5-64 手腕控制器

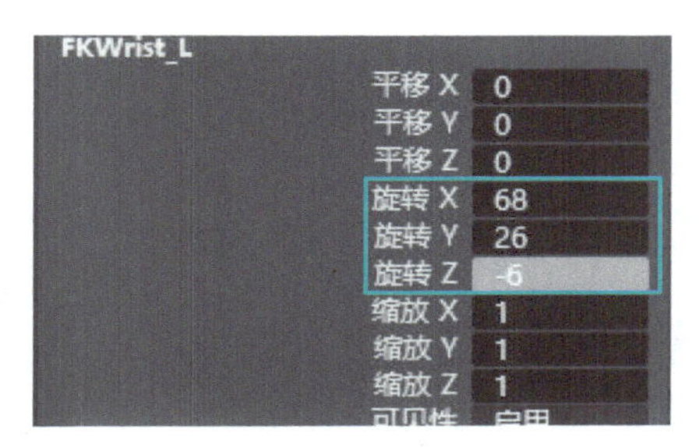

图 5-65 FKWrist_L 参数

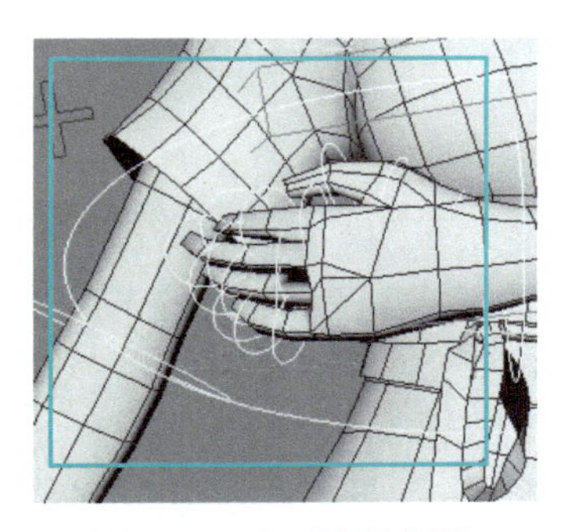

图 5-66 左手指控制器

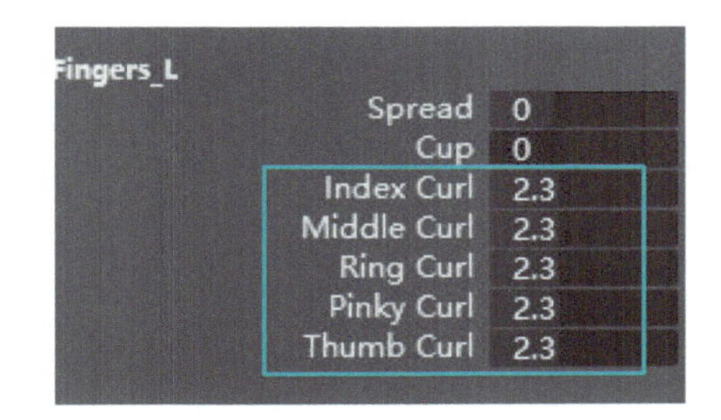

图 5-67 Fingers_L 参数

步骤八：将手臂控制器从默认的 FK 控制器调整为 IK 控制器，控制器如图 5-68 所示，参数设置如图 5-69 所示。将右手手臂同样放置胸部下方，并将两只手臂堆叠在一起。控制器与参数如图 5-70～图 5-75 所示。

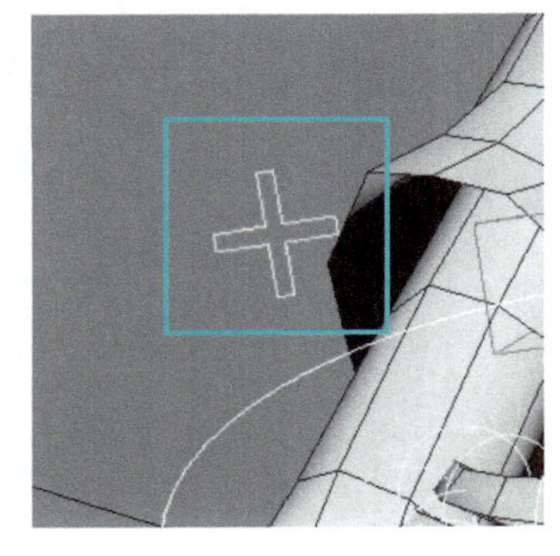

图 5-68 右手臂 IKFK 控制器

图 5-69 FKIKArm_R 参数

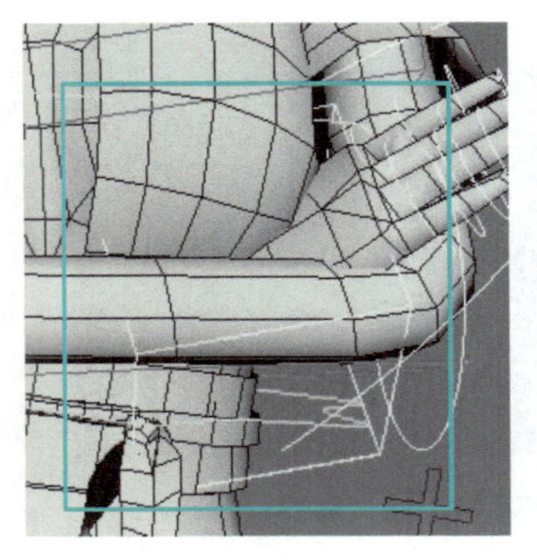

图 5-70　右手臂控制器

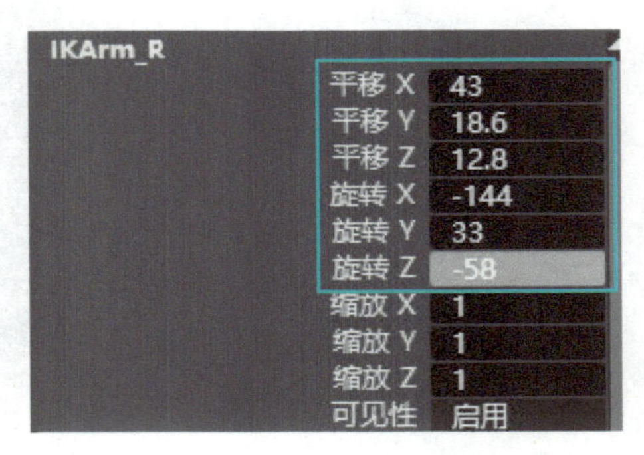

图 5-71　IKArm_R 参数

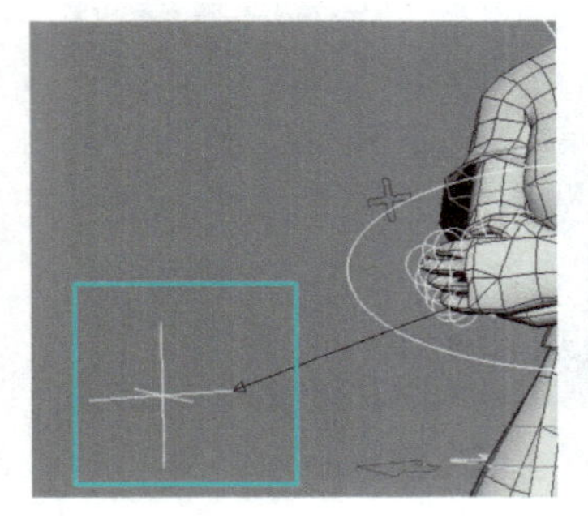

图 5-72　手肘方向控制器

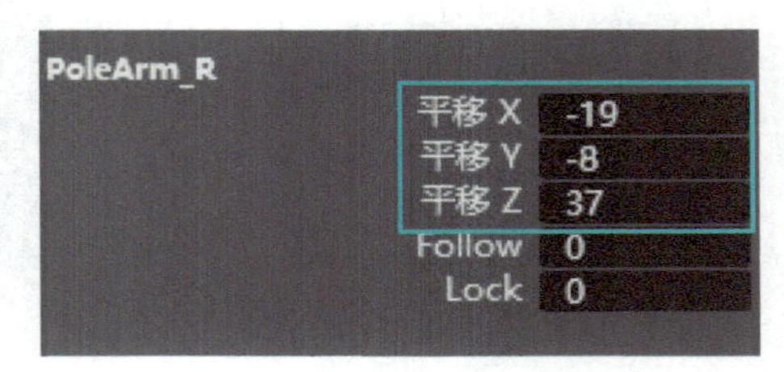

图 5-73　PoleArm_R 参数

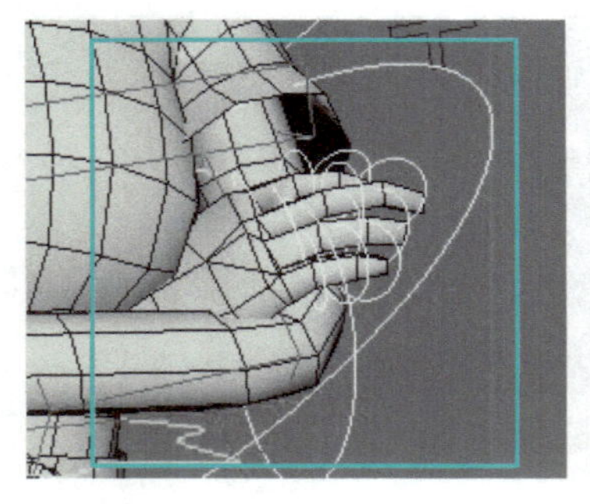

图 5-74　右手指控制器

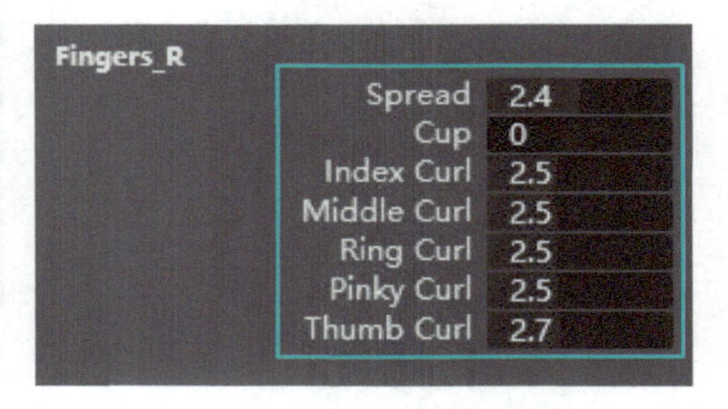

图 5-75　Fingers_R 参数

步骤九：调整颈部控制器。控制器与参数如图 5-76 和图 5-77 所示。

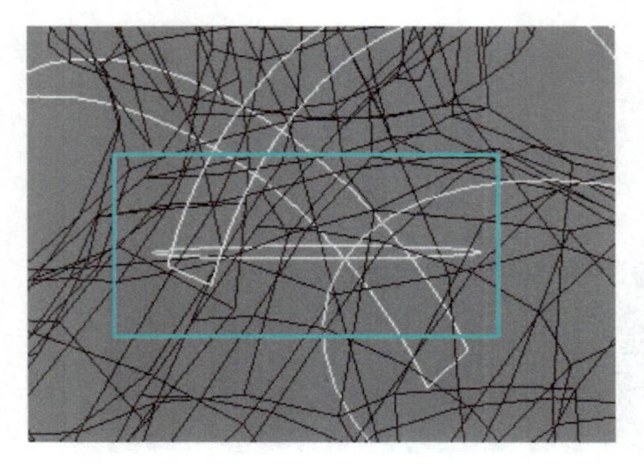

图 5-76　颈部控制器

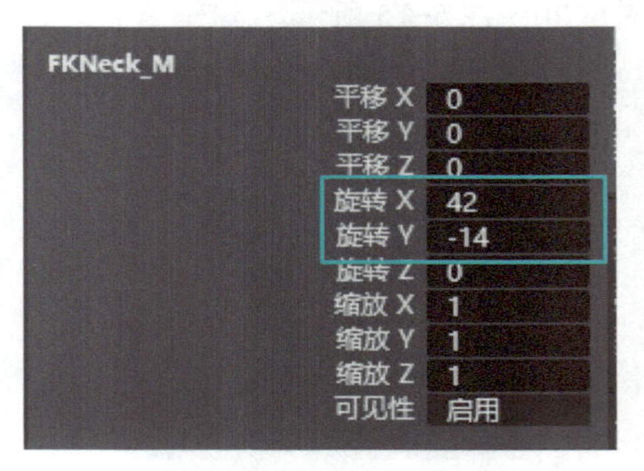

图 5-77　FKNeck_M 参数

动作调整的最终效果如图 5-78 所示。

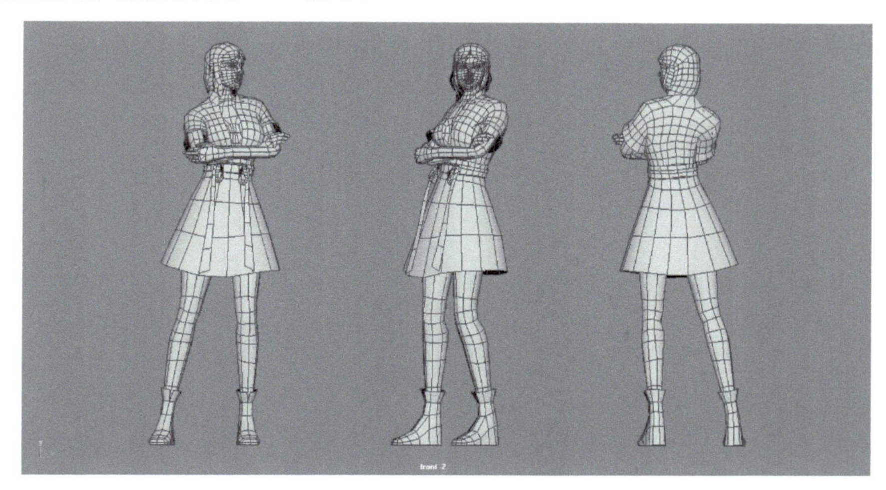

图 5-78 动作最终效果图

5.4 素材整合

具体制作步骤请扫码观看。

本项目不仅仅是一项简单的制作，还是一次全面的创新过程。充分利用 Maya 的强大功能，将之前精心制作的建模项目巧妙地融合在一起。通过细致调整和优化，成功地将这些独立元素整合为一个和谐统一的场景。最终，借助 Maya 高效的渲染工具，完美地呈现了这个充满细节和生命力的场景，为观众带来了一场视觉盛宴，展示了场景的细腻渲染和生动表现，效果如图 5-1 所示。